普通高等教育"十三五"规划教材

现代冶金工艺学

——有色金属冶金卷

主编　王兆文　谢　锋

北　京

冶金工业出版社

2023

内容提要

本书主要介绍了铝、镁、铜、铅、锌、钛、稀土和贵金属等典型有色金属冶金的基本原理与工艺流程。全书共9章，主要包括氧化铝、铝电解、镁冶金、铜冶金、锌冶金、铅冶金、贵金属冶金、稀土冶金和钛冶金等内容，各章均按照金属提取或制备过程的特点，着重介绍了提取工艺的发展历史、基本化学原理、主要工艺流程和设备及原材料特点等内容，力图通过详细的原理及工艺介绍使读者了解和掌握有色金属冶金的基础知识。

本书涵盖了轻、重、稀、贵等多种有色金属提取冶金原理与工艺，具有较强的专业性和实用性。

本书可作为高校冶金工程及相关专业教材，也可供有关研究人员和工程技术人员参考。

图书在版编目(CIP)数据

现代冶金工艺学. 有色金属冶金卷/王兆文，谢锋主编. —北京：冶金工业出版社，2020.5 （2023.5重印）

普通高等教育"十三五"规划教材

ISBN 978-7-5024-8476-7

Ⅰ. ①现… Ⅱ. ①王… ②谢… Ⅲ. ①有色金属冶金—高等学校—教材 Ⅳ. ①TF

中国版本图书馆 CIP 数据核字（2020）第 039169 号

现代冶金工艺学——有色金属冶金卷

出版发行 冶金工业出版社	电 话 (010)64027926
地 址 北京市东城区嵩祝院北巷 39 号	邮 编 100009
网 址 www.mip1953.com	电子信箱 service@ mip1953.com

责任编辑 杜婷婷 刘林烨 美术编辑 彭子赫 版式设计 孙跃红
责任校对 郑 娟 责任印制 窦 唯
三河市双峰印刷装订有限公司印刷
2020 年 5 月第 1 版，2023 年 5 月第 3 次印刷
787mm×1092mm 1/16；31 印张；750 千字；481 页
定价 **68.00 元**

投稿电话 (010)64027932 投稿信箱 tougao@cnmip.com.cn
营销中心电话 (010)64044283
冶金工业出版社天猫旗舰店 yjgycbs.tmall.com
（本书如有印装质量问题，本社营销中心负责退换）

本书编委会

主　编　王兆文　谢　锋

编　委　（按姓氏笔画排序）

于海燕　王　伟　王耀武　边　雪

孙树臣　张　力　畅永锋　金哲男

涂赣峰　符　岩　路殿坤　潘晓林

前　言

"十三五"以来，我国高等教育学科建设与教材建设的改革不断深入。冶金学科人才培养面临着国际化、信息化和专业化等多种需求的挑战，课程改革与教材改革已成为冶金工程专业本科生教学的必然选择。为了进一步深化有色金属冶金专业方向教学改革，优化课程体系，推进专业课程的教学实施，作者结合多年的教学实践，在2001年出版的《冶金学（有色金属冶金部分）》教材的基础上，重新编写了本书。

本书以东北大学有色金属冶金专业方向教学体系为基础，根据有色金属冶金工艺的特点，选择了铝、镁、铜、铅、锌、钛、稀土和贵金属等代表性金属的冶金工艺流程，以满足冶金工程本科生培养的需要。本书的主要特点是注重基本概念、基本理论和基本工艺方法，对相关金属主要提取工艺流程进行了针对性介绍，同时加入了冶金工业环境保护、节能降耗和信息化等方面的内容。

本书共9章，由东北大学有色冶金专业方向的部分教师编写，具体编写分工为：第1章由潘晓林、于海燕编写；第2章由王兆文编写；第3章由王耀武编写；第4章由金哲男编写；第5章由路殿坤编写；第6章由畅永锋编写；第7章由谢锋、王伟、符岩编写；第8章由边雪、孙树臣编写；第9章由张力、涂赣峰编写。全书由王兆文、谢锋统稿。

在编写过程中，编者参阅并引用了国内外有关文献，吸收和借鉴了一些教材的精华，在此向有关作者表示衷心的感谢。本书的出版和有关研究得到了国家自然科学基金（51434001、U1702252）的支持，在此表示感谢。

由于编者水平所限，书中不妥之处，恳请广大读者批评指正。

编　者

2020 年 2 月

目　　录

1 氧化铝生产

1.1 概 述

冰晶石—氧化铝熔盐电解法是目前工业生产金属铝的唯一方法。铝产业链主要由铝土矿开采、氧化铝生产、铝电解和铝加工这四个环节构成，从上游的铝土矿开采开始，中游将铝土矿生产氧化铝再熔盐电解生产铝，下游将电解铝进行加工处理为各种铝材，最终应用于建筑、交通、电力等诸多领域。氧化铝是熔盐电解铝最为重要的原材料，世界上 90% 以上的氧化铝被用于电解铝生产中。每生产 1t 原铝消耗近 2t 氧化铝，这些氧化铝需要用 4t 左右铝土矿生产。因此，随着原铝需求的迅速增长，氧化铝产业也迅速发展起来。

1.1.1 世界氧化铝工业的发展

世界上第一个用拜耳法生产氧化铝的工厂投产于 1894 年，日产仅 1t 多。一百多年来，世界氧化铝工业发展迅速，氧化铝产量从 2004 年的 6186.6 万吨增长至 2018 年的 1.2 亿吨。目前我国的氧化铝年产量已经超过了全球氧化铝年产量的 50%，其他氧化铝生产国主要为澳大利亚、巴西、印度、俄罗斯等。

此外，除了电解炼铝以外使用的氧化铝称之为非冶金级氧化铝、化学品氧化铝或多品种氧化铝。世界上非冶金级氧化铝的开发十分迅速，并在电子、石油、化工、耐火材料、精密陶瓷、军工、环境保护及医药等许多高新技术领域得到了广泛的应用。1989 年世界非冶金级氧化铝产量为 315 万吨，2010 年为 599 万吨，2018 年达到 853 万吨。目前非冶金级氧化铝品种有 300 之多。

1.1.2 我国氧化铝工业的发展

新中国成立以来，我国氧化铝工业从无到有，从小到大，先后建立了山东、郑州、贵州三个氧化铝厂。特别是在 1992 年国家优先发展铝方针的指导下，陆续建成了山西、中州、平果等重点氧化铝企业，我国原有六大氧化铝基地已初步形成。2003 年时六大氧化铝基地的基本状况见表 1-1。

表 1-1 我国原六大氧化铝厂主要情况（2003 年）

企业	生产方法	投产时间	产量/万吨	碱耗/kg·(t-Al$_2$O$_3$)$^{-1}$	综合能耗/GJ·(t-Al$_2$O$_3$)$^{-1}$
山东铝厂	烧结法为主	1954 年	95.0	81.2	36.66
郑州铝厂	混联法	1965 年	137.5	63.0	29.38
贵州铝厂	混联法	1978 年	75.2	68.1	38.16
山西铝厂	混联法	1987 年	141.6	58.2	33.72

企业	生产方法	投产时间	产量/万吨	碱耗/kg·(t-Al$_2$O$_3$)$^{-1}$	综合能耗/GJ·(t-Al$_2$O$_3$)$^{-1}$
中州铝厂	烧结法为主	1992 年	85.1	62.3	40.12
平果铝厂	拜耳法	1995 年	68.9	64.5	12.61
总计	—	—	603.3	—	—

我国氧化铝工业自 1954 年起始以来，发展迅速，基本以每十年翻一番的速度飞速发展，2004 年产量为 702 万吨，2016 年突破 6000 万吨，2018 年达到了 7200 万吨以上。我国氧化铝产能分布具有资源地导向特征，其产能主要集中在山东、山西、河南、广西、贵州等地，总产量超过全国的 95%。

1.1.2.1　取得的主要技术成就

我国氧化铝工业从 1954 年起始，在 60 余年的时间里，不仅产量大幅增加，在技术方面也取得了卓有成效的进步，其主要技术成就为：

（1）独创了适合当时我国资源特点的混联法工艺，即用拜耳法处理高品位铝土矿，同时用烧结法处理低品位铝土矿或拜耳法赤泥，取得比单一拜耳法或烧结法更好的经济效果。

（2）选矿拜耳法技术。通过浮选技术除去高硅铝土矿中的部分硅矿物，使较高品位的选精矿可直接用于传统的拜耳法生产，其关键技术是开发出合适的浮选药剂和浮选流程，以降低氧化铝生产的能耗。

（3）石灰拜耳法技术。通过添加过量的石灰，使水合铝硅酸钠转化为水化石榴石，关键技术包括碱液化灰、石灰的最佳化添加以及高固含赤泥矿浆的高效分离。石灰拜耳法的主要优势是采用传统的拜耳法技术处理高硅铝土矿，以降低碱耗和能耗。

（4）拜耳法高效强化技术。此技术通过强化拜耳法循环过程，以降低单位体积的循环母液在整个拜耳法过程中的能耗，通过解决拜耳循环过程的瓶颈环节，以提高拜耳法循环效率，并实现系统节能。通过实施高效强化拜耳法后，其氧化铝生产单位能耗可以从 13GJ/t 降低到 9.6GJ/t，单线产能提高了约 30%。

（5）熟料烧成强化技术。其中包括生料浆非饱和配方、石灰配料、生料加煤脱硫技术和熟料窑热工自动控制技术等。

（6）熟料溶出技术。其中包括低苛性分子比溶出技术和高碳酸钠浓度二段磨溶出技术等。

1.1.2.2　存在的主要问题

尽管我国氧化铝技术发展取得了诸多成就，但仍面临很多问题，具体体现在如下方面：

（1）自有铝土矿储量和质量逐年降低。我国铝土矿资源的供不应求成为一种不可逆转的发展趋势，自有铝土矿的基础储量和开采品位急剧降低。目前我国北方铝土矿的平均铝硅比已由 2003 年的 8.5 降低到目前的 4.0 以下。此外，我国还有大量的高硫铝土矿和铁铝共生矿没有得到有效利用。

（2）国外铝土矿进口量居高不下。为了适应我国氧化铝产量发展的新特点，我国铝土矿进口量多年来持续高歌猛进，对外依存度连续高达 50% 以上。

（3）难于加工处理。我国一水硬铝石型铝土矿的理化特性，决定了其难于加工处理。氧化铝溶出技术必须采用高温高碱条件，既提高了生产能耗和投资成本，又加大了单系列生产规模大型化的难度。目前，国外氧化铝单系列生产规模已达到 1500kt/年，而国内仅达到 1000kt/年。

（4）综合能耗高。国外氧化铝企业处理三水铝石型铝土矿的综合能耗一般在 7.0~8.0GJ/t-Al_2O_3；而国内氧化铝企业由于处理一水硬铝石型铝土矿的先天劣势，综合能耗一般在 8.0~9.5GJ/t-Al_2O_3。

（5）自动化程度低。由于氧化铝生产工艺过程复杂多变，存在高温、高压、强碱等极端环境条件，使计算机在线检测和自动控制的应用遇到很大的困难。利用新型智能化产品及自动化、信息化技术进行生产工艺和生产设备的自动控制和实时监测，是氧化铝行业的一项长期任务，最终实现高效、优质、节能、低耗的目标。

（6）赤泥堆存量大，综合利用率低。我国赤泥堆存量每年已超过 1 亿吨，累计堆存量已达到 6 亿吨以上，而目前我国赤泥的综合利用率只有 4%，与发达国家相差甚远。

尽管近年来我国发展了大型管道化加热停留罐溶出拜耳法技术和大型全管道化溶出拜耳法技术等大型化技术，但从综合技术经济指标和长期运行结果看，我国氧化铝技术仍然在一些方面落后于国外先进的技术水平。同时，我国氧化铝企业在健康、安全、环保等方面，与国外氧化铝企业还存在一定的差距。

1.1.3　氧化铝生产基本方法

氧化铝生产方法大致可分为四类，即碱法、酸法、酸碱联合法和热法。但目前用于工业生产氧化铝的方法几乎全属于碱法。

1.1.3.1　碱法

碱法生产氧化铝的基本过程如图 1-1 所示。其基本原理为：用碱（NaOH 或 Na_2CO_3）来处理铝土矿，使矿石中的氧化铝转变成铝酸钠溶液；矿石中的铁、钛、硅等杂质成为不溶解的化合物，将不溶解的残渣与溶液分离；纯净的铝酸钠溶液分解析出氢氧化铝，经与母液分离、洗涤后进行焙烧，得到氧化铝产品；分解母液循环使用，处理下一批矿石。

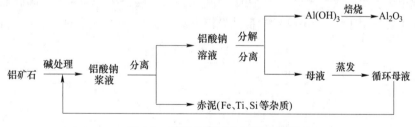

图 1-1　碱法生产氧化铝基本过程

碱法生产氧化铝又分为拜耳法、烧结法和拜耳—烧结联合法等多种流程。

A　拜耳法

拜耳法是 K·J·Bayer 于 1889~1892 年提出的，故称之为拜耳法，它适于处理低硅铝土矿，尤其是在处理三水铝石型铝土矿时具有突出优势。目前，全世界生产的氧化铝和氢氧化铝，有 90% 以上是采用拜耳法生产的。拜耳法的特点是：适合处理高铝硅比（铝硅比为矿石中氧化铝与二氧化硅的质量之比，一般用 A/S 表示）矿石，一般 $A/S>7~9$；流程简单，能耗低，成本低；产品质量好，纯度高。

拜耳法可分为如下几类：

（1）美国拜耳法。该法是以三水铝石型铝土矿为原料。由于三水铝石型铝土矿中的氧化铝很容易溶出，因而采用低温、低碱浓度溶出（一般苛性碱浓度在 150g/L 以下），溶出的温度为 140~145℃，停留时间不足 1h，分解初温高（60~70℃），种子添加量较小（50~120g/L），分解时间为 30~40h，产品为粗粒氢氧化铝，但产出率低，仅为 40~45g/L。焙烧后得到砂状氧化铝。

（2）欧洲拜耳法。该法是以一水软铝石型铝土矿为原料。采用较高温、较高碱浓度溶出，苛性碱浓度一般在 200g/L 以上，溶出温度在 220℃ 以上，停留时间约 2~4h。经稀释后，将苛性碱浓度为 150g/L 的溶液进行分解。分解时初温低（60~55℃或更低），种子添加量较大（200~250g/L），分解时间为 50~70h，产出率达 80g/L，但得到的氢氧化铝粒度细，为面粉状氧化铝。为了适应电解对氧化铝的要求，现如今的欧洲拜耳法已发展为高温高碱浓度溶出，在低温、高固含、高产出率的分解条件下生产砂状氧化铝。

（3）中国拜耳法。该法是以一水硬铝石型铝土矿为原料。采用高温、高碱浓度溶出，苛性碱浓度一般在 230g/L 以上，溶出温度在 245~280℃，停留时间在 1h 以上。经稀释后，将苛性碱浓度为 120~160g/L 的溶液进行分解。分解初温为 60~75℃，种子添加量较大，为 500~800g/L，分解时间为 60~70h，产出率达 70g/L 以上。为了适应电解对氧化铝的要求，我国拜耳法企业也在优化分解条件，生产砂状氧化铝。

B　烧结法

烧结法主要包括碱石灰烧结法和石灰烧结法。由于后者至今未大规模用于工业生产，因此在我国烧结法一般是指碱石灰烧结法。烧结法的特点为：适合处理低品位铝土矿，$A/S=3~5$；流程复杂、能耗高、成本高；产品质量较拜耳法低。

C　联合法

拜耳法和碱石灰烧结法是工业上生产氧化铝的主要方法，它们各有其优缺点和运用范围。当生产规模较大时，采用拜耳法和烧结法的联合生产流程，可以兼有两种方法的优点，充分利用铝土矿资源，取得比单一方法更好的经济效果。联合法分为并联、串联和混联三种基本流程，主要适用于 $A/S=5~7$ 的中低品位铝土矿。表1-2 对以上三种方法进行了总结。

表1-2　不同氧化铝生产工艺特点

工艺方法	矿石质量要求	特　点
拜耳法	国外：$w(Al_2O_3)=40\%~60\%$，$w(SiO_2)<5\%~7\%$，$A/S>7~10$ Fe_2O_3 无限制；国内：$w(Al_2O_3)>50\%$，$A/S>5$	工艺简单，成本低 但对矿石质量要求高
烧结法	$w(Al_2O_3)>55\%$，$A/S>3.5$	能处理低品位矿石，但能耗高
联合法	$w(Al_2O_3)>50\%$，$A/S>4.5$	能充分利用矿石资源 但工艺流程复杂，能耗高

1.1.3.2　其他方法

A　酸法

该法是用硝酸、硫酸、盐酸等无机酸处理含铝原料而得到相应铝盐的酸性溶液；然后使这些铝盐或水合物晶体（通过蒸发结晶）或碱式铝盐（水解结晶）从溶液中析出。也可用碱中和这些铝盐水溶液，使其以氢氧化铝形式析出；焙烧氢氧化铝、各种铝盐的水合物或碱式铝盐，便得到氧化铝。

B 酸碱联合法

该法先用酸法从高硅铝土矿中制取含铁、钛等杂质的不纯氢氧化铝，然后再用碱法（拜耳法）处理。其实质是用酸法除硅，碱法除铁。

C 热法

该法适用于处理高硅高铁铝土矿。其实质是在电炉或高炉内进行矿石的还原熔炼，同时获得硅铁合金（或生铁）与含氧化铝的炉渣，再用碱法从炉渣中提取氧化铝。

1.2 铝 土 矿

1.2.1 铝土矿化学组成及矿物组成

铝在地壳中的平均含量为 8.7%（折成氧化铝为 16.4%），仅次于氧和硅，居于第三位，在金属元素中则位居第一。由于铝的化学性质活泼，其在自然界中仅以化合物状态存在。地壳中的含铝矿物有 250 多种，其中约 40% 是铝硅酸盐，主要的含铝矿物列于表 1-3 中。

铝土矿是目前氧化铝生产中最主要的矿石资源，世界上 99% 以上的氧化铝是用铝土矿为原料生产的。铝土矿是一种组成复杂、化学成分变化很大的含铝矿物，一般要求氧化铝含量在 40% 以上，二氧化硅含量在 20% 以下，主要化学成分为 Al_2O_3、SiO_2、Fe_2O_3、TiO_2，并含有少量的 CaO、MgO、S、Ga、V、Cr、P 等。铝土矿中的氧化铝主要以三水铝石（$Al(OH)_3$）、一水软铝石（$\gamma\text{-}AlOOH$）和一水硬铝石（$\alpha\text{-}AlOOH$）状态赋存，其性质见表 1-4。

表 1-3 主要含铝矿物

名称与化学式	含量（质量分数）/%			密度 /g·cm⁻³	莫氏硬度
	Al_2O_3	SiO_2	Na_2O+K_2O		
刚玉 Al_2O_3	100	—	—	4.0~4.1	9.0
一水软铝石 $Al_2O_3 \cdot H_2O$	85.0			3.01~3.06	3.5~4.0
一水硬铝石 $Al_2O_3 \cdot H_2O$	85.0			3.3~3.5	6.5~7.0
三水铝石 $Al_2O_3 \cdot 3H_2O$	65.4	—	—	2.35~2.42	2.5~3.5
蓝晶石 $Al_2O_3 \cdot SiO_2$	63.0	37.0	—	3.56~3.68	4.5~7.0
红柱石 $Al_2O_3 \cdot SiO_2$	63.0	37.0	—	3.15	7.5
硅线石 $Al_2O_3 \cdot SiO_2$	63.0	37.0	—	3.23~3.25	7.0
霞石 $(Na, K)_2O \cdot Al_2O_3 \cdot 2SiO_2$	32.3~36.0	38.0~42.3	19.6~21.0	2.63	5.5~6.0

名称与化学式	含量（质量分数）/%			密度 /g·cm⁻³	莫氏硬度
	Al_2O_3	SiO_2	Na_2O+K_2O		
长石 $(Na, K)_2O \cdot Al_2O_3 \cdot 6SiO_2 \cdot 2H_2O$	18.4~19.3	65.5~69.3	1.0~11.2	—	—
白云母 $K_2O \cdot 3Al_2O_3 \cdot 6SiO_2 \cdot 2H_2O$	38.5	45.2	11.8	—	2.0
绢云母 $K_2O \cdot 3Al_2O_3 \cdot 6SiO_2 \cdot 2H_2O$	38.5	45.2	11.8	—	2.0
白榴石 $K_2O \cdot Al_2O_3 \cdot 4SiO_2$	23.5	55.0	21.5	2.45~2.5	5.0~6.0
高岭石 $Al_2O_3 \cdot 2SiO_2 \cdot 2H_2O$	39.5	46.4	—	2.58~2.6	1.0
明矾石 $(Na, K)_2SO_4 \cdot Al_2(SO_4)_3 \cdot 4Al(OH)_3$	37.0		11.3	2.60~2.80	3.5~4.0
丝钠铝石 $Na_2O \cdot Al_2O_3 \cdot 2CO_2 \cdot 2H_2O$	35.4		21.5	—	—

表 1-4　三水铝石、一水软铝石和一水硬铝石性质

矿石类型	三水铝石	一水软铝石	一水硬铝石
化学分子式	$Al_2O_3 \cdot 3H_2O$ 或 $Al(OH)_3$	$Al_2O_3 \cdot H_2O$ 或 $AlOOH$	$Al_2O_3 \cdot H_2O$ 或 $AlOOH$
氧化铝含量/%	65.4	85.0	85.0
结晶水含量/%	34.6	15.0	15.0
晶系	单斜晶系	斜方晶系	斜方晶系
莫氏硬度	2.5~3.5	3.5~4.0	6.5~7.0
密度/g·cm⁻³	2.3~2.4	3.0~3.1	3.3~3.5

依据铝土矿中含铝矿物的种类，一般可将铝土矿分为三种基本类型，即三水铝石型、一水软铝石型和一水硬铝石型。同时，还存在各种混合型，如三水铝石——一水软铝石型和一水软铝石——一水硬铝石型等，有的一水硬铝石型铝土矿中还含有少量刚玉。不同类型的铝土矿对溶出条件的要求不一样，表 1-5 列出了不同类型铝土矿的溶出条件。

表 1-5　不同类型铝土矿溶出条件

矿石类型	溶出条件	
	压力/MPa	温度/℃
三水铝石型	0.1~0.5	100~150
一水软铝石型	1.6~3.4	200~240
一水硬铝石型	3.7~6.5	245~280
三水铝石——一水软铝石混合型	1.3~1.8	190~205
一水软铝石——一水硬铝石混合型	3.7~6.5	245~280

铝土矿的质量主要取决于其中氧化铝存在的矿物形态和有害杂质含量，不同类型的铝土矿溶出性能差别很大。衡量铝土矿的质量，一般考虑以下几个方面：

（1）铝土矿的铝硅比。二氧化硅是碱法（特别是拜耳法）生产氧化铝过程中最有害的杂质，矿石的铝硅比越高越好。

（2）铝土矿的氧化铝含量。氧化铝含量越高，对生产氧化铝越有利。

（3）铝土矿的矿物类型。三水铝石型铝土矿中的氧化铝最容易被碱液溶出，一水软铝石型次之，而一水硬铝石的溶出则较难。

（4）以针铁矿和铝针铁矿形态存在的氧化铁，矿石中其他有害杂质如硫、碳酸盐及有机物等，对铝土矿的溶出性能、赤泥沉降性能以及碱损失都有不利影响。

1.2.2 铝土矿结构特点

铝土矿矿床按成因可分为红土型、岩溶型和齐赫文型三种主要的地质类型。红土型铝土矿在形成过程中，其母岩首先要经过红土化作用，进而沉积风化或经搬运—沉积再风化。红土型铝土矿在世界铝土矿储量中占比较大，大多数红土型铝土矿为地表矿床，容易露天开采，且大多为三水铝石型铝土矿，开采利用率较高。岩溶型铝土矿的形成主要是含铝的岩石被 SO_4^{2-} 或 CO_3^{2-} 等具有较强腐蚀分解作用的溶液分解，使岩石中的不同元素随溶液的流动而沉积到不同的方位，经风化等形成铝土矿床。地下开采的铝土矿主要属岩溶型铝土矿。齐赫文型矿床全部由搬运了的含铝矿物组成，沉积于铝硅酸盐岩石的表面，其形成过程在沉积和保留等方面需要许多有利条件的配合，所以只能形成小型的铝土矿区。

铝土矿由于其成分不同及其生成地质条件的变化，具有各种颜色和结构形状，常见的有以下几种：

（1）粗糙状（土状）铝土矿。其特点是表面粗糙，一般常见颜色有灰色、灰白色、浅黄色等。

（2）致密状铝土矿。其特点是表面光滑致密，断口呈贝壳状，颜色多为灰色或青灰色，其中高岭石含量较高，铝硅比较低。

（3）豆鲕状铝土矿。其特征是表面呈鱼子状或豆状，胶结物主要是粗糙状铝土矿，其次为致密状铝土矿，颜色多为深灰色、灰绿色、红褐色或灰白色。

1.2.3 铝土矿资源分布

1.2.3.1 世界铝土矿概况

世界铝土矿资源丰富，资源保证程度很高，目前已探明储量300亿吨，基础储量550亿~750亿吨。按世界铝土矿产量（1.3亿~1.5亿吨/年）计算，静态保证年限在200年以上。随着金属铝用量的不断扩大，铝土矿的开采量也不断增加。世界上主要的铝土矿生产国有澳大利亚、几内亚、巴西和牙买加等。世界铝土矿矿石类型及化学成分见表1-6。

表 1-6 世界铝土矿矿石类型及化学成分表

国家	含量（质量分数）/%					矿石类型
	Al_2O_3	SiO_2	Fe_2O_3	TiO_2	LOI	
澳大利亚	25~58	0.5~38	5~37	1~6	15~28	三水铝石、一水软铝石
几内亚	40~60.2	0.8~6	6.4~30	1.4~3.8	20~32	三水铝石、一水软铝石
巴西	32~60	0.95~25.8	1.0~58.1	0.6~4.7	8.1~32	三水铝石

国家	含量（质量分数）/%					矿石类型
	Al_2O_3	SiO_2	Fe_2O_3	TiO_2	LOI	
中国	50~70	9~15	1~13	2~3	13~15	一水硬铝石
越南	44.4~53.2	1.6~5.1	17.1~22.3	2.6~3.7	24.5~25.3	三水铝石、一水硬铝石
牙买加	45~50	0.5~2	16~25	2.4~2.7	25~27	三水铝石、一水软铝石
印度	40~80	0.3~18	0.5~25	1~11	20~30	三水铝石
圭亚那	50~60	1~8	17~26	2.5~3.5	13~27	三水铝石
希腊	35~65	0.9~9.3	7~40	1.2~3.1	19.3~27.3	一水硬铝石、一水软铝石
苏里南	37.3~61.7	1.6~3.5	2.8~19.7	2.8~4.9	29~31.3	三水铝石、一水软铝石
南斯拉夫	48~60	1~8	17~26	2.5~3.5	13~27	一水硬铝石、一水软铝石
委内瑞拉	35.5~60	0.9~9.3	7~40	1.2~3.1	19.3~27.3	三水铝石
苏联	36~65	1~32	8~45	1.4~3.2	10~14	软、硬铝石，三水铝石
匈牙利	50~60	1~8	15~20	2~3	13~20	一水软铝石、三水铝石
美国	31~57	5~24	2~35	1.6~6	16~28	三水铝石、一水软铝石
法国	50~55	5~6	4~25	2~3.6	12~16	一水硬铝石、一水软铝石
印度尼西亚	38.1~59.7	1.5~13.9	2.8~20	0.1~2.6	—	三水铝石
加纳	41~62	0.2~3.1	15~30	—	—	三水铝石
塞拉利昂	47~55	2.5~30	—	—	—	三水铝石

1.2.3.2　我国铝土矿概况

我国铝土矿已探明储量约 10 亿吨，开采量基本呈逐年增长的趋势。2017 年我国铝土矿产量为 6800 万吨，占全球总产量的 22.7%。按照同期我国铝土矿资源储量，我国铝土矿静态可采年限不足 15 年，远低于全球 100 年以上的平均水平。因此，加强资源的合理开发利用是我国铝土矿产业乃至整个铝产业所面临的重要问题。

我国铝土矿资源具有以下几个特点：

（1）我国铝土矿储量不足，只占世界的 3% 左右。山西、贵州、河南和广西地区储量最高，合计占全国总储量的 90% 以上。这四个地区又有着丰富的煤炭和水电资源，具有发展铝工业的有利条件。

（2）矿床类型以沉积型为主，以大中型矿床居多，坑采储量比重较大。在已探明的储量中，属岩溶型矿床的占全国储量的 92.25%；齐赫文型矿床储量为 6.21%；红土型矿床储量占 1.54%。我国铝土矿能适合露天开采的矿床不多，大约占全国总储量的 34%。

（3）一水硬铝石型铝土矿占绝对优势。已探明的铝土矿储量中，一水硬铝石型铝土矿储量占全国总储量的 98.46%，三水铝石型矿石储量只占 1.54%。一水硬铝石型铝土矿绝大部分具有高铝、高硅、低铁的突出特点，铝硅比偏低。据统计，我国铝硅比大于 9 的矿石量只占 18.6%；在 6~9 之间的矿石量占 25.4%；4~6 之间的矿石量占 48.6%；小于 4 的矿石量占 7.4%。

1.2.4 非传统铝资源

1.2.4.1 赤泥

赤泥是氧化铝工业生产的强碱性废渣，根据氧化铝生产方法的不同，赤泥可以分为拜耳法赤泥和烧结法赤泥。赤泥的颜色随着氧化铁含量的不同而发生变化，一般呈红色，因此称为赤泥；氧化铁含量较少的赤泥呈棕色，甚至灰白色。

赤泥的物相组成随氧化铝生产方法的不同而变化。拜耳法赤泥的物相组成主要有水合铝硅酸钠（俗称钠硅渣，$Na_2O \cdot Al_2O_3 \cdot mSiO_2 \cdot nH_2O$）、水化石榴石（俗称钙硅渣，$3CaO \cdot Al_2O_3 \cdot xSiO_2 \cdot (6-2x)H_2O$）、钙霞石、赤铁矿、针铁矿、锐钛矿和钙钛矿等。烧结法赤泥中的物相组成主要有原硅酸钙、赤铁矿、钙钛矿、方解石和水化石榴石等。

赤泥的成分受铝土矿的化学成分和氧化铝的生产工艺所影响。赤泥中主要成分为Al_2O_3、SiO_2、CaO、Fe_2O_3、Na_2O、TiO_2，占赤泥的85%以上。此外，赤泥中还有灼减（烧失量）和微量有色金属，如铼、镓、钇、钪、钽、铌、铀、钍和镧系元素等。赤泥对环境的危害因素主要是其含Na_2O的附液，含碱2~3g/L，pH值可达12~14。

1.2.4.2 粉煤灰

粉煤灰俗称飞灰，即煤粉在燃烧后由烟道气带出，并经除尘器收集的粉尘，是燃煤电厂排出的主要固体废物。粉煤灰的物相组成可分为非晶相和结晶相两大类。非晶相主要是玻璃相及未燃碳；结晶相主要包括莫来石、方镁石、石英、长石、方解石和少量金红石、石膏、钙长石、硫酸盐矿物、云母、赤铁矿等。我国电厂粉煤灰的主要化学组成为Al_2O_3、SiO_2、CaO、Fe_2O_3，同时还含有多种重金属元素及稀有元素。高铝粉煤灰中氧化铝含量与我国中低品位的铝土矿相当，一般要求Al_2O_3含量（质量分数）大于40%，其潜在蕴藏量十分丰富，仅准格尔煤田就达80亿吨。

1.2.4.3 霞石

霞石在自然界分布很广，主要赋存在霞石正长岩中。霞石的伴生矿物有长石及少量的白云母、黑云母、磷铁矿和角闪石，也可能有少量刚玉。我国霞石正长岩分布方向为东北至西南向带状分布，北起辽宁，经河北、山西、湖北、四川，至云南。我国霞石资源非常丰富，远景储量可达160亿吨以上。霞石属六方晶系，L6对称型，晶体多呈六方短柱状或厚板状，通常为粒状集合体或致密块状，呈貌似单晶的双晶出现。霞石矿多为无色、灰白、浅红、淡黄或浅褐色，透明至半透明，晶面玻璃光泽、断口油脂光泽，硬度为5~6，性脆，密度为$2.6g/cm^3$，熔点为1526℃，主要形成于富含钠而贫硅的碱性火成岩及伟晶岩中。

1.3 铝酸钠溶液

1.3.1 Na_2O-Al_2O_3-H_2O 系平衡状态图

研究氧化铝在氢氧化钠溶液中的溶解度与溶液浓度、温度的关系，以及不同条件下的平衡固相和液相组成，对氧化铝生产具有重大意义。Na_2O-Al_2O_3-H_2O 系平衡状态图可以具体表示各成分及温度的关系。氧化铝在氢氧化钠溶液中的溶解度，通常以 g/L 表示。

铝酸钠溶液的浓度通常用溶液中苛性碱浓度和氧化铝浓度来表示。铝酸钠溶液中苛性碱包括化合为铝酸钠的 Na_2O 和以氢氧化钠形式存在的游离 Na_2O。苛性碱浓度用 N_K（或 Na_2O_k，以 Na_2O 计）表示，单位为 g/L；Al_2O_3 浓度用 A_0 表示，单位为 g/L。在工业铝酸钠溶液中还存在碳酸钠（简称为碳碱）和硫酸钠（简称为硫碱）等杂质。碳酸钠浓度和硫酸钠浓度均以 Na_2O 浓度计，分别表示为 N_C 和 N_S，单位为 g/L。铝酸钠溶液中的苛性碱与碳碱浓度之和称为全碱浓度，用 N_T 表示，即 $N_T = N_K + N_C$。

对于 Na_2O-Al_2O_3-H_2O 系平衡状态图，可以用直角坐标表示，也可以用等边三角形表示。

1.3.1.1 30℃下的 Na_2O-Al_2O_3-H_2O 系

用直角坐标表示的 30℃ 下的 Na_2O-Al_2O_3-H_2O 系平衡状态等温截面图如图 1-2 所示。其 OBCD 曲线是依次连接各个平衡溶液的组成点得出的，即氧化铝在 30℃ 下的氢氧化钠溶液中的溶解度等温线。图中的溶解度等温线可以认为是由 OB、BC 和 CD 三个线段组成，各线段上的溶液分别和某一个固相保持平衡，自由度为 1。B 点和 C 点是两个无变量点，表示其溶液同时和某两个固相保持平衡，自由度为 0。

对 30℃ 下的 Na_2O-Al_2O_3-H_2O 系，与 OB 线上溶液成平衡的固相是三水铝石（$Al_2O_3 \cdot 3H_2O$），所以 OB 线是三水铝石在氢氧化钠溶液中的溶解度曲线，它表明随着 NaOH 溶液浓度的增加，三水铝石在其中的溶解度越来越大。

BC 线段是水合铝酸钠 $Na_2O \cdot Al_2O_3 \cdot 2.5H_2O$ 在 NaOH 溶液中的溶解度曲线。B 点上的溶液同时与三水铝石和水合铝酸钠保持平衡。水合铝酸钠在 NaOH 溶液中的溶解度随 NaOH 浓度的增加而降低。

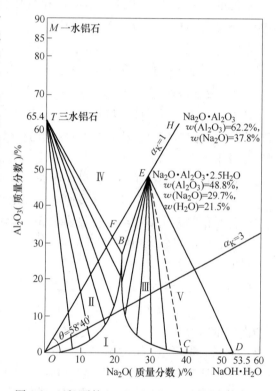

图 1-2 30℃下的 Na_2O-Al_2O_3-H_2O 系平衡状态图

CD 线是一水氢氧化钠 $NaOH \cdot H_2O$ 在铝酸钠溶液中的溶解度曲线。C 点的平衡固相是水合铝酸钠和一水氢氧化钠；D 点是一水氢氧化钠 $NaOH \cdot H_2O$ [$w(Na_2O) = 53.5\%$，$w(H_2O) = 46.5\%$] 的组成点。

E 点是水合铝酸钠的组成点，其成分为：$w(Al_2O_3) = 48.8\%$，$w(Na_2O) = 29.7\%$，$w(H_2O) = 21.5\%$。在 DE 线上及其右上方皆为固相区，不存在液相。

图中 OE 线上任一点的分子比都等于 1，实际铝酸钠溶液的分子比均大于 1。因此，实际的铝酸钠溶液的组成点都应位于 OE 线的右下方，即只可能存在于 OED 区域的范围内。

该体系平衡状态等温截面图，由各物相组成点及各固相在溶液中的溶解度曲线分为几个区域，各区域的组成及其特征如下：

(1) Ⅰ（OBCD）区。该区域的溶液对于三水铝石和水合铝酸钠来说，处于未饱和状态，具有溶解这两种物质的能力。当溶解三水铝石时，溶液的组成将沿着原溶液的组成点与 T 点 $Al_2O_3 \cdot 3H_2O[w(Al_2O_3) = 65.4\%, w(H_2O) = 34.6\%]$ 的连线变化，直到连线与 OB 线的交点为止，此时溶液已达到溶解平衡浓度。原溶液组成点离 OB 线越远，其未饱和程度越大，达到饱和时，所能够溶解的三水铝石数量越多。当其溶解固体铝酸钠时，溶液的组成则沿着原溶液组成点与铝酸钠的组成点 E 点的连线变化（如果是无水铝酸钠则为 H 点，H 点为无水铝酸钠，$Na_2O \cdot Al_2O_3[w(Al_2O_3) = 62.2\%, w(Na_2O) = 37.8\%]$ 的组成点，直到 BC 线的交点为止。

(2) Ⅱ（OBTO）区。该区为含三水铝石的过饱和铝酸钠溶液区，处于该区的溶液具有分解析出三水铝石结晶的特性。在分解过程中，溶液的组成沿原溶液的组成点与 T 点的连线变化，直到与 OB 线的交点为止，即达到三水铝石在溶液中的平衡溶解度。原溶液组成点离 OB 线越远，其过饱和程度越大，能够析出的三水铝石数量越多。

(3) Ⅲ（BCEB）区。该区为水合铝酸钠过饱和的铝酸钠溶液区，处于该区的溶液具有析出水合铝酸钠结晶的特性。在析出过程中，溶液的组成则沿着原溶液组成点与 E 点（水合铝酸钠的组成点）连线变化，直到与 BC 线的交点为止。原溶液的组成点离 BC 线越远，其过饱和程度越大，能够析出的水合铝酸钠量越多。

(4) Ⅳ（BETB）区。该区为同时过饱和的三水铝石和水合铝酸钠溶液区。处于该区的溶液具有同时析出三水铝石和水合铝酸钠结晶的特性。在析出过程中，溶液的组成则沿着原溶液的组成点与 B 点（溶液与三水铝石，水合铝酸钠同时平衡点）连线变化，直到 B 点组成点为止。

(5) Ⅴ（CDEC）区。该区为同时过饱和水合铝酸钠和一水氢氧化钠的溶液区，处于该区的溶液具有同时析出水合铝酸钠和一水氢氧化钠结晶的特性。在析出结晶过程中，溶液的组成则沿着原溶液的组成点与 C 点（溶液与水合铝酸钠和一水氢氧化钠同时平衡点）的连线变化，直到 C 点为止。析出两种固相的数量，可根据杠杆原理计算。

1.3.1.2 其他温度下的 Na_2O-Al_2O_3-H_2O 系

不同温度下的 Na_2O-Al_2O_3-H_2O 系平衡状态等温截面图如图 1-3 所示。不同温度下的溶解度等温线都包括两条线段，左支线随 Na_2O 浓度增大，Al_2O_3 的溶解度呈增加趋势；右支线则随 Na_2O 浓度的增大，Al_2O_3 溶解度下降。这两个线段的交点，即为该温度下的 Al_2O_3 在 Na_2O 溶液中溶解度达到的最大点。

随着温度的升高，溶解度等温线的曲率逐渐减小，在 250℃ 以上时曲线几乎成为直线，并且由其两条溶解度等温线所构成的交角逐渐增大，从而使溶液的未饱和区域扩大，溶液溶解固相的能力增大，同时溶解度的最大点也随温度的升高向较高的 Na_2O 浓度和 Al_2O_3 浓度方向推移。

Na_2O-Al_2O_3-H_2O 系中三水铝石——一水铝石稳定区界线和溶解度变温线如图 1-4 所示。当稳定区分界线外延至 Na_2O 浓度为零时，则可看出转变温度与由 Al_2O_3-H_2O 系中相应的转变温度相一致。随着碱浓度的提高，分界线向低温方向移动，其转变温度降低。在

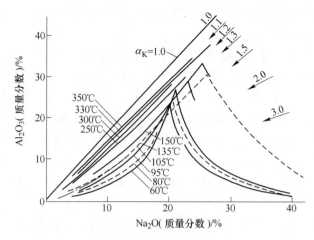

图 1-3　不同温度下的 Na_2O-Al_2O_3-H_2O 系状态图

Na_2O 浓度为 20%~22% 的溶液中，三水铝石向一水铝石的转变温度约为 70~75℃。这时平衡溶液中的 Al_2O_3 含量（质量分数）约为 23%，溶液的组成位于溶解度等温线的最大点处。所以可以认为 Na_2O-Al_2O_3-H_2O 系等温线左侧线段溶液的平衡固相，在 75℃ 以下是三水铝石，在 100~175℃ 之间，低碱浓度时溶液与三水铝石处于平衡，高碱浓度下则与一水铝石平衡。在 Na_2O-Al_2O_3-H_2O 系等温线右侧线段溶液的平衡固相为水合铝酸钠。水合铝酸钠在其饱和溶液中，在 130℃ 以下是稳定的化合物，高于 130℃ 时发生脱水，以无水铝酸钠形式作为平衡固相出现。

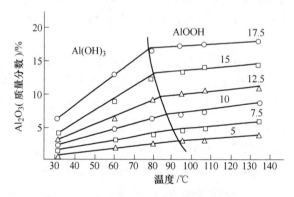

图 1-4　三水铝石和一水铝石的稳定区界限
（注：曲线上数字表示 Na_2O（质量分数）/%）

　　利用等边三角形表示的 Na_2O-Al_2O_3-H_2O 系状态图的等温截面如图 1-5 所示，可以更清楚地表示不同温度下的溶解度及其平衡固相的变化。在构成此三元系的 Na_2O-H_2O 二元系中，存在的化合物有：$NaOH \cdot 2H_2O$($<28℃$)，$NaOH \cdot H_2O$($<65℃$)，$NaOH$($321℃$ 熔化)。

　　三水铝石在浓碱溶液中，当温度在 75℃ 以下时才具有最大的溶解度，而且也是在此温度下才保持为平衡固相；大于 75℃ 则出现一水铝石作为平衡固相。在 75~100℃ 之间的三元系左侧线段的某一溶液可以同时与两个固相处于平衡，形成零变量［见图 1-5（a）］。Na_2O-Al_2O_3-H_2O 系在 140~300℃ 之间，其平衡固相不发生变化。图 1-5（b）为其 150℃ 时的等温截面图，一水铝石 AlOOH、NaAlO₂ 和 NaOH 都是稳定固相，未饱和溶液区（即溶解区）随温度的升高而扩大，到 321℃ 以上时，三元系的平衡固相又发生变化。NaOH 在 321℃ 熔化；在 330℃ 该体系中出现新的零变量点，一水铝石和刚玉同时与 $w(\mathrm{Na_2O})=$ 20%，$w(\mathrm{Al_2O_3})=25\%$ 的溶液处于平衡；在 350℃ 时，一水铝石、刚玉和溶液的零变量点已推至 $w(\mathrm{H_2O})=12\%$，$w(\mathrm{Na_2O})=15\%$，$w(\mathrm{Al_2O_3})=25\%$ 的溶液处。这说明随温度的升高，一水铝石的稳定区迅速变小 ［见图 1-5（c）］。

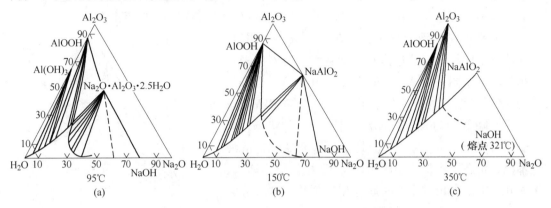

图 1-5　Na₂O-Al₂O₃-H₂O 系状态图的等温截面

如果将零变量点位置外推到 Na₂O 为 0% 时，一水铝石向刚玉的转变温度为 360℃。在 360℃ 以上，Na₂O-Al₂O₃-H₂O 系整个浓度范围内的稳定固相就只有刚玉，无铝酸钠和氧化钠。

拜耳法生产氧化铝就是根据 Na₂O-Al₂O₃-H₂O 系平衡状态等温截面图的溶解度等温线的上述特点，使铝酸钠溶液的组成总是处于 I、II 区内，即氢氧化铝处于未饱和状态及过饱和状态。利用较高浓度的苛性碱溶液在较高温度下溶出铝土矿中的氧化铝，然后再经稀释和冷却，使溶液处于氧化铝过饱和而结晶析出。

1.3.1.3　铝酸钠溶液分子比

铝酸钠溶液分子比可以用来表示铝酸钠溶液中氧化铝的饱和程度以及溶液的稳定性，是铝酸钠溶液的一个重要特征参数。它在氧化铝生产中是一项重要的技术指标。铝酸钠溶液的分子比（也称苛性比）是指铝酸钠溶液中苛性 Na₂O 与 Al₂O₃ 的摩尔比，以 α_K 表示；国外也用铝酸钠溶液中 Al₂O₃ 与 Na₂O 的质量浓度之比表征，以 R_p 表示，其计算公式为：

$$\alpha_\mathrm{K} = \frac{n(\mathrm{Na_2O})}{n(\mathrm{Al_2O_3})} = 1.645 \times \frac{N_\mathrm{K}}{A_0} \tag{1-1}$$

铝酸钠溶液的分子比在 Na₂O-Al₂O₃-H₂O 系直角坐标平衡状态等温截面图上，可用从坐标原点引出的直线表示。分子比相同的溶液其组成点在同一直线上，这样的直线称为等分子比直线。在 Na₂O-Al₂O₃-H₂O 系各溶解度曲线上的任一组成点，表明铝酸钠溶液在一定温度及苛性碱浓度下，具有固定的分子比，即称为该条件下的平衡分子比。

在实际生产氧化铝过程中，铝酸钠溶液分子比等于 1 或小于 1 的铝酸钠溶液是不存在的。因而，实际铝酸钠溶液的组成点在 Na₂O-Al₂O₃-H₂O 系平衡状态图上总是位于分子比等于 1 的等分子比直线的右下方。

1.3.2　铝酸钠溶液稳定性

在氧化铝生产过程中的铝酸钠溶液，绝大部分处于过饱和状态。而过饱和的铝酸钠溶液结晶析出氢氧化铝，在热力学上是自发的不可逆过程，如果生产过程控制不好，就会造成氧化铝的损失。所以研究铝酸钠溶液的稳定性，对生产过程有重要意义。所谓铝酸钠溶液的稳定性，是指从过饱和的铝酸钠溶液开始分解析出氢氧化铝所需时间的长短。铝酸钠溶液过饱和程度越大，其稳定性也越低。影响铝酸钠溶液稳定的主要因素有：

（1）铝酸钠溶液的分子比。在其他条件相同时，溶液的分子比越低，其过饱和程度越大，溶液的稳定性越低。对于同一个 Al_2O_3 浓度（见图 1-6），当分子比为 α_{K1} 时，溶液处于未饱和状态，尚能溶解 Al_2O_3；当分子比降低变为 α_{K2} 时，溶液则处于平衡状态；当分子比再降低为 α_{K3} 时，溶液处于过饱和状态，溶液呈不稳定状态，将析出 $Al(OH)_3$。随着分子比增大，溶液开始析出固相所需的时间也相应延长，这种分解开始所需的时间称为"诱导期"。

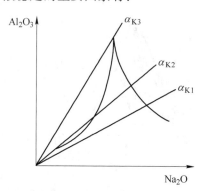

图 1-6　溶液分子比与其稳定性的关系

（2）铝酸钠溶液的浓度。由 $Na_2O\text{-}Al_2O_3\text{-}H_2O$ 系平衡状态等温截面图可知，在常压下，随着溶液温度的降低，等温线的曲率变大，所以当溶液分子比一定时，中等浓度（$N_K = 50 \sim 160g/L$）铝酸钠溶液的过饱和程度大于更稀或更浓的溶液。其表现为中等浓度的铝酸钠溶液稳定性最小，诱导期最短。例如，对比分子比为 1.7 的铝酸钠溶液，Na_2O 浓度为 $50 \sim 160g/L$ 时，在室温下经 $2 \sim 5$ 天，开始析出 $Al(OH)_3$；Na_2O 浓度为 $160 \sim 250g/L$ 时，需经 $14 \sim 30$ 天；Na_2O 浓度小于 $25g/L$ 时，需更长时间 $Al(OH)_3$ 才开始析出。

（3）溶液中所含的杂质。铝酸钠溶液中含有固体杂质（如氢氧化铁和钛酸钠等）。极细的氢氧化铁粒子经胶凝作用长大结晶成纤铁矿结构，起到了氢氧化铝结晶中心的作用。而钛酸钠由于表面极发达的多孔状结构，极易吸附铝酸钠，使其表面附近的溶液分子比降低。氢氧化铝析出并沉积于其表面，因而起到结晶种子的作用。这些杂质的存在，降低了溶液的稳定性。

然而工业铝酸钠溶液中的多数杂质，如 SiO_2、Na_2SO_4、Na_2S 及有机物等，能够使铝酸钠溶液的稳定性不同程度地提高。SiO_2 在溶液中能形成体积较大的铝硅酸根络合离子，使溶液黏度增大；碳酸钠能增大 Al_2O_3 的溶解度；有机物不但能增大溶液的黏度，而且易被晶核吸附，使晶核失去作用。

1.3.3　铝酸钠溶液物理化学性质

多年来，为了探索铝酸钠溶液的结构和满足生产、设计的需要，便于实现生产过程的自动控制，许多科学工作者对铝酸钠溶液的物理化学性质，如铝酸钠溶液的密度、黏度、电导率、蒸气压及溶液的热化学性质等进行了研究测定。

1.3.3.1 铝酸钠溶液的密度

铝酸钠溶液的密度主要受苛性碱浓度、氧化铝浓度和温度等因素的影响，在 20℃时铝酸钠溶液的密度可以通过图 1-7 所示的铝酸钠溶液密度计算图得出。从 Na_2O 某一浓度的溶液含量点（在水平坐标上），引一垂直线，使其与通过垂直坐标轴上的表示溶液中 Al_2O_3 含量点的水平线相交，交点所在的斜线的上端表示溶液的密度。

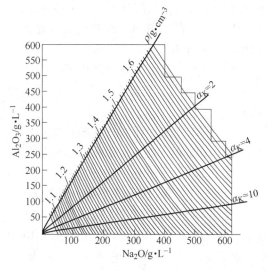

图 1-7 20℃时铝酸钠溶液密度计算图

在常压下，苛性碱浓度 140～230g/L，氧化铝浓度 60～130g/L，碳碱浓度 10～20g/L，温度 40～80℃，通过对工业铝酸钠溶液密度的试验测定，建立了铝酸钠溶液密度计算公式，即：

$$\rho = 1.055 + 9.640 \times 10^{-4} N_K + 6.589 \times 10^{-4} A_O + 5.1761 \times 10^{-4} N_C - 3.242 \times 10^{-4} T \tag{1-2}$$

式中　ρ——铝酸钠溶液密度，g/cm^3；

　　　N_K——溶液苛性碱浓度，g/L；

　　　A_O——溶液氧化铝浓度，g/L；

　　　N_C——碳碱浓度，g/L；

　　　T——温度，℃。

1.3.3.2 铝酸钠溶液的电导率

考虑到生产实际的铝酸钠溶液浓度范围，通过对苛性碱浓度，氧化铝浓度及温度等因素在 $N_K = 140～230g/L$，Al_2O_3 浓度 60～130g/L，Na_2O_C 浓度 10～20g/L，温度 40～80℃内，对其电导率影响的试验研究，归纳出电导率经验公式为：

$$\sigma = 0.2799 + 1.647 \times 10^{-3} N_K - 7.476 \times 10^{-4} A_O - 1.686 \times 10^{-3} N_C - 2.905 \times 10^{-3} T -$$
$$7.938 \times 10^{-5} N_K^2 + 5.88810^{-5} T^2 + 3.493 \times 10^{-5} N_K - 3.116 \times 10^{-5} A_O T \tag{1-3}$$

式中　σ——铝酸钠溶液的电导率，S/cm；

　　　N_K——铝酸钠溶液 Na_2O 浓度，g/L；

　　　A_O——铝酸钠溶液 Al_2O_3 浓度，g/L；

　　　N_C——碳碱浓度，g/L；

　　　T——温度，℃。

其中，影响铝酸钠溶液电导率的主要因素有：

（1）苛性碱浓度。图 1-8 为 25℃时不同浓度的铝酸钠溶液的电导率与溶液苛性碱浓度的关系。当苛性碱浓度较低时，电导率随着苛性碱浓度的增加而增大；苛性碱浓度较高时，电导率随苛性碱浓度的增加而减小。在某一苛性碱浓度下，电导率存在一个最大值。

（2）氧化铝浓度。当苛性碱浓度和温度一定时，溶液中氧化铝浓度和电导率呈直线关系，电导率随着氧化铝浓度的提高而降低。另外，苛性碱浓度较高的铝酸钠溶液，同一电

导率所对应的氧化铝浓度较高，苛性碱浓度
每升高 5g/L，同一电导率所对应的氧化铝浓
度升高 2g/L 左右。

（3）温度。铝酸钠溶液的电导率随着温
度的升高而增大，且随着温度的升高增加
很快。

（4）碳碱浓度。任何浓度和温度下的铝
酸钠溶液的电导率都随着碳碱浓度的增加而
减小。

1.3.3.3 铝酸钠溶液的饱和蒸气压

铝酸钠溶液的饱和蒸气压主要决定于溶
液中的 Na_2O 浓度，而 Al_2O_3 浓度的影响很
小。通过在如下范围：$N_K = 140 \sim 230g/L$，

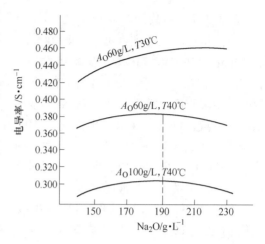

图 1-8 电导率与苛性碱浓度的关系

Al_2O_3 浓度 $60 \sim 130g/L$，Na_2O_c 浓度 $10 \sim 20g/L$，温度 $40 \sim 80℃$ 内进行的蒸气压试验数值测
定，建立如下方程：

$$p = 69.45 + 0.4968N_K - 4.649T - 0.01358N_K T + 0.1043T^2 \tag{1-4}$$

式中　p——饱和蒸气压，$1.013 \times 10^3 Pa$；

　　　N_K——铝酸钠溶液 Na_2O 浓度，g/L；

　　　T——温度，℃。

在测定范围内，饱和蒸气压主要取决于铝酸钠溶液中苛性碱浓度和温度。苛性碱浓度
对铝酸钠溶液的饱和蒸气压的影响如图 1-9 所示。由图 1-9 可见，饱和蒸气压随 Na_2O 浓度
的增大而降低。温度对饱和蒸气压的影响如图 1-10 所示。由图 1-10 可知，温度与饱和蒸
气压呈抛物线性关系，并且在所研究的温度范围内，蒸气压随温度的升高而增大。

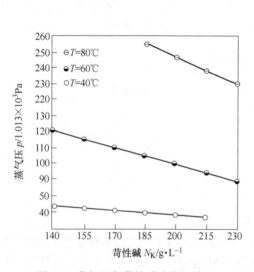

图 1-9 蒸气压与苛性碱浓度的关系

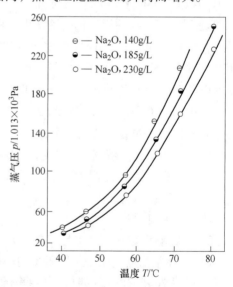

图 1-10 蒸气压与温度的关系曲线

1.3.3.4 铝酸钠溶液的黏度

铝酸钠溶液的黏度比一般电解质溶液要高得多。其黏度大小受苛性碱浓度、氧化铝浓

度和温度等因素影响。由图 1-11 可知，铝酸钠溶液的黏度随 Al_2O_3 浓度和苛性碱浓度的提高而增大；随着溶液浓度的提高和分子比的降低，溶液黏度急剧升高，高浓度的溶液尤为显著。溶液中的碳碱浓度的提高又使黏度在一定程度上增大。铝酸钠溶液黏度的对数与绝对温度的倒数呈直线关系，即：

$$\lg \eta = f\left(\frac{1}{T}\right) \tag{1-5}$$

1.3.3.5 铝酸钠溶液的热容及热焓

铝酸钠溶液的热容取决于溶液的组成，单位容积（L 或 m^3）的铝酸钠溶液的热容 $[kJ/(kg \cdot \text{℃})]$ 等于比热与溶液密度的乘积，即 $C_p \cdot \rho_0$。所以，不同分子比的铝酸钠溶液的热容与溶液组成的关系可写成 $C_p \cdot \rho = f(N_K)$ 的形式，N_K 为铝酸钠溶液中 Na_2O 浓度。

图 1-12 为不同分子比的单位容积（L）铝酸钠溶液的 $C_p \cdot \rho = f(N_K)$ 关系的曲线。曲线数据采取自 20℃时的密度和 90℃时的比热值（曲线 6 取自 20℃ 和 NaOH 溶液的热容）。曲线 3 相当于一水硬铝石或一水软铝石型铝土矿的高压溶出条件。

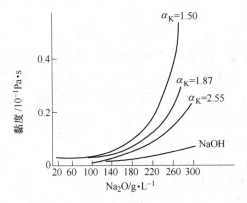
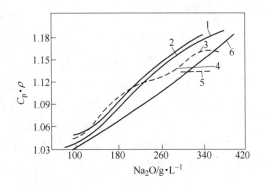

图 1-11　30℃下的铝酸钠溶液的黏度　　图 1-12　铝酸钠溶液 $C_p \times \rho = f(N_K)$ 关系曲线

分子比：1—∞；2—3.48；3—2.49~1.69；
4—1.54；5—1.34；6—∞

在 N_K 140~230g/L，Al_2O_3 60~130g/L，Na_2O_C 10~20g/L，40~80℃下，铝酸钠溶液的比热通过试验测定建立以下方程：

$$C_p = 0.921 - 2.75 \times 10^{-4} N_K - 2.45 \times 10^{-4} A_O - 1.70 \times 10^{-3} N_C + 5.65 \times 10^{-4} T \tag{1-6}$$

式中　　C_p——溶液比热，$J/(g \cdot \text{℃})$；

N_K——以 Na_2O 表示的苛性碱浓度，g/L；

A_O——Al_2O_3 浓度，g/L；

N_C——以 Na_2O 表示的 Na_2CO_3 浓度，g/L；

T——溶液温度，℃。

铝酸钠溶液的热焓，可通过以下方程计算：

$$H = (C_p \times \rho) \times T \times V \times 1000 \tag{1-7}$$

式中　　H——铝酸钠溶液的比热焓，kJ；

C_p——铝酸钠溶液的热容，$J/(g \cdot \text{℃})$；

ρ——铝酸钠溶液的密度，g/cm^3；

T——铝酸钠溶液的温度，℃；

V——铝酸钠溶液的体积，m^3。

1.3.3.6　氧化铝水合物在碱溶液中的溶解热

氧化铝水合物在碱溶液中的溶解反应热可用以下公式计算：

$$\lg K = \frac{\Delta H}{4.575T} + C \tag{1-8}$$

式中　ΔH——溶解热，kJ/mol；

$\quad\quad K$——溶解反应平衡常数；

$\quad\quad C$——常数；

$\quad\quad T$——温度，K。

由式（1-8）可计算出氧化铝水合物平均溶解热：三水铝石，602.1kJ/kg_{-AO}；拜耳石，429.7kJ/kg_{-AO}；一水软铝石，390.4kJ/kg_{-AO}；一水硬铝石，640.2kJ/kg_{-AO}。

1.3.4　铝酸钠溶液结构

早在 20 世纪 30 年代，人们就开始了对铝酸钠溶液结构问题的研究，但铝酸钠溶液的结构和性质与许多常见电解质溶液有很大差别，如密度、黏度、电导率和饱和蒸气压等与组成的关系曲线都具有明显的特殊性，因此铝酸钠溶液的结构仍然没有完全弄清楚。通常所说的铝酸钠溶液的结构，指的是铝酸根阴离子的组成及结构。其大致可分为三种学说：

（1）铝酸钠溶液是单纯铝酸离子存在下的真溶液；

（2）在铝酸钠溶液中，存在加水分解的氢氧化铝溶胶状胶体；

（3）铝酸钠溶液虽为真溶液，但离子以较复杂的状态存在。

上述三种学说，如果根据铝酸钠溶液的部分特性来看，每一种都可认为是正确的，但从铝酸钠溶液的全部特性来看，又不能将三种见解笼统地归为一种。

关于铝酸根阴离子的结构，尽管存在许多争议，但根据近年来较为肯定的研究结果，可以认为：

（1）在中等浓度的铝酸钠溶液中，铝酸根离子以 $Al(OH)_4^-$ 形式存在；

（2）在稀溶液中且温度较低时，以水化离子 $\left[Al(OH)_4^-\right]\cdot(H_2O)_x$ 形式存在；

（3）在较浓的溶液中或温度较高时，发生 $Al(OH)_4^-$ 离子脱水，形成 $\left[Al_2O(OH)_6\right]^{2-}$ 二聚离子，在 150℃以下，这两种形式的离子可同时存在；

（4）铝酸钠溶液是一种缔合型电解质溶液，在碱浓度较高时，溶液中将存在大量缔合离子对，且浓度越高，越有利于缔合离子对的形成。

1.4　拜耳法原理与工艺

1.4.1　拜耳法原理

拜耳法用于处理低硅铝土矿，特别是用在处理三水铝石型铝土矿时，流程简单，作业方便，其经济效果优于其他方法。拜耳法的基本原理为：铝土矿与循环碱液（一水铝石矿中添加石灰）在高压下进行溶出反应，使铝土矿中的含铝矿物反应进入铝酸钠溶液，硅、铁、钛矿物不溶或反应为不溶物进入赤泥，沉降分离的溶出液经稀释后进行晶种分解析出氢氧化铝，焙烧后获得氧化铝产品，而分解后的溶液（分解母液）经蒸发后用来处理下一批矿石。

拜耳法的实质是铝土矿溶出和铝酸钠溶液晶种分解反应在不同条件下的交替进行，其化学式为：

$$Al_2O_3 \cdot (1 \text{ 或 } 3)H_2O + 2NaOH(aq) \Longleftrightarrow 2NaAl(OH)_4(aq) \tag{1-9}$$

拜耳法可以利用 $Na_2O\text{-}Al_2O_3\text{-}H_2O$ 系循环图解释，如图 1-13 所示。用来溶出铝土矿中氧化铝水合物的铝酸钠溶液（即循环母液）的成分相当于图中 A 点，它在高温（在此为 200℃）下是未饱和的，具有溶解氧化铝水合物的能力。在溶出过程中，如果不考虑矿石中杂质造成的 Na_2O 损失，溶液成分应该沿着 A 点与 $Al_2O_3 \cdot H_2O$（在溶出一水铝石矿时）或 $Al_2O_3 \cdot 3H_2O$（在溶出三水铝石矿时）图形点的连线变化，直到饱和为止。溶出液的最终成分理论上可以达到这条线与溶解度等温线的交点，但在实际生产过程中，由于时间的限制溶出过程在此前的 B 点已结束，B 点就是溶出后溶液的成分。为了从其中析出氢氧化铝，

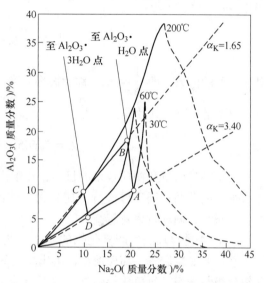

图 1-13　$Na_2O\text{-}Al_2O_3\text{-}H_2O$ 系中的拜耳法循环图

必须要降低它的稳定性，为此加入赤泥洗液将其稀释。由于溶液中 Na_2O 和 Al_2O_3 的浓度同时降低，故其成分由 B 点沿等分子比线改变为 C 点。在赤泥分离后，降低温度（如降低为 60℃），使溶液的过饱和程度进一步提高，往其中加入氢氧化铝晶种便发生分解反应，析出氢氧化铝。在分解过程中溶液成分沿着 C 点与 $Al_2O_3 \cdot 3H_2O$ 成分点的连线变化。如果溶液在分解过程中最后冷却到 30℃，种分母液的成分在理论上可以达到连线与 30℃等温线的交点。在实际的生产过程中，由于时间的限制，分解过程是在溶液成分变为 D 点，即仍然存在一定过饱和 Al_2O_3 的情况下结束。如果 D 点的分子比与 A 点相同，那么通过蒸发，溶液成分又可以恢复到 A 点。由此可见，A 点成分的溶液经过这样一次作业循环，便可以由矿石提取出一批氢氧化铝，而其成分仍不发生改变。图中 AB、BC、CD 和 DA 线表示溶液成分在各个作业过程中的变化，分别称为溶出线、稀释线、分解线和蒸发线，其正好组成一个封闭四边形，即构成一个循环过程。

实际的生产过程与上述理想过程存在差别，主要因为存在 Al_2O_3 和 Na_2O 的化学损失和机械损失，如溶出时有蒸气冷凝水使溶液稀释（蒸气直接加热溶出时），而添加的晶种又往往带入母液使溶液的分子比有所提高，因而各个线段都会偏离图 1-13 所示的位置。在每一次作业循环之后，必须补充所损失的碱，母液才能恢复到循环开始时的 A 点成分。

根据拜耳法循环，可以计算出生产 1t 氧化铝时循环母液中所必须含有的碱量。这一碱量不包括碱损失，只包含流程中循环使用的碱量，故称为循环碱量，以 N 表示，单位为

t。假设每生产 1t 氧化铝，循环母液中的 Al_2O_3 含量为 $A_m t$，Na_2O（循环碱量）的含量为 Nt，其分子比 $(\alpha_K)_m = 1.645N/A_m$。溶出以后，所得铝酸钠溶液中的 Al_2O_3 含量增加为 At，但其中 Na_2O 仍为 Nt，其分子比 $\alpha_K = 1.645N/A$。因此，

$$A_m = \frac{1.645 \times N}{(\alpha_K)_m} \qquad (1\text{-}10)$$

$$A = \frac{1.645 \times N}{\alpha_K} \qquad (1\text{-}11)$$

根据 $A = A_m + 1$，可得

$$N = 0.608 \times \frac{(\alpha_K)_m \, \alpha_K}{(\alpha_K)_m - \alpha_K} \qquad (1\text{-}12)$$

其中，N 的倒数，即 $\dfrac{1}{N} = E$，称为循环效率，它表示 1t Na_2O 在一次作业循环中所生产出的 Al_2O_3 量（t）。其计算公式为：

$$E = 1.645 \times \frac{(\alpha_K)_m - \alpha_K}{(\alpha_K)_m \, \alpha_K} \qquad (1\text{-}13)$$

提出循环碱量和循环效率的目的，在于说明拜耳法作业的效果与母液及溶出液的分子比有很大的关系：循环母液分子比越大，溶出液分子比越小，生产 1t 氧压铝所需的循环碱量就减小，循环效率就越高。

图 1-14 是拜耳法生产氧化铝的基本工艺流程。整个生产过程分为如下几个主要的生产工序：原矿浆制备，高压溶出，溶出矿浆的稀释与赤泥的分离和洗涤，晶种分解，氢氧化铝分级与洗涤，氢氧化铝焙烧，以及母液蒸发及苏打苛化等。每个工厂由于条件不同，可能采用的工艺流程会稍有不同，但原则上它们没有本质的区别。

1.4.2　原矿浆制备

原矿浆制备是氧化铝生产的第一道工序，其过程是把原料铝土矿、石灰和铝酸钠溶液等按一定的比例配制出化学成分、物理性能都符合溶出要求的原矿浆。一般要求是物料要有一定的细度；参与化学反应的物质之间要有一定的配比和均匀混合。

因此原矿浆制备在氧化铝生产中具有重要作用，能否制备出满足氧化铝生产要求的矿浆，将直接影响到氧化铝的溶出率，并影响赤泥沉降性能、种分分解率以及氧化铝的产量等经济技术指标。原矿浆制备工序的主要技术指标有铝硅比、矿浆细度、液固比、氧化钙添加量、补充碱量、循环母液浓度和配料分子比等。

1.4.3　预脱硅

在铝土矿的预热和溶出过程中，活性硅矿物与循环母液发生化学反应，生成溶解度很小的化合物，该化合物从液相中结晶析出并沉积在容器表面，形成结疤。结疤的形成严重影响加热器的传热效率，并减少设备使用寿命，故原矿在溶出之前一般要进行预脱硅。在高压溶出前，通常将原矿浆在 90℃ 以上搅拌 6~12h，使硅矿物尽可能转变成钠硅渣，这个过程称为预脱硅。在预脱硅过程中并不是所有的硅矿物都能参与反应，只有高岭石和多水高岭石这些活性高的硅矿物才能反应生成钠硅渣。以高岭石为例，硅矿物在预脱硅过程反

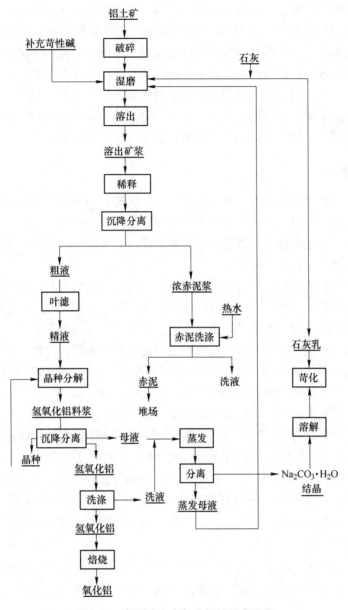

图 1-14 拜耳法生产氧化铝的基本流程

应如下：

$$Al_2O_3 \cdot 2SiO_2 \cdot 2H_2O + 6NaOH(aq) \longrightarrow 2NaAl(OH)_4 + 2Na_2SiO_3(aq) \tag{1-14}$$

$$xNa_2SiO_3 + 2NaAl(OH)_4(aq) \longrightarrow Na_2O \cdot Al_2O_3 \cdot xSiO_2 \cdot nH_2O + 2xNaOH(aq) \tag{1-15}$$

铝土矿中硅矿物种类不同，其预脱硅性能也有很大差别，而我国铝土矿中的硅矿物与国外铝土矿的硅矿物在性质上有很大差别。国外铝土矿一般在 95℃ 反应 8h 条件下，预脱硅率达 75%~80%，而我国只有山西铝土矿可以达到较高的预脱硅率。

预脱硅效果的好坏，不仅取决于硅矿物存在的形态和结晶完整程度，而且与预脱硅的温度、时间、溶液的浓度、是否加晶种和石灰添加量等因素有密切关系。温度对预脱硅的影响主要表现在预脱硅初期，脱硅初期温度越高，脱硅速度越快，随着预脱硅时间的延长，脱硅温度的影响变小，因此延长预脱硅反应时间可以使生成钠硅渣的反应进行得更充分。预脱硅过程生成的钠硅渣，又是其他含硅矿物在更高温度下脱硅反应的晶种。钠硅渣在这些晶种上析出，有利于减缓加热面上结疤的生成，从而延长预热系统的运行周期。预脱硅时，矿浆中铝土矿含量越高，产生的脱硅产物晶种就越多，从而使脱硅过程加快。试验结果表明，预脱硅对铝土矿溶出过程的氧化铝溶出率影响不大。

1.4.4　矿石溶出

溶出是拜耳法生产氧化铝的主要工序之一。溶出的目的在于将铝土矿中的氧化铝水合物溶解成铝酸钠溶液。当铝土矿与未饱和的铝酸钠溶液（即含有大量游离的氢氧化钠）接触时，铝土矿中的氧化铝会与氢氧化钠发生化学反应，生成铝酸钠进入溶液，当铝酸钠溶液达到饱和时，溶出过程将会停止。

溶出工艺主要取决于铝土矿的化学成分及矿物组成的类型，不同类型的铝土矿由于其氧化铝存在的结晶状态不同，与铝酸钠溶液的反应能力也会不同。即使同一类型的铝土矿，由于产地的不同，它们的结晶完整性不同，其溶出性能也会有不同。

在所有类型的铝土矿中，三水铝石型铝土矿是最易溶出的一种铝土矿，在溶出温度超过85℃时，就会有三水铝石的溶出，随着温度的升高，三水铝石矿的溶出速度加快。通常情况下，三水铝石矿典型的溶出过程是：温度为140~145℃，Na_2O 浓度为130~150g/L。矿石中的三水铝石能迅速地进入溶液，满足工业生产的要求。相对于三水铝石矿，一水铝石矿的溶出条件要苛刻得多，需要较高的温度和较大的苛性碱浓度才能达到一定的溶出速率。一水软铝石型铝土矿的溶出温度至少需要200℃，然而生产上实际采用的温度一般为220~240℃，循环母液 Na_2O 的浓度通常是180~240g/L，产品通常是粉状氧化铝，这是欧洲式拜耳法工艺的主要特征。在所有类型的铝土矿中，一水硬铝石型铝土矿是最难溶出的，其溶出温度通常在240~280℃，循环母液 Na_2O 的浓度为220~260g/L。

1.4.4.1　氧化铝的溶出率

铝土矿溶出过程中，由于溶出条件及矿石特性等因素的影响，矿石中的氧化铝并不能完全进入溶液。实际反应后进入到铝酸钠溶液中 Al_2O_3 与原料铝土矿中 Al_2O_3 总量之比，称为氧化铝的实际溶出率，即：

$$\eta_{实} = \frac{Q_{矿} A_{矿} - Q_{泥} A_{泥}}{Q_{矿} A_{矿}} \times 100\% \qquad (1-16)$$

式中　$Q_{矿}$，$Q_{泥}$——矿石量和赤泥量，kg；

　　　$A_{矿}$，$A_{泥}$——矿石及赤泥中氧化铝的含量（质量分数），%。

铝土矿中杂质主要是 SiO_2，其在溶出过程中与氧化铝和氧化钠生成水合铝硅酸钠，俗称钠硅渣，分子式大致为 $Na_2O \cdot Al_2O_3 \cdot 1.7SiO_2 \cdot nH_2O$（$n \leqslant 2$）。其中 Al_2O_3 和 SiO_2 的质量正好相等，即 $A/S = 1$。如果矿中的全部 SiO_2 都转变为这种水合铝硅酸钠，每 1kg SiO_2 就会造成 1kg Al_2O_3 的损失。因此，铝土矿能达到的最大氧化铝溶出率，即为理论溶出率，其计算公式为：

$$\eta_{理} = \frac{A - S}{A} \times 100\% = \left(1 - \frac{1}{A/S}\right) \times 100\% \qquad (1-17)$$

式中 A——铝土矿中的 Al_2O_3 含量（质量分数），%；

S——铝土矿中的 SiO_2 含量（质量分数），%。

由式（1-17）可见，矿石的 A/S 越大，理论溶出率越大，矿石利用率就越高。例如矿石 $A/S = 7$ 时，η 为 85.7%；$A/S = 5$ 时，$\eta_{理}$ 只有 80%。

需要注意的是，式（1-17）假设矿石中的 SiO_2 完全与 Al_2O_3 和 Na_2O 结合生成钠硅渣，然而在实际的溶出过程中，SiO_2 有时并不能完全反应。例如在溶出三水铝石时，石英并不反应，这时就会出现实际溶出率大于理论溶出率的计算值。另外，溶出反应后的 SiO_2 也会有部分留在溶液，并不生成铝硅酸钠，即赤泥中 SiO_2 的绝对量与矿石中 SiO_2 的量并不完全一样，这样也会造成实际溶出率大于式（1-17）的计算值。还有，即使矿石中的 SiO_2 完全反应，溶出反应后的 SiO_2 析出进入赤泥，但生成的含硅矿物的 A/S 并不能保证为 1。这样式（1-17）所得的结果也并非最大溶出率。由此可见，用式（1-17）来计算铝土矿中氧化铝的理论溶出率，会因溶出条件的不同产生一定的偏差。

在溶出铝土矿时，其中的氧化铝常常不能充分溶出，因此只用溶出率并不能说明某一种作业条件的好坏，因为矿石本身就会造成溶出率的差别。为了消除这种因矿石的本身品位不同而造成的影响，通常采用相对溶出率作为比较各种溶出作业制度效果好坏的标准之一。氧化铝相对溶出率是实际溶出率与理论溶出率的比值，即：

$$\eta_{相} = \frac{\eta_{实}}{\eta_{理}} \times 100\% \qquad (1-18)$$

当实际溶出率达到理论溶出率时，相对溶出率达到 100%。有时也以赤泥作为比较的依据。当相对溶出率达到 100% 时，赤泥中只有以 $Na_2O \cdot Al_2O_3 \cdot 1.7SiO_2 \cdot nH_2O$ 形态存在的 Al_2O_3，其 A/S 为 1；在氧化铝溶出不完全时，由于赤泥中还含有未溶解的氧化铝水合物，赤泥的 A/S 就会大于 1。溶出率与矿石及赤泥的铝硅比的关系如下：

$$\eta_{实} = \frac{(A/S)_{矿} - (A/S)_{泥}}{(A/S)_{矿}} \times 100\% \qquad (1-19)$$

$$\eta_{相} = \frac{(A/S)_{矿} - (A/S)_{泥}}{(A/S)_{矿} - 1} \times 100\% \qquad (1-20)$$

在处理一水软铝石矿和三水铝石矿时，引入了活性二氧化硅和有效氧化铝的概念。

活性二氧化硅是指在某一温度和苛性碱浓度等条件下能够参与反应的二氧化硅含量。高岭石在较低温度下（70~95℃）就可与碱液反应；伊利石在 Na_2O 浓度为 225g/L 的铝酸钠溶液中，温度达到 180℃ 以上时，才能明显的反应；鲕绿泥石在 220℃ 下，Na_2O 浓度为 200g/L 的溶液中仍较稳定；叶蜡石在 150℃ 以上的温度下才能被铝酸钠溶液完全分解；结晶良好的石英在 260℃ 下与铝酸钠溶液的反应很缓慢，在 260℃ 溶出的赤泥中，甚至还有石英存在。因此，尽管矿石里含有各种含硅矿物，但是在不同的溶出条件下，有的含硅矿物发生反应，有的含硅矿物不发生反应。

有效氧化铝是指在某一温度下并充分溶出时，能够溶出的氧化铝含量。它与溶出温度等条件有关，还与矿石中的含硅矿物的存在形态密切相关。

溶出率计算是以硅为内标（假设溶出前后硅的量不变化），通过矿石溶出前后铝硅相对含量的变化来计算。当矿石中硅的含量较低，而铁的含量较高时，可以以铁为内标（即矿石中的铁全部转入赤泥中），通过矿石溶出前后铝、铁相对含量的变化计算实际溶出率，其计算公式为：

$$\eta_{实} = \frac{(A/F)_{矿} - (A/F)_{泥}}{(A/F)_{矿}} \times 100\% \qquad (1\text{-}21)$$

1.4.4.2 赤泥的产出率及碱耗

赤泥是铝土矿生产氧化铝排出的强碱性固体废弃物。每处理 1t 铝土矿所生成的赤泥量，称为铝土矿的赤泥产出率。赤泥的产出率可以利用铝土矿中的 SiO_2 含量与赤泥中 SiO_2 含量的比值来确定，即：

$$\eta_{泥} = \frac{S_{矿}}{S_{泥}} \qquad (1\text{-}22)$$

式中 $S_{矿}$，$S_{泥}$——铝土矿和赤泥中 SiO_2 含量（质量分数），%。

从式（1-22）可以看出，铝土矿中硅含量越低，赤泥中硅含量越高，则赤泥的产出率就越低。

在铝土矿的溶出过程中，除了 SiO_2 将部分 Na_2O 带入赤泥外，杂质也会与铝酸钠溶液作用，生成一些不溶物进入赤泥，这样就会造成 Na_2O 进入赤泥，产生 Na_2O 的损失。生产 1 吨氧化铝，造成 Na_2O 的损失量称为碱耗。

按照钠硅渣的分子式 $Na_2O \cdot Al_2O \cdot 1.7SiO_2 \cdot nH_2O$ 可得出，每 1kg 的 SiO_2 会造成 0.608kg 的 Na_2O 的损失。则每溶出 $1tAl_2O_3$ 时，由于生成钠硅渣而造成的 Na_2O 的最低损失量（kg）为：

$$Na_2O_{损失} = \frac{0.608 \times S}{A - S} \times 1000 = \frac{608}{A/S - 1} \qquad (1\text{-}23)$$

由此可见，矿石的 A/S 越高，损失 Na_2O 就越小；矿石的 A/S 降低，则损失 Na_2O 就会增加。但是单纯从 A/S 上也不能完全说明 Na_2O 损失的高低，因为有的矿石中的 SiO_2 在溶出条件下是非活性的，这部分 SiO_2 不参与反应，也就不能造成 Na_2O 的损失。所以在处理三水铝石和一水软铝石的较低温度溶出时，就应该引入活性二氧化硅的概念，把式（1-23）可转变为：

$$Na_2O_{损失} = \frac{608 \times S_{活}}{A_{有效} - S_{活}} \qquad (1\text{-}24)$$

另外，由于溶出条件的不同，矿石的 A/S 相同时，其 Na_2O 损失量也未必一样，这是因为溶出条件的不同会造成赤泥中物相组成的变化。例如在添加石灰的溶出过程中，会有水化石榴石生成，这样会降低碱的损失。

造成 Na_2O 损失的另一个原因是 TiO_2，它也会在溶出过程中与 Na_2O 反应造成 Na_2O 的损失。当然其他微量组分，如氟、钒、磷、镓和有机物在溶出过程中也会造成 Na_2O 的损失，但由于它们的含量很少，可以忽略这些成分的影响。此外，赤泥附液带走的 Na_2O 也造成碱损失，由于在赤泥的分离洗涤过程中不可能把附带的 Na_2O 完全洗去，则必然会造成 Na_2O 的损失。洗涤效果越差，Na_2O 损失就越大。

1.4.4.3　溶出过程的配料计算

从前面可知，只要铝酸钠溶液的分子比 α_K 没有达到溶出条件下的平衡分子比，它就有溶出铝土矿中氧化铝的能力，但在实际生产过程中，当铝土矿溶出时，并不能达到平衡分子比。因为铝酸钠溶液的分子比越接近其平衡分子比，铝土矿溶出的推动力就越小，溶出速率就越慢，溶出相同量的氧化铝所需的时间要比溶出开始时所需的时间增加几倍。所以为了提高工业生产的效率，溶出过程中铝酸钠溶液的分子比达不到其平衡分子比。另外，如果在铝土矿溶出时，铝酸钠溶液的分子比很低，则在溶出后的操作工序中，由于铝酸钠溶液稳定性的降低，有可能导致氧化铝的水解损失。所以实际生产过程中，要控制铝酸钠溶液的分子比。

那么为了得到预期的溶出效果，必须通过配料计算确定铝土矿、石灰和循环母液的比例，制取合格的原矿浆。假设矿石的组成为：Al_2O_3，$A\%$；SiO_2，$S_{矿}\%$；TiO_2，$T\%$；CO_2，$C_{矿}\%$。循环母液中 Na_2O 和 Al_2O_3 的浓度分别为 N_K 和 $A_O(g/L)$，溶出配料摩尔比为 α_K，石灰添加量为干矿石重量的 $W\%$，石灰中 CO_2 含量（质量分数）为 $C_{灰}\%$，石灰中 SiO_2 含量（质量分数）为 $S_{灰}\%$。赤泥中 Na_2O/SiO_2 的重量比为 m，Al_2O_3 的实际溶出率为 η_A。

当用循环母液来溶出铝土矿时，因为循环母液中含有一定数量的氧化铝，这部分氧化铝已与部分苛性碱结合成铝酸钠，所以在溶出时循环母液中的这部分苛性碱不能参与溶出铝土矿中氧化铝的反应。这部分苛性碱称为惰性碱（$N_{K惰}$），而把参与溶出反应的苛性碱称为有效苛性碱（$N_{K效}$）。每立方米循环母液中惰性碱量为：

$$N_{K惰} = \frac{A_O \times \alpha_K}{1.645} \tag{1-25}$$

因此有效的苛性碱为：

$$N_{K效} = N_K - N_{K惰} = N_K - \frac{A_O \times \alpha_K}{1.645} \tag{1-26}$$

溶出后的赤泥中，SiO_2 带走的 Na_2O 为：

$$(S_{矿} + S_{灰} \times W\%) \times m \tag{1-27}$$

溶出过程中由于 CO_2 造成的苛性碱转化成碳碱量为：

$$1.41 \times (C_{矿} + C_{灰} \times W\%) \tag{1-28}$$

溶出过程中，处理 1t 铝土矿中氧化铝需要的苛性碱为：

$$0.608 \times A_O \times \eta_A \times \alpha_K \tag{1-29}$$

所以溶出过程中，1t 铝土矿需要的苛性碱为：

$$0.608 \times A \times \eta_A \times \alpha_K + (S_{矿} + S_{灰} \times W\%) \times b + 1.41 \times (C_{矿} + C_{灰} \times W\%) \tag{1-30}$$

则每吨铝土矿需要的循环母液量为：

$$V = \frac{0.608 \times A \times \eta_A \times \alpha_K + (S_{矿} + S_{灰} \times W\%) \times b + 1.41 \times (C_{矿} + C_{灰} \times W\%)}{N_K - \dfrac{A_O \times \alpha_K}{1.645}}$$

$$\tag{1-31}$$

在处理三水铝石和一水软铝石的较低温度溶出时，式（1-31）中的 $S_{矿}$ 代入 $S_{活}$，A_O 代入 $A_{效}$。如果矿石、石灰和母液的计量很准确，配碱操作就可根据下料量来控制母液加入量。在实际生产过程中也可以利用原矿浆的液固比来进行配料计算。用同位素密度计自动测定原矿浆液固比，再根据原矿浆液固比的波动来调节加入母液量。液固比（L/S）是指原矿浆中液相质量（L）与固相质量（S）的比值，即：

$$L/S = \frac{V \times \rho_L}{1 + W} \quad\quad\quad (1\text{-}32)$$

式中　V——每吨铝土矿应配入的循环母液量，m^3；

　　　　ρ_L——循环母液的密度，t/m^3；

　　　　W——石灰添加量占铝土矿的含量（质量分数），%。

原矿浆的液固比又是其密度 ρ_p 的函数，其计算公式为：

$$\rho_p = \frac{L + S}{\dfrac{L}{\rho_L} + \dfrac{S}{\rho_S}} \quad\quad\quad (1\text{-}33)$$

因此，

$$\frac{L}{S} = \frac{\rho_L(\rho_S - \rho_p)}{\rho_S(\rho_p - \rho_L)} \quad\quad\quad (1\text{-}34)$$

式（1-34）中，ρ_S 为固相的密度，它与母液密度都应该是固定的。由放射性同位素密度计测定出原矿浆的密度，便可求出 L/S，进而可控制配料操作。

1.4.4.4　影响铝土矿溶出过程的因素

在铝土矿溶出过程中，由于整个过程是复杂的多相反应，所以影响溶出过程的因素比较多。这些影响因素可大致分为铝土矿本身的溶出性能和溶出过程作业条件两个方面。铝土矿的溶出性能是指用碱液溶出其中的 Al_2O_3 难易程度。结晶物质的溶解从本质上来说是晶格的破坏过程，在拜耳法溶出过程中，氧化铝水合物是由于 OH^- 离子进入其晶格而遭到破坏的。各种氧化铝水合物正是由于晶形、结构的不同，晶格能也不一样，从而使其溶出性能差别很大。除了矿物组成以外，铝土矿的结构形态、杂质含量和分布状况也影响其溶出性能。所谓结构形态是指矿石表面的外观形态和结晶度等。致密的铝土矿几乎没有孔隙和裂缝，相对疏松多孔的铝土矿，其溶出性能差得多。疏松多孔的铝土矿在溶出过程中，反应不仅发生在矿粒表面，而且能渗透到矿粒内部的毛细管和裂缝中。但是铝土矿的外观致密程度与其结晶度并不一样。例如，有时土状矿石由于其中一水硬铝石的晶粒粗大，反而比半土状和致密的铝土矿的溶出性能差。

铝土矿中的 TiO_2、Fe_2O_3 和 SiO_2 等杂质越多、越分散，氧化铝水合物被其包裹的程度就越大，与溶液的接触条件越差，溶出就越困难。溶出过程作业条件的影响有如下几个方面：

（1）温度。温度是溶出过程中最主要的影响因素，化学反应速度常数和扩散常数都与温度有密切的关系。升高温度，化学反应速率常数和扩散速率常数都会增大，这从动力学方面说明了提高温度对于增加溶出速率有利；从 $Na_2O\text{-}Al_2O_3\text{-}H_2O$ 系溶解度曲线可以看出，提高温度后，铝土矿在碱溶液中的溶解度显著增加，溶液的平衡分子比明显降低，使用浓度较低的母液就可以得到分子比低的溶出液。同时由于溶出液与循环母液的 Na_2O 浓度差缩小，蒸发负担减轻，使碱的循环效率提高。此外，溶出温度的提高还可以改善赤泥结构和沉降性能，溶出液分子比降低也有利于制取砂状氧化铝。提高温度使矿石在矿物形态方面的差别所造成的影响趋于消失。例如，在 300℃ 以上的温度下，不论氧化铝水合物的矿物形态如何，大多数铝土矿的溶出过程都可以在几分钟内完成，并得到近于饱和的铝酸钠溶液。但是，提高溶出温度会使溶液的饱和蒸气压急剧增大，溶出设备和操作方面的困难也随之增加，这就使提高溶出温度受到限制。

（2）搅拌强度。强烈的搅拌使整个溶液成分趋于均匀，矿粒表面上的扩散层厚度将会相应减小，从而强化了传质过程。加强搅拌还可以在一定程度上弥补温度、碱浓度、配碱量和矿石粒度方面的不足。在管道溶出器和蒸气直接加热的高压溶出器组中，矿粒和溶液间的相对运动是依靠矿浆的流动来实现的，矿浆流速越大，则湍流程度越强，传质效果越好。在蒸气直接加热的高压溶出器组中，矿浆流速只有 $0.0015 \sim 0.02 \text{m/s}$，湍流程度较差，传质效果不太好。管道化溶出器中矿浆流速达 $1.5 \sim 5 \text{m/s}$，雷诺系数达 10^5 数量级，具有高度湍流性质，成为强化溶出过程的一个重要原因。在间接加热机械搅拌的高压溶出器组中，矿浆除了沿流动方向运动外，还在机械搅拌下强烈运动，湍流程度也较强。当溶出温度提高时，溶出速度由扩散所决定，因而加强搅拌能够起到强化溶出过程的作用。此外，提高矿浆的湍流程度也是防止加热表面结疤，改善传热过程的需要，在间接加热的设备中是十分重要的。

（3）循环母液碱浓度。当其他条件相同时，母液碱浓度越高，Al_2O_3 的未饱和程度就越大，铝土矿中 Al_2O_3 的溶出速度越快，而且能得到分子比低的溶出液。高浓度溶液的饱和蒸气压低，设备所承受的压力也要低些。但是从整个流程来看，种分后的铝酸钠溶液，即蒸发原液的 Na_2O 浓度不宜超过 240g/L，如果母液的碱浓度过高，蒸发过程的负担和困难必然增大，所以从整个流程来权衡，母液的碱浓度只宜保持为适当的范围。

（4）配料分子比。在溶出铝土矿时，物料的配比是按溶出液的分子比达到预期的要求计算确定的。矿石溶出时预期的溶出液分子比称为配料分子比，它的数值越高，即对单位重量矿石的配碱量也越高，从而使溶出过程中溶液始终保持着更大的未饱和度，所以溶出速度必然更快。但是，这必然导致循环效率降低和物料流量增大。当配料分子比由 1.8 降低到 1.2 时，溶液流量可以减少为原来的 50%。从循环碱量公式可以看出，为了降低循环碱量，降低配料分子比，比提高母液分子比的效果更大。因此，在保证 Al_2O_3 的溶出率不过分降低的前提下，获得分子比尽可能低的溶出液是溶出过程的一项重要要求。通常为了保证矿石中的 Al_2O_3 具有较高的溶出速度和溶出率，配料分子比要比相同条件下的平衡分子比高出 $0.15 \sim 0.20$。

（5）矿石粒度。对某一种矿石，当粒度越细小时，其比表面积就越大，矿石与溶液接触反应的面积就越大，在其他溶出条件相同时，溶出速率就会增加。另外矿石的磨细加工会使原来被杂质包裹的氧化铝水合物暴露出来，增加了氧化铝的溶出率。溶出三水铝石型铝土矿时，一般不要求磨得很细，有时破碎到 16mm 即可进行渗滤溶出。致密难溶的一水硬铝石型矿石则要求细磨。然而过分的细磨不仅使生产费用增加，又无助于进一步提高溶出速度，并且还可能使溶出赤泥变细，从而造成赤泥分离洗涤困难。

（6）溶出时间。铝土矿溶出过程中，只要 Al_2O_3 的溶出率没有达到最大值，则增加溶出时间 Al_2O_3 的溶出率就会增加。当溶出温度提高后，溶出时间对溶出率的影响相对减弱。

（7）添加石灰。一水硬铝石型铝土矿的溶出过程中通常要添加石灰，主要是为了消除 TiO_2 的危害。铝土矿中二氧化钛在溶出时与苛性碱溶液反应生成钛酸钠，钛酸钠是很薄的针状结晶体，具有高黏性和强吸附性，在一水硬铝石表面生成一层钛酸钠保护膜，阻碍一水硬铝石的溶出。当铝土矿溶出添加石灰时，CaO 会与 TiO_2 生成钙钛矿、羟基钛酸钙或钛水化石榴石，从而使一水硬铝石表面上不再生成钛酸钠保护膜，溶出过程不再受阻碍。添加石灰不仅能够提高溶出速率和氧化铝溶出率，而且可降低赤泥中的碱含量。在处理一水硬铝石型矿石的拜耳法工厂中，石灰添加量一般为 3%~7%，而在混联法工厂，有时其添加量高达 8%~10%，过量添加氧化钙反而会造成 Al_2O_3 溶出率降低。目前工业上不只是处理一水硬铝石型铝土矿时添加石灰，而且在处理一水软铝石型铝土矿时也普遍添加石灰。

1.4.4.5　主要溶出技术

拜耳法生产氧化铝已经走过了一百多年的历程，尽管其生产方法本身没有实质性的变化，但溶出技术却发生了巨大变化。溶出方法由单罐间断溶出作业发展为多罐串联连续溶出，进而发展为管道化溶出。溶出温度也得以提高，最初溶出三水铝石的温度为 105℃，溶出一水软铝石为 200℃，溶出一水硬铝石温度为 240℃。而目前的管道化溶出器溶出温度可达 280~300℃。加热方式由蒸气直接加热发展为蒸气间接加热，乃至管道化溶出高温段的熔盐加热。随着溶出技术的进步，溶出过程的经济技术指标得到了显著提高。

国外有三种不同的管道加热溶出技术，即德国的多管单流法溶出技术、匈牙利的多管多流法溶出技术和法国的单管预热——高压釜溶出技术。

我国的一水硬铝石型铝土矿，不仅要求较高的溶出温度，而且还要求较长的溶出时间。因此我国发展了管道——停留罐反应器溶出技术，并取得了较好的技术经济效果。其主要技术特点为：

（1）矿浆在单管反应器中快速加热到溶出温度，再在无搅拌及无加热装置的停留罐中保温反应；

（2）可使用浓度较低的循环母液，从而可以大幅度降低蒸发的负荷，并使溶出液达到较低的分子比，从而提高生产能力、降低能耗；

（3）单套管及停留罐的结构简单，容易加工制造，在投资方面也比高压釜溶出低；

（4）设备维修方便，结疤清理容易，而且结疤主要在停留罐中生成，这就保证了设备有较高的运转率。

1.4.5　赤泥分离洗涤

铝土矿溶出后，形成赤泥和铝酸钠的混合浆液。浆液必须经过稀释才能沉降（或过滤），使赤泥和铝酸钠溶液分离，分离后从铝酸钠溶液中生产出氧化铝；赤泥需洗涤，从而降低 Na_2O 和 Al_2O_3 通过赤泥附液途径的损失。该工序生产效能的大小和正常运行对产品质量、生产成本以及经济效益有着至关重要的影响。

溶出矿浆稀释的目的包括以下几个方面：

（1）溶出过程结束后为了进行后面的分解过程，溶出矿浆的稳定性就不能太大，为了促进铝酸钠溶液发生分解，就必须进行溶出矿浆的稀释；

（2）降低铝酸钠溶液的黏度，以便于赤泥的沉降分离；

（3）铝酸钠溶液的稀释能降低 SiO_2 的平衡浓度，加上大量赤泥作种子，使溶液进一步发生脱硅反应。

目前拜耳法生产赤泥多采用沉降槽和过滤机分离。分离洗涤一般有如下步骤：

（1）赤泥浆液稀释；

（2）沉降分离；

（3）赤泥反向洗涤；

（4）粗液控制过滤。

赤泥浆液在洗涤沉降槽系统中一般按图 1-15 所示的流程进行反向洗涤。溶出的赤泥浆液进入搅拌槽 1，用赤泥浓洗液稀释，搅拌均匀后送入沉降槽 2，进料液固比 L/S 控制到 8~12。沉降槽底部带锥形，料浆经中央进料口送至液面以下 2~2.5m 处，在力求减少扰动的条件下，迅速分布到了整个横截面上，使得颗粒下沉而清液上升。在任何瞬间，液体上升速度都必须小于颗粒沉降速度，否则沉降槽就会出现跑浑或积泥现象。赤泥在一个缓慢转动的耙机集拢，再到底部中央的卸渣口排出；槽中的上清液溢流送至粗液槽，待分解氢氧化铝；底部排出的流股呈稠浆状，称为底流。底流液固比是清液与泥浆重量比，实际生产中，一般将底流液固比控制在 3.0~4.5 之间。排出的赤泥送入混合槽 3，用前一周期洗涤液通过搅拌清洗混合槽中的赤泥，再由混合槽 3 料液输送至洗涤沉降槽分离。清液中碱含量与压缩底流中碱含量比值的百分数称为混合效率，是评价洗涤效果好坏的指标之一。洗涤次数要尽可能少，否则将增加蒸发系统工作量，同时耗费设备投资。沉降槽底流一般经 3~6 次反向洗涤，洗至赤泥中 Na_2O 的附液损失为 0.3%~1.8%（对干赤泥而言），末次洗涤后的赤泥再经过一次过滤，使赤泥含水量降低到 45% 以下。

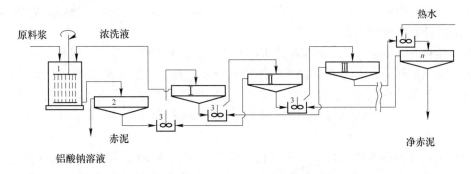

图 1-15　赤泥连续反向洗涤原则流程图

1—溶出浆液稀释搅拌槽；2—铝酸钠溶液与赤泥分离沉降槽；3—混合槽；Ⅰ，Ⅱ，Ⅲ，…，n—洗涤沉降槽

1.4.5.1　拜耳法赤泥浆液的特性

拜耳法赤泥浆液主要由铝酸钠溶液和赤泥组成。其中，赤泥粒度较细，半数以上是小于 $20\mu m$ 的粒子，具有很大的分散度，并且有一部分接近胶体的微粒。因此，拜耳法浆液属于细粒子悬浮液，它的很多性质与胶体相似。泥浆颗粒为分散质，铝酸钠溶液为分散介质，泥浆颗粒本身的重力使其沉降，而铝酸钠溶液的黏度和布朗运动引起的扩散作用阻止粒子下沉，当两种作用相当时，就达到沉降平衡状态。赤泥沉降过程根据溶液固含量分为自由沉降区、过渡区和压缩区。

赤泥颗粒同荷电性相斥，以及包裹在其周围的溶剂化膜，都会阻止赤泥粒子结聚成大的颗粒，使赤泥难以沉降和压缩。赤泥的沉降、压缩性能与赤泥颗粒吸附 $Al(OH)_4^-$、

OH^-、Na^+及水分子的数量之间存在一定的关系：吸附得越多，沉降越慢，压缩性能也越差。在氧化铝生产中，一般是取经过一定时间沉降后所出现的清液层高度来表述赤泥浆液的沉降性能，其压缩性能用压缩液固比 L/S 和压缩速度来衡量。

在干涉沉降和赤泥压缩阶段，形成网状结构是赤泥浆液的重要性质之一。网状结构的形成使赤泥的干涉沉降速度显著降低，从而使得压缩性能变坏，不利于其分离和洗涤过程。这种网状结构可以在强烈搅拌、高频震荡和离心力的作用下受到破坏。在沉降槽中，耙机的搅拌有助于破坏压缩带的网状结构，从而促进赤泥的压缩过程。搅拌缓慢对干涉沉降带赤泥结构的影响较小，不足以使干涉沉降带网状结构破坏，通常需要加入絮凝剂改善料浆沉降性能。

1.4.5.2　影响赤泥沉降分离的因素

赤泥沉降的主要指标有沉降性能和压缩性能，其与铝土矿的矿物组成、溶液的浓度以及沉降槽的形式和规格等诸多因素有关，以下详细介绍影响沉降性能和压缩性能的主要因素，其分别为：

（1）矿物的形态。铝土矿的组成和化学成分是影响赤泥浆液沉降和压缩性能的主要因素。铝土矿中夹杂黄铁矿、胶黄铁矿、针铁矿、高岭石、蛋白石和金红石等矿物，能降低赤泥沉降速度，这是因为它们所生成的赤泥中吸附着较多的 $Al(OH)_4^-$、OH^-、Na^+ 及水分子；而赤铁矿、菱铁矿、磁铁矿和水绿矾等所生成的赤泥中吸附的 $Al(OH)_4^-$、OH^-、Na^+ 及水分子少，有利于沉降。矿石中的 TiO_2 对赤泥沉降性能的影响取决于其矿物形态，三水铝石矿溶出后的赤泥的沉降速度随其锐钛矿含量的增加而提高；若 TiO_2 在赤泥中以金红石形态存在，则难以沉降。高岭石在溶出时生成亲水性很强的钠硅渣沉淀，它的存在将使赤泥的沉降和压缩性能变差。

赤泥颗粒的大小也直接影响赤泥的沉降性能。赤泥的沉降速度与赤泥粒子直径的平方成正比。赤泥过细，会使沉降速度降低；赤泥粒度过粗，会造成矿石溶出化学反应不完全，同时由于赤泥颗粒沉降速度过快，易造成沉降槽堵底流等生产事故。实际生产中，一要避免赤泥过磨，二要防止赤泥"跑粗"，一般赤泥粒度控制在 $98 \sim 300 \mu m$ 之间较为适宜。

（2）溶出浆液的稀释浓度。一水硬铝石溶出料浆含 Na_2O 浓度约 $200 \sim 230 g/L$，分子比为 $1.4 \sim 1.6$，Al_2O_3 和 Na_2O 浓度都较高，这样的铝酸钠溶液非常稳定，无法直接分解。赤泥洗涤液中 Al_2O_3 浓度太低（约 $30 \sim 60 g/L$），自身也不能单独分解。所以，一般用前一周期的赤泥洗涤液来进行稀释，稀释后溶液稳定性降低，使分解速度加快，还可以使赤泥洗涤液中的碱和氧化铝得以回收，达到较高的分解率，使拜耳法生产的循环效率提高。但如果过度稀释溶液会使其稳定性急剧下降，造成铝酸钠溶液水解，从而使赤泥中的氧化铝损失增大；另外，由于进入流程的水量增大，也会增加蒸发工段的负担和费用。因此，在生产中溶液的氧化铝浓度在中等浓度 $125 \sim 145 g/L$ 为宜。

（3）稀释浆液的温度。稀释浆液温度升高，其黏度和密度下降，因而赤泥沉降速度加快。料浆稀释时的温度在很大程度上影响铝酸钠溶液的稳定性，从而引起赤泥中 Al_2O_3 损失量的变化。一般来说，赤泥沉降温度均控制在 90℃ 以上。

（4）溶液黏度。赤泥的沉降速度与铝酸钠溶液黏度成反比，溶液的黏度过大必然要使赤泥的沉降速度变小，不能使赤泥与铝酸钠溶液迅速分离，从而不利于沉降槽的作业。同时还增加溶液的二次损失。但如果过分降低溶液的黏度，也会使溶液的浓度过小，溶液将发生水解，则使更多的氧化铝进入赤泥而损失。

（5）底流液固比。若沉降时间不够，使沉降槽底流液固比（L/S）大于 5 时，则后面的洗涤过程的技术条件无法得到保证，特别是洗涤首槽沉降速度将大大降低。这是因为赤泥带入首槽较多的碱液，使溶液黏度增大，赤泥的沉降速度降低。但沉降槽底流过小，则赤泥的流动性差，不利于洗涤过程中泵的输送。赤泥浓缩与赤泥在压缩区的停留时间有关，随沉降槽高度增大而增大。因此为了提高赤泥压缩性能，沉降槽要有一定的高度。

（6）絮凝剂的使用。在絮凝剂的作用下，赤泥浆液中处于分散状态的细小颗粒互相联合成团。粒度增大，会使沉降速度有效地提高。

1.4.5.3　赤泥沉降设备

赤泥沉降最主要的设备是沉降槽。目前生产上普遍使用的槽型为高锥高帮的高效沉降槽，其主体结构如图 1-16 所示。沉降槽采用中心传动形式，槽的直径不宜太大，一般最大为 30~32m。由于锥角大，沉降槽的泥层可高达 6m，底流固含高达 50%。此类槽结疤少，用于赤泥一洗和二洗效果更好。大直径（$\phi > 30$m）的高槽身（$H \approx 6.0$m）沉降槽，经多年生产实践证明，效果很好。如底流固含大于 40g/L，溢流浮游物小于 150mg/L。

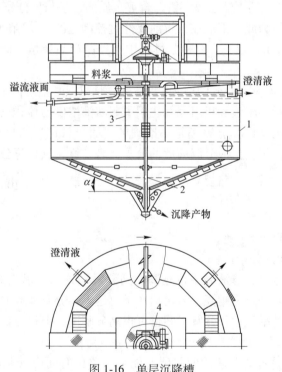

图 1-16　单层沉降槽
1—锥底沉降槽；2—耙机轴；3—进料桶；4—电机和减速机

1.4.6　晶种分解

晶种分解是拜耳法生产氧化铝的关键工序之一，分解过程应得到质量良好的氢氧化铝，同时也应得到分子比较高的种分母液，作为溶出铝土矿的循环碱液，从而构成拜耳法的闭路循环。母液的循环效率则与种分作业直接相关。

衡量种分作业效果的主要指标是氢氧化铝质量、分解率以及分解槽的单位产能。这三项指标是互相联系而又互相制约的，以下分别详细介绍这三项指标：

（1）氢氧化铝质量。对氢氧化铝质量的要求，包括纯度和物理性质两个方面。氧化铝的纯度主要取决于氢氧化铝的纯度；而氧化铝的某些物理性质，如粒度分布和机械强度，也在很大程度上取决于种分过程。

氢氧化铝中的主要杂质是 SiO_2、Fe_2O_3 和 Na_2O，另外还可能有很少量的 CaO、TiO_2、P_2O_5、V_2O_5 和 ZnO 等杂质。氧化铝中的碱是由氢氧化铝带来的，氢氧化铝中所含的碱有三种：一种是进入氢氧化铝晶格中的碱，它是 Na^+ 离子取代了氢氧化铝晶格中氢的结果，这部分碱是不能用水洗去的；第二种为以水合铝硅酸钠形态存在的碱，这部分碱也是不能洗去的，其量取决于分解原液中 SiO_2 的含量，当分解原液的硅量指数（铝酸钠溶液中氧化铝与二氧化硅的质量浓度之比）在 200 以上时，这部分碱是不多的（0.01%~0.03%）；第三种为氢氧化铝挟带的母液中的碱，这部分碱数量最多，氢氧化铝挟带的母液中，一部分是吸附于颗粒表面的，另一部分是进入结晶集合体的晶格空隙中的，前者易于洗去，在生产条件下，洗涤后的氢氧化铝中这部分碱的含量为 0.1% 左右，晶间碱很难洗去，其量约为 0.1%~0.2%。铁、钙、钛、锌、钒、磷等杂质的含量与种分作业条件没有多少关系，主要取决于原液纯度。为此，溶液在分解前要经过控制过滤，使精制液中的赤泥浮游物降低到允许含量（0.02g/L）以下。在种分过程中，控制产品质量，保证分解产物具有所要求的粒度和强度。

（2）分解率。分解率是种分工序的主要指标，是以铝酸钠溶液中氧化铝分解析出的百分数来表示的。由于晶种附液和析出氢氧化铝引起溶液浓度与体积的变化，故直接按照溶液中 Al_2O_3 浓度的变化来计算分解率是不准确的。而分解前后苛性碱的绝对数量变化很小，因此，分解率可以根据溶液分解前后的分子比来计算，其计算公式为：

$$\eta = \left[1 - \frac{(\alpha_K)_\sigma}{(\alpha_K)_m} \right] \times 100\% = \frac{(\alpha_K)_m - (\alpha_K)_\sigma}{(\alpha_K)_m} \times 100\% \qquad (1\text{-}35)$$

式中　　η——种分分解率,%；

　$(\alpha_K)_\sigma$——分解原液的分子比；

　$(\alpha_K)_m$——分解母液的分子比。

当原液分子比一定时，母液分子比越高，则分解率越高。铝酸钠溶液分解速度越大，则在一定分解时间内其分解率越高，氧化铝产量也越大。分解率高时，循环母液的分子比也高，故可提高循环效率。延长分解时间也可提高分解率，但过分延长时间将降低分解槽的单位产能。

（3）分解槽单位产能。分解槽的单位产能是指单位时间内（每小时或每昼夜）从分解槽单位体积中分解出来的 Al_2O_3 数量，其计算公式为：

$$P = \frac{A_a \cdot \eta}{t} \qquad (1\text{-}36)$$

式中　　P——分解槽单位产能，$kg/(m^3 \cdot h)$；

　　A_a——分解原液的 Al_2O_3 浓度，kg/m^3；

　　η——分解率,%；

t——分解时间，h。

计算分解槽的单位产能时，必须考虑分解槽的有效容积。当其他条件相同时，分解速度越快，则槽的单位产能越高。但是单位产能和分解率之间并不经常保持一致的关系，过分延长分解时间，分解率虽然有所提高，但槽的单位产能将会降低。因此要予以兼顾。

1.4.6.1 影响铝酸钠溶液分解的主要因素

过饱和铝酸钠溶液表现出与一般无机盐的过饱和溶液很不相同的性质，其结构和性质也因浓度、分子比及温度等条件的不同而有很大的差别。整个氢氧化铝析出结晶的过程是极为复杂的，其中包括：

（1）次生晶核的形成；

（2）氢氧化铝晶体的破裂与磨蚀；

（3）氢氧化铝晶体的长大；

（4）氢氧化铝晶粒的附聚。

次生成核又称二次成核，是在原始溶液过饱和度高而晶种表面积小的条件下产生新晶核的过程，它是相对于在溶液中自发生成新晶核的一次成核过程而言的。分解原液的过饱和度越高，晶种表面积越小，温度越低，次生晶核的数量越多。当分解温度在 75℃ 以上时，无论原始晶种量多少，都无次生晶核形成；原始溶液过饱和度高，分解温度低以及搅拌速度小时，都有利于次生晶核生成。

氢氧化铝颗粒的破裂与磨蚀称为机械成核。当搅拌很强烈时，颗粒发生破裂；搅拌强度较小时，则只出现颗粒的磨蚀，这时母体颗粒大小实际上并无多大变化，但却产生一些细小的新颗粒。在种分槽的循环管中可以产生相当高的搅拌速度，在氢氧化铝浆液输送过程中，氢氧化铝颗粒与泵的叶轮碰撞也会导致机械成核。

在种分过程中，存在着晶体直接长大的过程，其速度取决于分解条件。温度高，溶液过饱和度大，则有利于晶体长大。但晶体长大的线速度是很小的，溶液中存在其他数量的有机物等杂质时，则降低成长速度。

除晶体的直接长大外，在适当的搅拌速度下，较细的晶种颗粒（小于 20μm）还会附聚成为较大的颗粒，同时伴随着颗粒数目的减少。

二次成核和氢氧化铝结晶的破裂导致氢氧化铝粒度变细，而晶体的长大与晶粒的附聚导致氢氧化铝粒度变粗。分解产物的粒度分布就是上述这些过程进行的综合结果。有效控制这些过程，才能得到所要求的粒度组成和强度的氢氧化铝。当工厂要求生产砂状氧化铝时，必须创造条件，尽可能避免或减少在种分时，次生晶核的形成与氢氧化铝晶粒的破裂，同时促进晶体的长大和晶粒的附聚。

由于晶种分解过程中还包括复杂的结晶过程，影响因素较多，各个因素所起的作用是多方面的，这些作用的程度也因为具体条件的不同而不同。以下详细介绍几种主要影响因素，其分别为：

（1）分解原液的浓度和分子比。分解原液的浓度和分子比是影响种分速度和分解槽单位产能最主要的因素，对分解产物的粒度也有明显影响。中等浓度的过饱和铝酸钠溶液具有较低的稳定性，因而分解速度较快。图 1-17 说明了溶液浓度对种分的影响。由图 1-17 可知，分解原液的分子比为 1.59 ~ 1.63，分解初温 62℃，终温 42℃，分解时间为 64h，图中虚线代表母液的分子比，实线代表分解率。原液 Al_2O_3 浓度接近 100g/L

时，分解速度和分解率最高；继续提高或降低浓度，分解速度和分解率都降低。因此单纯从分解速度看，氧化铝浓度不宜过高。但是在确定合理的溶液浓度时，还必须考虑分解槽的单位产能，并从拜耳法生产全局出发，考虑降低物料流量，减少蒸发水量以及降低能耗等问题。

分解原液的浓度和分子比与处理的铝土矿类型有关。处理三水铝石型矿石时，原液的浓度和分子比总是比较低的；而处理一水铝石型矿石时，原液的浓度和分子比则较高。目前处理一水铝石型铝土矿的拜耳法溶液，分解原液 Al_2O_3 浓度一般为 130～160g/L。实践证明，适当提高铝酸钠溶液浓度能够节约能耗和增加产量。然而，随着溶液浓度的提高，在其他条件相同时，分解率和循环母液的分子比会降低，此外对赤泥及氢氧化铝的分离洗涤也有不利的影响；同时，原液浓度高不利于得到粒度粗和强度大的氢氧化铝，给砂状氧化铝的生产带来困难。

分解原液的分子比对种分速度影响很大。如图 1-18 所示，随着原液分子比降低，分解速度、分解率和分解槽单位产能均显著提高。实践证明，分解原液的分子比每降低 0.1，分解率一般提高约 3%。降低分子比对分解速度的作用在分解初期尤为明显。

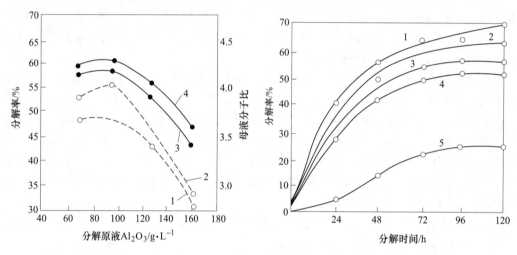

图 1-17　原液浓度对种分的影响

1，3—晶种系数为 1.5；2，4—晶种系数为 2.0

图 1-18　原液分子比对分解率的影响

原液 Al_2O_3 浓度 110g/L；分解初温 60℃，终温 36℃

α_K：1—1.27；2—1.45；3—1.65；4—1.81；5—2.28

降低铝酸钠溶液的分子比是强化种分和提高拜耳法经济技术指标的主要途径之一。将降低分解原液分子比与适当提高其浓度结合起来，对种分和整个拜耳法经济技术指标的提高都是有利的。

（2）温度制度。温度制度对种分过程的经济技术指标和产品质量有很大影响，确定和控制好温度是种分过程的主要任务之一。工业生产上是采取将溶液逐渐冷却的变温分解制度，这样有利于在保证较高分解率的条件下，获得质量较好的氢氧化铝。分解初温较高，对提高氢氧化铝质量有好处。分解初期溶液过饱和度高，分解速度较快，随着分解过程的进行，溶液过饱和度迅速减小，但由于温度不断降低，分解仍可在一定的过饱和度条件下继续进行，故整个分解过程进行比较均衡。如果在某一恒定的较低温度下分解，则必然析出很多粒度小而杂质含量多的氢氧化铝。

确定合理的温度制度包括确定分解初温、终温以及降温速度。就分解速度而言，如初温高而不能迅速降温，则分解速度由于溶液过饱和度减少而迅速下降，从而影响最终分解率。因此，降低分解初温，可在既定的分解时间内提高分解率。就分解率而言，尽可能把分解终温降至接近30℃是有利的，但氢氧化铝中细粒子多，分解后浆液温度过低，黏度太大，将给氢氧化铝的分离过滤作业带来困难。当初温和终温一定时，分解的前一阶段降温速度快时，分解速度也快。实践证明，合理的降温制度应当是：分解初期较快地降温，分解后期则放慢。这样既能提高分解率，又不致明显地影响产品粒度。分解温度（特别是初温）是影响氢氧化铝粒度的主要因素。提高温度使晶体成长速度大大增加，有资料指出，当溶液的过饱和度相同时，氢氧化铝结晶成长的速度在85℃时比在50℃时高出约6～10倍。温度高也有利于避免或减少新晶核的生成，同时所得氢氧化铝结晶完整，强度较大。

（3）晶种数量和质量。晶种的数量和质量是影响分解速度和产品粒度的重要因素之一。在拜耳法中，添加大量晶种进行铝酸钠溶液的分解是一个很突出的特点，通常用晶种系数表示添加晶种的数量。晶种系数是添加晶种中 Al_2O_3 含量与溶液中 Al_2O_3 含量的比值，也有用晶种的绝对数量（g/L）来表示。晶种的质量是指晶种的活性大小，它取决于晶种的制备方法与条件、保存时间、结构和粒度（比表面积）等因素。新沉淀出来的氢氧化铝的活性比经过长期循环的氢氧化铝大得多；粒度细、比表面积大的氢氧化铝的活性远大于颗粒粗大、结晶完整的氢氧化铝。工厂中多采用分级的办法，将分离出来的比较细的氢氧化铝返回作晶种。

图1-19为晶种系数对分解速度的影响。从图1-19可见，随着晶种系数的增加，分解速度亦随之提高，特别是当晶种系数较小时，提高晶种系数的作用更为显著。而当晶种系数提高到一定限度以后，分解速度增加的幅度减小。当晶种系数很小，或者晶种活性很低时，分解过程有一较长的诱导期，在此期间溶液不发生分解。随着晶种系数提高，诱导期缩短，以至完全消失。使用新沉淀的氢氧化铝晶种，实际上不存在诱导期。

晶种的数量和质量对分解产物粒度的影响比较复杂。国外生产砂状氧化铝时，种分时晶种的添加量较少，能够获得粒度较粗的分解产物。如果种分温度低，则在晶种少而活性低的情况下，容易产生大量新晶核，因此会得到粒度细的分解产物。在种分过程中，氢氧化铝晶体长大的速度小，因此，如果晶种粒度太细，得到的分解产物

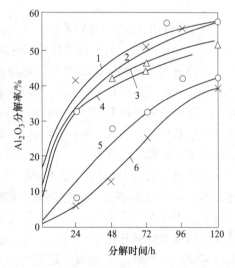

图1-19　晶种系数对分解速度的影响

晶种系数：1—4.5；2—2.1；3—1.0；
4—0.3；5—0.2；6—0.1

粒度也较细；晶种粒度较粗，得到的分解产物粒度也较粗。晶种系数提高，会使分解槽有效容积减少。目前绝大多数氧化铝厂采取了提高晶种系数的措施，晶种系数一般在1.0～3.0范围内变化。

（4）搅拌速度。图1-20为在不同搅拌速度下铝酸钠溶液的分解速度曲线（晶种系数均为2.0，50℃分解48h）。当分解原液的浓度较低时，搅拌速度对分解速度的影响不大

（见图 1-20（a）），因此只要能使氢氧化铝在溶液中保持悬浮状态即可；当分解原液的浓度达 Na_2O_T160~170g/L 时，分解速度随搅拌速度的增加而显著提高（见图 1-20（b）），这表明分解速度取决于扩散速度；当溶液浓度更高时，即使增加搅拌强度，分解率仍然比较低（见图 1-20（c）），搅拌速度过高，会产生很多的细粒子。因此，一般根据具体情况确定最宜的搅拌强度和搅拌方式。

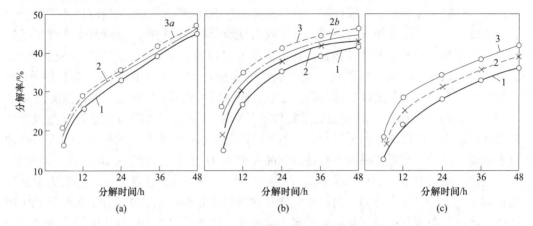

图 1-20　搅拌对种分速度的影响

搅拌速度（r/min）：1—22；2—46；2b—54；3—80；3a—90；晶种系数均为 2.0，50℃分解 48h

分解原液成分：（a）Na_2O_T149.5g/L，α_K1.74；（b）Na_2O_T168.1g/L，α_K1.77；（c）Na_2O_T181.5g/L，α_K1.77

（5）分解时间及母液分子比。当其他条件相同时，随着分解时间延长，分解率提高，母液的分子比增加。因此这里将分解时间和母液分子比的影响一并讨论。

不论分解条件如何，分解曲线都呈如图 1-21 所示的形状。曲线的形状说明，分解前期析出的氢氧化铝最多，随着分解时间延长，在相同时间内分解出来的氢氧化铝数量逐渐减少（$aa'>bb'>cc'>dd'>ee'$），分解槽的单位产能也逐渐降低。

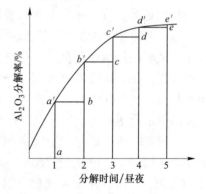

图 1-21　分解率与分解时间的
关系曲线

因此过分延长分解时间是不适宜的。但过早地停止分解，使得分解率低，氧化铝返回的多，母液分子比过低，因此不利于溶出，并增加了整个流程的物料流量。所以要根据具体情况确定分解时间，以保证分解槽有较高的产能，并达到一定的分解率。延长分解时间，产品中细粒子增多。这是由于分解后期溶液过饱和度减小、温度降低、黏度增加，使结晶成长速度减小，同时分解时间长导致晶体破裂和磨蚀，而产生的细颗粒也会增加。

（6）杂质。溶液中含少量有机物无碍于分解，但如积累到一定程度，可使分解速度降低，并使分解产物粒度变细。因为有机物会增加溶液黏度，且能吸附于晶体表面，阻碍晶体长大。

铝酸钠溶液中的硫主要以 Na_2SO_4 形态存在。硫酸钠和硫酸钾会使分解速度降低，但含量低时不甚明显。用明矾石为原料时，种分原液中往往含有大量硫酸盐。当 SO_4^{2-} 达到

40g/L 以上时，分解速度开始显著降低。

铝土矿中含少量锌，一部分在溶出时进入铝酸钠溶液，种分时全部以氢氧化锌形态析出于氢氧化铝中，从而降低氧化铝产品质量。溶液中存在的锌有助于获得粒度较粗的氢氧化铝。

氟化物在一般含量下对分解速度无影响，但氟、钒、磷等杂质对分解产物的粒度都有影响。溶液中有少量氟会使氢氧化铝粒度变细，含氟达 0.5g/L 时，分解产物粒度很细，氟含量更高时，甚至可破坏晶种；溶液中 V_2O_5 含量高于 0.5g/L 时，分解产物粒度细，甚至晶种也被破坏；被钒所污染的氢氧化铝，在焙烧过程中剧烈细化；P_2O_5 有助于获得较粗的分解产物，当其含量高时，可全部或部分消除 V_2O_5 对分解产物粒度的不良影响。NaCl 对分解速度无影响，但会使分解产物粒度变细。

（7）添加剂。通过加入微量添加剂来强化分解过程是既简便又有效的方法，该方法能够提高分解率和产品的粒度与强度。试验结果表明，种分过程加入适当的添加剂，可以强化分解过程，提高分解率，同时可以促进粒子的附聚与长大，粗化产品氢氧化铝的粒度。

1.4.6.2 砂状氧化铝的生产

自从 1962 年国际铝冶金工程年会上提出砂状和面粉状氧化铝的差别，以及影响其因素以来，各国对氧化铝的物理性质都非常重视，尤其在七十年代以来，由于电解铝厂环保及节能的需要，特别是干法烟气净化和大型中间自动点式下料预焙槽的推广，以及悬浮预热及流态化焙烧技术的应用，对氧化铝的物理化学性质提出了严格的要求。粒度均匀、强度好、比表面积大、粉尘少、溶解性能及流动性能好的砂状氧化铝已经取代欧亚原先流行生产的面粉状氧化铝。

面粉状氧化铝，多数是以一水硬（软）铝石矿为原料的拜耳法产品。其分解作业条件的特点是分解温度低、晶种系数高、分解时间长。砂状氧化铝具有以下特点：$-45\mu m <10\%$；平均粒度为 $80\sim100\mu m$，粒度分布窄；安息角为 $30°\sim35°$；焙烧程度较低。一般来说，灼减为 $0.5\%\sim1.0\%$；比表面积 $>30m^2/g$，典型数据为 $50\sim75m^2/g$；绝对密度最大为 $3.7g/cm^3$；堆积密度 $>0.85g/cm^3$。

砂状氧化铝在用作铝电解原料时，具有其他氧化铝所无法比拟的优点，其优点为：

（1）流动性好。由于细粒氧化铝含量少，因而粉尘量低，适用于现代铝电解厂的风动输送系统。

（2）高比表面积使其吸附能力强，因而最适用于气体干法净化系统，以除去电解槽的烟气，消除氟污染。

（3）高容积密度，可使已有的储存设备的能力增加，并降低运输和处理费用。

美国法是世界上最早生产砂状氧化铝的方法。其特点是采用二段法分解工艺，即首先添加少量细晶种促使其附聚，再添加大量粗晶种促使其长大。其工艺流程相当复杂，且产出率较低，生产的氧化铝不到 60g/L。分解条件为：分解原液成分 $N_K = 102.4g/L$、$\alpha_K = 1.48$，降温制度 71℃（冬季分解初温提高至 73℃）~65℃，分解母液成分 $A_0 = 68.3g/L$、$\alpha_K = 2.47$。

欧洲法生产砂状氧化铝的代表为瑞铝法和法铝法。瑞铝法的实质是高产出率的改进美国法，它通过选择过饱和度对种子表面积的恰当比例（$7\sim16g/m$），在高苛性碱浓度

（130g/L）和 66 ~77℃温度范围内，使细晶种成功附聚。然后采用中间冷却措施（使浆液温度降至 55℃），并添加大量晶种（固含达 400g/L），停留时间为 50~70h，使晶种长大的二段分解法生产出砂状氧化铝。美国法和瑞铝法生产砂状氧化铝的原料为三水铝石型铝土矿，若用于处理一水软铝石型铝土矿，将使溶液产出率大幅度降低。法铝法以一水软铝石矿或一水软、硬铝石混合矿为原料时，均可获得较高产出率，其采用高固含、低温度、高过饱和度的一段分解法生产砂状氧化铝。如采用法铝法的希腊厂，其产出率可达 85~90g/L，其分解条件如下：分解原液成分 $N_K = 166g/L$、$\alpha_K = 1.40$；首槽温度 56~60℃；末槽温度 45~50℃；晶种固含 480~600g/L。

我国和苏联的一些工厂，处理的都是难溶解的一水硬铝石矿，分解原液具有浓度高、分子比高的特点。过去对产品的物理性质没有严格的要求，分解作业条件主要是从提高分解率和产能出发。现在为适应电解过程的需要，我国也研究开发了从浓度和分子比高的溶液中生产砂状氧化铝的合理工艺，要求在保持高的溶液浓度和高产出率的条件下生产砂状氧化铝。

1.4.6.3　分解工序主要设备

A　分解原液的冷却设备

为了使溶液具有一定的分解初温，在分解前须将叶滤后的精制液（95℃左右）冷却。生产上采用的冷却设备有鼓风冷却塔、板式换热器和闪速蒸发换热系统（多级真空降温）等。

B　分解槽

现在的氧化铝厂多采用大型的机械搅拌分解槽（见图 1-22）。如采用 $\phi14m \times 30m$ 的平底机械搅拌分解槽，每台最高容积达到 4700m³，有效容积约 4300m³。分解槽的大型化可以使同样产量的工厂分解槽数量减少，减少钢材用量、连接管件和占地面积。增大分解槽容积是通过增大直径而不增加其高度的办法，故并不增加输送溶液的动力消耗。这种机械搅拌分解槽的主要优点是：

（1）动力消耗少；

（2）溶液循环量大，槽内结垢较空气搅拌时大大减少；

（3）提高了分解槽的有效容积，并避免了空气搅拌分解槽中料浆"短路"的现象；

（4）避免了用空气搅拌的溶液吸收 CO_2，使部分苛性碱变成碳碱的缺点。

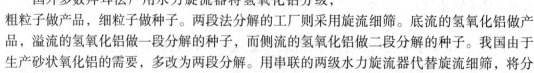

图 1-22　机械搅拌分解槽

1—泥流泵体；2—中心；3—槽体；
4—主风管；5—回风管；6—风管支腿；
7—套管支腿；8—导流锥；9—放料口；
10—泵进口；11—泵出口

C　氢氧化铝分离及洗涤设备

国外多数拜耳法厂用水力旋流器将氢氧化铝分级，粗粒子做产品，细粒子做种子。两段法分解的工厂则采用旋流细筛。底流的氢氧化铝做产品，溢流的氢氧化铝做一段分解的种子，而侧流的氢氧化铝做二段分解的种子。我国由于生产砂状氧化铝的需要，多改为两段分解。用串联的两级水力旋流器代替旋流细筛，将分解料浆中的氢氧化铝分成粗、中、细三个物流。即一级旋流器的底流氢氧化铝做产品，而溢流进入二级旋流器，二级旋流器的溢流氢氧化铝作为一段分解的种子，而二级旋流器底流的氢氧化铝作为二段分解的种子。

氢氧化铝的过滤与洗涤，主要采用平盘过滤机和立盘过滤机。大颗粒氢氧化铝用平盘过滤机最好，因为过滤方向与重力方向相同，滤饼的粒度分布有利于滤液顺利通过（大颗粒在下面），同时真空度完全用于脱水，过滤效率较高。立盘过滤机与平盘过滤机相比，占用空间小，但由于滤盘是垂直的，所以只用作分离，过滤时不能同时进行洗涤，晶种氢氧化铝如果只需要分离母液，则用立盘过滤机最适宜。

1.4.7 氢氧化铝焙烧

氢氧化铝焙烧是指在高温下脱去氢氧化铝中含有的附着水和结晶水并进行氧化铝晶型转变，制取符合要求的氧化铝的工艺过程，是氧化铝生产过程中的最后一道工序。氢氧化铝经过焙烧转变为氧化铝经历相变过程，也是经历结构和性能的改变。

1.4.7.1 氢氧化铝焙烧过程

氢氧化铝的脱水和相变过程是非常复杂的物理化学变化，其影响因素包括氢氧化铝的制取方法、粒度、杂质种类与含量和焙烧条件等。总体包括以下变化过程：

（1）脱除附着水。工业生产的氢氧化铝含有 8%～12% 的附着水，脱除附着水的温度在 100～110℃ 之间。

（2）脱除结晶水。氢氧化铝脱除结晶水的起始温度在 130～190℃ 之间。工业氢氧化铝的脱水过程分为四个阶段：第一阶段（180～220℃），脱去 0.5 个水分子；第二阶段（220～420℃），脱去 2 个水分子；第三阶段（420～500℃），脱去 0.4 个水分子；第四阶段，在动态条件下，从 600℃ 加热到 1050℃ 脱去剩余的 0.05～0.1 个水分子。

脱除结晶水与氢氧化铝的制取方法有关，种分产品在一、三阶段脱去的水分稍多于碳分产品，但碳分产品在第二阶段脱去的水分多于种分产品。

（3）晶型转变。氢氧化铝在脱水过程中伴随着晶型转变，一般到 1200℃ 全部转变为 $\alpha\text{-Al}_2\text{O}_3$。由氢氧化铝转化为 $\alpha\text{-Al}_2\text{O}_3$ 的整个过程中，出现若干性质不同的过渡型氧化铝。原始氢氧化铝不同，过渡型氧化铝种类则不同；加热条件不同，过渡状态也不同。图 1-23 是各种原始氢氧化铝在加热过程中的脱水相变过程。

焙烧工艺本身也影响相变过程。流态化焙烧升温速度高达 10^3℃/S，在此工艺条件下，氢氧化铝相变途径为：

$$\text{氢氧化铝} \begin{cases} \xrightarrow{a} \rho\text{-Al}_2\text{O}_3 \longrightarrow \chi\text{-Al}_2\text{O}_3 \longrightarrow 假\ \gamma\text{-Al}_2\text{O}_3 \longrightarrow \sigma\text{-Al}_2\text{O}_3 \longrightarrow \theta\text{-Al}_2\text{O}_3 \\ \xrightarrow{b} 一水软铝石 \longrightarrow \gamma\text{-Al}_2\text{O}_3 \longrightarrow \sigma\text{-Al}_2\text{O}_3 \longrightarrow \theta\text{-Al}_2\text{O}_3 \end{cases} \alpha\text{-Al}_2\text{O}_3$$

其中，a 是主要途径，原因是焙烧过程快速加热到 520℃ 以上时，由于缺乏水热条件，导致氢氧化铝不转变为一水软铝石。

在传统的回转窑焙烧条件下，氢氧化铝相变途径为：

$$\text{氢氧化铝} \begin{cases} \xrightarrow{a} \chi\text{-Al}_2\text{O}_3 \longrightarrow \kappa\text{-Al}_2\text{O}_3 \\ \xrightarrow{b} 一水软铝石 \longrightarrow \gamma\text{-Al}_2\text{O}_3 \longrightarrow \sigma\text{-Al}_2\text{O}_3 \longrightarrow \theta\text{-Al}_2\text{O}_3 \end{cases} \alpha\text{-Al}_2\text{O}_3$$

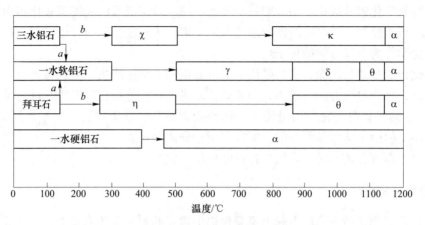

图 1-23　氢氧化铝脱水相变过程

采用传统回转窑与流态化焙烧的相变途径不同，焙烧时间与温度不同时产品中 $\alpha\text{-}Al_2O_3$ 的含量也不同，随着焙烧温度的升高，$\alpha\text{-}Al_2O_3$ 含量逐渐增加。在焙烧过程中，$\gamma\text{-}Al_2O_3$ 转变为 $\alpha\text{-}Al_2O_3$ 是放热过程，其他过程为吸热过程，热量主要消耗在 600℃ 之前的加热阶段。

1.4.7.2　氢氧化铝焙烧设备

氢氧化铝焙烧工艺经历了传统回转窑工艺，改进回转窑工艺和流态化焙烧工艺三个发展阶段。其中，流态化焙烧与回转窑相比有明显优势，主要表现为：

（1）热效率高、热耗低；

（2）产品质量好；

（3）投资少；

（4）设备简单，寿命长，维修费用低；

（5）对环境污染轻。

自二十世纪八十年代以来，国外新建的氧化铝厂已全部采用流态化焙烧炉，并先后研发出美国铝业公司的流态闪速焙烧技术，德国鲁奇公司和联合铝业公司的循环流态焙烧技术，以及丹麦史密斯公司的气态悬浮焙烧技术等。我国氧化铝工业生产广泛采用丹麦史密斯气态悬浮焙烧装置。

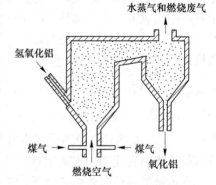

图 1-24　气态悬浮焙烧原理图

气态悬浮焙烧炉是一种带锥形底，内有耐火材料的圆筒形容器（见图 1-24），其与热分离旋风器组成了一个"反应—分离"联合体。预热后和部分焙烧的氢氧化铝在 300~400℃ 下沿着平行于锥底的方向进入反应器；燃烧用的预热空气（850~1000℃）以高速通过一根单独的管子引入反应器底部；入口处的空气速度应在满负荷和局部负荷条件下，保证物料在反应器整个断面上有良好的悬浮状态；物料在反应器中停留几秒钟后，被水蒸气和燃烧产物的混合物于 950~1250℃ 下从反应器带出，焙烧后在氧化铝的旋风收尘器内从热气体中分离出来。

气态悬浮焙烧炉系统主要包括：氢氧化铝喂料、文丘里闪速干燥器、多级旋风预热系统、气体悬浮焙烧炉、多级旋风冷却器、二次流化床冷却器、除尘和返灰等部分，工艺流程图如图 1-25 所示。具体工艺过程及设备如下所示：

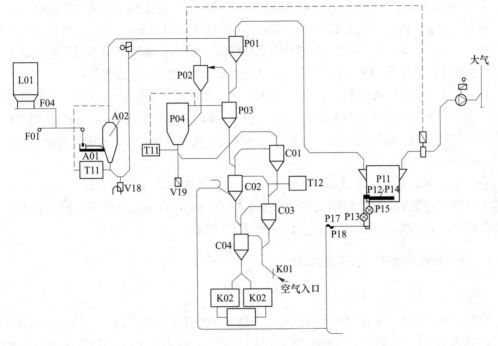

图 1-25 气态悬浮焙烧工艺流程图

（1）氢氧化铝喂料（主体设备为螺旋和皮带秤）。从过滤机出来的氢氧化铝，通过皮带运至小仓 L01，再经过皮带秤 F04 称量后由皮带 F01 送到螺旋 A01，螺旋把物料送入文丘里闪速干燥器 A02。

（2）干燥（主体设备为文丘里闪速干燥器）。通过螺旋 A01 的物料（约含 8%～12% 的附着水），温度约为 50℃，进入文丘里闪速干燥器后与大约 350～400℃ 的烟气相混合，物料在此被加热后送入 P01。闪速干燥器的底部安装有一个加热器 T11，以使 A02 出口温度在 130℃ 以上。

（3）预热（主体设备为旋风预热器 P01、P02）。从闪速干燥器出来的物料和气体在旋风预热器 P01 中分离，气体去电收尘，固体物料落入旋风预热器底部。从旋风预热器 P01 出来的物料与热分离旋风筒 P03 的热气流相遇并被气流带入旋风预热器 P02 中，热气流温度在 1000～1100℃ 左右，物料从 130℃ 左右被加热到 320～360℃，这时氢氧化铝脱去部分结晶水。物料和气流在 P02 中分离，气流去文丘里闪速干燥器 A02，物料进入焙烧炉 P04 中。

（4）焙烧及分离（主体设备为焙烧炉 P04 和热分离旋风筒 P03）。气体悬浮焙烧炉和热分离旋风筒构成了"反应—分离"系统。燃烧空气在冷却系统已被加热到 600～800℃，它从焙烧炉底部的中心管进入焙烧炉。从旋风筒 P02 出来的氢氧化铝沿着锥底的切线方向进入反应器，以使物料、燃料与燃烧空气充分混合。焙烧炉底部有两个燃烧器 V18 和

V19，其中 V18 起点火作用，V19 有 12 个烧嘴，是主要热源。焙烧炉中物料通过时间为
1.4s，这里温度约为 1150~1200℃，剩余的结晶水主要在这里脱除，含部分结晶水的物料
变为 γ—Al_2O_3。焙烧后的氧化铝和气体在热分离旋风筒 P03 中分离，热气流入 P02，物料
进入冷却系统。

（5）一次冷却（主要设备为 C01、C02、C03、C04）。一次冷却在四级旋风冷却器中进
行。用于冷却氧化铝的空气主要来自大气和二次流化床冷却器 K01、K02。经过热交换后，
空气被预热到 600~800℃，而氧化铝被冷却到 200℃。空气进入焙烧炉作为燃烧空气，Al_2O_3
进入二次流化床冷却器。C02 入口处安装有燃烧器 T12，作为初次冷态烘炉用。

（6）二次冷却（主体设备为 K01、K02）。二次冷却主要是把 Al_2O_3 进一步冷却到
80℃以下，二次流化床冷却器主要通过内部的热交换管束中的水流与管外的氧化铝之间的
热交换冷却氧化铝。流化空气进入一次旋风冷却器，氧化铝从 K01、K02 的整个过程大约
需 30~40min。

（7）除尘和返灰（主体设备为电收尘 P11）。从预热旋风筒 P01 出来的含尘烟气在电
收尘 P11 中进行除尘。除尘后的气体含量要求在 50mg/m³ 以下，气体通过排风机 P17 排
往烟囱 P18。从电收尘收下的粉尘送入冷却旋风筒 C02 中。

1.4.8　分解母液蒸发和一水碳酸钠苛化

1.4.8.1　蒸发的作用

母液的蒸发是平衡氧化铝生产过程中的水量和杂质盐类的排出过程，能耗约占氧化铝
生产的 20%~25%，汽耗占总汽耗的 48%~52%，占生产成本的 10%~12%。我国一水硬铝
石生产氧化铝过程中分离 $Al(OH)_3$ 后的分解母液 Na_2O 浓度一般在 170g/L，经蒸发浓缩到
280g/L 左右后，送回到前段工艺用于溶解铝土矿。母液中的杂质如碳酸钠、硫酸钠和二
氧化硅等随蒸发过程中溶剂的减少而不断地析出沉积，这种行为有利于母液净化，降低母
液循环中杂质的含量，并且碳酸钠可以苛化回收再利用，从而降低生产成本。

1.4.8.2　蒸发设备

按蒸发器内部的压力可分为常压蒸发和减压蒸发。大多蒸发过程是在真空下进行的，
因为真空下的沸点低，可以用降压蒸气（如来自热电站涡轮机排出的乏汽和压煮溶出料浆
中铝酸钠溶液的自蒸发蒸气等）作为加热蒸气，并减少环境的热量损失。

根据蒸发装置的级数，可分为单级蒸发和多级蒸发。根据蒸发器中蒸气和溶液的流向
不同，多级蒸发装置可分为有溶液的顺流（平行流动）流程、逆流流程和混流流程；根据
溶液循环的方式分为自然循环蒸发和强制循环蒸发。

根据液膜形成的方向可分为升膜蒸发器和降膜蒸发器。升膜蒸发的液膜的形成由下而
上，这不仅动力消耗高，液膜形成难度大，而且蒸发器下部容易形成局部过热，缩短设备
寿命。降膜蒸发的液膜形成是溶液送至蒸发器顶部，通过布膜器由加热室顶部加入，经布
膜器分布后呈膜状附于管壁顺流而下，被汽化的蒸气与液体一起由加热管下端引出，克服
了升膜的弊端。降膜蒸发器不能用于蒸发有结晶析出的液体，目前降膜蒸发器已取代了升
膜蒸发器。

另外还有闪速蒸发器。由于其蒸发不在加热面上进行，除了在防止结疤和结疤清理方面比其他设备优越外，设备还有结构简单、温度衰退小、汽耗较低等特点。该设备在蒸发母液浓度低、蒸发水量少时可以采用，反之则不宜采用。

降膜蒸发与闪速自蒸发相结合流程是目前世界上拜耳法种分母液蒸发的先进流程。即采用逆流降膜蒸发器进行第一段蒸发，当溶液钠盐接近饱和状态后，进行二段蒸发，即从140℃左右经 3~4 级闪速自蒸发降到 70~80℃，使溶液最终浓度达到要求。

沸腾区在外面的同轴安装加热室的强制循环蒸发器（见图 1-26）是能处理有结晶析出的黏滞溶液的设备。其结构与沸腾区在外面的自然循环蒸发器相似，不同之处是在加热室和循环管之间增设循环泵。溶液的循环是按分离室、循环管、加热室和分离室的封闭路线进行的。循环泵的电机功率为 200~250kW，溶液在管内的流速为 2~2.5m/s；该设备加热表面积为 1000m²，沸腾管长 15m，加热室直径达 2m。在拜耳法氧化铝厂有广泛的应用。

降膜蒸发器（图 1-27）的特点是：

（1）料液从加热室上部进入，经安装于上管板上的布膜器均匀地分布于加热管内表面，以 2m/s 的速度从上向下流动的过程中换热而蒸发；

（2）二次蒸气和料液一并向下流动，由于料液的不断蒸发，二次蒸气的速度逐渐加快，在加热管底部，蒸气速度可达 20m/s 左右，使液膜处在高度湍流状态，强化了管内壁的传热，二次蒸气在分离室与料液分离；

（3）蒸气在管外冷凝，由底部排出。

降膜蒸发器的关键技术是布膜器，为了使料液均匀地分配到管板上的每一个加热元件中，并在加热元件壁形成均匀的液膜，必须有性能良好的布膜器。

降膜蒸发器在真空效的传热系数达到 1300~1400kcal/（m²·h·K）（1kcal = 4.1868kJ），而在自然循环的其他类型蒸发器中为 600~1000kcal/（m²·h·K）。该设备能有效地浓缩有大量固相析出的溶液，但不适于浓缩含有生成结垢组分的溶液。

图 1-28 为高效闪蒸器的示意图，其主要部件由筒

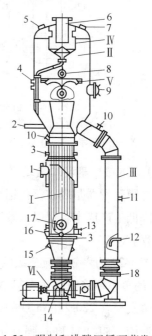

图 1-26 强制和沸腾区循环蒸发器
Ⅰ—加热室；Ⅱ—分离室；Ⅲ—循环管；
Ⅳ—液沫捕集器；Ⅴ—挡料板；Ⅵ—配
有电动机的循环泵；1—加热蒸气进汽管；
2—浓溶液出料管；3—不凝性气体排出管；
4—压力表接管；5—蒸气室空气排出管；
6—二次蒸气排出管；7—冲洗管道接管；
8—观测孔；9—分离室检修入孔；
10—热电偶装接管；11—取样管；
12—溶液进料管；13—凝结水液面指示器；
14—溶液溢流接管；15—凝结水排出管；
16—管际空间冲洗管；17—加热室入孔；
18—补偿器

体、循环套管和汽液分离器三部分组成，一效过来的物料从闪蒸器的下部进入到循环套管内，利用物料本身所带有的压力（约有 0.10MPa）与管内真空所形成的压差，带动套管内外物料循环起来。物料循环到上部时进行闪速蒸发，乏汽被抽走，降压浓缩后的物料从出料口送走。这种闪蒸器的优点是：物料在闪蒸器内是循环流动的，在套管内外形成了小循环，不但可以减少物料在管壁上的结疤和在容器内的沉积，同时也使物料闪蒸速度加快，提高了闪蒸效果。

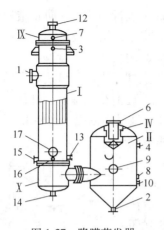

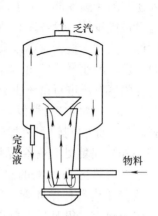

图 1-27　降膜蒸发器　　　　　　　图 1-28　高效闪蒸蒸发器

Ⅰ—加热室；Ⅱ—分离室；Ⅳ—液沫捕集器；
Ⅸ—上溶液室；Ⅹ—下溶液室；其他符号名称同图 1-26

1.4.8.3　蒸发工艺过程

降膜蒸发器是现在氧化铝行业普遍使用的高效蒸发器，它可以实现多效蒸发，减少汽耗，降低生产成本。现以六效逆流三级闪蒸的板式降膜蒸发系统为例来介绍母液蒸发工艺的过程。

图 1-29 为六效逆流三级闪蒸的板式降膜蒸发系统工艺图，其工艺流程为：含 160g/L Na$_2$O 的蒸发原液由泵送至第六效蒸发器，经六—五—四—三—二——效蒸发器逆流逐级加热蒸发至含 220g/L Na$_2$O 的溶液，再经 3 级闪蒸浓缩至 Na$_2$O 245g/L 后，由泵送至四蒸发原液槽，四组 1100m^2 强制循环蒸发器进一步蒸发排盐的两段流程。蒸发原液槽底流氢氧化铝浆液用泵送到就近的一组拜耳法种分槽的最后两个分解槽内。一效蒸发器用表压为 0.5MPa 的饱和蒸气加热，一效至五效二次蒸气分别用作下一效蒸发器和该效直接预热器的热源加热，第六效（末效）蒸发器的二次蒸气经水冷器降温冷凝，其不凝气接入真空泵，一、二、三级溶液自蒸发器的二次蒸气依次用于加热二、三、四效直接预热器的溶液。新蒸气冷凝水经三级冷凝水槽闪蒸降温至 100℃以下时用泵送至合格热水槽，其二次

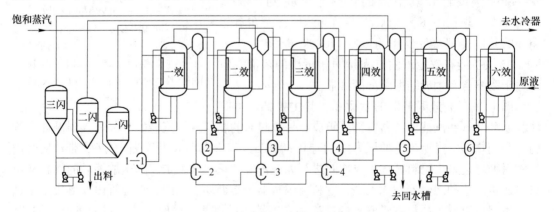

图 1-29　六效逆流三级闪蒸的板式降膜蒸发系统工艺

蒸气分别与一、二效蒸发器的二次蒸气合并；二、三、四、五效蒸发器的冷凝水分别经该效的冷凝水水封罐进入下一级冷凝水水封罐；每效冷凝水水封罐产生的二次蒸气分别汇入该效的加热蒸气管；二、三、四、五效蒸发器的冷凝水逐级闪蒸后与五效的冷凝水汇合，进入六效的冷凝水罐，并用泵送到冷凝水槽；全部冷凝水经检测后，合格的送锅炉房，不合格的送 $100m^2$ 赤泥过滤热水槽。

六效逆流三级闪蒸的板式降膜蒸发系统工艺特点如下：

（1）传热系数高，没有因液柱静压引起的温度损失，有利于小温差传热，实现六效作业，汽耗比传统的四效蒸发器低；

（2）一效至五效蒸发器进料，采用直接预热器预热，分别用三级闪蒸器及本效的二次蒸气作热源，使溶液预热到沸点后进料，提高了传热系数，改善了蒸发的技术经济指标；

（3）采用水封罐兼做闪蒸器的办法，对新蒸气及各效二次蒸气冷凝水的热量进行回收利用，这不仅流程简单，并可有效地阻汽排水，降低了系统的汽耗；

（4）采用三级闪蒸对溶液的热量进行回收，一效出料温度约为 149℃，经三级闪蒸，温度降至 95℃，然后送第四蒸发站进行排盐蒸发；

（5）板式蒸发器板片结疤时，可自行脱落，减少清洗设备次数。

一效每两个月用 60MPa 高压水清洗一次；二效每半年用高压水清洗一次；三~六效基本无结垢，不需清洗。该工艺不足之处在于不适合排盐蒸发，溶液浓度不能提得太高，如果一效有盐析出，会使布膜器堵塞，造成布膜器不能正常布膜。

1.4.8.4 一水碳酸钠的苛化

拜耳法生产氧化铝中，碳酸钠的苛化是通过将碳酸钠溶解，然后添加石灰生成碳酸钙和氢氧化钠来实现再生的，即石灰苛化法。碳酸钙溶解度较小，形成沉淀，过滤去除，滤液回收再利用，补充到循环母液中，其反应方程式是：

$$Na_2CO_3 + Ca(OH)_2 \xrightarrow{\hspace{1cm}} 2NaOH + CaCO_3 \tag{1-37}$$

通常用苛化率来评价碳酸钠苛化的程度，即碳酸钠转变为氢氧化钠的转化率称为苛化率，其表达式为：

$$\mu = \frac{N_{C前} - N_{C后}}{N_{C前}} \times 100\% \tag{1-38}$$

式中　μ——溶液苛化率，%；

　　$N_{C前}$——溶液苛化前 Na_2O_C 的浓度，g/L；

　　$N_{C后}$——溶液苛化后 Na_2O_C 的浓度，g/L。

$Ca(OH)_2$ 溶解度随着苛化过程的进行、溶液中 OH^- 浓度的增加而降低，所以，$Ca(OH)_2$ 在苛化后溶液中很少，若忽略不计，苛化率可表达为：

$$\mu = \frac{N}{2C} \times 100\% \tag{1-39}$$

式中　N——溶液苛化后 NaOH 的浓度，mol/L；

　　C——溶液苛化前 Na_2CO_3 的浓度，mol/L。

在高浓度碳酸钠溶液苛化时，生成单斜钠钙石 $CaCO_3 \cdot Na_2CO_3 \cdot 5H_2O$ 和钙水碱

$CaCO_3 \cdot Na_2CO_3 \cdot 2H_2O$ 两种复盐，造成苛化率低。为了防止生成复盐，苛化通常在低碳酸钠浓度下进行，一般控制碳酸钠浓度在 $100 \sim 160g/L$ 范围内。

实际上在拜耳法蒸发母液中析出的一水碳酸钠总要携带一些母液，苛化时含有铝酸钠和二氧化硅，或者赤泥苛化，还有以下反应伴随着进行：

（1）石灰与铝酸钠反应，生成铝酸钙。

$$3Ca(OH)_2 + 2NaAl(OH)_4(aq) = 3CaO \cdot Al_2O_3 \cdot 6H_2O + 2NaOH(aq) \quad (1-40)$$

（2）水合铝硅酸钠与铝酸钙反应，生成水化石榴石。

$$1.7(3CaO \cdot Al_2O_3 \cdot 6H_2O) + xNa_2O \cdot Al_2O_3 \cdot 1.7SiO_2 \cdot nH_2O + aq =$$
$$1.7[3CaO \cdot Al_2O_3 \cdot xSiO_2 \cdot (6-2x)H_2O] + 2xNaAl(OH)_4(aq) \quad (1-41)$$

（3）部分铝酸钙和水化石榴石溶入溶液与碳酸钠发生苛化反应。

$$3CaO \cdot Al_2O_3 \cdot 6H_2O + 3Na_2CO_3(aq) = 3CaCO_3 + 2NaAl(OH)_4(aq) + 4NaOH(aq)$$
$$(1-42)$$

$$3CaO \cdot Al_2O_3 \cdot xSiO_2 \cdot (6-2x)H_2O + 3Na_2CO_3(aq) =$$
$$3CaCO_3 + 2NaAl(OH)_4(aq) + xNa_2SiO_3(aq) + (4-2x)NaOH(aq) \quad (1-43)$$

在铝酸钠溶液中，CaO 的溶解度非常小，因此溶液中 CaO 的浓度可忽略不计，图 1-30 就是基于此特点做出的 $Na_2O—CaO—CO_2—Al_2O_3—H_2O$ 系平衡状态图。根据图上的等温线能够判断苛化时碳酸钠和石灰相互作用的状态。在苛化初期，溶液含碳酸钠浓度不是很高，溶液组成点落在 I 区，即 $CaCO_3$ 的稳定区，生成的产物是 $CaCO_3$ 和 NaOH，当溶液含碳酸钠浓度较高时，溶液组成点落在 III 区，即 $2Na_2CO_3 \cdot 3CaCO_3$ 或 $Na_2CO_3 \cdot 2CaCO_3$ 复盐的稳定区，苛化率将降低；苛化后期，溶液组成点落在 II 区，即 $3CaO \cdot Al_2O_3 \cdot 6H_2O$ 的稳定区，将导致苛化率降低和一定数量的氧化铝损失，当温度提高时，II、III 区域右移且缩小，从而减少 $2Na_2CO_3 \cdot 3CaCO_3$ 或 $Na_2CO_3 \cdot 2CaCO_3$ 复盐和 $3CaO \cdot Al_2O_3 \cdot 6H_2O$ 的生成，有利于 $CaCO_3$ 的生成。

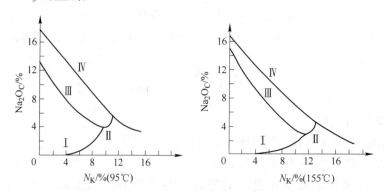

图 1-30 Na_2O-CaO-CO_2-Al_2O_3-H_2O 系平衡状态图

I —$CaCO_3$；II —$3CaO \cdot Al_2O_3 \cdot 6H_2O$；III —$2Na_2CO_3 \cdot 3CaCO_3$ 或 $Na_2CO_3 \cdot 2CaCO_3$；IV—Na_2CO_3

在氧化铝生产中，一水碳酸钠苛化工艺通常为：苛化原液碳酸钠浓度 $100 \sim 160g/L$；温度 $\geqslant 95℃$；石灰添加量 $70 \sim 110g/L$；苛化时间 2h。在此条件下苛化率可以达到 85% 以上。

1.5 烧结法原理与工艺

1.5.1 烧结法原理

早在拜耳法提出之前，法国人勒·萨特里在 1858 年就提出了碳酸钠烧结法，即用碳酸钠和铝土矿烧结，但这种方法原料中的 SiO_2 仍然是以铝硅酸钠的形式转入泥渣，而成品氧化铝质量差、流程复杂、耗热量大。因此拜耳法问世后，此法就被淘汰了。1880 年缪列尔发现用碳酸钠和石灰石按一定比例与铝土矿烧结，可以在很大程度上减轻 SiO_2 的危害，使 Al_2O_3 和 Na_2O 的损失大大减少，这样就形成了碱石灰烧结法。1916 年又有人提出了石灰石（或石灰）和矿石的两成分烧结法，即石灰（石）烧结法。随着矿石铝硅比的降低，拜耳法生产氧化铝的经济效果明显恶化。处理铝硅比在 4 以下的矿石，碱石灰烧结法几乎是唯一得到实际应用的方法。我国第一座氧化铝厂（原山东铝厂）就是采用碱石灰烧结法生产的，它在改进和发展碱石灰烧结法方面做出了许多贡献，其 Al_2O_3 的总回收率、碱耗等指标都居于世界先进水平。

碱石灰烧结法的原理为：通过配入石灰（或石灰石）和碳碱进行高温烧结，使含铝资源中的氧化物转变为铝酸钠 $Na_2O \cdot Al_2O_3$、铁酸钠 $Na_2O \cdot Fe_2O_3$、硅酸二钙 $2CaO \cdot SiO_2$ 和钛酸钙 $CaO \cdot TiO_2$；通过水或稀碱溶液浸出使铝酸钠溶解，铁酸钠水解为 $NaOH$ 和 $Fe_2O_3 \cdot 3H_2O$ 沉淀，硅酸二钙和钛酸钙不与溶液反应而全部转入沉淀；得到的铝酸钠溶液经过净化精制，通入 CO_2 气体进行碳酸化分解，从而析出氢氧化铝；碳酸化分解后的溶液（碳分母液）进行蒸发后，用来下一批的烧结配料。

碱石灰烧结法生产氧化铝的工艺过程如图 1-31 所示，主要包括如下工序：

（1）生料浆制备。它是制取必要组分比例的细磨料浆所必需的工序。铝土矿生料组成包括铝土矿、石灰石（或石灰）、新纯碱（用以补充流程中的碱损失）、循环母液和其他循环物料。

（2）熟料烧结。生料进行高温烧结，从而制取主要含铝酸钠、铁酸钠和硅酸二钙的熟料。

（3）熟料浸出。使熟料中铝酸钠转入溶液，分离和洗涤不溶性残渣（赤泥）。

（4）脱硅。使溶液的二氧化硅生成不溶性化合物分离，制取高硅量指数的铝酸钠精制液。

（5）碳酸化分解。用 CO_2 分解铝酸钠溶液，析出的氢氧化铝与碳酸钠母液分离，并进行氢氧化铝洗涤。

（6）焙烧。将氢氧化铝焙烧成氧化铝。

（7）分解母液蒸发。从过程中蒸发排除过量的水，蒸发的循环纯碱溶液用以配制生料浆。

1.5.2 生料配方与熟料烧结

1.5.2.1 生料配方

熟料烧结的目的是使铝土矿中的 Al_2O_3、Fe_2O_3、SiO_2 和 TiO_2，在适宜的烧结温度下，相

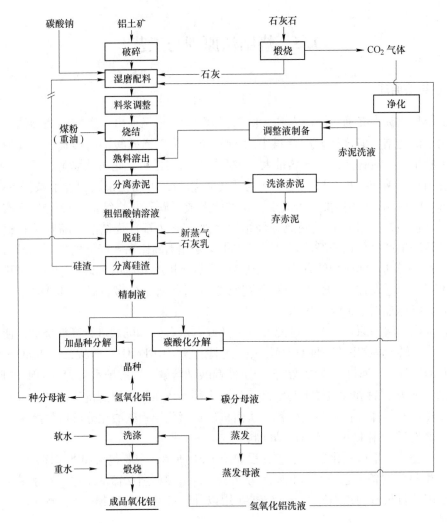

图 1-31　碱石灰烧结法工艺流程图

应的全部生成 $Na_2O \cdot Al_2O_3$、$Na_2O \cdot Fe_2O_3$、$2CaO \cdot SiO_2$ 及 $CaO \cdot TiO_2$。所以，按摩尔比 $\dfrac{Na_2O}{Al_2O_3+Fe_2O_3}=1.0$，$\dfrac{CaO}{SiO_2}=2.0$ 及 $\dfrac{CaO}{TiO_2}=1.0$ 的配料比称为标准配方或饱和配方。

　　熟料配方还须考虑在烧结过程中燃料煤灰的组成和数量，烧结过程中的机械损失，熟料窑灰的返回量及成分。在采用生料加煤还原烧结时，生料中部分 Fe_2O_3 被还原为 FeO 及 FeS。在确定熟料配方之后，需要根据上述各种因素计算求出熟料配方的修正系数，即生料配方。

1.5.2.2　熟料烧结

　　熟料烧结是在回转窑中于1200℃以上的温度下进行的。在饱和配方的条件下，碱石灰铝土矿生料在高温下的反应，可以认为分为两个阶段：

　　（1）第一阶段，即低温阶段（1000℃以下），主要包括：

$$Al_2O_3 + Na_2CO_3 \Longrightarrow Na_2O \cdot Al_2O_3 + CO_2 \tag{1-44}$$

$$Fe_2O_3 + Na_2CO_3 \Longrightarrow Na_2O \cdot Fe_2O_3 + CO_2 \tag{1-45}$$

其中，SiO_2 与 Al_2O_3 和 Na_2O 生成铝硅酸钠 $Na_2O \cdot Al_2O_3 \cdot 2SiO_2$；$CaCO_3$ 部分分解生成 CaO，并生成 $CaO \cdot TiO_2$。

（2）第二阶段，即高温阶段（1000~1250℃），铝硅酸钠被 CaO 分解，完成熟料最后矿物组成：

$$Na_2O \cdot Al_2O_3 \cdot 2SiO_2 + 4CaO = Na_2O \cdot Al_2O_3 + 2(2CaO \cdot SiO_2) \tag{1-46}$$

熟料的最后矿物组成主要是铝酸钠、铁酸钠、硅酸二钙和钛酸钙。

熟料烧结的最佳温度条件（即烧成温度和烧成温度范围），取决于原料的化学成分、矿物组成和生料的配料比。对铝土矿来说，在饱和配料的条件下，其主要取决于铝土矿的铝硅比和铁铝比。Na_2O-CaO-Al_2O_3-SiO_2-Fe_2O_3 系熔度图部分如图 1-32 所示。生料中 A/S 降低和 F/A 升高，都使熟料的熔点降低。

在生料烧结过程中，在 800~1000℃ 之间，铝土矿中 SiO_2 已经生成 $Na_2O \cdot Al_2O_3 \cdot 2SiO_2$。石灰的作用不是直接与 SiO_2 反应，而是在高温带与 $Na_2O \cdot Al_2O_3 \cdot 2SiO_2$ 反应，使之分解。石灰分解铝硅酸钠的反应只有在温度高于 1200~1250℃ 时，才能迅速进行。所以烧结温度主要决定于这一反应，以保证 SiO_2 完全转变为 $2CaO \cdot SiO_2$。

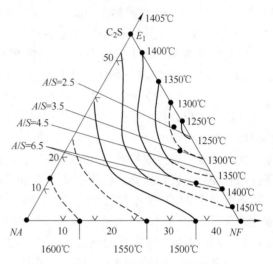

图 1-32　Na_2O-Al_2O_3-CaO-SiO_2-Fe_2O_3 系熔度等温线图（部分）

熟料烧结时除了配碱配钙以外，通常还要加煤，使熟料中的硫大部分以二价硫化物 $FeS \cdot CaS$ 及 SO_2 状态从弃赤泥中排除，使生产过程中 Na_2SO_4 的积累缓慢，降低了 Na_2SO_4 的平衡浓度，解决了烧结法生产中的一个重要问题。此外，加入还原剂可以强化熟料烧结过程，由于生料中加入的煤在回转窑的烧成带之前发生燃烧，等于增加了窑内的燃烧空间，提高了窑的发热能力，同时提高了分解带的气流温度，强化了热的传导，增加了熟料的预热，改善了熟料质量，提高了窑的产能。同时从熟料浸出及赤泥分离工序来看，在生料加煤的正烧结条件下，得到的黑心多孔熟料粒度均匀、孔隙度大、可磨性良好，并且改善了赤泥沉降性能，因而使浸出湿磨产能提高 15%~20%，净浸出率提高 0.5~0.9% 左右。

1.5.3　熟料浸出及赤泥分离

1.5.3.1　熟料主要成分在浸出时行为

碱石灰烧结法熟料的主要成分是铝酸钠、铁酸钠、硅酸二钙、钛酸钙和少量 Na_2SO_4、Na_2S、CaS、FeS 等产物，以及其他少量不溶性中间产物。以下分别介绍熟料的主要成分。

（1）铝酸钠。铝酸钠易溶于水和稀苛性碱溶液，溶解速度很快。由于固体铝酸钠的结构与溶液中铝酸离子结构不同，所以熟料中铝酸钠的溶解实际上是一个化学反应，即：

$$Na_2O \cdot Al_2O_3 + 4H_2O \Longrightarrow 2NaAl(OH)_4 \tag{1-47}$$

这一反应为放热反应，在 NaOH 溶液中，铝酸钠于 100℃、3min 内可完全溶解，得到 α_K 为 1.6，浓度为 100g/L 的铝酸钠溶液。

（2）铁酸钠。铁酸钠不溶于水，遇水后发生水解，其反应如下：

$$Na_2O \cdot Fe_2O_3 + 4H_2O \Longrightarrow 2NaOH + Fe_2O_3 \cdot 3H_2O \tag{1-48}$$

熟料中铁酸钠的水解速度，甚至在室温（20℃）下亦很快。例如，破碎到 0.25mm 的熟料，在 20℃时，其铁酸钠在 30min 内完全水解。温度升高，水解速度也越大，50℃时在 15min 内，75℃以上在 5min 内即完全水解。

熟料中铁酸钠水解生成的 NaOH，使铝酸钠溶液 α_K 值增高，成为稳定因素。

（3）硅酸二钙 $2CaO \cdot SiO_2$。熟料浸出时硅酸二钙被 NaOH 溶液分解，其反应如下：

$$2CaO \cdot SiO_2 + 2NaOH(aq) \Longrightarrow 2Ca(OH)_2 + Na_2SiO_3(aq) \tag{1-49}$$

在熟料浸出条件下，上述反应能达到平衡，主要与 SiO_2 在铝酸钠溶液中的介稳平衡溶解度有关。介稳平衡又称亚稳状态，简称亚稳态，通常指物质（包括原子、离子、自由基、化合物等各种化学物种）在某种条件下，介于稳定和不稳定之间的一种化学状态。在条件稍有变化或介稳态物质稍受扰动、碰撞时，它就会变成稳定或更不稳定的状态。

随溶液中 Al_2O_3 浓度和温度的提高，转入溶液中的二氧化硅量增大。铝酸钠溶液中二氧化硅含量在短时间内可达最大值，但是随时间的延长，由于脱硅作用，溶液中 SiO_2 含量降低，同时温度越高，脱硅速度也越快。由于硅酸二钙的分解而引起的二氧化硅进入溶液是不可避免的，同时，由于硅酸二钙的分解，可能造成浸出时产生的二次反应损失，这是在烧结法生产中的一个重要技术问题。

（4）钛酸钙 $CaO \cdot TiO_2$。熟料中的钛酸钙 $CaO \cdot TiO_2$ 浸出时不发生任何反应，残留于赤泥中。

（5）Na_2S、CaS 及 FeS 等二价硫化物。熟料中 Na_2S 和 Na_2SO_4 浸出时直接转入溶液，其余二价硫化物 CaS、FeS 则在浸出时部分被 NaOH、Na_2CO_3 分解，成为 Na_2SO_4 转入溶液，因此熟料中的二价硫化物仍能造成碱的损失。某厂熟料浸出后的分离洗涤条件下，约有 35%的 S^{2-} 在浸出分离时被分解转入溶液中（即熟料中 S^{2-} 进入赤泥的数量约为 65%，称为赤泥中二价硫的沉淀率）。

1.5.3.2　烧结法赤泥沉降性能

烧结法熟料在采用湿磨浸出沉降分离洗涤时，赤泥沉降性能不仅对沉降槽产能，而且对二次反应损失有重大影响。烧结法赤泥变性（赤泥膨胀）在采用沉降分离洗涤设备系统时是威胁生产的严重问题。赤泥膨胀现象主要表现为赤泥沉降速度极其缓慢，压缩层疏松，压缩液固比大，形成容积庞大的胶凝状物体；同时有大量悬浮赤泥粒子进入溢流，称为"跑浑"，破坏正常操作。生产经验证明，赤泥沉降性能与熟料质量密切相关，另外，湿磨浸出时赤泥"过磨"，即赤泥粒度过细亦为影响赤泥沉降性能的重要因素。

在熟料中二价硫化物含量较高的条件下进行生料加煤，并采用湿磨浸出及赤泥沉降分离洗涤设备系统，是我国烧结法生产氧化铝的独特经验。在不采用生料加煤的情况下，如果采取湿磨浸出或细磨熟料搅拌浸出，由于熟料中铁酸钠水解生成 $Fe(OH)_3$，当用沉降槽分离和洗涤赤泥时，往往不可避免地造成二次反应损失和产生赤泥膨胀（跑浑）。如用过滤方法分离和洗涤赤泥，则真空过滤细赤泥和高铁赤泥的效率较低，因此必须安装大量的过滤设备。

在采用湿磨浸出时，为防止熟料质量波动对赤泥性质的影响，可采用其他较为有效的赤泥分离设备。国外烧结法铝土矿熟料多采用块状熟料的固定层（床）浸出，如扩散浸出器、渗滤输送浸出器等。熟料的浸出及赤泥分离洗涤可在同一设备中完成，为此可避免熟料赤泥变性的影响，但其共同缺点是氧化铝浸出率很低（83%以下）。

1.5.4　铝酸钠溶液脱硅

在熟料浸出过程中，由于硅酸二钙引起二次反应，在浸出液（粗液）中含有相当数量的 SiO_2。例如，在 80℃左右湿磨浸出铝土矿熟料所得到的 Al_2O_3 含量约 120g/L，分子比 1.25。在 Na_2O_C 30g/L 的粗液中，SiO_2 浓度达 4.5~6g/L（硅量指数为 20~30），比 SiO_2 的平衡浓度高出许多倍。这种粗液，无论用碳酸化分解还是晶种分解，大部分 SiO_2 都会析出进入氢氧化铝，使成品氧化铝的质量远低于规范要求。所以必须设置专门的脱硅过程，尽可能地将粗液中的 SiO_2 清除，制成精制液后再送去分解。精制液硅量指数越高，碳分得到纯度符合要求的氢氧化铝越多，随同碳分母液返回配料烧结的 Al_2O_3 越少。这样就使整个生产流程中的物料流量和有用成分的损失大大减少，同时提高精制液的硅量指数，还可以减轻碳分母液蒸发设备的结垢现象（一般要求精制液的硅量指数应大于 400）。

以往烧结法的主要缺点之一是氧化铝成品质量低于拜耳法。后来，烧结法厂研究并采用了深度脱硅方法，使精制液硅量指数达到 1000 以上，成品质量不再低于拜耳法，深度脱硅已成为氧化铝生产中一项较大的技术成就。

铝酸钠溶液脱硅过程的实质就是使其中 SiO_2 转变为溶解度很小的化合物沉淀析出，已经提出的脱硅方法很多，概括起来有两大类：一类是使 SiO_2 成为水合铝硅酸钠析出，另一类是使 SiO_2 成为水化石榴石析出。粗液成分和对精制液纯度要求的不同，形成了脱硅方法和流程的多样化。

1.5.5　碳酸化分解

1.5.5.1　碳酸化分解原理

在烧结法生产中，向脱硅后的铝酸钠溶液中通入二氧化碳气体析出氢氧化铝的方法，即为碳酸化分解。铝酸钠溶液的碳酸化分解是一个气、液、固三相参加的复杂的多相反应，涉及二氧化碳被铝酸钠溶液吸收，以及二者间的化学反应和氢氧化铝的结晶析出，并生成丝钠（钾）铝石一类化合物。

碳酸化分解氢氧化铝结晶的形成，同拜耳法晶种分解一样包括四个过程，即：次生晶核（二次晶核）的形成，$Al(OH)_3$ 晶粒的破裂和磨蚀，$Al(OH)_3$ 晶体的长大和 $Al(OH)_3$ 晶粒的附聚。

由于连续通入二氧化碳气体，使溶液始终维持较大的过饱和度，所以碳分过程氢氧化铝的结晶析出速度远远快于种分过程。一般认为，二氧化碳的作用在于中和溶液中的苛性碱，使溶液的分子比降低，造成介稳定界限扩大，从而降低溶液的稳定性，引起溶液的分解其化学式为：$NaAl(OH)_4(aq) = Al(OH)_3 + NaOH(aq)$。反应产生的 NaOH 不断被通入

的 CO_2 中和，从而使上述反应的平衡向右移动。另一种观点认为，随着二氧化碳不断通入铝酸钠溶液中，由于羟基离子同二氧化碳反应，溶液的 pH 值降低，导致铝酸盐离子分解析出氢氧化铝。

在碳酸化分解末期，还将生成丝钠铝石杂质 $Na_2O \cdot Al_2O_3 \cdot 2CO_2 \cdot nH_2O$，也称水合碳铝酸钠。碳分时，在通入的二氧化碳气泡与铝酸钠溶液的界面上，生成丝钠铝石，其反应如下：

$$Na_2CO_3(aq) = NaHCO_3 + NaOH(aq) \tag{1-50}$$

$$2nNaAl(OH)_4 + 4NaHCO_3(aq) = Na_2O \cdot Al_2O_3 \cdot 2CO_2 \cdot nH_2O + 2Na_2CO_3(aq) \tag{1-51}$$

$$Al_2O_3 \cdot nH_2O + 2NaHCO_3(aq) = Na_2O \cdot Al_2O_3 \cdot 2CO_2 \cdot nH_2O(aq) \tag{1-52}$$

$$Al_2O_3 \cdot nH_2O + 2Na_2CO_3(aq) = Na_2O \cdot Al_2O_3 \cdot 2CO_2 \cdot nH_2O + 2NaOH(aq) \tag{1-53}$$

在碳分初期，当溶液中还含有大量游离苛性碱时，丝钠铝石与苛性碱反应生成 Na_2CO_3 和 $NaAl(OH)_4$，其反应如下：

$$Na_2O \cdot Al_2O_3 \cdot 2CO_2 \cdot nH_2O + 4NaOH(aq) = 2NaAl(OH)_4 + 2Na_2CO_3(aq) \tag{1-54}$$

在碳分第二阶段，当溶液中苛性碱减少时，丝钠铝石被 NaOH 分解而生成氢氧化铝，其分解的速度取决于含水碳酸钠晶格中离子的有序程度，还与温度和搅拌强度等有关。随着铝酸钠溶液中苛性碱含量的减少和碳碱含量的增多，分解过程减慢，其反应如下：

$$Na_2O \cdot Al_2O_3 \cdot 2CO_2 \cdot nH_2O + 2NaOH(aq) = Al_2O_3 \cdot 3H_2O + 2Na_2CO_3(aq) \tag{1-55}$$

在碳分末期，当溶液中苛性碱含量已相当低时，则丝钠铝石呈固相析出。在最终产品中，丝钠铝石的含量将随着原始溶液中碳碱含量的增加而增多，当溶液全碱含量相同，氧化铝浓度降低时，丝钠铝石析出更多。

1.5.5.2　影响碳分过程的主要因素

衡量碳分作业效果的主要标准是氢氧化铝的质量、分解率、分解槽的产能以及电能消耗等。氢氧化铝质量取决于脱硅和碳分两个工序。降低产品中二氧化硅含量的主要途径是提高脱硅深度，但在精制液硅量指数一定时，则取决于碳分作业条件。分解槽产能取决于分解时间和分解率等因素，而适宜的分解时间与分解率又受产品质量的制约，并与原液的硅量指数高低密切相关。碳分是一个大量消耗电能（压缩二氧化碳气体）的工序，其量取决于使用的二氧化碳气体浓度、二氧化碳利用率以及碳分槽结构等因素。

碳分过程的 Al_2O_3 分解率（$\eta_{Al_2O_3}$）按如下公式计算：

$$\eta = \frac{A_a - A_m \times (N_T/N_T')}{A_a} \times 100\% \tag{1-56}$$

式中　A_a——精制液中的氧化铝浓度，g/L；

　　　A_m——母液中的氧化铝浓度，g/L；

　　　N_T——精制液中的总碱浓度，g/L；

N_T'——母液中的总碱浓度，g/L。

1.5.5.3 碳分工艺

碳酸化分解作业在碳分槽内进行。我国采用带挂链式搅拌器的圆筒形碳分槽（见图1-33）。二氧化碳气体经若干支管从槽的下部通入，并经槽顶的汽液分离器排出。国外有的厂采用气体搅拌分解槽，气体搅拌的圆筒形锥底碳分槽示意图如图1-34所示。槽里料浆由锥体部分径向喷嘴系统送入的二氧化碳气体进行搅拌，而沉积在不通气体部分（喷嘴带以下）的氢氧化铝由空气升液器提升到上部区域。

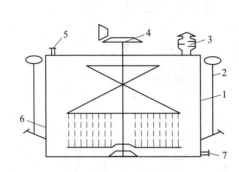

图1-33　圆筒形平底碳分槽
1—槽体；2—进气管；3—汽液分离器；4—搅拌器；
5—进料管；6—取样管；7—出料管

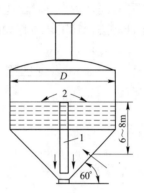

图1-34　圆筒形锥底碳分槽
1—气体进口；2—空气升液器

碳酸化分解过程分为间断分解和连续分解两种方式。间断分解即在同一个碳分槽内完成一个作业周期，该方法存在的不足之处在于：

（1）设备利用率低，碳分槽由于分解过程中槽壁结疤，有1/4槽子需用种分母液泡槽，利用率仅为75%左右；另外碳分作业的平均周期为8h，在液量和CO_2气出现波动及其他部位出现故障时，因分解周期紧张而被迫压产，所以碳分常常成为制约生产的薄弱环节。

（2）间断分解分解率偏低，一般为88%左右，分解不完全会造成氧化铝回头量增加，分解过头则会降低氧化铝品级率。

（3）劳动强度大，由于多台碳分槽交替作业，需要随时掌握进料—分解—出料—检查CO_2气平衡及分解率的控制。

连续碳分是指在一组碳分槽内连续进行分解，每个碳分槽都保持一定的操作条件。这种方式开始在国外采用，现在我国的碳酸化分解也都采用连续碳分工艺，其主要技术条件和技术指标为：

（1）精制液硅量指数为800~1000；

（2）通过的液量为600~650m³/h；

（3）分解槽停留时间为3~4h；

（4）CO_2浓度大于36%；

（5）分解率从首槽到末槽依次为20%~30%，50%~55%，70%~75%，80%~85%，85%~90%，90%~92%。

氧化铝厂采用深度脱硅与连续碳分技术，对于企业提产降耗和提高产品质量具有重大意义，其经济效益非常显著。

1.6　其他生产工艺

1.6.1　改良拜耳法

1.6.1.1　选矿拜耳法

选矿拜耳法是指在拜耳法生产流程中增加一个选矿过程，以处理铝硅比较低铝土矿的氧化铝生产方法，其工艺流程如图 1-35 所示。选矿拜耳法的主要优势在于：

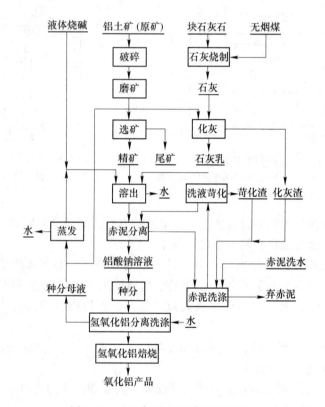

图 1-35　选矿拜耳法原则工艺流程图

（1）通过较经济的物理选矿，可将铝土矿的铝硅比由 5~6 提高到 10 以上，使我国中、低品位的铝土矿适用于拜耳法生产氧化铝；

（2）以一水硬铝石富连生体为捕集目标，应用阶段磨矿、阶段选别的合理制度和药剂，得到铝硅比为 10 以上，氧化铝回收率为 90% 的精矿。

选矿拜耳法虽然增加了选矿过程，但由于拜耳法生产氧化铝的工艺流程简单，比原矿混联法方案的投资降低约 17%，流程简单，工程建设的工艺投资约减少 28%；无高热耗的熟料烧结过程及相应的湿法系统，生产能耗降低 50% 以上；碱耗降低 1.35%，石灰石消耗减少 57%；新水消耗降低 40%。选矿拜耳法的缺点是原矿耗量较大，氧化铝回收率较低，比混联法低了约 20%，选矿药剂影响拜耳法流程，尾矿量大等。

1.6.1.2 石灰拜耳法

石灰拜耳法是指在拜耳法生产的溶出过程中添加比常规拜耳法溶出过量的石灰,以处理品位较低的铝土矿的氧化铝生产方法。通过在溶出过程中添加过量的石灰,使赤泥中的钠硅渣部分转变成水化石榴石,以降低赤泥中 Na_2O 含量及生产碱耗。在最佳石灰添加量的条件下,用石灰拜耳法处理铝土矿($A/S = 11$)生产氧化铝,生产碱耗低于 80kg/t-AO。

石灰拜耳法工艺流程如图 1-36 所示,其主要特征为:

(1)石灰拜耳法工艺流程简单,工程建设的投资费用比混联法节省;

(2)由于石灰拜耳法工艺没有高热耗的熟料烧结过程及相应的湿法系统,其工艺生产能耗仅为混联法的 50% 左右,因此大幅度节省了能源,总成本费用比原矿混联法低13.25%,但矿石耗量较大,氧化铝的实收率较低,比混联法低了约 20%;

(3)石灰拜耳法与国内外典型的拜耳法比,在相同建设条件下的建设投资基本相当;石灰石耗量和能耗略高,碱耗较低。氧化铝生产的消耗指标基本处于同一水平。

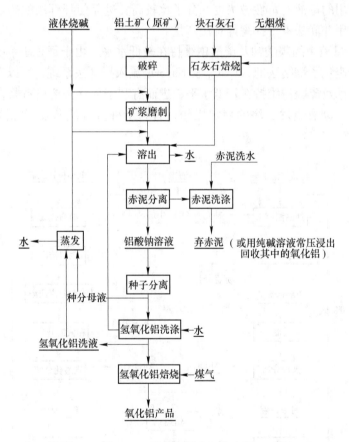

图 1-36 石灰拜耳法工艺流程

1.6.2 联合法

我国铝土矿资源的特点决定了我国氧化铝生产工艺曾经长期以来以拜耳—烧结联合法为主的局面。联合法主要包括串联法、并联法和混联法。

1.6.2.1　并联法

在并联法氧化铝生产工艺中，采用拜耳法处理较高品位的铝土矿，溶出赤泥直接外排；采用碱石灰烧结法处理低品位铝土矿，烧结法精制液全部进行碳酸化分解，赤泥也直接外排。并联法氧化铝生产新工艺流程如图 1-37 所示，其主要特点如下：

（1）最大限度发挥拜耳法和烧结法的各自优势，拜耳法系统和烧结法系统并而不联，相对独立，互不牵制，可以充分发挥各自的优势。

（2）可根据生产经营的具体情况，拜耳法系统与烧结法系统互补。拜耳法系统无须设立专门的碳酸盐苛化工序，可将拜耳法种分母液蒸发析出的碳酸钠直接送入烧结法系统，用于生料浆的配制，碳酸化分解的氢氧化铝可送去做拜耳法种分的晶种等。

（3）产量进一步提高，无须通过烧结法精制液的晶种分解实现拜耳法系统的补碱。烧结法精制液全部碳酸化分解，由于碳分分解率明显高于种分分解率，所以采用并联法可提高烧结法系统的产量。在并联法中，通过直接补入烧碱来实现对拜耳法系统的补碱，可使拜耳法系统配矿用的母液的苛性碱浓度和分子比较高，进而使拜耳法配矿量增加，提高循环效率，所以采用并联法也可提高拜耳法产量。

（4）拜耳法母液中的碳酸钠及硫酸钠维持在较低水平。由于拜耳法系统直接采用液体烧碱补碱，完全避免了烧结法的 Na_2CO_3 及 Na_2SO_4 流入拜耳法系统，所以有利于拜耳法系统母液中的碳酸钠及硫酸钠维持在较低水平，进而有利于拜耳法溶出料浆自蒸发工序、晶种分解工序及种分母液蒸发工序的稳定操作，有利于种分母液蒸发工序降低能耗、提高产能。

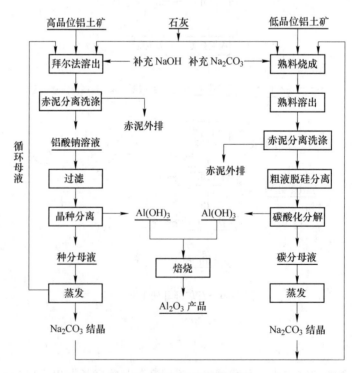

图 1-37　并联法工艺流程图

1.6.2.2 串联法

串联法流程的实质在于，全部矿石先用经济的拜耳法处理，回收绝大部分氧化铝，然后用烧结法处理拜耳法赤泥，回收大部分的碱和小部分氧化铝，烧结法溶液经脱硅后进入拜耳法系统，溶液蒸发析出的一水碳酸钠返回烧结法系统配料。串联法工艺流程如图1-38所示。

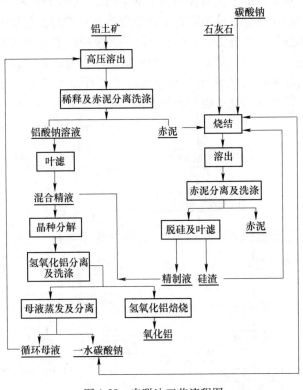

图 1-38　串联法工艺流程图

用串联法处理我国中等品位矿石，比混联法优越。串联法流程简单，拜耳法生产比例高，具有碱耗低、弃赤泥量少、投资省、成本低、操作容易等特点。串联法主要优点为：

（1）先以较简单的拜耳法处理矿石，最大限度地提取矿石中的氧化铝，然后再用烧结法回收拜耳法赤泥中的 Al_2O_3 和 Na_2O，能耗低的拜耳法产品比例可达 70% 以上。因此，可降低氧化铝生产的综合能耗，Al_2O_3 的总回收率比较高，碱耗也可降低。

（2）由于矿石中的大部分 Al_2O_3 是由加工费用和投资费都较低的拜耳法提取，总的产品成本可大幅度降低。

（3）串联法与混联法比较，由于采用单一品位的铝土矿，易于实现矿石的调配和均化，同时也可以适当放宽拜耳法的溶出条件和要求。

串联法的主要缺点有：拜耳法赤泥炉料的烧结比较困难，而烧结过程能否顺利进行以及熟料质量的好坏，又是串联法的关键；另外，当矿石中 Fe_2O_3 含量低时，还存在烧结法系统供碱不足的问题。

1.6.2.3 混联法

混联法生产氧化铝工艺是我国独创，该方法适合我国铝土矿资源特点和工艺技术水平。如果铝土矿中氧化铁含量低，则串联法中的烧结法系统供碱不足。解决这个问题的方法之一是在拜耳法赤泥中添加一部分低品位矿石进行烧结。添加矿石使熟料铝硅比提高，也使炉料熔点提高，烧成温度范围变宽，从而改善烧结过程。这种将拜耳法和处理拜耳法赤泥与低品位铝土矿的烧结法合在一起的联合法称作混联法。

我国混联法生产氧化铝的工艺流程如图1-39所示，其具体工艺为：以串联法为主体，兼有在烧结法系统中添加部分高硅铝矿石来稳定烧结法系统的工艺技术条件，并充分发挥拜耳法与烧结法两部分的生产能力。其中，拜耳法系统处理低硅铝矿石，烧结法系统处理拜耳法赤泥，从而进一步回收其剩余的氧化铝和氧化钠，由此达到碱耗低、氧化铝回收高的目的。同时，烧结法系统还能处理一部分高硅铝矿石，为综合利用矿山资源创造了条件。拜耳法系统用的苛性碱由烧结法系统补充，有利于降低生产成本。

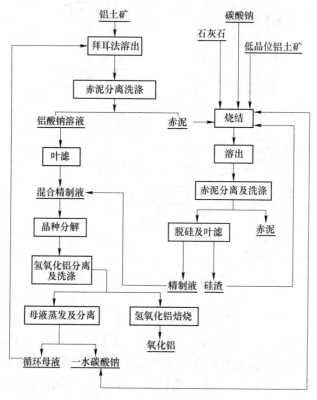

图 1-39　混联法工艺流程图

混联法除了具有并联法与串联法的一些优点外，它还解决了用纯串联法处理低铁铝土矿时补碱不足的问题；提高了熟料铝硅比，既改善了烧结过程，又合理地利用了低品位矿石；由于增加了碳酸化分解过程，因此能调节过剩的苛性碱液，从而有利于整个生产流程的协调配合。生产实践证明，混联法是处理高硅低铁铝土矿的有效办法，其氧化铝总回收率达到90%以上，每吨氧化铝的碳酸钠消耗降到70kg以下，产品质量良好。混联法存在的主要缺点是流程长，设备多，控制复杂等。

1.6.3　高压水化学法

在用拜耳法处理高硅铝土矿时，由于赤泥中存在大量的脱硅产物，会造成 Al_2O_3 和

Na_2O 的大量损失，从而降低了拜耳法的应用价值。高压水化学法（或称水热碱法）可以克服拜耳法的这一缺点，从而可以用来处理高硅铝土矿。最初提出的高压水化学法用以处理霞石矿，在高温（280~300℃）、高浓度（Na_2O 400~500g/L）、高分子比（30~35）的循环母液中，添加石灰（$CaO/SiO_2(mol)=1$），溶出矿石中的 Al_2O_3，得到分子比为 12~14 的铝酸钠溶液。矿石中的 SiO_2 则转化为水合硅酸钠钙 $Na_2O \cdot 2CaO \cdot 2SiO_2 \cdot H_2O$（或 $NaCaHSiO_4$），它在高浓度高分子比铝酸钠溶液中是稳定固相，从溶液中分离后，通过它的水解回收其中的 Na_2O，二氧化硅最终以偏硅酸钙 $CaO \cdot SiO_2 \cdot H_2O$ 形态排出。高分子比铝酸钠溶液蒸发到 500g/L Na_2O，结晶析出水合铝酸钠 $Na_2O \cdot Al_2O_3 \cdot 2.5H_2O$，将其溶解为分子比较低的铝酸钠溶液，便可由种分制得氢氧化铝。这种方法在理论上不会导致 Al_2O_3 和 Na_2O 的损失。

高压水化法的主要问题是：碱浓度、循环母液分子比大，要将溶出液蒸发至苛性碱 500g/L 以上，才能析出水合铝酸钠；后续赤泥渣中碱的回收复杂；设备材料昂贵，投资大。

图 1-40 是处理霞石矿或拜耳法赤泥时，将 SiO_2 转化为 $NaCaHSiO_4$，然后回收其中所含碱的工艺流程，分解得到高分子比溶液蒸浓析出水合铝酸钠结晶，将它溶解成低分子比溶液，通过种分制取 $Al(OH)_3$；高分子比溶液也可通过沉淀析出 $3CaO \cdot Al_2O_3 \cdot 6H_2O$，进而转变成低分子比铝酸钠溶液。

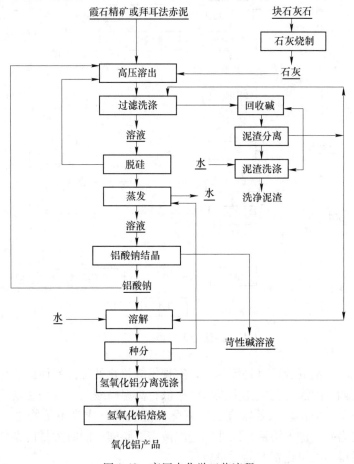

图 1-40 高压水化学工艺流程

1.6.4　酸法

酸法是用硝酸、硫酸、盐酸等无机酸处理含铝原料而得到相应铝盐的酸性溶液，然后使这些铝盐以水合物晶体（通过蒸发结晶）或碱式铝盐（水解结晶）的形式从溶液中析出，或用碱中和这些铝盐水溶液使其以氢氧化铝形式析出，最后焙烧氢氧化铝、各种铝盐的水合物或碱式铝盐，得到氧化铝的方法。原则上用酸法处理分布很广的高硅铝资源（如黏土、高岭土、煤矸石和粉煤灰）是合理的。利用酸法处理粉煤灰工艺，其工艺流程如图1-41所示，其方法是采用盐酸溶出，之后用树脂吸附除杂。

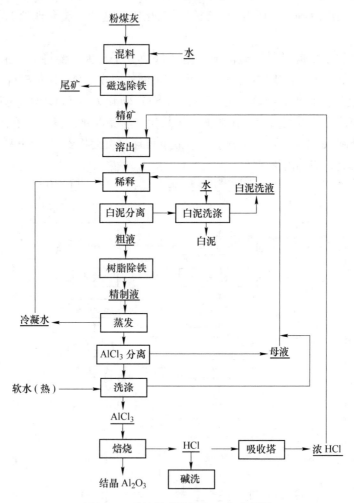

图 1-41　酸法处理粉煤灰工艺流程图

酸法处理低品位铝资源优点是流程短，实现了减量化处理。然而酸法也存在大量需要解决的问题，例如：酸法工艺氧化铝提取效率低；高温高酸条件对设备防腐要求高，操作条件恶劣，对安全防护及环保要求高；二氧化硅绝大部分成为不溶物进入残渣与铝盐分离，但有少量成为硅胶进入溶液，因此铝盐溶液需要脱硅；同时大量的杂质进入溶液，除杂难度大，最后得到的氧化铝产品质量较低。

思 考 题

(1) 氧化铝生产的基本方法有哪些?

(2) 铝土矿的基本类型主要有哪三种,其溶出难易程度如何?

(3) 什么是矿石的铝硅比,其对氧化铝生产工艺的选择有哪些影响?

(4) 什么是铝酸钠溶液的分子比,其稳定性与哪些因素有关?

(5) 试画出 Na_2O-Al_2O_3-H_2O 系拜耳法循环图,并依此说明拜耳法生产氧化铝的原理。

(6) 拜耳法生产氧化铝的工艺流程主要有哪些,主要设备有哪些?

(7) 铝土矿溶出过程中,什么是理论溶出率、实际溶出率和相对溶出率,当处理一水硬铝石型铝土矿时,三者如何计算?

(8) 铝土矿溶出过程的影响因素有哪些?

(9) 拜耳法赤泥的主要化学组成和物相组成有哪些?

(10) 赤泥沉降分离过程的影响因素有哪些?

(11) 铝酸钠溶液晶种分解涉及哪些过程,影响因素有哪些?

(12) 氢氧化铝焙烧过程涉及哪些变化过程?

(13) 碱石灰烧结法生产氧化铝的原理是什么,主要工艺流程有哪些?

(14) 熟料烧结过程中发生的化学反应有哪些?

(15) 熟料浸出过程中发生的化学反应有哪些?

参 考 文 献

[1] 毕诗文,于海燕. 氧化铝生产工艺 [M]. 北京:化学工业出版社,2006.

[2] 毕诗文,等. 拜耳法生产氧化铝 [M]. 北京:冶金工业出版社,2007.

[3] 许文强,等. 中国氧化铝生产技术大型化发展现状与趋势 [J]. 矿产保护与利用,2017,(1):108-113.

[4] 郭昭华. 粉煤灰"一步酸溶法"提取氧化铝工艺技术及工业化发展研究 [J]. 煤炭工程,2015,47(1):5-8.

2 铝 电 解

2.1 铝电解概述

金属铝是采用熔盐电解法进行工业生产的，该方法又称为霍尔—埃鲁法。该方法是美国科学家霍尔（Charles Martin Hall）与法国科学家埃鲁（Paul Héroult）于1886年各自独立发明的，从而取代了当时铝的生产方法——金属还原法。

金属铝产品按照纯度及杂质含量可分为原铝（99.00%~99.85%）、精铝（99.95%~99.995%）和高纯铝（>99.999%），采用熔盐电解法生产的铝产品是原铝，又称为电解铝。

熔盐电解法生产铝（铝电解）就是以冰晶石为熔剂，以氧化铝为熔质，以炭素材料为电极，通入直流电电解冰晶石—氧化铝高温熔液，分解氧化铝，在阳极产生 CO_2 气体，在阴极生成金属铝的过程。

2.1.1 铝电解原料

2.1.1.1 氧化铝

氧化铝是铝电解过程的主要原料，生产1t铝理论上需要消耗1.89t氧化铝，但工业生产上氧化铝的消耗要略高于理论值，平均在1.92~1.97t氧化铝。

为了满足原铝质量及铝电解过程的需要，同时使得氧化铝的物理化学性质要达到一定的要求，因此制定了氧化铝的工业标准。中国标准（GB/T 24487—2009）的氧化铝含量要求见表2-1。

表2-1 中国标准的氧化铝含量要求

牌号	化学成分（质量分数）/%				
	Al_2O_3，不小于	杂质，不大于			
		SiO_2	Fe_2O_3	Na_2O	灼减
AO-1	98.6	0.02	0.02	0.50	1.0
AO-2	98.5	0.04	0.02	0.60	1.0
AO-3	98.4	0.06	0.03	0.70	1.0

氧化铝的性能分为两大类：一类是成分要求，主要包括 Fe、Si、Na_2O、灼减和 α-Al_2O_3 的含量，Fe 和 Si 的含量高主要会对原铝质量产生影响，Na_2O 含量高会增加 AlF_3 的消耗，灼减高会增加烟气中 HF 的含量并增加电解质消耗，α-Al_2O_3 含量高会降低氧化铝的溶解性能；另一类是物性要求，主要包括粒度分布、比表面积、堆积角和磨损系数等，这些性质主要会影响氧化铝在冰晶石熔盐中的溶解性能、物料传输性能和吸附 HF 的性能等。需要指出的是，随着铝电解技术的快速发展，铝电解过程对氧化铝性能的要求也在不

断变化，因此需要及时地修订国家标准，以满足铝电解工业的发展。

2.1.1.2　氟化盐

对铝电解过程而言，需要的氟化盐主要包括冰晶石 Na_3AlF_6 和氟化铝 AlF_3 两部分。天然冰晶石产于格陵兰岛，属于单斜晶系，无色或白色，密度 $2.95g/cm^3$，硬度 2.5，熔点为 1010℃。目前天然冰晶石已经开采殆尽，工业上使用的都是工业合成的冰晶石。原则上冰晶石在铝电解过程中是不消耗的，消耗的只是氟化铝，因为氧化铝原料中含有少量的 Na_2O 和 CaO，这些氧化物与氟化铝反应，生成 NaF 和 CaF_2 消耗了氟化铝，NaF 与 AlF_3 反应同时还会额外生成冰晶石。其反应如下：

$$3Na_2O + 4AlF_3 \!=\!=\!= 2Na_3AlF_6 + Al_2O_3 \tag{2-1}$$

$$3CaO + 2AlF_3 \!=\!=\!= 3CaF_2 + Al_2O_3 \tag{2-2}$$

但是在实际工业生产过程中，由于炭渣和烟气带走部分电解质，在生产过程中还需要补充少量冰晶石。随着铝电解生产技术的进步，炭渣和烟气带走的大部分电解质都可以回收利用，冰晶石不但不消耗了，还可以回收，理论上氧化铝原料中含有 3mol 氧化钠就可以产生 2mol 冰晶石，因此冰晶石也正成为电解铝企业的副产品。

2.1.2　铝电解材料

在铝电解生产上，采用的高温熔盐具有很大的侵蚀性。在各种材料当中，能够耐高温并且抵御这种侵蚀性、价格低廉而又良好导电的唯有炭素制品。因此铝电解工业上用炭素电极——炭阳极和炭阴极。在铝电解过程中，炭阳极参与电化学反应而被消耗，炭阴极原则上只破损而不消耗，这是因为在炭阴极上经常覆盖一层铝液，在电解过程中实际的阴极是铝液。

为了摆脱由阳极消耗而带来的一系列问题，提出了采用不消耗电极的方案，这些方案包括采用惰性阳极或气体阳极。惰性阳极是指电极材料本身不参与阳极反应的一类阳极，按照阳极材料组成分为金属阳极、陶瓷阳极和金属陶瓷阳极等。气体阳极是指采用可燃性气体作为阳极反应物质，而气体的电极载体并不参与电化学反应。这些技术方案还在研究过程中，付诸实际应用还有很大距离。铝电解用预焙阳极的行业标准对理化性能的要求（YS/T 285—2012）见表 2-2。

表 2-2　预焙阳极质量的行业标准

牌号	表观密度 /g·cm⁻³	真密度 /g·cm⁻³	耐压强度 /MPa	CO_2 反应性①/%	抗折强度 /MPa	室温电阻率 /μΩ·m	热膨胀系数 ×10⁻⁶/K	灰分含量 /%
	不小于					不大于		
TY-1	1.55	2.04	35.0	83.0	8	57	4.5	0.5
TY-2	1.52	2.02	32.0	73.0		62	5.0	0.8

①表示以 YS/T 63.12 中的残极率考核，即 CO_2 反应性残余。

2.1.2.1　预焙阳极

A　预焙阳极的性能

预焙阳极的性能包括物理性能和化学性能两方面。物理性能主要包括导电性能、导热性能、力学性能和密度等；化学性能主要包括杂质含量、与 CO_2 反应能力和与空气反应能力。

对预焙阳极的性能要求，首先是要求它的灰分低。这是因为阳极灰分中伴生的金属会在铝之前被还原，从而进入金属铝内，降低原铝质量。所以炭素阳极生产所用的原料都是低灰分的石油焦或沥青焦。其次是要求预焙阳极的电阻率小（约 $50\Omega \cdot mm^2/m$），可减少电能的消耗。再次就是阳极的密度，阳极密度大，同样尺寸的阳极质量就大，使用的时间就长，同时密度大的阳极导电性和机械性能都要好一些。但是密度过大时，发现阳极中存在较多的微裂纹，使用时容易掉块。因此阳极密度一般在 $1.50 \sim 1.62 g/cm^3$ 之间。

阳极使用过程中，会受到环境中存在的 CO_2 气体和空气的氧化，造成炭阳极的额外消耗，因此炭阳极产品都要测量其与 CO_2 和空气的反应能力。

B　预焙阳极的制备

预焙阳极制备所需要的原料分为骨料和黏结剂。骨料包括石油焦、沥青焦和残极（铝电解阳极使用剩余部分）；黏结剂使用沥青。

石油焦需要高温煅烧，以除去水分、挥发分，同时提高密度、强度和电导率。煅烧后的石油焦称为煅后焦，用于生产阳极配料。石油焦、沥青焦和残极等骨料按照一定成分和粒度进行混料，预热后加入沥青进行连续混捏，再放入到振动成型机内进行成型，制成生炭块。生炭块再放入到环式焙烧炉内进行焙烧，制成阳极预焙炭块，最后组装成阳极炭块组。为预焙阳极制造流程如图 2-1 所示。

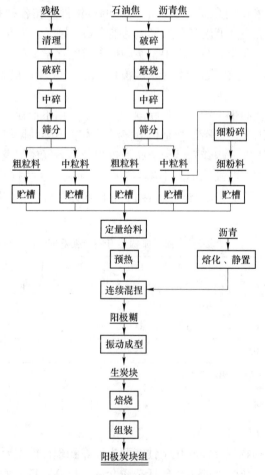

图 2-1　预焙阳极制造流程图

C 预焙阳极的消耗

预焙炭阳极的理论消耗有两种算法，分别是按照生成 100% CO_2 气体和按照阳极气体成分含有 CO 来计算。

按照生成 100% CO_2 气体计算，化学反应式为：$2Al_2O_3+3C == 4Al+3CO_2$，理论炭耗为 333kg/t-Al。

按照阳极气体含 CO 计算，反应方程式为：

$$Al_2O_3 + \frac{3}{1+N}C == 2Al + \frac{3N}{1+N}CO_2 + \frac{3(1-N)}{1+N}CO \qquad (2-3)$$

式中 N——阳极气体中 CO_2 体积分数，%；

$1-N$——阳极气体中 CO 体积分数，%。

这个反应方程式是铝电解过程的总反应式，是铝电解一次反应和二次反应相加得到的。按照这个反应式，就可以计算不同阳极气体组成时碳的理论消耗量。如当阳极气体中 CO_2 含量（质量分数）为 80%（$N = 80\%$）时，碳的理论炭耗为 396kg/t-Al。当 CO 含量（质量分数）为 100%时，理论炭耗为 666kg/t-Al。所以实际的理论炭耗应该介于 333kg/t-Al 和 666kg/t-Al 之间。

在铝电解实际生产过程中，除了参与电化学反应的炭消耗外，还存在被氧化消耗的炭，因此炭的消耗要高于理论炭耗。在工业生产过程中有净炭耗和毛炭耗两个指标。净炭耗是指在生产过程中实际消耗的炭量，用 kg/t-Al 表示；毛炭耗是指在生产过程中消耗的炭块总量，包括残极。毛炭耗=净炭耗+残极。

2.1.2.2 炭素阴极

由于阴极炭块不参与电化学反应，因此其在电解过程中是不消耗的，但是它会由于种种原因发生破损，造成电解槽寿命降低。

A 阴极炭块的性能

与阳极炭块相似，阴极炭块的性能主要包括物理性能和化学性能。其物理性能主要是力学性能，包括导电和导热性能等。铝电解过程的炉底压降主要是由阴极炭块压降构成的，因此阴极的导电性对铝电解能量消耗至关重要。

阴极炭块安装在电解槽底部，承受整个电解质和铝液的质量，在高温下还要承受热应力的作用，因此阴极的抗压强度、抗热震性等力学性能也非常重要。

在铝电解生产过程中，电解质对阴极炭块会发生渗透侵蚀，渗透到炭块中的钠离子会在阴极还原生成金属钠，对炭素晶格产生破坏，因此抗电解质渗透也是阴极材料的一个重要指标。

B 阴极炭块的制备

阴极炭块制备所采用的原料包括无烟煤、石油焦、沥青焦和沥青。制造的工艺与炭素阳极大致相同，都包括破碎、筛分、配料、混料、混捏、成型和焙烧等工序，只是由于性能要求不同，而采取的工艺条件不同。根据配料及制备工艺不同，阴极炭块分为普通阴极炭块、半石墨质阴极炭块、石墨质阴极炭块、半石墨化阴极炭块和全石墨化阴极炭块等。石墨质炭块是采用石墨粉作为骨料，进行一般的焙烧，黏结剂沥青析焦后没有达到石墨化；全石墨化阴极炭块是以石油焦为原料，在高温下进行石墨化焙烧，使骨料和黏结剂沥青全部石墨化。

C 阴极破损

工业铝电解槽的使用寿命一般在 4~6 年，有些电解槽的阴极炭块使用不到 1 年就发生的破损，称为电解槽的早期破损。经过生产实践总结，铝电解槽阴极破损的现象可归纳为以下几种：

（1）炭阴极中有不少纵向裂缝；

（2）炭阴极中有不少横向裂缝；

（3）炭阴极中有冲蚀坑，从槽底漏出铝和电解质；

（4）炭阴极层状剥落；

（5）炭阴极向上隆起并裂开；

（6）阴极棒变形，向上隆起，一部分阴极棒受铝液腐蚀；

（7）在阴极炭块的裂缝中存在许多黄色的碳化铝。

这些破损现象不是孤立的，而是互相联系的。铝电解阴极炭块的破损有些从电解槽启动时就开始了，由于炭块受到热应力作用，炭块在局部产生细小的裂纹，为阴极破损埋下隐患。

在电解过程中，电解质受电毛细作用向阴极的孔隙中渗透，其中 NaF 渗透作用非常明显，因此阴极炭块的致密程度对其抗渗性能至关重要。渗透到炭块中的 NaF 在电解过程中被还原生成金属钠，金属钠很容易渗透到炭素材料的晶格中，引起晶格畸变，导致阴极膨胀和隆起。经研究发现，在各种炭素材料当中，石墨抵御钠的侵蚀性最好，其次是无烟煤和冶金焦，沥青焦和石油焦最低，所以大部分阴极炭块都采用无烟煤和石墨粉为原料。近年来，以石油焦为原料的全石墨化阴极正在逐渐普及，主要是因为全石墨化阴极抗电解质侵蚀性能好，同时导电性也好。

2.1.3 铝电解工艺流程

铝电解过程在铝电解槽内进行，电解槽内盛有冰晶石—氧化铝熔盐作为电解质，电解质上部浸有炭素阳极，电解质下面是铝液，铝液下面是炭素阴极。电解温度一般在 930℃~970℃之间，直流电通过电解槽时，在电极与电解质界面发生电化学反应，在阴极生成金属铝，在阳极产生 CO_2 气体。电解产生的烟气（CO_2 占 70%~80%，CO 占 20%~30%）经过电解槽集气装置送到烟气净化系统，在净化系统内，新鲜氧化铝原料与烟气接触，实现烟气氟化物的净化吸收。净化后烟气排入大气，载氟氧化铝再通过超浓相输送系统，实现对电解槽的给料过程。电解产生的原铝积存在电解槽底部，每天用真空抬包抽取出一次，取出量与当天的产铝量大致相等。取出的铝液送到熔铸车间，经过净化、澄清和熔铸，得到铝锭。铝电解生产流程简图如图 2-2 所示。

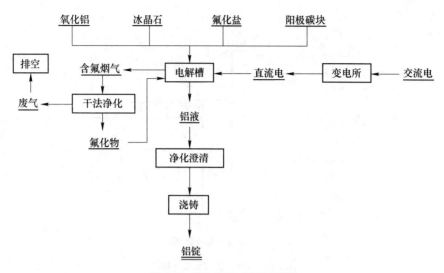

图 2-2　铝电解生产流程简图

2.2　铝 电 解 质

铝电解槽是电化学电池的一种。电化学电池是指由两个第一类导体与一个第二类导体组成的，能进行电能与化学能转换的装置。铝电解槽的阴极与阳极是第一类导体，是电子导电；铝电解质就是第二类导体，是离子导电。

铝电解过程对电解质有如下要求：

（1）能溶解氧化铝，并具有较高的溶解度；

（2）具有较高的导电性；

（3）具有较低的密度和初晶温度；

（4）具有较低的挥发性和吸水性；

（5）价格低廉，具有较高的经济性。

2.2.1　NaF-AlF$_3$ 二元系

工业铝电解质一般由 Na_3AlF_6、AlF_3、Al_2O_3 和 CaF_2 组成，其中 Na_3AlF_6 含量大约占电解质组成的 $80\% \sim 90\%$，因此 NaF-AlF$_3$ 二元系是学习和研究铝电解质性能的基础体系。

注：对于我国复杂铝电解质体系来说，还含有 $3\% \sim 8\%$ 的 LiF 和 $2\% \sim 6\%$ 的 KF。

2.2.1.1　化合物与物相反应

NaF-AlF$_3$ 二元系相图，如图 2-3 所示。在 NaF-AlF$_3$ 二元系中存在 3 个化合物，分别为冰晶石 Na_3AlF_6、亚冰晶石 $Na_5Al_3F_{14}$ 和单冰晶石 $NaAlF_4$。其中单冰晶石存在的温度区间较短（$680 \sim 710℃$），在低温时发生分解，生成亚冰晶石和氟化铝。分解反应为：$NaAlF_4 = NaF + AlF_3（680℃）$。

冰晶石熔点为 $1009℃$，相图上它占显峰位置，但峰的陡度不太尖锐，因此表示它在熔化时发生一定程度的热分解，其分解反应为：$Na_3AlF_6 = NaAlF_4 + 2NaF$。根据计算，其热

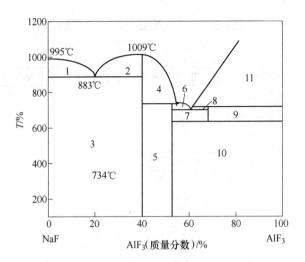

图 2-3　NaF-AlF$_3$ 二元系相图

（Ginsberg 和 Wefers，图中的化合物都是固相）

1—熔液+NaF；2—熔液+Na$_3$AlF$_6$；3—NaF+Na$_3$AlF$_6$；4—熔液+Na$_3$AlF$_6$；5—Na$_3$AlF$_6$+Na$_5$Al$_3$F$_{14}$；6—熔液+Na$_5$Al$_3$F$_{14}$；

7—NaAlF$_4$+Na$_5$Al$_3$F$_{14}$；8—NaAlF$_4$+熔液；9—NaAlF$_4$+AlF$_3$；10—Na$_5$Al$_3$F$_{14}$+AlF$_3$；11—熔液+AlF$_3$

分解率为 25%~30%。亚冰晶石在 NaF-AlF$_3$ 二元系中是由初晶体 Na$_3$AlF$_6$（固相）与液相起包晶反应生成，包晶点为 734℃。在 734℃ 以下，亚冰晶石是稳定的；在 734℃ 以上，亚冰晶石熔化并分解成冰晶石和氟化铝。包晶反应为：Na$_3$AlF$_6$+L ═ Na$_5$Al$_3$F$_{14}$。

在图 2-3 中还存在两个共晶反应：一个是 L ═ NaF+Na$_3$AlF$_6$（883℃），共晶点在 23% AlF$_3$+77% NaF 处；另一个是 L ═ Na$_5$Al$_3$F$_{14}$+NaAlF$_4$（710℃），共晶点在 62% AlF$_3$+38% NaF 处。

2.2.1.2　电解质的酸碱性

从图 2-3 中可以看出，以冰晶石为基准可以分成两个分系：NaF-Na$_3$AlF$_6$ 分系和 Na$_3$AlF$_6$-AlF$_3$ 分系。NaF-Na$_3$AlF$_6$ 分系为碱性电解质体系，Na$_3$AlF$_6$-AlF$_3$ 分系为酸性电解质体系。通常电解质的酸碱性用分子比来表示，分子比是指冰晶石体系中 NaF 与 AlF$_3$ 的摩尔比，常用 CR 表示。

$$CR = \frac{n_{\text{NaF}}}{n_{\text{AlF}_3}} \tag{2-4}$$

式中　n_{NaF}——电解质中氟化钠的物质的量，mol；

　　　　n_{AlF_3}——电解质中氟化铝的物质的量，mol。

注：电解质的酸碱度还有另外两种表示方式：一种是"质量比"，是指 NaF 与 AlF$_3$ 的质量比；另一种是 AlF$_3$ 的过量百分比，AlF$_3$ 的过量是指相对于分子比为 3 的 Na$_3$AlF$_6$ 的过量。

2.2.2　Na$_3$AlF$_6$-Al$_2$O$_3$ 二元系与 Na$_3$AlF$_6$-AlF$_3$-Al$_2$O$_3$ 三元系

目前采用的霍尔—埃鲁电解法生产的电解铝，是以冰晶石为熔剂，氧化铝为熔质的熔盐体系，Na$_3$AlF$_6$-Al$_2$O$_3$ 二元系就是这个电解质体系的基础。这个体系的相图如图 2-4 所示。

从图 2-4 中可以看到，这是一个简单共晶二元系。共晶反应为：$L \rightarrow Al_2O_3 + Na_3AlF_6$，共晶温度为 962℃，共晶成分为：0.803mol Na_3AlF_6+0.197mol Al_2O_3（质量分数为 89.4% Na_3AlF_6+10.6% Al_2O_3）。在工业铝电解生产过程中，电解质中氧化铝浓度一般在 2%～3.5% 之间，位于相图中共晶点左面的区域，因此对于共晶点右面的区域研究很少。

由于冰晶石（Na_3AlF_6）的熔点较高，在实际工业生产中，往往通过添加氟化铝（AlF_3）来降低冰晶石的熔点，使冰晶石的分子比小于 3。图 2-5 就是 Na_3AlF_6-AlF_3-Al_2O_3 三元系相图的一部分，从相图中可以看出，存在一个三元共晶点 E（684℃）和三元包晶点 P（723℃）。

共晶反应为：$L = Na_5Al_3F_{14}+AlF_3+Al_2O_3$

包晶反应为：$L+Na_3AlF_6 = Na_5Al_3F_{14}+Al_2O_3$

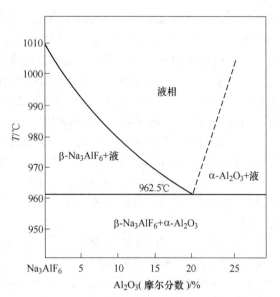

图 2-4　Na_3AlF_6-Al_2O_3 二元系相图

（根据 Brynestad 和 Grjotheim 等人）

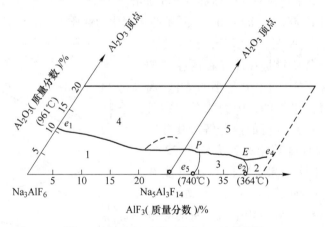

图 2-5　Na_3AlF_6-AlF_3-Al_2O_3 三元系相图

（根据 Foster，1975）

图中 1，2，3，4，5 为物相初晶区，1—Na_3AlF_6；2—AlF_3；3—$Na_5Al_3F_{14}$；4—α-Al_2O_3；5—η-Al_2O_3

2.2.3　铝电解质的物理化学性质

冰晶石-氧化铝熔液的物理化学性质，包括熔度（熔点或初晶点）、密度、电导率、迁移数、蒸气压、黏度和表面性质等，这些物理化学性质对铝电解过程产生重要影响。以下分别介绍铝电解质的主要物理化学性质。

（1）初晶温度。初晶温度又叫液相线温度，是指冷却过程从熔液中开始析出固相的温度。铝电解质的初晶温度大小，决定了铝电解温度的高低。这里需要介绍过热度的概念，过热度是指铝电解温度与电解质初晶温度的差值。铝电解过程中需要保持一定的过热度，一般为 5~10℃。低于这个范围，氧化铝溶解受到抑制；高于这个范围，铝电解槽炉帮开始熔化。因此电解质初晶温度高，电解温度就高；初晶温度低，电解温度就低。

（2）密度。铝电解质的密度对铝电解过程中铝液与电解质的分离产生重要影响。由于高温铝液的密度为 $2.3 g/cm^3$，电解质的密度在 $2.0~2.1 g/cm^3$ 之间，密度差大约在 $0.2 g/cm^3$ 左右。密度差减小，将会影响铝液与电解质的分离，降低电流效率。

（3）电导率。铝电解的高能耗在很大程度上是由于铝电解质发热造成的，因此降低铝电解质的电阻，提高铝电解质的电导率，对铝电解节能具有重要意义。

（4）黏度。电解质的黏度对铝液与电解质分离也会产生重要影响，黏度高，电解质与铝液的分离差，铝的二次氧化损失大，电流效率降低。同时，黏度高的电解质导电性也差，增加能耗。

（5）蒸气压。铝电解质的蒸汽压会对铝电解过程中电解质的挥发损失产生重要影响。电解质蒸汽压高，电解质的挥发损失大。

（6）表面性质。电解质的表面性质包括电解质与铝液的界面张力和电解质与炭素阴极的湿润性。电解质与铝液的界面张力直接影响铝在电解质中的溶解度，界面张力越大，铝液在电解质中的溶解度越小。铝在电解质中的溶解度越大，铝的二次反应损失越大，电流效率越低。电解质与炭素阴极的湿润性对阴极的耐电解质渗透腐蚀性能有很大影响。

$NaF-AlF_3$ 二元系的物理化学性质如图 2-6 所示。

以下分别介绍 1000℃下 $NaF-AlF_3$ 二元系的物理化学性质。

（1）密度（ρ）。如图 2-6 所示，在密度曲线上有一极大值，其位置是在冰晶石所在点的左侧不远处。这暗示在该处存在较多的 AlF_6^{3-} 离子团。但是此高峰是平缓的，因为冰晶石在其熔化温度下发生了一定程度的热分解，其分解率可从摩尔体积曲线推算出来，大约为 22%，这接近于热力学计算结果。冰晶石的密度在 1000℃下为 $2.0957 g/cm^3$。

（2）电导率（χ）。$NaF-AlF_3$ 二元系的导电率随 AlF_3 浓度增大而减小。冰晶石的电导率在 1000℃下为 $2.855(\Omega \cdot cm)^{-1}$。

（3）黏度（η）：在黏度曲线上有一极大值，其位置是在冰晶石所在点的左侧不远处。这也暗示在该处存在较多的 AlF_6^{3-} 离子团，使黏度增大。纯冰晶石熔盐的黏度在 1000℃时为 $2.4 Pa \cdot s$。

（4）在炭板上的湿润角（θ）：随 AlF_3 浓度增大而增大，其峰值在冰晶石所在处附近，为 122°；继续增加 AlF_3 浓度，则 θ 角减小。

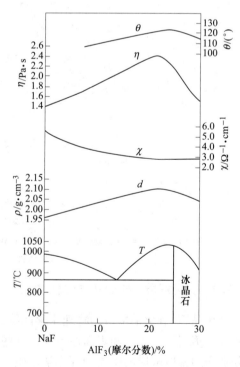

图 2-6　$NaF-AlF_3$ 二元系的物理化学性质（1000℃）[2]

冰晶石-氧化铝二元系的物理化学性质如图 2-7 所示。

以下分别介绍 1000℃下水晶石-氧化铝二元系的物理化学性质。

（1）密度（ρ）。99.5%纯铝在 1000℃下的密度为 2.29g/cm³。在同一温度下，含 5%（质量分数）Al_2O_3 的冰晶石熔液的密度为 2.09g/cm³，二者之间的密度差约为 0.2g/cm³。不到 10%的密度差可保证铝液沉在电解液的下层，同时使电解槽的结构得到简化。其中，氧化铝的密度在其熔点 2050℃时本来是很大的，为 3.01g/cm³，比熔融的冰晶石大得多。但是，冰晶石熔液中加入氧化铝之后，密度变小。这一事实表明，氧化铝同冰晶石熔液发生了化学反应，生成体积庞大的铝-氧-氟络合离子。

（2）电导率（χ）。该系的电导率随 Al_2O_3 浓度增大而减小，这表明熔液中生成了铝-氧-氟络合离子，由于它的导电能力差，故使冰晶石熔液的导电率降低。

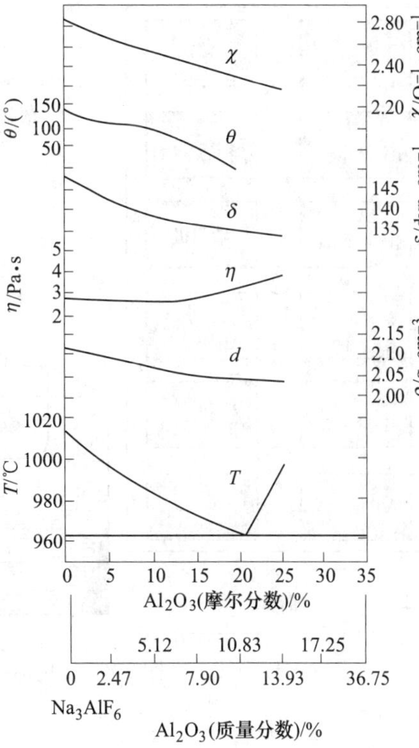

（3）黏度（η）。该系的黏度随 Al_2O_3 浓度增大而增大。这显然也与生成铝-氧-氟络合离子有关。

图 2-7 冰晶石-氧化铝二元系的物理化学性质（1000℃）[2]

（4）表面性质。该系在空气界面上的表面张力随 Al_2O_3 浓度增大而减小（见曲线 δ）；该系在炭素材料界面上的界面张力亦随 Al_2O_3 浓度增大而减小（见曲线 θ）。因此，氧化铝在这两界面上是一种表面活性物质。

2.2.4 氧化铝的溶解

氧化铝是电解铝生产的主要原料，氧化铝在电解质熔盐体系中的溶解是铝电解过程能否稳定运行的关键因素。氧化铝在铝电解槽溶解消耗的示意图如图 2-8 所示。

从图 2-8 中可以看出，氧化铝在加料点加料后，溶解在电解质中，然后随电解质运动到阳极底部的极间区，在电化学反应中消耗掉，生成金属铝和二氧化碳气体。

氧化铝加入电解质熔盐中后，会在氧化铝表面包覆一层冷凝的电解质，随着电解质冷凝层的熔化，氧化铝逐渐溶解。因此电解质的过热度对氧化铝的溶解影响很大，过热度大，氧化铝溶解速度快。研究表明，在通常电解温度下，电解质中氧化铝浓度小于 3 时，氧化铝与电解质接触后，氧化铝的溶解速度与电解质中氧化铝浓度无关，溶解速度很快。在工业上造成氧化铝沉淀的主要因素是由于电解质冷凝层的包覆，氧化铝无法与电解质接触，造成氧化铝沉淀。

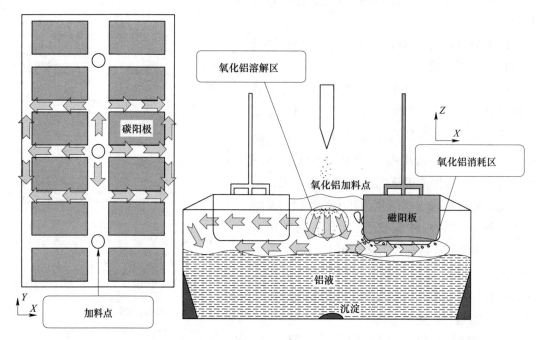

图 2-8　氧化铝在铝电解槽溶解消耗的示意图

2.2.5　铝电解质结构

　　结构是指物质系统内各组成要素之间的相互联系和相互作用的方式，它与功能构成一对哲学范畴（功能是指物质系统所具有的作用、能力和功效等）。结构的定义中有两个基本要素，一是组成物质的基本质点，可以是分子、原子和离子等；二是质点间的作用方式，如金属键、共价键、离子键、范德华力和万有引力等。结构的不同可以决定性质的不同，如金刚石和石墨的差异等。

　　研究熔盐的结构也就是研究组成熔盐的基本质点及质点间的作用方式。其目的就是揭示结构对性能的影响规律，通过熔盐结构的控制，来寻求满意的熔盐性能。工业铝电解质通常含有冰晶石、氟化铝和氧化铝。冰晶石的结构如图 2-9 所示。

　　自从 1945 年以来，一直认为 Na_3AlF_6-Al_2O_3 二元系是简单共晶系，共晶点在 10.0%～11.5%（质量分数）或 18.6%～21.1%（摩尔分数）处为 962～960℃。一般认为从溶液中析出的固相是纯物质。但是这种看法并不完全正确，因为由于体系中 Al_2O_3 的加入，其中难免会有少量 Al_2O_3 在 Na_3AlF_6 的固溶体中，或 Na_3AlF_6 在 Al_2O_3 的固溶体中。但是体系中可以近似地看作是不存在固溶体的。

　　在无限稀释的溶液中，冰点降低值（dT）取决于所产生的新质点数（C）、溶剂的熔点（T_f）和熔化热（ΔH_f）。故有：

$$\frac{dT}{dN_{Al_2O_3}} = C \frac{RT_f^2}{\Delta H_f} \tag{2-5}$$

式中　$N_{Al_2O_3}$——溶质 Al_2O_3 的摩尔分数，%。

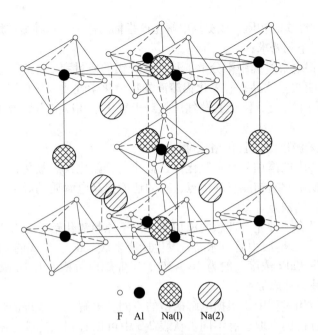

F　Al　Na(1)　Na(2)

图 2-9　冰晶石晶格结构示意图

根据式（2-5）以及实验测定位可计算 C 值，即：

$$C = \frac{\mathrm{d}T}{\mathrm{d}N_{Al_2O_3}} \times \frac{\Delta H_f}{RT_f^2} = \frac{2}{0.0051} \times \frac{115673}{1.987 \times (1283.8)^2 \times 4.185} = 3.3 \qquad (2\text{-}6)$$

例如，当 $N_{Al_2O_3} = 0.51\%$，$\Delta T = 1010.8 - 1008.8 = 2.0(℃)$，$\Delta H_f = 115673$（J/mol）。当 $T_f = 1283.8K$ 之时，将计算得到的 C 值外推到 $N_{Al_2O_3} = 0$ 处，求得 $\frac{\mathrm{d}T}{\mathrm{d}N_{Al_2O_3}} = 400$，$C = 3.3$。考虑到 ΔT 值的测量系统误差约为 0.2℃，故取 $C = 3.0$。其涵义是：在 $Na_3AlF_6\text{-}Al_2O_3$ 稀熔液中，生成的新质点数目为 3。

那么一个氧化铝加入冰晶石熔盐中，可以生成 3 个新质点，也就是说每个新质点中都含有一个氧原子，那么可能的反应有：

$$4AlF_6^{3-} + 2Al^{3+} + 3O^{2-} === 3AlOF_5^{4-} + 3AlF_3 \qquad (2\text{-}7)$$

$$2AlF_6^{3-} + 2Al^{3+} + 3O^{2-} === 3AlOF_3^{2-} + AlF_3 \qquad (2\text{-}8)$$

$$9F^- + 3AlF_4^- + 2Al^{3+} + 3O^{2-} === 3AlOF_5^{4-} + 2AlF_3 \qquad (2\text{-}9)$$

$$3F^- + 3AlF_4^- + 2Al^{3+} + 3O^{2-} === 3AlOF_3^{2-} + 2AlF_3 \qquad (2\text{-}10)$$

$$4AlF_6^{3-} + 2Al^{3+} + 3O^{2-} === 3Al_2OF_8^{4-} \qquad (2\text{-}11)$$

由此可见，在低氧化铝浓度条件下（<3%），组成冰晶石-氧化铝熔盐体系的基本离子应该有 Na^+、AlF_6^{3-}、AlF_4^-、AlO_2^-、$AlOF_3^{2-}$ 和 $AlOF_5^{4-}$。

2.2.6　工业电解质与添加剂

自从 1888 年霍尔—埃鲁法问世以来，工业铝电解质一直以冰晶石-氧化铝为基本体系。其间虽然试验了各种氯化物、硫化物、碳酸盐、硫酸盐、铝酸盐来代替冰晶石，实际上均无成效。因此，只能采用改善冰晶石性能的途径与方法，即往冰晶石-氧化铝熔液中添加某些能够改变其物理化学性质的物质，或提高电解生产指标的盐类。这种盐类称为添加剂。

添加剂需要满足下列要求：

（1）添加剂在铝电解过程中不分解，从而保证铝的质量和电流效率。

（2）添加剂应能改善冰晶石—氧化铝熔液的物理化学性质。例如降低初晶温度，提高其电导率，减小铝的溶解度，降低其蒸气压且对于氧化铝在冰晶石熔液中的溶解度没有大的影响。

（3）添加剂应来源广泛，且价格低廉。

基本满足上述要求的添加剂有：氟化铝、氟化钙、氟化镁、氟化锂、氯化钠及氯化钡等，它们都具有降低电解质初晶点的优点，有的还能提高电解质的导电率，但是大多数具有减小氧化铝溶解度的缺点。

迄今为止，还没有一种完全理想的添加剂。由于原料氧化铝中含有少量 CaO（0.02% ~ 0.04%），它进入冰晶石熔液中后与冰晶石发生反应生成 CaF_2。生成的 CaF_2 又在电解质中积聚起来，电解质中 CaF_2 浓度一般为 2% ~ 3%，工业铝电解槽中 CaF_2 浓度可以达到 5% ~ 6%，因此 CaF_2 算是一种添加剂。

工业电解质在应用过程中，根据电解槽型的不同，电解工艺条件的选取也有不同，往往电解质的组成和性能的选取也有不同。从表 2-3 中可以看到，传统电解质、弱酸性电解质、复杂电解质和酸性电解质都已在工业上应用，低熔点电解质尚处于实验室试验阶段。

表 2-3　现代冰晶石—氧化铝电解质的组成

种　类	酸　　度		添加剂含量（质量分数）/%		Al_2O_3 浓度/%	电解温度/℃
	过量氟化铝（质量分数）/%	NaF/AlF₃摩尔比				
传统电解质	3~7	2.8~2.5	CaF_2	6~9	5	970
弱酸性电解质	2~4	2.8~2.7	CaF_2 MgF_2 LiF	2~3 3~5 2~3	2~4	960~970
酸性电解质	7~14	2.5~2.1	CaF_2	2~3	2~4	950~960
复杂电解质	4~7	2.7~2.5	CaF_2 LiF KF	2~6 3~8 2~5	2~4	920~940
低熔点电解质	15~40	2.1~1.1	CaF_2 MgF_2 LiF	2~3 3~5 1~2	2~4	800~900

复杂电解质是中国铝电解工业特有的电解质体系，由于中国铝土矿资源铝硅比低，Li、K 元素含量高，导致生产出的氧化铝中 Li、K 元素高，这两种元素在铝电解过程中富集在铝电解质中，造成铝电解质中 LiF、KF 含量高，使电解质的物理化学性质发生较大的变化。

2.3　铝电解反应

2.3.1　铝电解反应及电极反应

目前铝电解生产采用炭素阳极。炭素阳极参与电化学反应，是一种活性阳极材料，在

阳极上生成 CO_2 气体。

电解反应为：

$$2Al_2O_3 + 3C = 4Al + 3CO_2 \tag{2-12}$$

对应的电极反应为：

阳极反应：

$$2O^{2-}_{络合} + C - 4e = CO_2 \tag{2-13}$$

阴极反应：

$$Al^{3+}_{络合} + 3e = Al \tag{2-14}$$

在电极反应中，无论是氧离子还是铝离子都是络合离子，但是是哪种络合离子，目前还没有一致的看法。

惰性阳极是未来铝电解工业将采用的电极，它不参与阳极的电化学反应，阳极产物是氧气 O_2。

电解反应为：

$$2Al_2O_3 = 4Al + 3O_2 \tag{2-15}$$

对应的电极反应为：

阳极反应：

$$2O^{2-}_{络合} - 4e = O_2 \tag{2-16}$$

阴极反应：

$$Al^{3+}_{络合} + 3e = Al \tag{2-17}$$

需要说明的是，无论采用哪种电极，阴极反应都是铝离子还原成金属铝。阳极反应在采用碳电极时，阳极产物是 CO_2，而不是 CO。这早被金斯伯（Ginsberg）和符列格（Wrigge）从实验中证明。采用惰性阳极时，阳极产物是 O_2。

在铝电解槽中，经常发生金属铝被再次氧化的反应，一般称为二次反应。

反应方程式为：

$$2Al + 3CO_2 = Al_2O_3 + 3CO \tag{2-18}$$

发生二次反应是铝电解电流效率降低的主要原因。发生二次反应的金属铝大部分是溶解到电解质中的铝，少部分是由于铝液波动或其他原因导致的铝夹杂到电解质中。这些铝随电解质运动到阳极附近区域，与阳极产生的 CO_2 气体反应，生成氧化铝和 CO 气体。铝电解槽阳极气体中检测到的 CO 气体成分，大部分都是由二次反应产生的。

将铝电解一次反应和二次反应相加得到铝电解总反应，反应方程式为：

$$Al_2O_3 + \frac{3}{1+N}C = 2Al + \frac{3N}{1+N}CO_2 + \frac{3(1-N)}{1+N}CO \tag{2-19}$$

式中　N——阳极气体中 CO_2 体积分数，%；

$1-N$——阳极气体中 CO 体积分数，%。

这个反应方程式一般用于工业物料消耗计算和能耗计算，它与电流效率相关。需要注意的是，通常所说的铝电解反应是指一次反应，而不是这个总反应。

2.3.2　分解电压

熔盐电化学与水溶液电化学在判断电解反应能否发生的判据有着根本的区别。对于水溶液体系，往往采用氢标准电极电位进行判断，而对于熔盐电解反应能否发生，一般采用分解电压来判断。

分解电压（$E_{分解}$）是指长期进行电解并析出电解产物所需外加到两极上的最小电压，其计算公式为：

$$E_{分解} = E^0_{理论} + \eta_{过} = \varphi^0_{阳} - \varphi^0_{阴} + \eta_{阳} + \eta_{阴} \tag{2-20}$$

理论分解电压 $E^0_{理论}$ 是指两个电极平衡电位的差值，其计算公式为：

$$E^0_{理论} = \varphi^0_{阳} - \varphi^0_{阴} \tag{2-21}$$

其中，$\varphi^0_{阳}$ 和 $\varphi^0_{阴}$ 分别是阳极平衡电位和阴极平衡电位。

过电压（η）是指电极反应偏离平衡时的电极电位与这个电极反应的平衡电位的差值。过电压分为阳极过电压（$\eta_{阳}$）和阴极过电压（$\eta_{阴}$）。

铝电解过程中阳极过电压在 400~600mV，而阴极过电压只有 10~100mV。阳极过电压由以下四部分组成：

（1）电化学反应过电压。在一定电流密度下，阳极反应过程的迟滞（如原子态的氧进入碳晶格，C_xO 的分解等）会引起阳极电位升高，形成过电压。

（2）浓差极化过电压。由阳极近层液中氧离子浓度减小和氟化铝浓度增加所引起的过电压。

（3）气膜过电压。属于电阻型电压，是阳极上气泡及其坏芽阻碍电流的通过引起的附加电压。

（4）势垒过电压。在阳极近层液中存在的 AlF_6^{3-}、AlF_4^-、F^- 等离子在炭阳极表面形成了一个电化学屏障，阻碍含氧离子靠近。为了突破这个屏障，需要提供额外的电压。

分解电压可以通过反应的吉布斯自由能来计算，即：

$$E_{分} = -\frac{\Delta G_T}{nF} \tag{2-22}$$

式中　ΔG_T——温度 T 时反应的吉布斯自由能变化，kJ/mol；

　　　F——法拉第常数，96487C；

　　　n——反应的电子迁移数。

对于炭阳极的铝电解反应 $2Al_2O_3+3C = 4Al+3CO_2$，960℃时分解电压为 1.12V；对于惰性阳极的铝电解反应 $2Al_2O_3 = 4Al+3O_2$，960℃时分解电压为 2.10V。

采用惰性阳极铝电解反应的分解电压比采用炭阳极时高出约 1V。因此采用惰性阳极时，铝电解反应需要更多的能量消耗。

在相同的条件下，电解质中其余各组分的分解电压值见表 2-4。

表 2-4　电解质中各组分的分解电压（960℃）

电解质	NaCl	MgF_2	AlF_3	LiF	Na_3AlF_6	CaF_2	NaF
分解电压/V	2.995	4.652	3.976	5.100	4.444	5.202	4.451

其表 2-3 可知，这些电解质的分解电压值均大于 Al_2O_3，故 Al_2O_3 优先进行电解。

2.3.3　铝电解副反应

铝电解中，在阴极和阳极上除了发生主反应之外，还进行着多种副反应，例如氟离子放电，钠离子放电等等。此外，阳极效应和铝在电解质中的溶解等现象都伴随着副反应发生，这些副反应会降低电流效率和提高电能消耗。因此，铝工业力图设法减免其发生。

阳极副反应主要是氟离子放电，即：

$$4F^- + C - 4e === CF_4 \tag{2-23}$$

$$6F^- + 2C - 6e === C_2F_6 \tag{2-24}$$

阴极副反应包括:

铁离子放电: $$Fe^{2+}_{络合} + 2e === Fe \tag{2-25}$$

硅离子放电: $$Si^{4+}_{络合} + 4e === Si \tag{2-26}$$

钠离子放电: $$Na^+ + e === Na \tag{2-27}$$

磷离子放电: $$P^{5+} + 2e === P^{3+} \tag{2-28}$$

前两个反应属于杂质放电,反应结果造成铝液纯度下降;钠离子放电的条件是阴极表面钠离子浓度过高;磷离子放电产生的三价磷离子会到阳极再氧化成5价离子,这种循环的还原氧化过程会导致电流效率下降。

2.3.4 炭阳极上 CO_2 生成反应机理

炭阳极上生成 CO_2 的机理分为5个步骤,具体如下:

(1)电解质中的含氧离子向阳极表面传输。

(2)到达阳极表面附近的含氧离子,其中的氧离子脱出到达阳极表面。

(3)到达阳极表面的氧离子,在碳参与下放电,首先生成化学吸附性质的碳氧中间化合物,其反应为:

$$O^{2-}_{(络合)} - 2e \longrightarrow O_{(吸附)} \tag{2-29}$$

$$O_{(吸附)} + xC \longrightarrow C_xO \tag{2-30}$$

$$C_xO + O^{2-}_{(络合)} - 2e \longrightarrow C_xO \cdot O \tag{2-31}$$

(4)中间化合物分解生成物理吸附的二氧化碳和碳,即:

$$2C_xO \longrightarrow CO_{2(吸附)} + (2x - 1)C \tag{2-32}$$

(5)物理吸附二氧化碳解吸,即:

$$CO_2(ad) \longrightarrow CO_2 \uparrow (g) \tag{2-33}$$

2.3.5 阳极效应

阳极效应是指发生在阳极上的一种特殊现象,是一种阻断效应。当其发生时,阳极上出现许多细小而明亮的电弧,槽电压升高到数十伏。在工业铝电解槽中,通常当电解质中氧化铝浓度减少到1%左右时,则发生阳极效应。

在工业电流密度下,炭阳极上气体组成约为 75%~80% CO_2,20%~25% CO,其中,CO_2 是一次气体,CO 是由铝的再氧化反应产生的。在阳极效应时,阳极气体组成发生重大改变,并开始出现碳氟化合物气体 CF_4 和 C_2F_6;同时 CO_2 浓度降至 10%~30%,CO 浓度升至 30%~50%,剩余气体 30% 左右。阳极效应发生前后阳极气体组成变化如图 2-10 所示。

临界电流密度是指在一定条件下,电解槽上发生阳极效应时的阳极电流密度。阳极电流密度达到或高于临界电流密度时,则发生阳极效应。临界电流密度随电解质中氧化铝浓度的减少而降低。

有关阳极效应的发生机理问题,文献中提出了多种学说。由于阳极效应发生在阳极

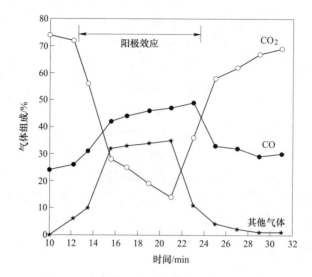

图 2-10 阳极效应发生前后阳极气体组成变化

（固）—阳极气体—电解质熔液三相界面上，所以研究阳极效应机理时，大多从三相界面物理化学过程进行研究。

2.3.5.1 湿润性学说

发生阳极效应是由于电解液对炭阳极润湿性的改变。Al_2O_3 是一种表面活性物质，它能减小冰晶石溶液在炭素材料上的界面张力。当冰晶石熔液中 Al_2O_3 含量高时，熔液对炭阳极湿润良好，阳极气泡不能停留在阳极上，故不发生阳极效应；而当 Al_2O_3 含量低时，熔液对炭阳极湿润不良，阳极气泡便能够停留在阳极上，最终连成一片而发生阳极效应。

2.3.5.2 氟离子放电学说

发生阳极效应是由于阳极过程中，从氧离子放电转变到氧离子与氟离子共同放电所致。这种学说认为，当氟离子放电时，在炭阳极上生成碳氟化合物。碳氟化合物是一种表面能很小的化合物，它能减弱电解质对炭阳极的湿润性，故能引起阳极效应的发生。

2.3.6 铝的溶解

在铝电解过程中，在阴极析出的金属铝会在电解质中发生溶解，溶解的金属铝在电解质中形成金属雾，如图 2-11 所示。铝的溶解会造成铝的损失，从而降低电流效率。

关于铝的溶解本质有很多研究，目前比较流行的观点有如下几种：

（1）化学溶解，生成低价铝化合物。其反应式为：
$$2Al + AlF_3 \Longrightarrow 3AlF \qquad (2-33)$$

（2）化学置换反应，生成钠。其反应式为：
$$Al + 3NaF \Longrightarrow 3Na + AlF_3 \qquad (2-34)$$

（3）物理溶解，生成原子态铝，进入溶液中，形

图 2-11 金属铝在电解质中
溶解形成金属雾

成金属雾，成为胶体。

（4）电化学溶解。Al｜冰晶石—氧化铝熔液｜C(Pt)，反应为：

$$Al = Al^+ + e \qquad (2\text{-}35)$$

2.4 铝电解槽

铝电解槽是炼铝设备的主体。从结构上看，铝电解槽主要分上下两部分，上部结构包括阳极系统、烟气收集系统、氧化铝给料系统和阳极升降系统；下部结构包括阴极系统、耐火保温系统及钢壳部分组成。铝电解槽结构示意图如图 2-12 所示。用母线将铝电解槽串联起来，就组成了铝电解系列。每个铝电解系列都配有完整的直流供电系统，为铝电解工业生产提供直流电源。

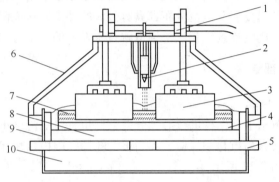

图 2-12　铝电解槽结构示意图

1—阳极母线梁；2—打壳机锤头；3—阳极；4—铝液；5—阴极棒；
6—槽罩；7—电解质；8—炭素内衬；9—槽壳；10—保温层

铝电解槽按照上部结构的不同分为预焙阳极电解槽和自焙阳极电解槽。自焙阳极电解槽按照阳极导电棒安装方式的不同又分为侧插自焙阳极电解槽和上插自焙阳极电解槽；预焙阳极电解槽按照阳极操作的连续性，又分为连续预焙阳极电解槽和不连续预焙阳极电解槽。工业电解槽的分类及特点见表 2-5。

表 2-5　工业电解槽的分类及特点

年代 槽型	1888~1900 年	至 1930 年	至 1950 年	至 1970 年	至 1990 年	2004 年以来
不连续预焙 阳极电解槽	4000~8000A （1888 年开始） $\eta = 70\%$ $\omega = 42$	20000A $\eta = 70\% \sim 80\%$ $\omega = 18 \sim 25$	50000A $\eta = 88\%$ $\omega = 18$	125000A $\eta = 89\%$ $\omega = 14 \sim 15$	280000~300000A $\eta = 92\%$ $\omega = 13 \sim 14$	400000~600000A $\eta = 94\%$ $\omega = 12 \sim 13$
侧插棒自焙 阳极电解槽	—	8000~25000A （1923 年开始） $\eta = 80\%$ $\omega = 20$	80000A $\eta = 87\%$ $\omega = 16.0 \sim 16.5$	135000A $\eta = 87\%$ $\omega = 15 \sim 16$	—	—

续表 2-5

年代 槽型	1888~1900 年	至 1930 年	至 1950 年	至 1970 年	至 1990 年	2004 年以来
上插棒自焙 阳极电解槽	—	—	1940 年左右 开始试验	100000A $\eta=89\%$ $\omega=14\sim15$	150000A $\eta=90\%$ $\omega=14\sim15$	—
连续预焙 阳极电解槽	—	—	1955 年开始 大型试验	110000A $\eta=88\%$ $\omega=15\sim16$	120000A $\eta=88\%$ $\omega=15$	—

注：η 为电流效率，%；ω 为电耗率，kW·h/kg。

其中，连续预焙阳极电解槽曾经在工业上（德国）使用过，但由于一些经济技术原因，该电解槽已经停止使用。目前在工业上使用的预焙阳极电解槽都是非连续性的，这种阳极的使用对电解槽的温度场和电流分布都具有较大的冲击，从而降低了电解槽运行的稳定性。因此追求阳极使用的连续性仍然是铝电解技术发展的一个方向。

2.4.1 铝电解槽的上部结构

2.4.1.1 阳极炭块组

阳极炭块组是电解槽上部结构的核心部分，它们负责将电流从电解槽上部引入到电解质中。同时阳极炭块又参与电化学反应，不断被消耗掉。阳极炭块组由炭块、钢爪和铝导杆组成，结构简图如图 2-13 所示。

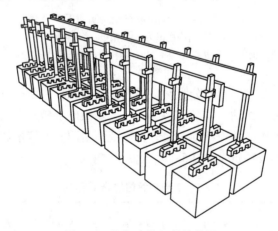

图 2-13 阳极炭块组结构简图

阳极炭块由石油焦和煤沥青混捏后烧制而成，阳极炭块的质量对铝电解生产影响很大，因此现代铝工业非常重视阳极炭块的质量。衡量阳极炭块质量的指标主要有：阳极中杂质的含量，阳极的抗氧化性能，导电性能及强度。

2.4.1.2 烟气收集系统

烟气收集系统是现代铝电解槽技术进步的标志。烟气收集系统由槽盖板、烟气收集槽和排烟管道组成。烟气收集系统是利用引风机产生的负压，将电解产生的气体和粉尘收集排烟罩内，并从排烟管道排出。目前大型自焙阳极电解槽的集气效率在98%以上，电解槽的烟气只有在阳极操作和出铝操作时，才有少量的逸出，其余大部分时间都是从排烟系统排出。

2.4.1.3 氧化铝下料系统

铝电解生产的主要原料是氧化铝，氧化铝的添加是通过自动下料系统来完成的。氧化铝下料系统由超浓相输送管道、氧化铝料仓、定容下料器、打壳器、电磁阀及气动系统组成。下料器的容量决定了每次的下料量，下料间隔由计算机控制。氧化铝下料量的控制是铝电解工艺控制的重要环节。

2.4.1.4 阳极升降系统

在铝电解过程中，阳极要不断地消耗。为了保证电解过程中极距的稳定，整个阳极炭块组要不断地下调，阳极升降系统就是保证阳极始终处于最佳工作位置的机构。阳极升降系统由电动机、蜗轮蜗杆传动机构和平衡母线组成。

2.4.2 铝电解槽的下部结构

2.4.2.1 阴极炭块组

阴极炭块组由阴极炭块和阴极钢棒组成。阴极钢棒镶嵌在阴极炭块下部的沟槽内，用阴极钢棒糊捣实，构成铝电解槽的槽底。阴极炭块之间的缝隙用炭糊捣实，与侧部连接的四个底边也用炭糊捣制成斜坡，从而使电解槽底部形成密实的由炭素材料构成的炭碗。炭碗中盛装铝液和电解质，构成铝电解槽的主体。

2.4.2.2 底部耐火保温结构

在阴极炭块组的下面是一层由耐火材料组成的防渗料，这层防渗料的作用是防止渗透到阴极炭块底部的电解质腐蚀耐火砖，造成电解槽底部漏槽。防渗料的作用机理是与电解质反应生成熔点更高的化合物，从而固定电解质，保护保温砖。在防渗料的下部就是保温砖，主要是防止热量从槽底散出，保证电解槽底部具有合理的温度场。

2.4.2.3 侧部内衬结构

电解槽的侧部与电解质接触的是碳化硅砖，碳化硅砖具有耐电解质腐蚀、绝缘和导热性好的特点。电解槽温度场的特性是底部保温，侧部散热，在碳化硅砖的外面没有保温层，其目的是要使电解质在碳化硅砖上冷凝，形成固体电解质结壳，来保证电解槽侧部的安全。

2.4.2.4 钢壳

在电解槽的最外面是一个由钢板焊接而成的钢壳，钢壳是用来盛装和固定阴极炭块的结构部件，因此要具有一定的强度，防止内部材料由于热应力作用而产生变形，同时还要保证电解槽侧部散热通道的流畅。

2.4.3 铝电解槽系列

铝电解槽系列是铝生产的单元，每一个系列都有它额定的直流电流和电解槽数目。目前中型的电解槽系列电流强度 $200\sim300kA$，电压 $800\sim1000V$，电解槽数量 $160\sim240$ 台，铝产量为 12 万 ~20 万吨。大型系列电解槽在电流强度 $400\sim600kA$，产量可达 30 万 ~50 万吨。

2.4.3.1　铝母线

母线是连接铝电解槽的主要构件，起着传输电流的重要作用，也是构成电解铝厂投资的主要部分。母线分为阳极母线、阴极母线和立柱母线，且都是用铝制作。铝母线有两种，分别为压延母线和铸造母线。后者通用于高电流的大型电解槽。铝母线的电流密度一般为 $0.25 \sim 0.40 A/mm^2$。

2.4.3.2　铝电解槽的配置方式

铝电解槽的配置方式视电解槽的容量和排列方式而异。大型预焙阳极电解槽一般采用横向排列方式，采用双端进电或边部 4 点进电；小型电解槽一般采用纵向排列方式，采用单端进电。图 2-14 给出了两种不同进电方式。

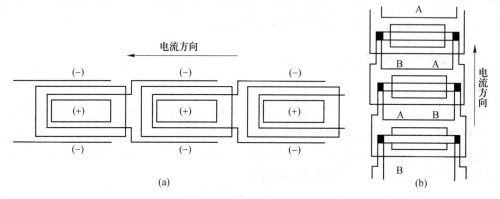

图 2-14　铝电解槽示意图
（a）纵向排列时的进电方式；（b）横向排列时的进电方式

横向排列电解槽系列通常分别设置在 2 座电解厂房里。电解厂房的长度视电解槽规模、配置方式和数目等而定。在两座电解厂房中间设有烟气净化系统和氧化铝贮仓，所贮存的氧化铝量大约可供整个系列使用半个月。

2.5　铝电解电流效率

电流效率是铝电解工业重要的技术经济指标，可衡量铝电解技术是否先进，经济是否合理。电流效率是指阴极析出金属的电流利用率，是指通入一定电量条件下，阴极上实际产铝量与理论产铝量之比。其计算公式为：

$$电流效率 = \frac{实际产铝量}{理论产铝量} \times 100\% \tag{2-37}$$

2.5.1　铝的电化当量

在铝电解生产过程中，理论产铝量是指阴极通过一定电量后，理论上生产铝的质量，可通过法拉第电解定律来计算。

法拉第电解定律的定义为：在电解过程中，在电极上通过 1mol 电子，在电极上生产的新物质的量为 1 克当量。其中 1mol 电子的电量就称为法拉第电量，为 96487C。在工业生产过程中以法拉第电量来计算理论产铝量很不方便，在工业上习惯用安培小时来作电量的单位，这就引出了铝的电化当量的概念。

铝的电化学当量是指在电解槽通过 1A 电流，经 1h 电解，理论上阴极所应析出铝的克数（g/(A·h)）。铝的电化学当量是法拉第电解定律在工业上应用的具体形式。

铝的电化当量的计算式为：

$$c = \frac{A}{zN_Ae/(60 \times 60)} \tag{2-38}$$

式中　A——铝的摩尔质量，$A = 26.98154$；

　　　z——1 个放电离子的得失电子数，对铝电解来说，阴极过程为 $Al_{络合}^{3+}+3e=Al$，故 $z = 3$；A/z 就是铝的克当量。

　　　e——电子的电荷，$e = 1.6021892 \times 10^{-19}C$。

故　　$c = 1200 \times \dfrac{26.98154}{6.022045 \times 10^{23} \times 1.6021892 \times 10^{-19}} = 0.3356(g/(A \cdot h))$

所以铝的电化当量为 0.3356g/(A·h)，同理可以计算出碳的电化当量。

2.5.2　电流效率的测量与计算

铝电解电流效率的测量方法有盘存法、回归法和气体分析法。

2.5.2.1　盘存法

根据电流效率的计算公式，理论产铝量可以通过铝的电化当量来计算。由于电解槽中存在大量的铝，使得实际产铝量难以界定。盘存法就是对电解槽中的铝进行测量盘存来确定在盘存期内实际产铝量的方法。盘存期可以是 1 个月，也可以是 1 年。盘存期越长，测量的电流效率越准确。

电流效率的计算公式为：

$$电流效率 = \frac{[\sum m + (M_2 - M_1)] \times 10^3}{0.3356It} \times 100\% \tag{2-39}$$

式中　$\sum m$——盘存期间产出的铝量，kg；

　　　M_2——第二次测得的槽内铝量，kg；

　　　M_1——第一次测得的槽内铝量，kg；

　　　I——平均电流，A；

　　　t——时间，h。

在工厂实际生产过程中，常按出铝量计算出铝电流效率，但它不是真实的电流效率。二者相差为周期始末槽中铝量差（M_t-M_0）。短时间的出铝电流效率只能是一个参考值。

【例 2-1】　一个 300kA 铝电解槽，一个月内（30 天）共出铝 65646kg，月初经盘存槽中在产铝为 40100kg，月末盘存为 40869kg。则此槽该月的电流效率分别为：

出铝电流效率

$$\eta_{出铝} = 2980 \times \frac{65646}{300000 \times 30 \times 24} \times 100\% = 90.57\%$$

真实电流效率

$$\eta_{真实} = 2980 \times \frac{40869 - 40100 + 65646}{300000 \times 30 \times 24} \times 100\% = 91.63\%$$

故二者相差约 1%。

2.5.2.2　回归法（又称稀释法）

回归法就是往电解槽铝液中添加示踪元素，根据元素浓度变化计算产铝量，得出电流效率。常用的示踪元素有惰性金属元素（如铜，银）和放射性同位素（如金-198，钴-60）等。回归法可以准确地计算电解槽短期内的电流效率，这是盘存法无法做到的。以加铜回归法举例，来介绍电流效率的计算方法。

加铜回归法为：加铜一次，铜浓度大约为 0.1%~0.2%。根据 10~15 天内铝产量的累计数，运用最小二乘法原理，推求 $y = b + mx$ 线性方程。其中 b 和 m 都是回归系数，m 是铝电解槽的生产率（kg/h），从 m 可计算电流效率。

$$y = b + mx \tag{2-40}$$

$$m = \frac{\sum x \cdot \sum y - n \sum xy}{\left(\sum x \right)^2 - n \sum x^2} \tag{2-41}$$

$$b = \frac{\sum x \cdot \sum xy - \sum y \cdot \sum \left(x^2 \right)}{\left(\sum x \right)^2 - n \sum x^2} \tag{2-42}$$

由于铝不断地产出和定期取出，故铝液中的铜浓度连续递减，铜量阶梯式递减。铜铝比（r）是铝液中铜对铝的质量比值。铜铝比（r）与铜浓度（C）的关系是：

$$C = \frac{r}{1 + r} \tag{2-43}$$

在第 x 次出铝时，有：

$$槽内铜量 = \frac{M^x (r_0 - r_1)}{(M + nm)^{x-1}} + (M + nm) r_1 \tag{2-44}$$

$$槽内铝量 = M + nm \tag{2-45}$$

$$铝液铜铝比 \ r_x = \left(\frac{M}{M + nm} \right)^x (r_0 - r_1) + r_1 \tag{2-46}$$

$$出铝后槽内剩余铜量 = \frac{M^{x+1}}{M + nm} (r_0 - r_1) + M r_1 \tag{2-47}$$

式中　m——铝的日产量，kg；

　　　n——出铝周期，d；

　　　r_0——加铜初始时铝液的铜铝比；

　　　r_1——加铜前铝液本底铜铝比；

　　　M——电解槽的在产铝量（即每次出铝后槽内剩余铝量），kg。

例如，某工业槽本底铜浓度 0.0012%，加入铜（99.9% 精铜）6990g 后，铜浓度增至 0.1840%，槽内铝量为 3880kg。该槽日产铝 450kg，三天出铝一次。电解槽内铝液中铜浓度递减规律如图 2-15 所示。

按照上述的槽内铝量计算式，求得不同时间下累计铝量，如表 2-6 所示。

表 2-6 槽内产铝量随时间变化数据表

时间 x/h	0	17.5	25.5	41.5	49.5	65.5	73.5	89.5	97.5	113.5
铝量 y/kg	3834	4186	4322	4582	4797	5180	5307	5623	5660	5910
时间 x/h	121.5	137.5	145.5	161.5	169.5	185.5	193.5	209.5	217.5	233.5
铝量 y/kg	6120	6367	6800	7020	7230	7295	7450	7670	7840	8193

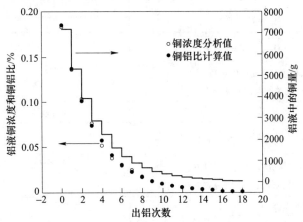

图 2-15　电解槽铝液中铜浓度变化规律

由回归方程 $y=b+mx$ 得：$y=3880+18.63x$。

从 m 值为 18.63，计算得电流效率为 87.40%。m 的标准误差为 ±0.17kg/h，电流效率的标准误差约为误差 ±1%。

2.5.2.3　气体分析法

气体分析法是依据阳极气体中 CO_2 浓度与电流效率之间的关系，通过分析阳极气体中 CO_2 的浓度，来计算电流效率。气体分析法存在两个假设作为计算公式建立的基础，这两个假设就是：阳极中 CO 气体全部来自二次反应，而电流效率的降低也全部归于铝参与了二次反应的损失。

一次反应的化学式为：

$$Al_2O_3 + 1.5C \xlongequal{\quad} 2Al + 1.5CO_2 \tag{2-48}$$

二次反应的化学式为：

$$2Al + 3CO_2 \xlongequal{\quad} Al_2O_3 + 3CO \tag{2-49}$$

设电流效率为 η，则损失的电流效率为 $1-\eta$，则：

$$2(1-\eta)Al + 3(1-\eta)CO_2 \xlongequal{\quad} (1-\eta)Al_2O_3 + 3(1-\eta)CO \tag{2-50}$$

CO_2 气体在 CO_2+CO 混合气体中的体积分数 $\varphi(CO_2)$ 为：

$$\varphi(CO_2) = \frac{1.5 - 3(1-\eta)}{1.5} \tag{2-51}$$

从而得出：

$$\eta(\%) = \frac{1}{2}\varphi(CO_2) + 50\% \tag{2-52}$$

由于前面的两个假设，所以该计算公式存在一定的误差。如果考虑到铝电解槽阳极气体中的 CO 气体并非全来自二次反应，还有可能来自布氏反应 $C+CO_2 \xlongequal{\quad} 2CO$。同时电流效率的降低也存在其他原因。所以对气体分析计算电流效率的公式进行了很多修正，现将这些修正列于表 2-7 中。

表 2-7　铝电解过程阳极气体成分与电流效率关系一览表

关　系　式	作　者	年　份
$\gamma = \dfrac{1}{2}\varphi(CO_2) + 50\%$	Pearson 和 Waddington	1947
$\gamma = g\left[\dfrac{1}{2}\varphi(CO_2) + 50\%\right] - Z$ G 为考虑布达反应而取的系数 Z 为与 CO_2 无关的电流效率损失	Beek	1959
$\gamma = 73\% + 0.22\varphi(CO_2)$	Сакян	1963
$\gamma = \left[\dfrac{1}{2}\varphi(CO_2) + 50\%\right](1 - x + 4a)$ a 为消耗于布达反应的 CO_2 体积分数 x 为除了被 CO_2 氧化以外的其他电流效率损失	Костюков	1963
$\gamma = \dfrac{(2 - x)(n + 1.5)}{3}$ x 为阳极气体中 CO_2 的体积分数 n 为布达反应中消耗的碳量	Коробов	1963
$\gamma = 0.45\varphi(CO_2) + 47.6\%$	Cammarata	1970
$\gamma = \dfrac{1}{2}\varphi(CO_2) + 50\% + K$ K 为修正系数，工业电解槽 $K = 3.5\%$	邱竹贤	1973

2.5.3　电流效率降低的原因

一般水溶液电解，电流效率大多在 98% 以上，而高温熔盐电解电流效率鲜有超过 95% 的，铝电解在 92%~95%，是什么原因造成铝电解电流效率的减少与降低呢？大部分的研究结果表明，高温熔盐中金属的溶解与再氧化损失是电流效率降低的主要原因。下面是铝电解电流效率降低的几个主要原因：

（1）已电解出来的铝又溶解或机械地混到电解质里，被电解质带到阳极区域，被阳极气体氧化。这是电流效率降低的主要原因。

（2）其他离子放电。如铁，硅等杂质放电等。

（3）电流空耗。电流空耗存在以下几种情况：

1）离子不完全放电。如 P，V 等变价元素在阴极还原成低价离子，再跑到阳极氧化成高价离子，造成电流空耗。

2）电子导电。由阳极长包，炭渣导电和其他原因造成的短路，导致电流空耗。

3）漏电。电解槽对地绝缘不好，造成电流空耗等。

2.5.4　影响电流效率的因素

在工业铝电解生产过程中，影响电流效率的因素很多，但主要因素有电解温度、电极间距离、电解质成分、电流密度和铝水平等。

温度对电流效率的影响比较明显。一般情况下，温度高，电流效率低，这主要是因为温度高，金属铝在电解质中的溶解度增大，二次反应加剧，导致电流效率降低。

电极间距离对电流效率的影响与极距的大小密切相关，在极距较大时（5cm 以上），极距对电流效率影响不大；当极距较小时，极距对电流效率的影响增加。另外铝液波动剧烈，也会使极距对电流效率的影响增加。

电解质成分对电流效率的影响包括 3 个方面。一是分子比的变化，分子比降低，电解质与铝液界面张力增加，铝的溶解度降低，电流效率增加，这就是强酸性电解质电流效率高的原因。二是氧化铝对电流效率的影响，氧化铝浓度高或低都会引起电流效率降低，主要是因为高氧化铝浓度会增加槽底沉淀，影响炉膛形状，造成铝液翻滚，降低电流效率；低氧化铝浓度容易引起阳极效应，闪烁效应增多，温度控制困难。三是电解质中 Li、K、Ca、Mg 元素的增加，导致电解质物理化学性质的变化，导致电流效率下降。

电流密度对电流效率的影响分两部分。阳极电流密度增加，会导致气体排出困难，增加二次反应，引起电流效率下降；而阴极电流密度增加，可以抑制金属铝的溶解，增加电流效率。因此在一定的电流强度下，减小阴极面积，增加阳极面积有助于提高电流效率。

铝水平对电流效率的影响主要表现在槽底结壳方面。铝水平过高，槽底偏冷，容易造成炉膛变形，降低电流效率；铝水平过低，容易造成水平电流增加，铝液波动加剧，降低电流效率。因此寻求适当的铝水平才是正确的选择。

需要指出的是，这些影响因素并不是单独作用的，往往是协同作用的。比如说降低电解质分子比时，在提高铝液与电解质之间的界面张力的同时，电解质的初晶温度也降低了，从而提高了电流效率。再者，造成电解槽炉膛畸形的因素都会导致电流效率下降，这与二次反应的增加有密切关系。因此无论因素如何变化，造成铝电解槽电流效率降低的主要原因是二次反应。

2.6 铝电解节能

铝电解工业是高耗能工业，在为国民经济和国防建设提供大量铝锭的同时，还消耗了大量的能量。近年来我国铝电解工业的耗电量占我国年发电量的 $6\% \sim 7\%$，所以铝电解工业节能是铝电解技术发展的核心。

能耗率是铝电解工业又一个重要的技术经济指标，通常用单位产铝量所消耗的能量来表示。其计算公式为：

$$w = \frac{W_{实}}{Q_{实}} = \frac{ItU_{平}}{0.3356It\eta} = 2.98\frac{U_{平}}{\eta} \quad (kW \cdot h/kg\text{-}Al) \tag{2-53}$$

式中　$Q_{实}$——实际产铝量，kg；

　　　$W_{实}$——实际电耗量，kW·h；

　　　$U_{平}$——平均电压，V。

2.6.1　平均电压

铝电解平均电压是指铝电解槽电压、母线分摊电压与效应分摊电压之和，是用来计算铝电解的电耗率。其计算公式为：

$$U_{平均} = U_{槽} + U_{母线分摊} + U_{效应分摊} \tag{2-54}$$

槽电压是指当电流通过铝电解槽时，在槽端头阳极母线与阴极母线之间测得的电压。槽电压 $U_{槽}$ 等于分解电压、阳极电压、阴极电压与电解质电压之和，即：

$$U_{槽} = U_{分解} + U_{阳极} + U_{阴极} + U_{电解质} = U_{分解} + IR_{阳} + IR_{阴} + IR_{电} = U_{分解} + I \sum R \tag{2-55}$$

槽电压由两部分电压构成。一部分是分解电压，这部分能量是电能转变为化学能；另一部分是欧姆压降，包括阳极压降、阴极压降和电解质压降，这部分能量是电能转化为热能。

母线分摊电压是指铝电解系列中母线电压降分摊到每台电解槽上的数值，等于系列母线压降除以电解槽数，即：

$$U_{母线分摊} = \frac{电解系列母线压降}{电解系列电解槽数}(V) \tag{2-56}$$

效益分摊压降是指铝电解槽系列中发生阳极效应所产生的附加电压分摊到每台电解槽的数值。其计算公式为：

$$U_{效应分摊} = \frac{k(U_{效应} - U_{槽})t}{1440} \tag{2-57}$$

式中　k——阳极效应系数，次/（槽·日）；

　　　$U_{效应}$——效应发生时的槽电压，V；

　　　$U_{槽}$——槽电压，V；

　　　t——阳极效应延续的时间，min。

2.6.2　铝电解电能效率

铝电解电能效率是指在电解槽生产一定量铝时，理论上应耗电能（$W_{理论}$）与实际消耗电能（$W_{实际}$）之比，以百分数表示。其计算公式为：

$$电能效率 = \frac{理论电耗量}{实际电耗量} \times 100\% \tag{2-58}$$

铝电解的实际电耗量可以通过实际测量获得，一般用电耗率来表示；而理论电耗量需要通过理论计算获得。

铝电解理论能耗是表示电解过程连续而稳定进行中，理论上所付出的最低电能。一般由两部分构成，一是补偿电解反应热效应所需能量，二是补偿加热反应物所需要的能量。

对于电解反应 $2Al_2O_3 + 3C = 4Al + 3CO_2$ 而言，反应自由能 $\Delta G_T = \Delta H_T - T\Delta S_T$，则反应热效应 $\Delta H_T = \Delta G_T + T\Delta S_T$。这部分能量表示在反应温度 T 时，补偿反应热效应 ΔH_T 所需要的最少能量，它又由补偿反应吉布斯自由能变化 ΔG_T 和补充反应束缚能变化 $T\Delta S_T$ 两部分构成。另外，电解反应中的原料氧化铝和炭素阳极需要从室温加热到反应温度 T，这部分能量是反应所必需的，属于理论能耗的范围。

【例 2-2】　计算 970℃ 铝电解反应的电能效率。

已知电耗率为 13.2kW·h/kgAl，Al_2O_3 由 25℃ 加热到 970℃，焓增加 109.75kJ/mol，

碳的加热焓是 17.41kJ/mol。

通过对铝电解反应 $2Al_2O_3+3C=4Al+3CO_2$ 的热力学计算可得，970℃生产 1kg 铝需要消耗电解反应的焓变化的电能是 5.63kW·h。根据电解反应知，生成 2mol 铝，需要 1mol 氧化铝，1.5mol 碳，则加热焓为：

$$\Delta H_{材} = (109.75 + 1.5 \times 17.4) \times 10^3 / (3600 \times 54) = 0.7(kW·h/kg\text{-}Al)$$

则生产 1kg 铝的理论电能消耗是：

$$W_{理} = \Delta H_T + \Delta H_{材} = 5.63 + 0.7 = 6.33(kW·h)$$

电能效率为：

$$电能效率 = \frac{理论电耗量}{实际电耗量} \times 100\% = \frac{6.33}{13.2} \times 100\% = 47.9\%$$

由此可见，铝电解的电能效率还不到 50%。这主要是因为铝电解的电能消耗有一多半转化成热能散发到环境当中，只有一少部分能量用于分解氧化铝。

2.6.3 铝电解节能

通过铝电解电耗率的公式可以看出，铝电解节能只有两个途径。一是降低铝电解平均电压，二是提高铝电解电流效率。其计算公式分别为：

$$W = 2980 \times \frac{U_{平均}}{\eta}(kW·h/t\text{-}Al) \tag{2-59}$$

$$U_{平均} = U_{槽} + U_{母线分摊} + U_{效应分摊} \tag{2-60}$$

2.6.3.1 降低铝电解平均电压

降低平均电压的主要途径还是降低槽电压。这是因为母线分摊电压在母线尺寸和电流密度确定后，就是一个定值。效益分摊电压的降低要通过降低效应系数、效应电压和效应时间来实现。

从图 2-16 可以看出，在铝电解槽电压分布情况过程中，槽电压中的分解电压难以降低，

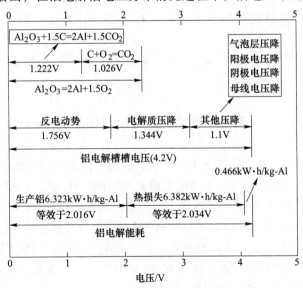

图 2-16 铝电解槽电压分布图

可以降低的只有欧姆压降。在欧姆压降中，电解质压降占比较大，具有较大的节能空间，而电极压降也可以进行适当降低。从目前新开发出的铝电解节能技术当中，大部分都是针对这部分能量消耗展开的研究。如异型阴极技术就是通过降低铝液的波动来降低极距，从而降低电解质压降进行节能。石墨化阴极技术是通过降低阴极压降来实现节能的。

2.6.3.2　提高电流效率

提高电流效率是理想的铝电解节能途径。在平均电压不变的条件下，提高电流效率既可以节能，又可多产铝。同时，提高电流效率还可以保持电解槽的稳定运行，提高电解槽寿命等，尤其对电流效率较低的电解槽提升电流效率节能有着显著效果。对于电流效率较高的电解槽，提升电流效率的空间不大，因此节能效果不明显。

2.6.4　铝电解余热回收利用

当铝电解的电能效率小于50%时，会导致铝电解能量消耗的一半以余热的形式散发到环境当中，从而造成能源的巨大浪费和损失。因此铝电解余热回收技术的开发与实施具有重要意义。

铝电解余热具有如下特点：

（1）余热量大。按照吨铝能量消耗13000kW·h/t-Al计算，能量利用率按照50%计算，每吨铝的余热量就相当于6500kW·h电能。我国年产铝量已经接近4000万吨，余热回收率即使有50%，也是一项巨大的能量资源。

（2）余热品质低。余热品质一般以余热温度高低来衡量，高温余热容易回收，回收利用率较高；低温余热回收利用困难，回收效率低。铝电解余热当中有50%~60%是烟气带走的热量，一般情况下烟气的温度在100~150℃，北方地区冬天烟气温度只有70~90℃，温度低，难以利用。目前只有少部分余热被利用，大部分余热还没有被利用。

（3）利用技术复杂。铝电解槽侧部余热温度可以达到300℃以上，如果采用电解槽内部取热，可以达到更高的温度。但是电解槽无论是结构安全，还是用电绝缘安全，都对余热回收系统的设计与安装提出了更高的技术要求，目前还没有大规模的工业利用试验。

总之，铝电解余热利用具有广阔的前景。随着技术的进步和智能电网、智能热网的发展，铝电解余热回收利用大有可为。

2.7　铝精炼与废铝回收

金属铝按照纯度不同可以分成三类，分别是原铝、精铝和高纯铝。

原铝通常是指用熔盐电解法在工业电解槽制取的铝，其纯度一般为99.50%~99.90%。

精铝一般是指采用三层液电解槽精炼生产的铝，纯度通常在99.99%以上。目前部分采用凝固提纯法生产的纯度为99.90%~99.99%的铝也泛指为精铝。这部分铝采用99.9%的原铝为原料，经过凝固提纯工艺，生产出纯度在99.95%左右的铝，以满足固定客户需要。

高纯铝主要用区域熔炼法制取，纯度在99.9999%以上（或杂质总量小于1×10^{-6}）。

除此之外，还有熔炼废铝而得到的"再生铝"。

原铝中的杂质主要来自原料（氧化铝、氟盐、炭阳极等），少部分来自电解槽内衬等结构材料。原铝中杂质主要是 Fe 和 Si，此外还有 Ga、Ti、Cu、Na、Mn、Ni 和 Zn，浓度会比 Si 小一个或两个数量级；精铝中杂质仍是 Fe 和 Si，但 Zn、Cu、Mg、Na 的含量接近 Fe 和 Si。高纯铝中，Cr、Mn、Ti、V 在精炼中难以分离。

"再生铝"中的杂质主要来自铝合金生产过程中配入的合金元素，根据合金牌号的不同而有所差异，主要有 Cu、Si、Mg、Mn、Zn、Fe、Ti、Ni 等元素。原铝标准见表2-8，精铝标准见表2-9。

表 2-8 原铝标准（GB/T 1196—2017）

牌号	Al, 不小于	化学成分（质量分数）/%								
		杂质，不大于								
		Si	Fe	Cu	Ga	Mg	Zn	Mn	其他 单个	总和
Al99.85	99.85	0.08	0.12	0.005	0.03	0.02	0.03	—	0.015	0.15
Al99.80	99.80	0.09	0.14	0.005	0.03	0.02	0.03	—	0.015	0.20
Al99.70	99.70	0.10	0.20	0.01	0.03	0.02	0.03	—	0.03	0.30
Al99.60	99.60	0.16	0.25	0.01	0.03	0.03	0.03	—	0.03	0.40
Al99.50	99.50	0.22	0.30	0.02	0.03	0.05	0.05	—	0.03	0.50
Al99.00	99.00	0.42	0.50	0.02	0.05	0.05	0.05	—	0.05	1.00
Al99.7E	99.70	0.07	0.20	0.01	—	0.02	0.04	0.005	0.03	0.30
Al99.6E	99.60	0.10	0.30	0.01	—	0.02	0.04	0.007	0.03	0.40

注：1. 对于表中未规定的其他杂质元素含量，如需方有特殊要求时，可由供需双方另行协商。

2. 分析数值的判定采用修约比较，修约规则按 GB/T 8170 的规定进行，修约数位与表中所列极限值数位一致。

表 2-9 精铝标准（YS/T 665—2009）

牌号	Al, 不小于	化学成分（质量分数）/%								
		杂质，不大于								
		Si	Fe	Cu	Ga	Mg	Zn	Mn	Ti	其他每种
Al99.995	99.995	0.0010	0.0010	0.0015	0.0010	0.0015	0.0005	0.0007	0.0005	0.0010
Al99.993A	99.993	0.0010	0.0010	0.0030	0.0010	0.0020	0.0010	0.0008	0.0010	0.0010
Al99.993	99.993	0.0015	0.0015	0.0030	0.0012	0.0025	0.0010	0.0010	0.0010	0.0010
Al99.99A	99.990	0.0010	0.0010	0.0050	0.0012	0.0025	0.0010	0.0010	0.0010	0.0010
Al99.99	99.990	0.0030	0.0030	0.0050	0.0015	0.0030	0.0010	0.0010	0.0010	0.0010
Al99.98	99.980	0.0070	0.0070	0.0080	0.0020	0.0030	0.0020	0.0015	0.0020	0.0030
Al99.95	99.950	0.0200	0.0200	0.0100	0.0020	0.0030	0.0050	0.0020	0.0050	0.0100

注：1. 铝含量（质量分数）为100%与表中所列杂质元素及含量（质量分数）大于或等于0.010%的其他杂质实测值总和的差值，求和前各元素数值要表示到0.0×××%，求和后将总和修约到0.0×××%。

2. 表中未规定的重金属元素铅、砷、镉、汞含量，供方可不做常规分析，但应定期分析，每年至少检测一次，且应保证求 $w(Cd + Hg + Pb) \leqslant 0.0095\%$，$w(As) \leqslant 0.009\%$。其他杂质元素由供需双方协商。

3. 分析数值的判定采用修约比较法，修约规则按 GB/T 8170 第3章的有关规定进行，修约数位与表中所列极限值数字一致。

铝的精炼过程就是从金属铝中去除杂质，不断提纯的过程。

2.7.1 原铝的净化

采用熔盐电解法生产原铝的品质，主要取决于原料中杂质的含量，氧化铝，冰晶石、氟化铝和炭素阳极中的杂质组分略有不同，但主要都是 SiO_2、Fe_2O_3、CaO、TiO_2 等杂质，此外还含有 Na_2O、Li_2O、ZnO、P_2O_5、V_2O_5、NiO 等杂质。各种原料的杂质含量都有国家标准来约定限制。

在正常情况下，铝电解槽生产的原铝的纯度 99.50% ~ 99.85% 之间。特殊情况下，通过调整原料纯度及生产工艺，在铝电解槽上也可以生产出 99.90% 原铝。

原铝净化的目的主要是去除铝液中的非金属夹杂物（Al_2O_3、AlN 等），金属杂质（如 Na、K 等）和部分溶解的氢等。

铝液净化的方法是气体净化法，主要是向铝液中通入气体，利用气体与铝液之间的界面张力，将非金属夹杂物富集在气泡表面，随气泡一起上浮到铝液表面，形成浮渣。同时可将铝液中溶解的一部分氢气释放出来，降低铝液中 H 元素含量。通入的气体主要有氮气或氩气，有时为了降低铝液中碱金属或碱土金属含量（如 Na、K 等），还可以配入少量氯气，将比铝活泼的碱金属等氯化，生成氯化物进入浮渣中。

在铝液净化时，常采用熔剂覆盖铝液，防止铝液氧化和保证清除铝液表面的非金属夹杂物。所有的熔剂由钾、钠、铝的氟盐和氯盐组成。

2.7.2 三层液电解法制取精铝

三层液电解精炼法是 Hoohes 于 1901 年发明的，因电解槽内有三层液体而得名。它与铝电解不同的是，其阴极在槽上部，是一层精铝产品（密度 2.3g/cm³）；下层是阳极，由铝铜合金（$w(Cu)$ = 30%）构成（密度 3.4 ~ 3.7g/cm³）；中间一层是电解质（密度 2.7 ~ 2.8g/cm³），由于密度不同而分为三层。三层液精炼电解槽简图如图 2-17 所示。

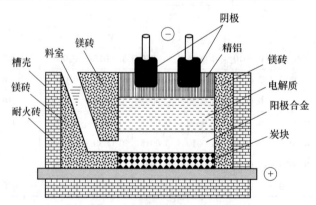

图 2-17 三层液精炼电解槽示意图

2.7.2.1 三层液精炼原理

铝在电解精炼所依据的原理是：在阳极合金的各种金属元素当中，只有铝（及少量比铝活泼的元素，如 Na、K、Mg 等）在阳极溶解，进入电解液。

在阳极反应过程中，阳极合金中比铝不活泼的金属元素（如铜、铁、硅等），不能发生阳极溶解反应，其仍然残留在阳极合金内。阳极发生的溶解反应是：

$$Al - 3e =\!=\!= Al^{3+} \tag{2-61}$$

阳极合金含铜（质量分数）30%~40%，铁和硅是随着原铝进入阳极合金内的。随着精炼的进行，铁和硅在阳极合金内富集，其在阳极合金中的极限允许含量为：铁6%~7%（质量分数），硅7%~8%（质量分数）。在 Al-Cu-Fe-Si 四元系中，存在许多难熔化合物（如 Al_7Cu_2Fe、$FeSiAl_5$ 等），以及固溶体 $\alpha(Al-Fe-Si)$ 和 $\beta(Al-Fe-Si)$。这些难熔化合物与固溶体会从阳极合金中析出形成阳极合金渣。在精炼过程中，需要不断向阳极室内补充原铝，并定期从阳极室内将从阳极合金中析出的难熔合金渣捞出。

在阴极反应过程中，电解质中存在离子的放电电位都比铝负，如 Ba^{2+}、Na^+、F^-、Cl^-、AlF_6^{3-} 等。因此在铝阴极上只有 Al^{3+} 离子放电，析出金属铝。阴极发生的反应是：

$$Al^{3+} + 3e =\!=\!= Al \tag{2-62}$$

如果电解质本身含有电位比铝正的元素，就会在阴极析出，从而降低精铝的纯度。故电解质必须选用纯的原料，并在一个电解槽（母槽）中进行预电解（除杂）处理，然后再转移到生产槽中使用。上层的精铝每隔两昼夜出铝一次，出铝时应避免搅动精铝层，以避免与下层阳极合金混合。

2.7.2.2　三层液精炼铝电解槽

现代铝精炼电解槽容量在 60~100kA 之间，电流密度在 $0.50~0.60A/cm^3$ 之间。

精炼电解槽阳极部分结构与原铝电解槽的阴极部分相似。在钢外壳内安装有炭块槽底，借助于钢棒向其供电。槽膛的侧部由氧化镁砖砌成绝缘侧壁。为了防止侧壁材料对精铝纯度的污染，精炼过程应在侧衬表面形成电解质凝壳的条件下进行。电解槽一端设有加料室，加料室底部有一个石墨材料制成的水平沟与电解槽槽膛相通，加料室上部用盖子保温。

阴极部分有两种连接方式：一种是圆柱状石墨化阴极，为防止石墨氧化，在阴极上部浇铸保护铝层（厚50mm）；另一种是由精铝浇铸的阴极。阴极分两行排列浸入在精铝液层中，阴极的数目与电解槽容量有关。

2.7.2.3　三层液精炼电解质

三层液精炼电解质在铝电解精炼过程中起到如下几个作用：

（1）隔离作用。它将下层阳极合金与上层精铝隔离开，因此它的密度要介于阳极合金密度与精铝密度之间，且与其中任何密度都要有明显的差值，以保障不发生电解质与铝液混合。

（2）导电作用。直流电通过电解质，在电解质上下两个界面分别发生阴极反应和阳极反应，形成电解池。电解质导电性的好坏决定精炼过程能耗的高低。

（3）纯化辅助作用。保证杂质元素不在电解质中溶解，是保证精炼纯度的前提，电解质成分的优化，可以实现电解精炼过程技术经济指标的优化。

为了保证电解质的隔离作用，需要将电解质水平提高，一般需要 12~15cm。另一方面为了降低铝电解精炼能耗，又希望降低铝电解质水平，有报道说可以将铝电解精炼电解质水平降低到 7~9cm，这些都取决于电解精炼技术的发展和生产实践的检验。

通常采用两类电解质组成，一类是纯氟化物体系，另一类是氯氟化物体系。纯氟化物体系组成为：$w(AlF_3)=48\%$，$w(NaF)=18\%$，$w(BaF_2)=18\%$，$w(CaF_2)=16\%$；性质为：密度 2.8g/cm³，熔点 680℃，操作温度 740℃。

氯氟化物体系组成为：$w(AlF_3)=23\%$，$w(NaF)=13\%\sim17\%$，$w(BaCl_2)=60\%$；性质为：密度 2.7g/cm³，熔点 700~720℃，操作温度 760~800℃。

两类电解质性质的比较如图 2-18 所示。

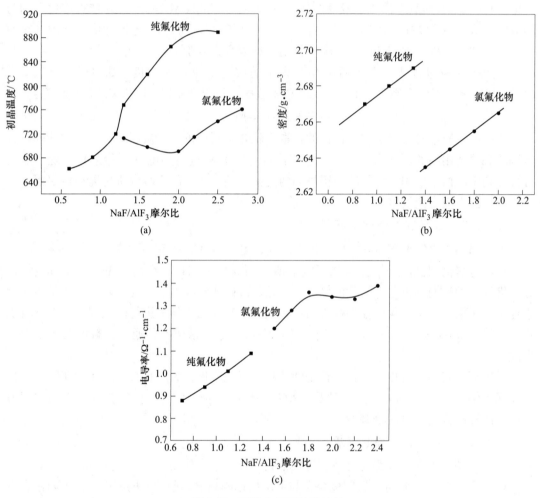

图 2-18　两类电解质性质比较

图 2-18 给出了这两类电解质在各种 NaF/AlF₃ 摩尔比下的初晶温度、密度和电导率，从图可以看出，在较高摩尔比范围内，氯氟化物体系的初晶温度较纯氟化物体系要低。氯氟化物体系的密度也较纯氟化物低，但电导率要高出纯氟化物体系 20% 左右。由此可见，氯氟化物体系具有较好的物理化学性能，因此目前采用氯氟化物电解质体系的企业较多。但是由于水解，电解质各组分的消耗量都很大，因此氯氟化物电解质的水解问题值得重视。每吨铝消耗氯化钡 40kg，冰晶石 22kg，氟化铝 20kg。水解反应主要是在阴极表面上的盐类覆盖层中进行，水解产物便是电解质结壳。

添加锂盐可以改善电解质的物理化学性质，例如添加5%LiF可降低电解质的初晶温度50℃，可提高电解质20%的电导率。

2.7.3　偏析法制取精铝

与三层液电解精炼制备精铝相比，偏析法具有产量大、能耗低和成本低的特点。偏析法的基本原理是依据合金平衡相图中，液相线与固相线中杂质元素含量不同而得到分离。

图2-19是偏析法制取精铝的原理图（A-x合金相图），A为合金中的基体组分（Al），x为Al中的杂质组分。当杂质含量为x_0的熔融态合金从某一高温下徐缓冷却，达到液相线时，其温度为t_1，便结晶出杂质含量为x_1的晶体，$x_1 \ll x_0$；继续降低温度到t_2时，则结晶出杂质含量为x_2的晶体，$x_2 > x_1$，但$x_2 \ll x_0$。这些晶体便是所求的偏析法产物，其中杂质含量均远小于原始铝中所含的杂质，因而可提取或制取得纯度更高的铝。工业生产结果表明，可从99.8%的原铝中提取到纯度为99.95%的铝，其提取率约为5%～10%。

偏析法提纯的效果与杂质元素的平衡分配系数有关。分配系数是指杂质元素在固相

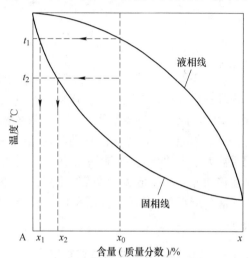

图2-19　偏析法制取精铝的原理图

中和液相中的浓度分配比率。分配系数小于1的杂质元素，在液相富集；分配系数大于1的杂质元素，在固相富集。分配系数等于1的杂质元素，用偏析法无法分离。铝中某些杂质元素的分配系数见表2-10。

表2-10　铝中某些杂质元素的分配系数

元素	Ni	Sb	Ag	Sc	Ti	V
分配系数	0.009	0.09	0.2	1	8	3.7
元素	Co	Si	Zn	Cr	Ca	Cu
分配系数	0.02	0.093	0.4	2	0.08	0.15
元素	Fe	Ge	Mg	Mo	Mn	Zr
分配系数	0.03	0.13	0.5	2	0.9	2.5

从表2-10中可以看出，原铝中的主要杂质Fe、Si的分配系数都很小，很容易通过偏析法除去，因此对铁硅要求较高的合金可以考虑采用偏析法去除杂质。

2.7.4　区域熔炼法制取高纯铝

区域熔炼法是制备高纯铝的可靠方法，目前市场上的高纯铝大多采用这种方法来制备。区域熔炼法的原理与偏析法大致相同，都是利用杂质元素在固液平衡时分配系数的不同来进行反复相变，使得杂质元素在铝中的含量逐渐减小，直至满足要求。区域精炼装置的示意图如图2-20所示。

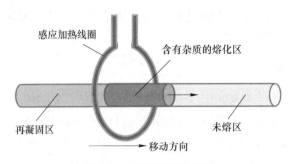

图 2-20　区域精炼示意图

由图 2-20 可以看出，精炼过程是将精铝样品放入石英管内，并通入保护气体。采用高频线圈在石英管外定向缓慢移动，使石英管内铝部分熔化。随着高频线圈的移动，石英管内铝的熔化区域也缓慢移动。在熔融区域移动的过程中，分配系数小于1的杂质在铝液内富集，并随着熔融液区的移动向铝样品棒的一端移动，最后富集在移动方向的尾端；分配系数大于1的杂质在固相中富集，并随着熔融液区的移动向移动相反方向富集，最后富集在移动方向的起始端。精炼结束后，去掉铝棒的两端，中间即为高纯铝产品。

从分配系数表 2-10 可以看出，元素 Sc 和 Mn 等元素分配系数接近1，因此不能用该方法分离。

2.7.5　低温熔盐电解法制取高纯铝

铝的标准还原电位比较负（-1.67V vs. SHE），金属铝仅能从非水溶液中被电解出来。目前室温电解铝所采用的溶剂主要有有机溶剂和离子液体。烷基铝体系是文献报道中能够获得金属铝纯度最高的一类有机溶剂。该体系多采用甲苯为溶剂，三乙基铝为主盐，碱金属卤化物或季铵盐为添加剂。在电流密度 $1\sim5\text{A}/\text{dm}^2$，工作温度 $80\sim100\text{℃}$ 的电解条件下，可获得纯度高达 99.9999% 的金属铝，且电解过程没有腐蚀性产物，阴极电流效率高。但三乙基铝价格昂贵，在空气中易自燃，与水剧烈反应，配制溶液操作复杂，因而限制了其在室温电解铝的应用。

离子液体是指在室温或接近于室温下由有机阳离子和无机阴离子组成的液体物质，也被称为室温熔融盐。除了有机溶剂与高温熔盐所具有的优点外，离子液体具有很多独特的特性，如较低的熔点和蒸气压，较宽的电化学窗口，较好的热稳定性等。因此离子液体被广泛用作室温电解铝的电解液。氯铝酸型离子液体是开发最早的一类离子液体，通常被称为第一代离子液体，其在较宽摩尔比范围内性质可调，被广泛用来电解金属铝和铝合金。氯铝酸型离子液体的合成过程相对简单，在惰性气氛下称取合适质量的 $AlCl_3$ 以及 1,3-二烷基氯化咪唑、烷基氯化吡啶或季铵盐化合物，使二者混合均匀，即可获得离子液体。目前，有关氯铝酸型离子液体电解铝的研究已有大量文献报道，研究者们发现上述离子液体中铝络合物结构与离子液体的路易斯酸碱性有关。在碱性条件下（$AlCl_3$ 摩尔分数小于50%），铝络合物结构主要为 $AlCl_4^-$；而在酸性条件下（$AlCl_3$ 摩尔分数大于 50%），铝络合物结构主要为 $AlCl_4^-$ 和 $Al_2Cl_7^-$，且离子液体中电活性络合物为 $Al_2Cl_7^-$。因此，金属铝仅能从酸性电解液中被电解出来。尽管氯铝酸型离子液体合成过程简单，在金属铝电解方面的应用很多，但这类离子液体对水极其敏感，所需的实验操作条件比较苛刻。电解过程中阴阳极发生的反应分别为：

$$4Al_2Cl_7^- + 3e^- \longrightarrow Al + 7AlCl_4^- \tag{2-63}$$

$$4AlCl_4^- - 2e^- \longrightarrow 2Al_2Cl_7^- + Cl_2 \tag{2-64}$$

近些年来，研究者们先后合成出了在空气中不易吸潮且电化学窗口较宽的新一代离子液体，一般由 $[CF_3SO_3]^-$（TfO⁻）和 $[(CF_3SO_2)_2N]^-$（Tf₂N⁻）等阴离子组成。这类离子液体对实验条件要求不是很苛刻，可直接储存在空气中而无需惰性气氛的保护，因此得到了研究者的广泛青睐。一些研究者尝试使用上述疏水疏氧型离子液体进行电解铝的研究，并成功获得金属铝。但电解液为两相混合物，离子液体的成本较高，且所需的实验操作温度也较高，从而限制了这类离子液体在室温电解铝的应用。

此外，一些研究者尝试合成成本更为低廉的新型离子液体用于室温电解铝的研究。他们发现，室温下 $AlCl_3$ 与乙酰胺、尿素等酰胺类化合物以一定摩尔比混合能够形成均匀且流动性较好的液体，并具有优良的导电性，也成功制备出了外表为银白色的金属铝[9,10]。其中，所采用的乙酰胺等酰胺类化合物成本低廉且易于获得，可为室温电解铝的发展提供更具有竞争力的工艺路线。

2.7.6 高纯铝的鉴定

分析测定高纯铝中微量杂质的含量是困难的，往往需要测定金属的电阻率比值。

2.7.6.1 分析方法

高纯铝的分析方法是分析各种可能的杂质含量，然后将各种杂质含量的总和减去，得到铝的纯度。随着分析技术的发展，很多杂质元素的分析精度已经接近或达到 PPt 级，因此可以通过高精度的元素分析手段来取得高纯铝的纯度。

2.7.6.2 电阻率比值

分别在氦的液化温度（4.2K）和室温（298K）下测定金属试样的电阻率，按下式推算其电阻率比值：

$$RR = \frac{\rho_{298}}{\rho_{4.2}} \tag{2-65}$$

电阻率比值是测定铝中杂质元素含量的一种灵敏尺度，它随金属中杂质含量增多而减小，但不同的元素有不同的影响。表 2-11 和表 2-12 给出了几种典型的高纯铝的电阻率比值和杂质含量。

表 2-11　各种品位铝的电阻率比值

铝的品种	金属杂质总量/10^{-6}	电阻率比值（容积值）
原铝	1000~5000	600~2000
工业精铝	>10	600~2000
"有机"精炼铝	<5	8000~20000
经多道区熔的"有机"精炼铝	<0.5	45000

表 2-12 高纯铝分析结果（试验尺寸：0.3mm × 6mm，杂质含量按 1/10^{12} 计算）

高纯铝品种	电阻率比值	含量（质量分数）/%											
		Fe	Si	Cu	Mg	Mn	Ti	Cr	Zn	Co	Ag	Sb	Sc
精铝（99.99%）经 1-2 道区熔	3180	1000	1000	300	1000	100	<500	80	<1000	<1	—	10	20
有机溶液精炼的铝	6800	600	800	60	200	30	<500	60	<50	<1	<5	20	5
有机溶液精炼的铝，经 1 道区熔	11200	500	500	40	60	20	<500	40	<50	<1	<5	10	4
有机溶液精炼的铝，经多道区熔	14900	50	<500	10	30	5	<500	20	<50	<1	<5	1	3
鉴定方法	—	①③	①	①③	①	③	②	③	②③	③	③	③	③

①光谱分析法；②化学分析法；③中子活化分析法。

2.8 铝电解环境保护

2.8.1 概述

随着我国经济的快速发展，人民生活水平不断提高，人们对生活环境的要求也越来越高，环境保护的标准也越来越严格，铝电解生产企业所面临的环保压力不断加强。因此新的环境保护技术不断被开发出来，从而满足了人们日益增长的环境保护需求。

铝电解企业面临的环境问题主要有两个，一个是生产过程中产生的"三废"处理问题，另一个是温室气体问题。

"三废"是指在生产过程中产生的废气、废水和废渣（又称固体废弃物，简称"固废"）。铝电解生产过程中几乎没有废水问题，主要问题是废气和废渣。废气主要指铝电解烟气，其中的有毒物质主要是氟化物，包括氟化氢、氟化铝、冰晶石和亚冰晶石，此外还有二氧化硫气体和少量的氮氧化物。废渣包括两部分，一部分是正常生产过程中产生的废渣，主要包括炭渣、铝灰渣、阳极覆盖料和废电解质；另一部分是电解槽大修时产生的大修渣，主要包括废旧阴极炭块，废耐火砖，废碳化硅侧壁，废防渗料和刨炉料等。

铝电解排放温室气体问题主要是环境问题，而不是污染问题。铝电解排放的温室气体有二氧化碳和碳氟化物。铝电解采用炭素阳极，在电解过程中炭素阳极参与电化学反应，生成 CO_2 气体。每生产 1t 铝消耗炭素的理论值是 333kg，还可以产生 1221kg 的 CO_2。但由于空气的氧化，实际生产过程中炭素消耗要超过理论值，在 400~420kg 之间，产生的 CO_2 量在 1460~1540kg 之间。铝电解过程中还要产生碳氟化物气体，主要是 CF_4，还有少量的 C_2F_6。其中 CF_4 的全球增温潜势（Global Warming Potential，GWP）值是 6500，即 1tCF_4 的排放相当于 6500tCO_2 温室气体的排放，C_2F_6 的全球增温潜势值是 9200。

2.8.2 铝电解烟气治理

2.8.2.1 铝电解烟气组成

铝电解烟气组成分为气态物质和固态物质。气态物质有：HF，SO_2，CO_2，CO，PFCs

等；固态物质有：氧化铝，氟化铝，冰晶石，亚冰晶石和少量炭粉。实际上固态物质与气态物质是混合存在的。氧化铝颗粒具有很强的吸附性，它可以吸附气态 HF 和冷凝的微细固态颗粒。

铝电解烟气从电解槽火眼排出时，会发生 CO 气体燃烧，因此铝电解槽排出的阳极气体的主要成分是 CO_2。铝电解烟气有两个排出通道，一个是进入净化系统被净化，称为有组织排放；另一个是从电解槽进入车间，从车间天窗排放，称为无组织排放。有组织排放的烟气，在集气过程中被大量的空气稀释，使烟气中有害物质的浓度大幅度降低，给烟气净化带来困难；无组织排放的气体，虽然现在还没有收集净化，但收集净化已势在必行，相应的技术也在研发过程中。

20 世纪 70 年代，美国科学院规定，允许排放到空气中的氟化物的极限值为：$HF \leqslant 2.45mg/m^3$，颗粒氟化物 $\leqslant 2.5mg/m^3$。澳大利亚研究委员会规定的允许值为：大气污染的卫生标准为 $HF \leqslant 2mg/m^3$，以氟计的氟化物 $\leqslant 2.5mg/m^3$，其他污染物标准为 $CO \leqslant 2.45mg/m^3$，$SO_2 \leqslant 2.45mg/m^3$，粉尘 $\leqslant 2.45mg/m^3$。中国《铝工业污染物排放标准》GB 25465—2010 大气污染物特别排放限值中规定，电解铝厂氟化物排放标准为：总氟 $\leqslant 3.0mg/m^3$，$SO_2 \leqslant 100mg/m^3$，颗粒物 $\leqslant 10mg/m^3$。

目前，我国铝电解厂的净化技术基本能达到国家标准的要求，但是早期建造的铝电解厂必须改进净化系统才能达到国家排放标准的要求。净化系统采用氧化铝来吸附烟尘，氧化铝也是电解铝的生产原料，所以烟尘排放实际上是原料的损失。以 15 万吨规模的铝电解厂为例，粉尘排放含量每增加 $1mg/m^3$，氧化铝每年损失将近 20t。所以，从环保和资源节约两方面来看，粉尘排放量的降低不仅有利于环境保护，更有利于资源的有效利用，还具有一定的经济效益。

2.8.2.2 烟气的干法净化技术

铝电解槽氟化物挥发，尤其是剧毒氟化氢气体的释放，无论对电解车间操作工人，还是对外界环境都产生很大风险。在铝电解厂中，电解槽产生的烟气需要送到专门的净化装置来净化烟气，然后排入大气。电解烟气净化装置分为干法和湿法两套系统。干法净化的原理是利用氧化铝自身良好的吸附性能来回收烟气中的氟盐挥发物，包括 HF 和固态氟盐颗粒，吸附后的氧化铝称为载氟氧化铝。将载氟氧化铝返回到铝电解槽使用，实现了烟气氟盐的回收利用。但烟气中的 SO_2、PFCs 无法被干法净化系统吸收。目前，湿法净化系统一般作为干法净化系统的补充，其采用水溶液喷淋的方式来除去电解槽烟气中的 SO_2 等可溶物质，并对溶液进行处理回收。

干法烟气净化系统由三大关键部分构成，分别为集气系统、反应装置和过滤装置。

集气系统是指将电解烟气收集起来的装置，包括槽盖板、集气罩、集气管道、烟气输送管道等。集气系统靠引风机在系统内产生负压来收集和输送烟气。在集气系统中，铝电解槽中产生的原始烟气被稀释一百倍以上，烟气的温度也大幅下降。其中，电解车间槽盖板的日常管理、烟气管道的设计和排烟风机的布置决定了集气系统的效率。目前采用较为先进的双管道集气系统，配合以良好的车间日常管理，集气效率可达到 99%以上。

在反应装置中，氧化铝逆向喷射进入反应器与电解槽烟气充分混合，氧化铝与 HF 气体发生化学吸附反应，同时物理吸附氟盐颗粒和其他杂质，吸附效率达到 98% 以上。干法净化利用了氧化铝表面积大，对 HF 气体吸附性强的特点来完成吸附过程。氧化铝是一种多孔结构的物质，孔隙率高，具有很大的比表面积，十分有利于对气体的吸附。氧化铝与烟气中的 HF 接触后，吸附反应速度很快，几乎在 0.25s 至 1.5s 内完成吸附。吸附过程包括物理吸附和化学吸附，吸附过程的化学反应如下：

$$Al_2O_3 + 6HF =\!=\!= 2AlF_3 + 3H_2O \qquad (2\text{-}66)$$

吸附后的载氟氧化铝，经过滤装置与烟气分离。过滤装置采用布袋除尘器，以分离气体和固体氧化铝颗粒。分离后的载氟氧化铝一部分作为循环氧化铝继续参与吸附反应，另一部分经氧化铝输送系统返回料仓供电解使用。干法净化具有净化效率高，易于控制，流程简单，操作容易以及运行维护费用低的特点，因此目前电解铝企业普遍采取此种净化方法来净化烟气。

氧化铝和 HF 吸附反应约 90%~95% 是在吸附装置中完成的，因此吸附反应装置是干法净化流程中的关键设备。工业上主要有文丘里管反应器、沸腾床反应器、VRI（Vertical Radial Injector）反应器等设备。在相同的净化效率前提下，VRI 反应装置具有阻力低、氧化铝破损小的优点，近年来在铝电解烟气净化中得到了广泛的应用。

VRI 反应器是根据气体流动的多点式锥形运动原理设计的。它的外壳为圆筒形，由锥形空心筒和流化元件等组成，其特点是定量加入的氧化铝经给料箱和流化元件进入空心锥体。锥体上部沿辐射线布置的排料孔均匀布置在四周，氧化铝溢流进入烟气管道，并很快充满整个管道截面与烟气充分接触，净化效率超过 98%。沿锥体周围布置的溢流孔使氧化铝呈一个很规则的圆截面充满在整个管道断面上，克服了稀相化氧化铝在吸附管道中分布不均匀的缺点。VRI 反应装置流化元件位于给料箱的底部，其作用是将加入的氧化铝呈溢流状态射出，以减少对氧化铝的机械破损。锥体的流线型结构减弱了烟气的紊流程度，从而减少了反应器的阻力损失，达到节能的目的。VRI 反应器结构示意图如图 2-21 所示。

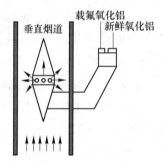

图 2-21　VRI 反应器
结构示意图

2.8.2.3　烟气的湿法净化技术

在干法烟气净化技术大规模普及之前，铝电解厂普遍采用湿法净化技术对铝电解槽的烟气进行处理。湿法净化技术是利用气态氟化物具有易被碱性溶液吸收的特点，对烟气进行洗涤吸收。吸收后的烟气经气水分离器除去雾沫后排入大气。当洗涤液中的 NaF 浓度达到 20~25g/L 时，经沉淀、过滤、提纯处理后合成冰晶石，产品冰晶石经过滤烘干后返回电解槽用于生产。碱性洗涤液中的有效成分一般为 Na_2CO_3 或 NaOH，以采用 Na_2CO_3 为主要反应介质的吸收塔为例，其主要反应式为：

$$HF + Na_2CO_3 =\!=\!= NaF + NaHCO_3 \qquad (2\text{-}67)$$

$$HF + NaHCO_3 =\!=\!= NaF + CO_2 + H_2O \qquad (2\text{-}68)$$

$$CO_2 + Na_2CO_3 + H_2O =\!=\!= 2NaHCO_3 \qquad (2\text{-}69)$$

$$SO_2 + Na_2CO_3 \Longrightarrow Na_2SO_3 + CO_2 \tag{2-70}$$

烟气中的 SO_2 和 CO_2 与 Na_2CO_3 反应生成 $NaHCO_3$、Na_2SO_3、Na_2SO_4 等物质。湿法净化工艺的净化效率为：气氟 93%，固氟 85%，粉尘 80%，沥青挥发物 42%（自焙阳极电解槽烟气含有沥青挥发物），除硫效率达 60%。现阶段中，这种湿法净化技术因净化效率低、流程长、能耗高、资金投入量大已经被干法净化技术所取代。

由于干法净化技术无法脱除铝电解烟气中的 SO_2，所以电解铝厂开始在干法净化系统后串联一套小型湿法净化系统，用于对烟气中剩余的 SO_2 进行二次脱除。该串联的湿法净化系统仍采用洗涤液喷淋的方法进行尾气处理。以采用 $CaCO_3$ 为反应介质的吸收系统为例，湿法脱硫系统主要由石灰石粉浆液制备系统、烟气系统、SO_2 吸收系统、排空系统、石膏脱水系统、工业水系统、压缩空气系统等组成。整个吸收过程在吸收塔内进行，制备好的石灰石浆液在吸收塔内与烟气充分混合反应。在连续处理烟气的过程中，同时将一部分浆液循环出吸收塔进行含硫物质的脱除，使吸收塔浆液的酸性保持在稳定水平。烟气中 SO_2 在吸收塔内的吸收反应过程可分为 3 个步骤，即吸收区、氧化区和中和区。其对应的主要反应式分别为：

$$SO_2 + H_2O \Longrightarrow H_2SO_3 \tag{2-71}$$

$$2H_2SO_3 + O_2 \Longrightarrow 2H_2SO_4 \tag{2-72}$$

$$CaCO_3 + H_2SO_4 \Longrightarrow CaSO_4 + H_2O + CO_2 \tag{2-73}$$

湿法净化系统经常因地制宜，例如挪威 ELKEM 公司等使用海水作为吸收介质净化 SO_2。SO_2 在吸收塔内被海水吸收后形成不稳定的亚硫酸根，亚硫酸根再与空气中的氧气反应后生成无害的硫酸盐。海水经脱硫工艺处理后，可直接进行排放。目前，湿法烟气脱硫技术的脱硫效率可达 95% 以上。经干法烟气净化系统和湿法脱硫系统处理后的铝电解排放气体中 SO_2 浓度 $\leqslant 20 \mathrm{mg/m^3}$，总氟 $\leqslant 3 \mathrm{mg/m^3}$，颗粒物 $\leqslant 5 \mathrm{mg/m^3}$，满足国家规定的铝电解废气标准。

2.8.3 铝电解废旧阴极炭块

2.8.3.1 概述

2016 年我国将铝电解生产领域的固废列入《国家危险废物名录》，其中，电解铝过程中电解槽维修及废弃产生的废渣（代码 321-023-48）和电解铝过程中产生的盐渣、浮渣（代码 321-025-48）被归类为毒性（T）。铝电解大修渣成为国家危险废物，进入"危废"管理程序。

对于危险固体废弃物而言，处理的原则为减量化、资源化和无害化。其中减量化是最高原则，也就是说在废物产生的源头采用新的技术，减少废物的产生处于优先的位置；其次是资源化原则，就是说将废物进行综合利用，回收其中的有价资源，变废为宝；再次是技术无害化原则，这也是固废处理的基本原则，保证无害化排放。

对铝电解过程而言，也应该遵循这 3 个原则。遵循减量化原则就是要尽量减少铝电解固体废弃物产生的量，以 300kA 铝电解槽为例，1 台电解槽在大修时会产生废旧阴极炭块约 40t，废碳化硅砖约 5t，废耐火材料约 58t 等。表 2-13 给出了铝电解废旧阴极炭块产生量及影响因素关系。

表 2-13 铝电解废旧阴极炭块产量表（按电流效率 91%计） （吨铝/千克）

槽寿命	300kA	400kA	500kA	600kA
1000 天	18.19	15.79	14.05	15.40
1500 天	12.13	10.52	9.36	10.27
2000 天	9.10	7.90	7.02	7.70
2500 天	7.28	6.31	5.62	6.16
3000 天	6.06	5.26	4.68	5.13
3500 天	5.20	4.51	4.01	4.40

从表 2-13 可以看出，提高电解槽寿命对铝电解固废的产生量具有显著影响。

在固废处理原则上，资源化应该优先，但在资源化无法保障的前提下，应该首先做到无害化。

2.8.3.2 废旧阴极炭块处理技术

铝电解废旧阴极炭块的组成比较复杂，其主要成分为氟化物（包括 NaF、Na_3AlF_6、$Na_5Al_3F_{14}$），金属钠，金属钾（含钾电解质），氧化物（Al_2O_3、SiO_2、Na_2O、K_2O、CaO、MgO 等）和氰化物。

废炭块中的氟化物是在电解过程中渗透到阴极炭块里的，其含量取决于炭块质量及电解槽寿命。正常破损的电解槽的炭块中氟化物含量（质量分数）大约在 30%左右，炭块中含有的金属钠和金属钾含量（质量分数）大约在 5%~10%左右。炭块中氧化物含量主要来源于生产阴极炭块原料的灰分，如生产普通阴极炭块的无烟煤中灰分较高，大约在 2%~8%左右，而生产石墨化阴极炭块的石油焦中，灰分往往小于 3%。因此废旧阴极炭块的资源化过程中，其产品纯度受原料影响较大。氰化物是在铝电解过程中，空气渗透到阴极炭块底部，空气中的氮气与碳发生反应生成的。炭块中氰化物的含量与电解槽密封程度和槽龄有关，虽然含量较小，但是仍存在危害。

铝电解废旧阴极炭块的处理技术分为火法和湿法两大类。火法技术包括高温水解法、焚烧法和真空蒸馏法；湿法技术包括碱法、浮选法、碱酸联合法、浮选—碱酸联合法等。

无论是火法技术还是湿法技术，最基本的还是要解决氟的危害的问题，也就是解决无害化的问题。同时将氟元素回收利用，实现氟的资源化问题。

高温水解法就是将废旧阴极炭块加热到 800℃以上，通入水蒸气，使氟化物与水发生水解反应，生成氟化氢气体，然后将 HF 气体回收利用。脱氟后炭块再进行利用。水解反应为：

$$2Na_3AlF_6 + 6H_2O \xRightarrow{\qquad} 12HF + Al_2O_3 + 3Na_2O \qquad (2-74)$$

焚烧法是将炭块作为燃料，在特制的炉窑中进行燃烧。氟化物大部分进入到烟气中，对烟气中的氟化物进行吸附回收利用，但煤灰中还含有少量的氟化钙等化合物。该方法将炭块作为燃料利用，氟化物对炉窑耐火材料会产生腐蚀，同时如果不对烟气中氟化物回收，会造成氟化物对大气的污染。

真空蒸馏法是将废旧阴极炭块放入到真空炉窑中，加热到 1200~2200℃，炭块中的氟化物会挥发气化，在冷凝罐中回收，阴极炭块中的金属钠、钾，也会气化，冷凝后得到钠钾合金。如果温度在 1600℃以下，得到的炭块还含有少量的氧化物灰分，在 2200℃石墨化焙烧后，得到的是高质量的石墨粉产品，具有较高的附加值。

在火法处理技术中，炭块中的氰化物都会在高温分解，实现无害化。这三种技术中，高温水解法已经在国外得到工业应用，焚烧法还不成熟，真空蒸馏法还在工业试验中，因为其可以将废旧阴极炭块最大程度地资源化，因此可能成为未来的应用技术。

与火法处理技术相比，湿法处理技术具有能耗低，成本低，技术简单的特点，可以满足废旧阴极炭块无害化的需求，但资源化困难。

碱法是唯一工业化应用的湿法技术，它利用冰晶石与氢氧化钠反应的机理，采用氢氧化钠溶液与磨碎的阴极炭粉反应，使炭块中的氟化物溶出到溶液中，氰化物也同时溶解在溶液中，采用固液分离使炭粉实现无害化。反应方程式为：

$$Na_3AlF_6 + 4NaOH === NaAl(OH)_4 + 6NaF \qquad (2-75)$$

炭块中的金属钠与水反应生成氢氧化钠，但炭块中的 CaF_2 不会与氢氧化钠反应，炭块中的氧化物也很少反应。从而导致炭块的纯度不高，应用受到限制。

浮选法是处理阴极炭块的一个低成本方法。首先将炭块细磨，使电解质氟化物与炭粉物理分开，采用浮选的方法使电解质与炭粉分离。采用浮选法得到的电解质大约含 5%（质量分数）左右的碳，可以返回电解槽使用。炭粉含电解质一般在 3%~5% 之间，也可能满足无害化的要求。炭粉不能直接燃烧，需要开发新的用途。水经过氧化除氰，钙化除氟后，可以循环利用。

碱酸联合法与浮选—碱酸联合法是为了提高炭粉的资源化而开发的技术。碱酸联合法就是将碱法处理后的炭粉，再用酸进行处理，去掉炭粉中的一些氧化物杂质，从而提高炭粉品位和纯度，达到资源化利用的目的。由于碱法溶出需要消耗较多的氢氧化钠，因此浮选—酸碱联合法先用浮选的方法分离大部分电解质，然后再进行碱溶出，从而降低碱耗，降低成本。这些方法目前还在进行工业试验，能否得到应用，还需要进行大量的工业生产实践的验证。废旧阴极炭块处理技术的比较见表 2-14。

表 2-14　废旧阴极炭块处理技术比较

方　法		原　理	优点	缺点
火法	高温水解法	$2Na_3AlF_6 + 6H_2O = 12HF + Al_2O_3 + 3Na_2O$ 与炭分离	可以得到 HF 气体，便于回收利用，分离完全	对设备要求较高
	焚烧法	$C+O_2 = CO_2$，氟化物挥发进入烟气	流程简单	烟气中回收氟化物较难，对炉窑材料要求高
	真空蒸馏法	真空条件下，氟化物、金属钠先蒸发，后冷凝，与炭分离	工艺简单，附加值高，无二次污染	—
湿法	碱法	$Na_3AlF_6 + 4NaOH = NaAl(OH)_4 + 6NaF$ 与炭分离	流程简单，炭粉质量低。	碱耗较大
	浮选法	通过磨矿，使电解质与炭物理分离，通过浮选使炭与电解质分离	成本低	炭粉质量低
	酸碱联合法	$Na_3AlF_6+4NaOH = NaAl(OH)_4+6NaF$ $CaF_2+2HCl→CaCl_2+2HF$	炭粉质量较高	成本较高
	浮选—酸碱联合法	先采用浮选法使大部分电解质与炭分离，再采用酸碱法提纯炭粉	炭粉质量较高，成本较低	—

2.8.3.3　未来的发展前景

铝电解固体废弃物处理技术的发展，本着"减量化，资源化和无害化"的原则来发展，未来的发展前景首先是减量化技术，即通过延长电解槽寿命，提高阴极炭块质量等技术，使铝电解产生的废旧阴极炭块大幅度减少。在废旧阴极炭块处理技术方面，根据资源化原则，尽可能使炭素材料、氟盐和金属钠等资源得到回收利用，在保证社会效益的基础上，增加经济效益。这些工作还需要铝电解工业的科研工作者和技术工作者通过长期的工业实践来进行研究探索。

2.8.4　其他固体废弃物

铝电解固废除了废旧阴极炭块外，还有炭渣、废旧耐火材料、废电解质和废覆盖料等。这些废物的处理也要遵循"减量化，资源化和无害化"的原则，通过技术创新减少这些固废的量，尽可能资源化利用，如对于炭渣、废电解质和废覆盖料等。对于资源化利用比较困难的，可以采用无害化处理技术，然后进行掩埋处理，如废耐火材料等。

2.9　现代信息技术在铝电解领域的应用

2.9.1　概述

铝电解技术诞生于 1886 年，130 多年来铝电解工业不断发展壮大，为人民生活的改善生产了大量金属铝产品。特别是近 30 年来，借助于现代计算机技术和新材料技术的飞速发展，铝电解工业技术取得了巨大的进步，主要标志就是大型铝电解槽技术的诞生和槽控技术的优化。

大型铝电解槽设计离不开电解槽物理场的仿真计算，物理场仿真计算的基础是计算机技术和模拟仿真计算技术。在计算机技术诞生之前，人们无法进行复杂的物理场计算，那时的铝电解槽设计，只能依靠简单的物理场计算来进行，设计的电解槽容量小，且设计时间长。在 20 世纪中叶，铝电解槽容量只有几万安培到十几万安培，到 20 世纪 80 年代，法国波什聂公司设计了 300kA 铝电解槽，并开始工业化应用。我国铝电解工业起步较晚，但发展迅速，在 2000 年以前我国普遍采用 60kA 自焙阳极电解槽，自行研发的 160kA 电解槽也刚开始使用。我国开始掌握现代铝电解槽电磁场设计发展技术，大型铝电解槽不断被研发出来，200kA、300kA、400kA、500kA、600kA 铝电解槽陆续涌现，平均每 5 年就开发出新一代电解槽，使我国铝电解工业飞速发展，我国大型铝电解装备已经处于世界领先水平。

铝电解槽的控制技术也迅速发展，从早期的机械定时下料控制，到计算机控制，得益于现代计算机技术的发展。

2.9.2　铝电解槽物理场仿真技术

铝电解物理场包括电场、磁场、温度场、流场和应力场等，物理场大多是能量的存在形式和作用方式。物理场对铝电解过程的作用主要在电解槽内，铝电解物理场的研究主要针对铝电解槽内部来进行。多物理场耦合是物理场作用的主要形式，如电磁场、电热场、磁流体等。电场和磁场的耦合作用主要集中在电解槽内的铝液，电磁力的作用使铝液产生运动，电磁力的方向与磁场方向和电流方向相关，因此铝液会产生波动和水平方向的流动。电场与热场的耦合作用使电解槽的温度分布发生变化，电场的分布影响电流分布，电流发热又决定热场的分布。在电解槽内铝液和电解液都是流体，同时阳极气体也是流体，在力的作用下流体发生流动，形成流场，流场与温度场耦合作用的结果，又对电解质中氧化铝浓度的分布产生影响。因此铝电解槽的物理场机理对铝电解过程的影响非常复杂，也非常重要，需要重点研究。物理场的主要研究方式是模拟计算和现场测试。

2.9.2.1 电解槽的磁场

电解槽磁场是指电流通过电解槽各导体，在电解槽内及周边产生的磁场，对铝电解过程产生影响。电解槽磁场对铝液的运动产生重大影响，此外对天车等机械的使用和仪表的使用都产生干扰，影响使用。对电解槽磁场影响最大的因素是母线结构，因此电解槽母线设计与优化是解决电解槽磁场问题的关键。

A 磁场和电磁力

电流通过导体，在导体周围产生磁场，磁场方向与电流方向用右手定则判断（见图 2-22），磁场强度符合公式（2-76）。

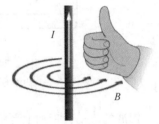

$$H_0 = \frac{I}{2\pi r} \qquad (2-76)$$

$$B_0 = \mu_0 H_0 \qquad (2-77)$$

式中　H_0——磁场强度，A/m；

图 2-22　磁力线回转方向与
电流的关系（右手定则）

　　　　B_0——磁通量强度，T；

　　　　I——电流，A；

　　　　μ_0——空气磁导率，H/m。

槽内的电解质和铝液处于立柱母线、阳极母线和阴极母线的磁场内，而它们本身又是载流导体，等值的直流电流也从它们经过，因此它们受到电磁力作用而运动。电磁力大小由下式来计算：

$$f = H_0 I \mu_0 \sin\alpha \times 10^{-2} \qquad (2-78)$$

式中　f——作用于 1cm³ 液体上的电磁力，N/cm³；

　　　I——液体中电流密度，A/cm²；

　　　H_0——磁场强度，A/m；

　　　α——磁力线与液体中电流方向的夹角，(°)；

　　　μ_0——磁导率，H/m。

电磁力 f 的方向可用左手定则判断：平摊左手，使手掌向着磁力线，用其余的四指表示电流方向，与四指垂直的拇指就表示导体的运动方向。

B 导电母线配置与铝液镜面形状

铝电解生产系列由若干台电解槽串联而成，在电解槽之间需要用导电母线连接，电解槽排列方式与导电母线配置方案对电解槽中铝液镜面形状有显著影响。在电磁力作用下，电解槽中铝液表面是不平整的，会发生凸起，如图 2-23 所示。

C 磁场对铝液运动的影响

在电磁力的作用下，电解槽中的铝液要发生运动，运动的方向与电解槽磁场分布有

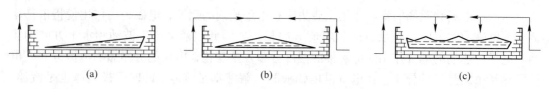

图 2-23　母线配置方式对铝液表面形状的影响

（a）一端进电；（b）双端进电；（c）双端及四分之一处进电

关。常有的运动有两种，一种是铝液回流，另一种是铝液波动。铝液回流是铝液在水平方向上运动，图 2-24 为 135kA 预焙槽同位素[198]Au 测得的铝液回流图案。对于目前 500kA、600kA 大型铝电解槽，由于电解槽长宽比较大，铝液回流比较复杂。

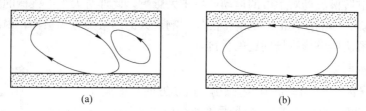

图 2-24　135kA 预焙槽用[198]Au 测得的铝液回流图案

（a）呈现歪斜的 8 字形（启动后 9 个月）；（b）呈现环形（启动后 28 个月）

铝液的流动会带动上部的电解质运动，有利于电解质中氧化铝浓度的均匀化，对电解过程是有利的。但铝液流速过快，会引起铝液扰动，增加铝在电解质中的夹杂，降低电流效率。因此保持一定速度的铝液回流对铝电解过程是有好处的。

铝液波动大多数是由电解槽内存在水平电流导致的，水平电流会引起垂直方向的电磁力，电磁力的不断作用会引起铝液的波动。研究表明，阳极气体的排出过程，也会引起铝液的波动。对于大型铝电解槽，槽内的铝液面积比较大，容易存在一些铝液的驻波。

在电磁力的作用下，电解槽内的铝液有时会从槽内喷射出来，造成生产事故，工业上一般称为"滚铝"。发生"滚铝"的电解槽存在两个特征，一是槽内铝液浅，铝水平低；二是槽膛畸形，槽底存在大量沉淀和结壳。这两个特点共同作用，导致铝液在槽底形成间断的区域，在电磁力作用下，以类似铝球滚动方式喷向槽外。

　　D　电解槽内磁流体的计算

磁流体是指铝电解槽中处于磁场中，受电磁力作用产生流动的铝液。电解槽磁流体流动的计算步骤是：

（1）首先计算电解槽各个区域的磁场强度和方向；

（2）槽内电流分布的计算；在考虑了上述两个步骤的矢量大小之后，计算熔液中产生的力；

（3）根据这些力确定流动模型；

（4）应用流动模型计算流动速度和表面形状。

2.9.2.2　电解槽的温度场

电解槽的温度场是指电解槽中的温度分布及热流分布，它能准确反映电解槽热量供给和热量支出的情况，为铝电解生产的稳定及能量平衡提供保障。电解槽的温度场（又叫热场），可以通过计算机软件进行仿真计算得到，也可以通过工业实际测量得到。

铝电解槽温度场的特点是底部保温，侧部散热。底部保温是防止阴极炭块温度过低，导致电解质在阴极炭块上冷凝，阻碍电流的通过。一般认为阴极炭块底部的温度应该与电解质初晶温度相当，因为渗透到阴极炭块中的电解质如果凝固，会引起阴极炭块的体积膨胀，导致阴极破损。侧部散热是保证电解槽侧部炉帮形成的关键，侧部散热有利于侧部炉帮的形成，保护侧部碳化硅砖（或侧部炭块）免受液体电解质腐蚀，降低侧部漏槽的危险。

建立规范的电解槽温度场，可以保证电解槽炉帮形状稳定规范，从而减少水平电流的产生，电解槽炉帮与水平电流产生的原因如图 2-25 所示。

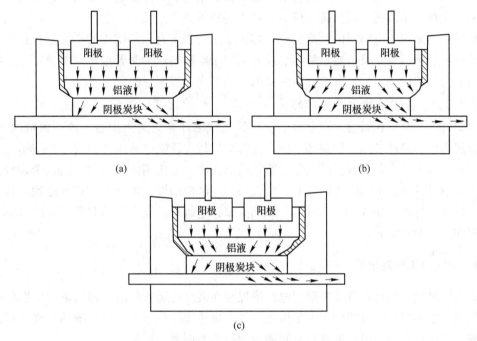

图 2-25　电解槽内边部结壳的形状对电流分布的影响
（a）设计的平衡状态；（b）伸腿结壳形成不足；（c）伸腿结壳过大

电解质过热度对炉膛的产生也具有重要影响。过热度是指电解温度与初晶温度的差值，可表示为过热度＝电解温度－初晶温度。当过热度大于零时，表明电解温度高于液相线温度，过热度一般为 5~10℃。过热度大时，炉帮开始熔化，炉帮变薄，严重时侧部炉帮消失，上部炉帮"塌壳"；当过热度小于零时，电解温度低于液相线温度，电解过程处于电解质的固液平衡区，炉帮开始变厚，上部炉帮与电解质之间空间被压缩，导致阳极气体排出受阻，降低电流效率，同时氧化铝溶解变得困难，造成槽底形成大量沉淀，恶化电解槽炉膛。

2.9.2.3　电解槽的流场

电解槽的流场是指铝电解槽内各流体流动时速度分布及动量分布，它反映电解槽内流体的运动状况，对铝电解过程的传质和能量传递具有重要影响。

电解槽的流场包括两部分，一部分是以阳极气体流动为驱动力的气—液两相流，它处于电解质的上部；另一部分是以电磁力为驱动力的液—液两相流，它处于电解质的下部。这两个两相流以电解质为纽带是相互联系的。

阳极气体的生成与排出对铝电解生产过程的影响很大，降低阳极气体产生的电压降可以节省电能，同时可以提高电流效率。气液两相流对氧化铝原料在电解质中的溶解、扩散与消耗都有积极作用。由于电解槽流场比较复杂，相关的研究还不够深入，因此需要加强这方面的研究。

2.9.2.4　电解槽的应力场

电解槽的应力场主要指电解槽的钢结构和底部砌筑体所受的应力分布，这些应力包括机械应力和热应力。其中，钢结构包括上部钢梁、槽壳和底部摇篮架结构等；砌筑体包括底部阴极炭块、防渗料、耐火砖、保温砖和浇铸料等。

机械应力来源于电解槽的承重，如上部钢梁承受了所有上部结构的质量，包括阳极炭块组的质量和下料打壳设备质量等。热应力来源于电解槽启动时升温带来的热膨胀，电解槽的热应力如果处理不好，会造成电解槽的早期破损，带来损失。

2.9.2.5　物理场的仿真技术的应用

在20世纪80年代以前，铝电解槽设计的物理场计算只是初步的，做不到精确计算，因此电解槽的容量比较小，物理场对生产的影响比较大，铝电解生产的技术经济指标也较差。随着计算机技术的发展，产生了计算机仿真技术，并应用到工业设计的各个领域，包括铝电解槽设计及铝电解的生产环节，使大型铝电解槽的设计不断突破技术瓶颈。目前我国已经设计运行了500kA系列、600kA系列大型铝电解槽，成为世界上唯一运行500kA系列和600kA系列的国家。

2.9.3　铝电解槽控制技术

铝电解槽控制的目的就是要把铝电解槽控制在最佳的运行状态。铝电解日常操作有添加氧化铝，更换阳极，出铝和熄灭阳极效应等，这些操作都会干扰电解槽的正常运行，使它偏离最佳运行状态，因此需要对电解槽的运行不断调整和控制。

电解槽的控制包括两部分内容，一是物料平衡控制，二是能量平衡控制。物料平衡控制主要包括氧化铝浓度的控制和电解质分子比的控制；能量平衡的控制主要包括槽电压的控制和电解槽散热的控制。这两部分的控制是相互联系、相辅相成的。如分子比的控制是物料平衡的控制，它控制氟化铝添加量来维持电解质初晶温度的稳定，对热量平衡控制又有影响。

2.9.3.1　计算机槽控技术的发展

电解槽诞生伊始，所有电解槽的存在和控制都是手工完成的。操作人员从电压表上读取槽电压值，并手动调节阳极位置，之后的机械化采用气动马达和电机调节阳极母线梁位置。

20世纪60年代早期，计算机技术引入铝工业。利用计算机的初始目的是控制极距，再后来是用计算机自动熄灭阳极效应，并检测槽电压的不稳定性。

早期的控制系统由中央控制计算机组成，该计算机兼容所有电解槽信号。其主要缺点是：计算机必须把时间分割给系列内150~200台电解槽，而且需要备用计算机，以避免计算机故障造成的控制失灵。现代电解系列中，每台电解槽都由各自的计算机控制着，称为槽控机，槽控机与中央计算机相连接，执行电解槽全部自动化操作，可取得较好的控制效果。

2.9.3.2 控制变量及相互关系

电解槽自控系统的基本功能是控制短时期内改变的变量，对缓慢变化的变量留出变化余量，当发生不正常运行时采取预防措施。在短时间内，需要控制温度、氧化铝浓度和极距，而缓慢改变的条件包括金属深度、电解质成分和体积。与不正常运行相关的变量是沉淀多少、阳极效应及其频率、阳极短路和炭渣等。

控制问题的复杂性可由各变量间的相互关系来说明，这些关系有：

（1）槽电压和电流；

（2）打壳和加料周期；

（3）氧化铝实际浓度；

（4）铝水平和电解质水平；

（5）伸腿结壳的有无和大小；

（6）阳极效应的频率和持续时间；

（7）阳极上覆盖氧化铝的数量多少；

（8）受出铝、更换阳极等影响，电解槽的工作状况。

氧化铝浓度控制涉及的变量关系有：

（1）一个打壳和加料周期内添加的氧化铝数量；

（2）加料耗费的时间；

（3）电解质的数量；

（4）加料过程中形成的沉淀量；

槽电压（电阻）控制涉及的变量关系有：

（1）氧化铝浓度；

（2）电解质成分；

（3）槽温；

（4）槽内沉淀的数量；

（5）铝水平；

（6）实际极距。

虽然列举的不完全，但可以说明不能因某一参数的变化引起很大的操作困难。

2.9.3.3 电解槽的似在电阻曲线

在铝电解过程中，槽电压包括分解电压和欧姆电压两部分，所以电压不是电阻与电流的简单乘积。实际上，电压很难用于电解槽控制，通常用电压与电流之间的耦合阻抗来控制，这个阻抗称为似在电阻。似在电阻可用下面公式计算：

$$R = \frac{U - V_{ext}}{I} \tag{2-79}$$

式中 R——电解槽似在电阻，Ω（或 $\mu\Omega$）；

      U——槽电压，V；

  I——系列电流，A；

  V_{ext}——对于电流的微小变化，U—I曲线上零电流状态下的截距，V。

  R 不因系列电流的微小变化而改变，所以它可为计算机提供非常稳定的信号。V_{ext}有时被误认为电解槽的反电动势，实际上 V_{ext} 没有热力学意义。V_{ext} 值通常在 1.62～1.68V 之间，随各个电解槽的运行参数（如氧化铝浓度）不同而变化。Welch 选取 V_{ext} 值为 1.65V。所选取的 V_{ext} 值的微小误差对电流变化引起的干扰影响很小，因此对于似在电阻控制而言，V_{ext} 值为恒定值。在极距恒定条件下，似在电阻与氧化铝浓度曲线如图 2-26 所示。

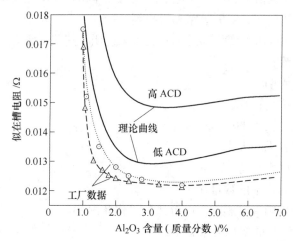

图 2-26 电解槽似在电阻与电解质中氧化铝浓度的理论关系曲线和工厂数据

2.9.3.4 槽电压控制的基本原理

  槽电压控制的基本原理是由槽电压和系列电流的测量值计算出的电解槽似在电阻与设定的槽电阻相比较来控制和调节极距。该电阻设定值对系列电解槽而言是不完全相同的，它与阴极状态密切相关。一般而言，随着槽龄的增加，电解槽的阴极压降要增加，电阻设定值也要相应增加。

  在电解槽正常运行期间，调整常规电阻过程中，先计算出给定时间（几分钟）的电解槽电阻平均值，然后与目标电阻值比较。在目标电阻 R 的微小偏差 $\pm\Delta R$ 的范围内，则不用调整研究高度。如果平均值低于 $(R-\Delta R)$ 或高于 $(R+\Delta R)$，则发出阳极调高或调低指令，槽电压随之发生变化。

  在电解槽进行换阳极、出铝和提升阳极等人工作业时，电解槽控制需要调离该控制模式，在人工操作结束后再调的电压自动控制模式。

2.9.3.5 添加氧化铝

  点式下料技术是目前铝电解工业普遍采用的技术，它为铝电解槽氧化铝浓度控制提供了可能。图 2-27 是似在电阻随氧化铝浓度变化曲线，它是添加氧化铝控制过程的基础。控制过程基于一个假设，即氧化铝含量的消耗随时间的变化是线性的。控制目的是使氧化铝浓度在低氧化铝浓度区域（<3.5%）内，保持在一个较小的浓度区间内（±0.5%）。

  加料速率用单位时间内添加氧化铝的量来表示。其分为两种，一种是过量加料，另一种是欠量加料。由于电解槽内下料器是容积一定的，通过改变下料间隔时间来改变加料速

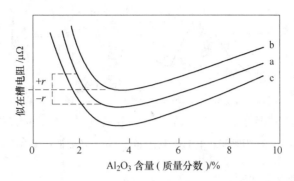

图 2-27　当极距一定时，似在槽电阻随氧化铝浓度变化的曲线
（a，b，c 表示不同极距）

率。标准下料间隔时间是通过电流效率计算出来的，小于标准下料间隔时间的为过量下料，大于标准下料间隔时间的为欠量下料。图 2-28 给出添加氧化铝方案的例子。

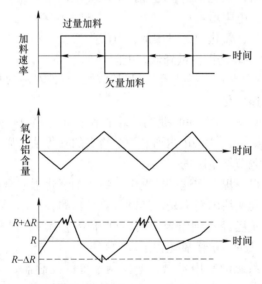

图 2-28　彼施涅铝业公司的加料程序图
（示意绘制出作为时间函数的加料速率，相应的氧化铝含量，似在槽电阻曲线图；
R 是参照电阻，$R\pm\Delta R$ 代表不调整阳极的电阻区间）

由图 2-28 可以看出，当过量加料时，氧化铝含量增加，似在电阻降低；相反，欠量加料时，氧化铝含量减少，似在电阻增大。图 2-28 还表明，第一次欠量加料给出 3 个高于 $(R+\Delta R)$ 的电阻读数，因此，阳极母线梁每次降低十分之几毫米；第一次过量加料图中给出一个低于 $(R-\Delta R)$ 的电阻读数，同时提升阳极使电阻再一次进入非调节区。在这种情况下，添加氧化铝速率是决定极距微小变化的基础。如果在给定的阳极调整时间之后，电阻仍然高于 $(R+\Delta R)$，则将在预先确定的时间内开始过量加料，此后则恢复欠量加料。

下面举例说明氧化铝浓度控制过程，似在电阻随时间及随氧化铝浓度变化的情况如图 2-29 所示。

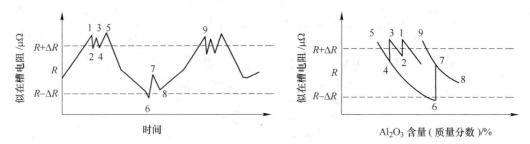

图 2-29 作为时间和电解质中氧化铝含量函数的似在槽电阻偏差

图 2-29 中各线段含义如下:

(1) 1~2:降阳极,电阻降低;

(2) 2~3:欠量加料,氧化铝含量降低,电阻增加;

(3) 3~4:降阳极,电阻降低;

(4) 4~5:欠量加料,氧化铝含量降低,电阻增加;

(5) 5~6:过量加料,氧化铝含量增加,电阻降低;

(6) 6~7:升阳极,电阻增加;

(7) 7~8:过量加料,氧化铝含量增加,电阻降低;

(8) 8~9 欠量加料,氧化铝含量降低,电阻增加。

Reverdy 断定,所述的点式下料技术是很灵活的,而且对电解槽的需求很敏感,并能实验电解槽热平衡的迅速变化。

连续计算电阻曲线斜率 (dR/dt) 是另一项控制技术。当 dR/dt 达到一个给定的临界值,则开始过量加料周期;当 dR/dt 达到另一个给定的临界值,则开始欠量加料。这种方法不用经常移动阳极以调节槽电阻的变化。

自动跟踪的说法值得一提。在这种情况下,终止加氧化铝完全由计算机控制,并且保持极距恒定。电阻与时间曲线的斜率是由连续计算得出的,并用于控制运行过程中的氧化铝含量的范围。当 dR/dt 已经达到给定值时,则开始过量加料以避免电解槽发生阳极效应。自动跟踪也是一个减少电解槽氧化铝沉淀的有用方法。

自适应控制是控制系统的常用术语,即控制系统的控制器自动地适应过程条件的变化,或调节控制参数符合于一个恒定值,而不管过程本身如何。自适应控制算法由两部分组成,分别为参数估计和控制器运算。

参数估计的最通用方法是最小二乘法。控制器运算与常用的已知过程参数的恒量控制相同,但是在这种情况下需要使用专门设计的控制器。

思 考 题

(1) 写出 AlF_3 与 Na_2O、CaO、K_2O、Li_2O 反应的方程式,并计算如下氧化铝成分的 AlF_3 添加量。[氧化铝成分:$w(Na_2O) = 0.336\%$,$w(Li_2O) = 0.056\%$,$w(K_2O) = 0.024\%$,$w(CaO) = 0.1\%$]。

(2) 铝电解过程对铝电解质的要求是什么?

(3) 推导出铝电解质分子比,质量比与过剩氟化铝的关系。

(4) 指出铝电解质中分子比和氧化铝浓度对电解质的物理化学性质(密度,黏度,电导率,初晶温度,蒸气压）的影响规律。

（5）铝电解过程的电解反应、电极反应及副反应有哪些？并说明它们之间的关系。

（6）说明工业铝电解槽阳极气体中 CO 产生的原因，并写出相应的反应式。

（7）工业铝电解槽阳极气体由哪些物质组成？

（8）什么是分解电压，分解电压由哪几部分构成，工业铝电解质成分中各物质的分解电压是多少，为什么是氧化铝分解？

（9）炭阳极上 CO_2 气体的生成机理是什么？

（10）铝电解电流效率降低的原因有哪些？

（11）影响铝电解电流效率的因素有哪些？并论述这些因素对电流效率的影响规律。

（12）铝电解节能有哪些方式和途径，其节能潜力在哪里？

（13）铝电解余热有哪些，是否可以回收，实现铝电解余热大规模回收需要解决哪些关键问题？

（14）铝的精炼方法有哪些？并分别指出其优缺点及试用范围。

（15）说明铝三层液精炼的原理，并写出相应的反应。

参 考 文 献

［1］邱竹贤. 预焙槽炼铝［M］. 3 版. 北京：冶金工业出版社，2005.

［2］邱竹贤. 有色金属冶金学［M］. 北京：冶金工业出版社，1988.

［3］邱竹贤. 铝电解原理与应用［M］. 徐州：中国矿业大学出版社，1998.

［4］фирсанова А А. Цвет. Мет.，1975，（8）：66-72.

［5］Москвитин В И. Цвет. Мет.，1980，（10）：85-88.

［6］张守民，周永治. 有机溶液中铝的电镀［J］. 腐蚀与防护，2000，21（2）：57-59.

［7］Bakkar A，Neubert V. A new method for practical electrodeposition of aluminium from ionic liquids［J］. Electrochemistry Communications，2015，51：113-116.

［8］Giridhar P，Abedin S Z E，Endres F. Electrodeposition of nanocrystalline aluminium，copper，and copper-aluminium alloys from 1-butyl-1-methylpyrrolidinium trifluoromethylsulfonate ionic liquid［J］. Journal of Solid State Electrochemistry，2012，16：3487-3497.

［9］Li M，et al. Electrodeposition of aluminum from $AlCl_3$/acetamide eutectic solvent［J］. Electrochimica Acta［J］. 2015，180：811-814.

［10］Li M，et al. $AlCl_3$/amide ionic liquids for electrodeposition of aluminum［J］. Journal of Solid State Electrochemistry，2017，21：469-476.

［11］Grjotheim K，Kvande H. Introduction to Aluminium Electrolysis［J］. 邱竹贤，王家庆，等译. 轻金属. 沈阳，1994.

3 镁 冶 金

3.1 概 述

3.1.1 金属镁的性质

金属镁是一种银白色的轻质碱土金属，相对原子量为 24.305，在室温下为稳定的固态，空气中容易氧化成灰色，熔点 648.8℃，沸点 1107℃。1755 年，约瑟夫·布莱克（Joseph Black，英国）在爱丁堡确认镁是一种元素，并辨别出了石灰中的苦土（氧化镁，MgO）。但一般认为戴维（H. Davy）是镁的发现者，因为戴维是第一个分离得到了单质镁的人。

镁元素在自然界分布非常广泛，在地壳中的含量（质量分数）约为 2.00%，位居第八位，在海水中含量第三，也是人体的必需元素之一。金属镁的物理性质如下：

密度（99.9%纯镁）	
20℃时（固态）	1.738g/cm³
680℃时（液态）	1.55g/cm³
电阻率（20℃时）	4.3μΩ·cm
电阻率的温度系数（0~100℃时）	4.1mΩ·cm/K
热导率（20℃时）	1.46J/(cm·K)
质量热容（20℃时）	0.98J/(g·K)
燃烧热	610.3kJ/mol
熔化热	372J/g
汽化热	5724.4J/g

金属镁的化学性质主要有如下几个方面：

（1）金属镁与非金属单质的反应。金属镁与氧有很大的亲和力，在空气中非常容易氧化。金属镁在空气中引燃的温度为 480~510℃，燃烧时能产生眩目的白光。此外金属镁能直接与氮、硫和卤素等非金属单质反应生成相应的化合物，如：

$$2Mg + O_2 === 2MgO \tag{3-1}$$

$$3Mg + N_2 === Mg_3N_2 \tag{3-2}$$

$$Mg + Cl_2 === MgCl_2 \tag{3-3}$$

此外，镁与氢发生反应生成氢化镁 MgH_2，因此镁可作为储氢材料。

（2）金属镁与水的反应。金属镁与冷水发生缓慢反应，但与热水发生剧烈的反应放出氢气。其反应为：

$$Mg + 2H_2O \xrightarrow{\triangle} Mg(OH)_2 + H_2 \tag{3-4}$$

（3）金属镁与酸的反应。镁与氟化物、氢氟酸和铬酸不反应，但极易溶解于其他有机和无机酸中，如：

$$Mg + 2HCl \Longrightarrow MgCl_2 + H_2 \tag{3-5}$$

$$Mg + 2HNO_3 \Longrightarrow Mg(NO_3)_2 + H_2 \tag{3-6}$$

（4）镁和碱金属氢氧化物反应。镁是碱性金属，不是两性金属，因此金属镁一般不会和碱金属的氢氧化物（如 NaOH 和 KOH）反应。但是，在高温下，镁可以参与氧化还原反应，如与 NaOH 反应，产生 MgO、Na 和 H_2。

（5）镁的还原性。金属镁具有一定的还原性，常用做还原剂去置换钛、锆、铪、铀、铍等金属，如：

$$2Mg + TiCl_4 \longrightarrow 2MgCl_2 + Ti \tag{3-7}$$

此外，镁还能与部分的氧化物发生还原反应，如：

$$Mg + CO \longrightarrow MgO + C \tag{3-8}$$

$$2Mg + CO_2 \xrightarrow{\text{点燃}} 2MgO + C \tag{3-9}$$

镁与有机物（包括烃、醛、醇、酚、胺、脂和大多数油类在内的有机化学药品）基本不反应，或只有轻微反应。

3.1.2　金属镁的应用

金属镁及镁合金的应用主要在于它的节能环保优势和资源优势。金属镁室温下的密度为 $1.738g/cm^3$，相当于铝的 2/3，钢的 1/5，是仅次于钢铁和铝的第三大金属结构材料，也是迄今工程应用最轻的金属结构材料。同时，镁合金还具有比强度高，导热和电导性能好，阻尼减震，电磁外屏蔽，易于机械加工和容易回收等优点，应用十分广泛，几乎遍及各个领域，被称为"二十一世纪绿色工程金属材料"。其主要应用领域有如下几个方面：

（1）合金中的添加元素。元素周期表中有几十种元素可与镁形成合金，铝合金是镁的最大用户。镁是铝合金的主要添加元素之一，镁元素的添加能够提高铝合金的热强度，增强可焊性、抗腐蚀性和改善其机械性能。铝合金中含镁量（质量分数）一般为 0.5% ~ 5%，目前全球铝年消费量超过 6000 万吨，每年铝合金中添加的金属镁量超过 40 万吨，约占金属镁产量的 40% ~ 50%。

（2）生产镁合金。镁合金是以镁为基体加入其他元素组成的合金，具有密度小（$1.8g/cm^3$ 左右，最轻的镁锂合金密度低于 $1g/cm^3$），比强度高，比弹性模量大，散热好，消震性好，承受冲击载荷能力比铝合金大，耐有机物和碱的腐蚀等优点。镁合金作为目前工业上可应用的最轻金属结构材料，可大幅度地减轻设备自重，在国际军工、汽车、电子通信、航空航天等领域获得了大量应用，具有非常广阔的发展前景。目前镁合金中镁消耗量占镁产量的 30% ~ 40%，且其应用量还在逐步增加。

（3）冶金用途。在冶金工业，金属镁可作为其他金属的还原剂。金属镁可作为生产金属钛、锆、铀、铍等的还原剂。如在钛的镁热法生产中，用镁作钛的还原剂，从四氯化钛中还原钛；在锆的镁热生产过程中，用液体镁与气态四氯化锆反应还原生产金属锆；同理，以镁还原四氟化铀（UF_4）和氟化铍（BeF_2）制取金属铀和铍。由于镁与硫具有很强的亲和力，且镁与铁不形成合金，因此镁可作为炼钢脱硫剂。应用过程中镁以蒸气的形式进入钢水中，形成气泡，在气泡迁移过程中，镁溶解并与硫反应形成硫化镁浮到铁水表面形成渣层，从而脱除钢水中的硫。另外，在铅和锡的冶炼过程中，加入金属镁，镁可与铋反应生成 Bi_2Mg_3，进入渣相，脱除铅和锡中的铋。金属镁在冶金方面的用量约占金属镁产量的 15%左右。

（4）镁在其他方面的用途。金属镁可作为生产球墨铸铁的球化剂。生铁中加镁，可使铁中鳞片状石墨体球化，球化后生铁的机械强度可增加 1~3 倍，液体流动性可增加 0.5~1倍。金属镁在烟花与照明器制作方面也具有广泛用途，如用于制造照相机用的闪光灯、各种焰火、照明弹、高能燃料和燃烧器等。镁在常压下 250℃左右和氢气反应生成氢化镁，在低压或稍高温度下又能释放出氢，因此可作为储氢材料，镁基储氢合金被认为是最有发展前途的储氢材料之一。镁离子电池节能环保，成本低，安全性能高，能量密度高，电池容量比锂离子电池高 5 倍。除此之外，镁还用于生产链烃基化合物和芳基化合物等化工材料、氩气和氢气的提纯、润滑油中的中和剂、真空管生产过程中的吸收剂、生产某些化合物（如氢化硼、氢化锂和氢化钙）、对锅炉用水进行去氧和去氯等。

镁及镁合金具有很多无法比拟的优势，特别是其密度小，对于交通运输、航空航天和通信行业来说具有先天的节能环保优势。但镁的缺点也非常明显，主要体现在：

（1）镁的化学性质较活泼，合金熔炼过程中易氧化，较难控制。

（2）镁及镁合金的抗腐蚀性能差。镁的标准电极电位较负，容易失去电子，且生成的表面氧化膜疏松多孔，脆性大，无法对镁合金起到保护作用，不能阻止内部的镁继续氧化。

（3）镁合金的强度低，成型性差，加工成本高。这些缺点严重限制的镁及镁合金的应用。

3.1.3 镁资源

镁及镁合金发展的另一个主要优势在于它的资源优势。随着科学技术和生产的大力发展，金属铁、铝、铜等材料的应用量大幅增加，地球资源日趋贫化，用于生产金属的矿物资源急剧减少。根据相关的数据预测全世界主要金属矿产的保障年限为：铁矿，200~300年；铝土矿，100~200 年；铜、铅、锌矿，数十年。而我国主要金属矿产的保障年限更短，铁矿、铝土矿、铜矿、铅锌矿等 50%以上依赖进口。

镁是地球上储量最丰富的金属元素之一，且镁矿多为富集矿，在现有技术条件可完全用于金属镁的生产。除了地壳中存在金属镁以外，镁在海水和盐湖中的储量也非常大，可以说镁资源是少数几种取之不尽、用之不竭的资源之一。因此，未来在很多金属资源逐渐枯竭以后，镁及镁合金材料的发展是人类社会生产力发展的必然趋势。

3.1.3.1 海水与盐湖中的镁资源

海水中盐类的主要成分见表 3-1。其中，海水中含镁（质量分数）0.13%，约为1.28g/L，镁总含量达 2.1×10^{15} t。此外，我国青海、西藏、新疆、内蒙古等地区存在大量的盐湖和地下盐卤资源，盐湖和地下盐卤中氯化镁含量（质量分数）为 3%~11%，仅我国 4 大盐湖区（茶卡盐湖、察尔汗盐湖、山西运城盐湖和新疆巴里坤盐湖）镁盐矿产资源的远景储量就达几十亿吨。

沿海各地从海水中提取食盐，每提取 1t 食盐产生卤水 0.8m^3，每年提盐后的卤水中含镁达几千万吨。我国青海与新疆地区从盐湖水中提取钾盐，每提取 1t 钾盐产生 10t 以上的卤水，仅察尔汗盐湖每年即副产卤水几千万吨，含镁量达几百万吨。卤水经处理后，可获得较纯的水氯镁石 $MgCl_2 \cdot 6H_2O$ 与光卤石 $KCl \cdot MgCl_2 \cdot 6H_2O$ 两种含镁氯盐。这两种材料经过彻底脱水成为无水 $MgCl_2$ 或无水光卤石 $KCl \cdot MgCl_2$，可作为电解法生产金属镁的主要原料。

表 3-1　海水中盐类成分 （质量分数/%）

名称	NaCl	$MgCl_2$	Na_2SO_4	$CaCl_2$	KCl	$NaHCO_3$	KBr	H_3BO_3	$SrCl_2$
含量	2.348	0.498	0.392	0.110	0.066	0.019	0.010	0.003	0.002

3.1.3.2　镁矿资源

已知的含镁矿物有 200 余种，可作为炼镁原料的镁矿见表 3-2。

表 3-2　主要镁矿资源及其特征

矿物名称	化学式	含量（质量分数）/%		密度/g·cm^{-3}	莫氏硬度
		MgO	Mg		
菱镁矿	$MgCO_3$	47.8	28.8	2.9~3.1	3.75~4.25
白云石	$CaCO_3 \cdot MgCO_3$	21.8	13.2	2.8~2.9	3.5~4.0
水氯镁石	$MgCl_2 \cdot 6H_2O$	19.9	12.0	1.6	1~2
光卤石	$KCl \cdot MgCl_2 \cdot 6H_2O$	14.6	8.8	1.6	2.5
硫酸镁石	$MgSO_4 \cdot H_2O$	29.2	17.6	2.6	3.5
钾镁矾石	$KCl \cdot MgSO_4 \cdot 3H_2O$	16.2	9.8	2.2	2.5~3.0
无水钾镁矾	$2MgSO_4 \cdot K_2SO_4$	19.4	11.7	2.8	3.5~4.0
蛇纹石	$3MgO \cdot 2SiO_2 \cdot 2H_2O$	43.6	26.3	2.6	3~5.5
镁橄榄石	Mg_2SiO_4	57.3	34.6	3.2	6.5~7.0
水镁石	$Mg(OH)_2$	69.1	41.6	2.4	2.5

由表 3-2 可知，白云石是碳酸镁与碳酸钙的复盐，理论含 CaO（质量分数）30.4%、MgO（质量分数）21.8%，CaO 与 MgO 的理论摩尔比为 1.0。白云石是硅热法炼镁的主要原料，在世界上分布广泛，储量巨大，全世界初步探明的可利用白云石资源量超过 500 亿吨。中国白云石矿也很丰富，现已探明储量 40 亿吨以上，分布遍及我国各省区，特别是山西、宁夏、河南、吉林、青海、贵州等省区。

菱镁矿主要成分为 $MgCO_3$，理论上含 MgO（质量分数）47.82%，杂质主要为碳酸钙（$CaCO_3$）、二氧化硅（SiO_2）、碳酸铁 [$Fe_2(CO_3)_3$]、碳酸锰（$MnCO_3$）等。全球已探明的菱镁矿资源量达 120 亿吨，储量 24 亿吨。菱镁矿在世界上的分布相对集中，主要分布于俄罗斯、中国、朝鲜、澳大利亚等国家。中国菱镁石储量占世界总储量的 21%，主要集中于辽宁的海城与大石桥地区，储量占全国的 85.6%，该地区的菱镁矿储量与质量均居世界第一。菱镁矿既可以作为电解法炼镁的原料，也可以作为热法炼镁的原料。

水镁石是自然界中含镁最高的矿物，主要用于生产阻燃剂和镁质耐火原料，也是提炼金属镁的次要来源。橄榄石和蛇纹石是镁的硅酸盐，矿物中的镁含量较高，仅次于水镁石和菱镁石，也可作为生产金属镁的原料。

3.1.4 镁的冶炼历史与现状

金属镁的工业生产到现在已有 130 多年的历史，在这 130 多年的发展与生产实践中，主要发展了以各种镁矿为原料（菱镁矿、海水、盐湖卤水、蛇纹石和光卤石）的脱水、氯化及电解法炼镁和以白云石为原料真空热还原炼镁的理论与实践。同时也产生了很多镁冶炼的其他方法，镁的生产能耗与生产成本获得了大幅度的降低。

1792 年，安东鲁（Anton Rupprecht）首次通过加热苦土（MgO）和木炭的混合物制取出不纯净的金属镁。1808 年，英国化学家戴维（H. Davy）以汞为阴极电解硫酸镁获得镁汞齐，将镁汞齐中的汞蒸馏后，得到了纯金属镁。1828 年，法国科学家布赛（A. Bussy）使用无水氯化镁和钾熔融反应制取了相对大量的金属镁。1833 年，法拉第（Michael Faraday）第一次用电解无水氯化镁的方法制得了金属镁。1841 年，德国人罗伯特·威廉·本生（Robert-Wilhelm Bunsen）改进了炭—锌电解槽，并与 1852 年以无水氯化镁为原料电解制取了金属镁。

1886 年，德国的赫姆林根铝镁厂（Aluminium and Magnesiumfabrik Hemelingen）首次在工业上实现了用电解无水光卤石生产金属镁，金属镁正式进入工业生产阶段。在此基础上，1896 年，格里赛姆电子公司（Chemische Fabrik Griesheim Elektron）从光卤石提钾后的母液中生产无水氯化镁，并在比特费尔德建厂大规模生产金属镁。1909 年，德国发明了在碳存在的情况下以氯气氯化天然菱镁矿及苛性菱镁矿制备无水氯化镁，然后无水氯化镁电解制备金属镁的工艺，并于 1928 年在 I. G. 染料工业公司（I. G. Farbenindustric）用于工业生产。在此期间，美国和苏联也在无水氯化镁电解的基础上，开发了相应的道屋法、镁钛联合法等镁电解工艺，实现了镁的工业生产。

奥地利的汉斯吉尔格（F. J. Hansgirg）于 20 世纪 30 年代开发了碳热法炼镁技术，随后美国金属公司（美国铝业集团）的子公司 Österreichische Magnesit AG 对该方法进行了试验。但由于需要辅助设备较多，以及镁粉处理困难等原因，该炼镁技术的生产效率低下。

1941 年，加拿大教授皮江（L. M. Pidgeon）在硅热法炼镁的基础上，发明了以硅铁还原煅烧白云石的皮江法炼镁技术，在渥太华建立了一个试验工厂，并于 1942 年在加拿大建成世界上第一座皮江法生产金属镁的工厂（年产量 5000t）。

1942~1944 年间，法国的 Societe des Produits Azotes 公司在法国南部的上比利牛斯省对以碳化钙为还原剂的热法炼镁进行了试验，制取了金属镁。1943 年，日本在中国东北也建立了碳化钙还原制备金属镁的工厂，生产了少量的金属镁。

二次世界大战之前，法国即开展了以硅铁（或铝）为还原剂，在大型内热炉内还原白云石，半连续制取金属镁的新技术研究。该法被称为 Magnetherm 法，也被称为半连续法炼镁。经过多年研究，该方法于 1959 年进行了单炉工业试验，于 1964 年建成年产 3500t 的工厂并投产。至 2002 年停产之前，该厂通过两次扩建最终产能达到了 2 万吨/年。

在第二次世界大战期间，意大利的拉韦利（Edward Ravelli）对一种利用硅铁还原煅烧白云石的特殊 Amati 炉进行了改进，发明了内电阻炼镁技术，并在博尔扎诺建设了炼镁厂进行工业生产，最高年产量达 1 万吨以上。但工厂在 1992 年由于成本较高而关闭。在 1982 年，巴西采用意大利拉韦利炉生产金属镁，最高年产量 1 万吨左右，目前还在生产。

除上述国家外，近年来，马来西亚、韩国、土耳其也相继建成投产了皮江法炼镁厂。

中国最早的炼镁厂是于 1943 年由日本人在辽宁营口建成的电解法炼镁厂，但由于技术问题，一直没有达到生产能力。与此同时，日本人还在抚顺铝厂建设了采用碳化钙还原氧化镁的热还原法试验厂，生产了少量镁。

新中国成立后，1954 年，在苏联的帮助下，抚顺铝厂建设了镁车间，并于 1957 年底生产出新中国的第一批镁锭。此后，在抚顺铝厂镁车间技术基础上，在 20 世纪 70 年代建设了青海民和镁厂。

1966 年，中国的第一个皮江法炼镁厂在兰州建成投产，年产 650t 金属镁。此后，又在南京、湖北和宁夏建成了四家皮江法炼镁厂。20 世纪 90 年代以后，皮江法在中国获得了较快发展，90 年代中期，皮江法镁厂几乎遍布全国各省区，最高峰时数量超过 600 家。

自镁首次实现工业生产开始，金属镁的产量一直在稳步提高（见图 3-1）。20 世纪 90 年代以前，世界上 80% 的镁都是电解法生产的。那时电解法是生产镁的主要方法，半连续法是镁的第二大生产方法，皮江法居第三位。金属镁的生产主要集中在美国、挪威、加拿大、法国、苏联和日本等发达国家，其中美国的金属镁产量一直占世界镁产量的 50% 以上，美国的道屋公司曾是世界最大的炼镁企业，生产设计能力达年产 6.5 万吨。20 世纪 90 年代以后，特别是 1995 年以后，由于中国皮江法炼镁工业的发展，国外电解法工厂倒闭，皮江法逐渐成为镁生产的主要方法。目前，世界上金属镁主要采用皮江法生产，皮江法的金属镁产量占世界镁总产量的 85% 以上。而采用电解法生产金属镁的企业所剩无几，且其主要为镁钛联合企业或位于能源便宜地区。生产金属镁的国家主要有中国、俄罗斯、哈萨克斯坦、以色列、美国、巴西、马来西亚、土耳其、韩国等国家。其中，俄罗斯、哈萨克斯坦、以色列、美国采用电解法，巴西采用内电阻法生产，剩余国家主要采用皮江法。中国是世界镁生产的第一大国，近 10 年来，金属镁产量一直占世界总产量的 80% 以上。在中国，除个别海绵钛厂采用电解法生产金属镁外，市场的金属镁全部采用皮江法生产。

图 3-1　世界与中国金属镁年产量变化曲线

3.2　皮江法炼镁

皮江法是加拿大皮江（Pidgeon）博士在硅热炼镁的基础上发明的，自20世纪90年代以来一直是第一大炼镁方法，目前世界金属镁产量的85%以上采用皮江法生产。

3.2.1　皮江法炼镁的原理

3.2.1.1　硅热还原炼镁机理

如果以 Me 代表还原剂，则氧化镁还原过程的基本反应为：

$$mMgO + nMe \Longrightarrow mMg + Me_nO_m \tag{3-10}$$

从热力学角度讲，要将镁从氧化镁中还原出来，所选择的还原剂必须满足还原剂对氧的亲和力大于镁对氧的亲和力，也就是说还原剂的氧化物 Me_nO_m 比氧化镁 MgO 有更高的化学稳定性。氧化物的化学稳定性是用氧化物的标准吉布斯自由能 $\Delta G^{\ominus}$ 来量度的，$\Delta G^{\ominus}$ 负值愈大的氧化物愈稳定，与氧化合的元素对氧的亲和力愈大。对于硅还原氧化镁来说［反应式如式（3-11）所示］，低温时氧化硅的稳定性低于氧化镁，硅难以将氧化镁还原。在常压下只有当温度达到2375℃，镁以气态形式存在时，硅才能将氧化镁还原。

$$2MgO(s) + Si(s) \Longrightarrow SiO_2(s) + 2Mg(g)$$

$$\Delta G^{\ominus} = 558300 - 236.25T(J/mol) \tag{3-11}$$

由于金属镁的饱和蒸气压较高（见图3-2），在一定温度下获得的金属镁可以气态形式蒸馏出来，并与其他还原物料分离，因此金属镁的生产可以采用真空热还原的方法。同时，真空的应用可降低还原反应的吉布斯自由能，降低反应温度，加快金属镁的扩散速率，增加还原反应速率。

真空条件下，反应式（3-11）的吉布斯自由能为：

$$\Delta G = 558300 - 236.25T - RT\ln\left(\frac{P_{Mg}}{P^{\ominus}}\right)^2 \tag{3-12}$$

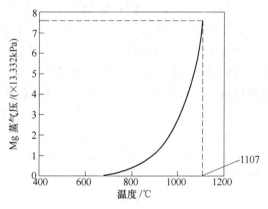

图 3-2　镁的饱和蒸气压与温度的关系

其中，P_{Mg} 近似等于系统剩余压力。当系统剩余压力为10Pa时，其理论反应温度仍然高达1500℃以上。

实际上，在硅还原氧化镁的过程中，式（3-11）并不是一步进行的。该反应分两步进行，第一步，Si 还原 MgO 生成的 SiO_2 会首先与未反应的 MgO 结合生成 $2MgO·SiO_2$，第二步，Si 还原 $2MgO·SiO_2$ 中的 MgO，其反应如下：

$$4MgO(s) + Si(s) \Longrightarrow 2MgO·SiO_2(s) + 2Mg(g) \quad \Delta G^{\ominus} = 491100 - 231.94T \quad (J/mol) \tag{3-13}$$

$$2MgO·SiO_2(s) + Si(s) \Longrightarrow 2SiO_2(s) + 2Mg(g) \quad \Delta G^{\ominus} = 625500 - 240.56T \quad (J/mol) \tag{3-14}$$

$2MgO \cdot SiO_2$ 的生成大幅度降低了硅还原氧化镁的温度。当系统剩余压力为 10Pa 时，式 (3-13) 的理论反应温度为 1001℃，但式 (3-14) 的反应温度仍然较高。当还原物料中配入 CaO 后，由于 $2CaO \cdot SiO_2$ 比 $2MgO \cdot SiO_2$ 更稳定，因此反应过程中会首先生成 $2CaO \cdot SiO_2$，其还原反应温度更低，不同系统压力时各反应的理论反应温度见表 3-3。

表 3-3 硅热还原氧化镁的反应温度

方程式编号	系统剩余压力 P_{Mg} 时，反应开始温度/℃				
	101325Pa	1000Pa	100Pa	10Pa	1Pa
3-11	2090	1759	1627	1511	1408
3-13	1944	1317	1142	1001	886
3-14	2327	1698	1486	1315	1174
3-15	1502	1082	939	823	728

硅还原含氧化钙的氧化镁的反应如下：

$$2CaO(s) + 2MgO(s) + Si(s) = 2CaO \cdot SiO_2(s) + 2Mg(g)$$

$$\Delta G^{\ominus} = 439500 - 247.55T \quad (J/mol) \qquad (3-15)$$

实际的生产经验也表明，采用含氧化钙的氧化镁原料比只含有氧化镁的原料的还原温度更低，能耗更少。按照式 (3-15) 的反应，原料中氧化钙与氧化镁的摩尔比例应为 1∶1，而白云石的成分组成刚好符合此要求。

3.2.1.2 皮江法炼镁的机理与工艺流程

皮江法是以白云石为原料，以硅铁合金为还原剂的真空热还原炼镁技术。皮江法炼镁工艺主要由白云石煅烧、还原和粗镁精炼三部分组成，其工艺流程如图 3-3 所示，反应机理如下：

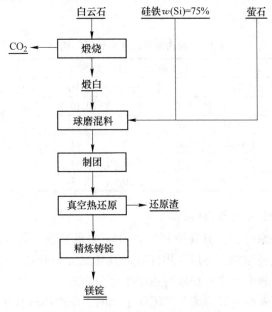

图 3-3 皮江法工艺流程图

白云石煅烧：

$$CaCO_3 \cdot MgCO_3(s) \longrightarrow CaO \cdot MgO(s) + 2CO_2(g) \qquad (3-16)$$

还原过程：

$$2CaO \cdot MgO(s) + Si(Fe)(s) \longrightarrow 2CaO \cdot SiO_2(s) + 2Mg(g) \qquad (3-17)$$

皮江法炼镁的基本过程如下：白云石在1200℃的温度下煅烧获得煅白，煅白冷却后与硅铁合金和萤石配料进入球磨机中球磨混料。混好的物料经制团机制成球团后放入还原罐中，在1200~1230℃的温度下真空还原10h左右。还原结束后停止抽真空，开罐取出结晶器，扒出还原渣，然后装料，放入空的结晶器，启动真空，开始下一个周期。每生产1t镁消耗白云石10~11t，硅铁1.03~1.10t，萤石0.15t，标煤4~5t，产生还原渣5.0~5.5t，还原过程料镁比（即还原团块与生成的金属镁的质量比）为（6.0~6.5）∶1。

3.2.2　皮江法炼镁的原料

3.2.2.1　白云石的质量要求

世界上白云石资源非常丰富，一般来说，皮江法对白云石的要求如下：

（1）成分要求。MgO（质量分数）19%~21%，CaO（质量分数）30%~33%，CaO/MgO=1.0~1.03（摩尔比），R_2O_3（$Al_2O_3 + Fe_2O_3$）（质量分数）<0.5%，SiO_2（质量分数）<0.5%，$Na_2O + K_2O$（质量分数）<0.5%，烧损率46.5%~47.5%。

（2）晶体结构要求。白云石的晶体结构直接影响煅后白云石（工业上简称煅白）的机械强度、耐磨性和还原过程的镁还原率。白云石的晶体结构分为网状和六方菱形两种结构，网状结构细晶粒聚晶，煅后强度好，反应性较高，还原过程镁还原率高；六方菱形结构晶粒粗大，分散，煅后热强度低，易成粉状，反应性较低，镁还原率低。

上述对于白云石的要求并不是硬性的，成分要求不在上述范围内的白云石也可用于炼镁，只不过其还原过程中镁的还原率较低，吨镁单耗较高，生产成本会增加。国内部分地区的白云石的成分见表3-4。

表3-4　国内部分地区白云石的成分

产地	化学成分（质量分数）/%							烧损率/%
	MgO	CaO	SiO_2	Fe_2O_3	Al_2O_3	Na_2O	K_2O	
辽宁海城	23.62	29.86	0.22	0.12	0.10	0.02	0.01	46.08
河南鹤壁	20.81	30.80	0.01	0.15	0.06	0.02	0.02	46.89
宁夏青龙山	21.47	30.55	0.21	0.10	0.02	0.03	0.02	46.36
山西五台	20.83	30.17	1.10	0.33	0.40	0.01	0.01	46.80
湖北乌龙泉	19.40	32.90	0.78	0.50	0.15	—	—	45.80

3.2.2.2　皮江法炼镁还原剂的选择

皮江法属于硅热还原炼镁，其还原剂为含硅（质量分数）75%的硅铁合金（简写为75#硅铁）。实际上，其还原剂也可以采用纯硅或其他成分的硅铁合金，之所以采用75#硅铁，主要是与硅铁合金的生产成本和硅的利用率有关。

硅和硅铁合金都是采用电弧炉碳电热还原生产的，硅冶炼过程中加入铁会大幅度地降低生产能耗。因此，生产硅量相同的硅铁合金要比纯硅成本低，含铁量越高，硅铁合金冶炼成本越低（硅量相同的情况下）。工业硅铁合金按含硅量（质量分数）有90%、75%、65%、45%等多个品种，其中，含硅量高的硅铁合金的合金组织几乎全部是游离硅相。75#硅铁主要由游离硅和$FeSi_2$组成；45#硅铁合金由$FeSi_2$和$FeSi$组成；而含硅量更低的硅铁合金则由$FeSi$和Fe_3Si_2组成。在还原过程中，游离硅还原氧化镁的温度最低，而$FeSi_2$、$FeSi$、Fe_3Si_2化合物中硅还原氧化镁的温度较高，在皮江法还原温度下（1230℃），反应率较低，从而导致硅铁合金中的硅利用率降低。硅铁合金中硅含量对镁还原率的影响如图3-4所示。

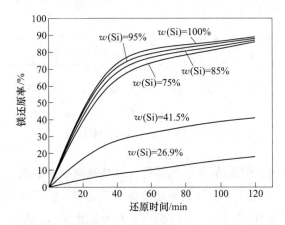

图3-4 硅铁合金含硅量对镁还原率影响（加入硅量相同情况下）

$FeSi$和$FeSi_2$化合物中的硅还原氧化镁的反应如下：

$$2CaO \cdot MgO(s) + FeSi(s) \longrightarrow Fe + 2CaO \cdot SiO_2(s) + 2Mg(g) \qquad (3-18)$$

$$4CaO \cdot MgO(s) + FeSi_2(s) \longrightarrow Fe + 2(2CaO \cdot SiO_2(s)) + 4Mg(g) \qquad (3-19)$$

由图3-4可知，当达到一定的还原时间，含硅（质量分数）75%的硅铁合金和含硅更高的合金与纯硅相比，其镁还原率相差不大，但其生产成本要低很多。含硅（质量分数）75%的硅铁合金的成分位于Fe-Si二元相图中的$FeSi_2$-Si相区。按照高温熔体的自由结晶过程来看，其常温物相应该是$FeSi_2$和Si，而且两相的比例应该是大致相当的。$FeSi_2$和Si共存时的高温形态为ξ相，均质范围为53.5%~56.5%Si（质量分数）。冷却时，ξ相共析分解成Si和低温硅化物变体$FeSi_2$，这种转变使体积显著膨胀，会引起含硅量（质量分数）大于48%的硅铁合金的分解，即俗称"粉化现象"。实际生产中常用加水迅速冷却以减少或限制这种转变和分解，从而减轻粉化现象的发生。所以，75#硅铁合金除大部分的金属硅以硅结晶的形式存在外，其余的Si和Fe则主要是以亚稳状态的ξ相形式存在。但是，这种转变还是会有少量发生，所以，XRD物相分析（见图3-5）中仍然存在$FeSi_2$相，但是含量相对较少，对镁还原率的影响不大。因此，皮江法选择75#硅铁作为还原剂是因为相对于纯硅和其他组成的硅铁，其综合效益最高。

3.2.2.3 皮江法炼镁的添加剂

皮江法炼镁过程中，为了提高还原过程的镁还原率，往往向还原物料中添加2.5%（质量分数）左右的氟化盐。所添加的氟化盐可以为CaF_2、MgF_2或Na_3AlF_6等，从而起到加速还原反应的作用。炉料中加入2%~5%（质量分数）的CaF_2，可增加镁还原率3%~8%。氟化物增加镁还原率的原因是：氟离子半径与氧离子半径非常接近，因而在还原过

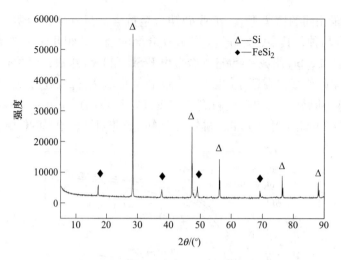

图 3-5   75#硅铁合金的物相组成

程中，炉料中氧化物表面层内的氧离子能够部分地被氟离子所置换，从而使氧化物表层提高了反应能力，加快了反应速率。但是氟化物加入过量时，会与原硅酸钙和其他氧化物形成低熔点的化合物，产生粘罐现象（还原渣与还原罐内壁粘在一起，产生结疤）。

在可应用的氟化物中，氟化镁对还原过程的促进作用最为明显。但由于氟化钙有天然矿物（萤石）存在，其成本较其他氟化物低很多，因此工业生产中均以萤石作为矿化剂添加到还原物料中。皮江法炼镁所用萤石一般要求氟化钙含量（质量分数）在 94% 以上，含 SiO_2，Fe_2O_3、Al_2O_3 等杂质越少越好。

3.2.3 皮江法炼镁的能源

皮江法炼镁过程所用能源来源比较广泛，天然气、重油、汽油、煤、焦炉煤气、发生炉煤气、电和水煤气等均可作为炼镁加热燃料。但从节能环保和成本方面考虑，一般采用煤气作为热源。在我国，发生炉煤气和焦炉煤气是皮江法炼镁的主要能源。发生炉煤气是用水蒸气通过炙热的煤层产生的一种燃气，可燃成分是一氧化碳和氢，发热量不太高，成本较低。焦炉煤气是煤炼焦过程中的副产品，热值较高；高炉煤气是高炉炼铁生产过程中副产的可燃气体，热值较低。目前，皮江法炼镁厂热源以发生炉煤气为主，个别企业采用焦炉煤气。各种煤气的组成及热值见表 3-5。

表 3-5   皮江法用煤气的组成与热值

煤气种类	平均组成/%							热值 /kJ·m^{-3}
	CO	H_2	CH_4	C_mH_n	N_2	CO_2	O_2	
天然气	0.1~4	0.1~2	85~98	0.1~0.5	1~5	0.1~0.2	—	$3.35×10^4$~$3.85×10^4$
焦炉煤气	5~8	55~60	23~27	2~4	3~7	1.5~3.0	0.3~0.8	$1.55×10^4$~$1.67×10^4$
发生炉煤气	24~31	12~19	0.5~3.5	0.1~0.5	50~51	4~8	0.1~0.4	$4.6×10^3$~$6.7×10^3$
高炉煤气	28~33	1~4	0.2~0.5	—	55~60	6~12	0.2~0.4	$3.3×10^3$~$4.2×10^3$

3.2.4 白云石的煅烧

3.2.4.1 白云石煅烧质量要求

评价煅白质量的主要因素有烧损率、灼减量、活性度和热强度。

（1）烧损率是指白云石煅烧过程中质量减少率。其与白云石中的碳酸盐含量有关，一般在 46.5%~47.5%，计算公式为：

$$R_1 = \frac{W_1 - W_2}{W_1} \times 100\% \tag{3-20}$$

式中　W_1——白云石质量，g；

W_2——煅后白云石质量，g。

（2）酌减量是指煅烧后煅白中残存的 CO_2 和煅白吸收空气中 H_2O 和 CO_2 的量。其测定方法为：煅白在白云石煅烧相同的温度下再次煅烧 1.5h，测量其质量减少量，一般要求小于 0.5%。酌减量的计算公式为

$$R_2 = \frac{W_{2-1} - W_{2-2}}{W_{2-1}} \times 100\% \tag{3-21}$$

式中　W_{2-1}——煅烧前质量，g；

W_{2-2}——煅烧后质量，g。

（3）活性度一般是指水化活性度，煅白中 CaO 和 MgO 的吸水能力。其测定方法为：煅白加足量水反应后在 150℃烘干，将非结晶水去除后计算煅白的质量增加量。活性度的计算公式为：

$$R_3 = \frac{W_{3-2} - W_{3-1}}{W_{3-1}} \times 100\% \tag{3-22}$$

式中　W_{3-1}——吸水前质量，g；

W_{3-2}——吸水后烘干质量，g。

（4）热强度。煅白的热强度是指白云石在煅烧过程中的破损程度，一般用耐磨指数 R_4 和细粉率 R_5 来表示。其计算公式分别为：

$$R_4 = \frac{W_{4-2} - W_{4-1}}{W_{4-1}} \times 100\% \tag{3-23}$$

$$R_5 = \frac{W_{5-1}}{W_{5-2}} \times 100\% \tag{3-24}$$

式中　W_{4-1}——粒度小于 0.5mm 的煅白质量，g；

W_{4-2}——粒度大于 0.5mm 的煅白质量，g；

W_{5-1}——粒度小于 0.1mm 的煅白质量，g；

W_{5-2}——煅白总质量，g。

一般来说，煅白水化活性度越高，机械强度越大，热强度越高，耐磨性越好，煅烧过程细粉率少，煅白的质量越高。

3.2.4.2 白云石的煅烧设备

白云石的煅烧设备主要有竖窑和回转窑两种。

竖窑为一筒状窑体，主要由衬有耐火砖的钢筒或钢筋混凝土筒壳组成，由预热、煅烧、冷却三带组成，属于逆流热工设备。原料块或球由窑顶加入，空气由窑的下部导入。如果用固体燃料，则燃料与原料块轮流加入或掺入原料内；如果用气体或液体燃料，则与空气一同喷入。原料块借重力逐渐下移，经预热、煅烧、冷却等阶段而成产品，煅白由炉底卸出。竖窑构造简单，可连续操作。竖窑按窑型分为直筒窑和变径窑。变径窑主要是喇叭型窑（上部大下部小）和哑铃型窑（两端大中间小）。按加热方式分为外加火室的竖窑（侧部带有 2~4 个火室）和煤石分层或煤石混合的料层燃烧竖窑。不管是哪种窑型，其高温带均在中部。竖窑煅烧白云石的优点主要是基础建设投资小，成本相对较低，操作与维护技术要求简单。与回转窑相比，存在煅白质量不稳定、过烧与欠烧现象较多、煅白活性较差、白云石消耗高、料镁比高等缺点。竖窑结构示意图如图 3-6 所示。

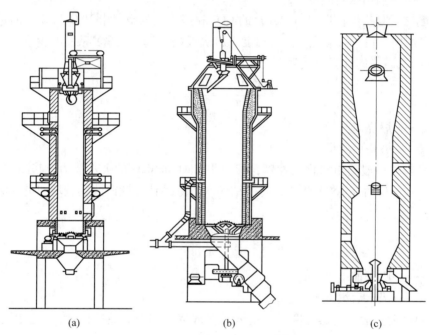

图 3-6 竖窑结构示意图

（a）直筒窑；（b）喇叭型窑；（c）哑铃型窑

白云石煅烧可采用的另一种主要设备为回转窑。回转窑一般长 30~64m，直径一般为 1.8~5m，窑体斜度 2.5%~5%，内部安装有一层很厚的保温材料。生产过程中煅烧物料由窑尾进入，通过窑的旋转带动煅烧物料由窑尾向窑头运动，燃烧器由窑头端插入，通过火焰辐射将物料加热到需要的温度，同时利用燃料燃烧和物料煅烧排放的高温气体预热回转窑中部和窑尾物料。回转窑下面往往安装有一个冷却窑，便于物料降温。回转窑的结构示意图如图 3-7 所示。

采用回转窑煅烧白云石过程中，白云石首先被破碎至一定粒度，然后由窑尾加入，在回转窑内经过一段时间的预热与煅烧，在窑头完成煅烧，窑头的温度可达 1200℃。高温的煅白颗粒从煅烧窑窑头进入冷却窑，在冷空气的穿透作用下进行散热换热转换，被强制冷却至 200℃ 以下。而经过冷却窑预热的空气作为助燃空气进入煅烧窑中，有利于帮助燃料

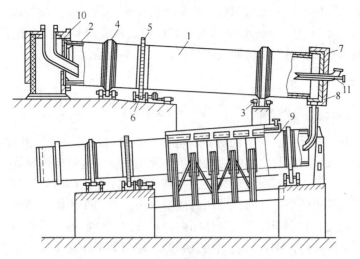

图 3-7 回转窑结构示意图

1—圆筒；2—耐火砖内衬；3—支撑托轮；4—轮圈；5—大齿轮；6—电机带动的小齿轮；
7—窑头罩；8—钢壳；9—冷却窑；10—窑尾罩；11—燃料和空气喷嘴

燃烧和降低煅烧能耗。回转窑可采用多种燃料，常用的燃料有煤粉、煤气、天然气和重油，采用煤粉的价格最便宜，但煤粉燃烧产生的灰分会增加煅白的杂质含量。

回转窑煅烧白云石有如下优点：

(1) 机械化程度高；

(2) 劳动生产率高；

(3) 煅白合格率高，可达 100%；

(4) 煅白活性好，水化活性度可达 30% 以上，酌减在 0.5% 以下；

(5) 质量稳定。

其缺点主要是基建投资大，操作与维护技术要求高。目前，除个别小镁厂还在采用竖窑煅烧白云石外，绝大部分镁厂均采用回转窑煅烧白云石。

3.2.4.3 影响煅白质量的因素

影响煅白质量的因素有：

(1) 白云石的晶体结构。白云石的晶体结构分为网状和六方菱形两种结构，网状结构细晶粒聚晶，格子晶格，煅后强度好，反应性较高，煅白质量好；六方菱形结构晶粒粗大，分散，煅后热强度低，易成粉状，煅白质量不佳。

(2) 煅烧温度。煅烧温度过低会导致白云石欠烧，碳酸盐分解不完全，煅白活性不高；煅烧温度过高，白云石过烧，煅白活性也会降低。

(3) 煅烧时间。如果高温煅烧时间过长，氧化物的晶粒会长大，表面会老化失去活性，工业上均采用缓慢升温、高温快速煅烧的方式来煅烧白云石，防止煅白老化。

(4) 白云石中杂质的影响。白云石中的二氧化硅在煅烧过程中会与氧化钙或氧化镁反应生成钙或镁的硅酸盐，氧化铝与氧化钙形成铝酸钙，氧化铁与氧化钙形成铁酸钙。此外，这些金属氧化物还可能形成复杂多元氧化物，降低煅白的活性。

(5) 放置时间对煅白活性影响。一般从冷却窑中出来的煅白会直接进入球磨机中混料然后制团，制取的团块放置一段时间后才会装入还原罐进行还原。在放置过程中，煅白中的氧化钙和氧化镁会与空气中的水和二氧化碳反应，从而降低煅白活性，增加煅白酌减率。因此要求煅白和团块料放置时间越短越好，一般不能超过24h。

3.2.5 物料还原

3.2.5.1 物料的球磨制团

皮江法属于固—固反应。对于固—固反应，炉料除了应具有一定的细度、配料比外，还必须压力制团，来增加物料之间的接触面积，缩短硅铁合金中硅还原氧化镁时的行程。

球团在成型后，其表面不应出现裂纹，否则这种球团在受热时易崩裂。球团应具有合理的外形，压团时压力适当，此时，球团的成型率高，有利于脱模。同时，球团装在还原罐内有一定的空隙度，有利于镁蒸气从球团内部和表面向外扩散，对还原反应有利。炉料粒度越细，团块密度越高，则物料表面接触越好，越有利于还原反应的进行。但制团压力也不宜过大，压力太大，透气性差，增加镁蒸气逸出阻力，因而降低还原反应的速度。合适的制团压力要通过生产实践确定。

3.2.5.2 还原过程的特点

还原过程包含如下特点：

（1）反应物料主要由煅白与硅铁合金两种粉末压制而成（萤石粉较少且不参与反应）。在还原温度下（1200~1230℃），两种粉末均为固相，因此反应为固—固反应。两相之间的接触面积和相互之间的扩散速度直接影响反应速率，反应速率与两相物质的接触面积有关，也与物料成型压力有关。

（2）还原反应属于典型的收缩性未反应核模型，反应的深度由传热速度与机制决定。

（3）还原反应时，Si 原子向氧化物（CaO·MgO）颗粒中扩散反应生成硅酸钙和金属镁。还原生成的镁蒸气通过产物层（$2CaO·SiO_2$）和团块内的孔隙向外扩散，镁蒸气脱离团块表面向外扩散并冷凝结晶。镁蒸气的扩散速度是影响还原反应速率的主要因素之一。

（4）还原反应过程中，还原体系的剩余压力比反应的平衡蒸气压低很多，因此镁蒸气冷凝速度的大小不影响还原反应的进行。

（5）还原反应残渣主要成分为 $2CaO·SiO_2$，残渣在还原温度下出罐，出罐时为固态团块。当温度降至675℃左右时，$2CaO·SiO_2$ 即发生晶型转变，由密度3.28g/cm³的β-$2CaO·SiO_2$ 转变为密度为2.97g/cm³的γ-$2CaO·SiO_2$，体积膨胀，残渣自粉。

（6）反应为吸热反应，真空条件下无对流给热，只有还原产出的镁蒸气向外扩散，团块间导热系数很小，因此外部对团块的传热和产物层的热传导，对反应起着非常重要的作用。

3.2.5.3 还原罐内的传热

皮江法炼镁过程中，根据还原罐直径的大小，还原周期在8~12h，还原罐内的传热速率慢是导致还原周期较长的主要原因。还原过程中，罐内主要通过物料的热传导进行传热。随着还原反应的进行，还原生成的 $2CaO·SiO_2$ 导热系数比还原原料更低（见图3-8），导致物料的导热变差，使物料的传热变慢。还原罐内温度随还原罐加热时间的变化曲线如图3-9所示。从图3-9可以看出，还原罐中心的温度达到最大值的时间至少需要6h以上，且还原罐中心能达到的最大温度比还原罐内壁低约50℃，温度的降低也会导致还原罐中心处物料的镁还原率降低。随着还原罐直径的增加，其传热时间还会增加，中心处物料的镁还原率还会下降。

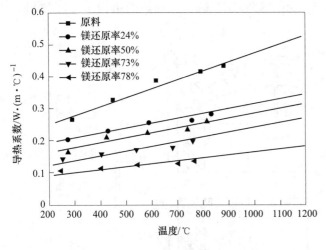

图 3-8　皮江法物料与镁还原率的关系

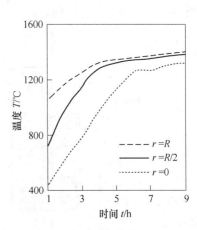

图 3-9　还原罐内物料温度与
时间的关系

（R 为还原罐直径；r 为
物料到还原罐中心的距离）

3.2.5.4　镁还原率的影响因素

工业生产过程中，皮江法炼镁厂一般不计算还原过程的镁还原率，而是用还原过程的料镁比来表征镁还原率的大小。料镁比是指加入物料与产生的金属镁的质量比。在原料成分和物料配比不变的情况下，料镁比越低，则镁还原率越高。还原过程中影响镁还原率的主要因素有如下几个方面：

（1）还原温度。硅还原氧化镁的反应是吸热反应，温度越高，反应速率越快。但受还原罐材质影响，还原温度一般不高于1230℃。温度越高，还原罐使用寿命越短。

（2）还原时间。在一定的还原温度与体系的剩余压力下，增加还原时间，可以使热传递的深度增大，还原反应彻底，使镁的还原率升高，硅的利用率也升高。

（3）制团压力。团块的制团压力越大，物料接触越好，还原过程镁还原率越高。但制团压力也不宜过大，压力太大，透气性差，镁蒸气逸出阻力增加，镁还原率下降。

（4）硅铁合金配入量。硅铁合金配入量增加，镁还原率升高。根据硅铁合金的成本和金属镁的售价，硅铁合金的配入量存在一个最佳比例，在该比例下可获得最佳收益。

（5）氟化物添加量。氟化物的种类与添加量对镁还原率影响也比较大。添加 MgF_2 的效果最好。随着氟化物添加量的增加，镁还原率先增加后降低，较佳的添加量为2%～3%。

（6）原料中杂质含量。还原过程中，原料中的杂质 ZnO、MnO、Na_2O、K_2O 等会被硅还原，从而降低镁还原率和硅利用率，同时会影响结晶镁的纯度；而杂质 SiO_2、Al_2O_3、Fe_2O_3 等虽然不参与还原反应，但会与物料中的 CaO 结合，同样影响镁还原率，不过影响相对较小。

除此之外，煅白的质量、放置时间、真空度、冷却水的温度和还原罐直径等因素也会影响镁还原率。

3.2.5.5 皮江法炼镁还原炉结构

皮江法炼镁还原过程的主要设备为还原炉和还原罐。还原炉的结构示意图如图 3-10 所示。

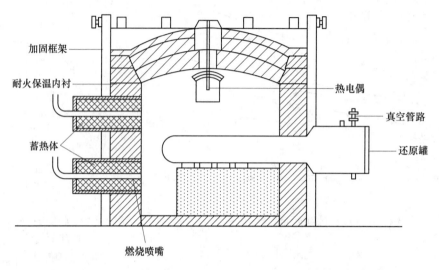

图 3-10　皮江法还原炉结构示意图（还原罐横向放置）

镁还原炉可采用煤、煤气、天然气、重油、电作为炼镁能源，但出于节能、环保及成本考虑，主要采用发生炉煤气和焦炉煤气作为燃料。炼镁还原炉外形为长方体，由耐火砖砌筑，还原罐横向或纵向放置在还原炉内，燃烧喷嘴设置在还原炉两侧或后面，大型炼镁还原炉燃烧喷嘴均设置在炉两侧，全部采用蓄热式燃烧技术。蓄热式燃烧技术是在还原炉炉墙上布置均匀的喷嘴，喷嘴前端安装有蓄热体，蓄热体主要起到换热作用。当一部分的喷嘴在作为烧嘴燃烧的时候，助燃空气经过蓄热体，被预热至比炉温低 $100 \sim 150$℃ 的高温，通过烧嘴进入炉内与煤气进行弥散混合燃烧。燃烧后的高温烟气则通过另外一部分的喷嘴进入蓄热体，与蓄热体热交换后，温度降至 150℃ 以下，流过换向阀经排烟机排出。经过一个周期后，通过换向阀门换向，作为烧嘴燃烧的喷嘴变为烟道用来排烟，而原来用来排烟的喷嘴则作为烧嘴燃烧。这样交替进行，同时完成加热、烟气热量的高效回收及空气的高温预热。蓄热式高温燃烧技术工作原理如图 3-11 所示。

蓄热式金属镁还原炉主要有以下优点：

（1）炉内温度场均匀。弥散燃烧的蓄热燃烧形式可形成与传统火焰完全不同的火焰类型，在炉内形成特别均匀的温度场，提高还原罐的加热均匀性，提高了加热质量。

（2）节约能源，降低能耗。蓄热式燃烧技术充分利用了烟气余热，大幅度降低了还原能耗。

（3）提高了还原罐的使用寿命。蓄热式燃烧技术采用低氧燃烧技术，减少了火焰对还原罐的冲刷和氧化，改善还原罐的加热环境，在还原罐周围形成还原性气氛，提高还原罐的使用寿命。

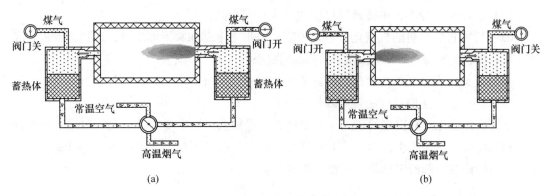

图 3-11 蓄热式燃烧技术原理示意图
(a) A 状态; (b) A 换向后状态

(4) 环境污染小。蓄热式燃烧技术降低了烟气排放量和烟气中 NO_x 等有害气体的含量,减轻了环境污染。

(5) 自动化水平高。蓄热式燃烧技术采用集中管理,分散控制,实现了远程自动调节控制。

总之,蓄热式燃烧技术从根本上提高了还原炉的能源利用率,强化了炉内的炉气循环,提高了炉内加热均匀性和加热质量,节能降耗效果非常显著。

皮江法还原罐有横罐和竖罐两种。横罐直径一般不超过 370mm,由于长期处于高温和高压(内部真空,外部高压)环境下工作,横罐尺寸难以做大,装料量在 180~230kg,单罐产镁量在 25~35kg,使用寿命在 3~5 个月。当温度超过 1230℃ 以后,还原罐的寿命会直线下降,因此炼镁还原温度一般不超过 1230℃。还原罐的结构示意图如图 3-12 所示。

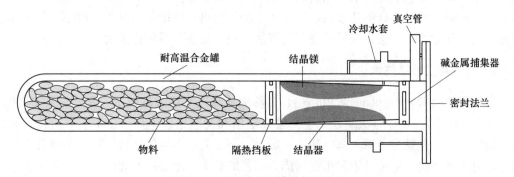

图 3-12 皮江法还原罐结构示意图

横罐由于内径小,容积率较低,因此单罐产镁量低,还原能耗高;此外,横罐容易变形,装出料一般需人工操作,工人劳动强度高。为了增加还原罐的容积率,降低还原能耗和实现装出料的机械化,在横罐的基础上开发了竖罐炼镁技术。竖罐炼镁技术就是将还原罐由横向放置改为竖向放置,设置上下两个法兰,上部法兰为装料口,下部法兰为出料口,结晶器放置在上部。相对于横罐,竖罐有如下优点:

(1) 容积率高;

（2）还原罐直径大，单罐装料量增加，生产率提高；

（3）可实现装出料的机械化，竖罐依靠物料重力上部加料下部出渣，通过适当的设备可实现装出料的机械化，降低了工人的劳动强度；

（4）还原罐寿命延长，装出料时间缩短；

（5）能耗低，还原过程能耗可降低 20% 以上。

竖罐炼镁虽然具有很多的优点，但也存在一些缺点，最主要的缺点是：竖罐下部的团块物料承压较大，会发生粉碎，孔隙率降低，镁蒸气逸出困难，导致镁还原率降低，同时无法逸出的镁在下部渣中结晶，导致出渣困难。

3.2.6　皮江法存在的主要问题与发展方向

经过几十年的发展，特别是近 20 年，皮江法取得了巨大的技术进步，能耗从 10 吨标煤/吨镁以上降低至 4~5 吨标煤/吨镁。但皮江法还存在一些问题，主要问题有：

（1）单罐产量低，还原周期长，生产不连续，生产效率低；

（2）热利用率低，能耗较高；

（3）机械化程度低，工人劳动强度大，工作环境差。

3.3　其他热还原炼镁方法

真空热法炼镁以含氧化镁物料为原料，可采用的还原剂很多，按照还原剂的种类可分为真空金属热还原法、真空碳热还原法和真空碳化物还原法。碳热还原法是指用木炭、煤、焦炭、石墨粉等炭质材料作为还原剂，碳化物热还原法指的是用碳化钙（CaC_2）作为还原剂。真空金属热还原法所用的还原剂有硅、硅铁合金、铝、铝硅铁合金、钙、硅钙合金等，因此又可分为硅热还原法、铝热还原法、钙热还原法等。其中，硅热还原法是研究最多的热还原炼镁方法，先后开发了皮江法、玛格尼法、博尔扎诺法。

3.3.1　玛格尼法炼镁技术

玛格尼法（The Magnetherm Process）又称熔渣导电半连续硅热法，是法国在 20 世纪 60 年代发展起来的一种热法制镁工艺，曾在法国和美国建厂生产。该工艺以白云石和铝土矿为原料，以硅铁为还原剂真空热还原炼镁。其工艺过程与皮江法一样，主要分为三个部分，分别为煅烧、电炉还原和粗镁精炼。工艺的基本原理是：煅烧白云石、煅烧铝土矿与硅铁合金的混合物料加入电炉中，在 1600~1700℃ 的高温和 0.226~13.33kPa 的真空条件下，硅铁还原物料中的氧化镁生成金属镁和流动性的液态熔渣，金属镁以蒸气形式进入冷凝器中，冷凝成液态金属镁。熔炼过程中，熔渣周期性地从底部排出，在将液态熔渣抽出的同时，可以保持反应罐内的真空状态。还原过程的主要反应为：

$$CaO \cdot MgO(s) + Si(Fe)(s) + n\,Al_2O_3(s) \longrightarrow$$
$$2CaO \cdot SiO_2 \cdot n\,Al_2O_3(l) + Mg(g) + Si\text{-}Fe(l) \tag{3-25}$$

玛格尼法所用的真空炉是一个圆柱形钢壳，内部砌筑保温层和耐火砖，最内层为炭砖。炉顶用耐火材料砌筑，有三个孔：一个为下料孔，一个为插入石墨电极的孔，一个为镁蒸气排出孔与冷凝器相连通。炉底用炭块砌筑，其中有四根水冷的铜管，用以导电。真空炉运行过程中，交流电由石墨电极导入，通过熔融炉渣和炉底炭砖由铜管倒出，利用熔融炉渣自身电阻加热。炉底有排出孔用以排出炉渣和残余的硅铁。依据真空炉尺寸的不同，单炉产镁量为 3~8t。该方法所用设备如图 3-13 所示。

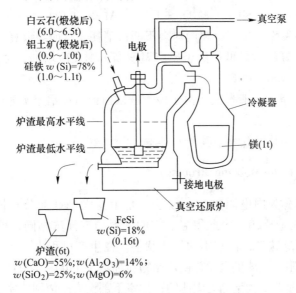

白云石(煅烧后)(6.0~6.5t)
铝土矿(煅烧后)(0.9~1.0t)
硅铁 w(Si)=78%(1.0~1.1t)
电极
真空泵
冷凝器
镁(1t)
炉渣最高水平线
炉渣最低水平线
接地电极
真空还原炉
FeSi w(Si)=18%(0.16t)
炉渣(6t)
w(CaO)=55%; w(Al$_2$O$_3$)=14%; w(SiO$_2$)=25%; w(MgO)=6%

图 3-13　玛格尼法炼镁所用真空炉示意图

生产过程中，铝土矿在 1200℃下煅烧，煅后铝土矿中氧化铝的含量（质量分数）在 80% 左右，其作用主要是降低还原后熔渣的熔点。加入的硅铁合金［其中 Si 的含量（质量分数）为 78%，Al 的含量（质量分数）为 4%］密度为 2.7g/cm^3，与炉渣密度相仿，因此二者混合在一起。随着还原的进行，硅铁合金中的硅参与还原转变为氧化硅进入熔渣中，含量降低，铁含量增加，这种高铁的硅铁（称为贫铁）密度增大，即沉降到炉底。经 10~12h 连续加料，真空炉内炉渣深度可达 2.4m。此时，切断真空，注入惰性气体氩气，同时调节变压器减少输入功率，维持必要的炉温。然后排出残余的贫铁［其中 Si 的含量（质量分数）为 18%］和贫镁炉渣［炉渣中 MgO 的含量（质量分数）为 6%］，随后开始第二个生产周期。当第二个生产周期结束后，将镁的冷凝罐移出，换新的空冷凝罐，冷凝罐中的液态镁经精炼后铸锭。反应区与冷凝器之间有阀门，可以在生产过程中更换结晶器，取出产品。采用该方法，每生产 1t 镁需消耗煅后白云石 6.0~6.5t，硅铁 1.0~1.1t，煅后铝土矿 0.9~1.0t，交流电耗为 8850kW·h/t-Mg。该工艺也可采用金属铝为还原剂，还原原料中还可配入煅烧菱镁石。原料与还原剂改变后，真空炉炉温在 1300~1700℃ 之间变化。

相对于皮江法，玛格尼法有如下优点：

（1）该法采用内电阻方式进行加热，热源源自熔渣的电阻所产生的焦耳热，从而克服了皮江法外加热热效率低的缺点，热效率比皮江法大大提高。

（2）所有炉料均为液体，生产过程为连续加料、间断性排渣和出镁的半连续生产。生产效率高，产量大。

（3）还原过程结晶获得的金属镁为液态，节约能耗。

玛格尼法的问题和缺点有：

（1）反应炉炭素内衬的寿命问题未得到根本的解决。在高达 1600℃ 的反应温度下，炭素内衬与炉渣会发生还原反应为：

$$SiO_2 + Al_2O_3 + C \longrightarrow Al-Si + CO \qquad (3-26)$$

由于此反应的存在和发生，炭素材料内衬会不断被消耗，从而导致真空炉寿命减少。

（2）获得的金属镁纯度较低。由于反应温度高，副反应增加，金属镁杂质含量较高，纯度不如皮江法，精炼相对困难。

（3）白云石消耗量大，渣量大。由于该方法以白云石和铝土矿为原料，因此还原渣量大，白云石消耗量较皮江法高。

（4）高温操作，以电为能源，生产成本高。

3.3.2 博尔扎诺法（The Bolzano Process）

博尔扎诺法也被称为内电阻加热炼镁法，是由意大利镁业公司博尔扎诺（Bolzano）镁厂于 1942 年率先工业应用，由此得名。它的原料与皮江法相同，炉料配方也相同，只不过皮江法用的压团球状料，而它用的是块状料。在生产过程中，还原物料填充于电阻发热体之间的空位，电阻发热体供电发热使还原物料加热至 1200~1300℃ 进行真空热还原得到镁蒸气，镁蒸气在冷凝器上的结晶为固体镁；炉室下部设有残渣回收室，反应结束后，打开炉门排出反应残渣。该真空炉单炉产量 1.8~2t/d，还原过程中电耗为 7000~7300kW·h/t-Mg 左右。其炉体结构如图 3-14 所示。

该方法有如下优点：

（1）内置电阻体发热，物料升温快，反应时间短，热效率高，电耗低。

（2）还原过程镁回收率高，还原渣中未反应的 MgO 残留量少。

（3）内加热，真空炉炉壁温度低，真空炉损耗小，寿命长。

但该真空炉电阻发热体存在一定消耗，还原过程采用电为能源，生产成本高于皮江法。目前巴西镁业公司博尔乌瓦（Bocawva）镁厂（现名巴西利马镁厂）还在采用该方法生产金属镁。

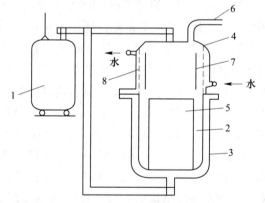

图 3-14 博尔扎诺法炉体结构示意图

1—变压器；2—耐火材料内衬；3—炉壳；4—冷凝器；
5—炉料；6—真空管；7—结晶镁；8—冷却水套

3.3.3 碳热还原法

皮江法炼镁生产成本中 50% 左右为还原剂硅铁的成本，因此如果改用更加便宜的还原剂，可大幅降低金属镁的成本。在可用于热还原炼镁的还原剂中，碳是成本最低的还原剂。

碳与氧化镁在高温下可发生如下反应：

$$MgO + C \Longleftrightarrow Mg + CO$$

$$\Delta G_T^{\ominus} = 648100 + 30.8T\lg T - 404.4T \quad (\text{J/mol}) \quad (3-27)$$

标准状态下，用碳还原氧化镁的最低还原反应温度为 2149K。真空条件可使反应温度大幅降低。当系统剩余压力为 1Pa 时，反应在 1266K 就开始进行。在实际生产过程中，为了获得一个较好的还原效果，反应温度在 1400℃左右。常压碳热法制镁工艺最早在 20 世纪 30 年代已投入工业生产，工艺通过对菱镁石进行煅烧获得氧化镁。将氧化镁与焦炭还原剂相混合，在惰性气体的保护下进行还原并对气态产品进行冷却得到结晶镁粉，结晶镁经精炼提纯获得成品镁。

碳热还原炼镁最主要的优势是成本低，但该方法存在两个主要缺点：

（1）碳热还原氧化镁的反应是可逆反应。在标准状态下，温度高于 1854℃反应向右进行，低于 1854℃时则向左。在镁蒸气缓慢冷却时，Mg 被 CO 氧化为 MgO，因此生产过程中需用大量与镁不反应的惰性气体（如氩气）将混合气体产物带出高温区急冷下来，防止逆反应的发生。

（2）产品质量问题。结晶产生的金属镁多呈粉状，易爆炸，生产过程中必须采取措施防止镁粉自燃。而且由于逆反应的发生，生产的金属镁纯度较低，含碳量较高。

二战期间，美、英均曾采用碳热法生产金属镁，但由于结晶镁粉易燃、易爆，难以处理，生产成本高等原因，在二次大战后均已停产。但世界各国对于碳热还原炼镁的改进工艺一直在进行研究开发。

3.3.4 碳化物热还原法制镁工艺

碳化物还原法是以碳化钙（CaC_2）为还原剂，以煅烧菱镁石或煅烧白云石为原料进行真空热还原制取金属镁的方法。还原过程中所发生的反应为：

$$MgO + CaC_2 \longrightarrow Mg + CaO + 2C \quad (3-28)$$

该反应相对容易发生，在较低的真空条件下，温度 1120~1140℃即可进行。在第二次世界大战期间，英国曾建立了两个碳化钙还原炼镁生产厂。碳化钙还原炼镁，镁还原率较低，每生产 1t 镁需消耗多于 3t 的碳化钙，还原剂成本高；碳化钙活性偏低，易吸潮变质，存放条件苛刻；反应所得金属镁纯度受碳粉影响严重，品质不高。目前该工艺已经很少使用。

3.3.5 铝热法还原炼镁

铝热法是以铝或铝合金为还原剂，在真空条件下进行热还原制取金属镁的方法。其还原工艺过程和还原设备与皮江法相似，只是原料和还原渣的组成不同。铝热法的原料可以是白云石、菱镁石或两者混合矿物，也可以是其他含氧化镁矿物。根据还原物料中 CaO 与 MgO 含量的不同，还原过程中可以发生如下几个反应：

$$12CaO(s) + 21MgO(s) + 14Al(l) = 21Mg(g) + 12CaO \cdot 7Al_2O_3(s) \quad (3-29)$$

$$CaO(s) + 3MgO(s) + 2Al(l) = 3Mg(g) + CaO \cdot Al_2O_3(s) \quad (3-30)$$

$$CaO(s) + 6MgO(s) + 4Al(l) = 6Mg(g) + CaO \cdot 2Al_2O_3(s) \quad (3-31)$$

$$4MgO(s) + 2Al(l) = 3Mg(g) + MgO \cdot Al_2O_3(s) \quad (3-32)$$

$$3MgO(s) + 2Al(l) \Longrightarrow 3Mg(g) + Al_2O_3(s) \tag{3-33}$$

当还原原料为白云石时，主要发生生成 $12CaO \cdot 7Al_2O_3$ 的反应。当采用煅烧白云石与煅烧菱镁石混合物为还原原料时，可按照反应（3-30）或反应（3-31）进行配料，生成主要成分为 $CaO \cdot Al_2O_3$ 或 $CaO \cdot 2Al_2O_3$ 的还原渣。当还原原料为菱镁石时，根据铝粉配入量，发生生成 $MgO \cdot Al_2O_3$ 或 Al_2O_3 的反应。

铝热法还原炼镁的优势在于节能和环保。包含如下优点：

（1）铝还原氧化镁的温度是所有还原剂中最低的，理论还原温度比硅热法低 100℃，实际还原温度低 30℃ 以上。还原温度的降低，有利于降低还原能耗，延长还原罐使用寿命。

（2）与皮江法相比，生产能耗低，生产率提高。这体现在两方面，一方面铝热法原矿消耗量降低，当按生成 $CaO \cdot 2Al_2O_3$ 或 $MgO \cdot Al_2O_3$ 进行配料时，生产 1t 镁的原矿消耗量只有皮江法的一半，因此煅烧过程能耗可降低 50%。另一方面，由于物料中氧化镁含量提高，可显著降低还原过程料镁比，降低还原能耗，提高单罐产镁量。相对于皮江法，铝热法的生产能耗最高可降低 50% 以上。

（3）还原速率快，还原周期短。还原过程中，还原剂为液态，还原反应为液固反应。

（4）还原渣附加值高。铝热还原后的还原渣主要成分为铝酸钙或镁铝尖晶石，铝酸钙用途较广泛，可用于钢铁行业或生产铝酸盐水泥或提取氢氧化铝。而镁铝尖晶石经处理后可作为高附加值的耐火材料，不仅可实现还原渣的高附加值利用，且基本无废渣排放。

铝热还原炼镁的最大缺点是还原剂铝粉的成本高。但经过改进后的铝热法，通过后续还原渣的利用可降低还原过程成本，目前尚无企业实现铝热还原炼镁的工业生产。

3.4 电解法炼镁

电解法炼镁以无水氯化镁或光卤石为原料，以 $NaCl\text{-}MgCl_2\text{-}KCl$ 为主要电解质体系进行电解，电解温度 680~720℃，其电极反应为：

阳极放出氯气： $2Cl^- - 2e \longrightarrow Cl_2$ (3-34)

阴极产生金属镁： $Mg^{2+} + 2e \longrightarrow Mg$ (3-35)

总反应为： $MgCl_2 \longrightarrow Mg + Cl_2$ (3-36)

电解法炼镁根据原料不同有多种工艺，曾经在工业上的应用就有十几种，所用的电解槽结构也有多种。根据生产原料的不同，主要的电解法工艺有菱镁矿氯化炼镁工艺、光卤石脱水炼镁工艺、道屋海水炼镁工艺、美国盐湖卤水炼镁工艺、挪威海水—白云石炼镁工艺、HCl 气氛保护脱水炼镁工艺、蛇纹石电解法炼镁工艺和澳大利亚熔剂脱水电解炼镁工艺等。这些工艺在电解原料制备与处理方法上存在较大差异，但电解过程的基本原理相同。电解原料主要为无水氯化镁和无水光卤石（$KCl \cdot MgCl_2$），但也有个别工艺采用低结晶水氯化镁水合物作为原料，如道屋海水炼镁工艺电解所用原料为 $MgCl_2 \cdot 1.5H_2O$。

制备无水氯化镁的原料有很多，但根据其生产原理主要分为两种，一种是氯化镁水合物脱水法，另一种是氧化镁直接氯化法。

3.4.1 电解原料制备

3.4.1.1 氯化镁水合物脱水制备无水氯化镁

氯化镁水合物是带有结晶水的氯化镁，氯化镁极易与水化合成一系列水合物（见图3-15），氯化镁水合物由氯化镁溶液蒸发制取。

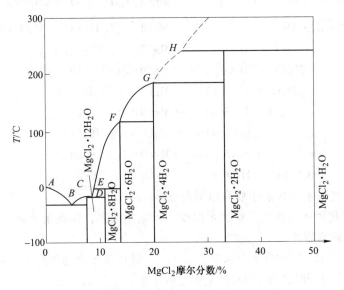

图 3-15　$MgCl_2$-H_2O 相图

A　氯化镁溶液的制备

氯化镁溶液制备方法很多，主要制备方法有：

（1）由海水或盐湖卤水制备。海水和盐湖卤水是氯化镁的主要原料之一，美国铅公司由盐湖水制备纯净氯化镁溶液，盐湖水中含硫酸盐和钾镁矾 $K_2Mg(SO_4)_2 \cdot 4H_2O$。盐湖水首先加氯化钙使硫酸盐转化为氯化物，然后浓缩提纯分离制备氯化镁溶液。对于不含硫酸盐只有氯化盐的盐湖水可直接日晒依次析出氯化钠和氯化钾，剩余老卤主要成分即为氯化镁水合物。老卤经净化提纯去除杂质后，可制备纯氯化镁溶液。美国道屋化学公司以海水和贝壳（主要成分为碳酸钙）为原料制备氯化镁溶液，贝壳煅烧后获得氧化钙与海水反应生成氢氧化镁，氢氧化镁经电解副产物盐酸中和后获得氯化镁溶液，氯化镁溶液经蒸发干燥脱水后获得 $MgCl_2 \cdot 1.5H_2O$。之后以 $MgCl_2 \cdot 1.5H_2O$ 为原料进行电解。

（2）由蛇纹石制备。加拿大格诺拉（Magnola）公司采用浓盐酸浸泡石棉矿尾渣（主要为蛇纹石）制备氯化镁溶液，通过加入氧化镁调节 pH 值和离子交换技术去除杂质生产浓缩的纯氯化镁溶液。

（3）由煅烧菱镁石与盐酸反应制备。加拿大贝坎库镁厂采用煅烧后菱镁石与盐酸反应的方法制备氯化镁溶液。

（4）由白云石制备。

白云石经过煅烧后与海水反应生成氯化钙和氢氧化镁沉淀，氢氧化镁与盐酸反应制备氯化镁溶液，除杂后可得纯氯化镁溶液。其反应式为：

$$MgCl_2 + Ca(OH)_2 \Longrightarrow Mg(OH)_2 + CaCl_2 \tag{3-37}$$

B 氯化镁水合物脱水的基础理论

氯化镁溶液蒸发后可获得固体的水氯镁石，水氯镁石分子式为 $MgCl_2 \cdot 6H_2O$。水氯镁石在加热时发生脱水、水解和分解反应，其反应式分别为：

$$MgCl_2 \cdot 6H_2O(s) \xrightarrow{100 \sim 117℃} MgCl_2 \cdot 4H_2O(s) + 2H_2O(g) \tag{3-38}$$

$$MgCl_2 \cdot 4H_2O(s) \xrightarrow{115 \sim 170℃} MgCl_2 \cdot 2H_2O(s) + 2H_2O(g) \tag{3-39}$$

$$MgCl_2 \cdot 2H_2O(s) \longrightarrow MgCl_2 \cdot H_2O(s) + H_2O(g) \tag{3-40}$$

$$MgCl_2 \cdot 2H_2O(s) \Longrightarrow MgOHCl(s) + HCl(g) + H_2O(g) \tag{3-41}$$

$$MgCl_2 \cdot H_2O(s) \Longrightarrow MgCl_2(s) + H_2O(g) \tag{3-42}$$

$$MgCl_2 \cdot H_2O(s) \Longrightarrow MgOHCl(s) + HCl(g) \tag{3-43}$$

$$MgOHCl(s) \Longrightarrow MgO(s) + HCl(g) \tag{3-44}$$

$$MgCl_2(s) + H_2O(g) \Longrightarrow MgOHCl(s) + HCl(g) \tag{3-45}$$

$$MgCl_2(s) + H_2O(g) \Longrightarrow MgO(s) + 2HCl(g) \tag{3-46}$$

氯化镁水合物脱水的难点主要有以下两点：

（1）部分氯化镁水合物的分解脱水温度高于熔化温度，在高于分解温度时以液态形式存在，直接加热脱水困难。

（2）当氯化镁水合物中含 2 个水分子以上时，氯化镁水合物加热不会发生明显的水解；但当其含有 2 个水分子时，在 182℃ 发生明显的水解，析出氯化氢，产生碱式氯化镁，如表 3-6 和表 3-7 所示。$MgCl_2 \cdot 2H_2O$ 脱水以脱水反应为主，水解反应量较小，而 $MgCl_2 \cdot H_2O$ 水解时主要是水解反应为主。

在 304~554℃ 范围内，水解反应的平衡取决于反应（3-45）中 HCl 与 H_2O 的分压，平衡常数 $K_1 = P_{HCl}/P_{H_2O}$。当温度更高时，水解反应平衡取决于反应（3-46），平衡常数 $K_2 = P_{HCl}^2/P_{H_2O}$。因此，采用在空气中加热的方法，在不产生水解的情况下将氯化镁彻底脱水是不可能的。为了避免水解，必须使气相中 HCl 分压与 H_2O 分压比值在一定温度下大于反应平衡常数，即 $P_{HCl}/P_{H_2O} > K_1$ 和 $P_{HCl}^2/P_{H_2O} > K_2$ 才行。

表 3-6 气相中无 HCl 时 $MgCl_2 \cdot 2H_2O$ 脱水所得的产物组成

温度/℃	组成（摩尔分数）/%	
	$MgCl_2 \cdot H_2O$	MgOHCl
52	95	5
102	94	6
152	93	7
202	92	8
227	92	8

表 3-7 气相中无 HCl 时 $MgCl_2 \cdot H_2O$ 脱水所得的产物组成

温度/℃	组成（摩尔分数）/%	
	MgOHCl	HCl
102	85	15
152	80	20
202	76	24
252	72	28
302	69	31

C 氯化镁水合物脱水制备无水氯化镁

氯化镁水合物的脱水主要有喷雾或沸腾干燥不完全脱水，HCl 或氯气保护气氛脱水，氯气熔融氯化脱水，以及铵光卤石法和溶剂络合脱水等方法。

a　喷雾或沸腾干燥不完全脱水

净化浓缩后的氯化镁溶液通过喷雾干燥塔或沸腾干燥炉，直接在热空气中脱水，该方法只能制备低结晶水氯化镁水合物，制备的氯化镁含有 1~2 个结晶水。

b　HCl 或氯气保护气氛脱水

当反应器气相中 HCl 分压与 H_2O 分压比值大于反应平衡常数时，可有效抑制氯化镁水合物的分解，因此在 HCl 气氛保护下进行脱水可制备无水氯化镁。同样，在氯气保护气氛下，也可制备无水氯化镁。

c　熔融氯化脱水

氯化镁溶液经浓缩和喷雾干燥后，制备含水和 MgO 各小于 5%（质量分数）的氯化镁粉，然后在氯化系统中加入焦炭粉，通入氯气在 810℃ 左右的温度下进行氯化脱水，所得产品氯化镁含量在 95%（质量分数）以上。

d　铵光卤石法

该法是以水氯镁石和氯化铵为原料，合成铵光卤石 $NH_4Cl \cdot MgCl_2 \cdot 6H_2O$，经脱水脱铵制得接近无水的氯化镁作为电解金属镁的原料，辅助原料氯化铵大部分可回收循环利用。

e　溶剂络合脱水

氯化镁能与许多有机溶剂（如醇、醚、胺、酯等）作用生成相应的配合物。加热时这些配合物又会分解，从而制取无水氯化镁，或用有机溶剂与氨配合进行氯化镁脱水制备无水氯化镁。例如澳大利亚开发的甘醇与氨配合法基本原理如下：

$$MgCl_2 \cdot 6H_2O + 3(HOCH_2CH_2OH) \Longrightarrow MgCl_2 \cdot 3(HOCH_2CH_2OH) + 6H_2O \quad (3-47)$$

$$MgCl_2 \cdot 3(HOCH_2CH_2OH) + 6NH_3 \Longrightarrow MgCl_2 \cdot 6NH_3 + 3(HOCH_2CH_2OH) \quad (3-48)$$

$$MgCl_2 \cdot 6NH_3 \longrightarrow MgCl_2 \cdot 4NH_3 + 2NH_3 \uparrow \quad (3-49)$$

$$MgCl_2 \cdot 4NH_3 \longrightarrow MgCl_2 \cdot 2NH_3 + 2NH_3 \uparrow \quad (3-50)$$

$$MgCl_2 \cdot 2NH_3 \longrightarrow MgCl_2 + 2NH_3 \uparrow \quad (3-51)$$

上述五种方法中，前三种为工业应用的氯化镁脱水方法，后两种尚未实现工业应用。

3.4.1.2　氧化镁氯化法制备无水氯化镁

A　氧化镁的生产方法

无水氯化镁制备的另一种方法是氧化镁氯化法。氧化镁可采用多种方法制取，主要的方法有如下几种：

（1）菱镁矿煅烧制备氧化镁。菱镁矿是纯度较高的 $MgCO_3$，煅烧后可直接获得氧化镁。菱镁石煅烧可以在沸腾炉、回转窑、竖窑和隧道窑中进行。该方法制取的氧化镁纯度与菱镁矿的纯度有关，含有较多的杂质。

（2）卤水乳化法。利用天然氯化镁或硫酸镁溶液（包括海水和盐湖水等），与煅烧后的石灰石或白云石进行反应生成氢氧化镁，经提纯后，氢氧化镁煅烧即得氧化镁，发生的主要反应为：

$$CaCl_2 + MgSO_4 \Longrightarrow CaSO_4 + MgCl_2 \quad (3-52)$$

$$MgCl_2 + Ca(OH)_2 \Longrightarrow Mg(OH)_2 + CaCl_2 \quad (3-53)$$

（3）碱式碳酸镁分解法。碱式碳酸镁又称轻质碳酸镁，分子式一般以 $x MgCO_3 \cdot$ $y Mg(OH)_2 \cdot z H_2O$ 表示，其中，x，y，z 的比例可为 4:1:4，4:1:5，4:1:8，3: 1:3，1:1:3 等。碱式碳酸镁采用向氢氧化镁悬浮溶液中充入 CO_2 进行碳酸化制备的方法，氢氧化镁悬浮液可由菱镁石、白云石、海水或其他含氧化镁原料制取。碱式碳酸镁制取氧化镁的优点是：氯化时氧化镁活性大，不含有害杂质，成分稳定。

（4）热解法生产氧化镁。水氯镁石加热至 117℃ 即可脱水；升温至 230℃ 便生成碱式氯化镁；温度大于 527℃ 时，碱式氯化镁水解生成 MgO 和含水的 HCl 气体。通过加热使氯化镁水合物水解，可制备含量（质量分数）在 98% 以上的 MgO。

B 氧化镁的氯化

氧化镁直接进行氯气氯化的反应为：

$$MgO + Cl_2 \Longrightarrow MgCl_2 + \frac{1}{2}O_2 \tag{3-54}$$

$$\Delta G_T^{\ominus} = -42220 - 29.00T \lg T + 143.32T \quad (298 \sim 923K)$$

$$\Delta G_T^{\ominus} = -10460 - 55.82T \lg T + 191.71T \quad (987 \sim 1383K)$$

该氯化反应既与氯化温度有关，又与体系中 Cl_2 的浓度和 O_2 的浓度有关，非标准状态反应的吉布斯自由能为：

$$\Delta G_T = \Delta G_T^{\ominus} - RT \ln \frac{a_{MgO} \times P_{Cl_2}}{a_{MgCl_2} \times \sqrt{P_{O_2}}} \tag{3-55}$$

而 $MgCl_2$ 和 MgO 均为凝聚相，活度为 1，则：

$$\Delta G_T = \Delta G_T^{\ominus} - RT \ln \frac{P_{Cl_2}}{\sqrt{P_{O_2}}} \tag{3-56}$$

式中，P_{Cl_2} 和 P_{O_2} 分别为氯气和氧气的实际分压。

若体系中气相只有氧和氯，由式（3-56）可计算出不同温度下，氧化镁直接氯化时，氯与氧的平衡浓度（见表 3-8）。

表 3-8 反应（3-54）的吉布斯自由能和氯与氧的平衡浓度

温度/K	$\Delta H^{\ominus}/J \cdot mol^{-1}$	$\Delta G^{\ominus}/J \cdot mol^{-1}$	$K = \dfrac{\sqrt{P_{O_2}}}{P_{Cl_2}}$	平衡浓度（体积分数）/%	
				Cl_2	O_2
298.2	-39246	-21840	6.71×10^3	0.0	100
400	-37865	-16108	1.27×10^2	0.8	99.2
500	-36485	-10837	1.36×10	6.9	93.1
600	-35104	-5857	3.24	26.5	73.5
700	-33681	-1088	1.21	55.2	44.8
724	-33340	0	1.0	61.8	38.2
800	-32259	+3473	5.92	78.5	21.5

续表 3-8

温度/K	$\Delta H^{\ominus}/\text{J} \cdot \text{mol}^{-1}$	$\Delta G^{\ominus}/\text{J} \cdot \text{mol}^{-1}$	$K = \dfrac{\sqrt{P_{O_2}}}{P_{Cl_2}}$	平衡浓度（体积分数）/%	
				Cl_2	O_2
900	−30711	+7824	3.52	90.0	10.0
987（固）	−29414	+11506	2.46	94.5	5.5
987（液）	+13682	+11506	2.46	94.5	5.5
1000	+13975	+11506	2.46	94.5	5.5
1100	+16318	+11129	2.95	92.5	7.5
1200	+18577	+10544	3.47	90.0	10.0
1300	+20836	+9791	4.05	87.4	12.6
1400	+23054	+9289	4.51	85.2	14.8

　　从热力学角度，氧化镁的直接氯化反应在很低温度（温度低于 714℃）和氯气平衡浓度很低的情况下即可进行。但此时氧化镁和氯化镁均为固体，氧和氯通过氧化物表面的固体氯化镁层的扩散速率很低，因此氯化反应速率很慢，没有工业实际意义。要使氯化反应具有较高的速率，保证氯化炉的高产能，氯化温度必须控制在 800~1000℃，在此温度下气相中的氯氧比在 9 以上，如此高的氯氧比值从技术上和经济上均难以实现。

　　为了提高氯氧比，通常采用的方法是降低氯化反应产生的 O_2 分压。实践证明，最有效并具有普遍意义的措施是在氯化过程中加入还原剂，使还原剂与氧结合成更稳定的化合物，使反应向有利于氯化的方向转化。基于来源、价格以及使用是否方便等因素，生产中一般采用的还原剂为碳。氧化镁加碳氯化过程中主要发生以下两个反应：

$$MgO + C + Cl_2 \Longrightarrow MgCl_2 + CO \tag{3-57}$$
$$MgO + CO + Cl_2 \Longrightarrow MgCl_2 + CO_2 \tag{3-58}$$

式（3-57）和式（3-58）的热力学数据见表 3-9 和表 3-10。

表 3-9　反应（3-57）的热力学数据

温度/K	$\Delta H^{\ominus}/\text{J} \cdot \text{mol}^{-1}$	$\Delta G^{\ominus}/\text{J} \cdot \text{mol}^{-1}$	$\lg K_1$	$K_1 = P_{CO}/P_{Cl_2}$
987	−98282	−187485	9.924	8.4×10^9
1000	−98073	−188657	9.856	7.18×10^9
1100	−96316	−197820	9.395	2.48×10^9
1200	−94684	−207108	9.016	1.04×10^9
1300	−93094	−216522	8.701	5.02×10^8

表 3-10　反应（3-58）的热力学数据

温度/K	$\Delta H^{\ominus}/\text{J} \cdot \text{mol}^{-1}$	$\Delta G^{\ominus}/\text{J} \cdot \text{mol}^{-1}$	$\lg K_2$	$K_2 = P_{CO_2}/(P_{Cl_2} \cdot P_{CO})$
987	−268738	−185184	9.802	6.34×10^9
1000	−268362	−184096	9.617	4.14×10^9
1100	−265684	−175770	8.349	2.23×10^8
1200	−262964	−167737	7.302	2.00×10^7
1300	−260287	−159913	6.426	2.67×10^6

氧化镁在高温下的氯化反应（反应（3-57）和反应（3-58））的吉布斯自由能均很低，在较低的氯平衡浓度下就可以进行。

当 MgO 加碳氯化过程中气相只有 Cl_2、CO 和 CO_2 时，三者气相总压为 1，即：

$$P_{Cl_2} + P_{CO} + P_{CO_2} = 1 \qquad (3-59)$$

某一温度下，反应（3-57）和反应（3-58）达到平衡时，可得到相应的平衡常数 K_1 和 K_2，两者都是 P_{Cl_2}、P_{CO} 和 P_{CO_2} 的函数，三式联立即可得出该温度下 Cl_2、CO 和 CO_2 的平衡浓度。以 987K 温度为例，反应平衡时有：

$$K_1 = P_{CO}/P_{Cl_2} = 8.4 \times 10^9 \qquad (3-60)$$

$$K_2 = P_{CO_2}/(P_{Cl_2} \cdot P_{CO}) = 6.34 \times 10^9 \qquad (3-61)$$

式（3-60）和式（3-61）与式（3-59）联立，可得：

$$P_{Cl_2} = 7.9 \times 10^{-9}\%, \quad P_{CO} = 67\%, \quad P_{CO_2} = 33\%$$

有碳存在时 MgO 氯化反应的平衡气相组成见表 3-11。

表 3-11　有碳存在时 MgO 氯化反应的平衡气相组成

温度/K	气相组成/%		
	Cl_2	CO	CO_2
987	7.92×10^{-9}	66.6	33.4
1000	9.88×10^{-9}	71.0	29.0
1100	3.72×10^{-8}	92.3	7.7
1200	9.44×10^{-8}	98.2	1.8
1300	1.98×10^{-7}	99.5	0.5

在有碳存在情况下，MgO 在高温下氯化，反应平衡氯气分压很低，表明氯化反应可以进行得很彻底。

3.4.1.3　无水光卤石的制备

电解法生产金属镁还可以以无水光卤石为原料。盐湖水或海水经过提盐后获得主要成分为 $MgCl_2$ 和 KCl 的卤水，卤水再经过蒸发和浓缩结晶得到六水钾光卤石 $KCl \cdot MgCl_2 \cdot 6H_2O$，再经 2 次脱水处理后得到无水光卤石，作为炼镁原料。早在 20 世纪三四十年代苏联就开始了以矿产光卤石为原料电解制镁的工业化生产，我国民和镁厂采用了苏联 20 世纪四五十年代的光卤石脱水炼镁工艺，以色列死海镁厂目前也是采用该脱水工艺。

A　光卤石结晶水合物的脱水过程

光卤石结晶水合物与氯化镁结晶水合物的不同之处是不生成四水和一水形态的水合物，同时与水氯镁石相比，光卤石脱水容易，水解少。在常压下，当温度达到 90℃以上时，六水光卤石就会很快转变成二水光卤石；当温度达到 150℃以上时，二水光卤石脱水变为无水光卤石。六水光卤石、二水光卤石和无水光卤石的熔点分别为 167.5℃、263.8℃ 和 490℃，在脱水温度下一般以固态形式存在。与水氯镁石相似，在加热脱水过程中，光卤石同样会发生水解反应。光卤石的水解在高于 120℃ 即可发生，初级产物为 $KCl \cdot MgOHCl$，进一步水解生成 $KMg(OH)_2Cl$，两种水解产物均与光卤石形成固溶体，难以分离。水解反应为：

$$KCl \cdot MgCl_2 + H_2O \Longrightarrow KCl \cdot MgOHCl + HCl \qquad (3-62)$$

$$KCl \cdot MgCl_2 + 2H_2O \Longrightarrow KMg(OH)_2Cl + 2HCl \tag{3-63}$$

当温度进一步升高，反应（3-62）和反应（3-63）生成的 $KCl \cdot MgOHCl$ 和 $KMg(OH)_2Cl$ 会分解成为 MgO，六水光卤石加热脱水过程中水解的总反应为：

$$KCl \cdot MgCl \cdot 6H_2O \Longrightarrow KCl + MgO + 2HCl + 5H_2O \tag{3-64}$$

六水光卤石加热脱水转化为二水光卤石时水解轻微，水解率低于 1%。但二水光卤石加热脱水时，存在一定的水解，其水解率与脱水温度有关（见表 3-12）。

表 3-12　二水光卤石水解率与温度的关系

脱水温度/℃	脱水产物组成（质量分数）/%				水解率/%
	KCl	MgCl₂	MgO	H₂O	
200	44.53	53.26	1.60	0.71	5.9
220	44.52	53.02	1.71	0.77	6.3
240	44.57	52.73	1.85	0.83	6.9
260	44.66	52.42	2.02	0.90	7.6
280	44.76	52.00	2.24	1.00	8.5
300	45.24	51.40	2.56	1.15	9.7

B　工业光卤石结晶水合物的脱水

无水光卤石（$KCl \cdot MgCl_2$）熔点为 490℃。在工业上，光卤石的脱水分两个阶段进行，第一阶段脱水主要采用回转窑脱水或沸腾炉脱水，在保证光卤石不熔化的情况下，尽可能多地脱除光卤石中的水分，并使光卤石水合物尽可能少地水解；第二阶段在熔融状态下通入或不通入 Cl_2 进行脱水。

a　回转窑脱水

采用回转窑脱水，光卤石从回转窑冷端加入，向燃烧室移动，从热端排出，出炉温度为 200~250℃。回转窑内燃气温度不宜过高，防止光卤石熔化，燃气温度在回转窑前半段（热端）由 620℃ 降低至 170℃，在后半段由 170℃ 降低至 120℃。光卤石在回转窑的后半段被烘干，而在回转窑的前半段进行脱水。在脱水同时发生部分水解，因而在最终产品中含有少量氧化镁。而烟气中含有 HCl，必须经过处理才能外排。

经回转窑脱水后，光卤石脱水率可达 80% 以上，但水解率也高于 10%。因此在采用回转窑脱水时，脱水率较低，水解率较高，氯化镁损失较多。

b　沸腾炉脱水

与在回转窑中脱水不同，光卤石在沸腾炉中脱水分为两个阶段，第一阶段是在炉温为 120~140℃ 条件下，将光卤石脱水至二水光卤石；第二阶段是在炉温为 160~185℃ 条件下对二水光卤石脱水。进行第一阶段脱水时，光卤石不发生水解，在进行第二阶段脱水时发生水解。

物料在沸腾炉内比在回转窑内停留的时间长，因此光卤石加热到 170~180℃ 就几乎完全脱水，脱水率较回转窑高。而且光卤石在沸腾炉内加热温度低，水解率较回转窑少。

c　光卤石的熔融脱水

光卤石经回转窑或沸腾炉脱水后仍含有一定量的水和氧化镁，因此需进行二次脱水，以便达到全部脱水和使 Mg(OH)Cl 分解，同时尽可能去除熔体中氧化镁的目的。

光卤石二次脱水是在电炉和混合炉内进行的。脱水用电炉采用电极加热，炉内先装入部分熔化的光卤石，保持炉温 480~510℃，比一次脱水光卤石熔点高 50~70℃。脱水过程中，经一次脱水的光卤石加入熔盐熔体的表面很快熔化，同时发生脱水和水解，析出水蒸气和氯化氢。一次脱水光卤石中的大颗粒氧化镁在光卤石熔化过程中沉积在炉底成为炉渣，而极细小的氧化镁颗粒仍会残留在熔融光卤石中，光卤石在电炉中经熔化后，大致成分（质量分数）为：MgCl$_2$ 48%，KCl 39%，NaCl 9%，MgO 3%，H$_2$O 0.4%，其他杂质为 1%。

经电炉熔融的光卤石进入混合炉内，混合炉内温度 800~850℃，进行彻底的脱水和净化。在混合炉内氧化镁和其他固体杂质（铝、硅、铁、硫等化合物）在熔体中呈悬浮状，缓慢沉积到混合炉底部。上部澄清的无水光卤石作为电解原料加入电解槽中进行电解。

光卤石也可在氯化器中通入氯气进行熔融氯化脱水。氯化器由熔化室、两个氯化室和熔体储存室组成。熔化室采用单相电极加热，氯化室借助于炭素电极用电流加热。一次脱水光卤石颗粒和焦炭颗粒（一次脱水光卤石与焦炭之比为 100:1）经给料机加入混合机内，混合后加入熔化室熔化，熔化过程中光卤石被脱除大部分（约 90%）的水分。熔化脱水后的混合熔体加入氯化室，向氯化室充入氯气进行氯化，在氯化室发生氧化镁和碱式光卤石的氯化反应和进一步的脱水，最后获得的无水光卤石流入储存室备用。在氯化室除发生氧化镁和碱式光卤石的氯化反应外，还会发生杂质（如硫酸根、Fe$_2$O$_3$、Al$_2$O$_3$、SiO$_2$等）的氯化反应，使杂质转化为相应的 SO$_2$、FeCl$_3$、AlCl$_3$、SiCl$_4$ 等进入气相，从而与熔体分离。因此，熔融氯化过程不仅使氧化镁和碱式光卤石氯化，而且使光卤石净化提纯。一次脱水光卤石在采用氯化器脱水氯化过程中，熔化室温度 500~600℃，氯化室温度在800℃以上，熔融氯化脱水后获得的无水光卤石氧化镁含量（质量分数）低于0.8%，水含量（质量分数）低于 0.1%。

尽管相对于水氯镁石来说，光卤石脱水相对容易，脱水时水解率相对要小。但光卤石脱水工艺较烦琐，同时还存在物料流量大、电耗大、成本高等缺点。

3.4.1.4 海绵钛生产副产品无水氯化镁

目前金属钛全部是采用克劳尔法生产的，在克劳尔法生产海绵钛的过程中发生的还原反应为：

$$TiCl_4 + 2Mg =\!=\!= 2MgCl_2 + Ti \tag{3-65}$$

生产海绵钛的副产物即为高纯度的无水氯化镁，因为杂质几乎全部留在了海绵钛中，该无水氯化镁可直接作为电解法生产金属镁的原料。

3.4.2 电解质的组成与性质

3.4.2.1 电解质的组成

由于 MgCl$_2$ 存在熔点高、导电性差、挥发性强、容易水解、镁溶解度大等缺点，故在镁电解过程中不能单独用它来做电解质。MgCl$_2$ 中添加 NaCl 有利于提高电解过程的电流效率，在一定范围内，添加 CaCl$_2$ 和 BaCl$_2$ 对电流效率也有良好的影响，但电解过程中的电流效率不只取决于电解质中每种组分含量，还取决于各组分的含量比例，因为组分的含量比例决定着电解质的性质。镁电解质主要由 NaCl、CaCl$_2$、KCl、MgCl$_2$ 组成。

若是采用光卤石做原料，则电解质成分（质量分数）通常为：MgCl$_2$ 5%~15%，KCl 70%~85%，NaCl 5%~15%。由于电解原料光卤石 KCl·MgCl$_2$ 中含有大量 KCl，因此电解质中 KCl 含量较高，电解温度为 680~720℃。如用氯化镁作电解原料，则电解质成分（质量分数）通常是：MgCl$_2$ 12%~15%，NaCl 40%~45%，CaCl$_2$ 38%~42%，KCl 5%~7%。其中，$w(\text{NaCl}):w(\text{KCl}) \approx (6 \sim 7):1$，电解温度为 690~720℃。此外，为了使析出的镁汇集得更好，电解质中常加入 2% 左右的 CaF$_2$ 或 MgF$_2$。在某些情况下，为了改善电解质的性能，电解质中也会添加 LiCl 和 BaCl$_2$。

3.4.2.2 电解质的性质

电解质的组成与性质对电解指标有重大的影响。

A 熔点

电解质中各组分的熔点如下：MgCl$_2$ 714℃，NaCl 801℃，KCl 770℃，CaCl$_2$ 782℃，LiCl 605℃，BaCl$_2$ 963℃。

MgCl$_2$-NaCl-KCl 三元体系中存在三个共晶点，一个共晶点组成为 MgCl$_2$ 35%（摩尔分数），KCl 47%（摩尔分数），NaCl 18%（摩尔分数），共晶熔点 400℃；一个共晶点组成为 MgCl$_2$ 46%（摩尔分数），KCl 22%（摩尔分数），NaCl 32%（摩尔分数），共晶熔点 385℃；一个共晶点组成为 MgCl$_2$ 39%（摩尔分数），KCl 25%（摩尔分数），NaCl 36%（摩尔分数），共晶熔点 400℃。以光卤石为原料的电解质 [$w(\text{MgCl}_2)$ = 5%~15%，$w(\text{KCl})$ = 70%~85%，$w(\text{NaCl})$ = 5%~15%] 的熔点大约为 600~650℃。

当 MgCl$_2$-NaCl-KCl-CaCl$_2$ 四元体系中 MgCl$_2$ 为 10%（质量分数）时，体系熔点见表 3-13。以氯化镁为电解原料，电解质 [$w(\text{MgCl}_2)$ = 12%~15%，$w(\text{NaCl})$ = 40%~45%，$w(\text{CaCl}_2)$ = 38%~42%，$w(\text{KCl})$ = 5%~7%] 熔点大约为 570~640℃。

表 3-13　MgCl$_2$-KCl-NaCl-CaCl$_2$ 系的熔点 [$w(\text{NaCl}):w(\text{KCl})$ = 6:1 时]

组分含量（质量分数）/%				初晶温度/℃
MgCl$_2$	CaCl$_2$	NaCl	KCl	
10	0	77.14	12.86	745
10	10	68.57	11.43	719
10	20	60.00	10.00	685
10	30	54.43	8.57	641
10	40	42.85	7.15	571
10	50	34.22	5.78	489
10	60	25.71	4.29	508
10	70	17.14	2.86	611
10	80	8.57	1.43	688
10	90	0	0	760

镁电解的温度一般比金属镁的熔点（651℃）高 30~70℃。这时，电解质的过热度在 30~100℃，在该温度下可保证镁液很好的上浮并与电解质分离。

B 密度

在工业镁电解中，电解生成的液体金属镁密度低于熔融电解质，电解质的密度与熔融镁液应有一定的密度差，以保证镁液与电解质的分离。镁电解槽中电解质的密度取决于其组成与电解温度。镁电解质各组分的密度见表3-14。

表 3-14 镁电解质各组成成分的密度值

组分成分	各组分的密度/g·cm^{-3}		
	700℃	750℃	800℃
LiCl	1.46	1.44	1.41
NaCl	1.59	1.56	1.52
KCl	1.57	1.54	1.51
MgCl$_2$	1.69	1.67	1.66
CaCl$_2$	2.11	2.09	2.07
SrCl$_2$	2.78	2.76	2.73
BaCl$_2$	3.30	3.24	3.17

镁液的密度在650℃下为1.590g/cm^3，750℃下为1.482g/cm^3，增加电解质中CaCl$_2$和BaCl$_2$含量，可显著增加电解质的密度，而向电解质中添加LiCl则会降低电解质的密度。为保证熔盐密度，氯化钙含量不能太低。电解质密度随温度变化曲线如图3-16所示。

C 电解质黏度

液体的黏度是液体中各部分抵抗相对运动的能力，其影响电解槽内镁液、固体渣和氯气与电解质熔体的分离效果，同时影响电解质的循环。电解质熔体的黏度越小，越有利于镁液和固体渣与电解质分离。电解质黏度与电解质成分和温度有关。

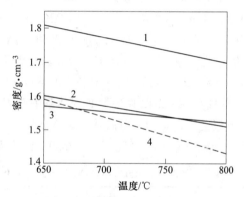

图 3-16 镁液与电解质的密度随温度的变化曲线
1—电解质成分（质量分数）：MgCl$_2$ 10%+NaCl 40%+CaCl$_2$ 45%+KCl 5%；2—电解质成分（质量分数）：MgCl$_2$ 10%+KCl 90%；3—KCl；4—Mg

对单一组分来说，在温度800~980℃时，KCl和NaCl的黏度较小，MgCl$_2$较大，CaCl$_2$最大。LiCl的添加有利于降低电解质熔体的黏度。

D 润湿性

镁对电解质和钢阴极的润湿性，涉及镁电解的电流效率。液态镁在钢阴极表面的汇集与上浮过程如图3-17所示。镁对钢阴极的润湿性改善时，镁珠容易汇集，有利于提高电流效率。但是，当电解质对钢阴极表面的润湿性好时，会降低镁珠对钢阴极的润湿，从而影响镁珠的汇集并降低电流效率。三者之间的关系如图3-18所示。

在图3-18中，θ为镁—钢阴极润湿角，δ_{E-S}为电解质—钢阴极的界面张力，δ_{E-Mg}为电解质—镁液的界面张力，δ_{Mg-S}为镁液—钢阴极的界面张力。当三者达到平衡时，镁、电解

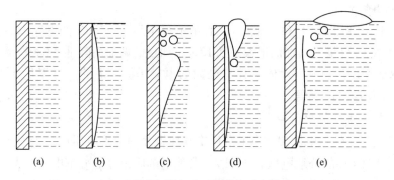

图 3-17 电解过程中钢阴极表面镁的汇集与分离过程示意图
（a）一次镁珠的生成；（b）形成薄层镁；（c）形成厚层镁；
（d）镁珠飘浮在电解质表面上；（e）形成连续的镁层

质、钢阴极三相间界面张力的关系为：

$$\delta_{E-S} = \delta_{Mg-S} + \delta_{E-Mg} \cdot \cos\theta \qquad (3-66)$$

即

$$\cos\theta = \frac{\delta_{E-S} - \delta_{Mg-S}}{\delta_{E-Mg}} \qquad (3-67)$$

当 θ 减小时，表示镁对钢阴极润湿良好。若要使 θ 减小，则 $\cos\theta$ 值应增大，而使 $\cos\theta$ 值增大的条件是：δ_{E-S} 值增大（即电解质对钢阴极润湿不良），或者 δ_{E-Mg} 减小（即电解质对镁润湿良

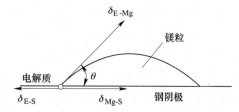

图 3-18 镁-电解质-钢阴极三相间
界面张力的关系

好）。所以，电解质对镁润湿良好和电解质对钢阴极润湿不良，都是获得高电流效率的重要条件。

电解质组成对钢表面的润湿性增大的顺序是：$MgCl_2 < CaCl_2 < BaCl_2 < NaCl < KCl$。电解质对阴极的润湿性改善会恶化镁对钢阴极表面的润湿性，即电解质中 NaCl 和 KCl 量的增加会降低镁对钢阴极的润湿性，而 $BaCl_2$ 和 $CaCl_2$ 会改善镁对钢阴极的润湿性。氟化物的加入能提高熔融镁与电解质和固体阴极表面的界面张力，改善镁的汇集状态。

E　电解质的蒸气压

电解时，电解质的蒸气压较高，在电解温度下会发生挥发，导致电解质的损失，并且盐类升华物会堵塞排气管。电解质蒸气压与电解质成分和电解温度有关。

纯物质蒸气压如下：$MgCl_2$ 253.3Pa（750℃），NaCl 47.6Pa（755℃），KCl 45.6Pa（750℃）。

电解时，混合熔体中蒸气压较高的组分挥发量较高，蒸发损失量较大，蒸气压较低的组分将会在电解质熔体中富集。电解质体系中 $MgCl_2$、NaCl 和 KCl 蒸气压较高，$CaCl_2$ 和 $BaCl_2$ 熔点较高，蒸气压较低。提高熔盐中低蒸气压组分（如 $CaCl_2$ 和 $BaCl_2$）的浓度和降低电解质的过热度有利于降低体系的总蒸气压。

F　电解质的电导率

电解质的电导率是电解质最重要的物理化学性质之一。电解过程中，电解槽的热量主要来源于电解质的焦耳热，而电解质的电导率是影响焦耳热的主要因素之一。当极距和电流密度不变，在维持电解槽热平衡的情况下，增加电解质的电导率，可降低电解质的电压

降，节约镁的电解能耗。

在 $MgCl_2$-NaCl-KCl-$CaCl_2$ 体系中，$MgCl_2$ 的电导率最小，NaCl 的电导率最大。混合熔盐的电导率随 NaCl 含量的增加而增大，随 KCl 添加量的增加而降低，$CaCl_2$ 含量对电导率影响较小。$MgCl_2$-LiCl-KCl 三元体系具有最大的电导率。LiCl 的电导率优于 NaCl，添加 LiCl 有利于提高熔盐的电导率。

G 电解质各组分的分解电压

电解镁的前提条件是电解温度下电解质中其他组分的分解电压应高于 $MgCl_2$ 的分解电压。在 700℃时 $MgCl_2$ 的分解电压为 2.61V，其他电解质组分的分解电压见表 3-15。

表 3-15 电解质中各组分的分解电压

组　分	700℃分解电压 E_{700}/V	温度系数 α
$MgCl_2$	2.61	0.7×10^{-3}
LiCl	3.41	1.1×10^{-3}
NaCl	3.39	1.7×10^{-3}
KCl	3.53	1.6×10^{-3}
$CaCl_2$	3.38	1.4×10^{-3}
$BaCl_2$	3.62	4.1×10^{-3}

电解质各组分的分解电压与温度有关，温度升高，分电解电压降低，各组分在不同温度下的分解电压的计算公式为：

$$E_t = E_{700} - a(t - 700) \quad (V) \tag{3-68}$$

式中　E_t——温度 t 时的分解电压值，V；

　　　E_{700}——温度 700℃时的分解电压值，V；

　　　a——温度系数，电解质各组分的温度系数不同。

混合熔盐中，由于各组分活度的改变，分解电压也会发生变化。实际生产中混合熔盐中 $MgCl_2$ 在电解温度下的分解电压可通过实测确定。尽管在电解温度下，$MgCl_2$ 的分解电压比其他组分的分解电压低很多，但由于电解过程中存在较高的过电压，而且电解质中 $MgCl_2$ 含量是变化的。因此当电解质中 $MgCl_2$ 含量较低时，电解质中的其他组分有可能与 $MgCl_2$ 一起被电解。

H 镁在电解质中的溶解度

金属镁在电解质熔体中的溶解度对电解过程的电流效率有重大影响。镁溶解在 $MgCl_2$ 熔液中，大部分生成低价氯化镁 MgCl，一部分则以胶体状态镁存在于熔液中。生成低价氯化镁的反应为：

$$MgCl_2 + Mg \rightleftharpoons 2MgCl \tag{3-69}$$

$$Mg^{2+} = Mg + 2e \quad 分解电压 2.6V(700℃)$$

$$Mg^+ = Mg + e \quad 分解电压 2.36V(700℃)$$

反应（3-69）是一个可逆反应。该反应的平衡随温度而变化，温度升高，反应向右进行；温度降低，反应向析出金属方向进行。当电解质熔体冷却时，MgCl 会分解成为 $MgCl_2$ 和金属 Mg。

镁在纯 $MgCl_2$ 熔盐中的溶解度较高，随着温度的升高，镁的溶解度增加。700℃时，镁的溶解度为 0.55%（摩尔分数）；900℃时，镁的溶解度为 1.28%（摩尔分数）。一般来说，如果向电解质熔体中加入与所制取的金属熔体不发生反应而又具有更负电性的其他金属盐，则金属在电解质熔体中的溶解度就会降低，因此向 $MgCl_2$ 中添加 NaCl、KCl、$CaCl_2$、LiCl 等会降低镁在电解质中的溶解度。

在 $MgCl_2$-NaCl-KCl 三元体系中，镁的溶解度主要取决于 $MgCl_2$ 的浓度，$MgCl_2$ 浓度越高，镁在电解质熔体中的溶解度越大。而 KCl 与 $MgCl_2$ 可生成 $KCl \cdot MgCl_2$ 化合物，从而降低了 $MgCl_2$ 活性。因此，随着 KCl 浓度增大，镁的溶解度越低。在该体系中添加 $CaCl_2$ 后，KCl 与 $CaCl_2$ 生成 $KCl \cdot CaCl_2$ 化合物，并释放 $MgCl_2$，导致镁的溶解度增加。镁在 $MgCl_2$-NaCl-KCl-$CaCl_2$ 熔盐体系中的溶解度很小，其含量（质量分数）为 0.004%~0.02%。

总的来说，对电解质有如下要求：

(1) 电解质的初晶温度相对要低，电解质密度与金属镁的密度相差要大；

(2) 电解质对钢的润湿性要差，电解质电解温度下的蒸气压越低越好；

(3) 在保证电解槽热平衡的情况下，电解质电导率越高越好；

(4) 电解质组分的分解电压应高于氯化镁的分解电压；

(5) 电解质的黏度较小，镁在电解质熔盐体系中的溶解度较低；

(6) 电解质各组分来源广泛，成本较低，没有污染或污染较小。

3.4.3 镁电解槽结构

工业镁电解槽中，电解生成的液体金属镁密度低于熔融电解质，因此漂浮在熔融电解质之上。由于氯气也向上逸出，镁与氯气容易接触导致逆反应，从而影响电流效率。通常解决这个问题的方法是用挡板将阴阳极分开，但是挡板增加了极距，增加了内部电阻。自从镁工业生产以来，在电解槽的结构上出现多种形式，主要的电解槽结构有以下几种。

3.4.3.1 有隔板电解槽

有隔板电解槽分为上插阳极隔板电解槽、侧插阳极隔板电解槽和底插阳极隔板电解槽。

上插阳极电解槽又称 IG 槽，曾是应用最广泛的电解槽，这种电解槽是由德国 I. G 染料公司发明的，每个槽内有 4~5 个石墨电极（阳极），电极均匀排布于一个长方形的、以耐火材料为内衬的钢壳内，每个阳极以夹层式置于两只钢制阴极中间。耐火材料隔板浸入到电解质中，将阳极产物 Cl_2 和阴极产物 Mg 隔开，阻止两者间的反应。其电解槽结构示意图如图 3-19 所示，电解过程中电解质的流动示意图如图 3-20 所示。

由于电极间的距离被耐火材料隔板加大，电流密度下降，耐火材料受到电解质的化学侵蚀和热循环冲刷，其使用寿命大大缩短，从而使得 IG 电解槽的使用寿命不太理想。

3.4.3.2 无隔板电解槽

无隔板电解槽有两种类型，一种是借电解质循环运动使镁进入集镁室的无隔板电解槽，另一种是借导镁槽使镁进入集镁室的阿尔肯型无隔板电解槽。

上插阳极框式阴极无隔板电解槽是一种借助电解质循环运动使镁进入集镁室的无隔板电解槽。电解槽设有集镁室和电解室，两室通过耐火材料隔板分开，在隔板上部和下部有

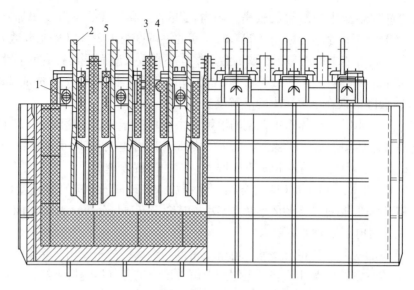

图 3-17　上插阳极有隔板电解槽结构示意图

1—氯气出口；2—钢阴极；3—石墨阳极；4—阳极母线支撑点；5—耐火隔板

联通口，电解质通过联通口在两室之间循环运动。阳极位于电解室上部，阴极位于电解室下部，阴极完全沉没在电解质中，阳极和阴极之间无任何挡板。电解过程中，在电解室的阴极与阳极之间形成电解质、镁珠和氯气气泡的气液混合物，这种混合物由电解质的循环运动带入到集镁室。镁珠随着电解质的运动不断长大，绝大部分镁珠与氯气气泡分离后进入集镁室而与电解室的氯气隔离。上插阳极框式阴极无隔板电解槽结构示意图如图 3-21 所示，上插阳极框阴极无隔板电解槽电解质流动示意图如图 3-22 所示。

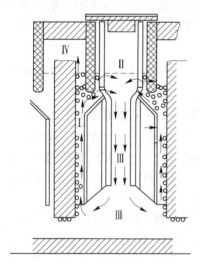

图 3-20　有隔板电解槽电解质的流动示意图

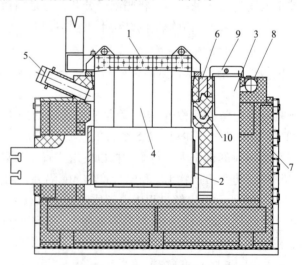

图 3-21　上插阳极框式阴极无隔板电解槽结构示意图

1—阳极；2—阴极；3—集镁室；4—电解室；5—氯气导出管；6—隔墙；7—槽壳；8—集镁室盖；9—集镁室排气管；10—U 形导镁装置

阿尔肯型无隔板电解槽由电解室和集镁室组成，两室都在钢壳内，两室之间由耐火材

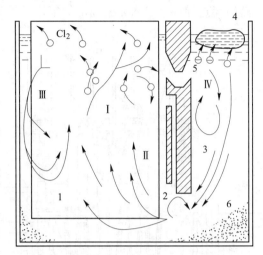

图 3-22　上插阳极框式阴极无隔板电解槽电解质流动示意图

Ⅰ—氯和电解质混合物上升流动方向；Ⅱ—来自集镁室的电解质上升流动方向；

Ⅲ—氯和电解质混合物下降流动方向；Ⅳ—集镁室内电解质循环流动方向

1—阳极（剖面）；2—阴极框架边缘；3—拱形隔墙；4—镁；5—导镁槽；6—渣层

料制成的隔墙隔开。电解槽阳极为楔形结构，通过设置在阴极顶部的导镁槽使电解产生的金属镁进入集镁室，同时电解质也会通过导镁槽进入集镁室，使电解质在电解室与集镁室之间循环运动。该电解槽结构示意图如图 3-23 所示。

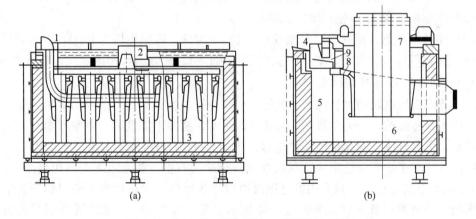

图 3-23　阿尔肯型无隔板电解槽结构示意图

1—调温管；2—出镁井；3—阴极；4—集镁室盖；5—集镁室；6—电解室；7—阳极；8—导镁槽；9—隔墙

3.4.3.3　道屋电解槽

道屋电解槽由美国道屋公司发明，从 1916 年投产至 1998 年停产，经历了多次改革，最终发展到了第 11 代道屋电解槽，电流强度达到了 200kA，每个电解槽有阳极 34 个。电解槽是一个钢制槽子，同样以石墨为阳极，钢为阴极，锥形电极直接焊接在不锈钢内壁上，阴极与阳极之间没有隔板，用天然气补充加热。道屋电解槽采用 $MgCl_2 \cdot (1.5 \sim 2.0)H_2O$ 为电解原料，含水的氯化镁在电解质表面分解，部分含水镁盐进入电解质熔体中。阴极析出的镁上升到电解质上部，然后经过导镁槽进入到槽前部的集镁井，定期取出铸锭。该电解槽的结构如图 3-24 所示。

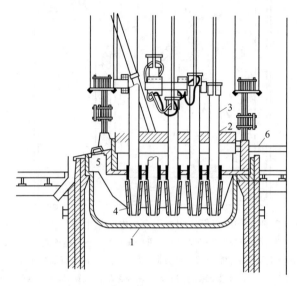

图 3-24　道屋电解槽示意图

1—钢槽子；2—陶瓷盖板；3—石墨阳极；4—阴极；5—集镁井；6—氯气导出管

其缺点为：

(1) 由于使用的原料含有部分结晶水，阳极消耗量大，吨镁消耗石墨 100kg；

(2) 电解质渣量大，吨镁 180~320kg；

(3) 电流效率低，能耗高，电流效率为 75%~85%，吨镁能耗为 18000~18500kW·h；

(4) 阳极气体成分复杂，氯气与氯化氢比例 1:1，还含有较多的氢气，难以处理。

3.4.3.4　阿尔肯双极性电解槽

阿尔肯双极性电解槽也被称为多极槽，以高纯石墨板为阳极，以钢为阴极，整个电解槽内衬由耐火砖砌筑，分为电解室和集镁室两个室，两室下部联通，电解在电解槽的上半部分进行，下部有支撑板和辅助加热电极，电解槽结构如图 3-25 所示。每个阳极与钢制阴极中间放置有多块双极性电极，双极性电极材质为石墨，相互之间的间距很小，在 4~25mm 之间。电解过程中，只有阴极与阳极通过导线通电，双极性电极通过感应带电，一面为阴极，一面为阳极，示意图如图 3-26 所示。电解过程中，金属镁既在钢阴极表面生成，也在双极性电极的阴极表面生成，同样，氯气既在石墨阳极表面产生也在双极性电极的阳极表面产生，这样在钢阴极和石墨阳极之间又形成了多个电解空间。这些双极性电极的高度不一，浸没在电解质中，高度从石墨阳极向钢阴极方向逐渐降低。电解时，氯气和金属镁充满双极性电极之间的空间，氯气逸出过程中带动夹带有金属镁珠的电解质向上运动，沿着双极性电极上沿流向钢阴极，钢阴极为中空结构，电解质与镁液进入钢阴极空腔，通过钢阴极与集镁室联通的连接口流入到集镁室，镁上浮留在集镁室，电解质通过电解槽底部返回电解室。电解质在集镁室和电解质之间循环进行物质交换和热交换。

阿尔肯双极性电解槽采用多个双极性电极，在不增大电解槽的尺寸、电解温度和外部连接的电流损失情况下，增加阴极的面积，更多的金属能在阴极表面生成汇集。电解过程

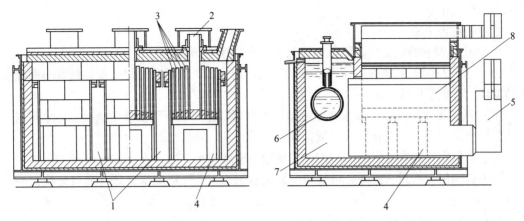

图 3-25 多极槽的结构示意图

1—钢阴极；2—石墨阳极；3—感应电极；4—槽底支撑立柱；
5—阴极接线柱；6—电解质液位调节器；7—集镁室；8—电解室

中产生的电解渣沉积于槽底部。当槽底部填充到一定程度后将影响电解质的循环，此时就需要停槽大修，槽寿命一般为 2 ~ 3 年。电解过程中极距为 4 ~ 25mm，电解温度 655 ~ 670℃，出镁前，启动交流加热电极，将电解温度提高到 690 ~ 700℃。电解能耗在 10000 ~ 12000kW·h/t-Mg。该电解槽结构简单，产量大，能耗低，已在日本、美国和中国获得广泛应用。

3.4.4 镁电解过程中的杂质行为

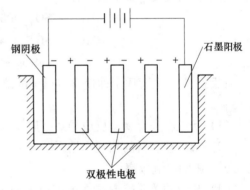

图 3-26 多极槽的感应电极通电极性示意图

电解过程中，镁电解质中的杂质来自原料和电解槽的内衬及铁的部件。杂质在电解时会引起一些不良反应造成镁的损失，氧化物氯化造成氯的损失，以及杂质电化学还原造成电能损失。电解质中的主要杂质有水、硫酸盐、氯化铁、锰盐、氧化镁、硼酸盐和含量较低的含铝、镍、铅盐等。

3.4.4.1 水对电解过程的影响

电解质中的水主要是由原料带入的。电解原料氯化镁或光卤石虽然经过脱水才能进入电解槽，但使其完全脱水很困难，脱水后往往还含有少量水，甚至有些电解法就是以低水氯化镁水合物为原料进行电解生产，如道屋法。水是有害杂质，它在电解过程中引起一系列的副反应过程：

水与金属镁发生反应： $Mg + H_2O \Longrightarrow MgO + H_2 \uparrow$ (3-70)

氯化镁发生水解反应： $MgCl_2 + H_2O \Longrightarrow Mg(OH)Cl + HCl \uparrow$ (3-71)

$$Mg(OH)Cl \Longrightarrow MgO + HCl \uparrow \qquad (3-72)$$

与炭阳极反应： $2Mg(OH)Cl + 2Cl_2 + C \Longrightarrow 2MgCl_2 + 2HCl \uparrow + CO_2 \uparrow$ (3-73)

此外，水在电解槽中还会被电解，在阴极析出氢气，在阳极析出氧气，导致电流效率降低和阳极石墨氧化。

水分的危害主要有：

（1）导致大量的副反应，降低电流效率，增加镁电解能耗；

（2）水分与阴极上镁的反应所形成的氧化镁钝化膜，覆盖于阴极表面，使镁对阴极湿润性变坏，降低了电流效率；

（3）碱式氯化镁的生成和水在电解槽中的电解，造成了石墨阳极的消耗，导致阳极产生的气体中含有大量的氯化氢和二氧化碳。

为了消除水分的有害影响，一方面要使原料彻底脱水，另一方面在电解原料运输和放置过程中必须保证密封。此外，电解槽应使用密闭槽盖，原料中水含量（质量分数）不应超过 0.1%。

3.4.4.2 硫酸盐对电解过程的影响

采用卤水或光卤石为原料制取的氯化镁中会存在硫酸盐，硫酸盐随 $MgCl_2$ 熔体进入电解质。由于硫酸根的分解电压较高（700℃时为 3.6V），直接电解的可能性较低，但在电解过程中会与镁发生如下反应：

$$Mg^{2+} + SO_4^{2-} + 3Mg = 4MgO + S \qquad (3-74)$$

$$Mg^{2+} + SO_4^{2-} + 4Mg = 4MgO + MgS \qquad (3-75)$$

$$MgSO_4 + Mg = 2MgO + SO_2 \uparrow \qquad (3-76)$$

实践表明，电解质中即使含有很少的硫酸盐，电流效率也会急剧降低。硫酸盐的危害主要有：

（1）硫酸根与金属镁反应导致金属镁的损失，降低电流效率；

（2）硫酸盐和镁的相互作用在阴极上沉积氧化镁，使阴极表面钝化，导致镁以细散状态析出，影响电流效率；

（3）析出的单质硫漂浮在电解质表面，同空气中的氧反应生成二氧化硫，造成环境污染。

一般要求原料中硫酸根含量不应超过 0.03%。

3.4.4.3 铁盐、钛盐、锰盐对电解过程的影响

原料中的铁主要以氯化铁形式存在，氯化铁是最有害的杂质，当电解质中含铁量（质量分数）为 0.1%~0.5%时，电解初期几乎不产生金属镁；当电解质中铁含量（质量分数）低于 0.04%时，电流效率较高，可达到 80%以上。铁盐的主要危害有：

（1）氯化铁可被金属镁还原生成单质铁，导致镁的损失。

（2）由于氯盐体系中 Fe^{3+} 分解电压比 Mg^{2+} 低，在阴极表面优先电解生成一层海绵铁，海绵铁会吸附电解质中的氧化镁颗粒，这层海绵铁和所吸附的氧化镁一起使阴极表面钝化，使电流效率降低 10%~20%。

（3）部分 Fe^{3+} 在阴极被还原为 Fe^{2+}，而 Fe^{2+} 在阳极附近又氧化成 Fe^{3+}，Fe^{2+} 和 Fe^{3+} 在阳极与阴极之间反复被氧化和还原，造成电流的空耗，导致电流效率降低。

锰盐和钛盐对电解过程的影响与铁盐相似，均会在阴极上生成一层金属海绵物质，这些金属海绵物在自身表面吸附氧化镁，导致阴极表面的钝化。此外，由于锰离子和钛离子的价态可变，同样存在电流空耗问题。

由于镁还原四氯化钛生产海绵钛获得的副产物无水氯化镁中会含有少量的钛，当以该氯化镁为原料电解时，钛盐会显著降低电解的电流效率。

电解用氯化镁原料中的铁含量（质量分数）应低于0.04%，钛含量（质量分数）应低于0.008%，锰含量（质量分数）应低于0.06%。

3.4.4.4 硅对电解过程的影响

硅化合物可能是由原料带入，也可能由电解槽内衬带入，Mg与SiO_2发生如下反应：

$$SiO_2 + 4Mg = Mg_2Si + 2MgO \tag{3-77}$$

生成的Mg_2Si又会与水反应生成硅烷（SiH_4），硅烷容易挥发，由电解槽排出后又在低温分解成为氢和二氧化硅，故电解槽升华物内常有一定量的SiO_2。Mg_2Si与H_2O发生如下反应：

$$Mg_2Si + 2H_2O = 2MgO + SiH_4 \uparrow \tag{3-78}$$

这些反应使槽内衬遭到破坏，钝化阴极，导致电流效率降低。

3.4.4.5 硼对电解过程的影响

卤水中会含有硼酸盐，电解时硼酸盐会被金属镁还原，硼离子也会在阴极被电解析出，吸附MgO，钝化阴极，影响电流效率。当$MgCl_2$原料中含0.0016%~0.0020%（质量分数）硼时，电流效率会下降4%~5%，而当硼含量（质量分数）达0.01%时，电流效率下降15%~20%。原料中硼的允许浓度为0.002%以下。

3.4.4.6 MgO对电解过程的影响

电解质中的MgO大部分是在电解过程中生成的，少部分由原料带入。在电解过程中，MgO吸附在阴极表面使阴极钝化。此外，MgO还会导致炭阳极氧化，其反应式为：

$$3MgO + 3Cl_2 + 2C \longrightarrow 3MgCl_2 + CO \uparrow + CO_2 \uparrow \tag{3-79}$$

杂质对电解过程影响可归结到如下几个方面：

（1）在阴极析出，吸附MgO，使阴极钝化，镁不能在阴极汇集，导致镁溶解损失增加和在氯气中燃烧，造成电流效率下降（如铁盐、锰盐、钛盐、氧化镁、硼酸盐、硫酸盐等）。

（2）杂质与生成的金属镁反应，造成电流效率降低（如铁盐、钛盐、锰盐、硼酸盐、硫酸盐、水等）。

（3）金属离子在阴极与阳极间反复还原与氧化造成电能的空耗（如铁离子、锰离子、钛离子等）。

（4）与石墨阳极或电解槽耐火保温材料反应，使阳极消耗增加，电解槽内衬破损（如水、氧化镁和硅化物等）。

3.4.5 镁电解的电流效率

3.4.5.1 镁电解的电流效率与电能效率

A 电流效率

镁的电化学当量为0.4534g/(A·h)，氯的电化学当量为1.3228g/(A·h)，电解出1kg的金属镁，理论上需要消耗3.917kg $MgCl_2$，同时产生2.917kg Cl_2。理论金属镁的产量的计算公式为：

$$Q_{理} = 0.4534It \tag{3-80}$$

式中　I——电解槽的平均电流，A；

　　　t——电解时间，s。

实际生产中，由于副反应的发生和电流的损失，实际生产的镁量低于理论量，一般以实际产镁量与理论产镁量的比值来计算镁电解的电流效率，计算公式为：

$$\eta = \frac{Q_{实}}{Q_{理}} \times 100\% = \frac{Q_{实}}{0.4534It} \times 100\% \tag{3-81}$$

现代工业镁电解槽的电流效率在85%左右。

B　镁电解的能量消耗与电能效率

镁电解的电能消耗是指生产1kg镁消耗的电能，其跟电解槽的电压和电流效率有关，与电解槽电压成正比与电流效率成反比，计算公式为：

$$W = \frac{U_{槽}}{0.4534\eta} = 2.205 \times \frac{U_{槽}}{\eta} \tag{3-82}$$

式中　W——镁电解能耗，kW·h/kg-Mg；

　0.4534——镁的电化学当量，g/（A·h）；

　　　η——电流效率，%。

因此，降低槽电压和提高电流效率有利于降低镁电解能耗。金属镁的电能消耗一般在12000~15000kW·h/t-Mg。

镁电解的能源利用率 γ 可由理论电能消耗 $W_{理}$ 与实际电能消耗 $W_{实}$ 的比值计算，计算公式为：

$$\gamma = \frac{W_{理}}{W_{实}} \times 100\% \tag{3-83}$$

分解 $MgCl_2$ 的理论电能消耗，可由氯化镁在一定温度下分解成元素的反应热效应来计算，计算公式为：

$$W_{理} = \frac{\Delta H}{24.305 \times 3.6 \times 10^3} \quad (kW·h) \tag{3-84}$$

式中　ΔH——$MgCl_2$ 的分解热，J/mol；

　24.305——镁的原子量；

　3.6×10^3——1W·h 的热当量。

3.4.5.2　电解槽电流效率的损失机理

电流效率的损失主要是由阴极镁的再氯化反应导致，即阴极上产出的镁被阳极气体氯气所氯化，重新生成氯化镁造成镁的损失。此外，电解生成的金属镁与杂质反应，在电解质表面燃烧氧化损失及被渣带入槽底、电流空耗等因素也会造成电流效率的降低。

当电解液与镁液之间有很大的界面张力时，则镁液形成密实的一层，这时可获得很高的电流效率。在这种情形下，电解液中没有大量分散的镁珠。

阴极钝化是导致镁损失增加、电流效率降低的主要原因之一。阴极钝化膜的主要成分是 MgO。当阴极表面上生成一层钝化膜时，阴极表面产生的液态镁与阴极的润湿性就会变差，阴极电阻增大。此种情况下液态镁难以在阴极上汇集成片，而是呈分散的细小镁珠混杂在电解液中，一方面，细小镁珠增大了镁与电解质的接触面积，导致溶解速度加快；另一方面，细小镁珠容易随电解质运动进入集氯区被氯气氯化，使得电流效率显著下降。向电解质中加入 CaF_2 和 NaF 可以破坏阴极钝化膜，原因就是氟离子与氧离子的离子半径相近，可以置换出阴极钝化膜中 MgO 的氧离子，引起钝化膜的破坏。

3.4.5.3 影响电流效率的主要因素

A 电解质组成对电流效率的影响

电解质中 $MgCl_2$ 浓度对电流效率影响较大。在电解过程中，光卤石或氯化镁加入电解槽后，电解槽中 $MgCl_2$ 浓度不应超过 15%～18%，而加入之前，则不低于 5%～7%。当阴极电流密度在 $0.5A/cm^2$ 以下时，电解槽中 $MgCl_2$ 浓度低于 7%～8%，镁的电流效率明显下降，此时阴极会析出钠或钾。当阴极电流密度较高时，电解质中 $MgCl_2$ 浓度下限应提高 2%～3%。

除氯化镁浓度外，电解质的组成对电流效率的影响也比较明显。电解质的组成直接影响电解质的物理化学性质，对电解过程的电流效率有很大影响。

B 电解过程的工艺参数对电流效率的影响

电解温度可显著影响电流效率。根据实验室研究，当阳极电流密度为 $0.5A/cm^2$，阳极高度为 80cm，极距为 8cm 时，电流效率与温度的关系是：

电解温度/℃　680　700　750　800
电流效率/%　88.0　86.4　82.1　78.0

在温度 680～800℃ 范围内，电流效率与温度呈直线关系，即温度每升高 10℃，电流效率大致降低 0.8%。这一关系已为工业生产实践所证实。电流效率随温度升高而降低，是由于镁被氯气氯化的速度加快所致。

电解过程中的极距、电流密度、阳极高度等工艺参数对电流效率也具有很大的影响。极距越小，镁与阳极气体接触的概率越大，电流效率降低。

C 杂质影响

电解原料与电解质中的大部分杂质会与镁发生反应或发生电化学还原反应，造成金属镁的损失或电流空耗，导致电流效率降低。

除上述因素外，电解槽结构、阴极与阳极质量和操作工艺等因素对电流效率也具有较大影响。

D 电解质的"沸腾"现象

电解质正常电解时，阳极上的氯气形成小气泡，吸附在阳极表面上，逐渐长大，当其达到一定直径时，从阳极上脱离，沿阳极表面上升。在其上升过程中，碰撞到尚未脱附的气泡时，合并为一，最终脱离阳极，在电解液表面上破裂。但有时会出现电解质的"沸腾"现象，此时，阳极上的气泡数目增多，气泡的直径变小，气泡脱离阳极时，大小均一，而且上浮的速度相同，因此在其上浮过程中，几乎没有碰撞与合并的机会。这些小气泡到达电解质表面上时，因为表面张力的作用，并不立即破裂，而是聚集成一层小气泡层，覆盖在电解质表面上，而下部的小气泡不断涌出，电解质似乎"沸腾"了一样，这就是电解质"沸腾"现象。电解质"沸腾"时，氯气气泡层长时间地停留在电解液表面上，增加了阳极气体与金属镁的接触机会，使镁与氯气反应放热，降低了电流效率，减少了镁产量，并使电解槽温度升高，严重时，电解质长时间的"沸腾"会使电流效率降低 10%以上。

MgO 是引起"沸腾"现象的原因，电解过程中 MgO 悬浮在电解质熔体中，不仅会使阴极产物金属镁分散成小镁珠，同样也能使阳极产物氯气分散成小气泡。当电解液中 SO_4^{2-} 含量（质量分数）超过 0.1%，或采用已经发生部分水解的氯化镁作电解质时，电解质中会生成大量的 MgO，电解槽便会产生这种"沸腾"现象。此外，当电解槽扒渣时，如果过度地搅动槽底积渣，则电解质将被渣浊化，也会引起"沸腾"现象，因为渣的主要成分是 MgO。向电解质中添加 CaF_2 或 NaF，可以防止此种"沸腾"现象的产生。

3.5 皮江法与电解法的对比

皮江法和电解法是炼镁的两种主要方法，其优缺点对比见表 3-16。

表 3-16　皮江法与电解法优劣对比

项　目	电解法	皮江法	备　注
项目投资	投资大、折旧费用高	投资相对较小	投资至少差 5 倍
产业分析	综合性、必须统筹氯气的利用	相对单一	—
生产规模	适宜大规模	规模不受限制	—
装备水平	机械化、自动化程度高	手工作业多	皮江法工人劳动强度大
能源种类	电力为主	煤气为主，来源广泛	—
原料	电解原料制备困难，能耗高	直接采用天然矿物原料	—
环境影响	产生有毒阳极气体和电解渣	还原渣无毒可利用	电解法环保费用高
成本	综合成本高	成本低	

鉴于皮江法的成本与产业优势，未来在相当长的一段时间内，镁的生产方法仍将以皮江法为主，节能与环保仍将是未来皮江法的主要发展方向。

3.6 粗镁精炼与高纯镁的生产

3.6.1 镁的精炼方法

无论是采用皮江法生产的结晶镁还是电解法生产的液态镁，均含有少量的杂质，这些杂质严重降低金属镁及镁合金的抗腐蚀性能和力学性能，因此必须要进行精炼去除。皮江法粗镁（结晶镁）中的金属杂质主要有 Si、Al、Mn、、Zn、Cu、K、Na、Ca 等，非金属杂质主要有 MgO、SiO_2、Fe_2O_3、CaO、Al_2O_3 等；电解法生产的金属镁中的金属杂质主要有 Fe、Si、Al、Ni、Mn、Cu、K、Na、Ca 等，非金属杂质主要有 $MgCl_2$、NaCl、KCl、$CaCl_2$、Mg_3N_2、MgO、SiO_2、Fe_2O_3、CaO 等。

金属镁的精炼方法一般有熔剂精炼法、蒸馏精炼法、添加剂深度精炼法、气体精炼法、沉降精炼法、区域熔炼法和电解精炼法。

熔剂精炼法是将熔剂加入熔融镁内去除镁中杂质的精炼方法，主要除去镁中的氧化物、氮化物和碱金属杂质，是粗镁精炼的常用方法，也可用于高纯镁的生产（所用熔剂与粗镁精炼不同），可获得99.80%以上的金属镁。

蒸馏精炼法主要是利用镁低温饱和蒸气压高的特点，采用真空蒸馏的方法使镁蒸馏出来与杂质分离，该方法能耗大，成本高，主要用于高纯镁的生产。

添加剂深度精炼法的基本原理是向镁液中加入添加剂，使其与镁液中的杂质形成不溶于金属镁的沉淀析出。添加剂一般为一些活泼性较高的金属（如 Ti、Zr、Mn 等）或金属化合物（$TiCl_4$、$ZrCl_4$、硼化物等），当添加剂为金属化合物时，这些金属化合物一般首先被镁还原为金属，这些添加的或被还原生成的活泼金属与镁中杂质（Fe、Ni、Cu、Mn、Al、Si 等）生成在镁中溶解度低而且难熔的金属间化合物，然后沉降下来从而达到去除杂质的目的。该方法成本较高，只对去除某一种或几种杂质有效，主要用于高纯镁的生产。

气体精炼法主要用于金属镁的除气，在熔炼过程中向镁液中通入惰性气体（主要为氩气和氦气）可以将熔体中的氢含量大幅度降低。

沉降精炼是使粗镁中的杂质于精炼炉内沉降而被除去的镁精炼方法，这种方法主要用于电解法生产的粗镁精炼，属流水作业的分离设备。粗镁中机械夹杂的非金属杂质在精炼炉中与镁分离，并沉降于底部而被除去。

区熔精炼法的基本原理是利用杂质含量高的熔体结晶点高于金属镁结晶点的特点，使金属镁随熔区前进的方向移动，而杂质含量高的部分随熔区前进的反向移动，经过多次区熔，可以使镁达到相当高的纯度。这种精炼方法成本高，主要用于制取高纯镁。

电解精炼法类似于金属铝的三层液电解精炼法，是以镁合金作阳极，使镁在阳极溶解，然后在阴极上析出。向粗镁中添加20%~30%的金属加重剂（锌、铅、铜），配制阳极合金，电解质密度大于镁的密度，小于阳极合金密度，在700~720℃进行精炼。

常用的粗镁精炼法为熔剂精炼法，常用的高纯镁的生产方法为真空蒸馏法。

3.6.2 粗镁的熔剂精炼

对粗镁精炼剂的要求是：

（1）无毒，来源广泛，成本低；

（2）具有一定的精炼性，即能与镁中杂质发生物理或化学反应生成与镁不溶的渣；

（3）熔点比镁低；

（4）熔融情况下与镁有一定的密度差，能够与镁液很好地分离；

（5）熔剂熔盐应具有较小的黏度和较大的界面张力，能够使镁液彻底分离；

（6）熔剂中的阳离子与镁不发生置换反应，防止引入杂质。

去除氧化物夹杂一般选择氯化物为主的熔剂，熔剂对熔融镁的润湿性较差，对镁中机械夹杂的氧化物颗粒的润湿性很好，因而能吸附这类杂质粒子，使镁熔体易于与氧化物分离，从而使氧化物大部分被熔剂吸附进入渣中而减少了熔体中的氧化物的含量。氯化物对氧化物的湿润性能顺序为：

$$KCl > NaCl > MgCl_2 > CaCl_2 > BaCl_2$$

对于镁液中碱金属夹杂（主要为 Na 和 K），主要通过化学反应去除。其发生的化学反应式为：

$$MgCl_2 + MgO === MgO \cdot MgCl_2 \tag{3-85}$$

$$MgCl_2 + CaO === CaO \cdot MgCl_2 \tag{3-86}$$

$$MgCl_2 + 2Na === 2NaCl + Mg \tag{3-87}$$

$$MgCl_2 + 2K === 2KCl + Mg \tag{3-88}$$

粗镁精炼熔剂主要由碱金属、碱土金属的氯化物、氟化物和氧化物组成，分为精炼熔剂和覆盖熔剂两类。覆盖熔剂的主要功能是隔绝镁熔体与空气的接触，减少镁在精炼过程中的氧化燃烧损失，同时也具有一定清除氧化物杂质的作用；而精炼剂的主要功能是精炼除杂。因此，覆盖熔剂的密度必须低于熔融镁，而精炼剂的密度高于熔融镁，精炼剂加入镁熔体后熔化下沉，在沉降的过程中通过物理和化学吸附［如式（3-85）和式（3-86）］将夹杂物带入镁熔体底部实现与镁的分离，同时发生式（3-87）和式（3-88）的还原反应，去除金属 Na 和 K。两类熔剂都必须对熔体镁的润湿性差，才能实现精炼之后与金属镁很好分离，达到应有的精炼效果。

世界各国镁厂所采用的熔剂组成不尽相同，但基本都是由 $MgCl_2$、KCl、NaCl、$BaCl_2$、MgO 和 CaF_2 组成。中国采用的基础熔剂组成（质量分数）为：$MgCl_2$ 38%±3%，KCl 37%±3%，NaCl 8%±3%，$BaCl_2$ 9%±3%，MgO ≤2%。精炼熔剂的组成（质量分数）为：基础熔剂 90%~94%，CaF_2 6%~10%；粒度在 1mm 以下。覆盖熔剂的组成（质量分数）为：基础熔剂 75%~80%、硫黄 20%~25%；粒度在 1mm 以下。国内各皮江法炼镁厂根据自身的实际情况，所采用的精炼剂成分也不完全相同，但基本以 NaCl、KCl 和 $MgCl_2$ 为主。

氟化物作为非表面活性物质添加于熔体中，用以改善镁的熔合和增大熔体表面张力（降低润湿性），在精炼剂中是不可缺少的。在粗镁精炼过程中通常添加 CaF_2。对于 CaF_2 在氯化物熔体中的行为可归纳为以下几点：

（1）CaF_2 在氯化物熔体温度下，大部分以悬浮状态存在，溶解度很小。

（2）添加 CaF_2 能较大地提高氯化物熔体和镁液间的表面张力，1%~2%（质量分数）的 CaF_2 能使熔体的表面张力提高 5%~8%。

（3）添加 CaF_2 能使熔体密度和黏度增大 1%~5%，密度和黏度的变化值按添加量呈线性增加，但总的影响较小。

（4）添加 CaF_2 能增强熔体对氧化物杂质的吸附润湿性，改善镁的汇聚，并能和部分氧化物发生化学反应，氟化盐在熔体中的游离 F^- 能溶解镁表面氧化膜。

由此可见，氟盐对熔融镁有聚合能力，在精炼熔剂中含有一定量的氟盐，对熔剂体系的精炼效果是很重要的。

熔剂精炼法精炼温度一般在 700~720℃，金属镁实收率 95% 以上，以熔盐电解法炼镁产出粗镁为原料进行精炼熔剂消耗一般为 16~30kg，以皮江法产出粗镁为原料时，一般为 100~150kg。

粗镁经过溶剂精炼后获得的金属镁纯度一般在99.85%~99.95%，国家标准见表3-17。

表 3-17　原生镁锭国家标准（GB/T 3499—2011）

牌号	化学成分（质量分数）/%											
	Mg，不小于	杂质，不大于										
		Fe	Si	Ni	Cu	Al	Mn	Ti	Pb	Sn	Zn	其他单个杂质
Mg9999	99.99	0.002	0.002	0.0003	0.0003	0.002	0.002	0.0005	0.001	0.002	0.003	—
Mg9998	99.98	0.002	0.003	0.0005	0.0005	0.004	0.002	0.001	0.001	0.004	0.004	—
Mg9995A	99.95	0.003	0.006	0.001	0.002	0.008	0.006	—	0.005	0.005	0.005	0.005
Mg9995B	99.95	0.005	0.015	0.001	0.002	0.015	0.015	—	0.005	0.005	0.01	0.01
Mg9990	99.90	0.04	0.03	0.001	0.004	0.02	0.03	—	—	—	—	0.01
Mg9980	99.80	0.05	0.05	0.002	0.02	0.05	0.05	—	—	—	—	0.05

3.6.3　升华法生产高纯镁

原镁的纯度在99.85%~99.95%，可通过升华的方式进行进一步精炼制取高纯镁。

原镁中的金属杂质分为高挥发性和低挥发性两类。高挥发性的有钾、钠、锌，低挥发性的有铜、铁、硅、锰、铝等。升华法提纯镁的基本原理是根据镁和其中所含杂质的蒸气压不同，在一定温度和真空条件下，使镁蒸发，从而与杂质分离。采用升华法时，首先挥发的是那些蒸气压高、沸点低的杂质（主要为Na、K和Zn），然后是镁，而大部分高沸点、低蒸气压杂质残留下来，从而实现镁的提纯。

镁的升华提纯一般在竖式蒸馏炉内进行，升华温度在700℃左右，温度越低，镁的蒸馏速率越慢，获得的镁纯度越高，但能耗也越高。

采用升华法制取高纯镁也可向镁中添加3%~5%（质量分数）的铝，形成镁铝合金后进行升华操作，这样镁中的金属杂质与铝形成合金，不易蒸馏，有利于提高镁的纯度。

思 考 题

(1) 名词解释：煅白，料镁比，烧损率，水化活性度，灼减，电流效率，电能效率。

(2) 可用于生产金属镁的矿物资源有哪些，金属镁主要有哪些用途，金属镁的优点与缺点有哪些？

(3) 真空热还原法生产金属镁的主要方法有几种，各有何优缺点？

(4) 请叙述皮江法炼镁的基本原理与工艺流程。

(5) 皮江法炼镁为何选择75#硅铁合金为还原剂，而不选择纯硅或其他型号硅铁合金为还原剂，还原过程中影响镁还原率的主要因素有哪些？

(6) 水氯镁石脱水的难点有哪些，该如何解决？

(7) 镁电解槽主要有哪几种结构？

(8) 镁电解对电解质的要求有哪些？

(9) 影响镁电解电流效率的主要因素有哪些？

(10) 镁电解过程中的主要杂质有哪些，这些杂质对电解过程有何影响？

(11) 皮江法与电解法生产金属镁的优缺点。

(12) 粗镁精炼的方法有哪几种？简述熔剂精炼法的基本原理。

参 考 文 献

［1］邱竹贤．冶金学［M］．沈阳：东北大学出版社，2001：57-72.

［2］张永健．镁电解生产工艺学［M］．长沙：中南大学出版社，2006.

［3］Friedrich H E，Mordike B L. Magnesium Technology［M］．German：Springer Berlin Heidelberg，2006.

［4］周祖尧．世界镁产量［J］．轻金属，1982，（7）：31.

［5］殷建华．世界镁工业的发展与前景［J］．世界有色金属，2005，（7）：58-62.

［6］王祝堂．世界原生镁产量［J］．轻金属，1988，（10）：64.

［7］王祝堂．2013-2017年中国镁市场供需平衡［J］．轻金属，2018，（6）：10.

［8］Mamantov G，Mamantov C B. Braunstein J. Advances in Molten Salt Chemistry6［M］．Oxford，Elsevier Science Publishers B. V.，1997.

［9］彭建平，冯乃祥，高枫，等．镁合金技术的能耗与环境评价［J］．有色矿冶，2008，24（1）：40-43.

［10］徐日瑶．硅热法炼镁生产工艺学［M］．长沙：中南大学出版社，2003.

［11］夏德宏，张刚，郭梁．金属镁还原罐径向传热强化器的研究［J］．工业加热，2005，34（6）：39-42.

［12］刘宏专，徐日瑶．硅热法炼镁时球团在加热过程中的传热及温度分布［J］．轻金属，1995，（10）：40-43.

［13］刘勇，游国强，黄彦彦．竖罐炼镁技术的发展现状和展望［J］．轻金属，2011，（6）：45-49.

［14］梁磊，强军锋，王晓刚，等．皮江法炼镁工艺还原罐内温度场研究［J］．轻金属，2006，（10）：58-61.

［15］伍上元，周向阳，李劼．水氯镁石脱水工艺的研究进展［J］．材料导报，2004，（09）：27-29.

［16］陈金钟，刘江宁，李冰，等．$MgCl_2$-NaCl-KCl-$CaCl_2$熔盐体系电导率估算与测定［J］．轻金属，2006（8）：56-61.

［17］Wang Y，You J，Peng J，et al. Production of Magnesium by Vacuum Aluminothermic Reduction with Magnesium Aluminate Spinel as a By-Product［J］．JOM，2016，68（6）：1728-1738.

［18］尤晶，王耀武，邓信忠，等．以铝铁合金为还原剂的真空热还原炼镁实验研究［J］．真空科学与技术学报，2016，36（4）：436-441.

［19］Fu D X，Wang Y W，Peng J P，et al. Kinetics and mechanism of vacuum isothermal reduction of megnesia by aluminum［J］．Canadia metallurgical quarterly，2016，55（3）：365-375.

［20］傅大学，张伟，王耀武，等．皮江法物料导热系数测定［J］．材料与冶金学报，2012，11（3）：171-175.

［21］高齐富，徐日瑶，韩薇．皮江法炼镁生产指导［M］．北京：中国有色金属工业协会镁业分会．

［22］郁青春，杨斌，马文会，李志华，戴永年．氧化镁真空碳热还原行为研究［J］．真空科学与技术学报，2009，29（s）：68-71.

［23］陈俊红，孙加林，薛文东，等．FeSi75铁合金显微结构与氮化性能的研究［J］．铁合金，2004，（3）：18-20.

［24］申明亮．电解法与皮江法炼镁的效益比较及分析［J］．有色冶金节能，2009，25（5）：615.

［25］付俊伟，马幼平，杨蕾等．复合添加剂对皮江法炼镁还原体系的影响［J］．轻金属，2015，（1）：45-48.

$\boxed{4}$ 铜 冶 金

4.1 绪 言

人类使用铜及其合金已有数千年的历史,其中西亚地区是最早应用铜并掌握炼铜技术的地区。目前为止,发现人类遗留下来的最古老的铜的使用痕迹是伊朗西部发现的具有9000多年历史的小铜针和小铜锥。同时,土耳其南部发现的8000多年前的含铜炉渣,以色列发现的6000多年前的碗式炉及铁橄榄石型炉渣,说明古代已掌握了还原法炼铜技术。我国使用铜的历史年代也比较久远,夏代时期的史书载有"以铜为兵"的叙述,而夏、商和周时代出土的文物中可以看出,我国当时的炼铜技术处于世界最高水平。比如在甘肃马家窑文化遗址发现的青铜刀,距今已有5000多年历史,是目前我国发现的最早的青铜器。在湖北大冶铜绿山古矿址发现的大群炼铜竖炉距今也有2500~2700年的历史。湿法炼铜来源于我国,早在西汉时期《淮南万毕术》中详细记载了胆铜法,而北宋时期张潜著的《浸铜要略》是世界上最早的湿法冶金专著。

后来一直到公元16世纪,几大文明古国和欧美多数国家主要采用还原氧化铜矿的炼铜方法。1698年英国采用反射炉熔炼铜锍-反射炉吹炼粗铜的硫化矿炼铜方法,而到了1865年欧洲出现的电解精炼法和1880年出现的转炉吹炼工艺之后,不仅大大缩短了炼铜周期,还得到了高品质的金属铜,成为现代炼铜工艺的重大转折点。19世纪末到20世纪40年代,鼓风炉熔炼和反射炉熔炼成为主要铜熔炼工艺,从20世纪50年代开始,相继出现了闪速熔炼等一批强化炼铜新工艺,逐步取代了鼓风炉、反射炉等传统落后工艺,才进入到真正意义上的炼铜新时代。从20世纪末至今,在熔炼、吹炼和精炼工艺上都有新的改进,围绕着节能减排、大型化、智能化、低碳技术等方面,取得了很大的进步,同时湿法炼铜工艺技术的改进和复杂铜资源处理及铜二次资源综合利用等方面也有了重大进展。

我国2006开始就成为世界第一大铜消费国,2007年成为世界第一大铜生产国。2017年我国铜产量达到895万吨,约占全世界产量的三分之一。虽然我国属于铜资源大国,但复杂矿和难处理矿居多,目前65%以上的铜精矿依赖进口。因此为了我国铜冶金工业的健康发展,不仅要注重节能、环保、低成本和高生产率时,还要下大力气进行复杂矿和难处理矿的处理新工艺开发和再生铜生产等二次资源利用方面的研究和产业化,以早日实现铜工业的可持续发展。

4.2 铜及其化合物的主要性质及应用

4.2.1 铜的物理性质

铜是一种具有金属光泽的紫红色(或红橙色)金属,具有高的导电性、导热性和良好的延展性。其导电性和导热性都仅次于银。铜在元素周期表中属于第四周期、第一副族元素，原子序数为 29，原子量为 63.57，原子半径为 1.275Å（1Å = 0.1nm）。铜的主要物理性质见表 4-1。

表 4-1 铜的主要物理性质

熔点 $t/℃$		1083.6
沸点 $t/℃$		2567
熔化热 $Q/kJ \cdot mol^{-1}$		13.0
汽化热 $Q/kJ \cdot mol^{-1}$		306.7
铜液蒸气压 p/Pa	1141~1142℃	1.3×10^{-1}
	1272~1273℃	1.3
	2207℃	1.3×10^{4}
质量热容 $C_p/J \cdot (kg \cdot K)^{-1}$		$C_p = 0.3895 + 9100 \times 10^{-5} T$ （$T = 373~873K$）
密度 $\rho/kg \cdot m^{-3}$		8.89 （293K）；$9.351 - 0.996 \times 10^{-3} T$ （$T = 1523~1923K$）
黏度 $/Pa \cdot s$		4.2×10^{-3} （1423K）；3.9×10^{-3} （1473K）
表面张力 $/N \cdot cm^{-1}$		1.104×10^{-2} （1423K）
线膨胀系数 α_t/K^{-1}		16.5×10^{-6} （293K）
电阻率 $\mu/\Omega \cdot m$		1.673×10^{-8} （293K）
热导率 $\lambda/W \cdot (m \cdot K)^{-1}$		401 （300K）
莫氏硬度 $/kg \cdot mm^{-1}$		42~50

由表 4-1 可知，1272℃时铜液的蒸气压仅为 1.3Pa，因此在冶炼温度下，铜几乎不挥发。铜液能溶解一些气体，如 H_2、O_2、SO_2、CO_2、CO 和水蒸气等。这些气体的溶解不仅包括物理溶解，还包括部分与铜及杂质元素的化学反应。当铜液凝固时，部分气体还会从铜中逸出，造成铜铸件产生多孔结构，还会给铜的机械性能和电气性能带来影响。

4.2.2 铜的化学性质

铜的价电子层结构为 $3d^{10}4s^1$，铜的最外电子层只有一个电子，而且在 4s 亚层上。由于 3d 和 4s 的能级相近，也很容易失去 3d 上的一个电子，因此铜离子有 +1 价和 +2 价两种价态。由于 Cu^{2+} 的水化热（-2121.3 kJ/mol）高于 Cu^+ 的水化热（-581.6kJ/mol），Cu^+ 在水溶液中容易发生以下歧化反应：

$$2Cu^+(aq) \longrightarrow Cu^{2+}(aq) + CuO(s) \qquad K \approx 10^6(298K) \qquad (4-1)$$

而在非络合性的正丙醇、异丙醇、丙酮等非水溶剂中，由于 Cu^{2+} 的溶剂化能比较低，Cu^+ 变得比较稳定。

铜在常温下的干燥空气中比较稳定，但高于 185℃时开始氧化，易生成黑色氧化铜（CuO），在含有 CO_2 的潮湿空气中，铜的表面会逐渐形成有毒的碱式碳酸铜薄膜 $[Cu_2(OH)_2CO_3]$，俗称铜绿。其反应式为：

$$2Cu + O_2 + CO_2 + H_2O == Cu_2(OH)_2CO_3 \qquad (4-2)$$

铜的电位（+0.337V）比氢的电位正，属于正电性元素，故不能溶解于盐酸和不含有氧化剂的硫酸，但能溶于硝酸、含有氧化剂的硫酸和氰化物溶液以及 $Fe_2(SO_4)_3$ 溶液和 $FeCl_3$ 溶液中。铜在高温下不与氢、氮和碳反应，但常温下就能和卤素反应，铜与 H_2S 接触时，表面会生成黑色的铜硫化物薄膜。铜能与氧、硫和卤素直接化合生成 1 价或 2 价化合物。

4.2.3 铜的合金

铜能与多种元素形成合金，从而改善了铜的性质，使之易于进行冷、热加工，并增加了抗磨损、抗疲劳强度。目前能够制备出 1600 多种铜合金，主要有黄铜、青铜、白铜、锰铜、铍铜和磁性合金系列等。

4.2.4 铜的主要化合物及其性质

4.2.4.1 硫化铜（CuS）

CuS 呈蓝色，在自然界中以铜蓝矿物形态存在，固体纯 CuS 的密度为 $4.68g/cm^3$。CuS 为不稳定化合物，在中性或还原性气氛中加热到 493K 就开始分解，其反应式为：

$$4CuS == 2Cu_2S + S_2 \qquad (4-3)$$

在铜熔炼过程中，炉料中的 CuS 在高温下可完全分解，生成的 Cu_2S 进入铜锍中，生成的 S_2 最终被氧化成 SO_2 进入炉气。

CuS 极难溶于水（293K 时 K_{sp} 为 $1.27×10^{-36}$），也难溶于浓盐酸和氨水中，可溶于热硝酸和氰化物溶液，也可溶于含有氧化剂的无机酸、硫酸铁溶液和氯化物中性溶液中。

4.2.4.2 硫化亚铜（Cu_2S）

Cu_2S 呈蓝黑色，在自然界中以辉铜矿形态存在，固体纯 Cu_2S 的密度为 $5.785g/cm^3$，熔点为 1130℃。Cu_2S 在常温下稳定，但加热到 493~573K 时，可氧化成 CuO 和 $CuSO_4$；加热到 603K 以上时，氧化成 Cu_2O。在 1423K 高温下，吹入空气，Cu_2S 强烈氧化，并会生成金属铜，放出 SO_2，其反应式为：

$$2Cu_2S + 3O_2 == 2Cu_2O + 2SO_2 \qquad (4-4)$$
$$2Cu_2O + Cu_2S == 6Cu + SO_2 \qquad (4-5)$$

高温及 CaO 存在的条件下，H_2、CO 和 C 都可使 Cu_2S 还原成金属铜。

Cu_2S 极难溶于水（298K 时 K_{sp} 为 $1×10^{-48}$），但常温下 Cu_2S 可溶于稀硝酸，氧化剂如硫酸铁（Ⅲ）存在时，可溶于无机酸，也可溶于 $Fe_2(SO_4)_3$ 和 $FeCl_3$ 溶液。在空气中 Cu_2S 部分溶于氨水生成氨配合物。Cu_2S 还溶于氰化钾或氰化钠溶液中。Cu_2S 与浓盐酸反应时，逐渐放出 H_2S。

4.2.4.3 氧化铜（CuO）

CuO 呈黑色、无光泽，在自然界中以黑铜矿的形态存在，固体纯 CuO 的密度为 6.30~6.48g/cm^3，熔点为 1026℃。CuO 为不稳定化合物，加热时的反应式为：

$$4CuO == 2Cu_2O + O_2 \qquad (4-6)$$

CuO 在高温下易被 H_2、C、CO 及 C_xH_y 等还原成 Cu_2O 或 Cu。CuO 不溶于水，但能溶

于无机稀酸中，还能溶于 $Fe_2(SO_4)_3$、$FeCl_3$、$FeCl_2$、NH_4OH 和（NH_4）$_2CO_3$ 等溶液中。

4.2.4.4 氧化亚铜（Cu_2O）

致密的 Cu_2O 呈具有金属光泽的樱红色，粉状为洋红色，在自然界中以赤铜矿的形态存在。人工合成的 Cu_2O，根据制备方法不同，可能为黄色、橙色、红色或暗褐色。固体 Cu_2O 的密度为 $5.71\sim6.10g/cm^3$，熔点为 $1235℃$。Cu_2O 在高温下稳定。

Cu_2O 易被 C、CO、H_2 及 C_xH_y 等还原成金属，亦可被 Zn、Fe 等与氧亲和力大的金属所还原。Cu_2O 不溶于水，可溶于 $Fe_2(SO_4)_3$ 和 $FeCl_3$ 等含高铁离子的溶液中，这一性质是氧化铜矿湿法冶金的基础。Cu_2O 还可与浓氨水反应生成无色的二氨合铜（Ⅰ）配离子 $[Cu(NH_3)_2]^+$，遇空气即氧化成深蓝色的四氨合铜（Ⅱ）配离子 $[Cu(NH_3)_4]^{2+}$。Cu_2O 溶于稀盐酸或稀硫酸时发生歧化反应，大约一半量以 Cu^{2+} 进入溶液，剩余量成为不溶解的单质铜。其反应式为：

$$Cu_2O + 2H^+ === Cu\downarrow + Cu^{2+} + H_2O \tag{4-7}$$

高温下，Cu_2O 易与 FeS 反应，其反应式为：

$$Cu_2O + FeS === Cu_2S + FeO \tag{4-8}$$

其中，反应式（4-8）是造锍熔炼的基本反应。

Cu_2O 在高温下还可与 Cu_2S 反应，其反应式为：

$$2Cu_2O + Cu_2S === 6Cu + SO_2 \tag{4-9}$$

反应式（4-9）是铜锍吹炼成粗铜的基本反应。

4.2.4.5 氯化铜（$CuCl_2$）和氯化亚铜（CuCl 或 Cu_2Cl_2）

$CuCl_2$ 无天然矿物，人造无水 $CuCl_2$ 为棕黄色粉末，熔点为 $498℃$，易溶于水。$CuCl_2$ 很不稳定，真空加热至 $340℃$ 即分解，生成白色的氯化亚铜粉末，其反应式为：

$$2CuCl_2 === Cu_2Cl_2 + Cl_2 \tag{4-10}$$

Cu_2Cl_2 是易挥发的化合物，$390℃$ 时就开始显著挥发，这一特点在氯化合金中得到应用。Cu_2Cl_2 几乎不溶于水，但溶于盐酸和金属氯化物溶液中。Cu_2Cl_2 的食盐溶液可使 Pb、Zn、Cd、Fe、Co、Bi 和 Sn 等金属硫化物分解，形成相应的金属氯化物和 CuS。

4.2.4.6 硫酸铜（$CuSO_4$）

$CuSO_4$ 在自然界中以胆矾（$CuSO_4 \cdot 5H_2O$）的形态存在，纯胆矾为天蓝色结晶，失去结晶水后为白色粉末，$CuSO_4$ 加热时的分解反应为：

$$2CuSO_4 === CuO \cdot CuSO_4 + SO_3(或 SO_2 + 0.5O_2) \tag{4-11}$$

$$CuO \cdot CuSO_4 === 2CuO + SO_3(或 SO_2 + 0.5O_2) \tag{4-12}$$

硫酸铜易溶于水，其溶解度与温度的关系见表 4-2。

表 4-2 硫酸铜在 100g 水中的溶解度 （g/100g 水）

温度/℃	0	15	25	35	40	50	60	70	80	90	100
$CuSO_4$	14.9	19.3	22.3	25.5	29.5	33.6	39.0	45.7	53.5	62.7	73.5
$CuSO_4 \cdot 5H_2O$	23.2	30.2	34.9	39.9	46.2	52.6	61.1	71.6	83.8	98.2	115.0

用 Fe、Zn 等比铜负电性的金属可从硫酸铜溶液中置换出金属铜。

4.2.5 铜的应用

铜和铜合金广泛应用于电气、建筑、轻工业、机械制造、交通运输、电子通信、国防工业等领域，在我国有色金属材料的消费中仅次于铝。铜的导电率高，因此在电气、电子技术和电机制造等部门广泛应用，用量最大。铜的导热性能好，可制造加热器、冷凝器和热交换器等。铜的延展性优异，易于成型和加工，可用于生产汽车、船舶和飞机的各种零部件。铜的耐蚀性能好，可在化学工业、制糖和酿酒等行业，制作各种反应器、阀门和管道。此外，铜化合物是电镀、电池、农药、染料和催化剂等行业的重要原料。

2016 年中国和国外铜的消费结构分布如图 4-1 所示。从图中可以看出，中国和国外在消费结构上有很大差异。我国在电力行业中的铜消费量达到 46%，而国外只有 21%；国外在建筑行业的消费占第一位，达到 48%，而我国在建筑行业的消费量只有 18%。近年来我国的铜在建筑上的应用不断扩大，未来具有巨大的潜在市场。

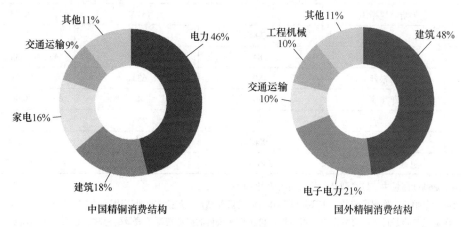

图 4-1　2016 年度中国和国外铜消费结构分布图

4.3　铜生产原料

4.3.1　铜矿资源

铜在地壳中的含量较低，其相对丰度仅为 $7.0 \times 10^{-3}\%$，远低于铝、铁和镁，甚至比钛都低。根据标普全球市场情报（S&P Global Market Intelligence，简称 SPG）数据可知，2018 年世界陆地铜资源储量为 8.47 亿吨，主要分布于智利、秘鲁、美国、墨西哥、中国、俄罗斯、印度尼西亚、刚果（金）、澳大利亚、赞比亚、加拿大等国家。其中智利和秘鲁的储量超过 1 亿吨，分别占总储量的 34.35% 和 11.87%。全球铜矿储量、资源量和资源总量见表 4-3。

表 4-3　全球铜矿储量、资源量和资源总量　　　（铜金属量，千吨）

序号	国家	储量①	资源量②	资源总量③
1	智利	29098	59249	88347
2	秘鲁	10058	9501	19559

序号	国家	储量①	资源量②	资源总量③
3	美国	5320	15740	21060
4	墨西哥	5109	1925	7034
5	中国	4964	4198	9162
6	俄罗斯	3458	3664	7122
7	印度尼西亚	2486	2124	4610
8	刚果（金）	2035	10116	12151
9	澳大利亚	1949	9647	11596
10	赞比亚	1902	4535	6437
11	加拿大	1891	5010	6901
12	蒙古	1782	4002	5784
13	哈萨克斯坦	1326	5121	6447
14	巴西	1290	859	2149
15	巴布亚新几内亚	984	2654	3638
16	阿根廷	480	6331	6811
17	菲律宾	449	3447	3896
18	巴基斯坦	34	2655	2689
19	其他	10062	12312	22374
	总计	84677	163090	247767

① 储量是基础储量中可以立即经济开采利用的资源储量；

② 资源量是地质工作程度较低，主要是预测和推断的资源储量，包括矿区外围附近的便捷品位；

③ 资源总量是指经过矿产资源勘查和可行性评价工作所获得的矿产资源蕴藏量的总称，也可简单地将储量和资源量相加获得。

自然界中发现的含铜矿物大约有 200 多种，其中常见的大约有 30~40 种，而具有工业开采价值的只有十余种。自然铜矿在自然界中很少，主要是原生硫化铜矿物和次生氧化铜矿物。常见的铜矿物见表 4-4。

目前工业上可开采的铜矿中铜的最低含量（质量分数）一般为 0.4%~0.5%。原矿中含铜量较低，不能直接用于冶炼，需要采用选矿处理，使铜富集到精矿中。

表 4-4 铜的主要矿物

矿石类别	矿物名称	组成	铜含量（质量分数）/%	相对密度	颜色
自然铜矿	自然铜	Cu	100	8.9	棕红色
硫化铜矿	辉铜矿	Cu_2S	79.9	5.5~5.8	铅灰至灰色
	铜蓝	CuS	66.5	4.6~4.7	靛蓝至灰黑色
	黄铜矿	$CuFeS_2$	34.6	4.1~4.3	黄铜色
	斑铜矿	Cu_5FeS_4	63.3	5.06~5.08	暗铜红色
	硫砷铜矿	Cu_3AsS_4	48.4	4.45	灰黑色或黄黑色
	黝铜矿	$Cu_{12}Sb_4S_{13}$	45.8	4.6~5.1	灰色至黑色

续表 4-4

矿石类别	矿物名称	组成	铜含量（质量分数）/%	相对密度	颜色
氧化铜矿	赤铜矿	Cu_2O	88.8	6.14	红色
	黑铜矿	CuO	79.5	5.8~6.4	灰黑色
	孔雀石	$CuCO_3 \cdot Cu(OH)_2$	57.5	3.9~4.03	亮绿色
	蓝铜矿	$2CuCO_3 \cdot Cu(OH)_2$	68.2	3.7~3.9	亮蓝色
	硅孔雀石	$CuSiO_3 \cdot 2H_2O$	36.2	2.0~2.4	绿蓝色
	胆矾	$CuSO_4 \cdot 5H_2O$	25.5	2.1~2.3	蓝色

目前我国铜矿矿区 2100 多处，累计探明铜资源总量为 9162 万吨。我国铜矿资源的特点是中小型矿床多，大型矿床少；共伴生矿多，单一矿少。我国铜矿资源分布在 30 个省（直辖市、自治区），其中西藏、云南、江西、内蒙古、新疆和安徽 6 省区的铜资源量最多，占全国铜资源储量的 65% 以上。从开采设计规模来看，江西、内蒙古和云南三省占全国的 53%。

我国铜精矿产量（以铜计）超过 1 万吨的铜矿山只有 18 个。我国一些铜矿山所产典型硫化铜精矿的主要化学成分见表 4-5。

表 4-5 我国一些铜矿山所产典型硫化铜精矿主要化学成分

名 称	化学成分（质量分数）/%						
	Cu	Fe	S	SiO_2	CaO	Al_2O_3	MgO
江西永平铜矿	16.27	34.10	41.20	2.40	0.53	1.63	0.33
安徽铜陵凤矿	20.14	30.83	30.28	3.88	1.82	0.85	0.48
甘肃白银公司	16.29	28.64	30.79	7.82	2.08	1.20	0.64
山西胡家峪铜矿	24.92	24.90	28.26	7.76	1.58	1.38	0.72
山西铜矿峪铜矿	23.99	19.65	20.54	19.22	0.57	4.10	1.47
云南狮子山铜矿	29.10	23.50	20.70	11.98	3.86	2.74	2.32
江西东乡铜矿	17.46	34.89	39.38	3~5	0.15	1~2	0.15
江西德兴铜矿	25.00	28.00	30.00	7.00	—	—	—
江西铁山铜矿	13.21	38.76	38.06	1.98	0.67	—	—
辽宁红透山铜矿	16.56	40.96	31.87	—	—	—	—

铜精矿的组成决定冶炼工艺的选择。硫化铜矿可选性好，易于富集，选矿后的铜精矿几乎全部采用火法冶炼工艺处理。铜精矿中除了表 4-6 的成分之外，还常含有 Au、Ag 和铂族金属等贵金属。

我国铜资源中，氧化铜矿约占 25%。除大多数硫化铜矿床上部有氧化带外，还有藏量巨大的独立氧化铜矿床。随着铜矿资源的不断开采，相对易选矿逐年减少，资源短缺加剧，因而对低品位氧化铜矿的应用研究与开发已引起高度重视。

氧化铜矿石可划分为如下七个类型：

（1）孔雀石型。矿物以孔雀石为主，其他含量较少，属易选矿石。

（2）硅孔雀石型。矿物以硅孔雀石为主，脉石为硅酸盐类，矿石属难选型。

（3）赤铜矿型。以赤铜矿和孔雀石为主，原矿铜品位高。

（4）水胆矾型。以铜的矾类矿物为主。

（5）自然铜型。此种为共生矿物，粒度较粗，品位较富，属易选矿石。

（6）结合型。氧化铜矿物以极细粒状被褐铁矿或泥状物包裹，铜品位较低，若脉石为硅酸盐类，则属难选型矿石，若脉石为碳酸盐类，则属复杂型。

（7）混合型。矿石中有氧化物，也有硫化物，成分复杂，粒度稍粗大。

这些氧化铜矿石大都具有氧化率高、含泥量大、细粒不均匀嵌布、氧硫混杂、粗细混合等特点，加上有的氧化铜矿含铜很低，后续的选矿难度较大，用常规选冶技术难于取得较好的技术经济指标。

4.3.2 再生铜资源

除了铜的矿物资源外，炼铜原料还包括再生铜及其他金属矿的选矿和冶炼过程中产生的含铜中间物料等二次铜资源。据不完全统计，世界再生铜占铜消费总量的47%左右，我国2015年再生铜产量占36.5%，再生铜中废杂铜占绝大多数。2005年到2014年十年间，我国再生铜行业实现节能2300万吨标煤、节水88亿立方米、减少固废排放83.9亿吨。

目前，国内具有一定规模的废杂铜回收市场，主要集中在以广东为代表的珠江三角洲、以浙江为代表的长江三角洲和以天津为代表的环渤海地区。

再生铜物料来自社会的生产、流通和消费的各个领域，其类别繁多，成分复杂。再生铜物料来源可归纳以下几种：

（1）有色金属加工企业产生的含铜废料。这部分废料包括纯铜废料和铜合金废料，这部分废料一般都由企业自己回收利用。

（2）消费产生的含铜废料。这部分废料数量庞大，是主要的再生铜资源，包括废次品、废机械零件、废电气、废设备仪器以及数量庞大的废家用电器等。

（3）进口废杂铜。可分为两种，一种是废铜和铜合金等；另一种是废电机、废电线和废五金等。这部分数量在逐年增加。

（4）军工行业产生的铜废料。主要包括退役的舰艇、汽车和弹壳，还有各种废旧的仪器、仪表、电子设备等。

随着经济的发展，我国铜资源的需求量日益增多，而我国铜矿资源品质较差，铜精矿产量严重不足，很难满足铜冶炼发展的需要，铜精矿、废杂铜、粗铜等原料的进口不断增加，精炼铜的原料自给率不足40%，铜资源一直以来是我国铜工业发展的"瓶颈"因素。因此为了尽可能地为我国的铜资源找出路，要在以下几个方面入手：

（1）加大地质勘查力度，不断扩大资源储量；

（2）加速开发中低品位铜矿的处理技术；

（3）加大二次铜资源的回收。

4.4 铜的提取方法

铜的提取方法很多，概括起来可分为火法和湿法两大类。

其中火法炼铜是生产铜的主要方法，目前全世界大约75%以上的原生铜是用火法炼铜工艺生产出来的。而火法炼铜过程中第一步熔炼过程是最重要的，也根据熔炼方法的不同，而取名各种炼铜方法。火法炼铜的原则工艺流程图如图 4-2 所示。由图中可以看出，传统熔炼方法对近代人类文明的发展，做出了不可磨灭的贡献。但随着强化熔炼方法的不断涌现，凸显了传统熔炼方法的能耗高、污染大、SO_2 浓度低、自动化程度低等致命的弱点，近年来陆续退出了历史的舞台，逐渐被高效、节能、低污染的强化熔炼方法所取代。近 50 年来，已经成功应用到工业生产的强化熔炼工艺有很多种，归纳起来可分为两大类，一类是漂浮状态熔炼方法，如奥托昆普闪速熔炼法、Inco 闪速熔炼法、漩涡顶吹熔炼法和氧气喷撒熔炼法等；另一类是熔池熔炼方法，如诺兰达熔炼法、澳斯麦特/艾萨熔炼法、瓦纽柯夫熔炼法、三菱法、特尼恩特熔炼法、卡尔多炉熔炼法、白银法和水口山法等。这些强化熔炼法的共同特点是，运用了富氧熔炼技术来强化熔炼过程，从而大大提高了生产效率；充分利用硫化矿氧化过程的反应热，实现自热或近自热，从而大幅降低了能源消耗；产出高浓度 SO_2 烟气，实现了硫的高效回收，从而消除了环境污染。

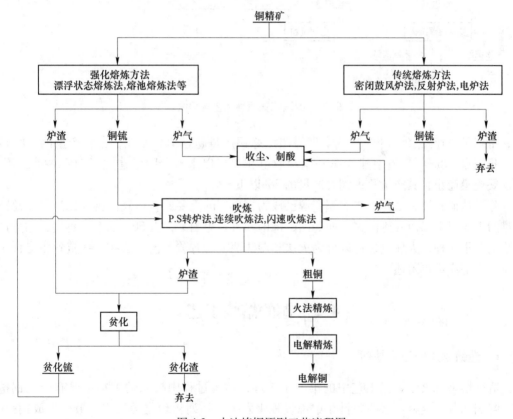

图 4-2　火法炼铜原则工艺流程图

湿法炼铜是利用溶剂将铜矿石、精矿或焙砂中的铜溶解出来，经过净液与杂质分离后，富集提取的方法。湿法炼铜的原则工艺流程图如图 4-3 所示。

虽然目前湿法炼铜在生产规模和效率等方面远不及火法炼铜，但在氧化铜矿、低品位矿采铜废石和一些含铜复合矿的处理上表现出它的优势。20 世纪 60 年代之前，由于湿法炼铜的回收率低，经济效益差等原因，未能得到重视，但 1968 年浸出-萃取-电积问世以

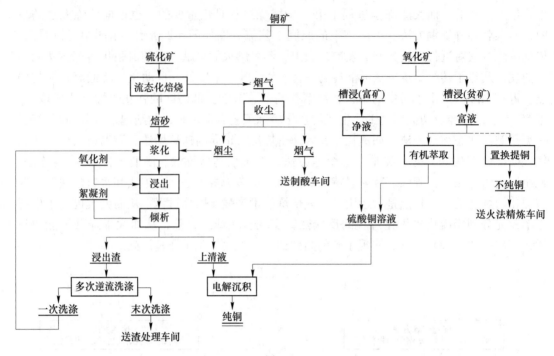

图 4-3　湿法炼铜原则工艺流程图

后，得到了飞速发展。1998 年，全世界湿法炼铜产量超过 200 万吨，占总产量的 20% 以上。我国自 1983 年在海南建立第一座萃取电积工厂以来，全国已建立了 200 多个工厂，但发展规模尚小，其产量只占铜总产量的 3% 以下。

除了从矿石原料之外，二次铜资源已成为铜生产的重要原料。我国再生铜产量占总产铜量的 1/3 以上，而发达国家，如美国、德国和日本等国家，占 50% 以上。再生铜的生产方法也有很多种，大体上也可以分为火法和湿法两类。有关工艺方法在一些资料中有详细描述，本书中不再赘述。

4.5　铜的熔炼工艺

4.5.1　造锍熔炼的理论基础

造锍熔炼是火法炼铜工艺中的第一步工序，熔炼过程中投入的炉料主要有硫化铜精矿、溶剂和各种返料。这些炉料在熔炼过程中发生一系列物理化学反应，最终生成铜锍、炉渣和烟尘。其中，铜锍是在 1150~1250℃ 的高温和氧化气氛下，炉料中的铜与未氧化的硫和铁形成的，以 $FeS\text{-}Cu_2S$ 为主，并溶有 Au、Ag 等贵金属及少量其他金属硫化物的共熔体。熔炼过程还产生以 $2FeO \cdot SiO_2$（铁橄榄石）为主，并含有 CaO、Al_2O_3、MgO 等其他金属氧化物的多元系炉渣。铜锍和炉渣互不相容，利用它们的密度差异来实现分离。熔炼过程中炉料中的部分 S 氧化为 SO_2 进入炉气，同时易挥发的金属及化合物一同进入烟尘中。烟尘通过收尘系统和制酸系统，最后炉气达到国家排放标准后进行排放。

造锍熔炼过程中为了得到性质优良（与铜锍的分离性能良好）的渣型，需要添加一些溶剂，溶剂的加入量根据炉料成分而定，溶剂主要为石英石（SiO_2）和石灰石（$CaCO_3$）。

4.5.1.1 造锍熔炼的主要物理化学反应

造锍熔炼过程中将发生水分蒸发、高价硫化物及碳酸盐的分解、硫化物氧化及造锍和造渣反应。

A 水分蒸发

目前除了闪速熔炼等处理干精矿的工艺方法外，其他工艺方法对精矿中水分的要求不太严格，一般都在 6%~14%。精矿入炉后，矿中的水分迅速挥发，进入烟气。

B 高价硫化物及碳酸盐的分解

铜精矿中高价硫化物主要有黄铁矿（FeS_2）和黄铜矿（$CuFeS_2$）。FeS_2 于 300℃ 以上开始分解，$CuFeS_2$ 在 550℃ 以上开始分解。分解出的部分 FeS 和 Cu_2S 形成铜锍，分解产生的 S_2 继续氧化成 SO_2 进入烟气。炉料和溶剂中的碳酸盐也发生离解反应，其反应式为：

$$FeS_2 = FeS + 0.5S_2 \tag{4-13}$$
$$2CuFeS_2 + 2.5O_2 = Cu_2S \cdot FeS + FeO + 2SO_2 \tag{4-14}$$
$$S_2 + 2O_2 = 2SO_2 \tag{4-15}$$
$$CaCO_3 = CaO + CO_2 \tag{4-16}$$
$$MgCO_3 = MgO + CO_2 \tag{4-17}$$

C 硫化物的氧化及造锍反应

在现代强化熔炼过程中，炉料很快就能进入高温强氧化区域，所以高价硫化物还能被直接氧化。其方法的反应式为：

$$CuFeS_2 + 2.5O_2 = Cu_2S \cdot FeS + FeO + 2SO_2 \tag{4-18}$$
$$2FeS_2 + 5.5O_2 = Fe_2O_3 + 4SO_2 \tag{4-19}$$
$$3FeS_2 + 8O_2 = Fe_3O_4 + 6SO_2 \tag{4-20}$$
$$2CuS + O_2 = Cu_2S + SO_2 \tag{4-21}$$
$$2Cu_2S + 3O_2 = 2Cu_2O + 2SO_2 \tag{4-22}$$
$$2FeS + 3O_2 = 2FeO + 2SO_2 \tag{4-23}$$
$$3FeO + 0.5O_2 = Fe_3O_4 \tag{4-24}$$

在 FeS 存在的情况下，Fe_2O_3 会转变成 Fe_3O_4，Fe_3O_4 还能进一步还原为 FeO。其反应式为：

$$10Fe_2O_3 + FeS = 7Fe_3O_4 + SO_2 \tag{4-25}$$
$$3Fe_3O_4 + FeS = 10FeO + SO_2 \tag{4-26}$$

熔炼过程中，只要有 FeS 存在，体系中的 Cu_2O 就会变成 Cu_2S。其反应式为：

$$FeS(l) + Cu_2O(l) = FeO(l) + Cu_2S(l) \tag{4-27}$$
$$\Delta G^{\ominus} = -144750 + 13.05T \quad (J) \tag{4-28}$$

在熔炼温度下，此反应的标准自由焓变化很负，表明反应很容易向右进行。由于此反应的存在，才能够保证熔炼过程中铜不会氧化损失，也能够形成铜锍（FeS-Cu_2S）。因此，常常把此反应视为造锍反应。

D 造渣反应

反应过程中产生的 FeO 和 Fe_3O_4，在 SiO_2 存在下，反应生成铁橄榄石炉渣，其反应式为：

$$2FeO + SiO_2 \rightleftharpoons 2FeO \cdot SiO_2 \qquad (4-29)$$

$$3Fe_3O_4 + FeS + 5SiO_2 \rightleftharpoons 5(2FeO \cdot SiO_2) + SO_2 \qquad (4-30)$$

此外炉料中还有一些其他成分，在熔炼过程中根据各自的性质，分别进入铜锍、炉渣和烟尘当中，具体内容可参阅相关著作，这里就不详细介绍。

4.5.1.2 造锍熔炼的热力学分析

造锍熔炼过程中，发生很多化学反应。这些化学反应是在一定的条件下进行的，改变条件将会影响反应进行的可行性、限度和热量变化。化学热力学就是研究化学反应中能量的转化及化学反应的方向和限度的科学。

熔炼过程中发生的反应假设为：

$$aA + bB \rightleftharpoons cC + dD \qquad (4-31)$$

则反应的吉布斯自由能变化可表示为：

$$\Delta G = \Delta G^{\ominus} + \Delta G_P \qquad (4-32)$$

式中　　$\Delta G^{\ominus} = -RT\ln K_P$；

　　　　$\Delta G_P = -RT\ln J_P$。

因此，当 $J_P < K_P$，则 $\Delta G < 0$，反应自发向右进行；

　　　　当 $J_P > K_P$，则 $\Delta G > 0$，反应不能自发向右进行；

　　　　当 $J_P = K_P$，则 $\Delta G = 0$，反应达到平衡状态。

从以上分析可以看出，要想使化学反应向右进行，可以采取以下措施：

（1）减少产物分压或增大反应物分压，使 $J_P < K_P$；

（2）改变温度，使 K_P 值增大，从而达到 $J_P < K_P$。

铜熔炼条件下熔炼过程一些主要反应的 $\Delta G^{\ominus}$-T 图如图 4-4 所示。

由图 4-4 可以看到一定温度下铜熔炼过程中各种反应的发生可能性及其限度，可直观地了解各相间的平衡关系。

由于造锍熔炼过程主要是将原料中的铁和硫部分氧化除去造渣，获得中间产品铜锍的过程。而一般的火法炼铜原料中除了铜、铁和硫之外，还有一些其他金属如 Pb、Zn、Ni 和 Co 等的化合物（主要为硫化物），因此在研究造锍熔炼的化学位图时，涉及 Me-S-O 系硫位-氧位图和 Cu-Fe-S-O-SiO$_2$ 系硫位-氧位图，分别如图 4-5 和图 4-6 所示。

图 4-5 为炼铜原料中常见的一些金属化合物在一定硫位和氧位条件下的相间平衡关系，图中的每个区域表示该体系中各种物相的热力学稳定区。同时也可以看出，这些金属化合物的氧化和还原的难易程度。

图 4-6 为 20 世纪 60 年代日本著名学者 A. Yazawa 提出的 Cu-Fe-S-O-SiO$_2$ 系硫位-氧位图。图中 pqrstp 区为铜锍、炉渣和炉气的平衡共存区。当空气熔炼时，炉气中的 P_{SO_2} 约为 10^4Pa，硫化铜精矿的氧化过程可视为沿 $ABCD$ 线进行，即炉气中 P_{O_2} 逐渐升高，P_{S_2} 逐渐降低，P_{SO_2} 恒定。A 点是造锍熔炼的起点，锍的品位为零，随着炉中氧势升高，硫势降低，锍的品位升高，当反应进行到 B 点时，锍的品位升高到 70%，可见 AB 段为造锍阶段。B 点开始锍的品位升高缓慢，到 C 点开始产出金属铜，这时粗铜、铜锍、炉渣和炉气四相共存，最终铜锍全部变为粗铜，这个过程就是铜锍吹炼第二周期-造铜期，C 点过后就是粗

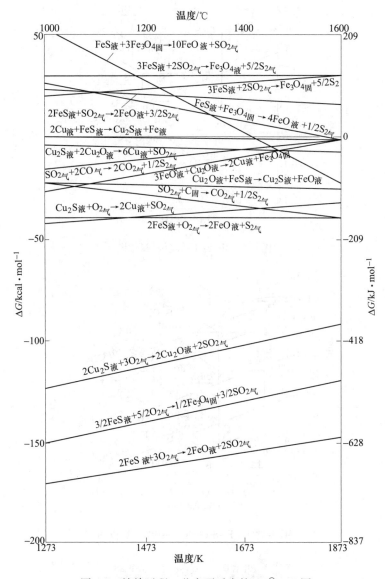

图 4-4　熔炼过程一些主要反应的 $\Delta G^{\ominus} - T$ 图

铜火法精炼的氧化期。由此可见，*ABCD* 线可表示从铜精矿到精炼铜的全过程。图中 St 线为反应 $3Fe_3O_4(s) + FeS(l) + 5SiO_2(s) \Longrightarrow 5(2FeO \cdot SiO_2)(l) + SO_2(g)$ 的平衡线。此时渣中 $a_{FeO} = 0.31$，SiO_2 和 Fe_3O_4 为饱和状态，即 $a_{SiO_2} = 1$、$a_{Fe_3O_4} = 1$。从图中可以看出，当 a_{FeO} 增大时，St 线下移，说明铜锍、炉渣和炉气的三相平衡区缩小，析出 Fe_3O_4 的可能性增大。因此，在 *C* 点的吹炼过程一定要在 SiO_2 接近饱和的条件下进行。

　　利用图 4-6 虽然可以简明地进行铜熔炼过程中的热力学分析，但与实际生产相结合时会遇到一些问题。比如图中在比较大的硫分压范围内，均可产出相同品位的锍，而实际上各种不同工艺产出相近品位的锍时，含硫量变化不大。鉴于这些问题，R. Sridhart 等人根据世界上 42 家炼铜厂的实际生产数据和有关热力学数据、实验室测定数据的分析和整理，最后提出了一种比较实用的硫势-氧势图-STS 图（Sridhar-Toguri-Simenonov 图），如图 4-7 所示。

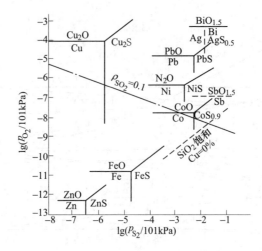

图 4-5　Me-S-O 系硫位-氧位图

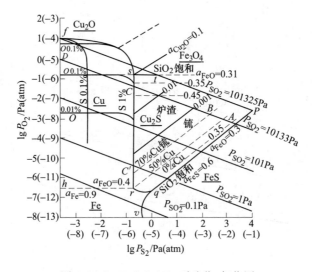

图 4-6　Cu-Fe-S-O-SiO$_2$ 系硫位-氧位图

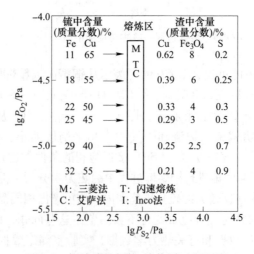

图 4-7　铜熔炼的氧势-硫势图（STS 图）

从图 4-7 中可以看出，熔炼区硫势的变化范围很窄，$\lg P_{S_2}$ 为 2.5~3.0，而氧势的变化范围很大，$\lg P_{O_2}$ 为 -5.2~-4.2。图中熔炼区中的符号来标出了几种典型熔炼方法所操作的位置，利用此图可以方便而准确地预测和评价造锍熔炼过程。

4.5.2 熔炼产物

造锍熔炼过程产生四种产物，其分别为铜锍、炉渣、烟尘和烟气。

4.5.2.1 铜锍（俗称冰铜）的组成和性质

铜锍是重金属硫化物的共熔体，除了主要成分 Cu、Fe 和 S 之外，还含有少量的 Ni、Co、Pb、Zn、As、Sb、Bi、Au、Ag、Se 和微量脉石成分。目前现代强化熔炼法生产出来的铜锍品位一般在 45%~70%。Cu_2S-FeS 二元系相图如图 4-8 所示。从图中可以看出，在实际熔炼温度下（1200℃左右），Cu_2S 和 FeS 均为液相，可完全互溶为稳定的均质溶液。FeS-MS（含 FeO）二元系液相线图如图 4-9 所示。在熔炼温度下，FeS 与重金属硫化物形成共熔体的液相线具有一定的重叠性，并且都能形成均质熔体。这一特性就是重金属矿物原料进行造锍熔炼的重要依据。

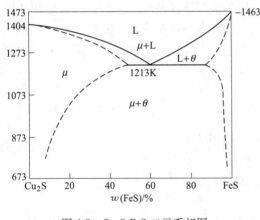

图 4-8 Cu_2S-FeS 二元系相图

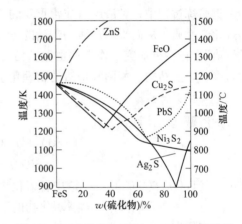

图 4-9 FeS-MS（含 FeO）二元系液相线图

铜锍的一些物理性质可见其他参考资料。铜锍具有两个特殊的性质需要重点了解，一是铜锍对贵金属具有良好的捕集作用，一般来说，铜锍品位只要 10% 左右，就可完全捕集金和银。二是液态铜锍遇水爆炸，其反应式为：

$$Cu_2S + 2H_2O = 2Cu + 2H_2 + SO_2 \tag{4-33}$$

$$FeS + H_2O = FeO + H_2S \tag{4-34}$$

$$3FeS + 4H_2O = Fe_3O_4 + 3H_2S + H_2 \tag{4-35}$$

反应产生的 H_2 和 H_2S 与 O_2 作用，从而引起强烈爆炸，因此在实际生产中要特别注意。

4.5.2.2 炉渣的组成和性质

造锍熔炼过程中除了铜锍之外，还产生大量的炉渣。根据所采用的工艺方法不同，产出的炉渣量也不同，一般为炉料量的 50%~100%。炉渣的主要成分为 FeO 和 SiO_2，此外还有 CaO、Al_2O_3 和 MgO 等。典型的铜熔炼炉渣为铁橄榄石型炉渣，其结构由多种氧化物的硅酸盐复杂分子组成。典型铜熔炼炉渣的化学组成实例见表 4-6。

表 4-6 典型铜熔炼炉渣的化学成分

熔炼方法	炉渣化学成分（质量分数）/%							
	Cu	Fe	Fe$_3$O$_4$	SiO$_2$	S	Al$_2$O$_3$	CaO	MgO
奥托昆普闪速熔炼（渣不贫化）	1.50	44.4	11.8	26.6	1.6	—	—	—
奥托昆普闪速熔炼（电炉贫化）	0.78	44.1	—	29.7	1.4	7.8	0.6	—
Inco 闪速熔炼	0.90	44.0	10.8	33.0	1.1	4.7	1.7	1.6
诺兰达熔炼	2.60	40.0	15.0	25.1	1.7	5.0	1.5	1.5
瓦纽柯夫熔炼	0.50	40.0	5.0	34.0	—	4.2	2.6	1.4
白银法熔炼	0.45	35.0	3.15	35.0	0.7	3.3	8.0	1.4
澳斯麦特熔炼	0.65	34.0	7.5	31.0	2.8	7.5	5.0	—
三菱法熔炼	0.60	38.2	—	32.2	0.6	2.9	5.9	—
SKS 法	0.40	42.5	—	25.2	0.8	2.6	1.3	1.7

铜熔炼过程中，炉渣起着非常重要的角色。因为渣型选择的好与不好，将决定炉渣的物理化学性质，从而影响炉渣与铜锍的分离效果。因此老一辈铜冶金专家甚至说"炼铜就是炼渣"，国内外研究工作者们也做了相当多的研究工作。在研究炉渣时，需要了解炉渣的碱度、炉渣结构、相图和炉渣的物理化学性质。

A　炉渣的碱度

炉渣碱度的计算式为：

$$k_v = \frac{(FeO) + b_1(CaO) + b_2(MgO) + \cdots}{(SiO_2) + a_1(Al_2O_3) + \cdots} \tag{4-36}$$

式中　　(FeO)，(SiO_2)——渣中各氧化物的含量，%；

$\quad\quad\quad a_i$，b_i——各氧化物的系数。

在实际生产中，常把 CaO、MgO、Al$_2$O$_3$ 等氧化物分别简化为 FeO 和 SiO$_2$，从而把碱度简化为 Fe/SiO$_2$ 比（或 FeO/SiO$_2$ 比）。$k_v < 1$ 的渣称为酸性渣，$k_v > 1$ 的渣称为碱性渣，$k_v = 1$ 的渣称为中性渣。现代炼铜方法的炉渣大多采用碱性渣。

B　炉渣结构

炉渣的性质与炉渣的结构密切相关。炼铜炉渣为一种复杂的硅酸盐型渣，根据晶体结构理论，硅酸盐晶体是一种复杂的网状晶体，SiO$_2$ 结构图及结构被金属氧化物破坏的情况如图 4-10 所示。

从图中可知，固态下 SiO$_2$ 的硅氧四面体（SiO$_4^{4-}$）晶体结构非常整齐，而液态下的排列呈无序状态。当碱性氧化物加入熔融的 SiO$_2$ 熔体中时，虽然单体 SiO$_4^{4-}$ 的结构没有变化，但 Si 和 Si 之间的距离有所增大，一个 Si 原子周围的其他 Si 原子数减少，使 SiO$_4^{4-}$ 易于运动，这说明碱性氧化物破坏了网状结构。

C　炉渣相图

相图是以温度、压力、浓度等参数为坐标来描述体系平衡态随这些参数而改变的几何图形。了解炉渣相图，可为炉渣性质研究以及铜冶炼实际生产提供理论基础和参考数据。

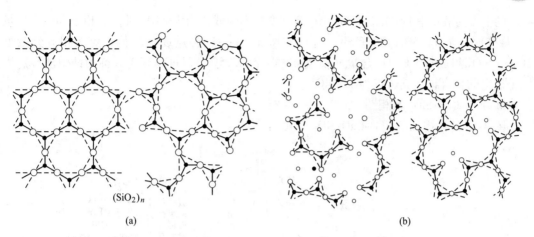

图 4-10　SiO$_2$ 结构图及结构被金属氧化物破坏的情况

（a）固态；（b）液态

铜造锍熔炼常见炉渣体系主要有 FeO-SiO$_2$ 系、FeO-CaO-SiO$_2$ 系、FeO-Fe$_2$O$_3$-SiO$_2$ 系、CaO-Fe$_2$O$_3$ 系和 FeO-Fe$_2$O$_3$-CaO 系等。其中最有代表性的是前三个体系的相图。

a　FeO-SiO$_2$ 系相图

FeO-SiO$_2$ 系相图是造锍熔炼炉渣的基本相图（见图 4-11）。

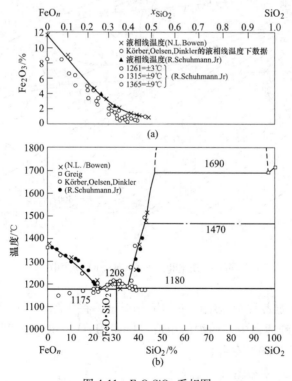

图 4-11　FeO-SiO$_2$ 系相图

　　国内外许多科学家对此相图进行过很多研究，此二元相图实际上不是真正的二元系，因为 FeO 不是定组成化合物，而是溶解有 Fe$_3$O$_4$ 的固溶体，一般 Fe$_3$O$_4$ 看成是 FeO·Fe$_2$O$_3$。图

4-11 的上方为液相中 Fe_2O_3 含量随 SiO_2 含量变化的曲线，当无 SiO_2 时，液相中 Fe_2O_3 含量（质量分数）为 11.5%；随着 SiO_2 含量的增加，Fe_2O_3 含量逐渐降低，当液相成分接近 $2FeO \cdot SiO_2$ 组成时，Fe_2O_3 含量（质量分数）为 2.25%。$2FeO \cdot SiO_2$（称为铁橄榄石）为一个稳定的化合物，其熔点为 1209℃。

b $FeO\text{-}CaO\text{-}SiO_2$ 系相图

图 4-12 是铁饱和的 $FeO\text{-}CaO\text{-}SiO_2$ 系相图。

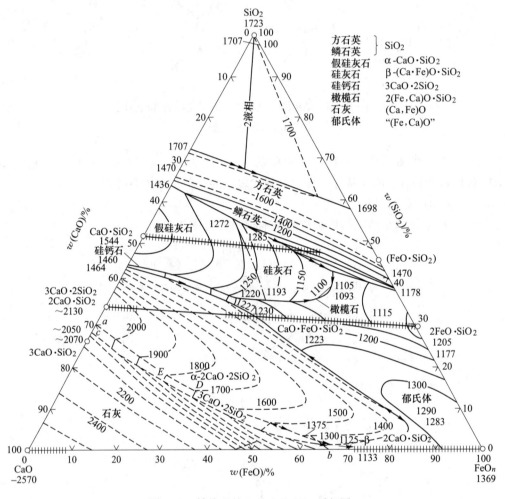

图 4-12   铁饱和的 $FeO\text{-}CaO\text{-}SiO_2$ 系相图

从图 4-12 可以确定各种炉渣组成下的熔化温度，在实际生产中可以选择不同的共晶组成，得到熔点较低的适合生产的炉渣组成。比如 $2FeO \cdot SiO_2$ 中添加一定量的 CaO，可将熔点从 1209℃ 降到 1100℃ 左右。

c $FeO\text{-}Fe_2O_3\text{-}SiO_2$ 系相图

现代造锍熔炼都在强氧势下进行，渣含 Fe_3O_4 量较高，因此 $FeO\text{-}Fe_2O_3\text{-}SiO_2$ 系相图显得十分重要（见图 4-13）。

从图 4-13 可知，除了在 SiO_2 一角存在较大的二液相共存区外，磁铁矿的相区也很大。

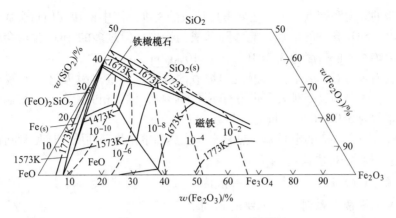

图 4-13 FeO-Fe_2O_3-SiO_2 系相图

在普通造锍熔炼条件下，熔融橄榄石相平衡氧分压范围较小，一般为 $10^{-7} \sim 10^{-5}$ Pa，而对于强化熔炼而言，因氧势高，要使铁橄榄石渣保持为熔融均相，就必须保持更高的熔炼温度。当熔炼温度达到 1300℃ 时，即使氧分压达到 10^{-4} Pa，Fe_3O_4 也不会独立析出。

D 炉渣物理化学性质

研究炉渣的物理化学性质对铜冶炼生产过程具有重要意义。熔炼过程为了实现铜锍与炉渣的良好分离，要选择黏度较小的渣型。炉渣成分对黏度的影响比较复杂，1573K 下的 FeO-CaO-SiO_2 系等黏度线图如图 4-14 所示。渣中 SiO_2 含量的增加，黏度会增加，但随着 CaO 和 FeO 等碱性氧化物含量的增加，黏度会降低，而过多的碱性氧化物容易使熔点升高，反而升高渣的黏度。一般 MgO、ZnS 在渣中的含量不高，但也能升高熔点，增大黏度。少量的 ZnO 和 Fe_2O_3 可使渣的黏度降低，但过多的含量会显著提高黏度。一般铜冶炼炉渣的黏度在小于 0.5Pa·s 或者在 0.5~1.0 Pa·s 比较合适，而超过 1Pa·s 其流动性会变差。

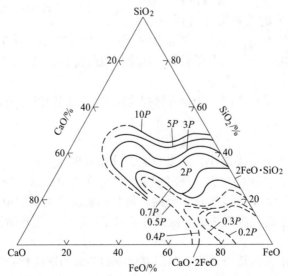

图 4-14 1573K 下的 FeO-CaO-SiO_2 系等黏度线图

除了炉渣的黏度和熔点之外，还要考虑炉渣的密度。渣中铁和其他重金属化合物都会增加渣的密度。SiO_2 含量的增加，能够降低渣的密度，但过多的 SiO_2 含量会增加渣的黏度。现代铜冶炼炉渣的密度为 $3.2 \times 10^3 \sim 3.8 \times 10^3 kg/m^3$。

炉渣的表面张力对炉渣结构、铜锍和炉渣的分离、炉渣对耐火材料的侵蚀等都有影响。炉渣的各种成分和温度对表面张力有不同的影响，详见相关论著。熔炼温度下铜熔炼炉渣的表面张力为 $380 \sim 460 mN/m$。

除此之外，还有炉渣的电导率、热导率、比热和熔化热等性质，详见参阅相关论著。

4.5.2.3　铜锍-炉渣间的相平衡

研究铜锍（$Cu_2S\text{-}FeS$）与炉渣（一般为铁橄榄石型）的平衡关系时，最重要的相间关系为 $FeS\text{-}FeO\text{-}SiO_2$ 系（见图 4-15）和 $Cu_2S\text{-}FeS\text{-}FeO$ 系。从图 4-15 可知，无 SiO_2 时，FeO 和 FeS 完全互溶，但随着 SiO_2 含量的增加，均相溶液出现分层（ABC 分层线）；当 SiO_2 饱和时，则达到 A（渣相）和 B（铜锍）两相的组成。当渣中含有 CaO 或 Al_2O_3 时，均降低 FeS 等硫化物在渣中的溶解度，因此它们的存在可改善铜锍和炉渣的分离。

由键力很强的硅酸盐聚合阴离子为主的炉渣相与共价键形式存在的铜锍相，由于两相差异较大，具有较好的分离能力，因此只要选择适合的熔炼渣型，就能实现铜锍与炉渣的良好分离。

4.5.2.4　铜在渣中的损失及其控制

铜在炉渣中的损失是造锍熔炼过程中铜损失的主要原因。传统的造锍熔炼过程中由于氧势较低，铜锍品位不高，同时渣含铜也较低，一般为 $0.2\% \sim 0.5\%$，此种渣一般直接废弃。而现代熔炼方法，由于采用高氧势，相应铜锍品位高，渣含铜也高，需要单独贫化处理后废弃。

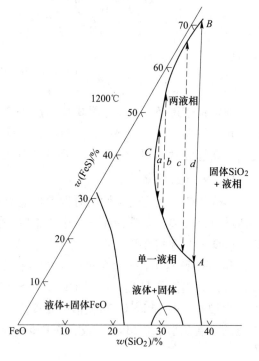

图 4-15　$FeS\text{-}FeO\text{-}SiO_2$ 系相平衡图

铜在渣中的损失主要有机械夹杂和溶解损失两种。不同的熔炼方法其损失形式的比例也各不相同。

机械夹杂损失的主要原因主要有以下几点：

（1）铜锍和炉渣的密度差越小，黏度越大，分离效果越差；

（2）炉温越低，炉渣黏度越大，同时铜硫化物会在渣中析出，分散于渣中；

（3）炉底和炉壁产生的 SO_2 气体上浮时，可将铜锍滴带到渣层中，进入渣层的气泡有时会破裂，附在气泡上的锍膜破裂成小液滴并分散于渣层中，很难沉降下来，造成机械夹杂损失。

铜在渣中的溶解损失包括两部分，即铜氧化物的溶解和铜硫化物的溶解。铜的溶解量与铜锍品位的关系图如图 4-16 所示。从图中可以看出，在低锍品位区，硫化物形态的溶解损失多，而氧化物形态的溶解损失很少，在高锍品位区则正好相反。

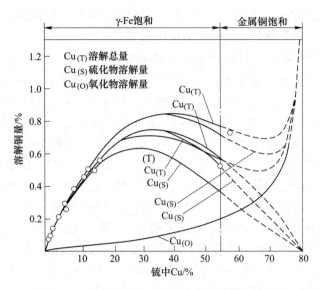

图 4-16 炉渣中铜的溶解量与铜锍品位的关系

日本科学家 Nagamori 在大量研究的基础上得出了铜以氧化物形态损失的计算公式和硫化物形态损失的三种模型，即：

$$(Cu)_{ox}\% = 27(a_{CuO_{0.5}})_{sl} \quad (炉渣\ Fe/SiO_2 = 1.5) \tag{4-37}$$

$$(Cu)_{ox}\% = 35(a_{CuO_{0.5}})_{sl} \quad (炉渣\ Fe/SiO_2 = 2.0) \tag{4-38}$$

对于工业炉渣而言，铜硫化物的损失可用以下模型表示：

$$(Cu)_{sur1}\% = 0.39\%(S\%)_{sl}(a_{CuS_{0.5}})_{mt} \tag{4-39}$$

$$(Cu)_{sur2}\% = 0.69\%(S\%)_{sl}(a_{Cu_2S})_{mt} \tag{4-40}$$

$$(Cu)_{sur3}\% = 2.7\%(S\%)_{sl}(a_{Cu})_{mt} \tag{4-41}$$

上式中 sl 表示渣相，mt 表示铜锍相，ox 表示氧化态，sur 表示硫化态。而实际生产中也可用下式计算：

$$(Cu)_{sur}\% = 0.00495(S\%)_{sl}(Cu\%)_{mt} \tag{4-42}$$

则以溶解形式的渣中总的铜损失为：

$$(Cu)_{all}\% = (Cu)_{ox}\% + (Cu)_{sur}\% \tag{4-43}$$

4.5.3 造锍熔炼工艺方法及主要装置

造锍熔炼是铜冶炼过程中最主要的工序，其熔炼方法很多，其中传统的熔炼方法有密闭鼓风炉法、反射炉法和电炉法等，这些方法在全世界范围内除了一部分发展中国家少量采用之外，大部分国家已停止使用，我国已于 2008 年已全部取缔。目前世界上主要的炼铜企业大都采用先进的现代强化熔炼方法。现代铜熔炼方法主要分为两大类，一类是闪速熔炼法（又叫漂浮状态熔炼法），另一类是熔池熔炼法。现代铜熔炼方法有效地解决了传统熔炼方法能耗低、污染大、生产能力低等问题，已成为目前铜熔炼的主流技术。

闪速熔炼法主要有奥托昆普法、印柯法和基夫赛特法，熔池熔炼法有诺兰达法、澳斯麦特/艾萨法、瓦纽科夫法、白银法、三菱法、特尼恩特法、卡尔多炉法、水口山法和侧吹法等。下面重点介绍几种具有代表性的现代铜熔炼方法。

4.5.3.1 闪速熔炼法 (Flash Smelting Process)

闪速熔炼是漂浮状态熔炼方法之一，它的特点是将几乎彻底干燥的铜精矿 [含水小于 0.3% (质量分数)] 与空气或富氧空气一起喷入 (60~70m/s) 到炽热的炉子空间 (1450~1550℃)，充分利用粉状精矿的巨大表面积，能够在漂浮状态下就进行氧化反应，受热熔化，加速完成 (2~3s) 初步造锍和造渣，可谓焙烧、熔炼和部分吹炼过程在一个设备内短时间完成。熔融硫化物和氧化物的混合熔体在重力作用下落到反应塔底部的沉淀池中汇集起来继续完成锍与炉渣的最终形成并进行分离，炉渣在单独的贫化炉或闪速炉的贫化区处理后再弃去。得到的铜锍送到下一步吹炼工段。自 1949 年第一座芬兰奥托昆普闪速炉的诞生至今，经历了 60 多年的历程，得到了很大的发展，成为造锍熔炼的核心技术之一，其总生产量占全世界总产量的一半左右。目前工业上常用的闪速熔炼有两种，一种是铜精矿从反应塔顶垂直喷入炉内的奥托昆普 (Outokumpu) 闪速熔炼 (见图 4-17)；另一种是铜精矿从炉子侧部喷嘴喷入炉内的印柯 (Inco) 法闪速熔炼 (见图 4-18)，其中大部分是使用芬兰的奥托昆普法。目前全世界有近 40 台闪速炉正在运转，其中印柯法只有 4 台。国内使用奥托昆普闪速熔炼的企业主要有江西铜业贵溪冶炼厂、紫金铜业、祥光铜业、铜陵金冠、金川广西防城港等大型铜冶炼企业。奥托昆普法比 Inco 法应用更普遍的原因主要有以下四种：

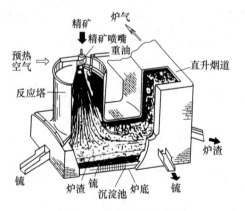

图 4-17 奥托昆普闪速炉

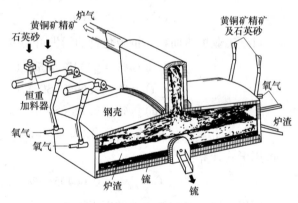

图 4-18 加拿大 Inco 闪速炉

(1) 奥托昆普法只有一个精矿燃烧室，而 Inco 法有四个精矿燃烧室，控制比较容易；

(2) 奥托昆普法具有处理熔炼过程中放出来的大量热量的水冷反应室，比 Inco 发的水平燃烧布局要好；

(3) 奥托昆普法可在余热锅炉中回收烟气热量；

(4) 奥托昆普法的工程设计和工艺操作相对 Inco 法简单。

闪速熔炼的突出优点是：首先能耗低，较先进的企业已基本达到自热熔炼；其次烟气量小，由于采用富氧空气，烟气中 SO_2 较高，有利于制酸；第三为生产效率高，大型闪速炉其熔炼速度可达 $50~80t/(m^2 \cdot d)$；环境保护好。

闪速熔炼的缺点是：反应区氧位高，渣含 Fe_3O_4 及渣含铜高；烟尘量大，达到 10%。

A　闪速熔炼的作业管理

a　精矿喷嘴管理

闪速熔炼过程中，干燥的浮选硫化铜精矿与熔剂、燃料及预热富氧空气通过反应塔顶的精矿喷嘴快速喷入反应塔内进行氧化反应，形成炉渣和铜锍。精矿、熔剂与富氧空气的混合效果，将影响炉料的反应效率，如果局部未反应的物料落入沉淀池，不仅会影响渣层温度和铜锍品位，也会增大烟尘量。因此精矿喷嘴是闪速熔炼的核心设备。精矿喷嘴的形状会影响物料的着火点、反应塔内死区区域、结瘤及 Fe_3O_4 的生成等，即精矿喷嘴形状和控制将影响整个熔炼炉的运行。自闪速熔炼问世以来，喷嘴结构不断地改进和完善，从文丘里型开始开发出了中央扩散型、分配型、喷气流型、旋流预混型等多种喷嘴。各种喷嘴的结构示意图如图4-19所示。

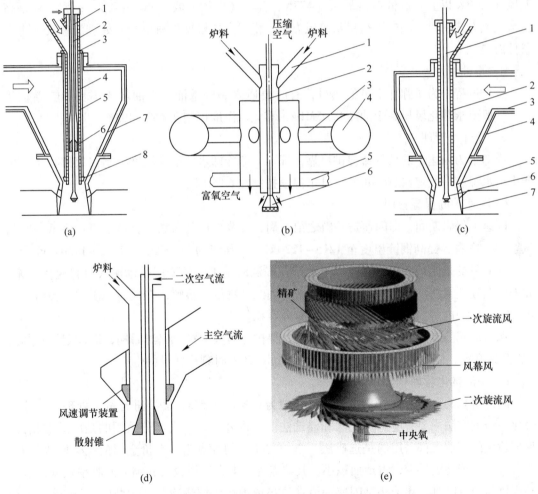

图4-19　闪速炉精矿喷嘴结构示意图

（a）分配型；（b）扩散型；（c）文丘里型；（d）喷气流型；（e）旋流预混型

（a）：1—重油喷嘴；2—氧气管；3—固定件；4—吊杆；5—精矿溜管；6—调节衬套；7—精矿喷嘴本体；8—风速调节；

（b）：1—加料管；2—压缩空气管；3—支风管；4—环形风管；5—反应塔顶；6—喷头；

（c）：1—重油喷嘴；2—精矿溜管；3—送风管；4—精矿喷嘴本体；5—文丘里状收缩部；6—精矿分散锥；7—精矿喷嘴圆锥

b 炉料管理

闪速熔炼对炉料的管理比较苛刻，不仅要求合理、精确配料，而且干燥后的物料水分要小于 0.3%，因此配料工序是闪速熔炼工艺中重要的辅助工序之一。由于精矿来源广泛，种类较多，成分偏差大，因此为了适应闪速炉工艺的要求，工业上根据自身的实际情况，采用料仓式、堆混式和中继仓法等配料方式。此外进冶炼厂的铜精矿一般含水量达到8%~15%（质量分数），而进入闪速炉的精矿含水要求 0.1%~0.3%（质量分数）。铜精矿干燥方式有很多种，如回转窑干燥法、气流干燥法、旋转干燥法、喷射干燥法和蒸气干燥法等。日本住友公司、我国的贵溪冶炼厂和金隆公司等均采用气流干燥法。

c 反应塔供风管理

闪速熔炼的供风方式主要有两种，一种是预热风方式，分为中温风（673~773K）、高温风（1073K 以上）和低温富氧风 [473K、含氧（质量分数）35%~40%]；另一种是高温富氧风方式。目前趋向于高温富氧风方式。供风方式根据炉料成分、处理量和实际生产条件而定。

d 重油管理

生产过程中为了弥补不足的热量，有时要通入一些重油。重油雾化不良影响燃烧效果，一般要求雾化风压高于油压 0.05MPa，雾化风温度控制在 453~493K。

e 冷却水管理

冷却水为闪速炉的长寿命提供可靠保证。一般冷却水的给水温度控制在25℃以上，生产中给水温度一般定在 30~40℃，排水温度控制在60℃以下。

f 闪速炉的保温管理

闪速炉保温期间，即闪速炉停料之前一周，要改变控制参数，具体如下：降低铜锍品位至45%左右，提高铜锍温度至1215~1220℃，提高渣的 Fe/SiO_2 至 1.25~1.30。改变控制参数的目的是使炉壁挂渣变薄，不至于在降温时由于厚的渣层带动耐火材料脱落下来。此外此期间还要往沉淀池内加入生铁，使炉底沉结物尽量溶解，在最后一次排铜锍时，尽可能多排出炉内残余熔体，保持熔池的有效容积。

保温期间的重点是防止炉温较大波动，保护好耐火材料。保温后期，即计划投料的前6 天开始升温，以 3.5℃/h 的速度升温，达到1150℃时刻重新投料生产。

g 炉渣贫化管理

闪速熔炼的炉渣含铜（质量分数）一般为 0.8%~1.5%，需要进行贫化处理。工业上贫化炉渣的方法主要有电炉贫化法和浮选法。国内外老企业大部分采用的是电炉贫化法，后期建设的企业大都采用的是选矿法。电炉贫化法的优点为：有价金属的综合回收较好，投资较省、劳动定员少，占地面积小。其缺点为：电力消耗较大，铜的回收率较低，铁的利用目前尚有困难。浮选法是闪速炉渣在渣包或地坑中缓慢冷却 24~48h，经破碎后进行通常的浮选处理。其优点为：铜回收率高，可回收部分铁。缺点为：投资大，占地面积大。国内山东的祥光铜业和国外的哈里亚瓦尔塔（芬兰）、巴亚马雷（罗马尼亚）、萨姆松（土耳其）、斯坦铜业（印度）、圣马纽尔（美国 BHP 铜业）及奥林匹克坝（澳大利亚）等厂都采用选矿法。

h 烟气处理

闪速熔炼的烟气温度高（1573K），SO_2 含量高 [8%~15%（质量分数）]，含尘量高 [50~150g/($N \cdot m^3$)]，烟气先通过特制的余热锅炉，回收热量和 40% 左右的烟尘沉降下来，再进入电收尘器，最后送制酸车间。

i 闪速熔炼中的 Fe_3O_4 问题

由于闪速熔炼是强化熔炼，过程中不可避免 Fe_3O_4 的大量产生。Fe_3O_4 影响造渣反应、熔池有效容积和渣含铜等的负面影响，还有挂在耐火材料表面保护耐火材料的正面影响。

闪速熔炼中 Fe_3O_4 的来源主要是两个方面，一方面是精矿中的铁成分在强氧化气氛下生成，其反应式为：

$$3FeS_2 + 8O_2 = Fe_3O_4 + 6SO_2 \tag{4-44}$$

$$2CuFeS_2 + 2.5O_2 = Cu_2S \cdot FeS + FeO + 2SO_2 \tag{4-45}$$

$$3FeO + 0.5O_2 = Fe_3O_4 \tag{4-46}$$

另一方面是由回炉物料如烟灰和转炉渣浮选精矿的直接带入。

物料经喷嘴喷入炉内后，精矿氧化得到的 Fe_3O_4 在下落过程中与炉料中未反应的 FeS 进行造渣反应，即：

$$3Fe_3O_4 + FeS + 5SiO_2 = 5(2FeO \cdot SiO_2) + SO_2 \tag{4-47}$$

而回炉物料中的 Fe_3O_4，因加入的冷料达不到上述造渣反应的温度，下落过程中很难进行造渣反应，直接落入沉淀池。

落入沉淀池的熔体中的 Fe_3O_4 其密度（5.1）大于炉渣（3.5 左右），而与铜锍（5.3 左右）接近，因此存在于渣层和锍层之间，形成黏稠的渣隔膜层，影响炉渣与铜锍的分离。而以溶解形态的 Fe_3O_4，容易在温度较低的炉底形成炉结层。

控制 Fe_3O_4 的途径很多，其中提高反应塔温度，增加沉淀池燃油量，降低铜锍品位，降低 Fe/SiO_2 和提高闪速炉的投料量等是一般措施。近些年，一些炼铜企业采用加焦粉或粉煤，或者加块煤的方法，来处理 Fe_3O_4 带来的负面影响，得到了很好的成效。

B 闪速熔炼的主要技术经济指标

a 干矿水分

由于炉料喷入闪速熔炼反应塔后反应时间只有 2s 左右，所以如果炉料中的水分高，需要炉料中水分的蒸发过程，无法短时间内发生氧化反应而直接落入沉淀池内，造成生料堆积。所以在生产中要求精矿的水分控制在 0.3%（质量分数）以下。但水分不能低于 0.1%（质量分数），否则精矿中的硫化物在干燥末期容易引起燃烧。一般沉尘室的烟气温度控制在 80℃ 左右，矿粉含水量（质量分数）可控制在 0.3% 以下。

b 铜锍品位

一般闪速炉铜锍品位控制在 50%~65%。铜锍品位的选择要注意以下几点：

（1）最大限度地利用 Fe 和 S 在闪速炉内氧化所放出的热量；

（2）冶炼厂也最大限度地回收 SO_2；

（3）为下一步的转炉吹炼工段保留足够的"燃料"——Fe 和 S；

（4）避免生成过多的 Cu_2O 和高 Fe_3O_4 炉渣。

c　炉渣含铜

闪速炉炉渣是混有金属氧化物和硅酸盐的多元熔体，含有少量的硫化物、硫酸盐等。主要成分为 Fe 和 SiO_2，Fe/SiO_2 一般为 1.15 ~ 1.25；渣含铜（质量分数）一般为 0.8% ~ 1.5%。

4.5.3.2　诺兰达法（Noranda Smelting Process）

诺兰达法是较早开发的熔池熔炼方法之一，于 1964 年由加拿大矿业公司研究发明，于 1968 年在加拿大的霍恩（Horne）冶炼厂进行了半工业试验，1973 年正式投产，一直到 1990 年为止，实现了富氧熔炼和烟气制酸，工艺基本成熟，成为一种稳定可靠、指标先进的具有竞争力的铜熔炼方法。我国大冶有色金属公司于 1993 年至 1997 年引进并消化了诺兰达熔炼工艺，建成年产 10 万吨规模的诺兰达熔炼系统。诺兰达炉示意图如图 4-20 所示。

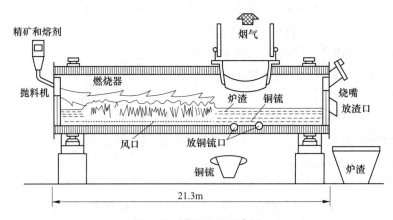

图 4-20　诺兰达炉示意图

诺兰达炉是水平式圆筒反应器，可以转动 48°，炉壳由 50 多毫米的钢板做成，内衬铬镁砖。一般炉子尺寸为 ϕ5200mm×21300mm，炉内空间分为反应区和沉淀区。熔炼过程是将一定配比的精矿、溶剂和固体燃料经带式输送机送往抛料机，由抛料机抛到熔池反应区。富氧空气（O_2 的浓度为 30% ~ 50%）从炉子一侧的一排风口吹入炉内，进行浸没式鼓风。在强烈的搅动状态下进行氧化和造渣反应，同时放出大量的热。反应后的熔体流到沉淀区进行铜锍和炉渣的分离。得到的 65%（质量分数）以上的铜锍由放锍口放进铜锍包，送到吹炼工段，含铜（质量分数）约 5% 左右的炉渣，从炉尾一端放出，进行贫化处理。烟气经水冷密封烟罩、余热锅炉和电收尘器后送往制酸系统。

诺兰达熔炼作为熔池熔炼的典型方法之一，具有以下优缺点。

主要优点包括：

（1）对原料的适应性强。水分含量（质量分数）不超过 13%，粒度小于 50mm 的各种物料都可以直接投料。

（2）生产过程热损失少，自热程度高，因而燃料率也较低，只有 3% 左右，而且辅助燃料的种类选择性大。

（3）烟气中的 SO_2 浓度可达 16%，有利于制酸，硫的利用率达到 96% 以上。

（4）炉渣采用高铁型炉渣（Fe/SiO$_2$可达到1.6~1.8），因此渣量较少，溶剂消耗少。

（5）适合用于传统工艺的改造上。除了诺兰达炉和配套设施之外，备料、干燥系统、转炉等都可以使用原来的设备，从而工程量少，投资省。

主要缺点包括：

（1）作业率低。主要原因是常规例检率高和设备故障率高，鼓入的氧气浓度较低（只有35%~40%）。作业率低直接导致精矿处理量降低，也造成氧气浪费。

（2）炉寿命短和渣含铜高。由于采用高铁型炉渣，渣中Fe$_3$O$_4$含量较高，渣型控制难度大，炉温波动大，导致炉体耐火材料蚀损严重，渣含铜高。

（3）烟罩漏风率大。漏风率达到50%以上。

4.5.3.3 澳斯麦特/艾萨法（Ausmelt/Isa Smelting Process）

澳斯麦特/艾萨法是顶吹浸没式熔池熔炼法，是20世纪70年代由澳大利亚联邦科学工业研究组织（Common-Wealth Scientific and Industrial Research Organization 简称 CSIRO）矿业工程部的 J. M. Floyd 博士领导的开发小组发明的，起初称为 CSIRO 法。目前分为由芒特艾萨公司主导的艾萨熔炼法和 Floyd 博士建立的澳斯麦特公司主导的澳斯麦特熔炼法。澳斯麦特法和艾萨法均采用 CSIRO 喷枪顶吹浸没式熔池熔炼方法，两家公司按照各自的优势，不断提高了该项技术，并向国内和国外大量出售。这两种方法都采用顶部浸没式喷枪技术（Top Submerged Lance，简称 TSL 技术），直接把物料、燃料和氧气吹入到渣层。澳斯麦特法和艾萨法的炉体结构示意图如图 4-21 所示。

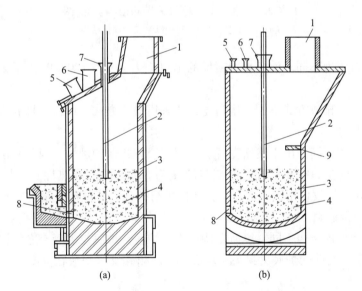

图 4-21 澳斯麦特法和艾萨法的炉体结构示意图
（a）澳斯麦特炉；（b）艾萨炉
1—上升烟道；2—喷枪；3—炉体[(4.4~5)m×(11~16.5)m]；4—熔池；5—备用烧嘴孔；6—加料孔；7—喷枪口；8—熔体放出口；9—挡板

澳斯麦特和艾萨法与其他熔池熔炼一样，都是在熔池内熔体—炉料—气体之间产生强烈的搅动和混合，强化热量传递和质量传递，大大提高反应速度。但也有一些区别，其主要区别如下：

（1）喷枪结构不同。澳斯麦特喷枪有四层套筒，从里向外依次为燃料管、内层氧气管、外层空气管（喷枪风管）和套筒风管。艾萨喷枪只有三层套筒，从里向外依次为重油或柴油、雾化风和富氧空气。澳斯麦特喷枪与艾萨喷枪的结构示意图如图 4-22 所示。

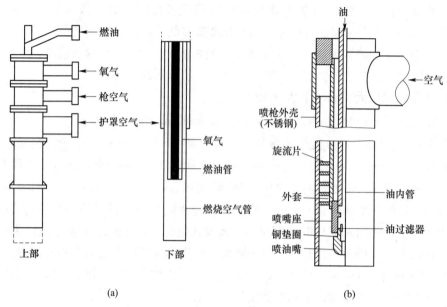

图 4-22　澳斯麦特喷枪与艾萨喷枪结构示意图
（a）澳斯麦特喷枪结构；（b）艾萨喷枪结构

（2）喷枪口压力不同。澳斯麦特喷枪的出口压力为 150~200kPa，而艾萨喷枪的出口压力为 50kPa。

（3）熔炼产物排放方式不同。澳斯麦特法采用溢流方式，即连续排放方式，而艾萨法采用间断排放方式。

（4）炉衬结构不同。由于澳斯麦特法采用挂渣方式保护炉衬，因此采用的是高导热率的耐火材料，并且在炉壁和钢壳之间捣打厚度为 50mm 的高导热性石墨层，外壳进行水冷。而艾萨法除了排放口用铜水套冷却方式保护衬砖外，其他部位没有冷却设施，耐火砖和钢壳之间填充保温料。

（5）炉底和炉顶结构不同。澳斯麦特炉为平炉底，炉底与混凝土之间加钢格栅垫，炉顶采用倾斜炉顶。艾萨炉炉底为封头形炉底，炉底裙式支座平放在混凝土基础上，炉顶采用平炉顶。

澳斯麦特/艾萨熔炼法的主要优点有：

（1）熔炼速度快，生产率高。床能力在 190~240t/（m² · d）。通过控制富氧浓度，可改变铜锍的产量。

（2）投资费用低。由于炉子结构简单，因此建设速度快，投资少。一般只有相同生产规模闪速熔炼法的 60%~70%。

（3）对原料的适应性强。原料不需要太多的处理，一般含水（质量分数）小于 10%

的精矿可直接入炉。

（4）操作简单，自动化程度高。一般每班只需要 4~6 名操作人员，生产过程用计算机控制。

（5）具有良好的劳动条件。生产过程全部为密闭式，烟气溢散少。

主要缺点有：

（1）炉寿命较短，最多只有 18 个月，短的只有几个月。

（2）熔池渣线附件耐火材料腐蚀严重，从而影响作业率。

（3）喷枪保温用的燃料为柴油或天然气，费用较高。

（4）喷枪技术大都由国外掌握，购买费用较高，同时喷枪的插入深度较难控制。

4.5.3.4 白银法（Baiyin Smelting Process）

白银炼铜法是从 1972 年开始由我国白银有色金属公司主导，多家院校的共同参与下开发出来的铜熔池熔炼方法。后经过 20 来年的发展，在床能力、富氧熔炼、自热熔炼及铜回收率等方面，都有了很大的提高，最终达到 10 万吨/年的生产能力。双室式白银炉结构示意图如图 4-23 所示。

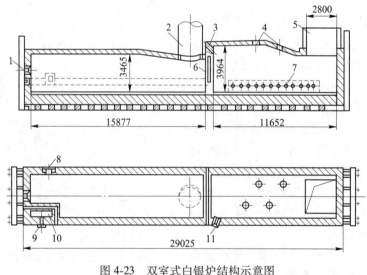

图 4-23 双室式白银炉结构示意图

1—燃烧孔；2—沉淀区直升烟道；3—炉中燃烧器；4—加料口；5—熔炼区直升烟道；
6—隔墙；7—风口；8—渣口；9—铜锍口；10—内虹吸池；11—转炉渣返入口

白银炉是固定式长方形炉子，熔池用隔墙分为熔炼区和沉淀区两个部分。熔炼过程是将含水分（质量分数）低于 8% 的硫化铜精矿和溶剂及返料，用皮带给料机从熔炼区炉顶的加料口连续加入，富氧空气从熔炼区侧墙设有的浸没式鼓风口鼓入熔池内，在强烈的搅拌下，炉料迅速分解、熔化、造锍和造渣，熔炼区的熔池温度一般控制在 1150℃ 左右。产出的铜锍和炉渣的混合熔体经隔墙下面的通道流入沉淀区进行沉降分离，然后分别从放铜口和放渣口放出。

白银炼铜法作为一种典型的熔池熔炼方法，具有以下主要特点：

（1）熔炼效率高。炉料加入熔炼区后，从浸没侧风口鼓入的富氧空气压缩风的强烈搅动下，很快地进行传热、传质，为熔炼过程的气、液、固三相间的反应创造了良好的动力学条件，加快熔炼的物理化学过程，从而大大提高熔炼效率。

（2）利用中间隔墙，实现了熔炼区和沉淀区的分隔。熔炼区的强烈反应不仅强化了熔炼过程，同时增加了铜锍液滴间的碰撞，加速了铜锍的沉降速度。沉淀区熔体比较稳定，有利于铜锍和炉渣的良好分离，降低渣含铜。

（3）能耗低。白银炉的化学反应热占熔炼热收入的55%~84%，富氧浓度达到50%左右时，可实现自热熔炼。

（4）炉渣中 Fe_3O_4 含量低，铜锍含铜（质量分数）50%左右时，渣含 Fe_3O_4（质量分数）只有2%~5%。

（5）对原料的适应性强。可处理含有铅、锌的物料。炉料的粒度小于30mm，水分控制在6%~8%即可，不需要庞大的炉料制备及干燥系统。

（6）烟尘率低。由于加入的是含有水分的物料，同时熔体的飞溅也起到一定的烟尘捕集作用。

（7）可使用粉煤、重油和天然气等多种燃料。

（8）烟气中 SO_2 含量（质量分数）达到10%~20%，且比较稳定，硫的利用率达到93%以上。

（9）炉体结构简单，工艺过程简单易行。

4.5.3.5 瓦纽柯夫法［Vanyukov（Ванюков）Smelting Process］

瓦纽柯夫熔炼法是典型的熔池熔炼法，是苏联冶金学家瓦纽柯夫（A. B. Ванюков）等在1949年开发出来的。之后在诺里尔斯克（Norilsk）进行了十多年的试验研究，于1977年在俄罗斯的梁赞（Рязáнь）建成了每小时熔炼1~3t物料的工业试验炉，1985年以后在巴尔哈什、诺里尔斯克和乌拉尔铜冶炼厂建成大型熔炼炉。瓦纽柯夫法熔炼过程示意图如图4-24所示。

瓦纽柯夫炉是一个固定炉床、横断面为矩形的竖炉，炉膛中设有冷却水套的隔墙，

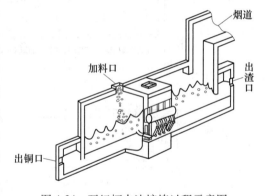

图4-24 瓦纽柯夫法熔炼过程示意图

将炉膛分隔为熔炼区和贫化区，铜锍和炉渣逆向流入由水套隔墙构成的铜锍区和渣区。由于采用竖型炉，从熔池上部鼓入的富氧空气只能强烈搅动上部的熔体层，下部的熔体处于相对静止状态，为铜锍和炉渣的分离创造了良好的条件。

瓦纽柯夫熔炼方法具有以下优缺点。

优点包括：

（1）对物料的适应性强。块料和粉料的比例可以任意控制，粒度小于150mm即可，水分含量（质量分数）低于8%即可，也可处理含硫低的物料，液态转炉渣的返料量也可达到30%。同时还能处理常规方法较难处理的含较多 Pb、Zn、As、Sb、Bi 的复杂铜精矿和低品位难处理铜精矿。

（2）熔炼强度大，床能力高，生产规模可任意控制。

（3）渣含铜低。一般在0.3%~0.65%（质量分数），可直接废弃。

（4）烟气中 SO_2 浓度较高（20%~30%），烟尘率低（小于 0.8%）。

（5）投资费用和生产经营费用相对较低。

缺点包括：

（1）由于熔池较深，开炉比较困难。

（2）熔炼过程中还要保持较高的熔炼强度来保证风口以下熔池内温度。

（3）水套的热损失大，而且还需要很大的冷却水池。

4.5.3.6　水口山法（SKS Smleting Process）

水口山炼铜法是继白银炼铜法之后我国自主开发的又一个熔池熔炼新方法。此法开始是用来处理含砷含金的硫精矿，到 1991~1992 年进行了日处理 50t 铜精矿的工业规模试验，当时所用底吹炉规格为 ϕ2234mm×7980mm。试验得到了满意的技术经济指标，受到国内铜冶炼行业的高度关注，于 1994 年获得了中国发明专利权，被命名为水口山炼铜法。

与诺兰达炉相似，水口山熔炼炉采用的是卧式转炉炉型，其示意图如图 4-25 所示。

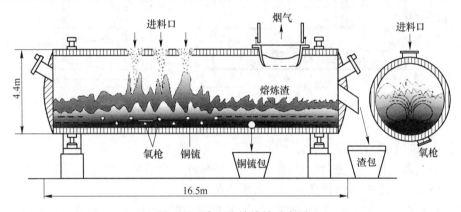

图 4-25　水口山熔炼炉示意图

底吹炼铜炉使用的氧枪是从底吹炼钢炉移植过来的，采用的是双套管，外管通入压缩空气，起到冷却管壁的作用，以此来保护喷枪。水口山法炉渣中的 Fe_3O_4 形成的比较少，这是此法的突出优点。富氧空气从底部吹入铜锍层，使炉内形成大量均匀分散的气泡搅拌和沸腾状态，此时鼓入的富氧空气先把 Cu_2S 和 FeS 氧化，当精矿给料率和鼓风率一定（即铜锍品位一定）时，则因为新炉料的不断加入，熔体中 FeS 的活度始终能保持一定的值，因此此时就算由于 FeO 过氧化形成 Fe_3O_4，也会被 FeS 硫化。其反应式为：

$$Cu_2O + FeS \longrightarrow Cu_2S + FeO \tag{4-48}$$

$$FeS + 3Fe_3O_4 \longrightarrow 10FeO + SO_2 \tag{4-49}$$

除此之外，底吹熔炼与其他熔池熔炼相比具有脱硫率高，As、Pb 和 Zn 等杂质挥发率高，炉衬腐蚀少，炉寿命长等特点。这些特点是因为由底部喷吹，能使大范围的熔体能够均匀地搅动。同时与大部分的熔池熔炼方法一样，可以处理含水（质量分数）小于 7% 的湿精矿。

4.5.3.7　侧吹浸没燃烧法（Side-Submerged Combustion Smelting Process，简称 SSC 法）

我国于 1988 年以后开始委派多批专家到国外考察和学习侧吹炉型的工业应用情况，通过后期的技术消化与创新，逐步在废旧线路板、铅膏、铅锌杂料、锡冶炼、锑冶炼和铜冶炼等领域得到应用，其中 2008 年在内蒙古赤峰首次将侧吹炉用于铜冶炼的工业生产。

通过近 10 多年的发展，具有国内自主知识产权的侧吹炉已在广西河池铜厂、中色内蒙古赤峰富邦铜业、赤峰云铜、四川康西铜业、浙江和鼎铜业、紫金集团珲春铜业、广西南国铜业、烟台鹏晖铜业（现为国润铜业）等多家企业成功得到应用。

典型侧吹炉的结构示意图如图 4-26 所示。

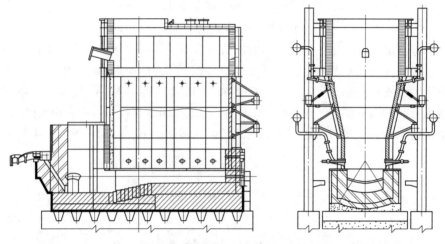

图 4-26　典型侧吹炉结构示意图

该侧吹炉的主要特点为：

（1）炉料适应性强。适合处理含杂质较多的矿或多金属矿，也能处理氧化矿。炉料含水小于 10% 即可，混料可以直接入炉，无须造粒。

（2）作业率高。最高可达 99% 以上，上升烟道不易黏结，余热锅炉运行平稳。

（3）炉子寿命长。一般大修期 2 年以上，修补时间短。有些部位采用铜水套，更换方便，氧枪一般 2 年内无须维修或更换。

（4）能耗低。富氧浓度达到 70%~85%，所需氧气压力低。燃料消耗少，配煤率仅为 1.5%~2.5%。

（5）操作条件好。加料口负压操作，无结渣，无需打风眼机操作。

（6）直收率高。铜的直收率可达 95%~97.5%。

（7）渣含铜和烟尘率低。渣含铜（质量分数）一般小于 0.6%，烟尘率为 1%~2%。

（8）渣型灵活。Fe/SiO_2 比可在 0.8~1.8 之间选择。根据原料情况选择不同的 Fe/SiO_2 比。

（9）投资费用低，适合老的中小型铜冶炼企业的落后产能进行更新换代。

4.5.3.8　三菱法（Mitsubishi Smelting Process）

三菱法是由日本三菱公司发明的连续炼铜方法，是世界上唯一能够连续实现熔炼、炉渣贫化、吹炼和火法精炼的炼铜生产工艺。自 1974 年第一座三菱炉在日本直岛冶炼厂投入生产以来，经过 20 多年的发展，到 20 世纪末除了日本国内，还在加拿大 Kidd 铜冶炼厂、韩国的 Onsan 冶炼厂、印度尼西亚的 Gresik 厂、印度 Metdist 下属的冶炼厂和澳大利亚的 Kembla 炼铜厂（只用了三菱吹炼炉）得到应用。三菱炼铜法的工艺流程图如图 4-27 所示。

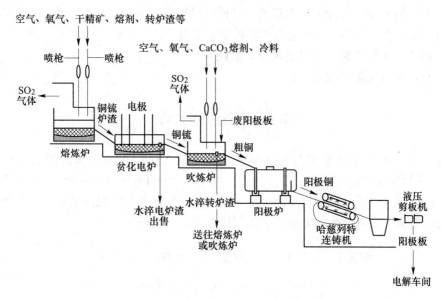

图 4-27 三菱炼铜法的工艺流程示意图

三菱法使用了三种由溜槽连接的顶吹圆形炼铜炉（简称 S 炉）、椭圆形炉渣贫化炉（简称 CL 炉）和圆形吹炼炉（简称 C 炉）。三菱法所用顶吹与其他顶吹法不同，它是使喷枪口与熔体表面之间保持 300~500mm 的距离，炉料和富氧空气通过几根喷枪以大约 200m/s 的速度吹入到熔体中。喷枪下面的熔体将形成一个搅动区，使炉料快速熔化并进行反应。反应后的熔体通过溜槽流到贫化电炉中，利用设在贫化电炉炉顶的 3~6 根电极进行加热，同时往电炉加入还原剂和硫化剂（黄铁矿），使渣含铜（质量分数）降到 0.5%~0.6%。电炉中沉淀下来的铜锍，经溜槽流到下面的吹炼炉中，吹炼过程采用流动性较好的 Cu_2O-CaO-Fe_3O_4 型炉渣。吹炼渣经水淬、干燥后返回熔炼炉。吹炼渣含铜（质量分数）10%~20%，含氧化钙（质量分数）10%~20%，余量为 Fe_3O_4。吹炼得到的粗铜再经过溜槽进入阳极炉进行火法精炼。三菱法的整个过程都用计算机进行控制。

三菱法的主要优点包括：

（1）由于喷吹过程是在熔池上方进行，没有剧烈的搅动，在保证熔炼反应的同时，减少了炉衬砖的保护，提高了炉寿命。

（2）吹炼过程采用钙基渣操作，主要为 Cu_2O-CaO-FeO_n 渣系，与其他方法截然不同。

（3）最大限度地消除了环境污染，根除了传统 PS 转炉的低空污染等问题。

（4）炉子尺寸小，设备配置紧凑，占地少，建设投资相对较低。

（5）扩产的潜力比较大。提高鼓风富氧浓度即可大幅度增加处理量，对于后期有扩建需求的企业有利。

（6）人员成本低。三菱法的劳动定员比闪速炉冶炼方法至少可以减少 1/3。

三菱法的主要缺点包括：

（1）喷枪辅助系统比较庞大。比如一台 10 支喷枪的 S 炉，得设置 10 个喷枪提升装置和 10 个喷枪旋转装置。

（2）由于喷枪多，可能需要几组装置来同时供所有喷枪同时喷吹，而且每个喷枪都要实现均匀稳定喷吹，这样一来工艺布置和控制非常复杂。

（3）由于送风压力高，所以送风动力消耗大。

（4）粗铜硫含量相对较高。

4.6　铜锍的吹炼

上述造锍熔炼中完成了铜与大部分铁、其他金属化合物的分离，得到主要成分为 $Cu[w(Cu)=30\%\sim70\%]$、$Fe[w(Fe)=10\%\sim40\%]$、$S[w(S)=20\%\sim25\%]$ 以及贵金属的铜锍。铜锍吹炼过程就是将铜锍中的 Fe、S 和其他杂质基本全部脱除的过程，最终得到含有贵金属的粗铜。铜锍吹炼的原则工艺流程图如图 4-28 所示。

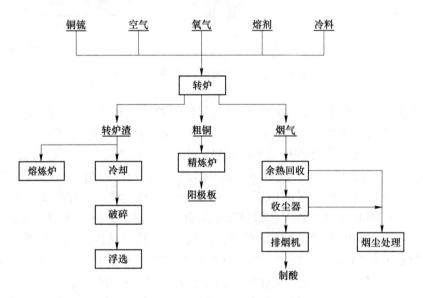

图 4-28　铜锍吹炼的原则工艺流程图

铜锍的吹炼过程是周期性作业过程，分为造渣期和造铜期两个阶段。造渣期主要进行硫化亚铁的氧化和造渣反应；造铜期主要进去硫化亚铜的氧化和硫化亚铜与氧化亚铜的交互反应产出粗铜。

4.6.1　铜锍吹炼的基本原理

4.6.1.1　吹炼过程的主要物理化学变化

铜锍吹炼工艺过程分为造渣期和造铜期两个周期。造渣期主要是硫化物的氧化和造渣反应，其反应式为：

$$2FeS + 3O_2 = 2FeO + 2SO_2 \tag{4-50}$$

$$2FeO + SiO_2 = 2FeO \cdot SiO_2 \tag{4-51}$$

$$2Cu_2S + 3O_2 = 2Cu_2O + 2SO_2 \tag{4-52}$$

$$FeS + Cu_2O = Cu_2S + FeO \tag{4-53}$$

$$MeS + 1.5O_2 \Longrightarrow MeO + SO_2 \qquad (4\text{-}54)$$

$$nMeO + SiO_2 \Longrightarrow nMeO \cdot SiO_2 \qquad (4\text{-}55)$$

$$3FeO + 0.5O_2 \Longrightarrow Fe_3O_4 \qquad (4\text{-}56)$$

造铜期主要进行硫化亚铜的氧化及粗铜的生成反应，其反应式为：

$$Cu_2S + 1.5O_2 \Longrightarrow Cu_2O + SO_2 \qquad (4\text{-}57)$$

$$Cu_2S + 2Cu_2O \Longrightarrow 6Cu + SO_2 \qquad (4\text{-}58)$$

$$MeS + 1.5O_2 \Longrightarrow MeO + SO_2 \qquad (4\text{-}59)$$

$$MeS + 2MeO \Longrightarrow 3Me + SO_2 \qquad (4\text{-}60)$$

铜锍吹炼过程中硫化物的氧化反应与硫化物和氧化物交互反应的 $\Delta G^{\ominus}$-T 图分别如图 4-29 和图 4-30 所示。

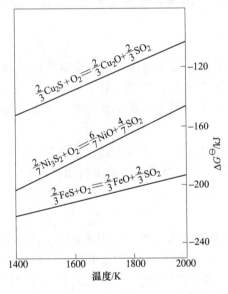

图 4-29 硫化物的氧化反应的 $\Delta G^{\ominus}$-T 图

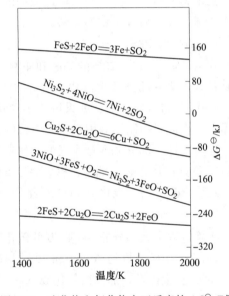

图 4-30 硫化物和氧化物交互反应的 $\Delta G^{\ominus}$-T 图

从图 4-29 中可以看出，铜锍吹炼过程中 FeS 优先氧化，产生的 FeO 立即与 SiO_2 发生造渣反应。由于铜锍吹炼过程处于高氧势状态，部分 FeS 和 FeO 会氧化成 Fe_3O_4，Fe_3O_4 在 FeS 存在下可还原成 FeO 与 SiO_2 进行造渣反应，但到造渣期末期铜锍品位很高时，随着 FeS 活度的降低，Fe_3O_4 会显著增加。一定的 Fe_3O_4 含量对炉壁耐火材料具有保护作用，有利于炉寿命的提高，但 Fe_3O_4 含量高导致渣含铜显著增高，喷溅严重，风口操作困难。因此，在生产过程中适当提高吹炼温度（1250~1300℃）来提高 Fe_3O_4 在渣中的溶解度，同时保持一定的 SiO_2 浓度，来减少 Fe_3O_4 的影响。

从图 4-30 中可以看出，FeS 与 FeO 反应生成 Fe 的反应不可能发生，而 Cu_2S 氧化产生的 Cu_2O，很容易被 FeS 硫化为 Cu_2S，说明在造渣期，只要 FeS 存在 Cu_2O 不能稳定存在，只有 FeS 完全氧化除去后，才能产生 Cu_2O。这就是吹炼过程分两个阶段进行的热力学依据。在吹炼第二阶段造铜期，生成的 Cu_2O 与 Cu_2S 发生交互反应产生粗铜。

4.6.1.2 铜锍中杂质在吹炼过程中的行为

A Ni₃S₂

从图 4-29 中可知，Ni_3S_2 的氧化顺序在 FeS 和 Cu_2S 之间，造渣期 Ni_3S_2 部分氧化成 NiO，但在 FeS 存在的情况下，还会硫化成 Ni_3S_2。在造铜期，Ni_3S_2 和 NiO 不能进行交互反应，而 Ni_3S_2 可与 Cu_2O 和 Cu 发生反应产生金属镍进入粗铜，因此在铜吹炼过程中镍很难脱除。其反应式为：

$$Ni_3S_2 + 4Cu_2O === 8Cu + 3Ni + 2SO_2 \tag{4-61}$$

$$Ni_3S_2 + 4Cu === 3Ni + 2Cu_2S \tag{4-62}$$

B CoS

当造渣期末铁含量（质量分数）小于 10% 时，CoS 开始剧烈氧化造渣。因此在处理含钴高的铜精矿时，通过控制吹炼造渣期的造渣过程，利用两次放渣操作来得到含钴高的造渣期末渣，作为后续提钴的原料。

C ZnS 和 PbS

在造渣期，15%~20% 的 ZnS 和 40%~50% 的 PbS 直接从熔体挥发，被氧化成 ZnO 和 PbO 进入烟尘，部分 ZnS 和 PbS 在熔体中直接氧化与 SiO_2 造渣进入转炉渣中。吹炼过程 70%~80% 锌进入转炉渣，如果铜锍中含量过高，容易使转炉渣的黏度和熔点升高，渣含铜增加，因此要控制熔炼用铜精矿中锌的含量。

在造铜期，部分 ZnS 被生成的金属铜反应生成金属锌，产生的锌由于蒸气压较大，挥发后以 ZnO 的形态进入烟尘，PbS 会与氧化的 PbO 发生交互反应生成金属铅，而 Pb 也容易挥发进入烟气后，氧化成 PbO 或者 $PbSO_4$ 进入烟尘。

D As、Sb、Bi 硫化物

吹炼过程中大部分的 As 和 Sb 的硫化物被氧化后挥发进入烟尘，少部分以 5 价形态进入转炉渣，只有少量的 As 和 Sb 以铜的砷化物或锑化物的形态留在粗铜中。铜锍中的 Bi_2S_3 部分直接挥发，部分被氧化成 Bi_2O_3 后挥发。未挥发的 Bi_2S_3 与氧化产生的 Bi_2O_3 进行交互反应产生金属 Bi，而金属 Bi 在吹炼温度下，极易挥发，也会进入烟尘中，因此只有少量的 Bi 残留在粗铜中。

E 贵金属

吹炼过程中铜锍中的绝大部分以金属状态进入粗铜中，只有很少部分随铜进入渣中。

4.6.2 铜锍吹炼工艺

目前大多数铜冶炼厂都采用卧式侧吹转炉，是 1909 年由皮尔斯（W. H. Peirce）和史密斯（E. A. C. Smith）首次在铜锍吹炼过程中采用，并应用至今，因此也叫 P-S 转炉，其结构如图 4-31 所示。

造渣期的主要任务是将铜锍中的 FeS 氧化，并与加入的石英熔剂进行造渣反应，生成铁橄榄石型炉渣（2FeO-MeO-SiO_2 渣系）除去。一般采用多次加料（2~3 次）、吹炼、放渣作业，来获得足够造铜期所需的白铜锍（Cu_2S）。最后一次加铜锍开始到最后一次放渣为止，工业上称为筛炉，筛炉过程是造渣期最重要的环节，是决定铜回收率和造铜期能否

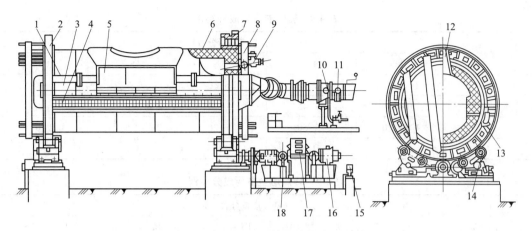

图 4-31　P-S 转炉结构图

1—炉壳；2—滚圈；3—U-风管；4—集风管；5—挡板；6—隔热板；7—冠状齿轮；8—活动盖；9—石英枪

10—填料盒；11—闸板；12—炉口；13—风嘴；14—托轮；15—油槽；16—电动机；17—变速箱；18—电磁制动器

顺利进行的关键。筛炉期间要严格控制石英溶剂的加入量，每次少加，多次加入，防止过量。溶剂过量会使炉温降低，炉渣发黏，渣含铜升高，而且有可能发生喷炉事故。而石英溶剂不足，造成造渣不完全，除铁不净，容易形成 Fe_3O_4，不仅影响粗铜质量，而且容易堵塞风口。筛炉时间也很重要，过早或过迟进入造铜期都是有害的。

筛炉结束后即进入造铜期，此时不加铜锍和任何溶剂。当炉温过高时可适当地加冷料（电解过程中的残极）。在造铜期，由于炉内熔体体积逐渐减少，要通过转动炉体，维持风口在熔体当中的高度。造铜期中最主要的是准确判断出铜时机。出铜时，要加入一些石英溶剂，然后稍微后转炉子，挡住上面的渣后缓慢倒出。出铜后迅速通风眼，清除结块，进行下一炉次的吹炼。

转炉吹炼制度有三种，分别为单炉吹炼、炉交换吹炼和期交换吹炼。转炉吹炼制度的选定一般根据每年要处理的铜锍量及必须处理的冷料量。同时还应考虑转炉的生产状况和上下工序间的物料平衡关系。

4.6.3　铜锍吹炼产物

铜锍吹炼的产物有粗铜、转炉渣、烟尘和烟气。其中，典型吹炼产物主要成分实例分别见表 4-7~表 4-9。

表 4-7　粗铜主要成分实例

序号	含量（质量分数）/%							
	Cu	Fe	S	Pb	Ni	Bi	As	Sb
1	99.0~99.4	0.001~0.005	0.032~0.036	0.012~0.0127	0.15~0.3	0.0067	0.009~0.04	0.004~0.011
2	99.5~99.7	—	—	0.0127	0.046	0.0083	0.132	0.0051
3	98.3	0.022	0.046	>0.12	0.25	0.037	0.85	0.20
4	98.5~99.5	0.1	0.02~0.1	0~0.2	—	0~0.01	0~0.3	0~0.3

表 4-8 转炉渣主要成分实例

序号	含量（质量分数)/%				
	Cu	Fe	SiO$_2$	S	Co
1	2.7	55.06	36.21	0.62	—
2	1~2	40~45	25~28	0.5~1.0	—
3	1.5~2.0	45~50	25~26	2.5	0.2~0.4
4	4.5	51.6	21	1.2	—

表 4-9 转炉烟尘主要成分实例

序号	尘类	含量（质量分数)/%									
		Cu	Pb	Zn	SiO$_2$	Fe	S	Bi	As	Sb	Se
1	粗尘	31.8	7.12	2.8	10.8	11.4	11.7	0.42	—	0.04	0.07
2	粗尘	35~40	4~8	1~4	1~2	7~8	11~14	—	—	—	—
3	细尘	7.2	14	7.5	9.2	8.2	5	0.6	—	—	—
4	细尘	11	0.97	4.2	4.6	15	—	6.6	9.8	—	—

4.6.4 铜锍吹炼的其他方法

4.6.4.1 闪速吹炼炉（FCF 法）

奥托昆普公司早在 1969 年进行过闪速吹炼的研究，到 1995 年在美国的犹他（Utah）冶炼厂建立了生产能力为 100 万吨/年铜精矿闪速熔炼-闪速吹炼工艺，打破了多年的液态铜锍吹炼方式。闪速吹炼可使硫的捕收率达到 99.9% 以上，SO$_2$ 烟气浓度高且稳定，真正达到了清洁生产的目的。虽然闪速吹炼系统需要铜锍水淬、干燥和细磨等工序，但取消了传统转炉熔炼的多台转炉、吊运系统及铜包等设备，因此基建投资比传统 P-S 转炉系统减少 35% 左右。同时转炉吹炼可实现连续性作业，易实现自动化控制，生产费用也比 P-S 转炉吹炼低 10%~20%。闪速吹炼工艺在犹他冶炼厂之外，在秘鲁的依罗冶炼厂与我国的山东阳谷祥光铜业公司、铜陵有色集团股份有限公司金冠铜业分公司、广西金川有色金属有限公司和中金黄金中原黄金冶炼厂等企业得到应用。犹他冶炼厂的闪速熔炼-闪速吹炼工艺流程图如图 4-32 所示。

闪速吹炼与 PS 转炉吹炼相比有以下几点优势：

（1）具有明显的环保优势。没有熔体在熔炼与吹炼工序之间的输送，没有周期性开停风等作业，消除了 PS 转炉吹炼过程中不可避免的低空污染问题。SO$_2$ 总排放量减少 25% 以上。

（2）具有产能优势。单炉产能明显比 PS 转炉高，年产粗铜达到 40 万吨/年以上。

（3）有利于制酸。烟气量比较小且浓度高很稳定，为后面的烟气制酸带来方便，而且可实现小型化。

不足之处包括：

（1）闪速吹炼要求铜锍水淬后磨细、烘干，这会浪费冰铜的显热。

（2）闪速吹炼的铜锍要细磨，所采用的冰铜磨很容易出故障，影响闪速吹炼的作业率。

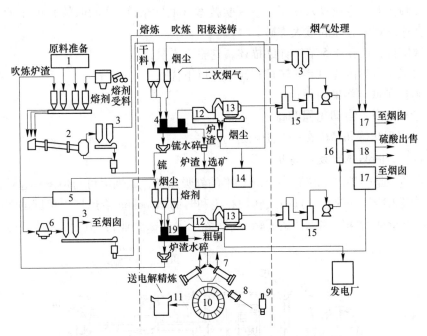

图 4-32 犹他冶炼厂的闪速熔炼-闪速吹炼工艺流程图

1—铜精矿仓;2—干燥窑;3—布袋收尘器;4—闪速熔炼炉;5—冷锍储仓;6—锍粉碎机;7—阳极精炼炉;
8—保温炉;9—竖炉;10—阳极浇铸圆盘;11—铜阳极板;12—余热锅炉;13—电除尘器;14—湿法车间;
15—湿法收尘器;16—湿式电除尘器;17—气体除尘器;18—硫酸厂;19—闪速吹炼炉

4.6.4.2 顶吹式吹炼炉

顶吹式吹炼炉分为喷枪浸没式和非浸没式两种,澳斯麦特/艾萨吹炼炉属于浸没式,三菱法吹炼炉和我国金川氧气顶吹炉与氧气斜吹旋转炉属于非浸没式。这两种方法已在国内外炼铜企业得到应用。比如我国的中条山有色金属公司侯马冶炼厂早在 1999 年就采用了澳斯麦特熔炼-吹炼工艺,云南锡业铜冶炼厂于 2010 年建设了利用双顶吹铜冶炼技术的 10 万吨/年铜冶炼项目。20 世纪末,韩国 Onsan 冶炼厂和印度尼西亚 Gresik 冶炼厂等全世界有 5 家冶炼厂引进了三菱吹炼炉。

顶吹吹炼的设备已在 4.5 节中详细描述,这里不再赘述。

下面简单描述一下两种方法的工艺过程。

澳斯麦特吹炼工艺是将熔炼炉产出的铜锍,通过溜槽放入吹炼炉,进行连续吹炼。吹炼过程是将喷枪插入熔体中进行吹炼,铜锍和渣处于混合搅动状态,吹炼温度较高。当炉内形成 1.2m 左右高度的白锍时,停止放锍,结束吹炼第一周期,然后开始把这一批白锍进一步吹炼成粗铜,其原理与 P-S 转炉的造铜期相同。

三菱法的吹炼方式不同于澳斯麦特法,它是将空气、氧气和熔剂喷吹到熔池表面上,通过熔体表面上的薄渣层与铜锍进行氧化和造渣反应。为了减少 Fe_3O_4 的生成,三菱法采用的是钙基渣相,同时采用比较薄的渣层。

4.6.4.3 氧气底吹吹炼炉

氧气底吹吹炼工艺是由我国自主研发的新的吹炼工艺,目前已在国内的华鼎铜业、豫光金铅、方圆铜业等企业投入使用。双底吹技术（底吹熔炼+底吹吹炼）的工业应用，标志着我国在连续炼铜方面的重大突破。

底吹吹炼设备已在4.5节中详细描述，这里不再赘述。

底吹吹炼技术与传统的P-S转炉相比具有以下优点：

（1）解决了低空污染问题；

（2）指标先进，自动化程度高；

（3）可实现吹炼和精炼在一个炉内进行。

4.6.4.4 Hobken 虹吸式转炉

虹吸式转炉是转炉的一端有一个倒U形的虹吸烟道，此烟道可与炉体一起转动，克服了P-S转炉吸入冷风的缺点。虹吸式转炉在比利时的Hoboken冶炼厂、美国的Miami冶炼厂、智利的Paipot冶炼厂和巴西的Caraiba冶炼厂等多家企业得到应用，其结构如图4-33所示。

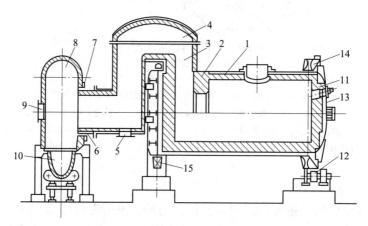

图 4-33　Hoboken 虹吸式转炉结构示意图

1—圆筒型炉体；2—炉拱；3—虹吸烟道；4—烟道盖；5，9—维修工作孔；6—圆筒型烟道；7—密封圈；8—固定烟道；10—收集烟尘小车；11—油喷嘴；12—传动齿轮；13—转炉端盖；14—齿轮箍；15—托轮

Hoboken 转炉的主要特点为：

（1）虹吸式转炉炉口小，也不采用正压操作，从而减少低空污染；

（2）转炉密封性好，漏气少，能够保证进入制酸系统的烟气量和浓度比较稳定；

（3）炉口没有烟罩和烟道等障碍物，可随时加入固体或液体物料，减少了停风时间，提高了送风时率；

（4）吹炼过程喷溅物少，不需要清理炉口。

（5）虹吸式转炉结构复杂，设备投资大，占地面积大。

除了以上吹炼工艺之外，还有诺兰达连续吹炼转炉和反射炉式连续吹炼转炉等。

4.7　粗铜火法精炼

铜锍吹炼得到的粗铜，含铜量（质量分数）一般为98.5%~99.5%，其主要杂质含量的波动范围见表4-10。由于粗铜中的这些杂质，影响铜的机械性能和导电性能，满足不了工业应用的要求，因此必须要进行后续精炼。铜的精炼包括火法精炼和电解精炼，火法精炼可除去粗铜中的大部分杂质，而电解精炼能够实现深度除杂，同时使金银等贵金属与铜分离，实现单独回收。下面先介绍粗铜的火法精炼。

表 4-10　阳极铜中主要杂质含量的波动范围

元素	O	As	Sb	Bi	Ni	Se	Te	Pb	Au	Ag
含量范围 /×10⁻⁶	130~4000	5~2700	1~2200	3~300	90~6700	8~2200	1~300	7~4300	8~73	90~7000

4.7.1　粗铜火法精炼的基本原理

粗铜的火法精炼过程主要包括装料、熔化、氧化、还原和浇铸五个阶段，其中氧化和还原工序是主要过程。

4.7.1.1　氧化精炼工序

氧化精炼是基于粗铜中大多数杂质对氧的亲和力大于铜对氧的亲和力，同时杂质氧化物不溶于铜水的特点而进行的。由于铜水中杂质含量低，主体金属为铜，因此在 1150~1200℃温度下，利用空气进行氧化时，铜首先氧化成 Cu_2O，而 Cu_2O 在铜水中有一定的溶解度（见图 4-34），在 1423K 下的溶解度可达到 8.3%。于是铜水中的杂质与铜水中的 Cu_2O 进行反应，生成杂质氧化物和铜。其反应式为：

$$4[Cu] + O_2 \Longrightarrow 2[Cu_2O] \tag{4-63}$$

$$[Cu_2O] + [Me] \Longrightarrow 2[Cu] + [MeO] \tag{4-64}$$

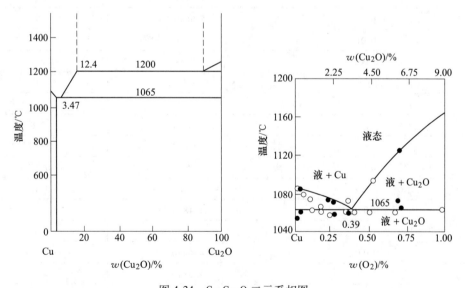

图 4-34　Cu-Cu_2O 二元系相图

生成的杂质氧化物 MeO 漂浮到铜水表面，与加入的石英、苏打等溶剂反应造渣，最后通过扒渣或倒渣作业除去。

杂质氧化过程的平衡常数为：

$$k = \frac{a_{MeO} \cdot a_{Cu}}{a_{Cu_2O} \cdot a_{Me}} \qquad (4\text{-}65)$$

其中，铜水的 a_{Cu} 可认为等于 1。

则
$$k = \frac{a_{MeO}}{a_{Cu_2O} \cdot a_{Me}} = \frac{a_{MeO}}{a_{Cu_2O} \cdot \gamma_{Me} \cdot N_{Me}} \qquad (4\text{-}66)$$

从而可以计算出铜水中杂质的极限浓度，即：

$$N_{Me} = \frac{a_{MeO}}{K \cdot a_{Cu_2O} \cdot \gamma_{Me}} \qquad (4\text{-}67)$$

式（4-67）中由于杂质氧化反应为放热反应，因此平衡常数 K 随温度的提高而减小，所以氧化过程的温度不宜过高，一般控制在 1423~1443K。而 a_{Cu_2O} 基本处于饱和状态，所以影响杂质极限浓度的主要因素为氧化物的活度 a_{MeO} 及杂质的活度系数 γ_{Me}。为了降低 a_{MeO}，在氧化精炼过程中要及时除去浮在铜水表面的氧化渣。1473K 下，各种杂质元素的氧化反应的平衡常数 K 及铜水中的活度系数 γ_{Me} 见表 4-11。

表 4-11　粗铜熔体中杂质元素的氧化反应平衡常数 K 及铜水中的活度系数 γ_{Me}

元素	粗铜中的含量（质量分数）/%	K	γ_{Me}
Au	0.003	1.2×10^{-7}	0.34
Hg	—	2.5×10^{-5}	—
Ag	0.1	3.5×10^{-5}	4.8
Pt		5.2×10^{-5}	0.03
Pd		6.2×10^{-4}	0.06
Se	0.04	5.6×10^{-4}	≤1
Te	0.01	7.7×10^{-2}	0.01
Bi	0.009	0.64	2.7
Cu	约99	—	1
Pb	0.2	3.8	5.7
Ni	0.2	25	2.8
Cd	—	31	0.73
Sb	0.04	50	0.013
As	0.04	50	0.013
Co	0.001	1.4×10^2	—
Ge	—	3.2×10^2	0.11
Sn	0.005	4.4×10^2	—
In	—	8.2×10^2	0.32
Fe	0.01	4.5×10^3	15
Zn	0.007	4.7×10^4	0.11
Si	0.002	5.6×10^8	0.1
Al	0.005	8.8×10^{11}	0.008

通过计算 K 与 γ_{Me} 的乘积，以及假定铜水中杂质浓度相等的情况下，可列出粗铜中主要杂质的氧化难易程度的趋势为：

$$As \rightarrow Sb \rightarrow Bi \rightarrow Pb \rightarrow Cd \rightarrow Sn \rightarrow Ni \rightarrow In \rightarrow Co \rightarrow Zn \rightarrow Fe$$

实际上铜水中杂质形态很复杂，这个顺序也可能发生一定变化。实际生产中 As、Sb、Bi 和 Ni 是最难除去的杂质，其中 As 和 Sb 会与 Ni 生成镍云母（$6Cu_2O \cdot 8NiO \cdot 2As_2O_5$ 和 $6Cu_2O \cdot 8NiO \cdot 2Sb_2O_5$）溶于铜水中，难以除去。生产中可加入苏打（$Na_2CO_3$）来破坏镍云母，而精炼得到的阳极铜中 Ni 含量（质量分数）低于 0.6% 时，不影响电解铜的质量。

硫在粗铜中主要以 Cu_2S 的形式存在。在氧化精炼末期，Cu_2S 与 Cu_2O 进行激烈反应，放出的 SO_2 使铜水沸腾，实际生产中就能看到"铜雨"现象。

4.7.1.2　还原工序

氧化精炼结束后，铜水中含有 0.6%（质量分数）左右的氧以 Cu_2O 的形式存在。为了防止浇铸过程中 Cu_2O 的析出，要对铜水进行还原作业。常用的还原剂有木炭、焦粉、重油、天然气和液化石油气等。重油还原的还原效果好，比较便宜，但污染较大，气体还原剂成本较高，但简单易行无污染。还原过程可能发生的反应为：

$$Cu_2O + H_2 \Longrightarrow 2Cu + H_2O \tag{4-68}$$

$$Cu_2O + C \Longrightarrow 2Cu + CO \tag{4-69}$$

$$Cu_2O + CO \Longrightarrow 2Cu + CO_2 \tag{4-70}$$

$$4Cu_2O + CH_4 \Longrightarrow 8Cu + CO_2 + 2H_2O \tag{4-71}$$

铜水中基本上不溶解 CO 和 CO_2，但 H_2 容易溶解进去。如果出现"过还原"，会残留过多的 H_2 在铜水中，在铸造下一步电解精炼用的铜阳极板时产生大量的气孔，降低阳极板的平整度，影响电解过程。实际生产中在保证不出现"过还原"现象发生的同时，适当降低浇注时的铜水温度，减少铜水中氢的溶解。

4.7.2　粗铜火法精炼工艺

目前工业上采用的精炼炉有回转炉、反射炉和倾动炉。回转式精炼炉结构如图 4-35 所示。

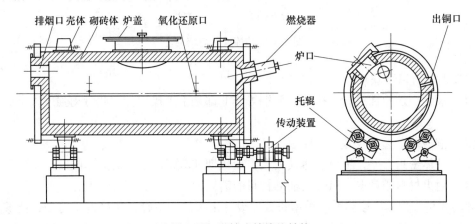

图 4-35　回转式精炼炉结构

回转式精炼炉的作业包括加料、保温熔化、氧化和放渣、还原和浇铸。作业过程一般加料 1h，氧化 1~2h，还原 1.5~2.5h，浇铸 4~5h。回转式精炼炉具有以下特点：

（1）炉体结构简单，机械化、自动化程度高；

（2）处理能力大，技术经济指标好，劳动生产率高；

（3）氧化过程浮渣在风力的推动下，赶到炉子尾部，倒渣即可，无须扒渣作业；

（3）炉体密闭性好，散热损失小，从而燃料消耗低，同时漏烟少，环境污染低；

（4）由于熔池深，化料慢，不适合处理冷料。在浇铸阶段为了防止熔池底部的冻结现象，铜液温度控制较高，达到 1250~1300℃。

精炼反射炉是传统的火法精炼设备，是一种表面加热的膛式炉。反射炉结构简单，操作容易，处理量随意控制，可处理冷、热料，可使用固、液、气多种燃料，因此适合用于小规模炼铜厂或处理冷料较多的工厂。精炼反射炉结构如图 4-36 所示。

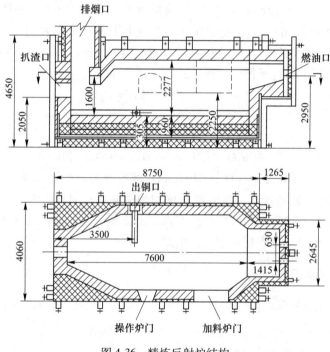

图 4-36 精炼反射炉结构

但反射炉有以下缺点：

（1）氧化、还原插风管，扒渣，放铜等作业都是手工操作，因此劳动强度大，劳动条件差。

（2）铜液搅动循环较差，操作效率低。

（3）炉体密封性差，不仅散热损失大，而且烟气泄露严重，污染车间。

（4）耐火材料用量多，风管及辅助材料的消耗大。

倾动式精炼炉是吸取前两种炉型长处而设计出来的。炉膛形状接近反射炉，能够保持较大的热交换面积，同时采用了转动方式，增设了固定风口，取消了插风管和扒渣作业，可处理冷热料。但也有不足之处，比如炉体倾转时，重心偏移，炉体处于不平衡状态工作等。倾动式精炼炉结构如图 4-37 所示。

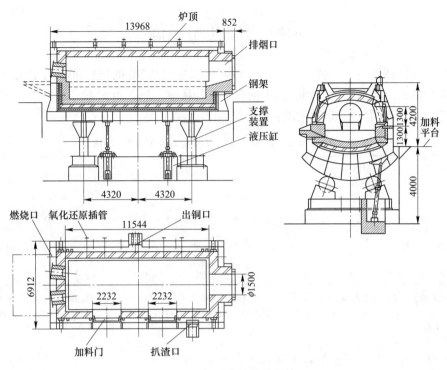

图 4-37 倾动式精炼炉结构

4.7.3 粗铜火法精炼产物

粗铜火法精炼的产物有阳极铜、精炼炉渣、烟尘和烟气。

一些国内外企业的典型阳极铜成分见表 4-12。

表 4-12 典型的阳极铜成分表

工厂	含量（质量分数）/%											Au /g·t^{-1}	Ag /g·t^{-1}
	Cu	As	Sb	Bi	Ni	Pb	Fe	Se	Te	S	O		
国内一厂	99.59	0.088	0.048	0.03	0.024	0.029	0.001	0.029	0.024	0.0041	0.097	32.86	472.8
国外一厂	99.5	0.025~ 0.035	0.0005~ 0.0015	0.01~ 0.015	0.002~ 0.004	0.001~ 0.005	0.002~ 0.005	0.02~ 0.03	0.003~ 0.005	<0.005	<0.15	14~45	300~ 500
国外二厂	99.75	0.040	0.003	0.003	0.023	0.012	0.0017	0.0025	0.004	0.0019	0.10	35	135

精炼炉渣的成分主要与粗铜带入的转炉渣量、冷料成分及精炼炉采用耐火材料的品质有关。一般范围为：$w(Cu) = 15\% \sim 30\%$；$w(FeO) = 6\% \sim 25\%$；$w(SiO_2) = 15\% \sim 35\%$；$w(CaO) = 1.7\% \sim 4.2\%$；$w(MgO) = 2\% \sim 11\%$；$w(Al_2O_3) = 2\% \sim 12\%$。精炼渣一般返回转炉处理。

精炼炉烟尘中含有较高的铜和少量易挥发的金属，一般返回熔炼炉处理。烟气经过简单净化后排放。

4.8　铜的电解精炼

粗铜经火法精炼后得到含铜（质量分数）99.2%～99.8%的阳极铜，为了满足现代工业大量需要的高品质精铜以及回收铜中的贵金属等稀散金属，绝大部分的火法精炼铜都要进行电解精炼。我国的阴极铜国家标准见表4-13。

表 4-13　中华人民共和国国家标准 GB/T 467—2010

铜品号	代号	Cu 含量（质量分数），不小于/%	杂质含量（质量分数）/%											
			Ag	As	Sb	Bi	Fe	Pb	Sn	Ni	Zn	S	P	总和
A 级铜	Cu-CATH-1	99.9935	0.0025	0.0005	0.0004	0.0002	0.001	0.0005	—	—	—	0.0015	—	0.0065
1 号标准铜	Cu-CATH-2	99.95（Cu+Ag）	—	0.0015	0.0015	0.0005	0.0025	0.002	0.001	0.002	0.002	0.0025	0.001	—
2 号标准铜	Cu-CATH-3	99.90	0.025	—	—	0.0005	—	0.005	—	—	—	—	—	0.03

注：除了表中要求之外，A 级铜中还要求 Se+Te 不大于 0.0003%（质量分数），Se+Te+Bi 要求不大于 0.0003%（质量分数），Cr+Mn+Sb+Cd+As+P 要求不大于 0.0015%（质量分数），Sn+Ni+Fe+Si+Zn+Co 要求不大于 0.002%（质量分数）。

铜电解精炼工艺流程图如图 4-38 所示。

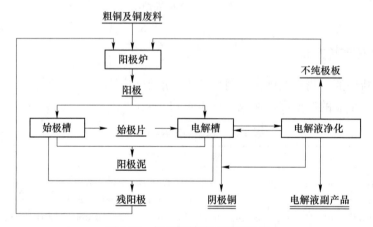

图 4-38　铜电解精炼工艺流程图

4.8.1　铜电解精炼的基本原理

传统的铜电解精炼是以纯铜始极片为阴极，火法精炼得到的阳极铜板为阳极，在含有游离硫酸的硫酸铜溶液中，在通直流电的情况下进行电解的过程，其过程示意图如图4-39所示。

4.8.1.1　阳极反应

电解过程中阳极上可能发生的阳极反应为：

$$Cu - 2e = Cu^{2+} \qquad\qquad E_{Cu/Cu^{2+}}^{\ominus} = 0.34V \qquad (4-72)$$

$$Me - ne = Me^{n+} \qquad\qquad E_{Me/Me^{n+}}^{\ominus} < 0.34V \qquad (4-73)$$

$$H_2O - 2e === 2H^+ + 0.5O_2 \qquad E^{\ominus}_{H_2O/O_2} = 1.229V \qquad (4-74)$$

$$SO_4^{2-} - 2e === SO_3 + 0.5O_2 \qquad E^{\ominus}_{SO_4^{2-}/O_2} = 2.42V \qquad (4-75)$$

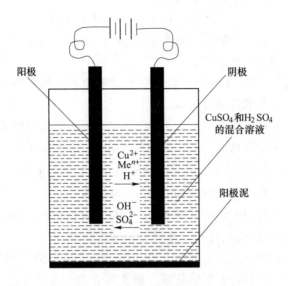

图 4-39 铜电解精炼过程示意图

阳极反应主要是阳极铜的溶解及比铜的电极电位更负的元素（如 Fe、Ni、Pb、As 和 Sb 等）的溶解过程，由于 OH^- 和 SO_4^{2-} 的电极电位比铜正得多，故不会在阳极上发生氧化反应。而 Au、Ag 等贵金属的电位更正，电解过程中以阳极泥的形式落入到电解槽底部，然后定期放出阳极泥单独进行处理，回收其中的贵金属等有价金属。

4.8.1.2 阴极反应

电解过程中阴极上可能发生的阴极反应为：

$$Cu^{2+} + 2e === Cu \qquad E^{\ominus}_{Cu/Cu^{2+}} = 0.34V \qquad (4-76)$$

$$2H^+ + 2e === H_2 \qquad E^{\ominus}_{H_2/H^+} = 0V \qquad (4-77)$$

$$Me^{n+} + ne === Me \qquad E^{\ominus}_{Me/Me^{n+}} > 0.34V \qquad (4-78)$$

由于铜的析出电位比氢的析出电位正，且氢在铜阴极上的超电位，使得氢的析出电位更负，所以在正常电解条件下不会析出氢气。而溶液中其他比铜更正电性的金属离子几乎没有，所以阴极过程只有铜的析出过程。只有当阴极附近的铜离子很低时，才可能发生氢的放电，或者发生 As、Sb 和 Bi 的析出。

总的来说，铜的电解精炼过程是巧妙地运用了"比铜负电性杂质在阳极上溶解-比铜正电性杂质在阴极上析出"的电解原理，达到了精炼铜的目的。

4.8.1.3 Cu^+ 的生成及其影响

在实际电解过程中，阳极铜除了以 Cu^{2+} 的形式溶解外，还有一部分以 Cu^+ 的形式溶解，即：

$$Cu - e === Cu^+ \qquad E^{\ominus}_{Cu/Cu^+} = 0.51V \qquad (4-79)$$

生成的 Cu^+ 与金属铜发生的平衡反应为：

$$2Cu^+ \Longrightarrow Cu^{2+} + Cu \qquad (4-80)$$

在生产过程中 Cu^+ 和 Cu^{2+} 之间的平衡常常被破坏，主要有以下两个原因：

（1）Cu^+ 易被氧化成 Cu^{2+}。其反应式为：

$$Cu_2SO_4 + H_2SO_4 + 0.5O_2 \Longrightarrow 2CuSO_4 + H_2O \qquad (4-81)$$

Cu^+ 的氧化消耗电解液中的硫酸，同时增加 Cu^{2+} 的浓度。氧化反应随着电解液温度的升高和与空气接触程度的增加而加快。

（2）Cu^+ 的歧化反应生成 Cu^{2+} 和 Cu 粉。析出的铜粉进入到阳极泥，不仅造成铜的损失，还降低了阳极泥中贵金属的品位。

上述两种反应的进行都会使电解液中 Cu^+ 的浓度降低，这又促使 Cu^+ 的生成反应。

当电解液中游离酸浓度降低时，还可能发生 Cu_2SO_4 的水解反应，即 $Cu_2SO_4 + H_2O =$ $Cu_2O + H_2SO_4$，进一步破坏了 Cu^+ 和 Cu^{2+} 之间的平衡，并增加阳极泥中的铜量。

4.8.1.4 杂质元素在电解过程中的行为

铜电解精炼过程中阳极中的各种杂质元素，根据自身的特点，具有不同的去向。通常阳极铜中的杂质主要分为以下四类：

（1）比铜显著负电性的元素。包括锌、铁、锡、铅、钴、镍。其中锌、铁和钴在阳极中的含量很低，锌和钴对电解过程影响甚微，而铁溶解进入电解液后，Fe^{3+} 和 Fe^{2+} 在阴阳极之间来回氧化还原，消耗部分电能，降低电流效率，因此要控制电解液中的铁含量（一般在 1g/L 以下）。电解过程中铅也优先从阳极溶解，生成的 Pb^{2+} 与硫酸反应生成 $PbSO_4$ 粉末，此粉末有时脱落进入阳极泥，而有时附着在阳极上继续氧化成棕色的 PbO_2 覆盖于阳极表面，引起槽电压升高。锡在电解过程中首先以 Sn^{2+} 进入电解液，后继续氧化成 Sn^{4+}，而 Sn^{4+} 很容易水解生成溶解度较小的碱式盐，而胶状的碱式盐在沉淀过程中可以吸附砷和锑共沉，但如果黏附到阴极上会降低阴极质量。电解液中锡的含量尽量控制在 0.4g/L 以下。镍在电解过程中的溶解与阳极含氧量有很大关系，含氧低时绝大部分以硫酸镍的形式进入溶液，含氧高时大部分以 NiO 的形式进入阳极泥。在实际生产中，更希望 NiO 进入溶液，因为 NiO 有时会引起阳极钝化现象，脱落的 NiO 不仅降低阳极泥中贵金属的品位，而且在沉降过程中极易黏附到阴极铜表面，影响阴极铜的质量。

（2）比铜显著正电性的元素。金、银和铂族金属都具有显著的正电性，几乎全部进入阳极泥。只有 0.5% 左右被机械夹杂到阴极上，造成贵金属的损失。电解液的温度升高，会增加银的溶解，也会增加阴极铜中的银含量。实际生产中通过加入添加剂，加速阳极泥的沉降，减少阴极上的黏附。此外扩大极距，增加电解槽深度和加强电解质过滤等措施也能改善贵金属的损失。

（3）电位接近铜，但比铜负电性的元素。这类元素包括 As、Sb 和 Bi。这三种杂质很容易影响阴极铜的质量，特别是在高纯铜的制备过程中更为突出。这三种杂质不仅可以在阴极析出，而且还容易产生 $SbAsO_4$ 和 $BiAsO_4$ 等"漂浮阳极泥"黏附在阴极上，影响阴极质量。为了减少这三种元素的影响，生产中可采取的措施为：保持一定的酸度和铜离子浓度；采用适当的循环方式和循环速度；电流密度不要过高；加强电解液的净化；通过加入添加剂使阴极表面光滑、致密等。

（4）其他元素。这类杂质包括 O、S、Se 和 Te 等。氧和硫主要以 Cu_2O 和 Cu_2S 的形态存在，电解过程中主要进入阳极泥。阳极铜中的 Se 和 Te 主要与铜结合成复杂的夹杂物相 Cu_2Se-Cu_2Te，在阳极上形成松散外壳或脱落后沉入阳极泥中。

4.8.2 铜电解精炼工艺

铜电解精炼工艺包括阳极加工、始极片生产（永久性阴极工艺中无此项）、电解、净液和阳极泥排放等工序。

铜电解精炼所用电解槽为长方形的槽，阳极和阴极依次更迭地吊挂在电解槽两边的导电铜排上。铜电解槽的结构图如图 4-40 所示。

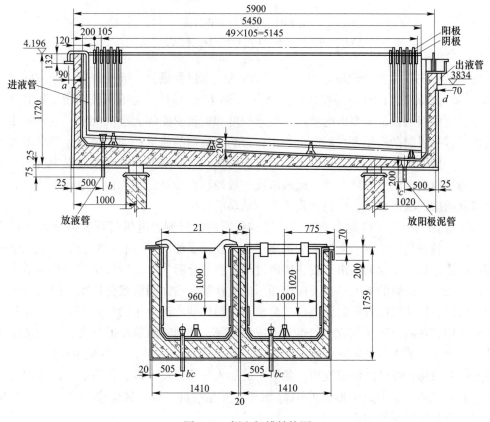

图 4-40　铜电解槽结构图

电解槽大小和数量根据电解铜生产规模而定。电解槽的结构与安装要符合以下几点要求：

（1）槽与槽之间以及槽与地面之间应有良好的绝缘；

（2）电解液循环良好；

（3）槽体结构简单，耐腐蚀等。

电解液的循环方式大体上分为上进下出和下进上出两种模式（见图 4-41）。除此之外近几年也出现了其他电解液循环方式。

影响电解工艺的主要因素及主要技术参数为：

（1）铜电解液的成分。电解液的成分与阳极板的成分，以及电流密度等技术条件有

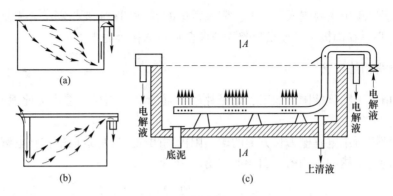

图 4-41   电解液循环方式
(a) 上进下出；(b) 下进上出；(c) 新式下进上出

关，电解液中主要含有 $CuSO_4$ 和 H_2SO_4。常规的电解过程成分一般控制为：Cu 40~55g/L；H_2SO_4 150~220g/L。此外，还要严格控制 As、Sb 和 Bi 等极易影响阴极铜质量的成分。

电解液中铜的含量主要由电解液的纯净程度和电流密度的大小来决定，电解液中铜含量过低，容易引起杂质元素在阴极上析出，影响阴极铜的质量；如果过高，则会增加电解液的电阻，槽电压升高，而且还有可能引起硫酸铜在电解槽各部位和输液管中析出。电解过程中为了提高电解液的导电性，硫酸浓度一般控制在较高的范围内，但也不能过高，否则会降低硫酸铜的溶解度，也会导致硫酸铜结晶的析出。

（2）添加剂。为了得到表面光滑、结构致密的阴极铜，电解过程普遍加入各种添加剂，主要有各种胶、硫脲、干酪素和氯离子等。胶质添加剂有骨胶和明胶等，是铜电解过程需要的最主要的添加剂，由于胶在电解过程中容易分解失效，所以添加过程要适当、均匀、连续加入。硫脲的加入可在阴极表面形成胶状膜，增加阴极极化现象，使铜在阴极上均匀地析出，保证阴极表面的光洁。干酪素是我国早期广泛应用的添加剂，它与胶和硫脲等共同作用，在阴极活性点或凸起点上形成一种膜，抑制表面粒子的长大，使阴极结晶平整致密。由于干酪素在电解液中容易形成不易沉降的固体颗粒，容易吸附于阴极等原因，目前大部分冶炼企业已经停止使用。氯离子的加入可使银离子以氯化银的形式沉淀进入阳极泥，同时氯离子跟铜离子形成 Cu_2Cl_2 沉淀，并易与砷、锑、铋等杂质共沉淀，减少这些有害杂质对阴极铜的污染。

（3）电解液温度。提高电解液的温度可降低电解液的黏度和电阻，有利于漂浮阳极泥的沉降和改善各种离子的扩散过程，有利于消除阴极贫化现象。目前工业上一般控制在 58~65℃，但过高的温度会导致胶和硫脲等添加剂的分解，加剧 Cu^+ 的生成，增大电解液的蒸发，使劳动条件恶化。

（4）电解液的循环速度。循环速度的大小主要取决于电流密度、循环方式、阴极成分等。电流密度大时，为了减少浓差极化，加大电解液的循环速度。但循环速度过快，不利于阳极泥的沉降，不仅容易污染阴极，还会增加贵金属的损失。

（5）极距。极距一般是指同名电极之间的距离。极距对电解过程的技术经济指标和电解铜的质量有很大影响。缩短极距可降低电解槽的电压降和电能消耗，也可增加极片数量，提高生产能力。但极距的缩短容易产生极间短路现象，还增加了阳极泥附着阴极的可能性。小型阳极板的极距一般为 75～90mm，大型极板为 95～115mm。

（6）电流密度。电流密度一般是指阴极电流密度，即单位阴极板面上通过的电流强度。电流密度大小的选择，要考虑阳极的尺寸和成分、电解液成分和温度、极距和电解液循环速度等。目前工业上一般为 220～270A/m²。提高电流密度可以提高铜的生产率，减少占地面积和投资。但提高电流密度会使阴阳极电位差加大，导致电解液的电压降升高，同时会增加电解过程中接触点和导体上的电能消耗增加，从而提高电耗。而且当电流密度大时，为了减少阴极浓差极化，加大电解液的循环速度，这将导致阳极泥的悬浮程度，容易使阴极质量变差。

（7）电流效率。电流效率一般是指阴极电流效率，即电解铜的实际产量与按照法拉第定律计算出的理论产量之比的百分数。铜电解过程中由于产生电解副反应、阴极铜化学溶解反应、极间短路和漏电等原因，不同程度地降低电流效率。目前工业生产的电流效率一般为 95%～97%。

（8）槽电压。槽电压的大小对电流效率和电能消耗的影响非常显著。每个电解槽的槽电压包括阳极和阴极电位、电解液电压降、导体和接触点上的电压降等。

$$E_{ce} = (\varphi_{an} - \varphi_{ca}) + E_1 + E_{con} + E_p \tag{4-82}$$

式中　E_{ce}——槽电压，V；

φ_{an}——阳极电位；

φ_{ca}——阴极电位；

E_1——电解液电压降，V；

E_{con}——导体上的电压降，V；

E_p——所有接触点的电压降，V。

工业上降低槽电压的措施主要有以下几种：

（1）提高阳极质量。在前面的火法精炼工序中，尽量脱除杂质，以降低阳极电位。

（2）残极率保持一定范围内，不能太低。过低的残极率，有可能导致槽电压急剧上升。

（3）各接触点部位及时清洗和擦拭，保持接触良好。

（4）控制好电解液成分，不要在大范围内波动。

（5）尽可能维持较短的极距。

4.8.3　铜电解液的净化

在电解精炼过程中，电解液的成分不断发生变化，Cu^{2+} 浓度不断上升，杂质不断积累，硫酸浓度不断降低。因此必须定期对电解液进行净化。

电解液净化的工艺流程与阳极铜成分、所产副产品销路、综合经济效益等有关，一般可分为以下三大工序：

（1）采用加铜中和结晶法或直接浓缩的方法，使电解液中硫酸铜达到饱和，并通过冷却结晶的方法，生产成品胆矾。

（2）脱铜和脱砷、锑、铋。采用不溶阳极电解法脱除上述结晶后的母液，当溶液中含铜量降至 8g/L 以下时，砷、锑、铋也同时放电析出。砷、锑、铋也可以采用萃取法、共沉淀法和氧化法等其他方法脱除。

（3）生产粗硫酸镍。上述脱铜后液蒸发浓缩，然后降温进行结晶分离，产出粗硫酸镍。
通过以上三个工序，最终得到的含硫酸和含有少量杂质的溶液可返回电解工段。

4.9　铜的湿法冶金

4.9.1　湿法炼铜技术的发展历史和现状

早期的湿法炼铜工艺多采用浸出—铁置换工艺，产量极其有限，而且置换产出的海绵铜不是合格的铜终端产品，还要卖给火法冶炼厂，作为辅料进入精炼工序产出适合销售的阴极铜。20 世纪 60 年代后，随着羟肟类高效铜萃取剂的诞生和改进，以萃取-电积技术为特征的湿法炼铜工艺逐渐发展起来。1968 年世界上第一个商业规模铜萃取工厂在美国亚利桑那州兰彻斯公司的兰鸟矿（Ranchers Bluebird）投产，生产能力为 6000t/a 电解铜。虽然这种工厂最终的电积与以前的电积技术没有本质上的区别，但由于引进了溶剂萃取的技术，才使湿法炼铜真正成为可与火法炼铜相竞争的生产方法。经过 40 余年的发展和完善，这项技术获得了长足的发展，其产品达到伦敦金属交易所 A 级阴极铜标准。该技术以其流程短、成本低、适于回收低品位氧化矿、次生硫化矿、表外矿和废石堆中的铜等优点迅速得到推广使用，现已成为与火法冶炼并驾齐驱的精铜生产工艺。随着铜矿石开采品位逐渐下降、难处理矿石的增加以及对 SO_2 所造成的环境污染的普遍关注，特别是近年来铜价的大幅度波动，人们对湿法炼铜给予了越来越多的重视。40 多年来，世界上湿法炼铜厂的装机容量不断扩大（见表 4-14）。2013 全世界用湿法炼铜技术生产的铜超过 500 万吨，占世界精铜产量的 23.8%。

表 4-14　湿法炼铜全球装机容量的增长变化

年份	1970	1975	1980	1990	1995	2001	2007	2013
产能/t	11250	108912	255122	800857	1563205	2844200	3500000	5000000

国内从 20 世纪 60 年代开始研究湿法炼铜。1983 年在海南建立了第一个浸出-萃取-电积湿法炼铜厂。此后，湿法炼铜逐步得到推广应用，我国湿法铜的生产主要集中在含铜金精矿的焙烧—浸出、低品位次生硫化矿的堆浸和非洲进口铜钴矿的浸出等领域。据科宁铜萃取剂供应商提供的数据，2010 年，我国国内湿法铜的年产量约 10 万吨。此外，我国在海外项目中湿法铜产量也逐渐形成较大的生产规模。

4.9.2　湿法炼铜技术的原理

4.9.2.1　含铜矿物的浸出原理

目前湿法炼铜技术在工业应用上所处理的含铜矿物主要以氧化铜矿（氧化铜和孔雀石）和次生硫化铜矿（辉铜矿、蓝辉铜矿和铜蓝）为主。而以黄铜矿物为主体的原生硫化铜矿的浸出技术尚在研究之中，其工业应用十分有限，主要集中于铜矿的废石堆和表外矿的回收上，浸出中发生的主要化学反应为：

$$CuO + H_2SO_4 \longrightarrow CuSO_4 + H_2O \tag{4-83}$$

$$CuCO_3 \cdot Cu(OH)_2 + 2H_2SO_4 \longrightarrow 2CuSO_4 + 3H_2O + CO_2 \tag{4-84}$$

$$Cu_2S \Longrightarrow Cu_{1.96}S + 0.04Cu^{2+} + 0.08e \qquad E = 0.456 + 0.0295lg[Cu^{2+}] \qquad (4-85)$$

$$Cu_{1.96}S \Longrightarrow Cu_{1.75}S + 0.21Cu^{2+} + 0.42e \qquad E = 0.487 + 0.0295lg[Cu^{2+}] \qquad (4-86)$$

$$Cu_{1.75}S \Longrightarrow CuS + 0.75Cu^{2+} + 1.5e \qquad E = 0.541 + 0.0295lg[Cu^{2+}] \qquad (4-87)$$

$$CuS \Longrightarrow S^0 + Cu^{2+} + 2e \qquad E = 0.590 + 0.0295lg[Cu^{2+}] \qquad (4-88)$$

由以上反应可知，在含铜矿物的浸出过程中，氧化铜矿物的浸出是一个简单的酸碱中和反应，只要维持一定的酸度，就可以将含铜矿物中的铜浸出。对于以辉铜矿和蓝辉铜矿为主体的次生硫化铜矿的浸出来说，铜的浸出需要在一定的氧化还原电位下进行，需要有氧化剂的介入。同时，随着浸出反应的进行，浸出铜所要求的氧化还原电位也越来越高，直到最后达到铜蓝的氧化浸出电位为止。因此，对于次生硫化铜矿的浸出，通常需要氧化剂的加入，一般采取细菌辅助氧化的方式进行浸出。关于细菌氧化浸铜机理的研究较多，大体分为直接浸出机理和间接浸出机理，目前还没有定论。大多数研究倾向于间接浸出作用，即细菌的作用主要是将浸出液中的 Fe^{2+} 氧化成 Fe^{3+}，而真正起氧化浸出硫化铜矿物作用的是 Fe^{3+}，细菌的作用在于不断将已经还原的 Fe^{2+} 重新氧化成 Fe^{3+}，从而维持一个较高的氧化还原电位，有利于硫化铜矿物的持续氧化浸出。细菌将 Fe^{2+} 氧化成 Fe^{3+}，Fe^{3+} 浸出辉铜矿和铜蓝的化学反应为：

$$4Fe^{2+} + O_2 + 4H^+ \xrightarrow{\text{细菌}} 4Fe^{3+} + 2H_2O \qquad E = 0.64 + 0.079lg\{[Fe^{3+}]/[Fe^{2+}]\}$$

$$(4-89)$$

$$Cu_2S + xFe^{3+} \Longrightarrow xCu^{2+} + Cu_{2-x}S + xFe^{2+} \qquad (4-90)$$

$$CuS + 2Fe^{3+} \Longrightarrow Cu^{2+} + S^0 + 2Fe^{2+} \qquad (4-91)$$

4.9.2.2 含铜料液中铜的萃取和反萃原理

高效铜萃取剂的有效活性成分主要有酮肟和醛肟类两种，其分子结构分别如图 4-42 和图 4-43 所示。

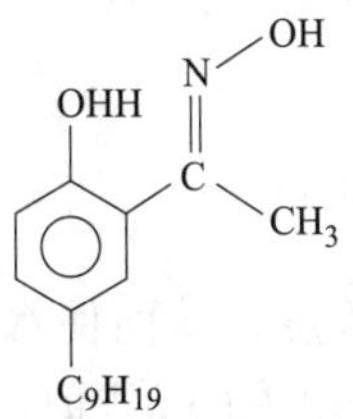

图 4-42　2-羟基-5 壬基苯乙酮肟 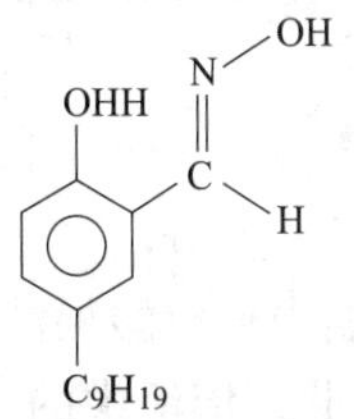　　　　图 4-43　2-羟基-5-壬基苯乙醛肟（P50）

目前商业上广泛使用的高效铜萃取剂主要由科宁公司和氰特公司提供，常用的商业用萃取剂牌号有 LIX984N、LIX973N 和 M5640 三种产品。这些铜萃取剂都是用羟肟类活性萃取成分经过改质调配生产出来的。其中科宁公司提供的萃取剂主要是醛肟和酮肟的混配物，而氰特公司的萃取剂则使用酯类和醇类对醛肟进行改质而成。常见的萃取剂的成分和主要特性分别见表 4-15 和表 4-16。

铜的溶剂萃取和反萃是一个可逆的化学过程。在萃取过程中，萃取剂分子中的 H^+ 离子与溶液中的金属离子 Cu^{2+} 通过有机相/水相界面进行交换；有机相与水相之间的这种交换的速度、方向和数量取决于萃取剂的浓度、溶液中 Cu^{2+} 的浓度以及溶液中的硫酸浓度。

表 4-15 当今各种常用萃取剂及其主要成分

萃取剂	主要成分或结构
LIX984N	2-羟基-5-十二烷基二苯乙酮肟和 5-壬基水杨醛肟 1:1 混合
LIX973N	2-羟基-5-十二烷基二苯乙酮肟和 5-壬基水杨醛肟 3:7 混合
LIX54-100	β-双酮与高闪点煤油的混合物（回收氨性浸出液中的铜）
M5640	P50+2,2,4-三甲基-1;3-戊二醇二异丁酯

表 4-16 常用萃取剂的性能参数

萃取剂	LIX984	LIX973	LIX54-100	M5640
最大负载/$g \cdot L^{-1}$	5.1~5.4	5.5~5.9	<100	5.5~5.9
萃取等温点/$g \cdot L^{-1}$	≥4.40	≥4.80	—	≥4.40
反萃等温点/$g \cdot L^{-1}$	≤1.80	≤2.25	≤0.10	≤2.30
净传递量/$g \cdot L^{-1}$	≥2.70	≥2.70	—	≥2.1
铜铁选择性	≥2000	≥2300		≥2000

当溶液中酸度较低（如 pH≥1.5）时，萃取剂释放出 H^+，并将 Cu^{2+} 从溶液中提取上来，这种交换称为萃取；反之，当溶液中酸度较高（如 $H_2SO_4$180g/L）时，萃取剂释放出 Cu^{2+}，并将 H^+ 从溶液中提取上来，这种交换称为反萃，萃取和反萃的化学反应为：

$$(2R - H)org + (Cu^{2+} + SO_4^{2-})aq \xrightarrow[\text{反萃}]{\text{萃取}} (R_2Cu)org + (2H^+ + SO_4^{2-})aq \quad (4-92)$$

从反应式（4-92）来看，在相比为 1:1 时，每从溶液中萃取 1g/L Cu，就会向溶液中释放 1.54g/L 的 H_2SO_4。

萃取和反萃的平衡反应取决于水相的 pH 值而不是硫酸的浓度，因此必须检测浸出液的 pH 值。硫酸解离放出氢离子的程度与水中的硫酸根总浓度有关，其反应为：

第一步解离 $\qquad H_2SO_4 \longrightarrow H^+ + HSO_4^- \qquad (4-93)$

第二步解离 $\qquad HSO_4^- \longrightarrow H^+ + SO_4^{2-} \qquad (4-94)$

总反应 $\qquad H_2SO_4 \longrightarrow 2H^+ + SO_4^{2-} \qquad (4-95)$

因此，水相中的硫酸根浓度高会降低第二步反应的解离程度，从而使水相酸度降低而 pH 值升高。因此，溶液中的一些盐（如 $MgSO_4$）可以缓冲浸出液的 pH 值。

4.9.2.3 反萃液中 Cu^{2+} 的电解沉积

通入电流从含铜溶液中沉积出金属铜的过程，称为铜的电沉积，其总的化学反应为：

$$CuSO_4 + H_2O \xrightarrow{\text{直流电}} Cu + H_2SO_4 + 1/2O_2 \qquad (4-96)$$

其中，铜在阴极沉积，而阳极析出氧气。同时，在铜电沉积反应中，硫酸得以再生，再生后的硫酸可循环返回到溶剂萃取回路作反萃用，或者返回浸出工序。与铁置换工艺中对硫酸的破坏相比，电沉积可以再生酸的这一特点对浸出—萃取—电积工艺系统是至关重要的。

当然，上面所列的化学反应实际上要更为复杂一些。事实上，阴极上发生的主要的电化学反应为：

$$Cu^{2+} + 2e \Longrightarrow Cu \qquad (4-97)$$

$$Fe^{3+} + e \Longrightarrow Fe^{2+} \tag{4-98}$$

$$2H^+ + 2e + 1/2O_2 \Longrightarrow H_2O \tag{4-99}$$

而阳极上的主要反应为：

$$H_2O - 2e \Longrightarrow 2H^+ + 1/2O_2 \tag{4-100}$$

$$Fe^{2+} - e \Longrightarrow Fe^{3+} \tag{4-101}$$

另外，在电积液中溶解的氧会氧化二价铁离子，其反应为：

$$2Fe^{2+} + 1/2O_2 + 2H^+ \Longrightarrow 2Fe^{3+} + H_2O \tag{4-102}$$

但是，由于氧的溶解度十分有限，因此氧的参与反应大体上可以忽略不计。而且 Fe^{3+} 的还原和 Fe^{2+} 的氧化反应在一定条件下可看成是循环反应，因此当外部供给电能时，主体反应的净效应是释放出氧气、电积液中含铜量减少和电积液硫酸浓度的提高。

4.9.3 湿法炼铜的实践

4.9.3.1 湿法炼铜的原则工艺流程和工艺配置

湿法炼铜一般是由浸出、萃取、反萃和电沉积四个工序组成，图 4-44 为典型的浸出-萃取-电积的原则流程图。由该工艺流程中所标示的金属和硫酸浓度的数值变化可以看出，从浸出液中 Cu^{2+} 的萃取开始，到电积工序中金属 Cu 的产出为止，整个过程的酸是由电积向萃余液逆向传递的。即电积过程产出的酸通过反萃工序等量传递给再生有机相，而再生有机相中的酸在萃取时又等量地传递到萃余液中。从铜的浸出过程来说，无论是氧化铜矿稀硫酸直接浸出，还是次生硫化铜矿的氧化浸出，都是消耗硫酸的，而且消耗的酸量与浸出的铜量同样保持着 1.54g/L 的硫酸对 1g/L Cu^{2+} 的比例。因此，仅从铜的浸出到电积铜的产出来说，在宏观上硫酸的产出与消耗是相同的，理论上不存在硫酸的消耗与积累问题。铜萃取的最佳条件在 pH 值 1.5 左右。当硫化铜矿中存在一些黄铁矿时，在细菌的作

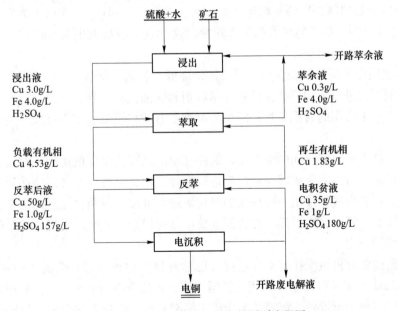

图 4-44 浸出—萃取—电积的原则流程图

用下会氧化产出硫酸，从而使铜的萃取越来越困难。根据酸的累积速度对萃余液进行中和处理排放，同时补加新水稀释浸出液的硫酸浓度。

在湿法炼铜实际生产的工艺配置中，最常见的是两段萃取一段反萃构型（见图 4-45）。在 1 级萃取中，萃取原料液与来自 2 级萃取的具有一定 Cu 负载量的有机相进行混合萃取，澄清分离后的负载有机相先在储槽脱除夹带的水相料液，然后送往反萃工序。经过 1 级萃取的原料液含酸较高，而含铜降低，送到 2 级萃取与反萃后的再生有机相混合萃取，澄清分离后的萃余液送往浸出工序或者中和排放。

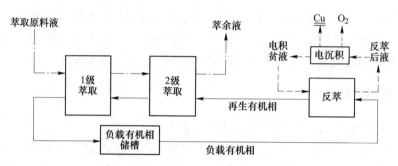

图 4-45　典型两萃-反萃湿法炼铜流程配置

4.9.3.2　铜的浸出

浸出工序的主要作用是为铜的萃取提供合格的料液，对这种料液的要求主要有 3 个方面：

（1）浸出液中有合适的 Cu^{2+} 浓度，一般以 $1 \sim 5 g/L$ 左右为宜。当浸出液中 Cu^{2+} 浓度过高时，萃取产酸过多，会使 Cu^{2+} 的萃取率下降；当浸出液中 Cu^{2+} 浓度过低时，每次萃取传递的 Cu^{2+} 量太少，会提高每吨铜的萃取剂和煤油消耗，从而增加成本。

（2）浸出液要控制合适的硫酸浓度和 pH 值，一般以 pH 值 1.5 以上为宜。当浸出液的 pH 值低于 1.5 时，Cu^{2+} 的萃取率下降较快，这一点和浸出液中含 Cu^{2+} 浓度较高时的表现相近。

（3）浸出液中的固体颗粒含量要尽可能地降低，否则在萃取过程中容易形成污物，妨碍萃取作业的正常进行，同样会使吨铜的萃取剂和煤油消耗上升。

目前，工业上常用的含铜矿物的浸出类型主要有搅拌浸出、矿石堆浸、废石堆浸和就地浸出等方式。

氧化矿、精矿或含氧化铜的浮选尾矿的搅拌浸出已有很多年的历史。对于含铜较高的氧化矿和泥质矿，可以将原矿破碎磨矿后进行搅拌浸出，也可以在破碎洗矿后将块矿和矿泥分开处理，将矿泥搅拌浸出，而块状的氧化矿送去堆浸。否则含泥过高的氧化矿直接堆浸时渗透性较差，浸出速率下降。在含铜金精矿焙烧提金工艺中，焙烧后的焙砂可以采用稀硫酸搅拌将铜浸出。

搅拌浸出设备有机械搅拌与空气搅拌（巴秋克槽）两种方式。美国 Anamax 氧化矿浸出与 BHP-Miami 的尾矿浸出工厂均用机械搅拌槽。赞比亚 Nchanga 工厂则采用大型巴秋克槽。无论采用何种浸出设备，都需要大型浓密机来实现洗涤与液固分离。浓密机溢流经过澄清过滤后既可作为萃取的原料液。浓密机底流通常都用带式过滤机过滤，获得的滤渣中和后排入尾矿坝。

堆浸是使用最普遍的一种矿石直接浸出方式，含铜浸出液汇集送到萃取—电沉积厂，萃余液再返回作浸出剂用。世界各地许多新建的铜矿山选用堆浸—萃取—电积工艺，建设堆场一般首先要清除堆场底部植被，修整成一定的坡度，然后修筑不渗漏的黏土地基，或者在筑堆之前铺设高密度聚乙烯衬垫。在堆场表面布管、喷淋浸出一定周期后将喷淋管拆除，必要时将喷淋过的矿堆表面耙松，新矿石再在上面筑堆，如此反复。溶液池最少要有两个，一个是料液池，另一个是萃余液池。目前许多工厂都倾向设置一个中间溶液池，用作循环浸出，提高最终料液铜浓度。堆场周围必须有畅通的排洪沟和堆场自身的过量降雨外排渠道。

就地浸出就是将特定的浸出剂注入矿体，溶解矿床中或接近原地质层位矿体的有价金属过程。就地浸出有两种形式，一种是未开发的矿床，通常是储量不大，难以用常规方法开采的矿床，或者因采矿环境恶劣，以及可能对人类活动产生环境影响的矿床。对这些矿体采取钻孔方式来建立注液井和收集井。为了提高溶浸矿床渗透率，有时候对矿床进行某种程度的爆破松动。岩石节理发育与否，地下水文地质状况都要深入了解，如遇到硫化铜矿还要建立细菌循环系统，认真控制供氧、溶液 pH 和温度等。另一种是矿山陷落区矿体的就地浸出。这种情况工业应用较多，一般是在采用矿块崩落法进行地下采矿，结束后的矿区用以回收上部陷落氧化矿体，注液井就在陷落区布置钻孔，集液沟利用地下采矿老运输巷道。在老矿坑道内建集液池，用泵将浸出液送到地面萃取料液池，泵液管道可沿旧竖井配置。

废石堆浸出是指硫化铜矿开采时排放堆积的大量表外矿，和露天矿山剥离的氧化矿和混合矿铁帽。这些废石堆一般都有很大废石量，数十万吨到数千万吨不等。铜矿物含量都很低，一般含铜（质量分数）0.2% 以下。美国、加拿大等一些矿山所处理的废石堆有数十年历史，甚至有些矿堆的浸出系统最初是由天然形成，堆底基本上都未作防渗处理。但在七十年代以后建的矿山，废石堆场底部都用黏土等作防渗处理，甚至有些还铺垫了高密度聚乙烯防渗层。我国的德兴铜矿湿法炼铜厂就属于这一类。

4.9.3.3 铜的萃取和反萃

市场上购得的铜萃取剂一般是由有萃取活性的肟类萃取剂、改质剂和高闪点煤油调配而成，饱和萃取容量较高。根据萃取原料液的 Cu^{2+} 浓度和其他性质，用 260 号溶剂煤油稀释成一定的浓度后使用。对于含铜较低堆浸溶液，一般采用 10% 左右的萃取剂浓度。而对于含铜较高的搅拌浸出液，往往选用 20%~30% 的萃取剂浓度。铜的萃取和反萃一般均在浅池式萃取澄清槽内进行，混合室比澄清室要高，这样可以减少萃取所需的萃取剂和稀释剂的投槽量，其结构如图 4-46 所示。

在双混合室萃取澄清槽进行萃取时，来自反萃或下一级（对于 2 级以上的逆流萃取）的有机相通过主混合室假底的一条管道进入本级萃取，而萃取原料液经过假底的另一条管道进入，在搅拌装置的混合泵轮抽力作用下，有机相和水相通过上面的混合相口进入主混合室。水和有机混合相经过一定时间的接触萃取后，通过连接通道进入副混合室继续保持接触萃取，混合相在副混合室停留一定时间后进入澄清室。混合室的高度比澄清室高，但其宽度比澄清室小，为了保证混合相比较均匀地流过整个澄清室的横断面，在混合室和澄清室之间设置一个逐渐变宽并向下倾斜的溜槽。当混合相进入澄清槽后，很快会遇到一道

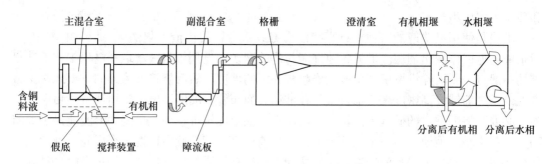

图 4-46 双混合室浅池式萃取澄清槽

格栅，格栅可以将横断面不同位置的流速进一步调整均匀，同时可以排除混合过程夹带的气体，有利于混合相中水相和负载有机相的分离。澄清分离后的负载有机相经过有机相堰流入上一级萃取澄清装置，或者进入负载有机相储槽，分离出夹带水相后再送到反萃段。

在反萃阶段，负载有机相与来自电积车间的电积贫液接触，将有机相上的铜反萃进入反萃后液，使负载有机相得到再生，反萃后的再生有机相就可以重新返回萃取系统萃取铜。为避免和减少萃取剂和煤油被夹带到电积车间，反萃后液一般要先经过截至吸附过滤或气浮等设施除油，然后再返回电积车间沉积铜。

4.9.3.4 铜的电积

铜电沉积车间与火法炼铜工艺电解精炼车间的配置几乎相同，常用的电积槽的主体结构也与铜电解精炼相似，只是在槽底纵向设置一条水平或环形的布液管道，新电积液通过该布液管道向上开设的小孔将电积液均匀分布到每个阴极和阳极之间。

经过除油的反萃后液与循环的电积贫液混合，通过主供液管道并联供给每个电积槽的进液分布管道，电积贫液在槽内经溢流自流返回贫液储槽，储槽内的贫液一部分用于反萃供液，另一部分与反萃后液混合后继续供电积用。电积槽的槽电压一般平均约为2V，电流密度变化较大，一般设计的阴极电流密度在 $180\sim300A/m^2$ 之间。电积作业的电流效率一般在90%左右。

4.10 铜冶炼的三废治理

在人类活动过程中产生的环境污染物主要可分为三大类，一类是化学性污染物，主要有无机污染物和有机污染物；一类是物理性污染物，如噪声、振动、放射性、热污染等；还有一类是生物污染物，如细菌、病毒、原虫等病原微生物。其中化学性污染物的量最大，破坏性最大。铜冶炼过程中产生的气、液、固三种污染物几乎都属于化学性污染物。

铜冶炼过程中造成环境污染的主要元素有 Pb、As、Sb、Hg、Sn、S 等。这些元素在铜冶炼过程中分别进入烟气、废水和废渣中，其分配比例随着原料的性质和种类、采用的工艺流程的不同有很大的差别。

4.10.1 烟气的来源与治理

铜冶炼过程中焙烧、熔炼、吹炼和精炼过程中将产生大量的含有硫和其他各种有价金属及有害金属的烟气。工业上除了回收其中的有价金属的同时，还要对其中的有害元素进行各种处理，使最终排放的烟气达到国家排放标准。

4.10.1.1 烟气的冷却及余热回收

铜冶炼过程中产生的烟气一般温度较高，为了适应收尘设备和排风机的要求，首先必须要进行降温。工业上采用各种换热装置或余热锅炉，将烟气的温度降下来。典型的炼铜闪速炉的烟气冷却和余热利用示意图如图4-47所示。

4.10.1.2 烟气收尘

铜冶炼烟气中除了含有硫、碳和氮的氧化物之外，还含有各种金属硫化物、氧化物、硫酸盐和脉石粉尘等。此部分烟尘如果不加以回收，不仅损失部分有价金属，影响有价金属回收率，而且对后续的二氧化硫烟气制酸工艺造成危害，更重要的是如果排放到大气中，将造成严重的环境污染，危害人体健康。因此必须要对烟尘进行回收。

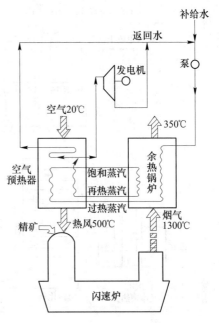

图4-47　典型的炼铜闪速炉的
烟气冷却和余热利用示意图

现代炼铜方法中熔炼过程的烟尘率一般为 $2\% \sim 10\%$，吹炼过程一般为 $1\% \sim 1.5\%$。

收尘设备有很多种，如沉降室和惯性收尘器、旋风收尘器、袋式收尘器、电收尘器和湿式收尘器等。其中前三种收尘装置在传统的铜冶炼过程中都使用过，而现代铜冶炼企业一般只采用效率高、耐高温、操作条件较好的电收尘器（有的企业前面加一组旋风收尘器），收尘效率一般可达到99%以上。电收尘器的结构示意图如图4-48所示。

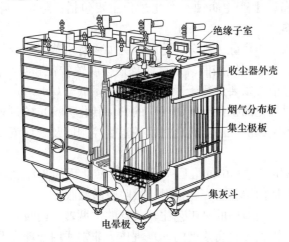

图4-48　电收尘器的结构示意图

4.10.1.3 SO₂ 烟气制酸

电收尘器收尘后的烟气将进入后续的 SO_2 回收工序。一般烟气中 SO_2 浓度达到 3.5%

以上时，则采用接触法生产浓硫酸。接触法生产浓硫酸的工艺流程图如图 4-49 所示。

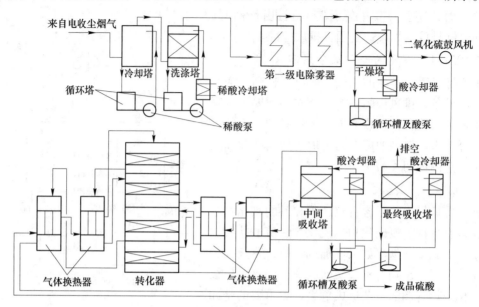

图 4-49　接触法生产浓硫酸的工艺流程图

SO_2 的制酸过程主要包括烟气的净化、气体的干燥、二氧化硫的转化和三氧化硫的吸收等工序。

烟气的净化过程是将电收尘后烟气当中的少量固态和气态杂质的脱除过程。主要杂质包括矿尘、As_2O_3、SeO_2、SO_3、CO、CO_2 等。这些杂质大都对 SO_2 的转化介质触媒有毒害作用，不利于 SO_2 的转化反应。其中 SO_3 容易与水蒸气结合生成硫酸蒸气，然后冷凝成酸雾，附着在管壁和设备壁上产生腐蚀。净化过程主要包括：除尘，除酸雾，吸收有害气体，烟气的冷却和除热。

净化后的烟气进入干燥塔除去水分。这是因为如果有水蒸气，会与转化后的 SO_3 结合形成酸雾，难以吸收，导致尾气烟囱冒烟，而且还会腐蚀转化和吸收工序的管道和设备。因此烟气进入转化工序前必须要进行干燥，是水分含量低于 $0.1g/m^3$。

转化过程是在触媒催化的条件下使烟气中的 SO_2 转化为 SO_3 的过程。转化工序是烟气制酸过程中最复杂、最关键的工序。转化过程的温度控制以及 SO_2 浓度和进气量等都会影响转化率。

SO_3 的吸收是硫酸生产过程中的最后一道工序。转化后的 SO_3 气体进入吸收塔后与塔顶喷淋下来的吸收酸在塔内填料表面相接触，被吸收酸吸收。

目前铜冶炼工业上应用最广的是工艺比较成熟的"两转—两吸"法。此法不仅转化率和吸收率高，而且还可以处理较高浓度的 SO_2 气体，非常适用于现代铜冶炼的尾气回收。

4.10.2　污水的来源与治理

铜冶炼过程中污水主要有以下几种：

（1）冷却用水。此部分污水量比较大，但污染物含量较低，通常采用简单的中和沉淀处理之后，循环使用。

（2）烟气净化系统中洗涤下来的酸性废水。此部分污水量也较大，毒性也较大（一般含有 Pb、As 等），需要单独处理后循环使用。工业上先用碱性中和剂（如石灰乳、碳酸钠等），进行脱酸处理，然后根据杂质的种类和含量选择脱除方法。常用的脱除方法有氢氧化物沉淀法、硫化物沉淀法和铁氧体法等多种化学沉淀法。

（3）湿法炼铜过程和铜电解过程中产生的酸性废水。此部分污水一般经过净化处理回收其中的有价成分后，返回冶炼系统。

几种化学沉淀法的工艺流程简图如图 4-50～图 4-52 所示。

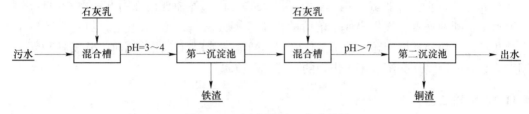

图 4-50　两步沉淀法工艺流程图

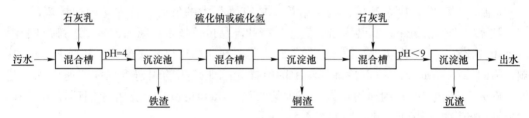

图 4-51　硫化物沉淀法工艺流程图

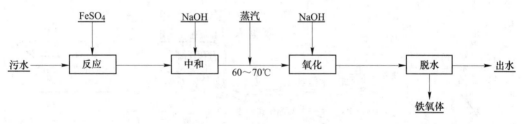

图 4-52　铁氧体法工艺流程图

4.10.3　废渣的来源与治理

铜冶炼过程中产出的废渣的种类和数量较多。火法冶炼过程中产生的废渣主要有熔炼过程中产生的水淬渣，转炉吹炼过程中产生的转炉渣，火法精炼过程中产生的精炼渣，以及烟气处理过程中产生的沉淀渣。其中，水淬渣主成分为铁橄榄石炉渣，污染很少，一般堆放在渣场或作为矿渣水泥的掺和料，或作为造船厂喷砂除锈的载体。转炉渣和精炼渣中含铜较高，一般返回到前一个工序或贫化处理后废弃或出售。烟气处理过程中产生的沉淀渣主要有砷酸钙渣、砷酸铁渣和石膏渣等。如果石膏渣中有害杂质含量低，可作为工业水泥的原料来使用；而含砷渣一般直接堆放到垫着防水衬的渣场，这种含砷渣遇水会有部分溶解，特别是遇到酸性水时砷的溶解度很大，因此在堆存过程中要特别注意。含砷渣在高温烧结后砷的复溶率很低或几乎不复溶，而烧结过程需要高温（一般 1100℃以上），处理费用较高，目前只有日本等环保要求较高的国家采用此法，彻底消除砷污染。

湿法炼铜的废渣主要有浸出渣和污水处理得到的沉淀渣。此类渣中含有少量重金属元素和硫酸根离子，目前大部分企业尚没有很好的处理方法，只能堆存在渣场。

4.11 铜冶炼新工艺展望

20 世纪下半叶，全世界炼铜行业有了巨大的变化，各种现代炼铜方法不断涌现出来，并得到了不断的完善，逐步取代了落后的传统炼铜方法。到了 21 世纪，随着生产成本的提高和日益严峻的环境问题，冶金工作者们不断地完善现行工艺的同时，开发各种新的炼铜工艺。下面简略地介绍近年来出现的新工艺新技术。

4.11.1 火法工艺

4.11.1.1 闪速熔炼工艺

从 20 世纪 80 年代末开始，闪速熔炼工艺有了很大的发展。首先是闪速熔炼的"四高"技术，即高富氧率、高装入量、高热负荷和高品位锍技术；第二，多个冶炼厂实现了熔炼和贫化在一个炉内实现；第三，加入碳质还原剂（如粉煤、块煤等）降低 Fe_3O_4 的影响；第四，在 Kennecott Utah 冶炼厂和中国的祥光铜业采用的闪速熔炼和闪速吹炼工艺，即"双闪"工艺等，对闪速熔炼做了很大的改进。Outukump 的冶金专家们还提出了未来铜冶炼厂的设想，其工艺流程图如图 4-53 所示。

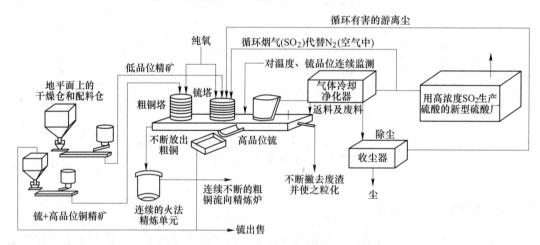

图 4-53 设想的未来闪速炼铜厂工艺流程图

4.11.1.2 熔池熔炼工艺

20 世纪 90 年代开始，各种熔池熔炼技术在全世界开始盛行。其中诺兰达法、澳斯麦特/艾萨法、瓦纽柯夫法、三菱法、白银法等开始逐渐推广应用。经过几十年的生产实践，工艺过程中凸显的很多问题已基本上得以解决。比如进行富氧强化熔炼，降低能耗，基本实现自热熔炼；提高烟气中 SO_2 浓度，从而提高硫的回收率；选择合理渣型、采取措施降

低 Fe_3O_4 的含量，从而降低渣含铜等。

除此之外，近年来国内还开发了一些新的炼铜工艺，在中国恩菲工程技术有限公司等研究机构和相关企业多年来的科技攻关基础上，开发出了各种改进的侧吹炉和 SKS 炉，已在国内很多厂家推广应用。

4.11.1.3 吹炼和精炼工艺

传统的铜锍吹炼方法-P-S 转炉吹炼法在铜工业上仍占有重要的地位，在原有的技术基础上也进行了一定的改进，比如采用富氧吹炼，采用虹吸式转炉等。除此之外还不断涌现了其他吹炼工艺。比如奥托昆普闪速吹炼工艺、反射炉式连续吹炼工艺、诺兰达连续吹炼工艺、澳斯麦特吹炼工艺和三菱法吹炼工艺等。这些吹炼工艺的共同特点是过程的自动化程度较高，生产效率高，SO_2 的逸散率低和回收率高。

4.11.2 湿法工艺

4.11.2.1 电解精炼工艺

自 19 世纪下半叶，工业上电解精炼工艺应用以来，其基本原理几乎没有变化，但在装备水平、生产规模、阴极铜质量、机械化程度等方面有了很大的提高。特别是近年来得到应用的永久性阴极电解技术和周期反向电流电解技术是对传统铜电解工艺的重大变革。

A 永久性阴极电解技术

永久性阴极电解技术是 1978 年由澳大利亚 Mount Isa 公司开发出来，并成功地在 Townsville 冶炼厂得到工业应用，称为"艾萨（ISA）"电解法。1986 年加拿大 Inco 公司的 Kidd Creek 公司也开发出了不锈钢阴极电解技术，称为 Kidd 电解法。

这两种方法的共同特点是：

（1）采用了平直度和垂直度高的永久性不锈钢阴极，成功地替代了传统的铜始极片技术。

（2）可采用较小极距和高的电流密度。传统法的同名极距为 100~120mm，电流密度为 220~270A/m^2，而该法的同名极距为 90~100mm，电流密度一般为 300~330A/m^2。

（3）阴极周期短。传统法为 10~14 天，该法为 6~8 天，产品质量高。

（4）残极率低。

（5）自动化程度高，人工费用少。

（6）金属积压量少，流动资金周转快等。

B 周期反向电流电解技术（PRC）

电解精炼生产过程中，采用较高的电流密度，可提高生产效率。但随着电流密度的增加，阴极附近的浓差极化增大，使阴极质量和表面结构变差，反而降低电流效率。虽然利用加强电解液循环的方法，能缓解浓差极化，但会增加阴极上的阳极泥附着和银的析出。

周期性反向电流电解技术（PRC）是利用周期性地改变电极极性的方法，有效地避免了浓差极化现象，可使电解过程中采用高的电流密度（可提高到 400A/m^2 以上）。虽然此技术需要较高的设备费用和电能消耗，但电解液加热用的蒸气消耗和电解液循环流动所需的电能消耗减少了很多，更重要的是大大提高了单位时间的精铜产量。

4.11.2.2 湿法炼铜工艺

随着各种浸出工艺的开发和应用，特别是随着化学工业的发展，开发出了有效的从贫铜溶液中萃取铜的萃取剂及萃取技术，使湿法炼铜技术得到了飞速发展，逐渐成为炼铜工业的重要工艺技术，在综合回收低品位矿石、复杂矿石和采铜废石等方面发挥着重大作用。

目前湿法炼铜技术中的主干技术为浸出（或焙烧浸出）-萃取（或净化）-电积工艺。其中浸出技术按矿物种类和性质分为很多种，如酸浸、碱浸、盐浸和细菌浸出，按浸出方式还可分为槽浸、堆浸、就地浸出和加压浸出等。近年来科研工作者们在细菌浸出和加压浸出工艺的研究上取得了很多成果，特别是在克服细菌浸出的反应速度慢，浸出周期长的问题和加压浸出过程中的高压全氧浸出、中压和低压氧化浸出等方面做了大量研究。在萃取技术方面，国内外对萃取剂的开发上做了大量工作，比如德国汉高公司生产的 LIX 系列萃取剂，英国 Avecia 公司生产的 Acorge M 系列萃取剂，中科院有机化学研究所和昆明冶金研究所研制的 N-901 萃取剂，以及北京矿冶科技集团有限公司（原北京矿冶研究总院）研制的 BK-992 等。在萃取设备方面，即在提高萃取率、萃取设备大型化和新的萃取工艺（如矿浆萃取、液膜萃取等）等方面做了大量的研发工作。在电积技术方面，影响电铜质量的富铜液中有机相的脱除新技术；不锈钢阴极技术；利用离子交换法或膜技术脱除电解液中铁的技术；采用新型阳极材料降低槽电压，从而降低电耗，同时延长阳极使用寿命等。

除此之外，国内外开发出了各种湿法冶金新工艺。比如澳大利亚的 Intec 工艺，澳大利亚的 Textec 矿浆电解法，北京矿冶科技集团有限公司（原北京矿冶研究总院）开发的 BGRIMM-Cu 工艺，以及北京矿冶科技集团有限公司（原北京矿冶研究总院）和东川矿务局联合开发的处理高碱性脉石的氨浸法等。

思 考 题

(1) 铜原料中为什么要控制一定的硫含量？

(2) 闪速熔炼工艺和熔池熔炼工艺的主要区别是什么，各有哪些优缺点？

(3) 造锍熔炼过程的主要化学反应有哪些？

(4) 为什么说铜熔炼过程中 FeS 是绝大部分的铜以 Cu_2S 的形态进入铜锍相的保证？

(5) 造锍熔炼过程中对炉渣有哪些要求？写出炉渣碱度的定义。

(6) 计算：已知铜冶金炉渣的 Fe/SiO_2 比 $R = 2.0$，$T = 1300℃$，$a_{CuO_{0.5}}^{(sl)} = 0.05$，$S_{(sl)} = 1.2\%$，$Cu_{(mt)} = 35\%$。求：$\%Cu_{(sl)}^a$。

(7) 熔炼过程中铜在炉渣中的损失主要有哪几种，其中机械夹杂损失的主要原因是什么？

(8) 铜锍吹炼分几个阶段？写出各阶段的主要反应方程式。

(9) 简述粗铜火法精炼的主要原理。

(10) 铜电解精炼的目的是什么，铜电解过程中为什么要进行电解液的净化？

(11) 铜的萃取剂主要有哪几种？简述铜的萃取机理。

(12) 简述冶炼烟气中 SO_2 制酸的原理。

参 考 文 献

[1] 朱祖泽, 贺家齐. 现代铜冶金学 [M]. 北京: 科学出版社, 2002.

[2] 邱竹贤. 冶金学（下卷, 有色金属冶金）[M]. 沈阳: 东北大学出版社, 2001.

[3] 翟秀静. 重金属冶金学 [M]. 2 版. 北京: 冶金工业出版社, 2019.

[4] 陈国发. 重金属冶金学 [M]. 北京: 冶金工业出版社, 2007.

[5] 彭容秋. 铜冶金 [M]. 长沙: 中南大学出版社, 2004.

[6] 彭容秋. 重金属冶金工厂原料的综合利用 [M]. 长沙: 中南大学出版社, 2006.

[7]《有色冶金炉设计手册》编委会. 有色冶金炉设计手册 [M]. 北京: 冶金工业出版社, 2001.

[8] 李振寰. 元素性质数据手册 [M]. 石家庄: 河北人民出版社, 1985.

[9] 赵国权, 贺家齐, 王碧文, 等. 铜回收、再生与加工技术 [M]. 北京: 化学工业出版社, 2007.

[10]《重有色金属冶炼设计手册》编委会. 重有色金属冶炼设计手册 [M]. 北京: 冶金工业出版社, 1996.

[11]《环保工作者实用手册》编写组. 环保工作者实用手册 [M]. 北京: 冶金工业出版社, 1988.

[12] 彭容秋. 重金属冶金工厂环境保护 [M]. 长沙: 中南大学出版社, 2006.

[13] W. G. 达文波特, 等. 铜冶炼技术 [M]. 杨吉春, 董方, 译. 北京: 化学工业出版社, 2007.

[14] W. J. 陈, 等. 铜的火法冶金（1995 年铜国际会议论文集）[M]. 邓文基, 等译. 北京: 冶金工业出版社, 1998.

[15] 德国钢铁工程师协会. 渣图集 [M]. 王俭, 等译. 北京: 冶金工业出版社, 1989.

[16]《有色金属提取冶金手册》编辑委员会. 有色金属提取冶金手册 [M]. 北京: 冶金工业出版社, 2000.

[17] 唐谟堂. 重有色金属冶金生产技术与管理手册（铜卷）[M]. 长沙: 中南大学出版社. 2019.

5 锌 冶 金

5.1 概　述

5.1.1 锌的性质与用途

5.1.1.1 锌及其主要化合物的主要性质

A　锌的性质

锌是白而略带蓝灰色的金属，相对原子质量为 65.37。熔点 419.05℃，沸点 906.97℃。常温下密度为 7.133g/cm³，800℃ 下的密度为 6.22g/cm³。锌有 3 种结晶状态，分别为 α-Zn、β-Zn 和 γ-Zn，其同质异性变化温度为 170℃ 和 330℃。

液态锌的蒸气压随温度升高而迅速增大，到 906.97℃ 时达到 101325Pa，火法炼锌就是利用了锌的这一特点。锌在干燥空气或氧气中很稳定，但在潮湿空气中形成碱式碳酸锌 $[ZnCO_3 \cdot 3Zn(OH)_2]$，可以防止锌进一步被腐蚀。熔融的 Zn 能与 Fe 形成化合物，可使钢铁免受腐蚀，镀锌工业就是利用了锌的这一特点。

B　锌主要化合物的性质

a　ZnS

ZnS 是炼锌的主要原料，在自然界中以闪锌矿的形态存在。熔点 1650℃，1200℃ 下升华，在空气中 480℃ 下缓慢氧化，在 600℃ 以上时剧烈氧化。其反应式为：

$$ZnS + 3/2O_2 = ZnO + SO_2 \tag{5-1}$$

在 1100℃ 下，与 CaO 反应生成 CaS 和 ZnO，其反应式为：

$$ZnS + CaO = CaS + ZnO \tag{5-2}$$

硫化锌在酸中可氧化分解，目前利用这一点研究开发了高压氧酸浸法处理硫化锌精矿的新工艺。其反应式为：

$$ZnS + H_2SO_4 + 1/2O_2 = ZnSO_4 + H_2O + S \tag{5-3}$$

b　ZnO

ZnO 无天然矿物。熔点 1975℃，1200℃ 下有微量升华，1400℃ 时显著升华。ZnO 可被 C、CO 和 H₂ 还原，其中被 CO 还原的反应在 800℃ 以上十分激烈。其反应式为：

$$ZnO + CO = Zn(g) + CO_2 \tag{5-4}$$

在 550℃ 以上，ZnO 与 Fe₂O₃ 形成铁酸锌。

c　ZnSO₄

ZnSO₄ 无天然矿物，易溶于水，密度为 3.474g/cm³。受热分解，在 850℃ 左右分解压达到 101325Pa。其反应式为：

$$ZnSO_4 = ZnO + SO_2 + 1/2O_2 \tag{5-5}$$

在 700℃ 以上温度时，易与 Fe_2O_3 生成铁酸锌，所以加速反应式（5-5）的进行。

d　$ZnCl_2$

氯化锌易溶于水。熔点 318℃，沸点 730℃，500℃ 下显著挥发，氯化锌的这一特点是氯化挥发富集锌的依据。

5.1.1.2　锌的主要用途

锌的消费有两种划分，一种是以产品形式划分，称为初级消费，初级消费与锌的性质密切相关。金属锌具有良好的压延性、耐磨性、抗腐蚀性、铸造性，且有很好的常温机械性，能与多种金属制成性能优良的合金，因此锌主要以镀锌、锌基合金、氧化锌的形式被广泛使用。另一种是以消费领域划分，也称为终端消费，是以这些锌制品的消费去向来划分。主要应用于汽车、建筑、家用电器、船舶、轻工、机械、电池等行业。

锌是通过本身易腐蚀的特性来达到保护底层金属的目的，广泛应用于建筑、汽车、船舶等行业。锌质软且熔点低，可以制作对机械强度要求不高的合金铸件，应用于机械制造、电子等行业。锌与铜、铅、锡等可制作黄铜和青铜，耐化学腐蚀性强，且切削加工的机械性能好，可用于无缝管、阀门和管道配件。从锌消费结构的历史变化上看，1988 ~ 2008 年间，全球主要国家锌消费结构变化不大，镀锌占全球锌消费的一半以上。这说明经济社会发展到一定水平之后，各国的产业类型与消费结构都趋于稳定。我国已连续多年位居世界第一锌消费大国，2014 年中国锌的最终消费去向及消费形式如图 5-1 所示。

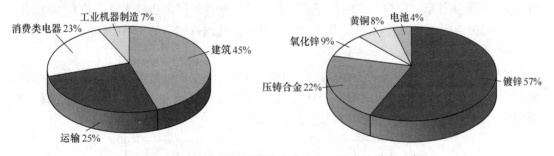

图 5-1　2014 年中国锌的终端消费（左）及产品形式（右）

5.1.2　全球锌的资源储量与开采情况

5.1.2.1　锌的资源

全球锌资源比较丰富，但分布不均。据美国地质调查局的数据，截至 2013 年年底，全球已查明的锌矿产资源基础储量约为 24516 万吨，主要分布在澳大利亚、中国、秘鲁、墨西哥、印度、加拿大、美国和哈萨克斯坦等国，其中前四个锌储量合计占世界锌储量的 58.6% 以上（见表 5-1）。按 2013 年世界锌矿山产量 1326 万吨计算，现有锌储量的静态保证年限为 19 年。

表 5-1　2013 年世界已查明锌储量主要分布及开采情况

国家或地区	金属锌储量/万吨	占世界比重/%	精矿锌年产量/万吨	储产比
澳大利亚	6400	26.1	143.8	44.5
中国	3766	15.4	473.0	8.0

国家或地区	金属锌储量/万吨	占世界比重/%	精矿锌年产量/万吨	储产比
秘鲁	2400	9.8	135.8	17.7
墨西哥	1800	7.3	45.4	39.6
印度	1100	4.5	77.0	14.3
美国	1000	4.1	77.7	12.9
哈萨克斯坦	1000	4.1	42.8	23.4
加拿大	700	2.9	40.7	17.2
玻利维亚	520	2.1	62.9	8.3
爱尔兰	130	0.5	31.9	4.1
其他	5700	23.3	192.5	29.6
总计	24516	100.0	1323.5	18.5

我国锌资源储量所占比例较高，是一个锌资源大国。据国土资源部发布的《2014 年中国国土资源公报》显示，截至 2014 年我国锌矿查明资源储量为 14421.9 万吨金属。全国已探明的锌矿床 778 处（2007 年），保有地质储量较多的省份有云南、广东、湖南、甘肃、广西、内蒙古、四川和青海等地。其中云南为最，占全国 21.8%；内蒙古次之，占 13.5%；其他如甘肃、广东、广西、湖南等省（区）的锌矿资源也较丰富，均在 600 万吨以上。（根据美国地质调查局 2015 年发布数据显示，我国锌储量为 4300 万吨。）

5.1.2.2 锌的开采与生产规模

近年来全球锌产量情况如图 5-2 所示。1980~2012 年，全球精炼锌产量从 615.9 万吨增长到 1257.9 万吨，增幅约 104%（见图 5-2）。其中，中国增加 467.5 万吨，占全球增量的 73%，是全球精炼锌生产最主要拉动者。

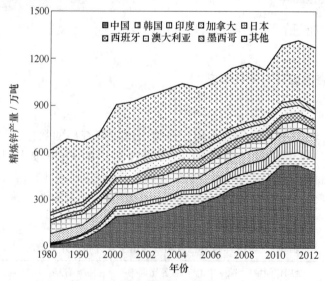

图 5-2 20 世纪后期至今全球金属锌产量分布及变化

（数据来源：WMS）

我国锌产量的变化趋势与世界锌产量的变化趋势相同，基本表现为连年增长，至 2014 年已达 500 万吨，与 2005 年产量（255 万吨）相比增长近 1 倍。我国是金属锌资源的生产和消费大国，20 世纪 90 年代以来是我国锌产业发展最快的时期，锌精矿金属产量从 1990 年的 76.3 万吨增长到 2014 年的 495.1 万吨，年均增长率为 8.1%；精锌产量从 1990 年的 55.2 万吨增长到 2014 年的 562.9 万吨，年均增长率为 10.2%，从 1992 起至今一直为世界锌的第一生产大国；精锌的消费量也从 1990 年的 36.9 万吨增加到 2014 年的 617.8 万吨，年均增长率更是高达 12.5%。

5.1.3　主要锌资源种类、开采富集与冶炼生产方法

5.1.3.1　主要锌资源种类及炼锌原料的来源

较常见的含锌矿物种类有硫化矿和氧化矿两大类，硫化矿包括闪锌矿（ZnS）、磁闪锌矿（$nZnS \cdot mFeS$）；氧化矿包括菱锌矿（$ZnCO_3$）、硅锌矿（Zn_2SiO_4）、异极矿（$ZnSiO_4 \cdot H_2O$）等。自然界中最多的是硫化锌矿，也是金属锌生产的主要原料来源。地壳中锌的单金属硫化物非常少见，锌的硫化矿主要以闪锌矿和铁闪锌矿的形式与铜、铅等其他金属共生或伴生，构成复合矿床。其中最常见的有铅锌矿，其次为锌铜矿和铜铅锌矿。

开采后的硫化矿一般先在矿山采用浮选的方法与伴生的铜、铅分离，产出硫化锌精矿。浮选得到的硫化锌精矿含锌（质量分数）38%~62%，铁的含量（质量分数）在 5%~14% 之间，Zn、Fe、S 总和为 90%~95%（质量分数）。锌精矿中还含有 SiO_2、Al_2O_3、Ca-CO_3 和 $MgCO_3$ 等脉石成分。除此之外，根据原矿性质的差异，浮选后的精矿中通常含有多种有价金属，其中包括 Cu、Cd、Co、In、Ga、Ge、Tl、Ag 等稀散金属。因此处理锌精矿提炼锌时，也要充分考虑其中有价金属的回收。典型的硫化锌精矿的化学成分见表 5-2。除了含锌矿物之外，冶金工业中产生的含锌烟灰、熔铸锌时产出的浮渣和一些氧化锌，也可作为炼锌原料。

表 5-2　国内外典型硫化锌精矿的主要成分

成分	含量（质量分数）/%				
	国内 1 厂	国内 2 厂	国内 3 厂	国外 1 厂	国外 2 厂
Zn	54.8	50.8	47.5	59.2	51.7
Fe	5.59	7.04	10.1	3.0	9.6
S	31.1	30.0	30.5	33.5	31.7
Pb	0.63	1.65	1.24	0.38	1.12
Cu	0.2	0.25	0.34	0.33	0.1
Cd	0.2	0.23	0.26	0.28	0.19
As	0.04	—	0.24	—	0.16
Sb	0.02	—	0.02	—	0.02
SiO_2	4.53	6.0	3.57	0.1	—
MgO	0.11	0.34	0.65	0.02	—
Al_2O_3	0.34	0.78	—	2.8	0.12
CaO	0.75	2.2	0.86	—	0.41

5.1.3.2　锌冶炼主要生产方法

目前锌冶炼工艺大体可分为火法和湿法两种。火法炼锌工艺又可细分为竖罐炼锌、ISP密闭鼓风炉炼锌和电炉炼锌工艺。火法炼锌主要生产线在中国，但不超过锌总产量的20%，近10年技术上无大进展。湿法炼锌有两大工艺，一种为锌精矿焙烧—浸出—净液—电积工艺；另一种为锌精矿直接浸出—净液—电积工艺。国外锌产能90%为湿法工艺，且高酸浸出以及加压氧浸与常压氧浸产能约占总产能的40%。

5.2　硫化锌精矿的焙烧

无论是火法蒸馏炼锌、密闭鼓风炉炼锌还是传统湿法炼锌工艺，第1步冶金过程都是锌精矿的氧化焙烧，但是这三种炼锌工艺对焙烧的要求是不同的。其中密闭鼓风炉熔炼要求产出的焙烧产物是具有一定强度便于铅锌还原熔炼的烧结块，不在本章的讨论范围。火法蒸馏炼锌和传统的湿法炼锌工艺这两种炼锌工艺的焙烧产物均是焙砂，但是它们对焙烧产品的其他要求不尽相同，因此这两个炼锌工艺的焙烧阶段有不同的称谓。习惯上将湿法炼锌的焙烧称为硫酸化焙烧，而将火法蒸馏炼锌工艺中的焙烧称为氧化焙烧。这两种焙烧的主体装置及附属系统基本上没有差异，二者主要区别在于焙烧温度和焙烧气氛的选择不同。

5.2.1　硫化锌精矿焙烧的热力学基础

浮选得到的硫化锌精矿含锌（质量分数）为38%~62%，铁的含量（质量分数）在5%~14%之间，Zn、Fe、S总和为90%~95%（质量分数）。硫化锌精矿焙烧产物的形成可以用Zn-Fe-S体系的高温热力学平衡反应进行分析，焙烧过程中热量平衡也可以依据锌、铁硫化物的氧化反应放热进行研判。

5.2.1.1　ZnS焙烧含Zn产物的生成

硫化锌精矿中ZnS氧化的主要反应有：

$$ZnS + 2O_2 \Longrightarrow ZnSO_4 \tag{5-6}$$

$$3ZnS + 5.5O_2 \Longrightarrow ZnO \cdot 2ZnSO_4 + SO_2 \tag{5-7}$$

$$ZnS + 1.5O_2 \Longrightarrow ZnO + SO_2 \tag{5-8}$$

$$ZnS + O_2 \Longrightarrow Zn^0 + SO_2 \tag{5-9}$$

除此之外，还有如下可逆的硫酸化反应：

$$SO_2 + 0.5O_2 \Longrightarrow SO_3 \tag{5-10}$$

$$3ZnO + 2SO_3 \Longrightarrow ZnO \cdot 2ZnSO_4 \tag{5-11}$$

$$ZnO + SO_3 \Longrightarrow ZnSO_4 \tag{5-12}$$

硫化锌氧化反应相关的热力学数据见表5-3，从表5-3可以看出，这些主要反应都是强放热反应，能够维持很高的焙烧温度。

以上反应平衡受到O_2和SO_2分压控制，图5-3展示了1100K（827℃）和1300K（1027℃）两个温度下不同O_2和SO_2分压时相关物质的稳定区。从图5-3可以看出，当温度一定时，P_{SO_2}和P_{O_2}升高有利于生成碱式硫酸锌（$ZnO \cdot 2ZnSO_4$）或硫酸锌（$ZnSO_4$）；

表 5-3 硫化锌氧化反应相关的热力学数据

化学反应	$\Delta H_{298}^0/kJ \cdot (mol\text{-}Zn)^{-1}$	$\Delta G_{298}^0/kJ \cdot (mol\text{-}Zn)^{-1}$
$ZnS+2O_2 = ZnSO_4$	−865	−699
$3ZnS+5.5O_2 = ZnO \cdot 2ZnSO_4+SO_2$	−678	−652
$ZnS+1.5O_2 = ZnO+SO_2$	−456	−434
$ZnS+O_2 = Zn^0+SO_2$	−107	−15
$SO_2+0.5O_2 = SO_3$	98	−70
$3ZnO+2SO_3 = ZnO \cdot 2ZnSO_4$	−156	−171
$ZnO+SO_3 = ZnSO_4$	−76	11

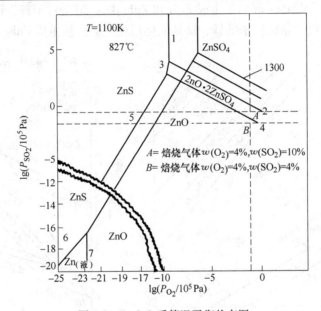

图 5-3 Zn-S-O 系等温平衡状态图

当焙烧炉内氧气和二氧化硫分压保持恒定时，提高温度有利于氧化锌的生成；正常焙烧的气氛组成在 A、B 两点附近，因此 ZnS 在 827℃ 焙烧会倾向于生成碱式硫酸锌，在 1027℃ 焙烧倾向于生成氧化锌。

ZnS 焙烧产物中 Zn 的形态取决于焙烧的温度、气相中的 SO_2 和 O_2 分压，可以通过控制焙烧温度和气相组成来控制焙烧产物。生产中通过控制供风量（空气过剩系数）来调节气相组成。对于追求高脱硫率和生成 ZnO 产物来说，提高焙烧温度、降低过剩空气系数是较为常见的选择。对于火法蒸馏炼锌来说，温度通常在 1000℃ 以上，有的达到 1067~1097℃。湿法炼锌的焙烧温度略低一些，一般在 870~920℃，较高时也可达到 1020℃。除此之外，在图 5-3 左下角出现很小的液态金属锌优势区，由于对应的 P_{SO_2} 和 P_{O_2} 都极低，因此通过高温氧化得到金属锌在工业上是不现实的。

5.2.1.2 铁硫化物的焙烧反应及铁酸锌的生成

精矿中除了硫化锌之外，其他最主要的杂质金属硫化物是铁的硫化物，其主要以 FeS、FeS_2 形式存在，在正常焙烧条件下发生的氧化反应为：

$$FeS_2 = FeS + S^0 \qquad (5-13)$$

$$S + O_2 = SO_2 \qquad (5-14)$$

$$4FeS + 7O_2 = 2Fe_2O_3 + 4SO_2 \qquad (5-15)$$

P_{SO_2} 在 1.01×10^5 Pa 下 Zn-Fe-S-O 体系温度和氧势平衡状态如图 5-4 所示。从图中可以看出，现代焙烧作业多在 900℃ 以上作业，在接近 1250K，P_{O_2} 在 $10^2 \sim 10^5$ Pa 区间条件下，FeS 和 ZnS 的焙烧产物分别是 ZnO 和 Fe_2O_3。由于 ZnO 在 550℃ 以上易与 Fe_2O_3 形成铁酸锌，因此该条件下焙烧最终产物主要是 ZnO 和 $ZnFe_2O_4$；如果将 P_{O_2} 控制在 10^2 Pa 以下的区间，单独的 FeS 和 ZnS 的焙烧产物将分别变成 ZnO 和 Fe_3O_4，因此可以避免 ZnS 与伴生黄铁矿中的铁生成 $ZnFe_2O_4$；在正常焙烧气氛（P_{O_2} 在 $10^3 \sim 10^4$ Pa 之间）和温度下，硫化锌精矿焙烧的最终产物还是倾向于生成 ZnO 和 $ZnFe_2O_4$。但是对于锌、铁紧密共生的铁闪锌矿（Zn,Fe）S 来说，紧密接触的锌、铁被氧化后还是会直接生成 $ZnFe_2O_4$。

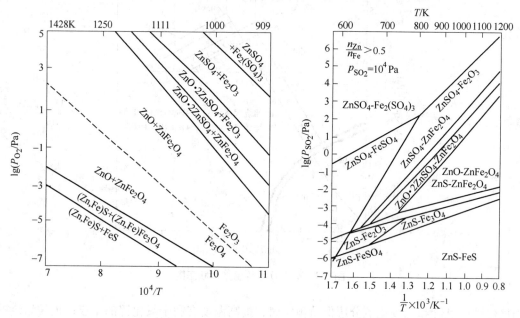

图 5-4　P_{SO_2} 在 1.01×10^5 Pa 下 Zn-Fe-S-O 体系温度和氧势平衡状态图

5.2.1.3　焙烧气相组成与产物的硫酸盐化

现代电解锌厂多采用热酸处理溶出焙砂中的铁酸锌，溶液回路是封闭的，极少有硫酸根离子开路出来，需要严格限制像硫酸锌和硫酸铁这样的可溶硫酸盐大量进入溶液系统。对于硫酸盐平衡的控制来说，不希望发生焙砂的硫酸盐化反应。减少硫酸盐化主要从两个方面考虑，一是在焙烧时减少金属硫酸盐的生成，二是降低收尘冷却系统中烟尘组分的硫酸盐化。

A　烟尘产物的硫酸盐化

硫化锌精矿中除了主要的锌、铁硫化物外，还有 PbS、$CuFeS_2$、CdS 和 MnS 等其他杂质金属硫化物存在。这些伴生金属生成硫酸盐的程度取决于焙烧气氛中 O_2 和 SO_2 分压，以及它们生成 SO_3 的平衡关系 [反应式（5-10）]，它与烟气温度有关。可逆反应式（5-10）的平衡常数方程式、平衡常数与温度之间的关系式分别为：

$$K_p = P_{SO_3}/(P_{SO_2} \times P_{SO_2}^{0.5}) \tag{5-16}$$

$$\lg K_p = 4956/T - 4.678 \tag{5-17}$$

式中　T——烟气的开尔文温度，K。

对于一个含有 10%（质量分数）SO_2 和 4%（质量分数）O_2 的焙烧炉气氛来说，如果被二次风稀释后组成变成 8%（质量分数）SO_2 和 7.4%（质量分数）O_2 的话，SO_2 向 SO_3 的平衡转化变化关系如图 5-5 所示。对于焙烧温度为 950℃ 的平衡炉气来说，SO_2 向 SO_3 的转化率为 6%。但因为实际上该反应很慢，因此该数据远低于平衡数值。

图 5-5 也表明，随着烟气温度在锅炉系统内温度的降低，SO_3 的生成和烟气中夹带焙砂的硫酸盐化会有增加趋势。通常条件下 SO_3 的生成速度很慢，除非有催化剂存在。铁氧化物能够起到催化剂的作用，而且它在被烟气携带的焙砂中少量存在着。因此，尽量在较高温度时分离这些颗粒也是十分重要的。将烟气温度速冷到 350℃ 以下 SO_2 向 SO_3 的转化率就会显著降低。在限制 SO_3 的生成方面首选措施是最大限度降低氧分压，但这样会导致焙砂中含有未反应的硫化物。因为理想的焙烧结果是焙砂中以硫化物形式的硫低于 0.5%，因此必须有一定量的过剩氧存在，一般占炉子排出气体的 4%~5%，即使这样也仍会有少量硫酸盐化反应发生。

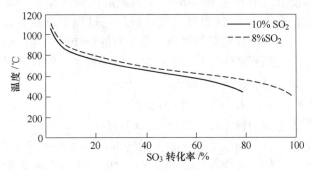

图 5-5　SO_2 向 SO_3 的平衡转化率与温度的关系

B　Zn、Fe 产物的硫酸盐化烧成

在锌精矿焙烧过程中鼓入的空气，经过焙烧反应消耗掉大部分氧之后，烟气中绝大部分是惰性的氮气以及一些水蒸气。其余 O_2、SO_2 以及 SO_3 组分分压合计 P_T 在 10.13~20.26KPa 之间。将 O_2、SO_2 以及 SO_3 组分分压与主金属锌的硫酸盐和氧化物之间的平衡分解反应（5-18）~反应（5-20）关联起来，可以建立起如下关系：

$$ZnSO_4 \rightleftharpoons ZnO + SO_3 \qquad K_1 = P_{SO_3} \tag{5-18}$$

$$ZnO \cdot 2ZnSO_4 \rightleftharpoons 3ZnO + 2SO_3 \qquad K_2 = P_{SO_3}^2 \tag{5-19}$$

$$SO_2 + 0.5O_2 \rightleftharpoons SO_3 \qquad K_3 = P_{SO_3}/(P_{SO_2} \cdot P_{O_2}^{1/2}) \tag{5-20}$$

$$P_T = P_{SO_3} + P_{SO_2} + P_{O_2} = P_{SO_3} + 3(P_{SO_3}/2K_3)^{2/3} \tag{5-21}$$

当 O_2、SO_2 和 SO_3 组分合计的分压一定时，SO_3 组分的分压只与平衡常数 K_3 有关，而 K_3 也只和系统的温度有关。因此将 P_T 分别设定在下限 10.13KPa 和上限 20.26KPa 之间，就可以得到两条 P_{SO_3}—温度变化曲线。将其他硫酸盐分解反应平衡的 P_{SO_3} 分别对温度作图，同样得到 $ZnSO_4$ 分解出 ZnO 以及 $ZnO \cdot 2ZnSO_4$ 分解出 ZnO 所需的 P_{SO_3}。在某个温度下，只要系统的 P_{SO_3} 低于这些硫酸盐分解的 SO_3 组分分压，这些硫酸盐就会分解。类似也可以得到硫酸高铁分解生成 Fe_2O_3 和 SO_3 组分的 P_{SO_3}—温度曲线如图 5-6 所示。

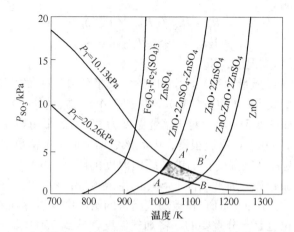

图 5-6　锌铁组分硫酸盐化与温度的关系

从 ZnS 焙烧产物控制来看，即使 O_2、SO_2 以及 SO_3 三个气相组分合计分压 P_T 处于较高的 20.26kPa，只要温度高于 820℃左右就完全可以产出 ZnO；如果希望进行硫化锌的硫酸化焙烧，将焙烧温度和气氛控制在 A-B-B'-A' 构成的区域内即可。在正常锌精矿焙烧温度下，FeS 基本上都生成 Fe_2O_3，这也是当代炼锌焙烧过程中总是有 $ZnFe_2O_4$ 生成的原因之一。但反过来看，由于硫化锌精矿焙烧有一半左右的焙烧产物是以烟尘形式收集的。在重力收尘系统温度会降低到 630℃以下，电收尘一般会降到 350℃以下，由于烟气中含有许多 SO_3，因此 ZnO 和 Fe_2O_3 容易发生硫酸化。

5.2.1.4　锌精矿中其他主要矿物的焙烧行为

硫化锌精矿中除了主要的锌、铁硫化物外，同时含有 Cu、Cd、Co、Ni、Mn 等主要有价和有益的金属硫化物；也不同程度地含有少量的 Ga、In、Ge、Se、Ag 等稀散和稀贵有价元素；除以上有价元素外，还含有 As、Sb、Pb、Hg、Tl 等有害杂质元素；其余的就主要是 SiO_2 等脉石杂质。

A　铜、镉、钴、锰的硫化物

铜一般以黄铜矿（$CuFeS_2$）、斑铜矿（Cu_5FeS_4）、黝铜矿（$Cu_{12}Sb_4S_{13}$）、砷黝铜矿（$Cu_{12}As_4S_{13}$）、辉铜矿和蓝辉铜矿（$Cu_{2-x}S$）形式存在。一般以这些硫化铜矿物在高温下都会氧化分解，最后变成氧化铜和其他相应金属的氧化物。在实际焙烧过程中，焙烧产物中铜主要以 CuO 的形态存在，也有一部分 Cu_2O 以 $Cu_2O \cdot Fe_2O_3$ 的形式存在。镉在锌精矿中以辉镉矿（CdS）形式存在，焙烧时被氧化生成 CdO 和 $CdSO_4$，$CdSO_4$ 在高温下又分解成 CdO 进入烟尘。钴和锰的硫化物转化为相应的金属氧化物进入焙砂。

B　铅的硫化物

铅一般是以方铅矿（PbS）的形式存在于锌精矿中。在锌精矿焙烧时，PbS 可以分别生成氧化铅（PbO）和硫酸铅（$PbSO_4$），也可以生成系列碱式硫酸铅（$PbO \cdot PbSO_4$ 和 $2PbO \cdot PbSO_4$）等产物。但是在正常焙烧气氛下（P_{O_2} 在 $10^3 \sim 10^4 Pa$ 之间），焙烧最终的稳定产物是硫酸铅。

C　砷、锑、汞的硫化物

砷一般以砷黄铁矿（$AsFeS_2$）、雄黄（As_4S_4）等硫化矿形式存在于锌精矿中，锑一般以辉锑矿（Sb_2S_3）形式存在，汞则多以辰砂（HgS）形式存在。在焙烧过程中，砷、锑会氧化生成三氧化二砷（As$_2$O$_3$）和三氧化二锑（Sb$_2$O$_3$）。As$_2$O$_3$ 的沸点为 457.2℃，Sb$_2$O$_3$ 的沸点为 655℃，因此在焙烧过程中二者均会挥发进入焙烧烟气中。HgS 本身易于挥发，氧化焙烧时形成单质汞，其沸点为 356.6℃，也极易挥发进入二氧化硫烟气中。

D　二氧化硅的反应

锌精矿中的 SiO$_2$ 在焙烧时很容易与铅、锌等金属的氧化物形成复合氧化物硅酸盐。SiO$_2$ 与焙烧生成的 ZnO 或 PbO 产物间会按照反应式（5-22）和反应式（5-23）发生固相间的复合反应，生成硅酸锌和硅酸铅。其反应式分别为：

$$2ZnO + SiO_2 =\!=\!= Zn_2SiO_4 \tag{5-22}$$

$$PbO + SiO_2 =\!=\!= PbSiO_3 \tag{5-23}$$

方铅矿和石英紧密接触时也会在氧化焙烧时形成硅酸铅，其熔点较低，PbSiO$_3$ 在 766℃ 熔化，会给焙烧作业，尤其是沸腾床焙烧造成麻烦。同时 Zn$_2$SiO$_4$ 和 PbSiO$_3$ 均可以在冷却盘管表面形成致密物质，降低焙烧炉冷却盘管的换热效果，并引起焙砂黏度增大，焙烧炉排料不畅等问题。

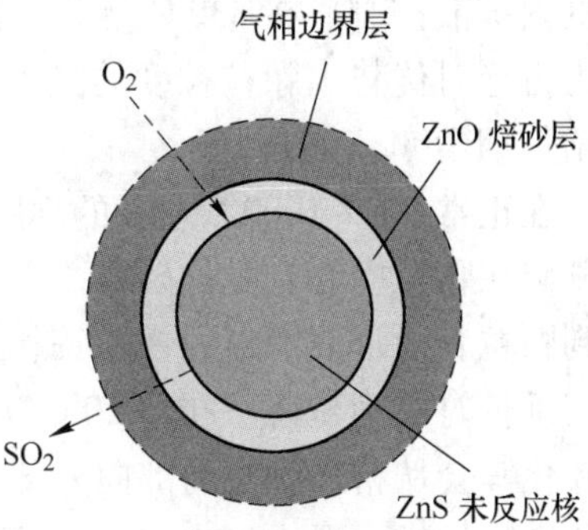

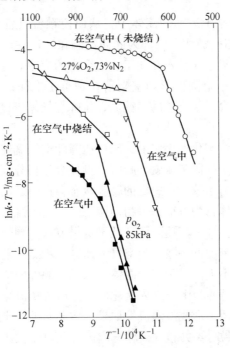

图 5-7　硫化锌颗粒焙烧缩核过程模型

5.2.2　硫化锌精矿焙烧的动力学基础

正常情况下精矿焙烧的动力学可以用缩核模型来描述，如图 5-7 所示。O$_2$ 通过气体边界层向内扩散到固体颗粒表面，然后继续穿过外面的焙砂产物层到达硫化矿物表面，并在这里与硫化物反应。反应产物 SO$_2$ 与进来的氧气呈相反方向向外扩散。硫化物表面逐渐向颗粒的核心位置退缩，使扩散的路径逐渐变长。诸多前人的研究结果如图 5-8 所示。

图 5-8　锌精矿焙烧反应速率常数与温度关系

概括起来看，在空气中未烧结状态下，低于 600℃（$10^4 \times T^{-1} > 11.45$）焙烧时反应具有较高的活化能，反应速率常数随温度升高变化很大，氧化焙烧反应速率受化学反应控制；600℃左右的温度区间转变为混合控制，这一转变点与精矿颗粒粒度有关，颗粒表面积降低则转变温度升高；超过这一温度区间后，氧化速率受边界层和焙砂产物层的氧气扩散控制。

在 800℃（$10^4 \times T^{-1} > 9.32$）左右相对较低的焙烧温度下，在硫化物颗粒氧化初期（产物层较薄），氧气在边界层外的外扩散是主要的氧化速率控制步骤；在氧化后期（产物层较厚）焙砂产物层的内扩散是主要的氧化速率控制步骤。焙烧的温度更高时，边界层的外扩散不再起重要控制作用，在整个焙烧过程中硫化物的氧化速率基本上都是受到焙砂产物层的内扩散控制。在 830℃以下，界面反应阻力占主要地位；在 880℃以上，气体传质的阻力占绝对优势。颗粒粒度的减小有利于界面反应，也有利于扩散过程，但不能过小，否则增加烟尘率。

在正常 900~1000℃左右的沸腾焙烧温度下，焙砂颗粒倾向于形成一个均匀的 ZnO 基体，硫在颗粒中心有少许残存。一些铁仍然和氧化锌呈固溶体形式存在，但是铁倾向于迁移到颗粒表面形成清晰的铁酸锌相。这种铁的分离并在颗粒边界形成铁酸锌的倾向在停留时间延长时更为显著。在 1020℃以上时硫化锌会挥发，进而加速锌精矿的氧化，其证据就是硫化锌会从精矿颗粒内部向外部表面迁移，并在精矿颗粒表面被氧化，形成一个独立的氧化产物外壳，形成一个空心球的产物结构。单颗粒氧化实验结果表明，在 1100℃左右氧化速率显著降低，这是由于形成致密的氧化锌壳层所致，它限制了产物层内的气相扩散传质过程，进而阻碍氧化反应的进行。

5.2.3　硫化锌精矿沸腾焙烧的工程学基础

保持大量固体颗粒悬浮于运动的流体中，从而使颗粒具备类似于流体的某些表观特性，这种类型的固体/流体接触状态被称为固体流态化，这种床层成为流化床。沸腾焙烧又称流态化焙烧，是固体流态化技术在化工、冶金中的应用。

沸腾床焙烧炉一般由一个圆柱形炉室坐落在炉箅子上面，炉箅子支撑着整个细颗粒床，并且将空气均匀分布穿过焙烧炉的横截面，压降与气体流速和气—固状态的关系如图5-9 所示。

在空气速率低于最小流态化速率之前，床层压降随空气流速的提高而升高。当推力等于或超过颗粒自重时，原来的固定床就会膨胀，颗粒会互相分离变成可移动状态。颗粒分离减少了颗粒对空气的阻力系数，在一定的膨胀状态会自由运动达到自己的平衡位置。在这一阶段，颗粒床具有流体行为特征——初期流态化。此时流化床的压降基本上相当于单位截面积上的颗粒床质量。如果流速降低到低于这个节点，颗粒床会回落变成原来的固定床，但会比初始结构填充密度低一些。当空气流速进一步提高超过初期流态化时，流化床会膨胀，床层总压降变化不大。对于气—固体系来说，额外增加的气体在底部的分布板上形成空隙或气泡，然后离开底板上升进入流化床，然后再从流化床上面喷出，将固体颗粒抛向流化床上方的气体空间，形成鼓泡流。如果气体流速进一步提高，流化床会进一步膨胀，直到某一点时单个颗粒分离并被气流输送出去，此时流化床再也无法维持。通常使用的紊流层流化床是一个十分复杂非均相流动体系，气体流过颗粒床层时，或者穿过浓相固

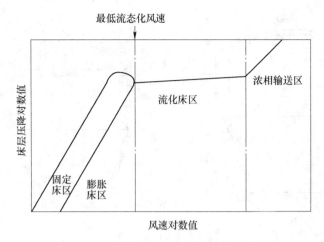

图 5-9 流化床的气相流速与压降的关系

体床层，或者呈鼓泡状态。在浓相区域处于高度紊流状态，因此传热传质速率很高，这也是采用该体系的一大优势。

5.2.4 硫化锌精矿沸腾焙烧

在 20 世纪 30 年代末期沸腾床焙烧首次引入化学工业领域中，并在 20 世纪 50 年代将其推广到锌精矿焙烧。早期沸腾床焙烧炉普遍采用的是浆式给料的 Dorr Oliver（道尔）焙烧炉，比利时的 Vieille Montagne（老山公司）把其改进成了干式进料，后经 Lurgi（鲁奇）改进变成了锌精矿沸腾床焙烧炉的最佳选择。

5.2.4.1 沸腾焙烧炉的结构、参数性能及焙烧附属系统

Lurgi 式锌精矿流态化焙烧炉的炉体结构结构如图 5-10 所示。以我国 109m² 沸腾炉为例，焙烧炉主体采用圆筒形钢结构炉壳，下部和上部分别采用 δ20mm 和 δ18mm 钢板焊接而成。炉墙厚 500mm，内层为 310mm 的高铝砖，外砌 185mm 厚的轻质黏土保温砖。拱顶采用带有凹凸槽厚度为 380mm 的异型高铝砖。炉底空气分布板由 60 块箱型孔板组成，分别固定在 14 根 700mm 高的 H 型钢梁之上。分布板上浇注 152mm 厚的耐火料隔热层，并在分布板上安装 10900 个直通式风帽。设置底部排料口和机械排料装置用于定期清除粗颗粒物料和结块。流化床周边墙上设置 4~6 组汽化冷却排热管，探入沸腾床内将焙烧产生的过剩热量带走，它们是余热锅炉的分支，增加了余热利用。此外，流化床上方炉墙上还设有喷水装置和补热烧嘴，便于进一步调节和控制炉温。进料及收尘等附属系统示意图如图 5-11 所示。

5.2.4.2 沸腾焙烧作业过程

A 混料配料系统

厂家为了确保入炉精矿的组成和粒度均在可接受的限度内，需要将采购的锌精矿进行混料。例如有的厂家一般要求入炉锌精矿含铅（质量分数）≤1.5%、含硅（质量分数）≤2.5%，但允许在日常采购含有高铅矿含铅（质量分数）2.5%~4.5%，高硅矿含二氧化硅（质量分数）4%~7%，这就需要常采用混料配料的措施控制铅和硅的含量。混料

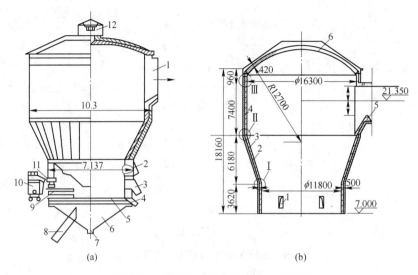

图 5-10　鲁奇扩大型流态化焙烧炉结构

（a）：1—排气道；2—烧油嘴；3—焙砂溢流口；4—底卸料口；5—空气分布板；6—风箱；
7—风箱排放口；8—进风管；9—冷却管；10—高速皮带；11—加料孔；12—安全罩；
（b）：1—冷却盘管入口；2—炉墙耐热层；3—炉墙保温砖；4—上直段炉墙砖；
5—炉气出口低水泥浇注料；6—炉顶高铝异型砖

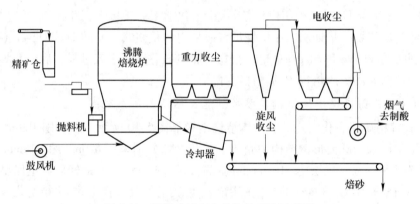

图 5-11　锌精矿流态化焙烧炉系统示意图

配料主要有圆盘配料和堆式混料两种方法。圆盘配料是将各种来源精矿分仓储存，由各自的圆盘给料机控制给料速度进行多种原料的配矿。其优点在于不需要很大的配料场地，能灵活及时改变配料比例以应对原料问题。缺点是设备操作人员多，供料速度需要跟踪测定与矫正。

堆式混料方法是根据各种精矿成分先计算入炉配料比例，采用铲斗或抓斗将各个独立的矿堆装载到一个混合的料堆或料斗内，然后再输送到炉子的供料仓内。也可以采用更加精细的逐层筑堆混料系统。此法也称为切割法和堆式配料，以铲斗或抓斗数为计量单位，将品位不同的锌精矿逐层重叠铺在配料仓内，每层料厚 100~150mm。使用时从一个方向纵切到底，再以抓斗多次混合达到均匀混料。

　　B　锌精矿的干燥与上料

锌冶炼厂采购的锌精矿一般含水（质量分数）在 8%~15%，干式加料要求入炉精矿含水（质量分数）低于10%，一般含水（质量分数）6%~8%。因此锌精矿在入炉焙烧前需要干燥脱水，一般采用回转窑通入热气流干燥脱水，然后经过鼠笼破碎、筛分，使其粒级均匀松散低于10mm，达到入炉要求。至于精矿入炉的方式，最常用的就是采用抛料机，此时入炉锌精矿含水（质量分数）在10%也是可以接受的。

C 主要技术参数和操作条件

流态化焙烧的主要技术参数包括焙烧温度、风量、空气过剩系数、流化床高度、物料停留时间、炉底和炉顶的压力。对于采用回转窑处理中性浸出渣的厂家，并不排斥少量硫酸盐的生成。选择850~920℃的较低焙烧温度，使用较大的空气过量系数（一般选择1.2~1.3）；对采用高温高酸浸出的厂家要求焙砂含硫低，常采用950~1020℃较高的焙烧温度，同时会选择较小的空气过量系数（一般选择在1.1~1.2）。每焙烧1t锌精矿鼓风量大约为1800~2000m³。粒度较粗的物料选择较大空气直线速度，反之较小（一般在0.5~0.8m/s之间）。流化床高度一般0.9~1.2m，物料在炉内停留5~7h。

D 烟气的冷却与收尘

流态化焙烧的烟气温度一般在900~1050℃；每焙烧1t锌精矿约产生2000m³的烟气。烟气含尘一般在200~300g/m³（标态），此外烟气中还含有10%（质量分数）左右的二氧化硫，在送往硫酸车间之前必须将烟尘回收。一般首先采用余热锅炉进行能量回收，同时通过重力沉降完成粗颗粒烟尘的收集；经过余热回收和重力收尘，烟气的温度一般降到350℃左右，然后再经过旋风收尘器和电收尘器进一步收尘。电收尘排出烟气的烟尘含量降低到200mg/m³左右，温度降低到300℃左右，之后送往净化制酸工序。

E 焙砂的排出与输送

从溢流口排出的焙砂可采用湿法和干法两种方式输送。湿法输送是热焙砂直接进入冲矿溜槽；锅炉收尘器和旋风收尘器的烟尘汇集在一起，通过螺旋给料一并送入冲矿溜槽，以矿浆形式直接送往浸出系统；而电收尘的烟尘浆化后再送往浸出系统。湿法输送直接与浸出系统接轨，具有输送设备简单、利用焙砂的显热进行浸出的优点，缺点是无法对焙砂进行计量，焙烧与浸出两个系统间没有缓冲。

干法输送是指溢流焙砂先在列管式圆筒冷却机中冷却，再用提升运输设备将焙砂送入焙砂储仓。收尘器收集的烟尘采用气力输送装置直接送往储仓，储仓容量一般可供12~15天生产使用。采用热酸浸出的工厂需要用粒度较细的焙砂进行中和，焙砂冷却后先细磨再送入储仓。

5.2.4.3 沸腾焙烧作业产品分布、热平衡与焙砂成分

A 产品分布

经过流态化焙烧后，硫的脱除率一般均在90%以上，最高可达到95%~96%。溢流的焙砂中硫含量很低，烟尘中的硫含量会高一些。产出的焙砂和烟尘量合计约占精矿质量的87%~90%，国内外几个工厂焙烧产物的分配实例见表5-4。

B 焙砂成分

一些湿法炼锌厂家精矿与焙砂成分的对比见表5-5。这些湿法炼锌厂的焙砂总硫含量都比较高，而且总硫中以硫酸盐中的硫为主，从而证明焙砂中的金属确实存在硫酸盐化现象。

表 5-4　国内外几个工厂焙烧产物分布比例　　　　　　　　（%）

工厂	溢流焙砂	锅炉烟尘	旋风收尘器烟尘	电收尘器烟尘
株洲冶炼厂	50~30		45~50	—
葫芦岛锌厂	45~60		40~55	—
西北铅锌厂	40		60	—
Trail 厂（加）	50	45		5
Cartagena 厂（西）	34	35	27	4
Timmis 厂（加）	15	60	20	1~2
Valleyfield（加）	10~15	55~65	20~25	2~6

表 5-5　一些湿法炼锌厂家的锌精矿与焙砂成分对比

厂家	项目	含量（质量分数）/%							
		Zn	Fe	$S_{总}$	S_S	S_{SO_4}	Pb	Cu	Cd
Kokkola（芬）	精矿	51.7	11.3	30.5	—	—	0.74	0.34	0.18
	焙砂	57.3	11.9	2.12	0.40	1.70	—	0.35	0.20
神冈（日）	精矿	57.2	5.7	31.4	—	—	0.48	0.31	0.41
	焙砂	64.8	6.5	1.2	0.2	1.0	0.55	0.33	0.47
株洲冶炼厂（不含烟尘）	精矿	46~48	8~10	29~31	—	—	<2	—	—
	焙砂	55.36	6.17	3.52	0.51	—	1.07	0.41	0.18
秋田（日）	精矿	49.90	7.92	29.9	—	—	1.66	0.74	—
	焙砂	57.50	9.02	1.94	—	—	1.91	0.08	—
Sauger（美）	精矿	54.55	5.64	30.65	—	—	0.68	0.58	0.40
	焙砂	62.97	6.51	—	0.3	2.25	0.79	0.67	0.47

　　C　锌精矿焙烧的热平衡及过剩热控制

　　硫化锌精矿中存在约30%（质量分数）左右的硫和5%~15%（质量分数）的铁，它们在氧化过程中都会放出大量热量，一般足以维持焙烧所需的高温并抵消各种散热损失。过剩的热量需要通过喷水和炉内水冷换热降温，除此之外，焙烧烟气所携带的显热也会通过余热锅炉得到综合利用。

5.2.5　思考题

　　（1）为什么锌精矿要限制铁的含量，焙砂中难浸的锌主要以什么状态存在，为什么锌精矿要限制铅和二氧化硅的含量？

　　（2）结合 Zn-S-O 系状态图写出硫化锌焙烧后含锌产物的种类，并说明温度、氧气和二氧化硫分压变化对含锌产物的影响；在正常焙烧气氛下，1100K 和 1300K 温度下硫化锌焙烧后含锌产物分别是什么？

　　（3）如何避免焙烧产品的硫酸盐化，为什么采用热酸浸出的湿法炼锌要避免硫酸盐化？

5.3 焙砂中锌的浸出提取

对焙砂中的锌浸出提取一般包括两个步骤，一是中性浸出，二是中性浸出渣中锌的提取。中性浸出渣中锌的提取分为高温还原挥发和热酸浸出两种方法，其中热酸浸出法应用更为普遍。但无论是还原挥发—浸出还是热酸浸出湿法炼锌工艺，中性浸出都是湿法浸出的第一步，中性浸出就是将焙砂浸出终点控制在 pH 值为 5.0~5.5（接近中性）的浸出过程。

5.3.1 焙砂中性浸出的热力学基础

锌焙砂中主要金属是 Zn 和 Fe，伴生金属元素有 Pb、Mn、As、Sb、Al、Ge、In、Cu、Cd、Co、Ni、Ca 等，此外还有一些非金属 F、Cl、S、SiO_2 等。中性浸出过程中各种组分的分布行为直接影响锌的提取和有价元素的回收利用。

5.3.1.1 中性浸出中主要元素的行为

焙砂中性浸出过程是焙烧矿氧化物的稀硫酸溶解和硫酸盐的水溶解过程。常见金属简单氧化物的溶解性能可以通过图 5-12 分析。

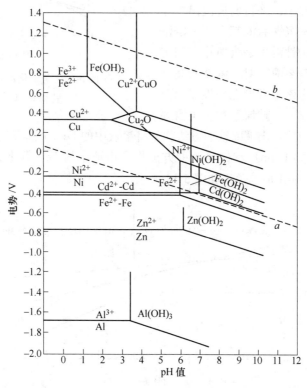

图 5-12 Zn-Me-H_2O 体系电位-pH 图（298K）

室温下浸出终点 pH 值在 5.2 条件下，正 2 价 Zn、Fe、Cd、Co、Ni 的氧化物均能有效地溶解，转变成可溶的 2 价金属离子进入浸出液中。Cu 的氧化物、正 3 价 Fe 和 Al 氧化物是不能溶解的。但图 5-12 是标准状态下的情形，这些金属氧化物的可浸性还要与离子浓度联系起来进行考虑。图 5-13 表明，在中性浸出末期（pH 值为 5.2 左右）时，Zn^{2+}、Cd^{2+}、Co^{2+}、Ni^{2+} 和 Mn^{2+} 在所有活度范围内都能稳定存在于浸出液中；当 Cu^{2+} 的活度低于 0.1 时会稳定存在于溶液中，如果高于 0.1 会以氢氧化铜形式存在于浸出渣中。Sn^{2+}、Al^{3+} 在 pH 值为 5.2 左右时，则以氢氧化物形式残留在中性浸出渣中，Fe 的 2 价氧化物溶解后以 Fe^{2+} 进入溶液，Fe 的 3 价氧化物不能溶解。在实际生产中，在中性浸出终点 pH 值为 5.2 条件下，浸出液中 Fe^{3+} 离子的浓度会降低到 10^{-6} mol/L 以下（低于 0.06mg/L），浸出液中几乎没有 Fe^{3+} 离子，这也是中性浸出沉铁的原理。

5.3.1.2　中性浸出铁的氧化水解

在中性浸出过程中，来自弱酸浸出工序的溶液或热酸浸出—沉铁后液都含有一定浓度的 Fe^{2+} 或 Fe^{3+}。中性浸出是为净化车间提供相对纯净的硫酸锌溶液，对于浓度较高和影响较大的杂质，应该尽可能在中性浸出阶段予以脱除，Fe^{2+} 或 Fe^{3+} 就属于这一类需要

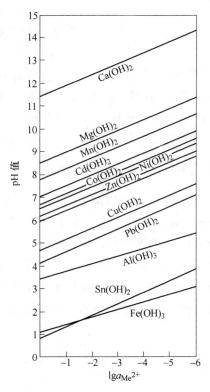

图 5-13　氢氧化物生成与离子活度和 pH 值的关系

预先脱除的杂质。中性浸出液除铁的方法就是将溶液中的 Fe^{2+} 全部氧化成 Fe^{3+}，然后再水解脱除，可以通过添加 MnO_2 和鼓风两种方法将浸出液中的 Fe^{2+} 氧化成 Fe^{3+}。MnO_2 和空气氧化 Fe^{2+} 的电位与 pH 值的关系如图 5-14 所示。

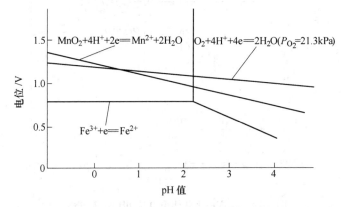

图 5-14　MnO_2 与空气氧化 Fe^{2+} 的电位与 pH 值的关系

从图 5-14 可知，MnO_2 和空气中的 O_2 均能将 Fe^{2+} 氧化成 Fe^{3+}，氧化能力取决于 MnO_2 和空气中 O_2 的半电池反应的电位与 Fe^{2+}/Fe^{3+} 的氧化还原电位差值的大小。在 pH<0.5 的酸性区域，MnO_2/Mn^{2+} 的氧化还原电位高于 O_2/H_2O 的氧化还原电位，说明在酸性区域

MnO_2 的氧化能力比空气更强。这意味着在中性浸出初期硫酸浓度较高时，MnO_2 能够起到主要的氧化作用，这也是在中性浸出开始前就将二氧化锰加入浸出系统的原因；当 pH>0.5 时，O_2/H_2O 的氧化还原电位逐渐高于 MnO_2/Mn^{2+} 的氧化还原电位，因此中性浸出后期空气中的 O_2 起到主要的氧化作用，这也是中性浸出后期开始鼓风的原因。Fe^{3+} 通过水解形成氢氧化铁胶体沉淀除去，其反应式为：

$$Fe^{3+} + 3H_2O \rightleftharpoons Fe(OH)_3\downarrow + 3H^+ \tag{5-24}$$

在 Fe^{3+} 水解脱除的过程中，浸出液中的砷、锑等离子也会随同 Fe^{3+} 一起除去。As、Sb 与 Fe 共沉淀的机理，一般认为是基于胶体吸附机理。

5.3.1.3 中性浸出过程中的其他主要杂质的行为

除了以上的简单金属氧化物外，还含有一定量的残余金属硫化物、硅酸盐、砷锑酸盐及稀散元素，它们在中性浸出中的行为既涉及锌回收率、浸出过程作业、浸出液的净化，同时也涉及综合回收。

A ZnS 及其他金属硫化物

在常规酸浸条件下，ZnS 及其他金属硫化物不溶于溶液，但当硫酸溶液中有氧化剂 Fe^{3+} 存在时，它们会部分被氧化溶解进入溶液。其反应式为：

$$MeS + 2Fe^{3+} \rightleftharpoons S^0\downarrow + 2Fe^{2+} + Me^{2+} \tag{5-25}$$

B ZnO·SiO₂ 及其他金属硅酸盐

焙砂中金属硅酸盐主要有 Zn、Pb、Fe 的硅酸盐，它们可溶解在稀硫酸溶液中，并生成硅酸。在 pH<3.8 和 60℃温度下，硅酸锌就会溶解，产生硅酸。硅酸是不稳定的弱酸，和胶体二氧化硅形成平衡，其稳定性随着水溶液酸度而变（见图 5-15）。其反应式为：

$$2MeO·SiO_2 + 2H_2SO_4 \rightleftharpoons H_4SiO_4 + 2MeSO_4 \tag{5-26}$$

$$H_4SiO_4 \rightleftharpoons 2H_2O + SiO_2 \tag{5-27}$$

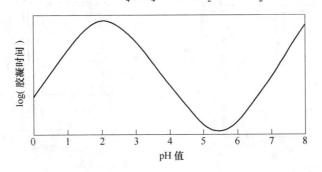

图 5-15 溶液中硅胶稳定性与酸度的关系

从图 5-15 中可以看出，硅酸最高稳定性（对应最大的胶凝时间）出现在 pH=2 附近，最不稳定的条件出现在强酸环境中或者 pH 值为 5~6。因此，在中性浸出终点 pH=5.2 左右时，硅酸会发生凝聚，并随同氢氧化铁沉淀一起进入中性浸出渣中。

C 砷、锑氧化物及其盐

焙砂中 As、Sb 会以 Me（Ⅲ）和 Me（Ⅴ）两种形式存在。其中 As_2O_3 容易存在于收集到的烟尘中，而以 As（Ⅴ）形式存在的 As_2O_5 容易与铁等氧化物形成砷酸盐。它们在中性浸出过程中会与氢氧化铁胶体一起沉淀进入中性浸出渣中。Sb_2O_3 和 Sb_2O_5 也会与其他金属氧化物形成亚锑酸盐和锑酸盐，但亚锑酸和正锑酸的溶解度都很低，往往以胶体形式存在，在中性浸出后期容易随着氢氧化铁胶体一起沉淀进入中性浸出渣中。

D　铅、钙氧化物及其盐

焙砂中 Pb 主要以 $PbSO_4$、PbO 和 $PbO \cdot SiO_2$ 形式存在，中性浸出后主要以 PbO_4 形式进入渣中；Ca 在焙砂中可以以 CaO 和 $CaSO_4$ 形式存在，中性浸出后主要以 $CaSO_4$ 形式入渣，浸出液中还有一定量的 Ca^{2+} 存在，因此需要加以关注以防管路结疤。

E　镓、铟、锗、银的行为

这些稀散和稀贵元素都属于锌冶炼伴生的可供回收的有价元素。在中性浸出过程中，镓、铟、锗部分溶解进入浸出液中，但在中性浸出末期沉铁过程中又会随着氢氧化铁一起沉淀到中性浸出渣中；银一般以氧化银和残留的辉银矿（Ag_2S）形式存在，中性浸出时会部分溶解形成硫酸银进入溶液。但在有氯离子存在的浸出液中，最后还是以氯化银的形式返回到中性浸出渣中。

5.3.2　焙砂中性浸出的实践

5.3.2.1　中性浸出的主体设备

中性浸出工序主要包含中性浸出、矿浆浓密等作业步骤，涉及的主体设备有浸出槽和浓密机。现在锌冶炼厂均采用机械搅拌浸出槽，该槽体一般用混凝土浇筑或钢板焊接而成，内衬耐酸瓷砖、铅皮、环氧玻璃钢等防腐材料。机械搅拌浸出槽结构如图 5-16 所示。

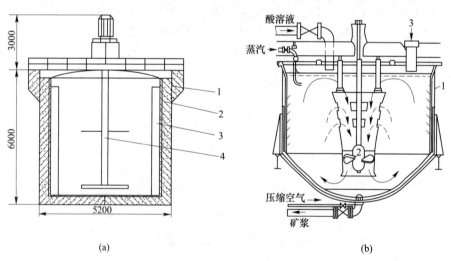

图 5-16　机械搅拌浸出槽结构图

（a）直筒式机械搅拌；（b）附导流筒机械搅拌

（a）：1—混凝土槽体；2—防腐层里；3—阻尼板；4—搅拌机；（b）：1—槽体；2—搅拌机；3—焙砂加入孔

5.3.2.2　中性浸出的原料、浸出作业方式、操作流程与作业条件

中性浸出的原料为锌焙砂，要求的指标主要包括全锌含量、可溶锌率、铁含量、二氧化硅含量、砷锑含量、氟氯含量及硫残留量等。全锌含量越高意味着浸出渣率越低，金属

回收率越高。为了获得好的经济效益，一般要求全锌含量（质量分数）高于 50%，可溶锌率大于 90%。同时要求锌精矿中砷、锑合计含量（质量分数）不超过 0.3% ~ 0.5%。氟氯会对电解造成麻烦，因此要求焙砂中氟氯含量（质量分数）不大于 0.02%。中性浸出所需的二氧化锰调成液固比为（40~50）∶1 的锰矿浆，浆化后固体粒度小于 5mm。将锰矿浆和阳极泥添加进氧化槽中，氧化槽中的溶液一般由酸性浸出的过滤液、贫镉液、锌电解废液等组成，全 Fe 含量 0.8~2.0g/L。在 40~60℃ 条件下氧化 15~30min，终点 Fe^{2+} 含量小于或等于 0.1g/L，H_2SO_4 含量 50~80g/L。

现在普遍采用多槽串联的配置完成整个中性浸出作业过程。对于含铁较高的普通锌焙砂来说，一般都会选择一段中性浸出加一段弱酸浸出的作业方式。常规回转窑挥发湿法炼锌工艺中的中性浸出作业流程如图 5-17 所示。

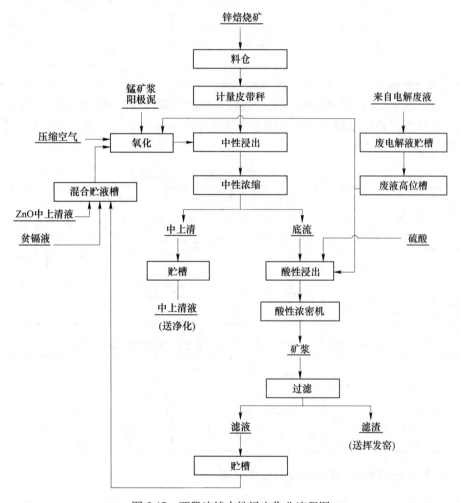

图 5-17 两段连续中性浸出作业流程图

其中，第 1 段中性浸出的技术条件为：60~75℃，液固质量比（10~15）∶1，初始硫酸浓度 30~40g/L，浸出时间 1.5~2.5h，终点 pH 值为 5.0~5.2；第 2 段弱酸浸出的技术条件为：70~80℃，液固质量比（7~9）∶1，初始硫酸浓度 25~45g/L，浸出终点控 pH 值为 2.5~3.5，浸出时间 2~3h。

5.3.2.3 中性浸出的主要技术指标及浸出液成分

在传统的焙砂一段中性浸出加一段弱酸浸出的作业方式中，中性浸出段的目的主要在于控制浸出液中 Fe、As、Sb、Si、Ge 的含量，得到纯净的硫酸锌料液。此时锌的浸出率一般为 75%~80%，浸出底流中仍有少量 ZnO 没有被溶解出来；中性浸出底流弱酸浸出段是为了尽量提高整个中性浸出工序锌的浸出率。整个中性浸出锌的回收率取决于所用精矿的含铁量，典型的数据见表 5-6。

表 5-6 精矿含铁量对中性浸出指标的影响 （质量分数/%）

精矿含锌	精矿含铁	锌浸出率	渣含锌	渣率
48	12	82.8	22.8	36
50	10	85.6	22.8	32
52	8	88.3	22.5	28
54	6	90.7	21.7	24
56	4	92.9	20.9	19

为了保障电解沉积工艺的需要，对中性浸出液的质量会做出特定的要求，其主要体现在杂质元素的含量和固体颗粒物的含量上。某些工厂中性浸出上清液的成分见表 5-7，中性浸出渣的成分见表 5-8。

表 5-7 某些工厂中性浸出上清液的成分

厂家	含量/（Zn、Mn 以 g/L 计，其余以 mg/L 计）										
	Zn	Mn	Cu	Cd	Co	Ni	As	Sb	Fe	F	Cl
株冶（中）	130~170	2.5~5	150~400	600~1200	8.25	8.12	<0.3	0.5	<20	<50	<100
巴伦（比）	160	—	50	35	10	15	0.15	0.35	200	—	400
神冈（日）	160	—	413	690	45	0.6	—	—	7	4	12
达特恩（德）	160	2.4	327	275	9~15	2~3	—	—	16	—	50~100
马格拉港（意）	145	3.5	90	550	11	2	0.4	0.4	1	25	75

表 5-8 某些厂家中性浸出渣中总锌含量及赋存状态所占比例

厂家	含量（质量分数）/%					
	$Zn_{总}$	$ZnO \cdot Fe_2O_3$	ZnS	$ZnSiO_3$	ZnO	$ZnSO_4$
1	22.2	61.2	15.8	2.2	2.7	18.1
2	20.4	94.9	—	1.8	2.2	1.1
3	21.2	76.3	0.25	3.7	5.5	10.8

5.3.3 中性浸出渣的热酸浸出与铁的沉淀分离

热酸浸出是从中性浸出渣中提取锌的最重要方法之一，其分为热酸浸出和铁的沉淀两个步骤。热酸浸出中最难溶解的锌化合物是铁酸锌。

5.3.3.1 铁酸锌的溶解原理及热酸浸出作业条件

A 铁酸锌的溶解原理

铁酸锌的溶解可以用 $ZnO \cdot Fe_2O_3$-H_2O 体系的电位-pH 图阐述，如图 5-18 所示。

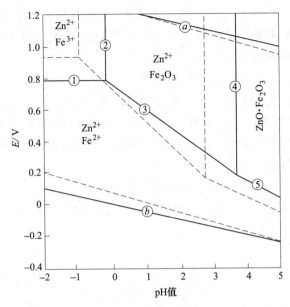

图 5-18　$ZnO \cdot Fe_2O_3$-H_2O 体系电位-pH 图

（实线：25℃；虚线：100℃）

可以将图 5-18 划分为 4 个稳定区，第 1 个是 $ZnO \cdot Fe_2O_3$ 稳定区，第 2 个是 Zn^{2+} 和 Fe_2O_3 稳定区，第 3 个是 Zn^{2+} 和 Fe^{3+} 的稳定区，第 4 个是 Zn^{2+} 和 Fe^{2+} 稳定区。$ZnO \cdot Fe_2O_3$ 的溶解和 Zn 的浸出有两条途径，第一条是提高体系的酸度，第二条是降低体系的电位。目前主要应用的是第一条途径，就是在常压下采用硫酸浸出。在此过程中 $ZnO \cdot Fe_2O_3$ 的溶解可以分为两个步骤，第一步是 $ZnO \cdot Fe_2O_3$ 分解释放出 Zn^{2+}，进入 Zn^{2+} 和 Fe_2O_3 稳定区，在 25℃ 下 pH 值约 3.34 的弱酸条件下就可以实现。但是产生 Fe_2O_3 固体产物会使 $ZnO \cdot Fe_2O_3$ 的进一步溶解受到限制，因此要实现 $ZnO \cdot Fe_2O_3$ 中锌的完全浸出回收，就需要 $ZnO \cdot Fe_2O_3$ 溶解的第二步，即将产生的 Fe_2O_3 固体产物继续溶解，在 25℃ 下这一步需要的 pH 值不大于 0。从常压 100℃ 时 $ZnO \cdot Fe_2O_3$ 的酸溶解过程来看，第一和第二步所需的 pH 值分别为 2.33 和 -0.98。对比 25℃ 和 100℃ 的浸出进程，高温所需的酸度要更高，因此不利于 $ZnO \cdot Fe_2O_3$ 的酸性溶解浸出。但是，$ZnFe_2O_4$ 属于难分解的铁氧体，浸出活化能高达 58.6kJ/mol，浸出处于化学反应控制区。按 $\ln k = - E/RT + B$ 计算 40～100℃ 间 k 的比例，得：$k_{50}/k_{40} = 2.01$，$k_{70}/k_{60} = 1.84$，$k_{100}/k_{90} = 1.68$，从计算结果看出，温度升高时浸出速度成倍提高。研究表明铁酸锌硫酸浸出动力学适合缩核模型 $1 - (1 - \alpha)^{1/3} = kt$。在 85℃ 下浸出 $ZnFe_2O_4$ 来说，$k = 4.75 \times 10^{-3}$。若要求 $\alpha = 99\%$ 时，则 $t = 165.3min$，工业生产一般需要 3～4h。

　　B　热酸浸出作业条件

　　热酸浸出过程也可划分为一段和多段浸出。对于采用一段热酸浸出的作业，其浸出条件和技术指标为：初始硫酸浓度 100～200g/L，终了硫酸浓度 30～60g/L，浸出温度 85～95℃，初始液固比 6～10，时间 3～4h，锌的浸出率一般可以达到 97%。采用两段热酸浸出的作业，一般是在热酸浸出之后再加一段超酸浸出。第 1 段热酸浸出的终了硫酸浓度 50～60g/L，温度 85～90℃；第 2 段超酸浸出的终了硫酸浓度 100～125g/L，温度 90℃，时间

3h。锌的总浸出率可以达到99.5%。热酸浸出第1段的原料是预中和（相当于弱酸浸出）的底流，预中和的溶液是热酸浸出液，这三个工段连接起来相当于弱酸浸出—热酸浸出—超酸浸出3个连续的酸浸过程。

5.3.3.2 热酸浸出液沉淀脱除铁的原理

热酸浸出液中锌浓度一般在30g/L左右，铁浓度一般在20~40g/L之间，溶液残留的硫酸浓度在30~60g/L之间。这种高酸、高铁浸出液在返回中性浸出时会产生大量胶体氢氧化铁，严重妨碍中性浸出的液固分离过程，因此必须将浸出液中绝大部分的铁先行脱除，寻找经济适用的除铁方式变得至关重要。

A 针铁矿法和赤铁矿法除铁基本原理

不同温度下溶液中铁离子与铁沉淀物平衡的情况如图5-19所示，该图给出了仅靠温度和pH值调整沉淀铁的条件。

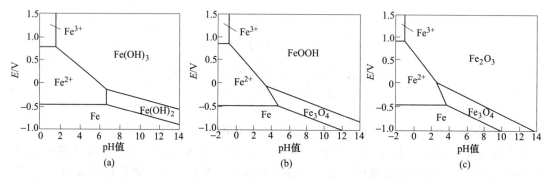

图5-19 标准状态下 Fe-H_2O 系不同温度的电位-pH 图
(a) 25℃时；(b) 100℃时；(c) 150℃时

在温度分别为25℃、100℃和150℃条件下，将溶液中的酸逐渐中和使其pH值逐渐升高时，溶液中的 Fe^{3+} 将分别形成 $Fe(OH)_3$、$FeO \cdot OH$ 和 Fe_2O_3。$Fe(OH)_3$ 属于胶体沉淀，不是工程上沉铁所需要的沉淀物；针铁矿（$FeO \cdot OH$）和赤铁矿（Fe_2O_3）具有一定的晶型，易于澄清分离，因此二者都可以作为浸出液中沉铁的方法。以常压下接近100℃产出 $FeO \cdot OH$ 的沉铁方法，就是工业上使用的针铁矿法；以高压下150℃左右产出 Fe_2O_3 的沉铁方法，就是工业上使用的赤铁矿法。以上仅单纯地考虑了溶液中铁在不同温度及pH值条件下的形态变化，并没有考虑到硫酸和硫酸根的作用。

图5-20表明，在100℃和175℃条件下从硫酸溶液中分别沉淀针铁矿和赤铁矿时，沉淀物的形态并不纯净，其间往往会夹杂硫酸盐沉淀。同时还可以看出，要获得针铁矿（$FeO \cdot OH$）和赤铁矿（Fe_2O_3）沉淀物还需要两个必要条件：一是要将硫酸降低到合适的浓度；二是要将 Fe^{3+} 降低到合适的浓度。对于针铁矿法沉铁，需要将 Fe^{3+} 浓度降低到2g/L以下，硫酸浓度降低到10g/L以下；对于赤铁矿法沉铁，需要将 Fe^{3+} 浓度降低到10g/L以下，硫酸浓度降低到20g/L以下。

B 黄钾铁矾法除铁原理

当热酸浸出液中有碱金属离子存在时，当pH值在0.5~3之间和温度在90℃以上时会生成过滤性能良好的碱式硫酸复盐结晶沉淀，该结晶物与黄钾铁矾晶体结构十分相似，所

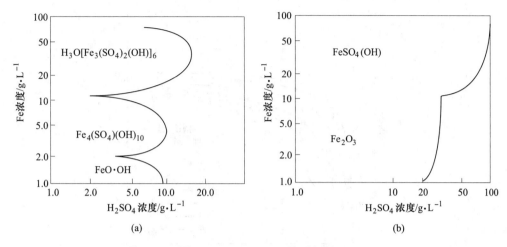

图 5-20 Fe-SO$_4$-H$_2$O 体系相图

（a）-100℃ 时；（b）-175℃ 时

以把这种盐统称为黄钾铁矾，其生成化学反应式为：

$$3Fe_2(SO_4)_3 + 2(A)OH + 10H_2O = 2(A)Fe_3(SO_4)_2(OH)_6 + 5H_2SO_4 \quad (5-28)$$

式中，A = K$^+$、Na$^+$、NH$_4^+$、Ag$^+$、Rb$^+$、H$_3$O$^+$ 和 1/2Pb^{2+}。其中，K$^+$ 的作用最佳，Na$^+$、Rb$^+$ 稍差。

沉矾酸度下硫酸根绝大多数呈 HSO$_4^-$ 形式存在，以 K$^+$ 作为成矾离子形成 KFe$_3$(SO$_4$)$_2$(OH)$_6$，在溶液中各种离子活度存在如下的热力学平衡：

$$K^+ + 3Fe^{3+} + 2HSO_4^- + 6H_2O = KFe_3(SO_4)_2(OH)_6 + 8H^+ \quad \Delta G_{25}^\ominus = -3323.6 J/mol \quad (5-29)$$

$$K = (a_{H^+})^8 \times (a_{K^+})^{-1} \times (a_{Fe^{3+}})^{-3} \times (a_{HSO_4^-})^{-2}$$

标准状态下 pH$_{25}^\ominus$ = -1.738，pH$_{100}^\ominus$ = -2.052，沉矾作业通常在近 90℃ 条件下作业，说明只要 pH 值高于 -2.052 就会沉淀出铁矾晶体，沉矾作业平衡时各离子活度的关系为：

$$pH_{100} = -2.052 - 1/8 lg a_{K^+} - 3/8 lg a_{Fe^{3+}} - 1/4 lg a_{HSO_4^-} \quad (5-30)$$

实际上铁矾沉淀的动力学过程十分缓慢。在 97℃ 以 K$^+$、Na$^+$ 离子作为成矾离子进行沉矾操作时，对于 11g/L Fe^{3+} 采用 6.9g/L Na$^+$ 离子沉矾，将溶液的 pH 值中和到 1.75，经过 15h 后，铁的沉淀率达到 90%；当存在合适浓度黄钾铁矾晶种时，这一过程会大大加快，一般在 3~5h 内即可完成（见图 5-21）。最初的沉淀除铁速率与铁矾晶种的添加量成正比，从而说明沉矾过程黄钾铁矾的晶核形成很慢。

5.3.3.3 热酸浸出—黄钾铁矾法除铁的实践

限于成矾离子廉价易得和沉铁效果，绝大多数黄钾铁矾法除铁作业选择 Na$^+$ 和 NH$_4^+$ 作为成矾离子，并采用碳酸氢铵和碳酸钠作为沉矾试剂，该试剂兼有一定的中和残酸功能。

A 黄钾铁矾法除铁作业流程

早期采用焙砂直接中和沉矾的传统铁矾法进行除铁，由于铁酸锌不能有效溶解，因此铁矾渣含锌较高，多数已不再采用。现在较普遍采用中性浸出底流或焙烧矿低温预中和来降低热酸浸出液的酸度，预中和的底流再去热酸浸出不会随着铁矾渣沉淀，也不会降低锌

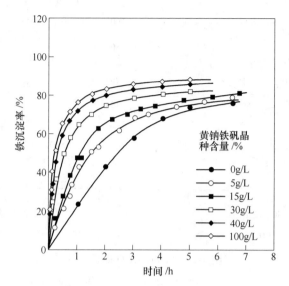

图 5-21　98℃钠铁矾晶种量对除铁速度的影响 [0. 3 M Fe(SO₄)₁.₅+0. 3M（Na₂SO₄）]

浸出率，因此被称为低污染黄钾铁矾法。以挪威 Eitrheim 电锌厂为例，其操作流程如图 5-22 所示。还有一种降低残酸的方法是用中性浸出液稀释热酸浸出液。

B　黄钾铁矾法除铁作业条件

黄钾铁矾法除铁的条件为：热酸浸出后液（90~95℃，Fe^{3+} 20~30g/L，终酸 40~60g/L）首先在 60~70℃左右采用焙砂或中浸底流进行预中和，将硫酸浓度降低至 H_2SO_4 3~5g/L。然后在接近沸腾的温度（95~100℃）进行沉矾作业，沉矾作业晶种的添加量一般为前槽渣量的 5%，沉矾作业时间 2~4h，终了硫酸浓度约 5g/L。在铁矾沉淀除铁实际操作过程中，铁矾渣往往夹带一些硫酸锌，因此实际生产中一般会增加酸性洗涤段回收这部分可溶锌。

5.3.3.4　热酸浸出—针铁矿法除铁的实践

根据针铁矿法除铁的原理，需要控制的 Fe^{3+} 浓度要低于 2g/L，实际热酸浸出液中 Fe^{3+} 浓度在 20g/L 以上不能直接生成针铁矿。为解决这个问题衍生出 V. M 法和 E. Z 法两种工艺。

A　V. M 法

1965~1969 年比利时老山公司研究出 V. M 法。该方法采用先还原再氧化来控制 Fe^{3+} 浓度低于 2g/L。为此先将 Fe^{3+} 还原为 Fe^{2+}，再用空气缓慢氧化为 Fe^{3+}，在温度高于 90℃温度下以针铁矿形式除去。生产中采用 ZnS 和 SO_2 两种还原剂，用 ZnS 还原 Fe^{3+} 的反应为：

$$Fe_2(SO_4)_3 + ZnS =\!=\!= 2FeSO_4 + ZnSO_4 + S^0 \qquad (5-31)$$

当 Fe^{3+} 浓度低于 2g/L 时，开始鼓入空气，不断氧化 Fe^{2+} 为 Fe^{3+}，同时中和溶液，控制 pH 值在 3~4 之间，就可连续生成针铁矿。生成针铁矿的速度足以保证 Fe^{3+} 的浓度一直小于 2g/L。通 SO_2 还原 Fe^{3+} 的方法是在热酸浸出过程中通入 SO_2 气体，直接得到 Fe^{2+} 溶液。

B　E. Z 法

20 世纪 70 年代澳大利亚电锌公司研究了改进的针铁矿法。发现在强烈搅拌加热条件下，直接将含高浓度 Fe^{3+} 溶液和中和剂一起缓慢均匀加入含 Fe^{3+} 低于 2g/L 的近中性溶液

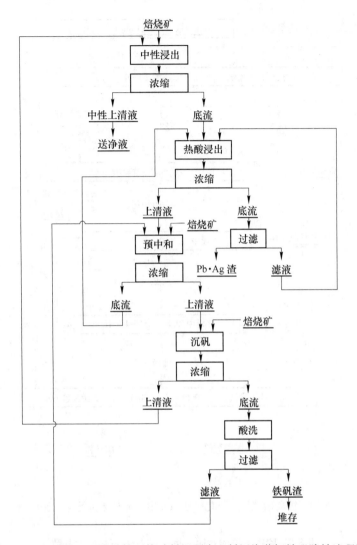

图 5-22　挪威 Eitrheim 电锌厂焙砂低温预中和低污染黄钾铁矾除铁流程图

中，保持 pH 值在 3.5~5.0 之间，使 Fe^{3+} 以针铁矿形式沉淀脱除的速度与加入速度维持平衡。我国的水口山和温州电锌厂就是采用该法除铁。

5.3.3.5　还原浸出—赤铁矿法除铁的实践

1972 年赤铁矿法除铁在日本饭岛冶炼厂率先使用，之后在 20 世纪 80 年代，德国 Datteln 电锌厂也采用了该法沉铁。饭岛冶炼厂工艺流程如图 5-23 所示。其中，每产 1t 电锌会产出硫化铜渣约 195kg，纯石膏 170kg，含镓石膏 24kg，赤铁矿渣 190kg；赤铁矿渣含 Zn（质量分数）0.8%，含 Fe（质量分数）55.0%，含 S（质量分数）3.0%。

5.3.3.6　不同除铁方法的比较

以上 3 种除铁方法在技术经济方面差别很大，对于含有（质量分数）52%Zn、2%Pb 和 7%Fe 的锌精矿，假定热酸浸出渣含（质量分数）25%Pb、8%Fe 和 5%Zn，对 4 种除铁方法进行的对比分析见表 5-9。

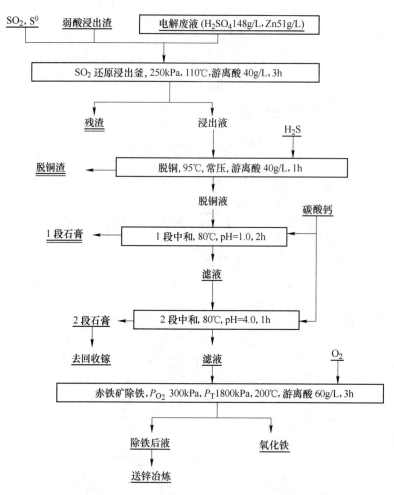

图 5-23 饭岛冶炼厂二氧化硫还原浸出—赤铁矿沉淀除铁流程图

表 5-9 除铁方法的对比分析（以 100t 锌精矿为基数）

工 艺	铁矾法	V.M 针铁矿法	E.Z 准针铁矿法	赤铁矿法
沉铁渣量/t	22.5	16.2	19.2	11.2
铁渣含 Fe（质量分数）/%	29.0	40.0	34.0	57.0
铁渣含 Zn（质量分数）/%	3.5	8.5	13.0	1.0
铁渣含 Pb（质量分数）/%	1.9	1.9	2.2	0
二次浸出渣量/t	6.0	6.5	6.0	8.0
锌总回收率/%	97.9	96.7	94.6	99.0
Zn 在铁渣中损失率/%	1.51	2.65	4.79	0.21
Zn 在二次浸渣中损失率/%	0.58	0.63	0.58	0.77

5.3.4 中性浸出渣的火法处理

从中性浸出渣中回收锌，除了以上提到的湿法溶解—沉淀除铁技术外，还有回转窑还原挥发技术。其过程是将干燥后的中性浸出渣配入 40%～50%（质量分数）的焦粉，于

1100~1300℃温度下在回转窑内进行还原挥发。在高温和过量还原剂存在条件下，渣中的铅、锌化合物经过高温分解后还原为金属蒸气进入烟气中，随后又被二次氧化生成金属氧化物。炉气冷却后导入收尘系统，得到含 Zn（质量分数）约60%的锌、铅氧化物烟尘。

5.3.4.1 中性浸出渣回转窑挥发的化学反应

中浸渣与加入的焦粉（或无烟煤粉）还原剂在窑内接触良好，冷料从窑尾加入，炉料与高温炉气逆向流动。中性浸出渣中的铁酸锌、硫化锌、硫酸锌、氧化锌、硅酸锌、硫酸铅和硫化铅等化合物，在回转窑挥发过程中主要发生的化学反应包括固相接触碳还原反应、分解及复分解反应、高温 CO 还原反应和 Fe 还原。

A 固相接触碳还原反应

主要发生的固相接触碳还原反应为：

$$3(ZnO \cdot Fe_2O_3) + C = 2Fe_3O_4 + 3ZnO + CO \tag{5-32}$$

$$ZnSO_4 + C = ZnO + SO_2 + CO \tag{5-33}$$

$$ZnS + CaO + C = Zn_{(g)} + CaS + CO \tag{5-34}$$

$$ZnO \cdot SiO_2 + C = Zn_{(g)} + SiO_2 + CO \tag{5-35}$$

$$PbSO_4 + 2C = PbS + 2CO_2 \tag{5-36}$$

$$ZnO + C = Zn_{(g)} + CO \tag{5-37}$$

$$2ZnO + C = 2Zn_{(g)} + CO_2 \tag{5-38}$$

B 分解及复分解反应

主要发生的分解及复分解反应为：

$$ZnSO_4 = ZnO + SO_2 + 1/2 O_2 \tag{5-39}$$

$$ZnO \cdot SiO_2 + CaO = ZnO + CaO \cdot SiO_2 \tag{5-40}$$

$$PbSO_4 + PbS = 2Pb + 2SO_2 \tag{5-41}$$

$$PbS + 2PbO = 3Pb + SO_2 \tag{5-42}$$

C 高温 CO 还原反应

主要发生的高温 CO 还原反应为：

$$ZnO \cdot Fe_2O_3 + CO = 2FeO + ZnO + CO_2 \tag{5-43}$$

$$ZnSO_4 + CO = ZnO + SO_2 + CO_2 \tag{5-44}$$

$$ZnO \cdot SiO_2 + CO = Zn_{(g)} + SiO_2 + CO_2 \tag{5-45}$$

$$PbSO_4 + 4CO = PbS + 4CO_2 \tag{5-46}$$

D 高温金属铁还原反应

主要发生的高温金属铁还原反应为：

$$ZnS + Fe = Zn_{(g)} + FeS \tag{5-47}$$

$$ZnO + Fe = Zn_{(g)} + FeO \tag{5-48}$$

$$ZnO \cdot Fe_2O_3 + 2Fe = Zn_{(g)} + 4FeO \tag{5-49}$$

5.3.4.2 中性浸出渣回转窑挥发生产过程实践

处理中浸渣的回转窑外壳是由 16~20mm 厚锅炉钢板焊接成的圆筒，与水平呈 3°~4° 斜角，窑的直径一般为 2~4m，长度在 30~60m 之间，其结构如图 5-24 所示。

对于 44m 长的回转窑，从窑尾算起沿窑体长度可以将回转窑大致划分为 4 个区域。窑

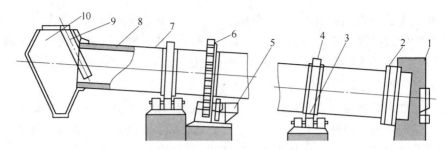

图 5-24　回转窑的结构示意图

1—燃烧室；2—密封圈；3—托轮；4—领圈；5—电机；6—大齿轮；

7—窑体；8—内衬；9—下料管；10—沉降室

尾 8m 之前存在一个低温烘干带，料温一般在 300~700℃ 之间；再往前端是 8~12m 之间的预热带，料温一般在 700~1000℃ 之间；继续向窑头延伸，在 12~35m 之间的反应带，是窑温最高的区域，料温在 1000~1200℃ 之间；最后在窑头出料端是处于 35~44m 区间的冷却带，料温在 700~1000℃ 之间。和炉料的温度分布梯度一样，各段区域内气相温度与料温之间一般也存在温度梯度。在反应带之前，气相温度一般比料温高 100~400℃，越靠近窑尾区域温度差越大；在冷却带，气相温度一般比料温低约 100℃。在有价元素回收指标方面，以株洲冶炼厂 $\phi2.9m×52m$ 回转窑为例，主要有价金属回收率为：Zn 92%~94%，Pb 82%~84%，Cd 90%~92%，In 80%~85%，Ge 32%~35%，Ga 14%。

5.3.5　思考题

（1）什么是中性浸出，中性浸出的目的是什么，中性浸出液一般由哪几项组成，浸出终点的 pH 值一般是多少？

（2）中性浸出过程中如何控制铁不进入溶液中，其原理是什么，中性浸出时添加二氧化锰的作用是什么，为什么浸出后期还要鼓风强化二价铁的氧化，中性浸出除了不让铁进入溶液之外，还有哪几种金属被排除进入渣中，其原理是什么？

（3）中性浸出后渣中还含有大量的锌，它们主要以什么状态存在？请结合电位-pH 图说明铁酸锌分解浸出的原理；从热力学上来说，低温对铁酸锌分解浸出有利，为什么还要用热酸浸出？

（4）热酸浸出后溶液中铁的脱除在工业上有哪几种方法？不加成矾离子时，铁在常温、100℃ 和 150℃ 以上时的沉淀产物分别是什么，采用针铁矿法除铁时为什么要控制三价铁的浓度低于 2g/L，V.M 法和 E.Z 法是如何控制三价铁浓度的，V.M 针铁矿法除铁有哪两种还原三价铁的方法？

（5）回转窑挥发产出氧化锌的主要过程和原理是什么？

5.4　中性浸出液的净化

湿法炼锌浸出液中杂质大致分为 3 类，第 1 类杂质包括 As、Sb、Ge、Fe 和 SiO_2 等，它们绝大部分在中性浸出过程中已经被除去，在净液工序会被进一步深度脱除；第 2 类杂质为 Cu、Cd、Co、Ni，它们是净液工序主要的脱除对象；第 3 类杂质有 F、Cl、Ca、Mg，一般不设置日常运行的专门脱除工序，只是在这些杂质超过限度时不定期地进行脱除。净液工序的工作是对第 2 类杂质 Cu、Cd、Co、Ni 的脱除。

5.4.1 中性浸出液净化的目的、要求与净化方法

5.4.1.1 净化的目的与要求

湿法炼锌工艺中金属锌的还原是通过硫酸锌水溶液的电解沉积实现的，Zn^{2+} 离子在阴极得到电子析出金属锌。Zn^{2+} 离子还原的标准电极电位（−0.763V）低于大多数金属离子和 H^+ 析出的标准电极电位，因此这些杂质金属离子在锌电解沉积过程中会优先在阴极析出，影响阴极锌的纯度；同时杂质金属的沉积会降低氢气析出的过电位，使氢离子还原产生氢气，降低锌电解沉积的电流效率，严重时甚至使 Zn^{2+} 离子无法在阴极沉积。因此必须严格控制浸出液中杂质金属的含量，以确保硫酸锌水溶液电解沉积锌的顺利进行。中性浸出液净化的目的就是脱除那些能够与锌共同沉积的金属，以免影响电解锌产品的质量；同时脱除那些能够降低氢气析出过电位的元素，以免因为氢气的析出而降低锌电解的效率。通常净化后溶液中杂质含量的要求见表 5-10。

表 5-10 通常净化后电解新液中杂质金属离子含量要求

元素	含量/mg·L⁻¹					
	Zn	Cu	Cd	Co	Ni	As
浓度范围	130~180g/L	0.01~0.1	0.1~2.5	0.2~2.0	0.05~0.5	0.01~0.2

元素	含量/mg·L⁻¹					
	Sb	Mn	Ge	Fe	F	Cl
浓度范围	0.01~0.2	2.5~15.0g/L	0.01~0.1	0.4~10.0	1~200	50~1000

5.4.1.2 杂质净化方法

长期以来，锌冶炼行业针对中性浸出液中 Cu、Cd、Co、Ni 杂质的净化脱除开发出了多种技术方法和工艺流程（见表 5-11）。在这些方法中，除了极少数采用有机试剂黄药和 β-萘酚沉淀除 Co 之外，其他所有方法的原理都是基于金属锌比 Cu、Cd、Co、Ni 这些杂质具有更低的还原电位，采用金属锌将其他金属离子置换成单质金属，从而实现中性浸出液的净化。即便是砷盐、锑盐、合金锌粉法，其核心内容也是锌粉置换，其区别只是为了顺利除钴而采用不同的试剂和操作制度。再考虑有机试剂黄药和 β-萘酚沉淀除 Co，说明整个净液工艺方法的变化都是围绕 Co 的脱除展开的（这是因为 Co 最难脱除）。

表 5-11 中性浸出液的主要净化方法

工艺流程	第 1 段	第 2 段	第 3 段	第 4 段
锑盐净化法	加锌粉除 Cu、Cd	加锌粉和 Sb₂O₃ 除 Co	加锌粉除 Cd	—
砷盐净化法	加锌粉和 As₂O₃ 除 Cu、Co、Ni	加锌粉除 Cd	加锌粉除返溶 Cd，置换渣返回第 2 段	再加锌粉除 Cd
合金锌粉法	加 Zn-Pb-Sb 合金锌粉，除 Cu、Cd、Co	加锌粉除 Cd	加锌粉	—
黄药净化法	加锌粉除 Cu、Cd	加黄药除 Co	—	—
β-萘酚法	加锌粉除 Cu、Cd	α-亚硝基-β-萘酚除 Co	加锌粉除返溶 Cd	活性炭吸附有机物

5.4.2　锌粉置换脱除 Cu、Cd、Co、Ni 的原理

对于电化学电位序列高于锌的元素，优选的脱除方式就是用锌将其从溶液中替换除去，这样就不会向溶液中带入其他杂质组分，这一过程通常被称为锌粉置换。

5.4.2.1　锌粉置换脱除 Cu、Cd、Co、Ni 的热力学

对于二价杂质金属离子来说，锌粉置换的化学反应可以用反应式（5-50）表示，其中 Me^{2+} 代表 Cu、Cd、Co、Ni 等金属离子。置换反应式（5-50）的驱动力就是金属杂质和金属锌之间的电位差，可用式（5-51）表示，其中 $a_{Me^{2+}}$ 和 $a_{Zn^{2+}}$ 分别代表溶液中 Me^{2+} 与 Zn^{2+} 的活度。

$$Me^{2+} + Zn^0 \Longrightarrow Zn^{2+} + Me^0 \tag{5-50}$$

$$E_{Me} - E_{Zn} = \{E_{Me}^{\ominus} - E_{Zn}^{\ominus}\} + RT(\ln a_{Me^{2+}}/a_{Zn^{2+}})/2F \tag{5-51}$$

只要电位差 $E_{Me}-E_{Zn}$ 为正值，就可以断定 Me^{2+} 能够被 Zn 成功置换脱除。在标准状态下，只要 $E_{Me}^{\ominus}$ 高于 $E_{Zn}^{\ominus}$，Me^{2+} 就可以被 Zn 置换脱除。图 5-25 表明，Zn 置换可以将溶液中 Cu、Cd、Co、Ni 等金属离子的活度降低到 10^{-6} 以下的水平，但要判断置换的极限还需要热力学计算。置换平衡时各金属的还原电位相同。从表 5-12 中可以看出，在热力学上 Cu、Cd、Co、Ni 四种杂质中 Cd 是最难脱除的，这也是各种净化方法中常常需要在最后增加一段锌粉除镉的原因。当 Cu、Cd、Co、Ni 这些目标杂质都有效脱除的时候，其他杂质也会相应被脱除。只有当其他杂质含量高得超出正常情况时，才需要设置不同的目标对杂质进行控制，但这种情况极不常见。Ge 就是其中一例，需要设置专属的净化过程，或者对置换条件进行改进。

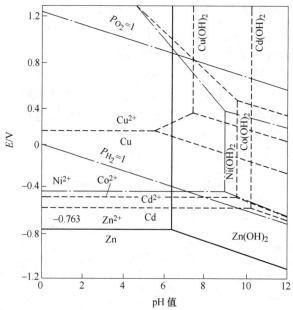

图 5-25　锌与杂质金属的 Me-H$_2$O 系电位-pH 图

$$(a_{Cu^{2+}} = a_{Cd^{2+}} = a_{Co^{2+}} = a_{Ni^{2+}} = 10^{-6})$$

表 5-12 锌置换净化的平衡电位及杂质脱除深度

电极反应	标准还原电位/V	平衡电位	金属离子浓度/mg·L⁻¹
$Zn^{2+}+2e \;=\; Zn$	−0.763	−0.752	150g/L
$Cu^{2+}+2e \;=\; Cu$	0.337	−0.752	3.18×10^{-35}
$Ni^{2+}+2e \;=\; Ni$	−0.250	−0.752	1.5×10^{-17}
$Co^{2+}+2e \;=\; Co$	−0.277	−0.752	5×10^{-12}
$Cd^{2+}+2e \;=\; Cd$	−0.403	−0.752	2×10^{-7}
$SbH_3 \;=\; Sb+3H^++3e$	0.51	−0.752	pH=4，$P_{SbH_3}=202.65Pa$
$AsH_3 \;=\; As+3H^++3e$	0.6	−0.752	pH=4，$P_{AsH_3}=577.28Pa$

5.4.2.2 锌粉置换脱除 Co 的动力学

热力学计算表明锌粉置换除 Co^{2+} 很容易，但在中性浸出液净化生产实践中，Co^{2+} 的脱除最为困难，这是动力学因素的影响造成的。锌粉置换除 Co^{2+} 离子实质是一个电化学过程，Zn 作为阳极失去电子进入溶液，Co^{2+} 离子在阴极得到电子还原成金属钴。锌置换 Co^{2+} 的动力学可以用电极过程动力学阐述，能否被置换关键在于钴的析出电位 $\varphi_{析}$，析出电位等于热力学平衡电位 $[E^{\ominus} + RT \times \ln(a_{Me})/(nF)]$ 与过电位（η_{cMe}）之和，即：

$$\varphi_{析} = E^{\ominus} + RT \times \ln(a_{Me})/(nF) + \eta_{cMe} \tag{5-52}$$

式中，$\varphi_{析}$ 值越高越容易被置换。

A Zn^{2+}、Co^{2+} 析出电位

温度和离子浓度对 Co^{2+} 在阴极锌上析出电位的影响见表 5-13。从表中可以看出，在 25℃下 Zn 置换除 Co^{2+} 的动力学推动力很小，但提高温度可以显著提高 Co^{2+} 的析出电位，因此在 Zn 置换除 Co 时应该选择较高的作业温度。

表 5-13 温度和离子浓度对 Co^{2+} 在阴极锌上析出电位的影响

电 极	离子浓度 /g·L⁻¹	析出电位 $\varphi_{析}$/V		
		25℃	50℃	75℃
$Zn^{2+} \mid Zn$	170	−0.769	−0.750	−0.730
	100	−0.800	−0.780	−0.747
$Co^{2+} \mid Co$	29.4	−0.501	−0.420	−0.346
	0.02	>−0.75	−0.58～−0.52	−0.45～−0.40

B Co^{2+} 在 Zn、Sn 和 Co(Sb) 上的析出电位

表 5-13 中展示的只是 Co^{2+} 离子在自身阴极上的析出电位，但实际置换净化作业时，置换后的锌粉表面上含有 Zn 和多种金属杂质。因此应该以 Co^{2+} 离子在 Zn 和多种金属杂质阴极上的析出电位阐述 Co^{2+} 离子的析出电位。温度和阳极材质对 Co 析出电位的影响见表 5-14。

表 5-14 温度和阴极材质对 Co 析出电位的影响

金属离子浓度	阴极材质	析出电位 $\varphi_{析}$/V		
		25℃	50℃	75℃
$[Zn^{2+}]=100g/L$ $[Co^{2+}]=20mg/L$	Zn	<−0.85	−0.82	−0.72
	Sn	<−0.85	−0.72	−0.52～−0.67
	Co、Sb	<−0.88	−0.50	−0.47

从表 5-14 中可以看出，当直接用锌粉置换除杂质时，即使在 75℃ 也达不到除 Co 的目的。当阴极存在 Sn 和 Co(Sb) 时，在 25℃ 下 Zn 也不能将 20mg/L 的 Co^{2+} 置换脱除；但当温度升高到 75℃ 时，Co^{2+} 在金属 Sn 和 Co(Sb) 阴极上的析出电位均远高于 Zn^{2+} 在金属 Zn 阴极上的析出电位。因此在 75℃ 且有 Sn 和 Co(Sb) 金属在阴极存在时，能够用 Zn 将 20mg/L 的 Co^{2+} 置换脱除。由此可见 Zn 置换除 Co^{2+} 的关键问题是需要较高的温度，同时需要金属锌阴极上有 Sn 和 Co(Sb) 金属存在，实际上 Pb 和 As 也能起到类似的作用。因此，在各种锌置换除钴工艺中需加入 Sn、Sb、Pb 和 As 化合物或者它们与锌的合金。Sn、Sb、Pb 和 As 的还原电位高于 Co，会优先沉积在锌粉表面，降低 Co 的析出电位，进而有利于 Co^{2+} 在锌粉表面的还原沉积。这就是锑盐净化法、砷盐净化法和合金锌粉法除 Co 的基本原理。

5.4.3　锌粉置换净化的影响因素

Cu 与 Zn 的析出电位差很大，锌置换反应的驱动力很大，Cu^{2+} 会被迅速彻底脱除。然而 Ni、Co、Cd 这类杂质的电化学电位与锌相近，锌置换脱除它们就比较困难。此时竞争反应因素、扩散阻力因素、金属锌表面的阻断问题和金属沉积过电位等因素，都会影响到置换反应。这些因素解释了置换脱除深度为什么远低于式（5-51）计算出的极限平衡浓度。

5.4.3.1　过电位的影响与活化剂的作用

过电位的影响体现在两个方面，一是影响杂质金属的析出电位，进而使这些杂质难以置换脱除；另一个影响是降低氢气在金属表面的析出电位，从而造成置换氢气增加锌粉消耗。在影响杂质脱除方面主要是 Co、Ni 这一族金属，它们的析出都具有较高的过电位。置换过程中伴随某些金属间化合物的形成，能够降低其析出电位，或者为这类杂质的沉积提供过电位较低的活性点位，活化剂就是起到这种作用。在置换作业中通常会加入砷、锑和铜作为置换镍、钴的活化剂，而锗的置换似乎需要钴作为活化剂。

在降低氢气析出过电位方面，Cu、Co、Ni 金属均具有较低的氢过电位，尤其是 Ni，容易导致氢离子（pH 值较低时尤甚）在沉积的金属上还原产生氢气，并与临近的金属锌阳极氧化相互耦合（相当于锌置换氢气）。这时在金属锌表面要么发生锌溶解，要么就是在表面生成氧化锌，如果生成氧化锌就会阻断置换反应的继续进行。

5.4.3.2　温度的影响

溶液温度是一个重要的参数，尤其是在需要生成化合物活化的场合。例如 CoAs 和 $CoAs_2$ 只有在温度高于 75~80℃ 时才稳定；而对于锑活化的场合，金属间化合物所起的作用似乎没有砷化物重要，因此锑盐净化的作业温度要比砷盐净化作业低。高温会使镉的氧化和二次溶解更加严重，因此会将镉的脱除作业尽可能安排在最低的温度区间。

5.4.3.3　pH 值的影响

溶液的 pH 值（一般 3~5）是一个需要认真控制的工艺参数。pH 值必须足够低才能避免锌粉表面被碱式硫酸锌阻断。但是 pH 值过低时锌粉会有直接溶解置换氢气的危险，在遇到能够降低氢气析出过电位的杂质已经置换沉积出来的场合时，会加剧这种危险。置换产生氢气的主要危险有两个，一个是容易爆炸；另一个是当使用砷和锑作活化剂时，有可能会形成有毒性的气体胂（AsH_3）或锑化氢（SbH_3）。锑作为除钴活化剂所需的剂量远低于所用的砷添加剂量，而且在一般的正常操作条件下，生成锑化氢的趋势远低于砷化氢，因此在活化剂的选择中一般尽量避免使用砷而优先选择锑。

5.4.3.4 锌粉粒度和用量的影响

锌粉粒度和添加剂量的变化代表着发生置换化学反应面积的变化，从而影响置换反应的速度。置换使用的锌粉会在锌厂内形成循环负荷，这时会降低锌厂的生产能力，因此锌粉用量需要最小化。但锌厂系统内锌粉存量必须足以满足制备电解工序所需电解液的数量和净化质量。细粒锌粉能够为置换反应提供更大的比表面积，但是锌粉生产及储运处置的麻烦会增加，而且易于氧化。对于置换除铜、镉这类使用场合，由于置换速度较快，较粗粒度的锌粉更为合适，而且利用率会更高，此时锌粉的粒度一般在 $100 \sim 200 \mu m$；但是对于置换过程困难和需要活化剂的使用场合，增加反应的比表面积更加重要，因此需要采用细粒锌粉，此时锌粉的粒度一般在 $15 \sim 40 \mu m$。

锌粉用量一般用特定目标任务的理论量倍数或过剩系数来表示。例如就仅置换脱铜来说，锌利用率相对较高，锌粉用量通常是理论量的 1.5~1.8 倍；然而对于单独除镉来说，这个比例大约是 3~4；至于到除钴阶段，这一比例会增加到 10~12。锌粉耗量作为一个生产指标考核的话，其计量方式往往以阴极锌产品的百分比来表示。这是一个比较重要的指标，一般在 1.5~5.0，有时甚至更高。这一指标取决于需要脱除的杂质元素的组合以及锌粉的粒度。

5.4.4 锌粉置换净化工艺及其操作步骤

在锌置换脱除杂质的工业实践中，砷盐净化法和逆锑净化这两种方法都得到过大规模工业应用。早期普遍采用砷盐净化法，现在基本采用逆锑净化法（也称锑盐净化法）。锑盐净化法作业的温度从低到高，第 1 段在 $45 \sim 65 ℃$ 的较低温度下加锌粉置换（一般 1h）脱除 Cu、Cd，而像 Pb、Tl 等析出电位较高的微量杂质也在这一阶段被脱除。所得的铜镉渣用稀硫酸浸出回收镉，剩下的铜渣一般含（质量分数）铜 45%、锌 10%、镉 2%、铝 4%。第 2 段在 $85 \sim 90 ℃$ 的较高温度下用锑盐活化加锌粉置换（一般 $1 \sim 4 mg/L$ Sb_2O_3，$1.5 \sim 4t$）除 Co、Ni、As、Sb，产出铜、钴、镍混合渣。为了保证 Cd 合格达标，一些工厂增加第 3 段低温加锌粉除 Cd。以加拿大瓦利菲尔德电锌厂为例，其锑盐净化工艺流程如图 5-26 所示。

5.4.5 锌粉置换作业设备与过程分析控制

5.4.5.1 锌粉置换所用的装备与作业方式

中性浸出液的净化过程一般在一系列搅拌槽中进行，搅拌槽的结构如图 5-27 所示。锌粉以干粉或水性浆料的形式，按照一定的计量速率加入槽中。每个操作阶段之后都设置过滤机将置换渣分离出来。

5.4.5.2 锌粉置换产物的过滤

A 过滤装置与作业方式

过滤装置一般主要选择采用板框压滤机，根据过滤介质情况选择铸铁、橡胶等材质；也可以选择厢式压滤机进行过滤，滤板由聚丙烯塑料压铸而成，操作通常选择批量间歇式

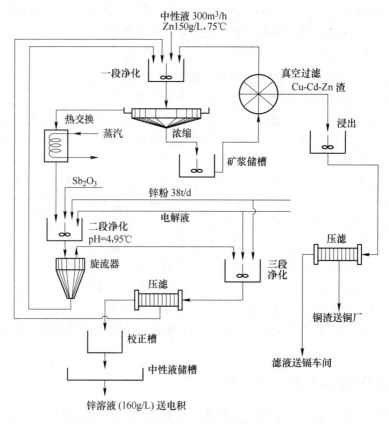

图 5-26　加拿大瓦利菲尔德电锌厂锑盐净化流程图

作业。有很多湿法炼锌厂采用自动压滤机,尽管该压滤机实现了操作自动化,但具有结构复杂、滤布损耗较大、更换麻烦等缺点。除此之外我国还使用管式压滤器,但存在渣含水高、阀门多、操作烦琐、滤布更换困难等问题。对于批量间歇作业的过滤机来说,需要将过滤开始阶段的不达标溶液返回过滤,这一功能在过滤系统能力设计时必须考虑进去。同时在一个过滤周期内需要将溶液反复循环以防跑滤,这也是净化液加装在线监测的原因。

　　B　滤液处置

　　在进入电解回路之前,净化后的溶液一般在面积很大的沉降澄清槽中捕集残余固体。对于在pH＝5左右的净化产出的冷却净化后液,在这种澄清槽内会生成少量的碱式硫酸锌沉淀,它们可以捕集置换工序中残余的少量固体。这种沉降澄清槽不设耙机,定期清理捕集到的固体即可。正

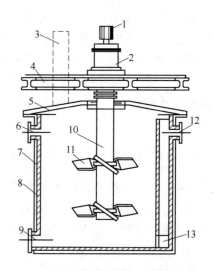

图 5-27　机械搅拌净化槽结构图
1—传动装置;2—变速箱;3—通风孔;
4—桥架;5—槽盖;6—进液口;7—槽体;
8—耐酸瓷砖;9—放空口;10—搅拌轴;
11—搅拌桨叶;12—出液口;13—出液孔

常作业中这种澄清槽作用有限，类似的大体积净化后液储槽也会起到残余固体沉降作用。储槽独立清理，所有槽泥返回浸出回路，必须确保不将沉降的固体带入电解车间供液回路，否则微量杂质的带入会恶化锌的电解沉积过程。

5.4.6　其他净化除杂方法与净化过程

5.4.6.1　α-亚硝基-β-萘酚除钴

萘酚衍生物除钴是利用 α-亚硝基-β-萘酚与 Co^{3+} 形成沉淀的原理，使溶液中的 Co^{3+} 从溶液中脱除。反应在 pH = 3.0 左右的弱酸性条件下进行，α-亚硝基-β-萘酚同 Co^{3+} 生成蓬松的红褐色内络盐沉淀。常规溶液中 Co 基本上以 Co^{2+} 为主，用 α-亚硝基-β-萘酚沉淀 Co 之前，先要将 Co^{2+} 氧化为 Co^{3+}。α-亚硝基-β-萘酚性质不够稳定，多数使用过程都是在现场由亚硝酸钠与 β-萘酚在弱酸性介质中反应合成，亚硝酸钠离解产生亚硝酸根 NO_2^-。整个除钴反应包括 Co^{2+} 的氧化、α-亚硝基-β-萘酚合成和 α-亚硝基-β-萘酚与 Co^{3+} 形成沉淀三个反应过程，这三个反应和 α-亚硝基-β-萘酚除钴的总反应分别为：

$$NO_2^- + 2H^+ + Co^{2+} === NO\uparrow + H_2O + Co^{3+} \tag{5-53}$$

$$\tag{5-54}$$

$$\tag{5-55}$$

$$13C_{10}H_8O + 13NaNO_2 + 4Co^{2+} + 5H^+ ===$$

$$4Co(C_{10}H_6ONO)_3 + C_{10}H_6NH_2OH + 13Na^+ + 4H_2O \tag{5-56}$$

在过去的净液实践中，有机络合法脱除钴、镍曾获得广泛应用。后来因为有机试剂价格昂贵，且过剩的有机试剂还会给锌的电解沉积作业带来麻烦和危险，与此同时对锌粉置换作业的研究了解日臻完善，因此锌粉置换几乎完全替代了有机试剂的使用。

5.4.6.2　氯离子的脱除

电积液中 Cl^- 含量过高时会降低电锌质量，造成剥锌困难等问题，还会在电解过程析出氯气，进而腐蚀电极、污染电解车间环境。正常的锌浸出电解沉积溶液中一般要求 Cl^- 不大于 100mg/L。当电解液中 Cl^- 较高时必须事先除去。一般采用氯化亚铜法脱除 Cl^- 离子。氯化亚铜沉淀法除 Cl^- 原理的核心是利用 Cu^+ 与 Cl^- 在水溶液中生成难溶的 CuCl 沉淀将 Cl^- 除去。氯化亚铜沉淀法除氯需要满足两个必备条件，一是溶液中的 [Cu^+] 和 [Cl^-] 要高到足够形成氯化亚铜沉淀；二是溶液的环境条件使氯化亚铜沉淀能够稳定存在。Cu^+ 在水溶液中不稳定，易发生歧化反应：

$$2Cu^+ === Cu + Cu^{2+} \qquad K_{298} = 1.7 \times 10^6 \tag{5-57}$$

Cu^+ 只在形成配离子（如 $CuCl_2^-$ 等）或不溶化合物 [如 CuCl(s) 等] 时才稳定。而形成 CuCl(s) 的重要条件是体系中有还原性金属铜及 Cl^- 存在，其反应式为：

$$Cu^{2+} + Cu + 2Cl^- === 2CuCl(s) \qquad K_{298} = 5.85 \times 10^6 \tag{5-58}$$

生成 CuCl(s) 沉淀的必要条件是 [Cu^+] 和 [Cl^-] 的乘积大于或等于它的溶度积。其反应式为：

$$CuCl(s) \longrightarrow Cu^+ + Cl^- \qquad K_{sp} = 10^{-6.63} \quad (T = 298K) \tag{5-59}$$

要想生成 $CuCl(s)$，必须使 $[Cu^+] \times [Cl^-] \geqslant 10^{-6.63}(T = 298K)$，反应式（5-59）的平衡决定了 Cl^- 脱除限度。另一个除氯的方法是氯化银沉淀法，但因为成本问题没有获得工业应用。

5.4.7 净化主要技术经济指标

根据工艺差别和各生产厂家杂质种类和含量的区别，净化工序的实际消耗等技术经济指标均有很大差异，我国传统湿法炼锌厂家的净液方法及技术经济指标见表5-15。

表 5-15 国内传统湿法炼锌厂家净液方法及技术经济指标

厂 家	净化方法及作业方式	锌粉种类及消耗/kg·(t-Zn)$^{-1}$	添加剂消耗/kg·(t-Zn)$^{-1}$
株洲冶炼厂Ⅰ系统	锌粉—黄药除钴，两段间断作业	喷吹锌粉：40~45	黄药：4.5~5，$CuSO_4$：0.5~1
株洲冶炼厂Ⅱ系统	锌粉—锑盐除钴，三段连续作业	喷吹锌粉：≤60	酒石酸锑钾：≤0.03
西北铅锌冶炼厂	锌粉—锑盐除钴，三段连续作业	喷吹锌粉：15~20，合金锌粉：25~30	Sb_2O_3：0.5~1
柳州锌品厂	锌粉—锑盐除钴，两段间断作业	喷吹锌粉：20~21，合金锌粉：20~21	Sb_2O_3：0.5~1
开封炼锌厂	锌粉—黄药除钴，两段间断作业	锌粉：30~45	黄药：9~15，$CuSO_4$：4，$KMnO_4$：0.2
会泽冶炼厂	锌粉—黄药除钴，两段间断作业	锌粉：30	黄药：2，$CuSO_4$：1.5，$KMnO_4$：0.13

5.4.8 思考题

（1）中性浸出液净化通常脱除的主要是哪几种金属，常用的净化工艺有哪几种？

（2）结合电位-pH图在热力学上说明铜镉钴镍置换脱除的难易程度；为什么钴的脱除较为困难，如何提高锌置换除钴的效果，除了锌置换之外还有哪些除钴方法？

（3）氯离子对湿法炼锌有哪些危害，有哪些常见的脱除方法？

5.5 电 解 沉 积

经过净化得到的溶液（新液）与电解贫液混合后，通过不溶阳极电解的方法从中提取锌。所用的阳极板材质为铅银合金，阴极板材质为铝。随着电解沉积过程的进行，电解液中 Zn^{2+} 含量不断减少，硫酸浓度不断增大。因此必须连续抽出一部分电解液送入浸出工序，同时不断地补充新液以维持稳定的 Zn^{2+} 浓度。阴极上析出的锌每隔一个周期（一般为24h）取出，将锌片剥下送往熔铸车间铸成锌锭，阴极铝板清洗后返回电解槽继续电解。

5.5.1 锌电解沉积的基本原理

锌的电解沉积过程就是硫酸锌溶液中 Zn^{2+} 离子在敞开式电解槽内的阴极表面放电，而水则在阳极分解释放出氧气，形成 H^+ 离子并释放出电子（见图 5-28）。在阴极有一些竞争反应存在，它们包括水溶液中其他金属离子放电析出，尤其还有 H^+ 离子放电释放出氢气。阴极的 Zn 析出反应对溶液净化程度十分敏感，尤其是 Zn^{2+} 离子和 H^+ 离子之间的竞争放电反应，这个问题也是锌电解工艺初期研发的一个主要障碍。在电沉积原理中将介绍阴极反应、阳极反应、电化当量、电流效率、电能消耗等内容。

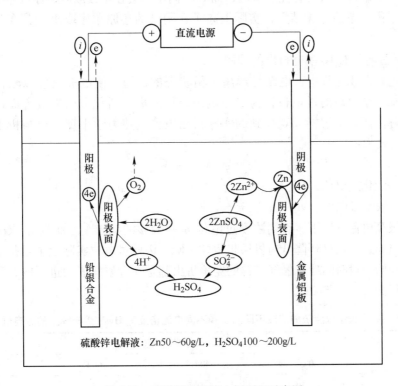

图 5-28 硫酸锌水溶液电解原理示意图

5.5.1.1 阴极锌析出原理及阴极材质选择

由于在净液工序采用锌粉置换脱除金属杂质和其他微量有害元素，产出的新液中还原电位高于 Zn 的杂质元素含量极低，它们长时间与 Zn^{2+} 离子竞争析出的概率几乎为零。由于锌电解液主要成分是硫酸锌和硫酸，而且锌在阴极的还原析出也是一个产酸过程，因此只有 H^+ 离子和 Zn^{2+} 离子在阴极存在竞争性放电析出的可能性，所以锌电解沉积过程主要是一个抑制 H^+ 离子放电析出氢气的过程。这种抑制氢气析出的过程分为两个阶段：一是在电解沉积初期，Zn^{2+} 和 H^+ 离子需要在初始阴极板上竞争析出；二是在正常电解的绝大部分时间内，Zn^{2+} 和 H^+ 离子在金属锌阴极上竞争析出。

A　Zn^{2+} 和 H^+ 离子还原的平衡电位

室温下 H^+ 离子和 Zn^{2+} 离子还原反应方程及其平衡电位与离子活度的关系分别为：

$$Zn^{2+} + 2e \Longequal Zn^0 \quad \varphi^0_{Zn} = -0.763 + 9.92 \times 10^{-5} \times T \cdot lg a_{Zn^{2+}} \quad (5-60)$$

$$2H^+ + 2e \Longequal H_2 \quad \varphi^0_H = 9.92 \times 10^{-5} \times T \cdot lg(a^2_{H^+}) \quad (5-61)$$

38℃标准状态下 $\varphi^0_{Zn} = -0.820V$，$\varphi^0_H = 0V$。假如正常电解温度为38℃，电解液约含55g/L的 Zn^{2+} 和约120g/L的 H_2SO_4，此时 Zn^{2+} 离子和 H^+ 离子的活度分别为 $a_{Zn^{2+}} = 0.0424$，$a_{H^+} = 0.142$。则:

$$\varphi^0_{Zn} = -0.820 + 9.92 \times 10^{-5} \times 311 \times lg a_{0.0424} = -0.862V$$

$$\varphi^0_H = 0 + 9.92 \times 10^{-5} \times 311 \times lg(0.142^2) = -0.0523$$

从热力学上来说，氢气会优先析出，而 Zn^{2+} 离子不会在阴极放电还原成金属锌。但这只是热力学平衡状态的计算结果，实际上离子在阴极的还原顺序取决于其在阴极的析出电位。

B 阴极过电位对 H^+ 放电析出的抑制

在实际电解沉积过程中，电极是远离平衡状态的，为了使电极反应以较快的速率进行，需要施加一个更高的过电位，为参与电极反应的离子活化和向电极表面迁移提供动力。对于实际生产的电解槽，观察到的实际析出电位是热力学平衡电位与析出过电位之和。其计算公式为:

$$\varphi = \varphi^0 + \eta_a + \eta_c \quad (5-62)$$

式中　η_a——活化过电位，V;

　　　η_c——浓差过电位，V。

除非在极高电流强度下，否则浓度过电位 η_c 一般影响都较小。而且 η_c 取决于边界层的效应，可以通过溶液循环降低边界层扩散的影响，因此过电位实际上主要是活化过电位 η_a。锌电解开始一段时间后，氢气与锌的竞争析出都是在金属锌表面进行的，氢在金属锌上的过电位很高（见表5-16）。

表 5-16　当量浓度硫酸溶液不同温度和不同电流密度下 H_2 在阴极锌上的过电位

电流密度/A·m⁻²	过电位/V			
	20℃	40℃	60℃	80℃
300	1.140	1.075	1.050	1.040
500	1.164	1.105	1.075	1.070
1000	1.195	1.145	1.105	1.095

电解液中约含55g/L的 Zn^{2+} 和约120g/L的 H_2SO_4，在38℃和500A/m² 正常电解条件下，锌析出过电位约0.03V。此时氢气和锌的析出电位分别为: $\varphi_H = \varphi^0_H + \eta_{aH} = -0.0523 - 1.105 = -1.157V$，$\varphi_{Zn} = \varphi^0_{Zn} + \eta_{aZn} = -0.862 - 0.03 = -0.892V$。其中，$\varphi_H < \varphi_{Zn}$，$\varphi_H - \varphi_{Zn} = -0.265V$，所以在正常电解条件下阴极锌上发生的主要是 Zn^{2+} 的放电析出。

C 阴极材质的选择

H^+ 的过电位在不同金属阴极上是不同的，它服从塔菲尔定律，其计算公式为:

$$\eta_{aH} = a + b \times lg D_K \quad (5-63)$$

式中　a——常数，主要取决于阴极材质;

　　　b——表面状态的常数，随温度变化的参数（$b = 2 \times 2.303RT/F$），数值通常在0.11~

0.12 范围内；

D_K——阴极电流密度，A/m^2。

为避免锌电解沉积初期 H^+ 离子在阴极竞争析出，需要设法找到氢析出活化过电位较高的阴极材料。从表 5-17 可以看出，只有 Cd、Pb、Sn、Bi、Al 这几种金属材料具备条件。由于 Al 具有廉价易得、材质较轻、便于加工、表面氧化膜致密、便于析出锌的剥离等优点，成为阴极板材料的唯一选择。

表 5-17　25℃下不同电流密度下氢在一些金属阴极上的析出过电位

电流密度 /A·m^{-2}	过电位/V										
	Zn	Cd	Pb	Sn	Bi	Al	Ag	Ni	Cu	Fe	Pt
100	0.746	1.134	1.09	1.0747	1.05	0.826	0.7618	0.747	0.584	0.5571	0.068
500	0.926	1.211	1.168	1.1851	1.15	0.968	0.83	0.89	—	0.7	0.186
1000	1.064	1.216	1.179	1.223	1.14	1.066	0.8749	1.048	0.801	0.8184	0.288
2000	1.168	1.246	1.235	1.238	1.21	1.176	0.9397	1.208	0.988	1.2561	0.355
5000	1.201	1.228	1.217	1.2342	1.2	1.237	1.03	1.13	1.186	0.9854	0.573

5.5.1.2　阳极主要反应、材质选择、阳极副反应及其影响

A　阳极主要反应、阳极材质选择及阳极电位

正常电解过程中阳极发生的主要化学反应是水分解释放出 O_2［见反应式（5-64）］。O_2 在阳极表面脱附后从电解液中逸出进入槽面空间时会带出电解液形成酸雾。

$$2H_2O - 2e \Longrightarrow O_2 + 4H^+ \quad \varphi^0 = 1.23V \tag{5-64}$$

对于氧气析出来说，1.23V 只是标准氧化还原电位，实际电解过程中氧气析出也存在着过电位。氧化还原平衡电位和过电位之和才代表真实阳极析氧电位。阳极过电位的增高无疑会提高电能消耗，因此应选择过电位较低的阳极材料。室温下 O_2 在不同金属材料上析出的过电位在 0.1~0.5V 之间。Pb 具有中等的析 O_2 过电位（0.30V），且廉价易得、便于加工，其氧化产物 $PbSO_4$ 溶解度低，PbO_2 具有导电和防止进一步腐蚀的作用，因此被选作阳极材料。电沉积锌生产中铅阳极一般含 Ag（质量分数）0.5%~1%，实测的电位与电流密度和温度关系见表 5-18。

表 5-18　经 2mol/L H_2SO_4 溶液镀膜后 Pb 及 Pb-Ag 阳极上 O_2 析出的电位

电流密度 /A·m^{-2}	电位/V					
	Pb 阳极			Pb-Ag 阳极		
	25℃	50℃	75℃	25℃	50℃	75℃
100	2.02	1.95	1.86	1.94	1.89	1.85
200	2.04	1.98	1.90	1.99	1.92	1.88
400	2.07	2.01	1.95	2.02	1.96	1.90
600	2.09	2.02	1.96	2.03	1.97	1.92
1000	2.12	2.05	1.98	2.05	2.00	1.94

在实际电解时阳极表面主要覆盖物有 PbO_2 和 MnO_2，氧气析出的过电位约为 0.84V，因此阳极电位一般达到 1.9~2.0V 左右，其中阳极表面 PbO_2 和 MnO_2 覆盖层压降约 0.2V。

B　阳极板氧化反应过程及其影响

以铅银合金为材质的阳极，电解初期阳极表面的铅氧化形成 $PbSO_4$。$PbSO_4$ 在阳极形成保护膜，阻止阳极板继续溶解，并提高阳极电位。其反应式为：

$$Pb - 2e + SO_4^{2-} === PbSO_4 \qquad \varphi^0 = -0.361V \qquad (5\text{-}65)$$

在阳极电位提高时，没有被 $PbSO_4$ 覆盖的 Pb 会直接被氧化成 PbO_2（见反应式（5-66）），形成更为致密导电的 PbO_2 保护膜；继续提高电位时，Pb^{2+} 离子和 $PbSO_4$ 保护膜也会继续氧化，最终形成 PbO_2 保护膜，反应过程为：

$$Pb - 4e + 2H_2O === PbO_2 + 4H^+ \qquad \varphi^0 = 0.610V \qquad (5\text{-}66)$$

$$Pb^{2+} + 2H_2O - 2e === PbO_2 + 4H^+ \qquad \varphi^0 = 1.45V \qquad (5\text{-}67)$$

$$PbSO_4 + 2H_2O - 2e === PbO_2 + H_2SO_4 + 2H^+ \qquad \varphi^0 = 1.685V \qquad (5\text{-}68)$$

实际电解时阳极电位一般达到 1.9~2.0V 左右，因此阳极板材自身的这些氧化反应均会发生。生成的 $PbSO_4$ 化合物在硫酸溶液中具有一定的溶解度，当 PbO_2 膜存在空隙或者脱落时，$PbSO_4$ 化合物会接触电解液，离解的 Pb^{2+} 离子进入电解液中，造成阳极腐蚀。正常电解液硫酸浓度下会有 5~10mg/L 的 Pb^{2+} 离子，如果在阴极析出会提高阴极锌 Pb 含量，降低阴极锌的质量等级。

C　阳极副反应及其影响

在实际电解 1.9~2.0V 的阳极电位下，溶液中的 Cl^- 和 Mn^{2+} 离子也会氧化，Mn^{2+} 离子氧化生成 MnO_2 附着在阳极表面上，对阳极板有保护作用，同时也会提高阳极电位（见反应式（5-69））。当 MnO_2 生成量过多时会脱落到电解槽底形成槽泥，清理后送到中性浸出工序作为氧化剂使用。在更高的阳极电位下，电极表面的 Mn^{2+} 离子和 MnO_2 会继续氧化生成高锰酸盐（见反应式（5-70）和反应式（5-71）），MnO_4^- 使电解液变成红色。MnO_4^- 离子和电解液中的 Mn^{2+} 离子按反应式（5-72）反应，生成的 MnO_2 和沉于槽底形成槽泥。

$$Mn^{2+} + 2H_2O - 2e === MnO_2 + 4H^+ \qquad \varphi^0 = 1.28V \qquad (5\text{-}69)$$

$$Mn^{2+} + 4H_2O - 5e === MnO_4^- + 8H^+ \qquad \varphi^0 = 1.52V \qquad (5\text{-}70)$$

$$MnO_2 + 2H_2O - 3e === MnO_4^- + 4H^+ \qquad \varphi^0 = 1.71V \qquad (5\text{-}71)$$

$$3Mn^{2+} + 2MnO_4^- + 2H_2O === 5MnO_2 + 4H^+ \qquad (5\text{-}72)$$

Cl^- 离子被氧化生成 Cl_2 和 ClO_4^-［见反应式（5-73）和反应式（5-74）］。当 Cl^- 离子浓度高于 400mg/L 时会析出氯气腐蚀阳极，并且会从电解液中逸散出来，从而污染车间环境。所以一般控制电解液中 Cl^- 离子的浓度在 100~200mg/L 之间。因为 Mn^{2+} 离子会将生成的 Cl_2 氧化还原成 Cl^- 离子（见反应式（5-75）），因此当溶液中 Mn^{2+} 离子浓度较高时允许较高的 Cl^- 离子浓度。在电解液中确保有适当浓度的 Mn^{2+} 离子对氯气的析出和阳极腐蚀具有一定的抑制作用，工业电解液中 Mn^{2+} 离子浓度一般为 3~5g/L。

$$2Cl^- - 2e === Cl_2 \uparrow \qquad \varphi^0 = 1.35V \qquad (5\text{-}73)$$

$$Cl^- + 4H_2O - 2e === ClO_4^- + 8H^+ \qquad \varphi^0 = 1.39V \qquad (5\text{-}74)$$

$$Cl_2 + Mn^{2+} + 2H_2O === 2Cl^- + MnO_2 + 4H^+ \qquad (5\text{-}75)$$

5.5.1.3　锌电沉积的电流效率与电能消耗

A　电流效率

在锌电解沉积过程中，并不是所有通过的电流都被用于锌的沉积。氢气和其他少量杂质元素的沉积析出也会消耗部分电流，因此电解沉积锌所占用的电流只是总电流的一部分，二者比值的百分数就是电流效率。电流效率是锌电解沉积的成功运行的保证，依赖于对电极过电位原理的掌握和影响过电位因素的控制。可以通过法拉第定律、电化当量和实际产锌量算出电流效率。

理论上电解沉积锌的产量可用法拉第定律表示，其计算公式为：

$$m = ItM/(nF) \tag{5-76}$$

式中　m——理论上沉积的物质质量，g；

I——通过电极的电流，A；

t——通电时间，h；

M——沉积物的分子量，65.39；

n——每沉积 1mol 物质所需的电子数；

F——法拉第常数，96487C/mol。

电化当量是指每通过 1 个 A·h 电量析出物质的克数，根据式（5-76）推导，沉积 1kg 金属 Zn 理论上所需的电量（It）为 820A·h，锌的电化当量 $q_{Zn} = 1.2195g/(A·h)$。析出 1kg H_2 理论上所需的电量（It）为 26590A·h，H_2 的电化当量 $q_{H_2} = 0.03761g/(A·h)$。

在实际生产中，锌电沉积的电流效率往往以一定通电时间内实际产出锌量 m_a 与按照电化当量计算的理论析出锌量的比值来计算（见式（5-77））。

$$\eta_{Zn} = 100m_a/(qIt)\% \tag{5-77}$$

锌冶炼厂的电流效率一般在 90%±2% 之间。

B　电能消耗

锌电解沉积的电能消耗一般用阴极锌直流电单耗来表示，即生产 1t 阴极锌所消耗的直流电量，其计算公式为：

$$W = 实际消耗直流电量/阴极锌产量 = nV_C It/(nItq\eta) = 820.3 \times V_C/(q\eta) \tag{5-78}$$

式中　W——阴极锌直流电单耗，kW·h/t；

I——电流强度，A；

V_C——槽电压，V；

n——串联的电解槽数量；

q——锌的电化当量，1.2195g/(A·h)；

t——通电时间，h；

η——电流效率，%。

锌直流电单耗是湿法炼锌重要的技术经济指标之一，根据 1985 年、1995 年和 2000 年的调查，每吨阴极锌直流电单耗一般在 3200kW·h 左右，占当时锌锭生产总能耗的 80% 左右，约占当时湿法炼锌总成本的 20%，因此降低电能消耗指标是降低锌生产成本的一个重要方面。只有降低槽电压和提高电流效率才能降低电能消耗，这些工作需要分别从研究槽电压的构成和锌沉积电流效率及其影响因素入手。

5.5.2　锌电解沉积的槽电压及其影响因素

槽电压是指电解槽内相邻阴极和阳极之间的电压降。在锌电沉积的生产实践中，将一系列串联电解槽的总电压降减去导电板线路电压降再除以电解槽数，就得到槽电压。槽电压由硫酸锌分解电压、电解液电压降、金属导体电阻电压降 3 个部分构成。目前锌冶炼厂的槽电压一般在 (3.2±0.2)V 之间。

5.5.2.1 硫酸锌分解电压及其主要影响因素

硫酸锌分解电压 V_D 是指阳极电位与阴极电位绝对值的加和。由硫酸锌理论分解电压 φ 和过电位 η 两部分构成。其计算公式为

$$V_D = \{\varphi^0_{O_2} + 2.303RT \times \lg a_{OH^-}/F + \eta_{O_2}\} - \{\varphi^0_{Zn} + 2.303RT \times \lg a_{Zn^{2+}}/2F - \eta_{Zn}\}$$

$$(5-79)$$

过电位是温度和电流密度的函数,因此硫酸锌的实际分解电压与温度、电流密度、电解液酸度以及 Zn^{2+} 离子浓度有关。

A 硫酸锌理论分解电压

在 38℃阴极析出锌的可逆电位 φ^0_C (820mV) 与阳极可逆电位 φ^0_A (1217mV) 之和为 2.037V,占槽电压的 62.95%。它是硫酸锌处于动态平衡的可逆分解电压,即硫酸锌理论分解电压,只要阴、阳两极的电极反应不变,这一数值及其比例也不变。

B 硫酸锌实际分解电压

实际电解过程中电极过程动力学对阴极锌的析出和阳极反应电位均具有很大影响。据研究报道,在 38℃、160g/L H_2SO_4、电流密度 500A/m² 条件下进行电解时,阴极锌析出过电位 η_{Zn} 以及平整剂带来的阻碍合计约 62mV,因此阴极实际电位 φ_C 约为 -882mV;阳极也存在 O_2 析出过电位 η_{O_2},阳极泥和添加剂的阻碍效应,以及银合金与二氧化锰对阳极电位的降低效应,这些效应合计约 765mV,因此阳极实际电位 φ_A 约为 1982mV。由此推算硫酸锌实际分解电压为 2.864V,占槽电压的 84.36%,比理论分解电压 2.037V 高出 0.827V,增加部分主要来自于阳极的 O_2 析出过电位 η_{O_2} (840mV)。

5.5.2.2 电解液电压降及其主要影响因素

电解液电阻电压降是电解槽电压的一个重要组成部分,需要对此深入了解以便使之降到最小。电解液电阻电压降 V_E 的计算公式为:

$$V_E = D_K L \rho \times 10^{-4}$$

$$(5-80)$$

式中 D_K ——阴极电流密度,A/m²;

ρ ——电解液比电阻,Ω·cm;

L ——阴极和阳极间距,cm。

其中,电解液电压降的大小取决于电流密度、电解液的比电阻 (或电导率) 和极间距。

A 电导率的影响

提高电解液的酸度和温度会降低电解液的比电阻,而提高 Zn^{2+} 离子浓度会增加比电阻。与 Zn^{2+} 离子浓度的影响相似,电解液中其他金属离子浓度 (尤其是 Mn^{2+} 离子和 Mg^{2+} 离子) 的提高也会增加溶液的比电阻。有些电解锌厂会总结电解液比电阻或电导率与一些主要金属离子和硫酸浓度的关系,Tozawa 等给出了电解液电导率 K 的经验关系式,即:

$$K = 0.004 + 0.00115t + 0.0028 [H_2SO_4] t + 0.00114 [M]t + 0.3442[H_2SO_4] -$$
$$0.0451 [H_2SO_4]^2 - 0.1058 [H_2SO_4] \cdot [M] - 0.022[M] + 0.0286 [M]^2 \quad (5-81)$$

式中　　$[M]$——溶液中阳离子的摩尔浓度（Zn+Mg+Mn+0.39Na+0.23K），mol/L；

　　$[H_2SO_4]$——溶液中硫酸的摩尔浓度，mol/L；

　　　　t——电解液温度，℃。

B　极间距的影响

从式（5-80）可以看出，减小电极间距离可以降低溶液的电阻和电压降。其先决条件是电极平整，表面没有树枝状结晶，而且电极的出装槽、安装摆放需要格外认真。电极间距离必须为锌的沉积留足空间，以上对电压降的影响因素在实践操作中有诸多限制。通常阴、阳极间的距离一般在 30~40mm（电极中心距）的级别，对应的同极中心距离在 60~80mm。对于较小的极板，极间距离的减小容易实现。

在 38℃、160g/L H_2SO_4、500A/m^2 条件下研究取得的槽电压的大致构成见表 5-19。

表 5-19　锌电解沉积槽电压构成比例

项　目	具体构成	电压降/mV	所占比例/%
阴极电位	可逆电位	820	24.15
	活化过电位	60	1.77
	添加平整剂效应	2	0.06
阳极电位	可逆电位	1217	35.85
	氧过电位	840	24.74
	阳极泥效应	150	4.42
	添加剂效应	45	1.33
	银 $w(Ag)=0.5\%$ 合金效应	−80	−2.36
	二氧化锰效应	−190	−5.60
电解液电阻电压降	电解液电压降	450	13.25
	气泡效应（电解液的10%）	45	1.33
金属电阻电压降	阴极板电压降	2	0.06
	阳极板电压降	10	0.29
	接触点电压降	24	0.71
总槽电压	—	3395	100.00

5.5.3　电流效率及其影响因素

电流效率是锌电解沉积的最重要的技术经济指标，它对锌电解的电能消耗具有十分重要的影响。影响锌电沉积电流效率的因素很多，主要包括溶液中 Zn^{2+} 离子和 H_2SO_4 的浓度、电解液的温度、阴极电流密度、电解液中杂质元素的析出、电解锌析出周期、添加剂影响和漏电影响等因素。除了漏电降低电流效率外，其他降低电流效率的因素最终几乎都是因为促进了氢气析出所致，需要在生产过程中进行全面管控。

5.5.3.1　杂质的析出及其对电流效率的影响

电解液中金属杂质元素在净液工序已经被脱除殆尽，仅有 mg/L 级别的含量，因此它们的析出对电流效率的直接影响不大，但氢在杂质上析出过电位会发生改变。杂质（Sb、

Cu、As、Ge）与 Zn 的标准电极电位差值越大，或者氢在这些杂质元素（Co、Ni）上的析出过电位越低，则由杂质与 Zn 构成腐蚀电池的阴极反应速率越快。那些难于电沉积且析出标准电位与 Zn 接近的金属（Co、Ni），容易倾向于杂质局域集中沉积形成活性场所，形成局部腐蚀；而那些标准电极电位与 Zn 相差太大的杂质元素，则趋向于均匀分散在阴极锌沉积产物中，因而导致均匀腐蚀。以上仅从单一杂质讨论了常见杂质元素对电流效率的影响，以及对阴极锌沉积状态的改变。当多种杂质元素共存时，它们的交互作用更为突出。

5.5.3.2 电流密度对电流效率的影响

在没有杂质降低氢气析出过电位的条件下，电解液中 H^+ 离子同样与 Zn^{2+} 的析出进行竞争，这两种离子的浓度在一个数量级上，因此两者析出量更依赖于它们析出电位的变化。因此，电流密度对电流效率的影响主要表现在它对 Zn、H_2 析出电位的影响上。表 5-20 的数据揭示了电流密度对 Zn^{2+} 和 H^+ 竞争放电析出电位的影响。在电流密度小于 10A/m^2 时，H_2 的析出电位比 Zn 高，因此低电流密度下 H_2 比金属 Zn 优先析出；在电流密度大于 10A/m^2 时，Zn 的析出电位比 H_2 高，因此高电流密度下 Zn 比 H_2 优先析出沉积。

表 5-20　38℃温度下不同电流密度下 Zn^{2+} 和 H^+ 的阴极析出电位

电流密度 /A·m^{-2}	0.1	1.0	10	100	400
Zn^{2+} 的阴极析出电位/V	-0.827	-0.846	-0.865	-0.884	-0.895
H^+ 的阴极析出电位/V	-0.582	-0.727	-0.872	-1.017	-1.104

在一定的外加电压下，可以预测 Zn 和 H_2 共同析出时各自所占的电流份额 j_{Zn} 和 j_{H_2}。总电流是二者之和，用于沉积锌的电流 j_{Zn} 在总电流 j_T 中所占的比率就是电流效率，其计算公式为：

$$\varepsilon_j = j_{Zn} \times 100/(j_{Zn} + j_{H_2}) = (j_T - j_{H_2}) \times 100/j_T \tag{5-82}$$

例如，对于含有 150g/L H_2SO_4（1.53mol/L）的电解液来说，H^+ 活度系数取 0.8，H_2 析出的平衡电极电位为 0.005V。在 38℃ 和 400A/m^2 电流密度作业的锌电解过程，氢的活化过电位为 -1.104V，实际电位是 -1.109V。因此在正常电解电流密度下，Zn 优先析出沉积。根据表 5-20 的数据内插近似推断，在 400A/m^2 电流密度下进行锌电解沉积时，锌的电极电位为 0.895V，相对应的氢析出电流密度 j_{H_2} 为 14A/m^2，此时锌电沉积的电流效率为 96.5%。

5.5.3.3 电解液温度和组成对电流效率的影响

A 电解液温度对 Zn 电沉积的影响

H_2 析出的过电位随着温度的升高而降低，杂质的析出也会随着温度的升高而加剧。因此，提高温度对锌电解沉积的总体影响是有利于氢的析出，进而降低锌沉积的电流效率。另一方面，提高温度也会提高溶液的导电性，降低电解液的电阻和电压损失，从而减少能耗。在这两个矛盾的消长平衡中，存在一个最佳的操作温度，得到锌沉积的最低能量单耗指标。对于含有降低氢析出过电位杂质的电解液，温度的作用更加显著，此时需要更低的操作温度。通常最佳温度在 36~46℃ 之间，电解液纯度越高，最佳操作温度越高。一般采用较高的废液/新液混合比并加大电解液冷却循环量控制温度。

B 电解液酸锌比对电流效率的影响

在相同的电流密度下，Zn^{2+}浓度越高越容易优先析出提高电流效率；而在相同的电位下，Zn^{2+}浓度越高其极限电流密度越大，允许采用更高的电流密度获取更高的电流效率。在 $500\sim550A/m^2$ 正常锌电解沉积电流密度下，维持 Zn^{2+} 浓度 $45\sim60g/L$，可以保持 90% 以上的电流效率。与此相似，H^+ 浓度的提高显然也会提高其析出电位和极限电流密度。如果 Zn^{2+} 浓度和 H^+ 浓度同时按摩尔比提高，锌和氢的析出会以相同的幅度发生移动，电流效率不会变化，因此可以用 Wark's 原理经验表达式表示，即

$$电流效率 = WR/(1 + WR) \tag{5-83}$$

式中 R——Zn^{2+} 和 H_2SO_4 浓度（g/L）的比值；

W——取决于溶液纯度的常数，一般约为 30。

这一规则只是操作条件在较窄区域内变化的一个近似表达，但在生产实践控制锌酸比时很实用。而且通过实践摸索可以确定经验常数 W，进而定量预测电流效率。

5.5.3.4 电沉积周期、添加剂及漏电等对电流效率的影响

A 电解周期及漏电对电流效率的影响

在锌电解生产实践中，初始的阴极是表面光滑的铝板，最初沉积在铝阴极表面的金属锌比较光滑。随着电解过程的进行，析出锌的厚度逐渐增加，阴极板面的粗糙度就会升高，使实际电流密度降低，氢气析出相对量增加，进而使电流效率下降。在一定技术条件范围内，操作的电解过程会得到一个最佳电解沉积时间的经验表达式。最佳电解沉积时间 $t_{op}(h) = 120 - 0.14 \times D_K(A/m^2)$。因此对于正常以 $500A/m^2$ 电流密度作业的锌电解，最佳的电沉积时间是 50h，实践中常取 48h 作为阴极锌电解生产周期，电流效率一般维持在 90% 以上，析出锌的厚度 $3\sim5mm$。

至于漏电损失，它直接影响电流效率。当新电解液、废电解液、槽内冷却水、电解槽等对地绝缘不好时都会发生漏电。此外，在阴阳极发生短路会造成阴极锌的返溶，降低电流效率。这些问题需要靠槽面管理和生产设备的日常维护与检修解决。

B 整平添加剂对电流效率的影响作用

阴极锌的形貌对电流效率有很大影响，其影响通常分为以下 4 种：

（1）片状结晶呈平行面取向沉积，既不对称又粗糙。

（2）片状结晶取向多变、沉积物结合紧密，但常会出现针孔状外观。

（3）结晶取向随机分布，沉积物高度密实、表面相对均匀，是最理想的沉积物形态。

（4）沉积物紧密堆积，与电极平面呈 90° 生长，表面不规整。

阴极锌形貌与晶粒生长速度和晶核形成速度的匹配有关。可以用通过 1 个法拉第电量所形成的核心数 n_z 表示三维晶核生成速率，其计算公式为：

$$n_z = a \times \exp(-b/\eta^2) \tag{5-84}$$

方程式（5-84）表明，提高锌沉积过电位 η 会使晶粒细化改善阴极锌形貌，进而提高电流效率。整平添加剂骨胶的作用就是提高过电位。

5.5.4 电沉积杂质行为、添加剂作用及阴极锌质量控制

阴极锌的质量包括其化学成分和外观形貌两部分，其中化学成分影响着电锌产品的纯

度、品级和市场应用领域。而外观形貌除了影响电流效率外，还影响着阴极锌的熔铸和锌的直接回收率。毫无疑问，杂质含量低、外观光滑致密平整的阴极锌是电解工序控制和追求的目标。

5.5.4.1 电沉积过程中杂质行为及其影响

A 杂质元素析出及其对阴极锌纯度的影响

由于杂质元素含量级别多在 1mg/L 以下，比正常电解沉积 55g/L 的 Zn^{2+} 和约 120g/L 的 H_2SO_4 浓度低 4 个数量级以上，因此决定析出速度的因素不再是析出电位，而是杂质离子的供应速度问题。这些杂质离子一旦迁移到阴极表面，就会与金属锌一起放电析出。也就是说杂质析出速度取决于杂质离子扩散到阴极表面的速度，即任意杂质离子析出速度取决于它扩散的极限电流密度。其计算公式为：

$$D_d = nFD_iC_i/\delta \tag{5-85}$$

式中　D_d——杂质 i 扩散的极限电流密度，A/cm^2；

　　　n——杂质 i 离子价态；

　　　D_i——杂质 i 扩散系数，cm^2/s；

　　　C_i——杂质 i 离子的浓度，mol/mL；

　　　δ——扩散层厚度，cm；

　　　F——法拉第常数，96500。

在实际电解接近 $500A/m^2$ 的电流密度条件下，杂质最大的实际析出速度接近或等于其扩散极限电流密度 D_d。析出的杂质与锌一起在阴极生长，降低阴极锌纯度。根据扩散的极限电流密度近似推断杂质 i 在阴极锌中的百分含量，其计算公式为：

$$W_i = 2D_dM_i/(nD_kM_{Zn}\eta) \tag{5-86}$$

式中　W_i——杂质在阴极锌中的含量（质量分数），%；

　　　M_i——杂质 i 原子量；

　　　n——杂质 i 离子价态；

　　　D_k——阴极电流密度，A/m^2；

　　　M_{Zn}——锌原子量；

　　　η——电流效率，%。

以 Cu^{2+} 离子为例，扩散系数 $D_{Cu} = 0.72\times10^{-5}cm^2/s$，扩散层厚度 $\delta = 0.05cm$，电解液中 Cu^{2+} 离子浓度为 2mg/L，$M_{Cu} = 63.54$，$M_{Zn} = 65.38$，在 $D_k = 500A/m^2$ 条件下电沉积，$\eta = 92\%$。由此可以求出 Cu 的极限电流密度 D_{Cu} 和阴极锌中的铜含量 W_{Cu}，即：

$$D_d = nFD_{Cu}C_{Cu}/\delta = 8.76 \times 10^{-8}(A/cm^2)$$

$$W_{Cu} = 2D_dM_{Cu}/(nD_kM_{Zn}\eta) = 2 \times 8.76 \times 10^{-4} \times 63.54/(2 \times 500 \times 65.38 \times 0.92)$$

$$= 0.00019(\%)$$

由此可见，杂质析出直接带来的问题就是降低阴极锌纯度，因此需要严格控制其脱除深度。

B 杂质析出对阴极反应及沉积锌形貌的影响

尽管杂质元素对阴极锌外观形貌的影响均基于微电池腐蚀原理，但不同杂质对阴极锌腐蚀的特征以及对电流效率的影响还是有很大区别的，据此大致可以将这些杂质分为

3 类。

第 1 类是 Pb、Cd、Fe、Ag 等。Pb、Cd、Ag 具有较高的氢气析出过电位，在阴极析出时不会促进氢气的析出，因此对电流效率的影响不大，这类杂质的主要危害在于降低阴极锌产品质量。Fe 的行为相对比较特殊，氢在铁上析出的过电位虽然较低，但是实际生产过程中几乎没有因为杂质 Fe 析出发生过电流效率严重降低的问题。这主要是 Fe 在阴极锌上同样具有较高的析出过电位，其自身可逆还原电位 $-0.44V$ 也较低，因此 Fe^{2+} 难以在阴极析出。Fe 的危害在于其价态变化，Fe^{2+} 在阳极被氧化成 Fe^{3+}，在阴极重新被还原成 Fe^{2+}，进而空耗电流；与此同时，电解液中的 Fe^{3+} 也会在阴极将沉积的锌氧化返溶，造成电流效率下降，实践中一般要求电解液中 Fe 浓度低于 $20mg/L$。

第 2 类是 Ni、Co、Cu 等。氢气在这些杂质上的过电位不足 $0.7V$，容易促进氢气的析出，因此它们能够明显降低电流效率。Cu^{2+} 离子在阴极上放电析出，与 Zn 形成微电池，使沉积的 Zn 返溶。其特征是在锌板上形成圆形透孔，返溶从正面向背面发展，孔的周边不规则。铜的来源有净液工序残留带入的 Cu^{2+} 离子，也有电极导电头及导电铜排氧化腐蚀产生的氧化铜或硫酸铜掉落溶解在电解液中，一般要求电积液 Cu^{2+} 离子浓度低于 $0.5mg/L$。

Co^{2+} 离子在阴极放电析出后也会与 Zn 形成微电池造成阴极锌烧板返溶，其特点是背面有独立小圆孔。与 Cu 烧板相反，它是从背面往正面溶解，严重时会烧透整个板面。Co 烧板后的阴极锌正面灰暗、背面有光泽，没有溶透处有黑边。电解液中 Sb、Ge 含量高时会加剧 Co 的危害，添加适量的胶可以消除或减轻 Co 的危害。对于电解液中 Sb、Ge 含量低的电解液，适量 Co 的存在有利于降低阴极锌含铅，实践中一般要求电解液中 Co^{2+} 离子浓度低于 $1mg/L$。Ni^{2+} 离子在阴极析出也会造成阴极锌烧板返溶，但 Ni^{2+} 烧板的特征是呈现葫芦瓢形孔，由正面向背面发展延伸。电解锌厂一般控制 Ni^{2+} 离子浓度低于 $1mg/L$。

第 3 类是 As、Sb、Se、Ge、Te 等。这类杂质对氢气析出过电位的降低并不严重，但是会促进氢气析出和降低电流效率。因此电解锌厂对它们的含量要求也更为苛刻，一般要求电解液中 As、Sb、Se 不大于 $0.1 \sim 0.3mg/L$，Ge、Te 含量不大于 $0.02 \sim 0.04mg/L$。

As、Sb 都很容易在阴极上析出并引起 Zn 的返溶。As 造成的返溶烧板在阴极锌表面出现条沟状腐蚀；Sb 引起返溶的特征则是阴极锌表面出现颗粒状。为避免 As、Sb 的危害，在浸出工序中控制上清液的 As、Sb 含量小于 $1mg/L$，同时在净液工序提高锌粉置换反应温度和时间。在电解生产过程中通过降低电解温度，适量添加骨胶和皂角粉也可以降低 As、Sb 危害，减轻锌的返溶，以及改善阴极锌的析出情况。

Ge 在阴极析出后会造成阴极锌强烈返溶，电流效率急剧下降。这种返溶的特征是从背面向正面延伸，形成黑色圆环，严重时形成大面积针状小孔。在造成锌返溶的同时，还会生成锗的氢化物 GeH_4，从而使电能反复消耗于 Ge 的氧化还原与氢气析出过程中。其反应为：

$$Ge^{4+} + 4e = Ge \tag{5-87}$$

$$Ge + 4H^+ + 4e = GeH_4 \tag{5-88}$$

$$GeH_4 + 4H^+ = Ge^{4+} + 4H_2 \tag{5-89}$$

其中，锗造成阴极强烈返溶的原因可能在于它们容易与其他杂质元素 Ni、Co、Cu 等形成新的化合物或合金，促进这些杂质元素和氢气的析出，进而降低电流效率。

5.5.4.2　添加剂对锌电沉积的作用

按照添加剂所起的作用，锌电沉积的添加剂可分为 4 类：第 1 类是整平剂，改善阴极形貌；第 2 类是提高阴极锌纯度的添加剂，主要是控制降低阴极含铅量；第 3 类是使析出锌容易剥离的添加剂，便于剥锌与阴极反复用；第 4 类是抑制酸雾改善劳动环境的添加剂。

A 整平剂

这类添加剂主要是胶类及其他表面活性物质甲酚和 β-萘酚等。通常使用的动物骨胶主要成分是氨基酸（$H_2NCHRCOOH$），在酸性电解液中带正电荷。电解过程中在电场作用下向阴极表面迁移，并吸附在电流密度较高的阴极微区上，提高锌析出的过电位，延缓该处晶核生长速度，迫使放电离子在他处形成新的晶核，使沉积锌呈现光滑平整的细粒结晶组织。骨胶能提高氢气析出的过电位、阻止杂质离子在阴极上的微电池腐蚀作用，减少锌的返溶，能够减少 Sb、Co 等杂质的有害影响，抑制氢气的析出，进而在提高电流效率的基础上改善阴极外观质量。电解液中骨胶的加入量一般为 0.01~1g/L，其他活性物质也具有类似作用，有的工厂尝试混合添加剂已取得比较好的结果。

B 添加剂与阴极含 Pb 量的控制

这类添加剂包括碳酸锶、碳酸钡和水玻璃等。它们的主要作用是降低电解液中的 Pb^{2+} 离子浓度，减少析出锌的含铅量。其原理是利用 $SrCO_3$ 和 $BaCO_3$ 在电解液中变成 $SrSO_4$ 和 $BaSO_4$，$SrSO_4$ 和 $BaSO_4$ 具有比 $PbSO_4$ 更低的溶解度，而 $SrSO_4$ 和 $BaSO_4$ 中的 Sr^{2+} 离子或 Ba^{2+} 离子部分被 Pb^{2+} 离子取代，形成类质同象的复盐共沉淀。由于一般复盐沉淀溶解度更低、晶型更完善，因此既能降低电解液中的 Pb^{2+} 离子浓度，又能提高这种复盐沉降性能，减少迁移到阴极夹带进入阴极锌的几率。通常生产 1t 阴极锌须加入 2kg $SrCO_3$，也有的多达 6kg；科科拉锌厂则用 $BaCO_3$ 抑制阴极含铅，加入量为 9.86kg/t-Zn。

阴极含铅主要有两个途径，一个是电解液中 Pb^{2+} 离子迁移到阴极放电析出，另一个是 $PbSO_4$ 和 PbO_2 漂浮到阴极夹带进入锌沉积物中。阴极含 Pb 量随着电解液中 F^-、Cl^- 离子含量的升高而升高，因此要控制电解液中 F^- 离子浓度低于 80mg/L，Cl^- 离子浓度低于 100 mg/L。但当 Mn^{2+} 离子浓度与 Cl^- 离子浓度之比大于或等于 3~3.5 时，即使 Cl^- 离子浓度达到 350~1000mg/L 时，阴极锌含 Pb（质量分数）也还能控制在小于 0.005%。一般电积液中当 Mn^{2+} 离子浓度在 1~3g/L，它就能在阳极形成黏附性能较好的 MnO_2 阳极泥，减小阳极表面 PbO_2 薄膜的孔隙，从而阻碍阳极铅板的腐蚀溶解和 PbO_2 薄膜的脱落，使阴极锌含 Pb 控制在较低水平。

C 改善阴极锌剥离性能的添加剂

这类添加剂主要是吐酒石（酒石酸锑钾），化学式为 $K(SbO)C_4H_4O_6$，其作用原理是：

$$K(SbO)C_4H_4O_6 + H_2SO_4 + 2H_2O \longrightarrow Sb(OH)_3 + H_6C_4O_6 + KHSO_4 \qquad (5-90)$$

新生成的 $Sb(OH)_3$ 是具有胶冻性质带正电荷的胶体，迁移向阴极后在铝板上形成一层结构疏松的薄膜，使锌片易于剥离。其用量以电解液中 Sb 含量不超过 0.2mg/L 为限，一般在 0.1~0.2mg/L。一般在装槽前 5~15min 从电解槽的进液端加入。除了添加吐酒石外，为了预防锌铝黏结难以剥离，可以将铝板在低氟含锌溶液中电镀 10min，然后再转移到正常的电解槽中电沉积锌。

D 改善车间劳动环境的添加剂

这类添加剂包括皂角粉、丝石竹、大豆粉及水玻璃等起泡剂。它们能在电解液表面形成表面张力大且十分稳定的泡沫层，对电解液微液滴起过滤作用。它能有效地捕集酸雾，使空气中硫酸含量控制在 2mg/L 以下，从而减轻环境污染，改善劳动条件，同时减少电解液损失，减轻厂房设施的腐蚀。但由于泡沫层会捕集一些氢气，与阳极释放的氧气发生反应，容易产生爆鸣放炮现象。

5.5.4.3 控制锌沉积的其他因素

A 电解液中盐类的控制

有证据表明，当电解液中存在悬浮颗粒物（石膏、其他盐类沉淀物）时，这些颗粒物能够附着在阴极表面，从而诱发瘤状沉积物的形成。阴极极化严重时会加重瘤子的形成，尤其是电解液总含盐量很高时更为严重，在电解液的离子强度很高时容易形成盐类沉淀物。在生产实践中，当阴极沉积物表面形成瘤子时需要格外注意，因为这有可能会造成阴阳极短路，同时影响阴极锌沉积物的剥离。不规则瘤状沉积物具有更大的表面积，实际上降低了电流密度，反过来又增加了阴极反应中氢气析出的比例份额，从而降低电流效率。

B 阴极铝板的维护

在锌电解生产实践中，初始的阴极是铝板，锌沉积物镀在金属铝阴极表面。达到合适的厚度时就要将锌阴极沉积物从阴极铝板上剥离下来，铝板再返回继续作为初始阴极使用。为了使锌沉积物容易从铝板上剥离下来，阴极铝板和锌沉积物的性质十分重要。一般采用含钛 0.05mg/kg 的铝合金作为初始阴极材料以改善剥离性能，而溶液中 F^- 离子的存在也十分关键。通常当 F^- 离子浓度高于 15mg/L 时，会给锌的剥离造成麻烦，但如果当 F^- 离子以络合物形态存在时（例如和 Al^{3+} 络合），即使浓度再高一些也无妨。铝板阴极定期刷洗也有助于锌沉积物的剥离。

如果锌沉积物缺乏刚性结构而呈现多孔状或不规则结晶类型时，锌沉积物就会呈现出易碎的性质，从而不利于锌的剥离。这种情况下锌的剥离还容易产生阴极残留物附着在铝板上，这种初始阴极板返回电解槽继续使用时，会产生局部快速生长，进而容易使阴极和阳极短路。沉积阴极锌片的易脆性对剥离产生的影响还有损耗高的问题，同时可能会造成剥锌设备运转受阻。在极端情况下，尤其是沉积的锌脆弱不能整张剥离时，就必须用废电解液浸泡阴极，将残余的锌溶解出来。

C 掏槽清理、阳极板刷洗和稳定供电

在电沉积过程中，阳极板表面生成的 PbO_2 绝大部分会覆盖在阳极表面形成保护膜，少部分会脱落并通过电解液沉入槽底。阳极腐蚀产生的固体 $PbSO_4$ 和 Mn^{2+} 离子氧化生成的 MnO_2 会形成阳极泥，它们黏附在阳极或者沉到槽底形成槽泥，长期积累极容易造成阴阳极短路，也容易随电解液循环漂浮被夹带进入阴极锌，降低阴极锌质量。因此需要定期清理，一般 30~40 天掏槽清理一次，采用真空抽吸过滤的方法掏出槽底的阳极泥，阳极泥的主要成分含量（质量分数）为：MnO_2 60%~70%，Pb 4%~14%，Zn 2%~4%。为了避免阳极膜过厚脱落，一般 9~10 天刷洗一洗阳极板。可以采用机械刷洗，也可以采用 $FeSO_4$ 还原溶解 MnO_2，所得溶液作为氧化液返回浸出使用。

D 电解液的循环与冷却

随着电沉积过程的进行，阴极附近的 Zn^{2+} 离子浓度不断降低，而 H^+ 离子浓度不断升高，容易导致电流效率降低。为了保持阴极附近有足够的 Zn^{2+} 离子浓度，需要不断地对槽内的电解液进行循环和新液的补充。除此之外温度的控制也需要通过废电解液的降温冷却

得以维持。为此，必须通过电解液循环流动维持一个相对稳定的锌、酸比和电解温度。供给电解槽中电解新液的流量的计算公式为：

$$Q = Iq\eta N/100 \times (P_1 - P_2) \tag{5-91}$$

式中　Q——电解新液的流量，m^3/h；

　　　I——电流强度，A；

　　　η——电流效率，%；

　　　N——串联的电解槽数；

　　　q——电化当量，$1.22g/(A \cdot h)$；

　　　P_1——电解新液含锌，g/L；

　　　P_2——废电解液含锌，g/L。

生产中一般根据废电解液的锌酸比，控制电解新液与废电解液混合的体积比在 1：（5～25）。

　　E　稳定供电与熔铸

保障供电稳定，当供电不稳造成阳极电流波动时，阳极表面膜容易脱落，使阳极腐蚀加剧，容易造成阴极锌含铅升高。加强槽面管理，保持槽面清洁，避免导电部件氧化溶解进入电解液，进而降低阴极锌纯度。铸型时要将含铅较高的碎锌片、飞边及树枝状结晶与整块清洁锌板分开熔铸，避免铁器与熔锌接触。

5.5.5　锌电解车间的主要设备

锌电解沉积工序是一个多种设备组成的联动过程，如图 5-29 所示。在该功能联动过程中，主要的特色装置包括电解槽及槽内的电极、供电系统、阳极刷板机、空气冷却塔和剥锌机。

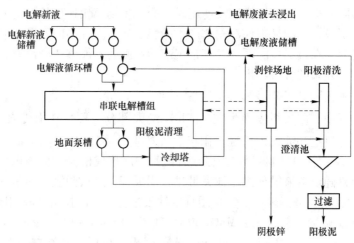

图 5-29　电解锌车间原则功能联动示意图

5.5.5.1　电解槽及阴阳极板

　　A　电解槽尺寸、材质及配置

锌电解槽为长方体电解槽，以前通常用钢筋混凝土浇筑，内衬铅皮、软塑料、玻璃钢树脂等耐酸防腐层。后来多采用5mm后的软聚氯乙烯为内衬，外壁也用软塑料包裹防腐以延长电解槽的寿命。近年来整体玻璃钢电解槽、呋喃树脂整体浇铸电解槽也在陆续使用，这些电解槽一次成型不用二次防腐处理，抗冲击性能较好。电解槽一般放置在经过防腐处理的混凝土梁上，槽子与托梁之间垫绝缘瓷砖以防漏电，槽与槽之间留有15~20mm绝缘缝，槽壁与楼板之间留有80~100mm绝缘缝。电解槽内紧密交替悬挂排列着阴阳极板，相邻槽串联成组配置供电（见图5-30）。统一的供液溜槽通过分液管分别给每个电解槽供液，溢流的废电解液再经过统一的废液溜槽进入地面泵槽。电解槽数量和槽体尺寸要通过计算选择确定。首先根据日产锌量算出总的阴极有效面积，进而根据成熟的经验选择每片阴极的有效面积和尺寸，然后再确定每槽的阴极片数和所需的电解槽数。电解槽长度根据每槽装入的阴极片数和极间距计算，然后在电解槽首尾两端的槽壁与首末极板之间留出一定的间隙，一般在进液端留出300mm空隙，出液端留出200mm空隙，总长一般2~4.5m；电解槽宽度一般在0.8~1.2m，深度1~2.5m。宽度和深度根据阴极板的规格选择，槽宽度等于阴极板宽度加上阴极与两侧槽帮预留的距离，一般每侧留90mm的间隙；电解槽深度包括3部分之和，第1部分是阴极板浸入电解液的有效高度，第2部分是电解液面与槽面的距离（一般90mm），第3部分是阴极下端距离槽底的距离（一般取400~500mm）。

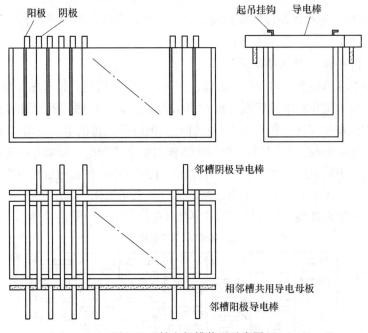

图5-30　锌电解槽装配示意图

B　阴极和阳极

阴极由阴极板（铝板）、导电棒、铜导电头（导电片）和阴极吊环组成［见图5-31（a）］。阳极由阳极板、导电棒及导电头组成［见图5-31（b）］。阳极板一般采用含0.5%~1%Ag（质量分数）的铅银合金压延而成，尺寸根据阴极大小而定，浸没在电解液中的三个边均比阴极小20mm左右。一般长900~1077mm，宽620~718mm，厚5~6mm，重50~70kg，使用寿命1.5~2年。阳极板表面一般压成网格状条纹，以便增加强度防止弯曲短路，同时还可以适当减小表观电流密度。在阳极板边缘装有聚氯乙烯边条用于绝缘。

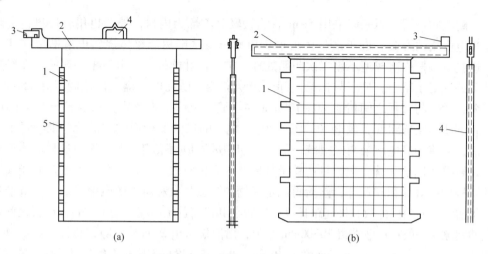

图 5-31　锌电解阴极和阳极示意图

（a）阴极；（b）阳极

（a）：1—阴极铝板；2—导电棒；3—导电头；4—提环；5—聚乙烯边条；

（b）：1—阳极铅板；2—导电棒；3—导电头；4—聚氯乙烯边条

导电棒用紫铜制作，一般将铜棒酸洗包锡后铸入铅银合金中，再与阳极板焊接在一起，以防止硫酸侵蚀导电棒。

5.5.5.2　供电设备与电路配置

锌电解供电的主体设备为可控硅整流器，在设计电路配置时必须考虑硅整流器直流电的转化输出特性。锌电沉积的电流密度一般在 $500A/m^2$ 左右，每槽阴极数量一般在 $30\sim60$ 之间，按照普通阴极每片有效面积 $1.2m^2$ 左右计算，电解槽通过的电流也需要 $10000\sim20000A$ 之间，而单槽电压一般在 $3.3V$ 左右。硅整流器输出的电流和电压要求有一定的匹配性，很难在这样低的电压下输出这样大的电流，因此在供电配置中往往将电解槽按系列组成串联供电，最常见的是两列组成一个 U 型供电回路，槽与槽之间依托阴、阳极共用母板实现串联，列与列之间设置导电板连接。锌电解车间电解槽分组供电模式如图 5-32 所示。

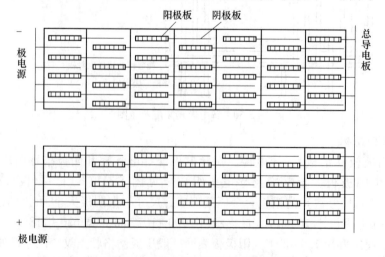

图 5-32　锌电解车间电解槽分组供电模式

5.5.5.3 电解液的冷却

锌电解沉积电流密度较高，电解液电阻发热会使电解液温度逐渐升高。为了避免温度过高导致氢气析出和电解作业条件的恶化，一般将电解液温度控制在 36~42℃ 之间，一般不超过 40℃。控制措施就是对电解液进行冷却，普遍采用空气冷却塔鼓风冷却。空气冷却塔一般是钢板焊接的中空长方体，内衬环氧树脂，或者用玻璃钢内衬软塑料。塔身高 10~15m，截面积 25~50m² 左右。电解液自上而下喷洒成滴落到塔底，冷空气自下而上逆流运动，使水分蒸发冷却。国内某厂空气冷却塔的参数及性能指标见表 5-21。

表 5-21　国内某厂空气冷却塔的参数及性能指标

项　目	参数指标	项　目	参数指标
冷却液类型	废电解液	汽水比/kg·kg⁻¹	1:1
冷却液流量/m³·h⁻¹	200	风机型号	EF36
进液温度/℃	40	风机风量/m³·h⁻¹	$2.5×10^4$
出液温度/℃	35	风机风压/Pa	170~210
冷却面积/m²	50	风机数量/台	1
塔有效高度/m	11.6	风机功率/kW	30
喷淋密度/m³·m⁻²·h⁻¹	4.5	—	—

5.5.5.4 阴极锌的剥离与阴极板处理

锌电沉积达到一定时间后就要出装槽，将阴极析出的锌剥离，阴极板清刷研磨后返回使用，剥掉的金属锌送去熔铸。目前国内锌冶炼厂普遍采用的还是人工作业剥锌，劳动强度大、噪声高，国外多采用机械化剥锌。机械化剥锌工厂的特点是采用较低的电流密度（300~400A/m²）和大板阴极，剥锌周期一般 48h。目前已有 4 种类型剥锌机用于工业生产，它们分别是：

（1）马格拉港铰接刀片式剥锌机。将阴极侧面塑料条拉开，横刀起皮，竖刀剥锌。

（2）比利时巴伦双刀式剥锌机。剥锌刀将阴极锌片割开，随刀片夹紧，将阴极向上抽出；

（3）日本三井式剥锌机。先用锤子敲松阴极片，随后用可移动式剥锌刀垂直下刀剥离；

（4）东邦式剥锌机。阴极的塑料边条是固定在电解槽内的，阴极抽出后，剥锌刀即可插入阴极侧面漏出的棱边，随着两刀水平下移完成剥锌过程，每片阴极锌的剥离时间 6~18s。

5.5.6 锌电解沉积作业的操作与控制

锌电沉积作业包括通电开槽、电解液循环、出装槽作业、槽面管理与控制、酸雾抑制与防护、烧板及其处理等作业。

5.5.6.1 通电开槽

对于新开工或者检修结束重新启动的生产过程来说，当各项准备工作就绪后，就可以灌液开槽，一般有中性开槽和酸性开槽两种启动方法。

A 中性开槽

将电路连接好后，将槽内灌满中性硫酸锌溶液，然后接通电路。开始阶段槽电压较高，当电解液中 H_2SO_4 含量达到 $8\sim10g/L$ 时，向电解槽供入新液开启大循环。当电解液温度达到30℃以上时，开启冷却系统，进入正常电解过程。中性开槽无须配液，但开槽初始阶段槽电压较高。

B 酸性开槽

配制含 Zn $50\sim55g/L$、H_2SO_4 $70\sim80g/L$ 的电解液，冷却后加入电解槽，并迅速装入电极，接通电路后就可以开启电解液循环，进入正常电解。这种方式配液工作量大，但开槽顺畅。

C 阳极镀膜

新开工电解锌厂的阳极板在使用前需要镀膜处理，在低温、低电流密度下使阳极析出的氧气与铅反应，生成二氧化铅薄膜，保护阳极不被电解液中的硫酸腐蚀。其过程是在 Zn $40g/L$ 左右、H_2SO_4 $70\sim80g/L$ 的电解液中，按照 $27\sim31A/m^2$ 面积电流密度开槽通电，镀膜期间要保持电流稳定，槽温度控制在25℃左右，24h后阳极表面生成棕褐色的氧化膜，此时镀膜作业完成，将电流升高到正常电解电流水平进入生产状态。

5.5.6.2 电解液的循环与冷却

电解槽溢流出来的电解废液经过废液溜槽流入循环槽及废液槽。一小部分废电解液（废液槽内的）返回浸出车间作为浸出液。大部分废电解液（循环槽内的）与新液以 $(5\sim25):1$ 的体积比混合后送到冷却系统冷却，然后再通过供液溜槽供给各电解槽进液。电解液在冷却后水分蒸发、体积浓缩，溶液中的钙、镁硫酸盐容易以透明针状物结晶析出，牢固地黏附在管道、溜槽、冷却系统内壁上，影响电解液的正常循环及冷却效果。29℃时酸性溶液中硫酸钙的溶解度最低，因此控制电解液冷却后的温度在 $33\sim35$℃为宜。

5.5.6.3 槽面管理与技术控制

当电流密度确定后，按照技术条件规定的电解液的锌酸含量、电解液的温度以及添加剂的使用制度进行槽面管理，使电沉积过程平稳运行。

A 电解液循环与成分的均化和稳定

槽面管理的具体工作主要是控制各电解槽流量稳定均匀，对循环系统的结晶物及时巡查清理，保证大循环系统畅通，从而保证各槽锌、酸浓度控制均衡。每个电解槽内电解液的锌、酸含量及酸锌比需要进行人工定量分析或者仪器在线分析，根据分析结果进行调节控制。有些工厂采用密度计进行测定，密度大时含锌高，含酸低；密度低时则相反。

B 温度控制与短路处理

槽内电解液的温度冬季不宜超过40℃，夏季不宜超过45℃。当系统温度普遍升高时，要及时增加循环冷却量；当单个槽温度升高时，需要适当提高该槽流量，及时检查短路情况并进行处理。

C 添加剂

锌电积中最常用的添加剂是动物胶与碳酸锶，动物胶根据析出锌的表面状态及时调整加入量，浓度一般维持在 $10\sim15mg/L$。用温度大于80℃的热水化成均匀的溶液，不断均匀加入混合分配槽，然后均匀送入各电解槽；碳酸锶的加入量根据电解液含铅量或者析出锌的含铅量及时调整，用水浆化后均匀不断地加入混合分配槽，随后均匀供给各电解槽。当掏槽清理阳极泥时每槽加 $10\sim15g$；吐酒石预先用温水溶解，于出槽前 $10\sim15min$ 加入，严格控制电解液中的 Sb 含量不得高于 0.12mg/L，否则容易引起烧板。为了防止电解液和硫酸被槽内气体带出，还要加入皂角粉等酸雾抑制剂。

5.5.6.4 阴极烧板及其处理

A 个别烧板

当个别电解槽因为加吐酒石过多或者槽内铜、锑含量升高时，会造成烧板；由于循环进液量过小，造成个别槽槽温升高，电解液含锌降低，含酸过高，容易使阴极锌返溶；阴阳极短路也会引起槽温升高，造成阴极返溶。处理方法是加大该槽循环液量，使杂质稀释，并降低槽温，提高槽内锌含量，及时消除短路。特别严重时，还要立即更换槽内全部阴极板。

B 系统烧板

当电解新液多种杂质超过允许值，或者前面原料或工艺变动造成某种特定杂质大幅度超标时，往往会发生大面积烧板。此时应立即强化净化液的分析和净液工序的作业监测，提高净化后液质量。严重时还要检查采购原料成分的变化，并监测由此引起的浸出、净液过程中的杂质走向。同时强化生产系统开路出渣作业，例如中性浸出的水解沉铁、热酸浸出液除铁过程的强化。同时调整电解条件，如加大循环量、降低槽温和溶液酸度等。

5.5.6.5 酸雾的产生与抑制

锌电解过程中阳极会释放出大量氧气，阴极也会产生一些氢气。这些气体在上浮过程中逐渐聚合形成气泡，上升速度加快，在冲出电解液面时会将一些电解液带入槽面空间形成酸雾，尤其是采用高电流密度作业时这种情况更为严重。酸雾污染劳动环境，危害人体健康，腐蚀厂房设施。电解厂房内空气中酸雾（H_2SO_4）含量要求不得超过 $2mg/m^3$，$ZnSO_4$ 含量不得超过 $4mg/m^3$。为了减轻酸雾危害，一般工厂会采取强化厂房通风，降低厂房内空气中的酸雾。例如加拿大 Timins 锌厂，每小时厂房内空气更新 6.5 次，现场感觉不到酸雾的存在。另一种解决方法是加酸雾抑制剂，例如添加皂角粉、丝石竹、水玻璃等，可使槽面上空酸雾（H_2SO_4）含量由 $25mg/m^3$ 降低到 $3 \sim 7mg/m^3$。这些方法可以单独使用，也可以联合使用。

5.5.7 锌电解主要操作参数与技术经济指标

锌电解的技术参数和技术经济指标根据各厂原料、工艺和装备水平的差异有所不同。国内外典型厂家的主要技术经济指标见表 5-22。

表 5-22 国内外典型厂家的主要技术经济指标

参数指标	梯明斯（加）	科科拉（芬）	巴伦（比）	克洛格（美）	株洲
$[Zn^{2+}]$ /g·L^{-1}	60	61.8	50	50	40 $\sim$ 55
$[H_2SO_4]$ /g·L^{-1}	200	180	180 $\sim$ 190	270	150 $\sim$ 200
电流密度/A·m^{-2}	571	660	400 $\sim$ 430	1000 $\sim$ 1100	480 $\sim$ 520
电解温度/℃	35	33	30 $\sim$ 35	35	36 $\sim$ 42
同极距/mm	76	—	90	20 $\sim$ 32	62
电解周期/h	24	24	48	8 $\sim$ 24	24
槽电压/V	3.5	3.54	3.3	3.5	3.2 $\sim$ 3.3
电流效率/%	90	90	90	90 $\sim$ 93	89 $\sim$ 90
吨锌电耗/kW·h	3189	3219	3100	3100	2950 $\sim$ 3100

5.5.8 思考题

（1）锌电解沉积阴阳极的材质分别是什么，锌电解沉积时阴极发生的主要反应是什么，阴极主要的副反应是什么，为什么用铝作阴极而不用不锈钢作阴极？

（2）锌电解沉积时阳极的主要反应是什么，锌阳极泥的主要成分是什么，为什么在电解液中保持一定的锰浓度对整个湿法炼锌过程都有利？

（3）锌电解沉积的主要添加剂有哪些，各起到什么作用？

（4）锌电解沉积的电流密度大约是多少，如何实现电解液的冷却？

5.6 阴极锌的熔铸

电沉积析出的阴极金属锌片厚度一般为 3~5mm，化学成分符合纯度标准要求，一般将其直接熔化铸锭或者配制成合金后出售。

5.6.1 阴极锌熔铸过程与设备选择

阴极锌熔铸过程实质上是将锌片加热熔化铸成锌锭的过程，在阴极锌片熔化过程中，锌表面接触空气会发生氧化，生成高熔点的氧化锌（熔点 1975℃）。氧化锌会与一部分锌液混凝浮在熔池表面形成浮渣，使锌的直接回收率降低。为了降低浮渣产率和浮渣中锌的含量，熔铸时加入一定量的氯化铵（1~2kg/t-Zn），它与浮渣中的氧化锌反应生成熔点较低的 $ZnCl_2$（熔点 318℃），从而使浮渣中的金属锌液滴聚合进入熔体锌，提高锌回收率。其反应式为：

$$2NH_4Cl + ZnO \Longrightarrow ZnCl_2 + 2NH_3 + H_2O \tag{5-92}$$

熔铸温度的选择要考虑两方面因素，一方面是为了防止过多的锌液在高温氧化生成浮渣，同时也要节省能耗，因此宜采用略高于锌熔点（419.5℃）的较低温度进行熔铸；另一方面铸锭需要一定的过热度保持熔体的流动性，而且温度太低时熔体黏度较高，搅拌扒渣作业困难，容易将更多金属锌带入渣中，因此一般将熔铸温度选择控制在 450~500℃ 之间。

除了氯化铵和作业温度外，熔铸设备对金属锌的直接回收率也有重要的影响。熔锌所用的装置有反射炉和电炉两种，其中反射炉在燃料燃烧时带入氧气、水蒸气，产生大量 CO_2，会使炉内锌液氧化产生更多的浮渣，其中含锌（质量分数）80%~85%左右。而电炉熔铸具有浮渣率低，能耗较低，劳动条件好，过程易于控制等优点。锌的金属直接回收率比反射炉高，达到 97%~98%，同时能耗较低，每吨锌电耗一般在 100~200kW·h/t。目前国内外锌冶炼厂几乎全部采用电炉熔铸，反射炉只在较小的电锌厂采用。

5.6.2 阴极锌熔铸设备及其工作原理

工频感应电炉是铜、锌合金熔炼常用的设备，一般分为有芯炉和无芯炉两种，阴极锌熔铸使用有芯炉。电炉功率是根据生产规模选用，功率一般为 150~500kW，大型的为 750~1800kW。20t 低频感应电炉的结构如图 5-33 所示，从图中可以看出，电炉是由炉体、电气设备和冷却系统 3 部分组成。炉体包括炉壳、炉衬、感应线圈等。炉壳由 10~12mm 钢板焊接而成，上部设有活动炉盖，炉顶加料，熔池以下部分捣制炉衬，熔池以上部分和熔化室与浇铸室间隔墙部分采用普通黏土砖砌筑。炉子熔池两边及后方安装 3~6 个电炉变压器。

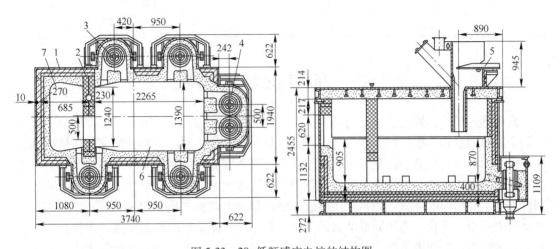

图 5-33　20t 低频感应电炉的结构图

1—炉壳；2—炉衬；3—单芯变压器；4—双芯变压器；5—加料装置；6—熔池；7—前室

5.6.3　阴极锌熔铸作业及主要技术经济指标

阴极锌熔铸的过程包括加入锌片加热熔融、加入氯化铵搅拌、扒出浮渣和锌液铸锭 4 个主要步骤。熔融主要包括开炉、进料熔化扒渣作业。新筑的电炉在开炉使用之前还要先进行准备和烘炉，烘炉前在熔池底部铺设 1~2 层锌锭与锌环接触构成闭合回路，借以扩大锌环散热面积，尽可能减少变压器室与炉膛温差，烘炉前需要密封炉门防止散热过多，只保留加料口敞开。一般先自然干燥 28~35 天，再用串、并联交替的方式在熔池内设置电热器，升温保持 300℃ 以下烘烤 10~13 天。在此期间变压器低压送电，使变压器室温度与炉体温度保持平衡，国外升温速度 1.5~2℃/h，国内一般 5~10℃/h。电热烘炉 13 天后锌环温度在 300℃ 时撤走炉内电热器，用炉子变压器升温到锌环熔点。当锌环熔化时立即将过热锌液倒入炉内，并转入高功率升温，逐步小批量加入并熔化阴极锌片，到炉子熔池灌满锌液时开炉即告结束，之后继续升高电压转入低能力生产阶段。

开炉结束后首先将阴极锌片吊运到加料口平台上预热脱水，为转入正常操作进料熔化做准备。每隔 8~15min 均匀加入一垛 70mm 厚的锌片，保持炉温与锌熔池液面的稳定。根据阴极锌片的质量及炉内渣层厚度等情况，每隔 2h 左右加一次氯化铵，进行一次搅拌扒渣。每次扒渣留下 1~2cm 厚的渣层，减少氧化。浮渣主要成分为金属锌 $[w(Zn)=40\%~50\%]$、氧化锌 $[w(ZnO)=50\%]$ 和氯化锌 $[w(ZnCl_2)=2\%~3\%]$。浮渣一般采用干式球磨筛分出大颗粒的金属锌送去生产锌粉，细粒氧化锌粉送回焙烧炉或者回转窑回收锌。熔化好的锌液在铸锭机上进行浇铸，冷却后得到成品锌锭。阴极锌浇铸的主要技术经济指标见表 5-23。

表 5-23　典型厂家阴极锌熔铸的主要技术经济指标

厂家	电炉功率/kW	熔池温度/℃	电耗/kW·h·t⁻¹	氯化铵消耗/kg·t⁻¹	锌熔铸直收率/%
株冶（中）	190~540	540~550	110~120	1~1.3	97.5
秋田（日）	1140	470	100	0.5	97.5
科科拉（芬）	1700	470	99	0.618	—

5.7　高温热还原法炼锌

高温热还原法炼锌工艺（俗称火法炼锌）是指将含 ZnO 的焙烧矿用碳质还原剂还原得到金属锌的过程。根据操作条件的不同，常见的高温热还原法主要分为蒸馏法炼锌和鼓风炉熔炼两种工艺。蒸馏法根据装置的差别又分为平罐炼锌、竖罐炼锌和电炉炼锌，其特点是采用间接加热或者电加热，因此炉气中锌蒸气浓度高，CO_2 含量少，容易冷凝回收得到液态锌。鼓风炉熔炼属于燃料直接燃烧加热，焦炭燃烧提供的热量和还原性气体 CO 将焙烧矿中的铅、锌化合物还原成金属，金属铅和炉渣熔体从炉内放出分离，再将粗铅送去精炼，而炉渣作为固废堆存或它用；锌成为锌蒸气从炉顶排出，经过冷凝收集后送去火法精炼。

5.7.1　碳热还原法炼锌的基本原理

在碳热还原法炼锌过程中，氧化锌可以被固相碳还原，也可以被 CO 还原，但是还原作业的条件有很大差异。

5.7.1.1　氧化锌被固相碳还原的热力学基础

氧化锌被固相碳还原的反应方程式为：

$$ZnO(s) + C(s) \Longrightarrow Zn(g) + CO(g)$$
$$\Delta G_T^{\ominus} = 348480 - 286.1T = -2.303 \times RT \lg K \quad (J) \tag{5-93}$$
$$\Delta G_T = \Delta G_T^{\ominus} + 2.303 \times RT \lg(P_{CO} \cdot P_{Zn}) \tag{5-94}$$

这个反应是吸热反应，升温有利于反应进行，该反应正向进行的的基本条件是 $\Delta G_T \leqslant 0$。对于该封闭的还原反应体系来说，固相活度近似为 1，即 $a_C = a_{ZnO} = 1$，反应产生的气相 CO 和 Zn 蒸气压相等，即 $P_{CO} = P_{Zn}$。在各温度下反应达到平衡时平衡常数 $K = P_{Zn}^2$，由此求出不同温度下固体碳还原产出的锌蒸气分压与温度的关系（见表 5-24）。

表 5-24　固体碳还原锌蒸气分压与温度的关系

温度/℃	700	800	900	1000	1100
P_{Zn}/kPa	1	7	37	148	495

从表 5-24 可以看出，温度从 900℃升高到 1000℃，氧化锌还原产生的锌蒸气压快速提高。只要把温度迅速降低到 800℃左右便可以使绝大部分锌冷凝下来，这就是火法炼锌过程的实质。由碳热还原反应可知，该反应是吸热反应，需要补充大量的热。补充热量的方法有两种，一种是蒸馏法炼锌采用的间接加热法；一种是鼓风炉和电炉法采用的直接加

热法。

5.7.1.2 氧化锌被 CO 还原的热力学基础

在生产实践中用碳质还原剂还原 ZnO 时，固体碳与固体氧化锌或熔体中氧化锌的固—固反应和固—液反应传质条件很差，因此还原反应实际上应该是接触条件更好的气—固反应或者气—液反应。从传质便利的角度来看，在温度较高的碳还原反应过程中，气体 CO 更有条件作为主要还原剂。其反应方程式为：

$$ZnO(s) + CO(g) \Longrightarrow Zn(g) + CO_2(g)$$

$$\Delta G_T^\ominus = 178020 - 111.67T = -2.303 \times R \times T \times \lg K \quad (J) \tag{5-95}$$

单纯使用 CO 还原时，该反应产生的 Zn 蒸气和 CO_2 分压相等，体系总压 $P_T = P_{CO} + P_{Zn} + P_{CO_2} = P_{CO} + 2P_{Zn}$，因此平衡常数 $K = P_{Zn}^2 / (P_T - 2P_{Zn})$。如果在常压容器内操作，$P_T = 10^5 Pa$，可以求出反应平衡时 P_{CO}、P_{CO_2} 和 P_{Zn} 与温度的关系（见表 5-25）。

表 5-25 CO 还原锌蒸气分压与温度的关系 （kPa）

项　目	700℃	900℃	1100℃	1300℃
$P_{Zn} = P_{CO_2}$	1.66	11.45	32.7	46.0
P_{CO}	96.68	77.1	34.4	7.7
Zn 饱和蒸气压	4.7	59	341	1236.1

表 5-25 显示，单纯使用 CO 还原氧化锌时，在 900℃ 以上的温度能够获得较大的锌蒸汽分压（气相 Zn 浓度）。在 1100℃ 时锌蒸气与 CO 和 CO_2 分压基本相等，各约占 1/3 个大气压左右。但是在降温冷凝过程中，气相中的 CO_2 会将气态 Zn 重新氧化成 ZnO。因此高温时 CO 能够将 ZnO 还原成 Zn 蒸气，但在冷凝时得不到液态锌，所以 CO 无法单纯地完成还原氧化锌得到液态金属锌的过程。

要想使 CO 完成还原氧化锌得到液态金属，就必须在整个高温还原过程中保持较高的 CO 分压和极低的 CO_2 分压，以免在降温冷凝锌蒸气时被 CO_2 氧化。生产实践中采取加入过量粉煤或焦炭的措施。煤炭颗粒的燃烧是煤上吸附的氧以 CO 形式脱附的过程，在过剩氧存在条件下 CO 被继续氧化生成 CO_2，其反应式为：

$$C(s) + O(ads) \Longrightarrow CO(g) \tag{5-96}$$

$$CO(g) + 1/2O_2(g) \Longrightarrow CO_2(g) \tag{5-97}$$

一般在温度达到 700℃ 以上时，煤和半焦呈多孔隙状态，此时表面积不再剧烈变化，燃烧产生的 CO_2 随即就会与 C 继续发生 Boudouard（布多尔）反应（碳的气化反应）。其反应方程式为：

$$CO_2(g) + C(s) \Longrightarrow 2CO(g) \quad \Delta G_2^\ominus = 170460 - 174.43T \quad (J) \quad (\geqslant 704℃) \tag{5-98}$$

在温度达到 700℃ 以上时，煤和焦炭的燃烧速率不再受化学反应控制，因此布多尔反应能够在气相中快速地建立起 CO_2 和 CO 的平衡，即 $P_{CO_2} = P_{CO}^2 / K_p$。ZnO 被 CO 还原成 Zn 蒸气时产生的 CO_2 会迅速被过剩煤炭还原成 CO，还原消耗的 CO 得到再生补充，使气相能够在保持相对恒定的 CO 分压下继续还原 ZnO。

5.7.1.3 氧化锌碳热还原熔炼与蒸馏的热力学基础

A 氧化锌碳热还原气氛—温度优势区图的建立

煤炭类物质依靠 CO 将 ZnO 还原成金属 Zn 的主要反应及相关反应的平衡关系见表

5-26。CO 还原 ZnO 产出的 Zn 的蒸气压、活度以及气相 CO 分压都是 P_{CO}/P_{CO_2} 和温度 T 的函数，因此利用 P_{CO}/P_{CO_2} 和温度分别为纵坐标及横坐标作图 5-34，可以揭示碳的气化曲线和 ZnO 还原的热力学基础。

还原气相组成除了锌蒸气、CO 和 CO_2 之外，其余组分可以视作无关的惰性气体。常压下如果将 $P_{CO_2}+P_{CO}$ 设置为一个固定值，对于表 5-26 中碳的气化反应来说就多了一个方程式的约束，P_{CO_2}、P_{CO} 和 T 这 3 个变量存在两个方程式，此时关于碳的气化反应就变成 P_{CO}/P_{CO_2} 和 T 之间关系的一条固定曲线。假设 $P_{CO_2}+P_{CO}$ 分别为 20kPa 和 60kPa，就可以画出两条关于碳气化的 P_{CO}/P_{CO_2}-T 曲线（见图 5-34 中的曲线 A 和曲线 B）。

在 ZnO 活度为 1 的条件下，将 P_{Zn} 设为定值，CO 还原 ZnO 产生锌蒸气的反应也变成了一条固定的 P_{CO}/P_{CO_2}-T 曲线。将 P_{Zn} 分别设定为 0.06atm 和 0.45atm，就会得出两条固定的 CO 还原 ZnO 产生 Zn 蒸气的 P_{CO}/P_{CO_2}-T 曲线（见图 5-34 中的曲线 Ⅰ 和曲线 Ⅱ）。

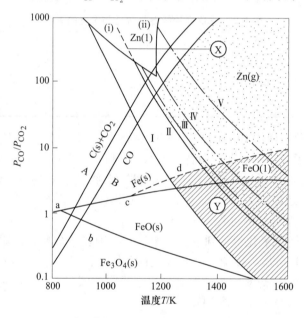

图 5-34　氧化锌还原气相 P_{CO}/P_{CO_2}-T 曲线

表 5-26　CO 气体还原 ZnO 的主要反应及其平衡计算方程

化学反应方程式	平衡常数	P_{CO}/P_{CO_2}-1/T
$ZnO(s)+CO(g) = Zn(g)+CO_2(g)$	$\lg K_1 = -9740/T + 6.12$	$\lg P_{CO}/P_{CO_2} = 9740/T - 6.12 + \lg P_{Zn}$
$ZnO(s)+CO(g) = Zn(l)+CO_2(g)$	$\lg K_2 = -3650/T + 0.88$	$\lg P_{CO}/P_{CO_2} = 3650/T - 0.88 + \lg a_{Zn}$
$C(s)+CO_2(g) = 2CO(g)$	$\lg K_3 = -8916/T + 9.113$	$\lg P_{CO}/P_{CO_2} = -8916/T + 9.113 - \lg P_{CO}$

将 P_{Zn} 设定为 0.06atm，而还原过程中 ZnO 活度发生变化的话，如果将 ZnO 活度分别设定为 0.1、0.05 和 0.01，那么就可以得到关于这 3 个不同 ZnO 活度产生 0.06atm（1atm =101.325kPa）Zn 蒸气的三条 P_{CO}/P_{CO_2}-T 曲线（见图 5-34 中的曲线 Ⅲ、Ⅳ 和 Ⅴ）。关于 CO 还原 ZnO 产生 Zn 蒸气的全部 5 条曲线的反应条件见表 5-27，其分别对应图 5-34 中 5 条 P_{CO}/P_{CO_2}-T 关系曲线——Ⅰ、Ⅱ、Ⅲ、Ⅳ 和 Ⅴ。

表 5-27 CO 气体还原 ZnO 的主要反应的设定条件

曲线	I	II	III	IV	V
a_{ZnO}	1.0	1.0	0.1	0.05	0.01
P_{Zn}	0.06	0.45	0.06	0.06	0.06

对于 CO 还原固态 ZnO 产出液态 Zn 的反应 [见反应式 (5-99)]，其 P_{CO}/P_{CO_2}-T 关系见曲线 (i)，其温度不能超过锌的沸点，该反应发生的温度区间受液态锌气化反应 [见反应式 (5-100)] 曲线 (ii) 限制。

$$ZnO(s) + CO(g) = Zn(l) + CO_2(g) \qquad (5-99)$$
$$Zn(l) = Zn(g) \qquad (5-100)$$

与 ZnO 还原相似，铁的各种氧化物还原反应式 (5-101)~反应式 (5-104) 的 P_{CO}/P_{CO_2}-T 关系分别见图 5-34 中的 a、b、c、d 曲线。

$$Fe_3O_4(s) + 4CO(g) = 3Fe(\gamma) + 4CO_2(g) \qquad (5-101)$$
$$Fe_3O_4(s) + CO(g) = 3FeO(s) + CO_2(g) \qquad (5-102)$$
$$FeO(s) + CO(g) = Fe(\gamma) + CO_2(g) \qquad (5-103)$$
$$FeO(l) + CO(g) = Fe(\gamma) + CO_2(g) \qquad (5-104)$$

B 高温还原蒸馏炼锌的热力学基础

间接加热方式将燃料燃烧产生的气体与 ZnO 还原产生的含锌气体用罐体分开，罐体内 ZnO 还原产生的炉气中含锌（摩尔分数）45% 左右，含 CO_2（摩尔分数）只有 1% 左右，其余为 CO。由图 5-34 可以看出，对应的是 ZnO 还原曲线 II，要求还原条件 P_{CO}/P_{CO_2} 要高于曲线 II；间接加热对应的碳气化反应条件接近于曲线 B（$P_{CO_2}+P_{CO}=0.6$atm）（1atm = 101.325kPa），当曲线 B 能提供的 P_{CO}/P_{CO_2} 高于曲线 II 的要求时，这个区域就是还原蒸馏可操作的区域。常压下蒸馏还原温度至少需要 1170K（曲线 II 和曲线 B 的交点）。当温度高于曲线 II 和曲线 B 交点时，P_{CO}/P_{CO_2} 就会继续升高，从而推动 ZnO 不断还原成 Zn 蒸气。蒸馏法炼锌可操作区域为曲线 II 和曲线 B 交点右侧的打点区域。

正常竖罐炼锌中心区最高温度为 1100℃ 左右，炉气中 $P_{CO}/P_{CO_2}=45.45$，远离曲线 II 和曲线 B 交点，完全处于打点区域，可以实现 ZnO 的还原。与此同时，罐内气体组成 P_{CO}/P_{CO_2} 高于曲线 C 所示的 FeO 还原反应平衡要求的 P_{CO}/P_{CO_2} 组成，因此 FeO 也会被还原成金属铁，分散在蒸馏残渣中。蒸馏还原产出的炉气一般含 Zn（摩尔分数）40% 左右，含 CO（摩尔分数）45% 左右，含 H_2（摩尔分数）8% 左右，含 N_2（摩尔分数）7% 左右，含 CO_2（摩尔分数）只有 1% 左右。因此在将还原得到的 Zn 蒸气导入含有搅拌锌液的空间，使其被溅起的锌液迅速冷凝捕集变成液态锌（锌雨冷凝）时不会被显著氧化。

C 密闭鼓风炉熔炼炼锌的热力学基础

与蒸馏法炼锌不同，鼓风炉炼锌的燃烧气体和还原产出的锌蒸气混在一起，气相中 Zn 蒸气的浓度比较低，通常只有 5%~7%。在图 5-34 中曲线 I 与曲线 A 交点处，ZnO 还原反应开始。可见与蒸馏法炼锌相比，鼓风炉熔炼初始还原所需温度更低，还原反应更容易进行。要想使 ZnO 还原反应稳定进行，就需要使炉气中 P_{CO}/P_{CO_2} 高于曲线 I 与曲线 A 交点，这同样需要提高温度来实现。鼓风炉炼锌操作区域位于曲线Ⅰ与曲线A交点右侧所包围的区域。鼓风炉炼锌所需的温度还与炉渣中 ZnO 的活度有关。从液态炉渣中还原 ZnO 比较困难，要求较强的还原气氛和较高的温度。如Ⅲ、Ⅳ、Ⅴ曲线所示，随着渣中 ZnO 活度的降低，要求 P_{CO}/P_{CO_2} 越来越高，温度越来越高。因为金属 Fe 的生成会给操作带来困难，在鼓风炉炼锌时不希望渣中的 FeO 还原成 Fe。通常炉渣中 FeO 的活度为 0.4 左右，此时 FeO 还原的平衡反应曲线为图 5-34 中的 d 线。只有炉内气相组成在 d 线以下时，渣中 FeO 才不被还原。这时炉内气氛应控制在Ⅰ线和 d 线所包围的区域内，因此需要采用低还原性气氛，其后果是渣含锌比较高，这也是鼓风炉炼锌不可避免的缺点。要降低渣含锌的同时抑制铁还原，就只能采用高温、低还原气氛作业。

ZnO+CO ═ Zn(g) +CO$_2$为吸热反应。当炉气温度下降时，CO$_2$ 会将产出的锌蒸气再氧化成 ZnO，并包裹在锌液滴的表面，形成蓝粉，降低冷凝效率。为了防止氧化反应的发生，尽可能在高温下直接将锌蒸气导入冷凝器内，使之急冷。鼓风炉炼锌排出的炉气含（质量分数）Zn 5%~7%，CO 20%~22%，CO$_2$ 10%~12%。由于炉气中 Zn 蒸气含量低、CO$_2$ 含量高，此时用锌雨冷凝法冷却会有大量锌氧化。因此生产中采用高温密闭炉顶和铅雨冷凝的方法。

5.7.2 ISP 密闭鼓风炉炼锌

密闭鼓风炉炼锌主要工序包括锌精矿烧结、鼓风炉熔炼、铅雨冷凝和精馏精炼 4 个主要炼锌步骤，除此之外还包括铅精炼工序。

5.7.2.1 锌精矿的烧结

A 烧结装置运行过程

硫化锌精矿一般采用的设备是带式烧结机进行烧结，其构造示意图如图 5-35 所示。

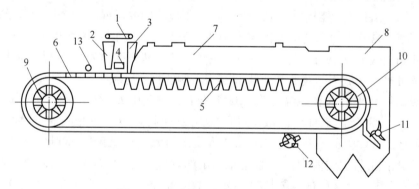

图 5-35 带式鼓风烧结机构造示意图

1—梭式布料机；2—点火层加料斗；3—主料层加料斗；4—点火炉；5—风箱；6—烧结台车；7—烟罩；8—尾部烟罩；9—头部星轮；10—尾部星轮；11—单轴破碎机；12—炉箅振打器；13—箅条压辊

带式烧结机由多台在机架上紧密连接运行的小车组成，机架头尾两端设置等径星轮，星轮齿距与小车前后辊轮间距吻合，头部星轮通过减速装置由电机驱动，沿着下轨道面传动过来的小车被轮齿扣住后提升到上面的轨道，同时推动前面小车使它们紧密连接在一起，实现小车的运行驱动。在烧结作业过程中，用给料机通过点火层加料斗将制备好的炉料首先在台车上面铺上一层 20~30mm 厚的点火料（约占总料量的 10%），当台车运行到吸风点火炉下便会升温着火，点火温度控制在 950~1050℃，然后运行到鼓风箱上继续通过主料层加料斗布料铺完料层（一般料层厚度 300~350mm），进入鼓风烧结反应阶段。小车上料层的温度随着时间和料层高度在 300~1250℃ 之间变化，小车运行速度一般 1.2~1.5m/min，直到小车运行至机尾完成烧结过程为止。

B　烧结原料构成与烧结反应

烧结作业的炉料包括锌精矿、铅精矿、铅锌混合精矿、烧结返粉、蓝粉、浮渣、石英、三氧化二铁和石灰石造渣剂。在烧结焙烧过程中，精矿中 PbS 的主要氧化产物为 PbO，此外还会生成 $PbSO_4$。它们与炉料中的其他组分继续反应形成低熔点化合物发生烧结。烧结炉料中的 Fe_2O_3、SiO_2 和 CaO 与 PbS 和焙烧形成的 $PbSO_4$ 发生的反应分别为：

$$PbS + 4Fe_2O_3 = PbO \cdot Fe_2O_3 + SO_2 + 6FeO \tag{5-105}$$

$$PbS + 2(PbO \cdot Fe_2O_3) = 3Pb + 2Fe_2O_3 + SO_2 \tag{5-106}$$

$$PbSO_4 + Fe_2O_3 = PbO \cdot Fe_2O_3 + SO_2 + 1/2O_2 \tag{5-107}$$

$$2PbSO_4 + SiO_2 = 2PbO \cdot SiO_2 + 2SO_2 + O_2 \tag{5-108}$$

$$PbSO_4 + CaO = PbO + CaSO_4 \tag{5-109}$$

其中，$CaSO_4$ 的生成不利于脱硫，因此须通过提高 SiO_2/CaO 比值减少硫酸钙的形成，一般维持 $SiO_2/CaO = 2.2~2.6$。

从烧结作业的物理化学反应、设备和烧结块质量要求来看，鼓风炉炼锌的烧结焙烧与铅精矿烧结几乎相同，但还是有两点不同。一是因为硫和粉料都会降低锌蒸气的冷凝效率，因此要求脱硫程度更高，脱硫率 97% 左右［产物含 S（质量分数）低于 1%］；二是因为烧结料中的铅会提高烧结块强度，因此当铅含量高时可以减少炉料中的二氧化硅，为减少熔渣量创造条件，进而提高锌的产量。但鼓风炉炼锌一般要求铅含量（质量分数）不高于 20%，否则容易形成锌鼓风炉炉结，还会影响烧结料的脱硫程度。若原料中的铜含量较高，可以适当降低脱硫率使铜在熔炼时以 Cu_2S 形式进入铅冰铜，减轻生产高铜粗铅而出现的难以熔炼问题。对于铜含量较高又不愿产出铅冰铜的工厂，可以在熔炼时采用高钙、高焦高炉温作业，提高粗铅对铜的溶解能力。

C　烧结产物组分构成及规格要求

烧结块产品的一般成分构成为：$ZnO[w(Zn) = 36\%~43\%]$，$PbO[w(Pb) = 17\%~22\%]$，以（Fe，Zn）O 和 $ZnO \cdot Fe_2O_3$ 形式存在的 $Fe_2O_3(8\%~15\%)$，玻璃体形式的脉石杂质（质量分数）$Al_2O_3(1\%~7\%)$、$CaO(3\%~6\%)$ 和 $SiO_2(3\%~6\%)$。产出的烧结块要经过振动筛分，筛下粉料返回烧结配料，粒度合格的烧结块经过计量漏斗和底卸式漏板进入加料吊车。一般要求合格的烧结块块度在 25~100mm，孔隙率大于 20%。

5.7.2.2　密闭鼓风炉熔炼

密闭鼓风炉熔炼的工艺配置如图 5-36 所示。

A　鼓风炉熔炼的反应机制

鼓风炉熔炼主体设备是鼓风炉，其横截面为矩形，两端为半圆形。从下到上分别由炉基、炉缸、炉腹、炉身和炉顶构成。为了保证锌有足够的还原时间，鼓风炉的料柱较高，

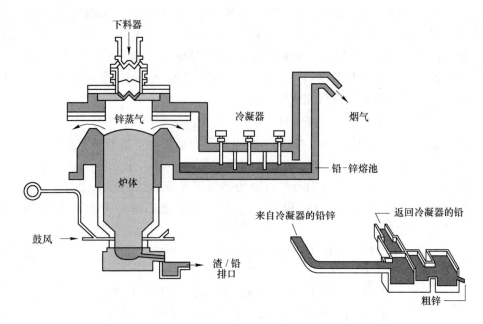

图 5-36　密闭鼓风炉炼锌工艺配置示意图

一般在 6000mm 左右。为避免加料过程中炉气从炉中溢出，在炉顶设置双层料钟密封装置作为加料口。在炉顶两端各有一个探料装置维持炉内料柱正常高度。炉顶还设有若干炉顶热风风口，用于炉气中 CO 燃烧保持离炉烟气在 1000℃ 左右（见图 5-37）。炉料下行过程中会在炉内形成不同的温度梯度和气氛组成变化，进而有不同的反应过程发生。根据炉内发生的反应，可将鼓风炉沿纵向从上到下划分为炉料加热区、再氧化区、固相还原区和熔

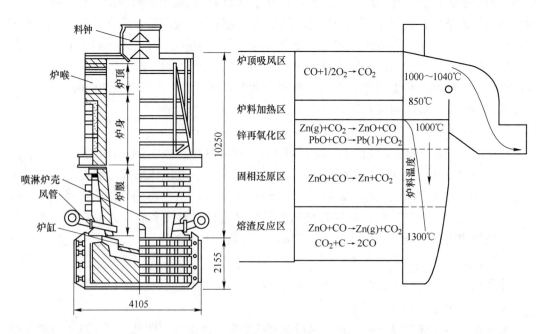

图 5-37　铅锌密闭鼓风炉内反应区

渣反应区 4 个区域，主要发生的反应为：

$$C(s) + O_2 = CO_2 + 408kJ \tag{5-110}$$

$$2C(s) + O_2 = 2CO + 246kJ \tag{5-111}$$

$$CO_2 + C = 2CO - 162kJ \tag{5-112}$$

$$ZnO + CO = Zn(g) + CO_2 - 188kJ \tag{5-113}$$

$$PbO + CO = Pb(l) + CO_2 - 67kJ \tag{5-114}$$

a　炉料加热区

加入炉内的烧结块温度为 400℃ 左右，在此区域内被上升的炉气加热到 1000℃ 左右。其中的 PbO 开始被 CO 还原，另外炉气中的 CO_2 还会与焦炭发生少量的气化反应生成 CO。这两个反应均为吸热反应。经过炉料加热区后，离开料面的含锌炉气温度下降到 800 ~ 900℃，在炉顶通过吸风氧化将温度提高到约 1000℃ 后进入铅雨冷凝器。

b　锌再氧化区

该区域上面紧邻炉料加热区，下面与固相还原区相邻，高约 3 ~ 4m。炉气与炉料的温度几乎不变，温度在 970 ~ 1040℃ 之间。来自下方的一部分 Zn 蒸气由于温度降低会被再次氧化。该区固体 ZnO 与炉气成分处于热力学平衡状态，炉料中的 PbO 会被 CO 大量还原成金属 Pb，而 $PbSO_4$ 会被 CO 还原成 PbS。除了与 CO 还原反应之外，气态 Zn 会借助金属 Pb 的硫化一起将 $CaSO_4$ 还原成 CaO[见方程式（5-117）]。Zn 蒸气也会将 PbO 与 PbS 还原成金属 Pb，同时生成硫化锌。产生的硫化锌一部分会沉积在炉壁上形成炉身结疤，另一部分会在下降到高温带后分解。该区域反应式分别为：

$$Zn(g) + CO_2 = ZnO(s) + CO \tag{5-115}$$

$$PbSO_4 + 4CO = PbS + 4CO_2 \tag{5-116}$$

$$CaSO_4 + 3Zn(g) + Pb = CaO(s) + PbS + 3ZnO \tag{5-117}$$

$$PbO + Zn(g) = ZnO + Pb \tag{5-118}$$

$$PbS + Zn(g) = Pb + ZnS \tag{5-119}$$

c　固相还原反应区

锌再氧化区以下是固相还原反应区，主要发生的是 CO 将固体 ZnO 和 $ZnO \cdot Fe_2O_3(s)$ 还原成 Zn 蒸气的反应，该区的温度在 1000 ~ 1300℃ 之间，是固体炉料中的氧化锌与 CO 和 CO_2 保持平衡的区域。有一小部分 CO_2（已消耗碳的 10% ~ 14%）也会在该区域上升过程中被还原成 CO。其反应式为：

$$ZnO(s) + CO = Zn(g) + CO_2 \tag{5-120}$$

$$ZnO \cdot Fe_2O_3(s) + 2CO = Zn(g) + 2FeO(s) + 2CO_2 \tag{5-121}$$

$$CO_2 + C = 2CO \tag{5-122}$$

这 3 个反应都是吸热反应，主要靠下面熔渣反应熔炼区上升的炉气提供热量，炉气通过这个区域后温度降低 300℃ 左右。因为下面紧邻液相熔炼区，随着炉料的下行，其中容易挥发的成分大量挥发出来；而在该区上方温度较低，这些挥发的成分又附着在从上方下行的炉料上；因此在该区域会发生易挥发成分的循环富集，进而使该区域炉气中 Pb、PbS 和 As 的含量最高。还原的 Pb 在这个区域内溶解其他被还原的 Cu、As、Sb、Bi 等金属，在下降过程中捕集 Au 和 Ag。

d 熔渣反应区

在风口区附近，大量的焦炭在此区域内燃烧放热将固体炉料熔化，此区间温度在1200~1400℃，确保炉渣熔化后存在一定的过热度，进而降低炉渣的黏度，同时燃烧生成的 CO 与熔渣反应，占总量约60%的 ZnO 在熔渣中被还原成 Zn 蒸气。

一方面，这一区域是整个炉内热量的主要来源，为了提供更多的热量，希望焦炭完全燃烧生成 CO_2；另一方面，在此区上部固相反应区没来得及还原的 ZnO 都要在此还原，由于溶解在渣中的 ZnO 活度较低，因此需要更强的还原气氛。更强的还原气氛只能依靠过剩的焦炭和高温获得，这就需要提高炉料中的碳/锌比，这样一来就需要消耗更多的焦炭。但是，在这一区域又不希望渣中的 FeO 还原成金属铁，所以需要控制较低的还原性气氛。解决这一矛盾需要在生产时间过程中不断总结探索，寻找确定出合适的碳/锌比和鼓风量。

当炉渣中锌含量（质量分数）低于3%左右时就有可能还原出金属铁。目前鼓风炉渣含锌（质量分数）在5%~10%之间，会有效地避免铁的生成。Pb 和 Zn 的硫化物都容易分解成元素硫和气态金属，少量的 Pb、Zn 硫化物分解后会进入上面的固相还原反应区。如果液相反应区有还原的铜和铁，ZnS 就可能会被铁和铜还原成金属锌，硫化的铜和铁形成铜锍产品，而 ZnS 进入铜锍数量不多，这也是鼓风炉炼锌能够处理含铜较高物料的依据。其铁和铜还原金属锌的反应分别为：

$$ZnS + 2Cu = Zn(g) + Cu_2S \qquad (5\text{-}123)$$

$$ZnS + Fe = Zn(g) + FeS \qquad (5\text{-}124)$$

B 炉顶炉气的加热与锌蒸气的铅雨冷凝

a 炉顶炉气的加热

炉气离开料面时温度会降低到800~900℃，Zn(g) 与 CO_2 和 CO 含量受 $ZnO(s)$+$CO = Zn(g)+CO_2$ 反应平衡常数 K_p 控制，K_p 值在熔炼温度范围内的变化见表5-28。

表 5-28 $ZnO(s)+CO = Zn(g)+CO_2$ 反应平衡常数 K_p 值及金属锌饱和蒸气压

温度 /℃	800	850	900	1000	1100	1200	1300
$K_p = (Zn) \cdot (CO_2)/CO$	1.38×10^{-3}	3.36×10^{-3}	7.59×10^{-3}	3.19×10^{-2}	1.087×10^{-1}	3.14×10^{-1}	7.91×10^{-1}
$P_{Zn}/atm(1atm = 101.325kPa)$	0.310	0.552	0.932	2.334	5.078	9.878	17.56

对于850℃含（质量分数）CO 25%、CO_2 7.5%、Zn 8.5%、N_2 58%的炉气，气相中 $J_{p850} = (Zn) \cdot (CO_2)/CO$ 为 2.55×10^{-2}，远高于850℃平衡常数 K_{p850} （3.36×10^{-3}），与 K_{p983} 相同。任由这种温度维持下去的话，Zn(g) 会被 CO_2 氧化生成 ZnO。为了避免炉气中的 Zn(g) 氧化，需要在进入冷凝器前将炉气温度提高到983℃以上，使其平衡常数高于 K_{p983} 值（J_{p850}）。一般会比对应的平衡温度983℃高出30~40℃。例如可以将温度升高到1013℃，比离炉气体对应的平衡温度983℃高30℃，对应的平衡常数 K_{p1013} 为 3.78×10^{-2}。温度的提高一般通过热风燃烧 CO 生成 CO_2 提供热量，同时惰性气体会将其他组分稀释。比离炉气体组分对应的平衡温度高30~40℃基本可以保护 Zn(g) 不再被氧化，可以进入铅雨冷凝器捕集金属锌。

b 锌蒸气的铅雨冷凝

铅雨冷凝是根据锌在铅中溶解度随温度的升高而升高，利用搅动飞溅的铅液在逆流变温接触过程中迅速将1000℃左右的含锌烟气冷却到600℃以下，将Zn吸收溶解到铅液中，然后在冷凝过程中再将锌从铅液中分离出来。温度为440℃左右的低锌铅液从炉气的出口端进入冷凝器，其中溶解的锌约2.02%；经过与炉气逆流混合换热后，温度升高到560~670℃，铅液中溶解的锌约2.26%（未饱和），然后泵出冷凝器去冷却分离Pb和Zn，分离出的粗铅再返回冷凝器继续使用。每一个循环锌的净传递量只有0.24%，因此捕集1t金属锌循环的铅量为417t。铅的熔点低、热容量大，便于急冷作业使用；在操作温度下（550℃）蒸气压低，对Zn的溶解度随温度变化大，适合作为Zn的捕收溶剂。从实际操作来看，铅雨冷凝能同时完成对炉气的降温和对Zn的捕集，避免了CO_2在降温过程中再将Zn蒸气氧化。但当炉气中CO_2含量超过14%时，冷凝效果变差。

C 鼓风炉熔炼的操作过程及产品指标

a 炉料构成与加料方式

密闭鼓风炉的炉料主要包括烧结块、团块和焦炭。烧结块的粒度度在25~100mm，熔化温度在1080~1150℃之间。热烧结块和在预热器中预热到800℃左右的焦炭经过料罐吊运到鼓风炉，按设定比例分批加入炉中。例如我国某厂加料每批重为7288kg，其中烧结块4800kg，热焦炭1722kg，焦率为36%，加料周期6~7批/h。

b 鼓风熔炼过程与产品的产出

从鼓风炉下部沿着炉长方向设置的7~10个风口鼓入热风，焦炭与热风燃烧产生CO和CO_2。风量按照单位时间焦炭燃烧量计算，一般按照全部燃烧生成CO粗略计算，即1t焦炭需要的空气量为$4445m^3$空气。在料面以下1000mm左右铅化合物基本被还原成液态金属Pb，与被还原的少量铜、银、锑一起形成粗铅。烧结块中的金属锌约40%在固态条件下被还原。未被还原的氧化铁等氧化物下行到高温区形成熔炼渣，约60%的锌则是在熔渣中被还原出来，粗铅与熔渣下行一起进入炉缸。当熔渣液位升高接近风口线时，风压会明显上升，风量降低，熔渣跳动。此时应该打开下部的放渣口，将炉渣与粗铅排出到前床，经分离后产出粗铅和炉渣。分离出的粗铅送精炼工序生产精炼铅，炉渣送到烟化炉还原挥发回收锌铅等有价元素。以上是间断放渣方式，如果采用连续放渣方式，能使炉子产量提高20%~25%，同时降低渣中铜、铅含量，提高铜、铅回收率。

还原出来的锌蒸气随着CO、CO_2和惰性气体氮气一起上升到炉顶时，温度一般下降到800~900℃，在料面以上鼓入热风氧化CO将炉气温度升高到1000℃左右。离开鼓风炉的炉气大致含（质量分数）Zn 8%，CO_2 10%~11%，CO 21%~25%、N_2 55%~61%，送入铅雨冷凝器分离金属锌。通过冷凝器内飞溅的铅液将炉气迅速冷却到550~700℃，锌蒸气溶解在铅液中；在冷凝器的出口，富含锌的铅液通过蛇管冷却将温度降低到450℃，从铅液中熔析分离出来的粗锌送到锌精炼工序产出精炼锌，分离后的粗铅继续返回铅雨冷凝。

D 鼓风炉熔炼产物及技术经济指标

a 烟气冷凝产物

铅雨冷凝产出主产品粗锌，一般含锌（质量分数）98.5%左右。几个典型厂家的粗锌成分见表5-29。除了粗锌之外，烟气中还有一些灰尘和其他挥发物，以及部分二次氧化的锌蒸气，它们在冷凝分离系统和冷凝烟气洗涤净化过程中形成各种浮渣和蓝粉，其成分见表5-30，这些半产成品一般返回鼓风炉熔炼处理。

表 5-29 鼓风炉熔炼的粗锌成分

厂 家	化学成分（质量分数）/%							
	Zn	Pb	Fe	Cd	As	Cu	Sn	Sb
韶关冶炼厂	98.21	1.34	0.03	0.12	0.05	0.02	0.03	0.03
Cockle Creek 厂	98.68	1.32	—	—	—	—	—	—
Duisburg 厂	98.51	1.19	0.024	0.11	0.0016	—	—	—
Vesme 港厂	98.34	1.30	—	0.28	—	0.01	—	—

表 5-30 鼓风炉炼锌渣浮渣蓝粉的成分

产物名称	化学成分（质量分数）/%					
	Zn	Pb	S	As	FeO	SiO$_2$
泵池浮渣	28~34	28~50	1~3	0.1~0.5	0.5~1.5	1.5~3.0
冷凝器浮渣	33~53	18~40	1.0~2.5	0.1~0.3	1.0~2.5	2.0~3.5
分离及熔析槽浮渣	40~80	12~35	—	1~2	—	—
贮锌槽浮渣	70~80	2~3	—	—	—	—
溶剂槽浮渣	45~52	20~35	—	3~12	(Cl)5~11	—
蓝粉	30~45	30~45	1~3	0.5~1.5	0.5~1.5	1.5~2.5

b 熔铅及炉渣产物

鼓风炉放渣口熔体分离产出的粗铅，主要杂质是铜，其他少量杂质是锌、铋、锡等。粗铅送去铅精炼产出精炼铅，同时回收其中的有价元素。鼓风炉炉渣的组分是根据各生产厂家原料成分特点和鼓风炉熔炼过程设计的，在配料时就已经基本确定。各厂需要根据自身特点确定技术经济最佳的渣型。锌鼓风炉的炉渣一般含（质量分数）Zn 6%~8%，Pb<1%。这种炉渣一般送烟化炉处理，回收其中的 Zn 、Pb 等有价金属。

c 鼓风炉炼锌的主要技术经济指标

鼓风炉炼锌的主要技术经济指标见表 5-31。

表 5-31 鼓风炉炼锌的技术经济指标

参数与指标	韶关冶炼厂	Avonmooth	播磨厂	Cockle Creek	Duisburg
开工时间/年	1977	1967	1968	1961	1965
炉床面积/m^2	17.2	27.1	15.3	17.2	17.2
炉龄/d	—	586	705	609	1030
炉料 Pb/Zn 比	0.45~0.5	0.46	0.45	0.53	0.45
炉料 C/Zn 比	0.8	0.77	0.77	0.76	0.74
吨锌产渣量/t	—	0.67	0.65	0.90	0.67
渣含锌（质量分数）/%	6.33	8.4	7.3	7.2	6.9
锌入渣率/%	—	5.5	4.6	6.4	4.4
锌冷凝分离效率/%	90~92	87.5	93.4	90.6	89.9
锌回收率/%	93.94	93.0	94.7	92.1	93.9
锌满负荷产量/t·d^{-1}	150.4	334	194	211	245
铅满负荷产量/t·d^{-1}	69.4	144	88	103	115
满负荷燃炭量/t·d^{-1}	137	292	166	177	206
热平衡耗炭占比/%	—	73.5	75.8	67.3	69.4

5.7.3 竖罐炼锌

平罐炼锌、竖罐炼锌和电炉炼锌是蒸馏炼锌的 3 种方法，目前还在运行的蒸馏法主要是竖罐炼锌。

5.7.3.1 竖罐还原蒸馏炼锌的主体设备结构及性能

竖罐炼锌的主体设备是蒸馏炉，其结构如图 5-38 所示。蒸馏炉罐体是由 SiC 砖砌成的长方体结构，罐体两侧是燃烧室，用煤气或者天然气对罐体进行间接加热。蒸馏炉生产能力主要取决于罐体的受热面积，也就是罐体的长度和高度。长宽高为 3080mm×310mm×8060mm 的蒸馏炉，其受热面积为 49.7m²，其生产能力为 7.8~8.7t/d；而长高为 2870mm×11870mm，受热面积为 68.13m² 的蒸馏炉，其生产能力为 10.2t/d。竖罐蒸馏煤的单耗约 2.0t/t-Zn，蒸馏 Zn 回收率在 95.5% 左右。

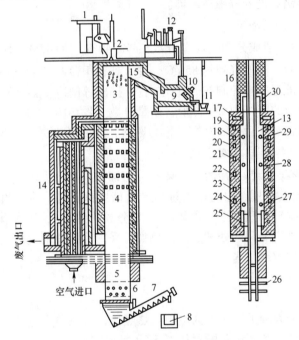

图 5-38　竖罐蒸馏炉的结构示意图

1—加料电车；2—加料斗；3—上延长部；4—罐体；5—下延长部；6—排矿辊；7—排矿螺旋；8—水沟；
9—冷凝器；10—转子；11—电葫芦运输斗；12—第二冷凝器；13—燃烧室；14—换热室；15—罐气出口；
16—上延部保温砖套；17—煤气支管道；18—空气总道；19~24—空气支管道；25—炉气进换热室口；
26—人孔；27—下部测温孔；28—中部测温孔；29—上部测温孔；30—小燃烧室

5.7.3.2 竖罐炼锌的生产过程

竖罐炼锌的生产过程包括团矿制备、还原蒸馏和锌雨冷凝 3 个主要过程。

A　炉料准备

竖罐蒸馏需要在约 10m 高的罐体内完成 ZnO 的还原蒸馏过程，锌蒸气与固体炉料纵向逆行，保证固体物料始终具有足够的孔隙度，这对于还原蒸馏过程的顺利进行至关重要。因此要求炉料具有合适的粒度和足够的抗压强度（50~80MPa），这需要通过对原料进行制团和焦结。一般将锌焙烧矿：烟煤：纸浆废液按（60~62）：（30~34）：6 的比例配料，炭用量为理论用量的 3.1~3.3 倍，选用含有一定挥发分和焦结性能好的原煤与焙烧矿混匀、碾压和压密，之后再在压团机上压成 100mm×73mm×64mm 的湿团矿（抗压强度约 5MPa）。此湿团矿干燥后在 800~900℃ 的焦结炉内进行焦结，除去水分和挥发物，进而提高团块强度。焦结炉用蒸馏炉燃烧废气加热，温度不超过 1000℃，炉气含氧低于 2%，以免团矿中炭燃烧和 ZnO 大量还原挥发损失。

B　焦结矿的还原蒸馏

温度约 700℃ 的热焦块通过加料斗从罐顶加入，首先在罐体上延部被上升的炉气加热到 1000℃ 左右，然后下行进入到罐体内约 1100℃ 的高温带，焦结块中的 ZnO 在连续下移的过程中被还原成锌蒸气。焦结块最终下行到罐底完成还原变成残渣，再在罐体下延部冷却后排出罐体。蒸馏残渣一般含（质量分数）Zn 3%~5%，C 30%~35%，原料中所含的 Cu 以及贵金属 Au、Ag 均残留在残渣内，需要进一步处理回收。含 Zn 的炉气一路上行，经过上延部的排出口进入锌雨冷凝器。

C　含 Zn 蒸气的锌雨冷凝

含 Zn 蒸气的炉气一般成分为（质量分数）：Zn 40%，CO 45%，H_2 8%，N_2 7%。炉气经过上延部的排出口后，温度降到约 850℃。进入到锌雨冷凝器后，炉气再次被转子搅拌带起的锌雨冷却，锌液温度被控制在 500℃ 左右，排出锌雨冷凝器后铸成锌锭送去精馏精炼生产精炼锌。冷凝后的废气中 CO 含量（质量分数）约 70%，再经二次锌雨冷凝和湿法收尘处理回收残留的锌蒸气后返回蒸馏炉作为燃料，Zn 的冷凝效率一般为 94%~97%。

5.7.3.3　竖罐炼锌的产物及去向

竖罐炼锌的产物有蒸馏锌、冷凝粉、蓝粉、蒸馏残渣和冷凝废气。蒸馏锌的纯度能够达到 99.95%，可以直接使用，也可以精炼后产出精炼锌出售。冷凝粉和蓝粉需要返回配料工序，再进行蒸馏提锌。蒸馏残渣含 Zn（质量分数）约 2%，还含有铜、铅、钴、锗等有价元素，根据成分确定专门的处理方法。例如可采用旋涡炉烟化回收易挥发的锌等有价组分，烟化渣再综合回收或出售。

5.7.4　电炉炼锌

电炉炼锌工艺可分为两类，一类为电阻电热竖炉，另一类为电弧电阻矿热炉。现在普遍采用电弧电阻矿热炉，主要设备配置如图 5-39 所示。

含 ZnO 的物料与碎焦（3~10mm）或无烟煤、生石灰按比例配料，加入到电炉上方的三个料仓，每个料仓下设密封螺旋给料机。炉料通过螺旋给料机间断加入炉内，在电弧电阻的双重作用下，电能快速转换成热能将炉料加热，炉料中 ZnO 被还原成金属锌蒸气。含有锌蒸气和 CO 的炉气进入锌雨冷凝器，冷凝后的液态锌进入浇铸装置铸成锌锭。没有冷凝下来的少量锌蒸气与 CO 一起经过立管进入锌粉沉尘室，部分锌蒸气冷凝成锌粉。最后炉气再经过洗涤器洗涤，粉尘含量小于 80mg/m³ 的炉气达标排放。

5.7.5　粗锌火法精炼

金属锌市场交易的主导产品是锌锭，根据化学成分的差异划分为多个牌号，用户根据自己的要求选购合适牌号的锌锭。中国现在执行的锌锭产品标准是 GB/T 470—2008，共分为 5 个牌号，它们对 Zn 含量及主要杂质的要求见表 5-32。火法炼锌工艺产出的粗锌纯

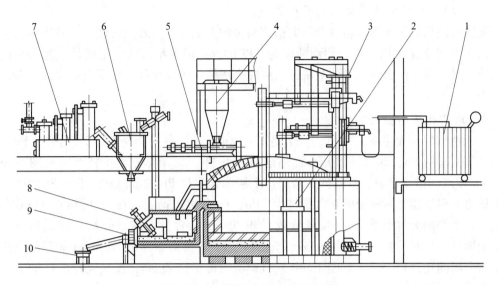

图 5-39 电炉炼锌主要设备配置图

1—电炉变压器；2—炼锌电炉；3—电极提升装置；4—料仓；5—密封螺旋给料机；6—锌粉沉尘室；
7—二冷洗涤器；8—转子；9—飞溅式冷凝器；10—粗锌浇筑装置

度一般在 98% 以上，高的达到 99.9%。粗锌中除了 Zn 以外，还含有 Pb、Cd、Cu、Sn 和 Fe 等杂质，这些杂质含量随工艺方法的差异而不同（见表 5-33）。一般只能达到 Zn99.5 和 Zn98.5 两个低端牌号的产品标准，这种锌的市场应用有限，因此大部分粗锌需要采用精馏精炼的方法进行提纯，达到更高的锌锭产品标准。

表 5-32　GB/T 470—2008 国家锌锭标准的化学成分

牌号	Zn，不小于	化学成分（质量分数）/%						
		杂质，不大于						
		Pb	Cd	Fe	Cu	Sn	Al	总和
Zn99.995	99.995	0.003	0.002	0.001	0.001	0.001	0.001	0.005
Zn99.99	99.99	0.005	0.003	0.003	0.002	0.001	0.002	0.01
Zn99.95	99.95	0.030	0.01	0.02	0.002	0.001	0.01	0.02
Zn99.5	99.5	0.45	0.01	0.05	—	—	—	0.5
Zn98.5	98.5	1.4	0.01	0.05	—	—	—	1.5

表 5-33　火法炼锌粗锌产品的化学成分

工艺方法	化学成分（质量分数）/%					
	Zn	Pb	Cd	Cu	Fe	Sn
鼓风炉熔炼	98~99	0.9~1.5	0.04~0.10	0.002~0.004	—	0.002~0.01
竖罐蒸馏	99.5~99.9	0.139	0.074	0.008	0.014	—
电热熔炼	98.9	1.1	0.07	—	0.013	—

5.7.5.1　粗锌火法精炼的基本原理

粗锌火法精炼包括熔析精炼和精馏精炼两种作业工序，二者配合使用。其中熔析精炼的作用在于部分脱除 Pb、Fe，得到纯度为 99% 的锌；精馏精炼的作用则是脱除锌中的各种杂质金属元素，产出高纯度的金属锌。因此火法精炼的原理包括熔析精炼原理与精馏精炼原理。

A　熔析精炼原理

熔析精炼的原理主要有两点，一个是 Pb、Zn 分离，另一个是 Fe、Zn 分离。Pb、Zn 分离利用固态的 Pb、Zn 互不相溶，而熔融状态下 Pb、Zn 有限互溶的特点（见图 5-40）。将含 Pb 较高的粗锌熔融后降温分为两层，上层为含少量 Pb 的金属锌，下层为含少量 Zn 的金属铅。温度越低两种金属互含量越少，Pb、Zn 分离越彻底。在 Zn 的熔点 418℃ 左右分层时，上层的金属锌含 Zn（质量分数）99.5%，Pb 含量（质量分数）降低到 0.5%；下层金属含（质量分数）Pb 98%，Zn 2%。Fe、Zn 分离的原理是 Fe 和 Zn 能够形成高温稳定的金属间化合物 $FeZn_7$（见图 5-41）。$FeZn_7$ 的密度比 Zn 高，在金属锌熔体中沉入底层，形成糊状的硬锌。

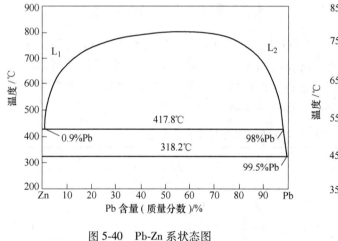

图 5-40　Pb-Zn 系状态图

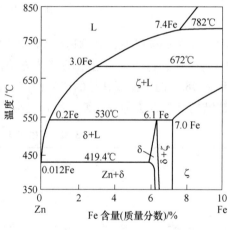

图 5-41　Fe-Zn 系状态图

熔析精炼在反射炉或熔析锅内进行，一般周期 24~48h，控制温度在 430~450℃。除了表面少量浮渣外，熔池分上、中、下 3 层。上层是熔析出来的精炼锌，含（质量分数）Zn 99%，Pb 0.9%~1%，Fe 0.02%~0.03%；中层由铁和锌化合物组成；下层是铅锌合金熔体，含 Zn（质量分数）5%~6%。

B　精馏精炼原理

锌精馏精炼的原理就是利用一定温度下金属蒸气压的差别，通过温度梯度控制蒸发回流，实现 Zn 与杂质元素的分离和有价元素的回收。

a　高沸点杂质与 Zn、Cd 的分离

在表 5-34 液相金属组成范围内有两点值得关注，第一点是，这些成分范围内粗锌合金的沸点都低于 900℃，极易挥发；第二点是，对应的气相中几乎全是 Zn、Cd 蒸气，而 Pb 的摩尔分数均在 $1.6×10^{-4}$ 以下，挥发极少，这是 Pb 与 Zn、Cd 分离的基础。

表 5-34 Zn-Pb-Cd 的气—液平衡组成

| 序号 | 平衡组成（摩尔分数）/% | | | | | | |
| | 液 相 | | | 沸点/℃ | 气 相 | | |
	N_{Zn}	N_{Cd}	N_{Pb}		N_{Zn}	N_{Cd}	N_{Pb}
1	0.231	0.693	0.077	779	0.096	0.903	0.86×10^{-5}
2	0.429	0.429	0.143	809	0.220	0.780	2.8×10^{-5}
3	0.600	0.200	0.200	846	0.422	0.579	8.3×10^{-5}
4	0.200	0.600	0.200	791	0.105	0.895	2.2×10^{-5}
5	0.333	0.333	0.333	826	0.204	0.760	6.5×10^{-5}
6	0.429	0.143	0.429	869	0.519	0.481	16.0×10^{-5}
7	0.077	0.693	0.231	784	0.042	0.958	2.0×10^{-5}
8	0.143	0.429	0.429	812	0.123	0.877	4.8×10^{-5}
9	0.200	0.200	0.600	860	0.317	0.683	14.8×10^{-5}

加入精馏塔中的粗锌合金中 Pb、Fe、Cu 的含量不高，可以近似看作是纯锌。Zn 的沸点约为 907℃，Cd 的沸点为 767℃，Fe 的沸点为 2750℃。如果将粗锌合金加热到 910℃以上，那么合金中的 Zn、Cd 会大量快速挥发进入气相，而 Pb 仍留在液相粗锌中。当粗锌中的部分 Zn 与全部的 Cd 镉蒸发后，流至精馏塔下部粗锌中 Pb 的含量便会增加，沸点也会相应略有提高。由此可见，粗锌经过 910℃ 以上挥发蒸馏得到两种产物。一个产物是富含 Pb、Fe、Cu 等杂质的高沸点粗锌，可以将其送到熔析精炼产出纯度不高的精炼锌，熔析出的副产物送去回收 Pb 等有价金属；另一个是从塔顶挥发分离得到的含 Cd 较高的粗锌，继续精馏进行 Zn、Cd 分离，产出高品质精炼锌和含镉副产物。

b Zn、Cd 精馏分离

Zn-Cd 体系状态图如图 5-42 所示。曲线 I 显示的是 Zn-Cd 合金沸点与含 Cd 量的关系，合金沸点随着 Cd 含量的升高而降低；曲线 II 显示的是 Zn-Cd 合金沸腾时与之对应的气相中 Zn、Cd 组分的含量。对于任意一个组成的合金沸点处，对应的气相中 Cd 含量都高于对应液相合金的 Cd 含量。

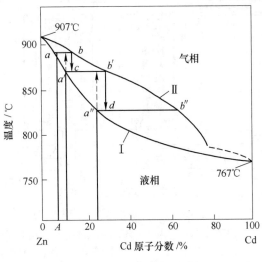

图 5-42 Zn-Cd 系沸点组成图

对于成分处于 A 的合金，加热到 A 合金沸点之上时就会沸腾挥发，但是低沸点的 Cd 比高沸点的 Zn 挥发多一些，蒸气中 Zn、Cd 含量与液相不同。平衡时液相合金成分处于 a 点，其中 Zn 的含量高于母合金 A，因此液相 Zn 合金 a 的纯度高于母合金 A；如果将成分为 a 点的液相 Zn 合金继续加热到更高的温度沸腾挥发，会得到 Zn 含量更高的液相 Zn 合金；这样逐级提高沸腾温度，就会将更多的 Cd 挥发除去，进而得到纯度更高的液相锌合金，实现锌的精炼提纯。

与此同时，A 合金第一次沸腾蒸发与液相合金 a 平衡的气相组成处于 b 点，其中 Cd 的含量高于母合金 A，使 Cd 在气相得到富集；将 b 点的气相冷却到 c 点所处的温度时，就会有一部分合金蒸气冷凝为液相合金 a'，其中的 Zn 含量高于原来气相 b 点；与此对应的气相组成对应于 b' 点，其中的 Cd 含量高于原来气相 b 点。因此冷凝时 Zn 在液相富集，Cd 在气相中被进一步富集；同理，将 b' 点成分的气相进一步冷凝到 d 点所处的温度，平衡时液相合金 a'' 的 Zn 含量高于原来气相 b' 点的 Zn 含量，新的气相 b'' 的 Cd 含量高于原来 b' 点的 Cd 含量，使 Cd 在气相中又进一步富集。经过多次逐级的升温沸腾挥发—降温冷凝操作，最终得到含 Zn 纯度更高的液相精炼锌。同时也会得到 Cd 含量更高的气相 Zn-Cd 合金，从而实现 Zn、Cd 的精馏分离。

5.7.5.2 精馏精炼的装备、工艺过程

精馏法是 20 世纪 30 年代与竖罐炼锌同一时期发展起来的锌精炼技术，由美国新泽西公司研发。我国精馏精炼技术 1957 年由葫芦岛锌厂从波兰引进。通常采用两个铅塔与一个镉塔形成一个组合作业，铅塔—镉塔组合配置方式如图 5-43 所示。

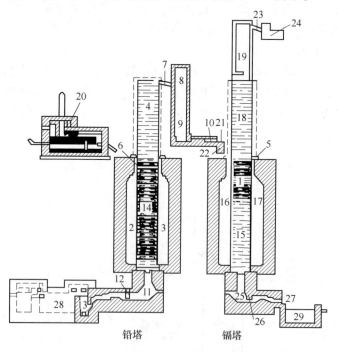

图 5-43 锌精馏炉组合作业示意图

1，14—蒸发盘；2，3，16，17—燃烧室；4，15，18—回流盘；5—燃烧室上盖；6，22—加料管；7，23—连接槽；
    8—铅塔冷凝器；9—贮锌池；10—流锌槽；11，25—下延部；12，26—液封隔墙；13—B 号锌出口；
19—镉塔冷凝器；20—熔化炉；21—隔塔加料器；24—小冷凝器；27—精炼锌出口；28—粗炼炉；29—精炼锌贮槽

采用不同温度分馏的原理，在两个不同的塔中进行蒸馏和分离。第一阶段是将粗锌加入铅塔中，脱除 Pb、Fe、Cu 等高沸点金属杂质；第二阶段是将含 Cd 的锌在镉塔中，脱除 Cd，实现 Zn、Cd 分离。两种精馏过程类似，只是铅塔的温度比镉塔略高。

以韶关冶炼厂工艺配置为例，共有 12 座精馏塔，其中 9 座铅塔，3 座镉塔。铅塔由 47 块塔盘组成，镉塔由 57 块塔盘组成。精馏塔塔盘分为 1372mm×740mm×160mm 标准型和 1260mm×620mm×190mm 两种规格。按 2 座铅塔+1 座镉塔分为 3 组；其余 3 座铅塔是用于生产特级锌和高纯氧化锌的 B 号塔。熔化后的粗锌液流入左边的铅塔内，使液锌中的 Zn 与 Pb、Fe、Cu 等高沸点杂质分离。铅塔挥发出来的 Zn、Cd 蒸气在铅塔上部的冷凝器中冷凝，得到的 Zn-Cd 合金熔体被导入镉塔内，使 Cd 等低沸点杂质在稍低于铅塔温度的条件下通过蒸发与 Zn 分离。镉塔底部流出的精炼锌进入精锌贮槽，定期放出铸锭；在镉塔上部得到含 Cd 高的锌作为 Cd 提取原料送去回收镉。

从铅塔底部流出的 Pb、Fe 等高沸点杂质含量较高的锌熔体，进入 600~650℃ 的熔析炉进行分层，上层为不含镉的 B 号锌 [$w(Zn) = 98\% \sim 98.9\%$]，送到单独处理 B 号锌的铅塔继续精馏生产精炼锌；中层的硬锌送回粗锌蒸馏工段处理；下层为金属铅，送综合回收铅。精馏精炼可以产出 99.99% 的精锌，Zn 回收率可达 99%，并且能够回收 Pb、Cd、In 等有价金属。

5.7.5.3　粗锌精馏精炼的技术条件及产物

A　原料和燃料

锌精馏的原料是火法炼锌的产物粗锌，粗锌中的杂质种类和含量影响到精馏作业的生产效率、操作制度等技术指标和设备材质的选择。实践表明，为了生产 99.99% 的精炼锌，并达到合理的技术经济指标，要求粗锌含（质量分数）Pb<2%，Cd<0.3%，Sn<0.05%，Fe<0.1%。其中杂质 Fe 对碳化硅具有腐蚀作用，需要严格限制其含量，当 Fe 含量超标时需要考虑加铝脱除。天然气、煤气、石油尾气、重油和煤都可以燃料，一般需要选用货源稳定、热值高、含尘低的煤气等气体燃料。例如，国内某厂要求煤气热值>5440kJ/m³，CO 含量（质量分数）高于 25%，含尘低于 0.2g/m³。

B　加料

锌精馏加料一般先从铅塔加料，然后再给镉塔加料。加料过程要求连续、均匀、稳定、计量准确。对于铅塔加料，先将液态锌或粗锌锭加入铅塔熔化炉熔化，加液态锌时温度稳定在 580~630℃；加块料和锌锭时温度稳定在 600~650℃。锌液溢流到液封加料器通过连接溜管进入铅塔蒸发盘。对于镉塔加料，以铅塔冷凝器为贮槽，液态锌经过溜槽和镉塔加料器连续均匀流入镉塔蒸发盘，进入镉塔的锌液温度为 600~650℃。

C　供热与温度控制

锌精馏供热分为熔化炉供热和精馏塔供热两部分，熔化炉直接通过燃料燃烧供热。精馏塔内供热与竖罐相似，在蒸发盘所处位置四周设置燃烧室间接供热，温度控制要求更高，对应燃烧室的塔内各点温差不大于 10℃。对于铅塔，塔内壁温度为 930℃，塔内金属蒸气温度为 910℃，而塔底排出锌液温度为 880~900℃，铅塔冷凝器温度为 700~850℃。对于镉塔，下延部锌液温度为 880~900℃，精炼锌贮槽锌液温度为 580~650℃；镉塔上部大冷凝器温度为 800~900℃ ，镉塔小冷凝器温度为 550~600℃ 。

D　熔析精炼炉的温度控制

铅塔塔底排出的锌液进入熔析精炼炉，将温度控制在 430~520℃ ，进行熔析精炼，一般精炼时间 60~120h 。当粗锌含 Pb 、Fe 较高 [$w(Pb)>1.5\%$ ， $w(Fe)>0.05\%$] 时，时间取上限，反之取下限。温度最好控制在 430~460℃ 之间，温度再高时上层锌铁合金不易分层，Pb 、Fe 熔析分离不完全；温度低于 430℃ 时 B 号锌溢流困难。

E　粗锌精馏产物

精馏精炼过程中 Zn 回收率在 99% 以上，其中精炼锌直接产率为 65%~70% ，其余主要为 B 号锌，送铅塔继续精炼产出精炼锌和粗铅。除了能得到很纯的锌之外，还可得到很多副产物，如镉灰、含铟的铅、含锡的铅等，从这些副产物中可制得镉、铟和焊锡等，从而可以大大降低精馏法的成本。精馏法精炼锌的产物及其主要成分见表 5-35 。

表 5-35　精馏精炼原料产物及其组成

产物	含量（质量分数）/%							
	Zn	Pb	Cd	Fe	Cu	Sn	As	In
粗锌	98.7	0.4	0.05	0.05	0.002	<0.02	<0.01	—
精馏锌	>99.99	0.002	0.0018	0.0015	0.0015	0.008	—	—
B 号锌	98~98.9	0.9~1.8	<0.0001	0.03~0.1	0.003~0.005	<0.05	<0.01	0.04~0.1
硬锌	90~95	2~3	<0.001	2~4	—	0.044	0.0015	0.14
粗铅	2~5	94~96	—	—	—	—	—	0.3~0.5
镉灰	60~65	<0.002	20~30	—	—	—	—	—
锌渣	70~80	0.45~0.92	0.01~0.03	0.05~0.08	—	0.01~0.06	—	—
氧化锌	63~76	0.3~0.5	0.19	0.05	—	—	—	—

思　考　题

(1) 火法炼锌有哪两种主要工艺方法，它们的加热方式有什么区别，为什么鼓风炉产出的锌蒸气含锌比竖罐产出的锌蒸气含锌低，为什么鼓风炉用铅雨冷凝而竖罐采用锌雨冷凝回收锌？

(2) 结合氧化锌还原的 P_{CO}/P_{CO_2}-T 曲线，分析鼓风炉炼锌与竖罐炼锌的进程；分析鼓风炉炼锌炉渣含锌高的原因，并分析鼓风炉需要高温密闭炉顶和铅雨冷凝的原因。

(3) 锌的火法精炼包括哪两种方法，熔析精炼主要脱除哪两种金属，脱除的金属主要存在于什么产物中，熔析精炼的产物在熔析锅中如何分布？

(4) 精馏精炼装备包括哪两个塔，它们主要作用分别是什么，各产出什么产物？

参 考 文 献

[1] 代涛，陈其慎，于汶加. 全球锌消费及需求预测与中国锌产业发展 [J]. 资源科学，2015，37（5）：0951-0960.

[2] 张念，冯君从. 未来十年我国锌资源需求展望 [J]. 世界有色金属，2016，（2）：11-15.

[3] 李东波，蒋继穆. 国内外锌冶炼技术现状和发展趋势 [J]. 中国金属通报，2015，（6）：44-46.

[4] 翟秀静. 重金属冶金学 [M]. 北京：冶金工业出版社，2011.

[5] Ingraham T R. Kellogg H H. Thermodynamic properties of zinc sulfate，basic zinc sulfate and the system Zn-S-O [J]. Trans. Met. Soc. AIME，1963，227：1419.

[6] Roosenqvist T. Phase Equilibria in the Pyrometallurgy of Sulfide Ores [J]. Metallurgical Transactions B，1978，9：337-351.

[7] Sinclair R J. The Extractive Metallurgy of Zinc [D]. Carlton Victoria，Australia：The Australasian Institute of Mining and Metallurgy，2005.

[8] 铅锌冶金学编委会. 铅锌冶金学 [M]. 北京：科学出版社，2003.

[9] Chen T T，Dutrizac J E，Canoo C. Mineralogical Characterization of Calcine，Neutral Leach Residue and Weak Acid-Leach Residue from the Vieille-Montagne Zinc Plant，Balen，Belgium [J]. Trans. Instn. Min. Metall. 1993，102：C19-C31.

[10] 程文军，张博，张富兵. 高杂锌精矿的沸腾焙烧研究与实践 [J]. 世界有色金属，2012（12）：44-45.

[11] Alain Vignes. Extractive Metallurgy 2-Metallurgical Reaction Processes [D]. ISTE Ltd and John Wiley & Sons，Inc. London，2011.

[12] 胡丕成. 电炉炼锌工艺 [J]. 中国有色冶金，2018（4）：1-3.

[13] 屠世杰. 直流埋弧电炉炼锌多场耦合数值模拟研究 [D]. 长沙：中南大学，2013.

6 铅 冶 金

6.1 概 述

6.1.1 铅的主要性质及应用

6.1.1.1 铅的物理和化学性质

A 铅的物理性质

铅为元素周期表中的Ⅳ主族元素，原子量207.2，外观呈蓝灰色，密度大，硬度小，展性好，延性差，熔点和沸点都低，导热和导电性差。液态铅的流动性好。铅的主要物理性质见表6-1。

表 6-1 铅的主要物理性质

密度 /g·cm^{-3}	熔点 /℃	沸点 /℃	比电阻 /μΩ·cm^{-3}	导热系数 /W·(cm·K)$^{-1}$	莫氏 硬度	熔化潜热 /kJ·mol^{-1}	蒸发潜热 /kJ·mol^{-1}	平均热容 /J·(mol·K)$^{-1}$
11.34	327.46	1525	20.648	0.3391	1.5	4.77	179.5	26.650

高温下铅容易挥发，造成冶炼时的金属损失和环境污染。铅在不同温度下的蒸气压见表6-2。

表 6-2 铅的蒸气压与温度关系

温度/℃	620	710	820	960	1130	1290	1360	1415	1525
蒸气压/Pa	0.133	1.333	13.332	133.32	1333.22	6666	13332	38530	101325

B 铅的化学性质

铅在常温下不与干燥空气或无空气的水作用，但能与含 CO_2 和湿空气作用生成 Pb_2O 和 $3PbCO_3 \cdot Pb(OH)_2$ 保护膜。铅在空气中加热能顺次氧化成 Pb_2O、PbO、Pb_2O_3、Pb_3O_4，最后分解成高温稳定的 PbO。

铅为两性金属，它易溶于硝酸、硼氟酸、硅氟酸、醋酸和硝酸银中，与硫酸和盐酸作用生成不溶的 $PbSO_4$ 和 $PbCl_2$ 表面膜，附着在铅的表面，从而阻碍铅继续反应。铅的常见化合价为+2和+4。

铅是放射性元素铀、锕和钍分裂的最后产物，对 X 射线和 γ 射线有良好的吸收性，具有抵抗放射性物质透过的能力。

6.1.1.2 铅的主要化合物的性质

A 硫化铅（PbS）

自然界中硫化铅以方铅矿形式存在，它是当前炼铅的主要原料，其熔点为1135℃，密度 7.4~7.6g/cm³。熔化后流动性很大，600℃时开始挥发，至 1281℃时其蒸气压已达 101325Pa，与 Sb_2S_3 和 Cu_2S 等硫化物共熔会降低它的挥发性。PbS 不易分解，1000℃时的分解压力仅有 16.8Pa，到 1350℃时分解速度很大。对硫亲和力大于铅的金属（如铁）可从 PbS 中置换出金属铅。PbS 能被碳或一氧化碳高温还原，但速度极慢而未被应用。PbS 能溶解于金属铅，降温时则又从铅水中析出形成炉结。PbS 焙烧时便氧化成 PbO 和 $PbSO_4$。HNO_3 和 $FeCl_3$ 的水溶液能溶解 PbS。

B　氧化铅（PbO）

氧化铅又称密陀僧，是最主要的铅氧化物，其余的 Pb_2O、Pb_3O_4 和 Pb_2O_3 都不稳定。PbO 熔点为（887±4）℃，沸点 1472℃，难分解而易挥发，950℃时挥发已显著。PbO 是能与酸性或碱性氧化物结合的两性化合物，但铅酸盐不稳定。PbO 对硅砖和黏土砖有特别强烈的腐蚀作用。氧化铅是强氧化剂和助熔剂，它易使 Te、S、As、Sn、Sb、Bi、Zn、Cu、Fe 等部分或全部氧化，所形成的氧化物或造渣或挥发，是金属铅的氧化精炼基础；又能与许多金属氧化物结合成易熔共晶和化合物，特别是 PbO 过剩时更易熔。PbO 易被 C 和 CO 还原。

C　硅酸铅（$xPbO·ySiO_2$）

PbO 与 SiO_2 能结合成 $4PbO·SiO_2$、$2PbO·SiO_2$ 和 $PbO·SiO_2$ 三种易熔化合物，以及 $4PbO·SiO_2-2PbO·SiO_2$、$2PbO·SiO_2-PbO·SiO_2$ 和 $PbO·SiO_2-SiO_2$ 三种易熔共晶（熔点都低于 780℃），是烧结过程良好的黏合剂。它比 PbO 难挥发和难还原。

D　硫酸铅（$PbSO_4$）

天然的硫酸铅矿物称铅矾。硫酸铅的熔点为 1170℃，密度 6.34g/cm³。它是较稳定的化合物，800℃开始离解，950℃以上离解速度已很大，其反应为：

$$PbSO_4 \Longrightarrow PbO + SO_2 + 0.5O_2 \qquad (6-1)$$

还原时，$PbSO_4$ 变成 PbS。$PbSO_4$ 和 PbO 均能与 PbS 反应生成金属铅，这是反应熔炼的理论基础。

E　氯化铅（$PbCl_2$）

氯化铅的熔点为 498℃，沸点 954℃，密度 5.91g/cm³。氯化铅在水中的溶解度极小，但它能溶于碱金属和碱土金属氯化物如 NaCl、$CaCl_2$ 等的水溶液中，且温度升高时，其溶解度亦增大。如 50℃的饱和氯化钠溶液对铅的最大溶解度为 42g/L，100℃时 $CaCl_2$ 的饱和氯化钠溶液可溶解 100~110g/L 的铅。

F　碳酸铅（$PbCO_3$）

碳酸铅又称白铅矿，是自然界中铅的主要氧化矿，其矿床不多，故意义不大。碳酸铅加热时便分解生成氧化铅。

G　铁酸铅（$xPbO·yFe_2O_3$）

PbO 与 Fe_2O_3 可形成一系列成分不同的化合物，其熔点视其结合的比例而在 762~1227℃范围内变化。铁酸铅是不稳定的化合物，在有 CaO 和 SiO_2 存在时，1080℃温度下便发生强烈分解，其反应式为：

$$PbO·Fe_2O_3 + CaO + SiO_2 \Longrightarrow FeO·SiO_2 + CaPbO_2 + 0.5O_2$$

铁酸铅的生成是烧结过程的良好黏合剂，并可降低 PbO 的挥发。铁酸铅是容易被还原成金属铅的化合物，180~205℃即已开始被氢还原，500~550℃便可被 CO 完全还原。高温熔炼时生成铁酸铅可以降低 PbO 的蒸气压力，使铅的挥发损失下降。

6.1.1.3　铅的应用

铅具有高度的化学稳定性，抗酸和抗碱腐蚀的能力都很高，故常用于化工和冶金设备的防腐衬里和防护材料上，以及作为电缆的保护包皮。历史上，铅板和镀铅锡合金的白铁板在建筑工业中有广泛的用途。铅也常被制成各种合金原料，如印刷合金、轴承合金、焊料合金、低熔合金以及硬铅（铅锑合金）等。然而铅最大量的用途是用作铅酸蓄电池的制造材料。

铅的化合物如铅白、密陀僧等曾经用于油漆、玻璃、陶瓷、橡胶等工业部门和医疗部门。盐基性硫酸铅、磷酸铅及硬脂酸铅曾用作聚氯乙烯的稳定剂。

但随着人们对铅毒性认识的不断深入，铅在上述领域的应用已急剧减少或被明令限制。如四乙基铅，作为汽油抗震剂，在二十世纪曾是铅的重要用途。1921～1973 年，四乙基铅作为汽油添加剂使用了长达五十年。目前全球范围内的大多数国家都明确限制往汽车用汽油中添加四乙基铅。

目前铅的最大用途是制作铅酸蓄电池。一方面的原因是铅的价格低，二氧化铅和硫酸铅具有独特的电化学性能，适于用于制作低成本、高容量的二次电池，并且铅酸蓄电池具有放电电流大的独特优点，广泛用于汽车的启动、照明、点火储能电池。由于汽车行业发展的需求，铅在此领域的需求仍会稳定增长。另一方面的原因是，铅酸蓄电池具有集中使用，集中回收处理的特点。据统计，现今国际领域内再生铅的比例达到金属铅生产总量的 60% 左右，成为再生比例最高的常用金属材料。集中使用、集中回收处理的特点有效降低了铅提取冶炼过程中铅、硫等有害元素对环境的污染和危害。也因此，含铅的二次资源的处理成为铅冶金的重要组成部分。

金属铅还是 X 射线和原子能装置的防护材料。随着核工业的飞速发展，核反应堆的防辐射铅用量亦在逐年增大。

6.1.2　铅的资源

铅的原料包括矿物原料和二次含铅资源两大类。

矿物原料分硫化矿和氧化矿两种。硫化矿中的铅矿物主要是方铅矿（PbS），硫化铅矿属原生矿，是当今炼铅的主要原料。纯方铅矿含（质量分数）铅 86.6%，硫 13.4%。但是，自然界很少有纯净的铅矿物，绝大多数的铅矿物是与其他金属矿物共生，而且多半是铅品位不高，故需经过选矿得到铅精矿再进行熔炼。

硫化铅矿中通常共生的有辉银矿（Ag_2S）和辉铋矿（Bi_2S_3），所以银和铋是炼铅企业综合回收的重要元素。结晶颗粒大的方铅矿含银比较少，而多种硫化物组成的铅矿含银较高。如铅锌矿（含 PbS 和 ZnS）和铜铅锌矿（含 $CuFeS_2$、PbS 和 ZnS）常伴生有黄铁矿（FeS_2）、硫砷铁矿（FeAsS）和其他硫化矿物，矿石中的主要脉石是石灰石、石英石和重晶石等。矿石中还含有 Sb、Cd、Au 以及少量 In、Tl、Ge、Te 等元素。

硫化铅矿一般都经过选矿分离后进行熔炼，铅锌密闭鼓风炉熔炼法（ISP 法）和基夫赛特熔炼法（Kivcet 法）可处理铅锌混合矿。

氧化矿主要为白铅矿（$PbCO_3$）和铅矾（$PbSO_4$），它们都属于次生矿，是原生矿经风化作用和含有碳酸盐的地下水作用而成。因白铅矿和铅矾都含有氧，所以统称为铅的氧化矿。由于矿的成因不同，氧化矿常在铅矿床的上层，而硫化矿则在下层。铅的氧化矿储量比硫化矿少得多，故其经济价值较小。

我国小秦岭地区以及云南、甘肃、青海等省的铅矿储量丰富，河南、辽宁、吉林、湖南、广东、广西、江西、内蒙古等省区也有大的铅矿资源。

铅矿石一般含铅（质量分数）为3%~9%，最低含铅量（质量分数）在0.4%~1.5%之间，因此必须进行选矿富集，得到适合冶炼要求的铅精矿。

铅精矿是由主金属铅、硫和伴生元素 Zn、Cu、Fe、As、Sb、Bi、Sn、Au、Ag 以及脉石氧化物 SiO_2、CaO、MgO、Al_2O_3 等组成。为了保证冶金产品质量和获得较高的生产效率，避免有害杂质的影响，使生产能够顺利进行，铅冶炼工艺对铅精矿成分有一定要求，其要求包括：

（1）主金属含量不宜过低，通常要求大于40%（质量分数）。含量过低，对整个铅冶炼工艺会出现单位物料产出的金属铅量减少，从而降低生产效率。

（2）杂质铜含量不宜过高，通常要求小于1.5%~4.0%（质量分数）。铜过高，烧结块中铜含量会相应升高，在鼓风炉还原熔炼过程中，所产生的锍量增加，结果导致溶于锍中的主金属铅损失增加，同时易洗刷鼓风炉水套，不仅缩短水套的使用寿命，也容易造成冲炮等安全事故。在铅的直接熔炼工艺中，铜含量高也会对铅的熔炼工艺造成不良影响，必要时需要控制工艺单独生成铜锍放出处理。另外，含铜太高，也易造成粗铅和电铅中铜含量超标。

（3）含锌量不宜过高。锌的硫化物和氧化物均是熔点高、黏度大的化合物，特别是硫化锌，若含量过高，则在熔炼时这些锌的化合物进入熔渣和铅锍，导致它们熔点升高、黏度增大、密度差变小和分离困难，甚至因饱和在铅锍和熔渣之间析出形成横膈膜，严重影响鼓风炉的炉况和直接炼铅工艺中铅渣还原工艺的操作，妨碍熔体分离，故锌含量（质量分数）一般要小于5%~7%。

（4）砷、锑等杂质含量也有严格要求，通常要求二者之和小于1.2%（质量分数）。如果过高，则经配料烧结后，在鼓风炉中形成黄渣的量会增加，而且金属铅的流失量会相应增大，更会造成粗铅、阳极铅含砷、锑过高。此外在电解精炼过程中，会使铅溶解速度变慢，并且阳极泥难以洗刷干净。这样既影响电流效率，又影响生产效率。

（5）氧化物杂质要求。MgO、Al_2O_3 等杂质会影响鼓风炉渣型，故一般要求氧化镁小于2%（质量分数），氧化铝小于4%（质量分数）。

我国铅精矿的等级标准（YS/T 319—2013）见表6-3。由表可见，铅精矿的质量除了

表6-3 我国铅精矿的等级标准（YS/T 319—2013）

品级	铅含量（质量分数），不小于/%	杂质含量（质量分数），不大于/%				
		Cu	Zn	As	SiO_2	Al_2O_3
一级品	65	3.0	4.0	0.3	1.5	2.0
二级品	60	3.0	5.0	0.4	2.0	2.5
三级品	55	3.0	6.0	0.5	2.5	3.0
四级品	50	4.0	6.5	0.55	3.0	4.0
五级品	45	4.0	7.0	0.6	3.0	4.0

考虑到其含铅品位之外，另外的一个重要因素就是杂质铜、锌和砷的含量。铅精矿品位愈高，则冶炼的生产率和回收率愈高，能耗愈低，单位消耗和成本也愈小。铅精矿含铜过高，熔炼过程中铅的损失也会相应增大；铅精矿含锌越高，熔炼时的困难也越大。特别是含铜、锌都高的铅精矿，在一般情况下都很难处理。

国内外的一些铅精矿成分实例见表 6-4。

表 6-4　国内外铅精矿成分实例

矿例		含量（质量分数）/%											
		Pb	Zn	Fe	Cu	Sb	As	S	MgO	SiO$_2$	CaO	Ag /g·t^{-1}	Au /g·t^{-1}
国内精矿	I	66.0	4.9	6	0.7	0.1	0.05	16.5	0.1	1.5	0.5	900	3.5
	II	59.2	5.74	9.03	0.04	0.48	0.08	19.2	0.47	1.55	1.13	547	—
	III	60	5.16	8.67	0.5	0.46	—	20.2	—	1.47	0.46	926	0.78
	IV	46	3.08	11.1	1.6		0.22	17.6		4.5	0.48	800	10
国外精矿	I	76.8	3.1	1.99	0.03		0.2	14.1	0.2		75	—	—
	II	74.2	1.3	3	0.4		0.12	15	0.5	1	1.7	—	—
	III	50	4.04	—	0.47	0.03	0.004	15.7		13.5	2.3	—	—
	IV	49.4	11.7	—	2.3	—	—	17.2		3.16	0.65	—	—

2012~2017 年全球的铅矿产量数据见表 6-5。

表 6-5　2012~2017 年全球的铅矿产量（以金属 Pb 计）

年　份	2012	2013	2014	2015	2016	2017
全球铅矿产量/kt	5170	5400	4870	4950	4710	4700

炼铅的原料除铅精矿外，还包括许多其他有色金属冶炼和钢铁冶炼工艺中产出的含铅物料，如锌冶炼产出的浸出渣、铅银渣和硫尾矿渣，铜冶炼产出的含铅烟尘，炼铁高炉的含铅烟尘以及电炉炼钢产出的含铅烟尘等。这些物料单独处理时，具有流程长、工艺复杂的难题，受制于处理工艺的成本限制，易造成有价元素综合回收率低，具有污染环境的潜在弊端。另外，此类含铅物料，据不完全统计，其含铅量占金属铅年产量的 5%~10% 左右。但由于统计数据的分类方法不同，虽然该部分铅也是随矿山开采而来，但未统计入矿产铅的数据之中。

出于节能减排、综合回收和环境保护的目的，将上述金属提取冶炼工艺过程中产生的含铅物料作为原料并入铅精矿的冶炼流程是合理的，或采用专门的湿法冶炼工艺处理，有助于控制处理过程中的铅污染问题。

其他有色金属和钢铁冶炼工艺中产出的含铅物料，加上废铅酸蓄电池，以及废铅板、铅管、显像管电子铅玻璃等含铅杂料，共同构成铅冶炼的二次资源。

6.1.3　铅的提取方法概述

当代提取铅金属的工业生产几乎都是采用火法冶金工艺。湿法炼铅历经了长期的研究，但在处理硫化铅精矿方面无法与火法工艺竞争，因此一直没有得到工业应用；但湿法炼铅目前在处理硫酸铅渣形式的二次含铅物料方面已取得突破，并得到应用。

6.1.3.1 氧化还原熔炼法

该法首先是将硫化铅精矿（或块矿）中的硫化铅及其他硫化物氧化成氧化物，然后再使氧化物还原得金属铅。该法包括硫化铅精矿中的硫化铅及其他硫化物的高温氧化生成氧化物（也可能生成金属）和氧化物还原得到金属的过程。硫化铅在氧化还原熔炼时发生的反应为：

$$PbS + 1.5O_2 \Longrightarrow PbO + SO_2 \tag{6-2}$$
$$PbO + CO(C) \Longrightarrow Pb + CO_2(CO) \tag{6-3}$$
$$PbS + O_2 \Longrightarrow Pb + SO_2 \tag{6-4}$$

烧结焙烧—鼓风炉还原熔炼便是应用该法的传统炼铅方法。它是在烧结机上对硫化铅精矿进行高温氧化脱硫，并将炉料熔结成烧结块。然后将烧结块与焦炭一起在鼓风炉内进行还原熔炼得粗铅。该法的适应性强，生产过程稳定，生产能力大，自取代反射炉的生产后，成为最广泛采用的铅生产工艺，其产量一度占据世界矿产铅总产量85%，至今仍被广泛地采用。

然而它也面临着新的挑战，它的主要缺点是对环境污染严重和能耗高。由于20世纪末铅价位在有色金属中为最低，冶炼的利润空间有限，花费大量投资改造铅厂难以获得经济效益，因此世界上一些炼铅新技术在当时推广较慢。

直接炼铅法也基于这一氧化还原原理。但是直接炼铅则是利用粉状的或熔融的硫化铅精矿迅速氧化，单位时间内放出大量的热，促使炉料之间完成所有的冶金反应，产出液态粗铅和熔炼渣，使反应热得到充分利用。同时，由于在密闭反应器内熔炼，并采用了富氧冶炼技术，因此烟气量小、烟气含SO_2浓度较高，有利于硫的回收利用。因此，直接炼铅为炼铅的节能和改善环保提供了有效途径。

铅锌密闭鼓风炉熔炼法也是基于氧化（烧结焙烧）还原（密闭鼓风炉）原理。该方法能同时产出铅和锌。

6.1.3.2 反应熔炼法

反应熔炼是在高温和氧化气氛下使硫化铅精矿中的一部分PbS氧化成PbO和$PbSO_4$，生成的PbO和$PbSO_4$再与PbS反应得到金属铅的方法。一部分PbO也与碳质还原剂作用生成金属铅。其基本反应为：

$$2PbS + 3O_2 \Longrightarrow 2PbO + 2SO_2 \tag{6-5}$$
$$2PbO + PbS \Longrightarrow 3Pb + SO_2 \tag{6-6}$$
$$PbS + 2O_2 \Longrightarrow PbSO_4 \tag{6-7}$$
$$PbSO_4 + PbS \Longrightarrow 2Pb + 2SO_2 \tag{6-8}$$
$$PbO + CO(C) \Longrightarrow Pb + CO_2(CO) \tag{6-9}$$

硫化铅氧化是放热反应，所以在实践中只配入少量燃料作热源和还原剂，即可维持冶炼所需的温度。反应熔炼常在膛式炉中进行，故称膛式炉熔炼，也可采用电炉、反射炉或短窑等设备。为了使炉料良好接触和防止熔化及结块，须经常翻动。熔炼温度800~850℃。膛式炉有各种形式，但结构基本相同。反应熔炼法在早期曾是火法炼铅的主要方法，但由于该方法需要高品位的硫化铅矿，且铅的回收率低，污染严重，现已不再单独使用。

6.1.3.3 沉淀熔炼法

该法是利用对硫亲和力大于铅的金属（如铁）将硫化铅中的铅置换出来的熔炼方法，其反应为：

$$PbS + Fe = Pb + FeS \tag{6-10}$$

由于生成的 FeS 是以 PbS·3FeS 形式进入冰铜，造成置换反应进行不彻底，铅直收率不高（约 72% ~ 79%）。因此，铁屑配入量需高于反应所需的理论值（精矿重的 30% ~ 40%）。为了提高铅的回收率，可加适量纯碱和炭粉，其反应为：

$$2PbS + Na_2CO_3 + Fe + 2C = 2Pb + Na_2S + FeS + 3CO \tag{6-11}$$

沉淀熔炼采用反射炉或电炉，土法则用坩埚炉（墩炉）。沉淀熔炼是将炉料装入泥坩埚（泥筒）内，排列在砖砌的地炉中加温熔化，取出冷却后打碎坩埚，即得沉淀在底部的铅饼（马蹄铅）。该法流程简单，投资少，但铁屑消耗大，回收率低，因此工业上很少应用。大型生产中常利用此原理，加入铁屑以降低铅冰铜的含铅量，提高铅的直收率。上述方法炼得的粗铅，经过火法精炼或电解精炼得精铅。

从铅的现代工业生产历史来看，20 世纪 90 年代以前（中国 2002 年以前）世界铅产量的绝大部分来自采用烧结焙烧—鼓风炉还原工艺。该工艺的两个过程是分开单独进行的，存在 SO₂ 低空污染严重，铅尘易造成铅中毒以及能耗高等问题。20 世纪 70 年代后期，闪速熔炼和熔池熔炼技术开始用于炼铅的研究工作，并取得进展。20 世纪 90 年代后，基夫赛特（Kivcet）法、QSL 法、富氧顶吹浸没熔池熔炼法（Ausmelt/ISA 顶吹法）、卡尔多法等新的直接炼铅工艺逐步走向工业化。

中国也在逐步改造传统铅冶炼工艺的实践中。由水口山（SKS）法的半工业试验开始，探索出了底吹熔炼—高铅渣铸块鼓风炉还原熔炼的过渡工艺，进而继续发展，开发出具有自主知识产权的底吹熔炼—热态铅渣还原熔炼。之后继底吹热态铅渣还原工艺成功工业化实施后，侧吹还原熔炼热态高铅渣技术也实现工业化应用，该技术也用于含铅物料的氧化熔炼过程。底吹、侧吹、顶吹氧化熔炼技术和底吹、侧吹还原熔炼技术出现多种组合，氧化熔炼—还原熔炼—烟化炉三炉联用技术获得成功。火法炼铅工业的原料，也由铅浮选精矿扩展到锌浸出渣、硫尾渣、硫酸铅渣、铅酸蓄电池铅膏等复杂难处理物料，极大地促进了中国铅冶炼工艺的进步。这些工艺使用富氧或纯氧冶炼，产出高 SO₂ 浓度的烟气，硫回收与捕集程度大大提高，克服了传统炼铅法的缺点，较好地解决了铅冶炼的环境污染问题，并实现了有价金属的有效回收。

从目前直接炼铅工艺的发展现状和环境保护要求日益严格的角度来看，直接炼铅工艺必将在今后完全取代传统的烧结焙烧—鼓风炉还原工艺。

历史上曾研究过的湿法炼铅工艺有氯盐浸出法、硅氟酸浸出法和碱性介质浸出法，但一直未获得应用。

祥云飞龙公司以湿法炼锌工艺中的铅渣为原料（铅主要以硫酸铅形式存在），采用 NaCl+CaCl₂ 的混合氯盐体系进行浸出。浸出后溶液中的氯化铅经锌粉置换，得到海绵铅，置换铅后进入溶液的锌采用萃取法回收，经电解沉积后得到电锌，实现了全湿法工艺从铅渣中提取金属铅，并实现了锌的闭路循环使用。该工艺于 2016 年投产，是第一个以工业规模实施的湿法炼铅工艺，在铅的湿法冶金史上具有标志性的意义。

6.2 硫化铅精矿的火法冶炼基本原理

6.2.1 硫化铅精矿氧化过程原理

6.2.1.1 硫化铅精矿氧化过程的热力学

无论是传统的烧结焙烧—鼓风炉还原工艺还是直接炼铅工艺，其基本原理仍是氧化—还原熔炼法，即硫化铅精矿先经氧化脱硫，硫以 SO_2 的形式进入烟气并回收，之后再进行含铅化合物的还原得到弃渣。

硫化铅精矿中的主要金属硫化物是方铅矿 PbS，另外还有 ZnS、FeS_2、$FeAsS$、Sb_2S_3、CdS、$CuFeS_2$、Bi_2S_3 以及 Ni_3S_2 等。在硫化铅精矿的氧化过程中，矿中的金属硫化物可按四种途径进行反应，即：

（1）金属硫化物氧化生成氧化物的反应为：

$$2/3MeS + O_2 === 2/3MeO + 2/3SO_2 \tag{6-12}$$

（2）金属硫化物氧化生成硫酸盐的反应为：

$$1/2MeS + O_2 === 1/2MeSO_4 \tag{6-13}$$

（3）金属硫化物氧化生成金属的反应为：

$$MeS + O_2 === Me + SO_2 \tag{6-14}$$

（4）硫化物与硫酸盐的相互反应为：

$$MeS + 3MeSO_4 === 4MeO + 4SO_2 \tag{6-15}$$

$$MeSO_4 + MeS === 2Me + 2SO_2 \tag{6-16}$$

同时气相中尚存在的平衡反应为：

$$2SO_2 + O_2 === 2SO_3 \tag{6-17}$$

金属硫化物在氧化过程中的最终产物不仅决定于氧化过程的温度、气相组成，还取决于各金属硫化物、氧化物、硫酸盐和二氧化硫的分解压 $(p_{S_2})_{MeS}$、$(p_{O_2})_{MeO}$、$(p_{SO_3})_{MeSO_4}$、$(p_{SO_2})_{SO_2}$。

一般来说，当 $(p_{O_2})_{MeO}$ 和 $(p_{S_2})_{MeS}$ 都很小，而 $(p_{SO_3})_{MeSO_4}$ 很大时，氧化将生成 MeO；当 $(p_{S_2})_{MeS}$ 和 $(p_{SO_3})_{MeSO_4}$ 都很小，而 $(p_{O_2})_{MeO}$ 很大时，或 $(p_{S_2})_{MeS}$、$(p_{SO_3})_{MeSO_4}$、$(p_{O_2})_{MeO}$ 都很小时，氧化将生成 $MeSO_4$；当 $(p_{S_2})_{MeS}$、$(p_{SO_3})_{MeSO_4}$、$(p_{O_2})_{MeO}$ 都很大时，金属硫化物氧化生成金属。

A 金属硫化物氧化生成氧化物

一些金属硫化物氧化为氧化物的吉布斯自由能变化与温度的关系如图 6-1 所示。

从图 6-1 可知，在下方的硫化物容易氧化为氧化物。所以，在硫化铅精矿中的硫化物（如 Bi_2S_3、Ni_3S_2、ZnS、Sb_2S_3、FeS 等）都比 PbS 更易氧化，而 Cu_2S 的氧化就比较难。

Ag_2O 和 HgO 是不稳定的氧化物，在高温下容易分解。所以在氧化过程中，它们将以金属形态存在。其中，如果精矿含有汞的化合物，则汞即挥发进入气相。CdS 高温氧化生成 CdO，它是挥发性很大的化合物，所以大量挥发而富集于烟尘中。精矿中的砷硫化物（毒砂 $FeAsS$ 及雌黄 As_2S_3）可以氧化成易于挥发的 As_2O_3。但在氧化性气氛下，As_2O_3 会过氧化成难以挥发的 As_2O_5，并能与 FeO、PbO 等结合成更稳定的砷酸盐。

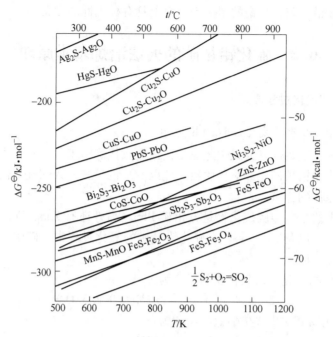

图 6-1 硫化物氧化的标准吉布斯自由能变化（以 1mol O_2 为标准）

$$(2/3MeS + O_2 \Longrightarrow 2/3MeO + 2/3SO_2)$$

硫化物高温氧化生成的氧化物并不都是以游离状态存在。因为硫化铅精矿本身便是一个组成复杂的体系，除了多种硫化物共存之外，还含有各种造岩成分如 SiO_2、Al_2O_3、$CaCO_3$、$MgCO_3$ 等。在高温下，各种组分也会参与冶金反应，如 PbO 与 SiO_2 或 Fe_2O_3 结合生成各种硅酸盐或铁酸盐；FeO 与 SiO_2 结合生成 $2FeO \cdot SiO_2$，并能氧化为 Fe_2O_3 和 Fe_3O_4；ZnO 和 Cu_2O 同样能与 SiO_2 和 Fe_2O_3 结合生成硅酸盐和铁酸盐。

B　金属硫化物氧化生成硫酸盐

硫化铅精矿在高温氧化过程中，硫化物既可生成氧化物也可生成硫酸盐，其生成量随热力学的条件而变。硫酸盐的生成对炉料脱硫不利，因为在还原时它会还原成硫化物。对铅而言，若在氧化过程中生成硫酸铅，其在后续的还原熔炼过程中会还原生成硫化铅而进入铅冰铜中，从而降低铅的熔炼直收率。

氧化铅和硫酸铅是哪一种先生成或同时生成，目前还无一致的结论。一般认为是 $PbSO_4$ 先生成，因为一个分子的 PbS 晶格中进入两个分子的 O_2 生成 $PbSO_4$，要比硫与氧的原子交换才能生成 PbO 更容易。而且认为，低温氧化易形成硫酸盐，高温氧化易形成氧化铅。

金属氧化物与硫酸盐的平衡反应式为：

$$MeSO_4 \Longrightarrow MeO + SO_3 \tag{6-18}$$

实际体系中同时存在着 SO_3 和 SO_2 的平衡，其反应式为：

$$2SO_3 \Longrightarrow 2SO_2 + O_2 \tag{6-19}$$

所以，对 $MeSO_4$ 的生成反应可按照 2mol SO_2 和 1mol O_2 绘制出 $MeSO_4$ 吉布斯标准生

成自由能与温度的关系（见图6-2）。利用该图可确定在什么温度下某种硫酸盐是最稳定的。

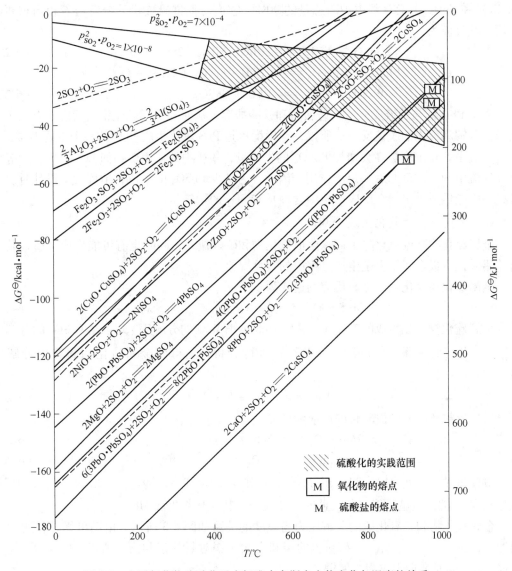

图6-2　金属氧化物硫酸化反应标准吉布斯自由能变化与温度的关系

从图6-2可知，除 CaO 和 MgO 外，硫酸铅和各种碱式硫酸铅的标准吉布斯生成自由能都比任何其他重金属硫酸盐为负。这说明，在金属硫化物高温氧化生产硫酸盐的过程中，任何温度下都是硫酸铅和碱式硫酸铅首先形成；同时也说明，当炉料中含 CaO 和 MgO 较高时，可使铅的硫酸盐形成减弱。另外，从图6-2可知，在 SO_2 和 O_2 的影响下，炉料中的铁的硫酸盐可在较低的温度下（650~750℃）使 Pb、Cu、Co、Ni 等硫酸化。

据上分析，在氧化过程中硫酸铅和碱式硫酸铅是容易生成和比较稳定的化合物。但是，在冶炼条件下还存在许多能使铅的硫酸盐分解的因素。

首先，火法炼铅过程的温度都相当高，反应进行激烈，在高温下，硫酸铅将会分解为氧化铅；另外，精矿中的 PbS 可与 PbSO$_4$ 相互作用形成 PbO；再有，铅精矿中的造岩成分和配入的熔剂在熔炼时形成炉渣，炼铅炉渣的主要成分是 SiO$_2$、CaO、Fe（FeO、Fe$_3$O$_4$、Fe$_2$O$_3$）和 ZnO，其总量约占炉渣总量的 90%，它们对促进硫酸铅的分解起着相当重要的作用，其反应为：

$$2PbSO_4 + SiO_2 \xlongequal{} 2PbO \cdot SiO_2 + 2SO_2 + O_2 \tag{6-20}$$

$$2PbSO_4 + 2Fe_2O_3 \xlongequal{} 2PbO \cdot Fe_2O_3 + 2SO_2 + O_2 \tag{6-21}$$

$$PbSO_4 + CaO \xlongequal{} PbO + CaSO_4 \tag{6-22}$$

由于 PbO 能与造渣成分生成硅酸盐和铁酸盐等，从而降低了氧化铅的活度，有利于硫酸铅的分解和氧化的脱硫反应。所以，正确配料是 PbS 氧化生成 PbO 的一个重要因素。

气流中 SO$_3$ 浓度提高会增加 PbSO$_4$ 的生成量，精矿中的伴生矿物如 FeS$_2$、Fe$_n$S$_{n+1}$ 等对提高气流中 SO$_3$ 浓度起着一定的作用。因此，为减少 PbSO$_4$ 的生成，冶炼设备设计时也要考虑是否能迅速排出冶金反应产生中含 SO$_3$ 和 SO$_2$ 的烟气。

C　金属硫化物氧化生成金属

金属硫化物高温氧化除了可以生成氧化物和硫酸盐外，同时也有可能生成金属，其中硫化铅氧化生成金属铅更是生产过程中的常见现象。

金属硫化物氧化生成金属反应的通式为：

$$MeS + O_2 \xlongequal{} Me + SO_2 \tag{6-23}$$

金属硫化物氧化生成的产物 Me 或 MeO 取决于 MeO 的分解压（p_{O_2}）$_{MeO}$ 和 SO$_2$ 的分解压（p_{O_2}）$_{SO_2}$ 之间的关系。将反应式（6-23）进行分析，先得到金属硫化物的假想分解反应，即：

$$2MeS \xlongequal{} 2Me + S_2 \tag{6-24}$$

然后分解产物分别被氧化的反应为：

$$2Me + O_2 \xlongequal{} 2MeO \tag{6-25}$$

$$S_2 + 2O_2 \xlongequal{} 2SO_2 \tag{6-26}$$

由此可见，若 S$_2$ 对 O$_2$ 的亲和力大于 Me 对 O$_2$ 的亲和力，即（p_{O_2}）$_{MeO}$＞（p_{O_2}）$_{SO_2}$，则 Me 氧化至 MeO 的反应就不能进行。此时，金属硫化物氧化将生成 Me。

金属氧化物和二氧化硫的分解压力与温度的关系如图 6-3 所示。由图可知，在所示的温度下，（p_{O_2}）$_{SO_2}$＜（p_{O_2}）$_{Cu_2O}$，硫对氧的亲和力大于铜对氧的亲和力。所以，O$_2$ 与 S$_2$ 优先生成 SO$_2$，同时，铜则成为金属铜。

对铅来说，在较低的温度下，铅的硫化物氧化只能形成 MeO，因为此时（p_{O_2}）$_{SO_2}$＞（p_{O_2}）$_{PbO}$，铅对氧的亲和力大于硫对氧的亲和力。但是，当温度较高时，（p_{O_2}）$_{SO_2}$＜（p_{O_2}）$_{PbO}$，硫化铅氧化即生成金属。

铁的硫化物氧化时，由于在所示的温度下，（p_{O_2}）$_{SO_2}$＞（p_{O_2}）$_{FeO}$，所以只有氧与铁结合生成 FeO 的反应。

在高温下金属硫化物首先氧化生成氧化物，此氧化物再与未反应的硫化物发生反应生成金属，此即为铅的熔炼反应，其通式为：

$$MeS + 3/2O_2 \xlongequal{} MeO + SO_2 \tag{6-27}$$

$$2MeO + MeS \xlongequal{} 3Me + SO_2 \tag{6-28}$$

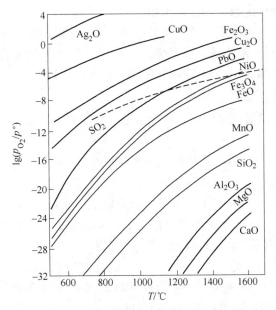

图 6-3　MeO 和 SO_2 分解压力与温度的关系

对于反应式（6-28），在某一温度下反应的平衡常数 $K_p = p_{SO_2}$。当体系的 SO_2 分压 p'_{SO_2} < p_{SO_2} 时，反应持续向右进行生成金属。

将 Pb、Cu、Fe、Ni 和 Zn 等金属硫化物按反应式（6-28）进行反应，熔炼反应的 $\lg p_{SO_2}$ 与温度关系如图 6-4 所示。

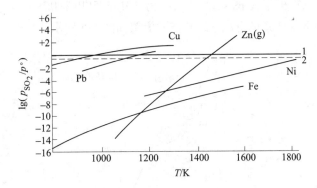

图 6-4　反应式（6-28）的 $\lg p_{SO_2}$ 与温度的关系

1—$\lg(p'_{SO_2}/p^\circ) = 0$（$p'_{SO_2} = 101325Pa$）；2—$\lg(p'_{SO_2}/p^\circ) = -0.82$（$p'_{SO_2} = 15200Pa$）

从图 6-4 可见，对于 Cu 而言，$Cu_2S + 2Cu_2O = 6Cu + SO_2$ 在 730℃ 时的平衡压力 $\lg p_{SO_2}$ 已经达到 101325Pa。冰铜吹炼第二周期（造铜期）产出金属铜便是基于此原理。在吹炼温度（1100~1300℃）下，反应的平衡压力 $\lg p_{SO_2}$ 达 710~810kPa，所以反应能剧烈地向形成金属铜的方向进行。

$PbS + 2PbO = 3Pb + SO_2$ 在 860℃ 时的平衡压力达 101325Pa，反应可以剧烈地向右进行。实际上这个反应在 800℃ 时已具备足够的强度向形成金属铅的方向移动。所以在高温氧化过程中，将会出现一定数量的金属铅相。

与之相比，按反应熔炼原理生成金属 Zn、Ni、Fe 的温度则要高得多，特别是生成 Ni 和 Fe 的温度往往超过对一般冶炼设备的要求。所以，从热力学来看，在硫化铅精矿的氧化过程中，部分锌和全部的 Ni、Fe 将以氧化物形式留在炉料中。

D　硫化物与硫酸盐的相互反应

在硫化铅精矿的高温氧化过程中，硫化铅与硫酸铅的相互反应也是高温氧化过程的常见反应，其反应为：

$$PbS + 3PbSO_4 \Longrightarrow 4PbO + 4SO_2 \tag{6-29}$$

$$PbSO_4 + PbS \Longrightarrow 2Pb + 2SO_2 \tag{6-30}$$

对于反应式（6-29），在一定的温度下，反应取决于 p_{SO_2}。当体系 $p'_{SO_2} < p_{SO_2}$ 时则生成 PbO。该反应的平衡压力很大，只要 $PbSO_4$ 与 PbS 接触良好，温度超过 550℃，即使气流中的 SO_2 分压为 101325Pa，生成 PbO 的反应也能进行到底。

反应式（6-30）是基于铅对于氧的亲和力相对硫较弱而言，所以能够发生。其在 609℃、655℃ 和 723℃ 下的平衡压力分别为 4.0kPa、20.7kPa 和 98.0kPa。所以，硫化铅与硫酸铅的相互反应在较低的温度下便可剧烈进行。

上述对硫化铅精矿高温氧化时可能生成氧化物、硫酸盐及金属的情况进行了简要分析。下面以 Me-S-O 系相平衡图的形式来说明氧化过程中铅的相平衡问题。

考虑到在铅冶金过程中不同工艺及不同设备，甚至在相同工艺或相同设备的不同区间，其温度往往不同，因此有必要分析温度对铅冶金过程相平衡的影响。在冶炼过程中，气相的二氧化硫分压 p_{SO_2} 变化不大，所以可以在保持 p_{SO_2} 恒定或在一定范围的条件下做 Pb-S-O 系的 $\lg p_{O_2}$-$1/T$ 相平衡图。设定 p_{SO_2} 为 101.325kPa、0.1×101.325kPa 和 0.05× 101.325kPa，此时 Pb-S-O 系的 $\lg p_{O_2}$-$1/T$ 相平衡图如图 6-5 所示。

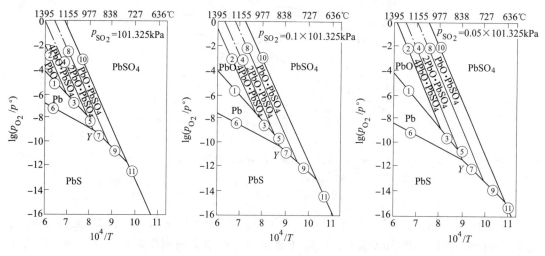

图 6-5　Pb-S-O 系 $\lg p_{O_2}$-$1/T$ 图

从图 6-5 可以看出，Pb-S-O 系的 PbO 稳定区较小，而硫酸铅和碱式硫酸铅的稳定区较大，这与一般的 Me-S-O 系不同。随着温度升高，金属铅和氧化铅的稳定区也在扩大。随着氧位增加，硫化铅的氧化沿着 Pb-PbO-nPbO·PbSO$_4$-PbSO$_4$ 的方向移动。当氧化温度较低时，硫化铅氧化只能生成 PbSO$_4$ 或 nPbO·PbSO$_4$，只有在较高的温度下，硫化铅氧化才能生成金属铅或氧化铅。

图 6-5 中的 Y 点表示在一定的 p_{SO_2} 分压下硫化铅氧化反应获得金属铅的最低平衡温度及其相应的氧位，具体数值见表 6-6。

表 6-6　PbO 氧化生成 Pb 的最低平衡温度及其所处的氧位

p_{SO_2}/Pa	最低平衡温度 Y/℃	Y 所处的氧位 lgp_{O_2}/Pa
1.0×101325	960	-4.0
0.1×101325	860	-5.7
0.05×101325	830	-6.3

当温度小于最低平衡温度和低于相应的氧位时，PbS 是稳定的；当温度小于最低平衡温度而高于相应的氧位时，PbS 氧化生成碱式硫酸铅或硫酸铅；温度在最低平衡温度以上时，PbS 氧化可能生成金属铅相，但必须在适当的氧位下。如在 1200℃ 和 p_{SO_2} = 1013.2Pa 时，金属铅稳定存在的氧位 lgp_{O_2} = -1.0~-3.7Pa。

在较低的温度下，硫化铅直接氧化生成硫酸铅或碱式硫酸铅；而在高温情况下，PbS 按照 Pb-PbO-nPbO·PbSO$_4$-PbSO$_4$ 的途径氧化。其中 nPbO·PbSO$_4$ 在高温下是不稳定的化合物，所以各种碱式硫酸盐之间在高温下并无明显的稳定区分界线，可视为 PbO 和 PbSO$_4$ 的混溶区，在图 6-5 中则用点划线表示。

6.2.1.2　硫化铅精矿氧化过程的动力学

冶金过程动力学的研究比热力学的研究落后得多，这主要是因为冶金过程动力学是多相反应过程，而影响多相反应过程的动力学特征因素太多，实验技术上的困难又太大。同时冶金原料的复杂性，物料组成的多变性，原料和产物的相变等，使得冶金高温反应的复杂过程参数的测定更加困难。

动力学的讨论将涉及硫化铅精矿氧化过程的反应速度和反应机理。硫化铅精矿的氧化机理同其他重有色金属硫化物基本相同，符合吸附—自动触媒催化理论，反应可分为如下几个阶段：

（1）外扩散过程。氧化剂（气流中的氧）从气流围绕硫化物的气膜层扩散到其外表面，进行活性吸附，并离解为原子氧。

（2）内扩散过程。氧化剂气体原子进一步通过氧化产物覆盖层的宏观和微观孔隙扩散到 MeO-MeS 界面，并继续沿着结晶格子的空隙向原始硫化物内部渗透至一定深度。

（3）氧化剂在反应表面的化学吸附，并在吸附层中与硫化物发生化学反应，生成氧化物薄膜。

（4）硫原子和氧原子（或离子）在反应区域内进行逆向的反应扩散。

（5）反应的气体产物 SO$_2$ 分子，从固体表面解吸，并转入充满在孔隙体内的气体之间。

（6）这些 SO$_2$ 分子借助内扩散沿着硫化物和氧化层的孔隙排除至固体外表面，并借扩散继续经由此气膜层排入气流之中。

（7）随着温度和气相成分的不同，氧化物的外表面可能与气相作用，生成次生的硫酸盐（如硫化铅的氧化），其反应式为：

$$PbS(s) + 2O_2(g) === PbS \cdot 4O_{吸附} === PbSO_4(s) \tag{6-31}$$

$$3PbSO_4(s) + PbS === 4PbO \cdot SO_{2吸附} === 4PbO(s) + 4SO_{2解吸} \tag{6-32}$$

$$PbO(s) + SO_3(g) === PbO \cdot SO_{3吸附} === PbSO_4(s) \tag{6-33}$$

从上述分析出发，硫化铅精矿氧化的反应速度主要与气流的紊流程度、气相组成的变化、温度的高低和氧化物薄膜的性质等因素有关。其中，各因素的影响分别为：

1）气流的紊流程度。气流紊流程度越大，外扩散区反应进行的速度越大。从雷诺数 $Re = \rho v d / \mu$ 得知，在固体粒子平均大小、气体密度和黏度几乎不变的情况下，外扩散区反应速度首先决定于炉气运动速度。

2）气相中氧的浓度。内扩散区的反应速度决定于反应带氧的浓度 C，其计算公式为：

$$C = C_0 e^{-\sqrt{\frac{K'}{D'}}x} \tag{6-34}$$

式中，C 越大则反应速度越大。所以，增大气流中氧的浓度 C_0，增大精矿孔隙率以提高氧在固体内部的有效扩散系数 D' 及减小精矿粒度，以降低从固体表面至反应带的距离 x，都能提高反应速度。式中 K' 为与温度有关的反应速度系数。

富氧和工业纯氧的应用是提高 C_0 的有效措施，x 越小意味着精矿的粒子越小，固体粒子或液滴越分散，此时的表面积也越大。

3）反应温度。温度对硫化铅精矿氧化速度的影响体现在两个方面，一是影响炉气扩散，即外扩散的速度；二是影响吸附、化学反应和解吸过程，即动力学区域的速度。其中，温度对外扩散区的影响较小，它大致为温度比值的 1.8~2.0 次幂；而温度对动力学区域的化学反应影响较大，因为化学反应的速度与温度的指数成正比，可由阿伦尼乌斯定律描述。

在温度较低的情况下，动力学区域的反应速度最慢，即吸附、化学反应、解吸的速度决定了整个反应过程的速度；而当温度升高时，扩散过程则是整个反应过程速度最慢的环节。

4）气相组成。由前讨论，增加气相中氧的浓度，反应速度加快。然而，气相中的 SO_2 和 SO_3 则会阻碍氧的扩散，同时会生成 $MeSO_4$，使氧化过程的脱硫受到影响。从硫化物的氧化反应可知，生成两个分子 SO_2 需要三个分子 O_2，所以氧的扩散速度必须比方向相反的二氧化硫扩散速度大。氧分子比二氧化硫分子小，所以氧的扩散较容易。但把气相中的 SO_2 尽快排出体系以外，保持 p_{O_2}/p_{SO_2} 较大值，对氧化过程有利。

5）氧化物薄膜。氧化物薄膜的生成对过程具有两面性。氧化物薄膜是初形成的新相，新相与旧相界面上的晶格最容易变形，能够加速自动催化作用，使过程自动加速；但是氧化物薄膜会阻碍气流中的氧向硫化物的内部扩散。

6.2.2　铅还原熔炼过程原理

6.2.2.1　铅还原熔炼过程的热力学

不管是烧结焙烧—鼓风炉熔炼的传统炼铅法，还是直接炼铅法，都是碳还原法，还原剂都是碳和一氧化碳。当前，对简单的金属氧化物体系中还原平衡条件的研究还是比较充分的，但对复杂的氧化物体系，与气相平衡的凝聚相是组成较为复杂的体系，研究难度较大，还原平衡条件研究略显不足。

A　金属氧化物的 CO 还原

用 CO 还原氧化物的反应称为间接还原反应，其主要是利用 CO 对氧有很大的亲和力来还原金属氧化物。在铅的还原熔炼过程中，炉料中所含的各种物质都参与高温还原反应，然其被还原的程度则各异。

以通式 $MeO+CO = Me+CO_2$ 来表示金属的 CO 还原，因还原反应中的 CO 和 CO_2 摩尔数相等，可不考虑压力对平衡组成的影响，反应的平衡常数可写作 $K_p = p_{CO_2}/p_{CO}$。不同温度下各金属氧化物还原平衡 p_{CO}/p_{CO_2} 比较如图 6-6 所示。

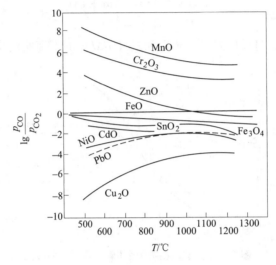

图 6-6　不同金属氧化物还原平衡比较

由图 6-6 可见，在还原熔炼的温度下，金属氧化物的还原先后顺序为 Cu_2O、PbO、NiO、CdO、SnO_2、Fe_3O_4、FeO、ZnO、Cr_2O_3、MnO。

各种氧化物在熔炼过程中的还原顺序具有很大的意义，它与熔炼所获得的主金属中杂质含量有关。金属是被还原还是被渣化，可以近似地取决于该金属氧化物的分解压和在该温度下 CO 和 CO_2 的平衡比值。如果两种金属氧化物的分解压相差很大，而炉子内还原气相中 CO 浓度高于其中一个，又低于另一个金属还原所需之值，则这种金属便易于分离。在铅的还原熔炼过程中，很容易实现 PbO 还原为金属而 SiO_2、CaO、Al_2O_3、MgO 造渣。但是铁便有可能被 CO 还原。铁的还原除了上述的分解压和气相中 CO 与 CO_2 平衡比值因素之外，还与它在熔渣中的浓度（更确切说是活度）和金属铅熔体对铁的溶解度有关。铅水几乎不溶解铁，这不利于铁的还原。

B　金属氧化物的固体 C 还原

金属氧化物用固体碳还原称为直接还原。直接还原有两种情况：一种是固体碳与金属氧化物直接接触发生的还原反应；另一种则是体系中永远有固体碳存在，在一定的高温下，按照碳的气化反应保持体系有不变的 CO 分压。

固体碳与金属氧化物直接接触发生的还原反应，如果是固—固反应，其进行是极其困难的。这是因为固—固之间的接触面小，其间的扩散又很困难。但是，如果金属氧化物是液体或气体，则情况就不一样了。

在铅的还原熔炼过程中，固体碳对熔融物料直接接触的还原反应具有特殊的意义。在所有直接炼铅还原段的冶金反应，在铅鼓风炉还原熔炼焦点区和炉缸内的冶金反应，以及炉渣烟化过程的冶金反应，固体碳与熔体都具有良好接触的条件。这些反应能否进行，即其还原的条件同样取决于金属氧化物的分解压（或金属对氧的亲和力或吉布斯生成自由能）及气相组分。固体碳的还原反应为：

$$MeO + C \Longrightarrow Me + CO \tag{6-35}$$

该直接还原反应实际上是下列两式之和：

$$MeO + CO \Longrightarrow Me + CO_2 \tag{6-36}$$

$$CO_2 + C \Longrightarrow 2CO \tag{6-37}$$

令体系压力恒定，将反应式（6-36）和式（6-37）的平衡曲线绘制于图 6-7 中。

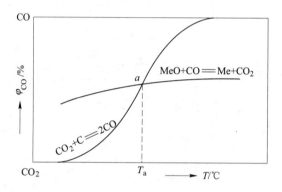

图 6-7　金属氧化物的固体碳还原平衡曲线图

从图 6-7 可以看出，当体系的温度高于 a 点的温度（$T>T_a$）时，体系中的 φ'_{CO} 总是高于 MeO 还原所需的 φ_{CO}，MeO 则被还原；相反，若 $T<T_a$，则体系中的 φ'_{CO} 总是低于 MeO 还原所需的 φ_{CO}，Me 则被氧化。a 点即是在一定压力下固体碳还原金属氧化物的理论开始温度。

C　复杂体系中的金属氧化物还原

铅的提取冶金是一种极其复杂的体系。一方面，在复杂的体系中，金属氧化物的还原要比自由状态的金属氧化物的还原困难得多，还原需要更大的 CO 浓度和更高的温度。这包括两种情况，复杂氧化物如 MeO·RO 的还原和冶金熔体中 MeO 的还原。

复杂氧化物中的氧化物还原比较困难，这是由于 $(p_{O_2})_{MeO·RO}<(p_{O_2})_{MeO}$。像铅熔炼渣中的 $2FeO·SiO_2$，其还原就比 FeO 的还原困难得多（也对限制金属铁的还原有利）。

若用 CO 还原熔体中的 PbO，反应平衡气相组成中的 φ_{CO} 比还原纯 PbO 时的 φ_{CO} 要高，而且熔体中的 PbO 浓度越低，还原需要的 φ_{CO} 便越大。这主要是由于任何金属氧化物在冶金熔体中都有一定的活度的缘故。因此，从热力学角度看，无论是熔体中的 PbO，还是其他金属氧化物，都不可能从冶金熔体中完全还原出来。但在反应式（6-35）过程中若出现中间化合物，如在炉料中配入碱性氧化物 CaO，则对硅酸铅的还原有利，此时 CaO 可将硅酸铅中的 PbO 置换出来。FeO 也能起到相似的作用。

另一方面，在铅的还原熔炼过程中，某些杂质氧化物也会被还原至金属，如 Cu、Sn、As、Sb、Bi、Au 和 Ag 等。此时，被还原出来的杂质又被溶入金属铅熔体中，降低了反应产物的活度，使该氧化物更容易被还原。这就是粗铅中含有其他杂质元素，甚至是难以还原的杂质元素的原因。并且当杂质元素在粗铅中的浓度含量很小时，该杂质元素的氧化物就更容易被还原；当其在粗铅中达到饱和时，此杂质被还原的难易程度便与其独立存在（凝聚相）时相当。

D 铅的还原反应

进入还原过程物料中的铅以 PbO、$PbO \cdot Fe_2O_3$、$xPbO \cdot ySiO_2$、Pb、PbS 和 $PbSO_4$ 存在。PbO 和 $PbO \cdot Fe_2O_3$ 是易被还原的化合物；金属 Pb 高温熔化后即汇入粗铅熔体中；PbS 主要是进入冰铜，也有一部分挥发进入烟尘中，还有少量与硫酸铅反应生成金属铅；PbS 与 PbO 反应生成金属铅的可能性较小，因为在反应大量进行前 PbO 已经被气相中的 CO 优先还原；$PbSO_4$ 则主要被还原为 PbS 进入冰铜，极少量在高温下分解为 PbO，再被还原为金属铅。

由于氧化铅、硅酸铅和铁酸铅等化合物的易熔性，导致在熔体中进行铅的还原反应具有相当重要的意义。铅的化合物还原需要的 φ_{CO} 并不太高，在各种炼铅方法的还原段气氛都足以保证它们的还原条件。然而，在熔体中还原铅的化合物，尤其是硅酸铅则困难得多。

氧化铅和硅酸铅的直接还原反应和间接还原反应的标准吉布斯自由能变化与温度的关系如图 6-8 所示。其中，从图中可以看出：

（1）对于同一类型的还原反应，直接还原的标准吉布斯自由能变化的负值总比间接还原时的要大。所以，不管有无熔剂参与反应，相同的铅化合物用固体碳还原总比一氧化碳要容易得多。

由于固—固反应接触面小，固相间的扩散又很困难，因此固体碳还原铅的固体氧化物受到极大的限制。可是在铅冶金的还原段，反应主要是在液—固之间进行的。如铅的鼓风炉还原熔炼，还原反应是在鼓风炉内沿着料层的不同高度进行。铅的硅酸盐是易熔化合物，在进入高温焦点区之前，各种铅的硅酸盐便开始陆续熔化，与固体碳有了良好接触的机会，这时的液—固反应起着相当重要的作用。甚至进入炉缸之后，这种反应仍在继续进行。在直接炼铅的还原段以及炉渣烟化过程中，强烈翻滚的含铅熔体与固体碳也能很好地接触，给液—固反应创造了良好的条件。这种由冶金熔体与固体碳直接进行的还原反应进行得彻底与否，对降低渣含铅具有重要意义。

自由状态的氧化铅是容易被还原的化合物，它在熔化（小于800℃）之前就已被还原为金属铅。然而，存在于炉料中的铅化合物不仅是自由状态的氧化物，而更多的是固溶体或溶液的氧化铅以及各种硅酸盐。因此，铅还原熔炼的主要任务是将这些铅化合物更彻底地还原。

对鼓风炉还原熔炼来说，并不要求冶金熔体有太好的流动性，以便熔化的炉料在熔炼区有充分的时间完成各种冶金反应，这是降低渣含铅损失的关键所在。而对直接炼铅的还原段的熔体，则无此要求。

（2）由图6-8可知，在没有碱性氧化物 FeO 和 CaO 参与下，铅的氧化物被还原的顺序

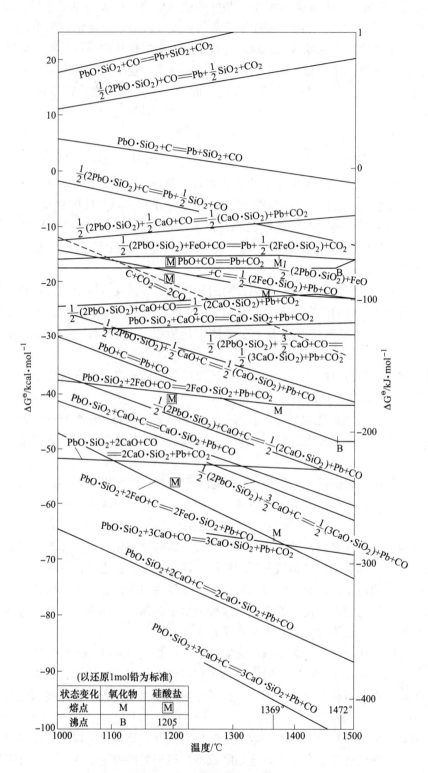

图 6-8　铅的还原反应 $\Delta G^{\ominus}$-T 图

为 PbO、2PbO · SiO$_2$、PbO · SiO$_2$，其中 PbO 最容易被还原。但是在有碱性氧化物存在时，还原难易顺序发生了变化。如有 CaO 存在，最易还原的是 PbO · SiO$_2$，其次是 2PbO · SiO$_2$ 和 PbO；有 FeO 存在，最易还原的是 PbO · SiO$_2$，其次是 PbO 和 2PbO · SiO$_2$。这是由于这些碱性氧化物对某些硅酸铅中的氧化铅的置换反应 $\Delta G^{\ominus}$ 在图中的温度范围内就是负值。

（3）由于 CaO 与 SiO$_2$ 形成多种硅酸盐，所以在配料时 CaO 与 SiO$_2$ 的比值对还原反应进行的程度有很大关系。从图 6-8 可知，无论是对 PbO · SiO$_2$ 还是对 2PbO · SiO$_2$ 的还原，生成 3CaO · SiO$_2$ 的 $\Delta G^{\ominus}$ 负值最大，其次是生成 2CaO · SiO$_2$ 和 CaO · SiO$_2$ 的反应。所以，从降低还原熔炼的渣含铅损失以及提高含锌炉渣烟化处理时的金属挥发率出发，选用高钙渣型是合理的。若某些情况下不可能选用含钙太高的渣型，以部分 FeO 代替部分 CaO 也能收到相似的效果。特别是在处理高锌炉料时，为了利用 FeO 含量高的渣熔体溶解 ZnO 也高的特点，选用 FeO 稍高而含 CaO 和 SiO$_2$ 稍低的渣型也是很必要的。

根据以上分析可以认定，硅酸铅的还原反应主要是在熔体中进行，这是最根本的铅还原反应。自由状态的氧化铅是易于还原的化合物，在固态时即已被还原。而硅酸铅则为易熔的化合物，在炉内高温作用下，各种硅酸铅陆续熔化、溶解或被夹带。在它们相对运动的情况下，硅酸铅与 CaO 或 FeO 有了良好接触的机会。它们或被 CO 所还原，或被固体碳所还原。

6.2.2.2 铅还原熔炼过程的动力学

在铅的还原熔炼过程中，金属氧化物的还原反应机理同样可以应用吸附—自动触媒催化理论进行解释。还原反应包括以下步骤：

（1）气体还原剂分子被氧化物吸附。

（2）被吸附的还原剂气体分子与氧化物中的氧相互作用，包括化学反应、结晶重排和新相生成等（总称为结晶化学过程）。

（3）反应产生的气态产物的解吸。用反应方程式表示为：

$$MeO(s) + R(g) \Longrightarrow MeO · R_{吸附} \tag{6-38}$$

$$MeO · R_{吸附} \Longrightarrow Me · RO_{吸附} \tag{6-39}$$

$$Me · RO_{吸附} \Longrightarrow Me_{固} + RO(g) \tag{6-40}$$

还原过程同样可分为外扩散、内扩散、吸附、化学反应、解吸等几个阶段。整个还原过程的速度取决于其中最慢的环节。

所以，要强化还原过程，首先应查明其限制环节。如过程处于动力学区域，最有效的强化过程方法是提高温度、活化反应表面、增大反应面积和提高孔隙率等；如受外扩散控制，则可增大气流速度和提高气流紊流程度。

从热力学分析可知，氧化铅较之硅酸铅容易还原。在动力学方面来看，则表面为在同一时间内氧化铅还原比硅酸铅更彻底；或还原程度相同时，氧化铅还原所需的时间比硅酸铅小得多。

用 CO 还原游离 PbO 和硅酸铅时的动力学曲线如图 6-9 所示。游离的 PbO 用 CO（$p_{CO} = 26.7$ kPa）在 700℃ 温度下还原时，仅 10min 左右其还原率便接近 100%。同样条件下，硅酸铅的还原速度要低得多，并且随硅酸铅中 SiO$_2$ 含量的增加，其还原速度下降。

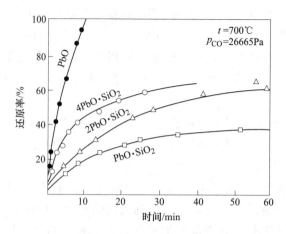

图 6-9　用 CO 还原游离 PbO 和硅酸铅的动力学曲线

　　游离 PbO 与硅酸铅被 CO 还原在动力学上的差别，可以解释为在游离的 PbO 中的氧离子与铅离子直接键合，而在硅酸铅中还存在有 $Si_xO_y^{z-}$ 硅氧复合阴离子。Si-O 键比 Pb-O 键牢固，即硅酸铅晶格比氧化铅晶格牢固。其二，在该温度下，CO 在硅酸盐中的扩散系数比在纯氧化铅中小。在配料时，常用加入碱性熔剂的方法以改变冶金熔体的性质，使硅酸铅中的 PbO 置换出来，以提高铅的还原速度和还原率。

　　传统炼铅法的烧结焙烧和鼓风炉熔炼反应都是在固定床状态下进行。直接炼铅法则不同，它的氧化段是在悬浮状态或在激烈搅动状态下的熔池内进行，而还原段是在熔池激烈搅动的情况下进行。因此，直接炼铅的动力学条件是极为优越的，它能大大地强化冶金的反应过程。加之直接炼铅硫化物和碳质燃料（还原剂）都是在紊流程度极大的情况下燃烧的，传质传热都特别好。

6.3　硫化铅精矿的烧结焙烧—鼓风炉还原熔炼工艺

　　该法属传统炼铅工艺。硫化铅精矿经烧结焙烧后得到铅烧结块，在鼓风炉中进行还原熔炼，产出粗铅。烧结焙烧—鼓风炉熔炼工艺的原则流程如图 6-10 所示。用铅锌密闭鼓风炉炼锌（ISP 法）的同时产出粗铅也是采用烧结焙烧—鼓风炉熔炼方法生产，其炼铅流程与图 6-10 所示方法基本相同。

　　烧结焙烧—鼓风炉熔炼法虽然具有工艺稳定、可靠，对原料适应性强，经济效果尚好等优点，但该工艺的缺点是烧结烟气 SO_2 浓度低，烟气量大，难以采用常规制酸工艺实现 SO_2 的利用，烧结过程中的 SO_2 低空污染不易解决。此外，烧结过程中产生的热量不能得到充分利用，在原料（制备返粉）多段破碎、筛分时，工艺流程长，物料量大，扬尘点分散，造成劳动作业条件恶劣。为了改变传统炼铅工艺的这种状况，20 世纪 80 年代以来，许多直接炼铅工艺引起广泛的兴趣。目前已在工业生产中得到完善与发展，传统工艺有被硫化铅精矿直接熔炼法完全取代的趋势。

6.3.1　硫化铅精矿的烧结焙烧

　　硫化铅精矿的烧结焙烧是在大量空气参与下的强氧化过程。其目的包括：氧化脱硫，

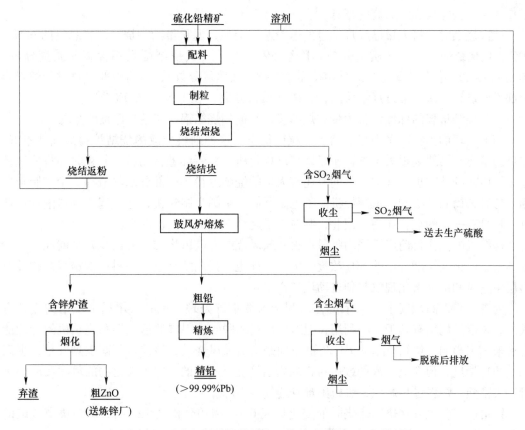

图 6-10 硫化铅精矿烧结焙烧—鼓风炉熔炼生产工艺流程

使金属硫化物变成氧化物，以适应还原熔炼；将粉状物料烧结成块；使精矿中的硫呈 SO_2，以便制取硫酸；脱除部分砷、锑，避免熔炼时产生大量砷冰铜而增加铅及贵金属的损失；使易挥发的伴生稀散金属（如铊）集中于烟尘中，从而利于综合回收。

　　焙烧程度通常用焙烧产物中的含硫量表示，它体现了焙烧的完全性。通常在确定焙烧程度的原则时，一般按精矿中的含锌量及含铜量来控制。如果精矿含锌高，则焙烧时应尽量把硫除净，使锌全部变为 ZnO，以减少 ZnS 对还原熔炼时的危害（称为"死烧"或"完全焙烧"）；如果精矿含铜较多［如 $w(Cu)>1\%\sim1.5\%$］，又希望焙烧时残余一部分硫在烧结块中，则须使铜在熔炼时形成铅冰铜，从而提高铜的回收率；如果精矿含铜、锌都高，残硫问题只能据具体条件而定。有的工厂首先进行"死烧"，使铜和锌的硫化物尽量氧化，而在鼓风炉熔炼时加入黄铁矿作硫化剂，使铜再硫化成 Cu_2S 进入冰铜，锌以 ZnO 形式进入炉渣。国内铅厂对含铜、锌都高的精矿，一般不造冰铜，而是采用"死烧"，这样既可免除 ZnS 的危害，又可减少造冰铜的麻烦和处理费用，同时铅的直收率也得到提高。

　　脱硫率表示炉料焙烧时硫化物氧化的完全程度，用焙烧时烧去的硫量与焙烧前炉料含硫总量之比的百分率表示。通常焙烧设备的脱硫率高，其效率也高。硫化铅精矿烧结机的脱硫率一般为 60%～80%，这是硫化铅精矿的氧化焙烧与其他硫化物的氧化焙烧的典型区别，即硫化铅精矿的氧化焙烧首先表现为焙烧脱硫的不彻底性。因此，工厂采用一次烧结或二次烧结去完成烧结焙烧的任务。

一次烧结时，将大量已经烧结过的返粉返回配料，返粉量约为烧结产物总量的 60% ~ 70%，使烧结炉料含硫（质量分数）降至 5% ~ 7%。二次烧结则是将含硫（质量分数）10% ~ 13% 的炉料先烧结一次，使硫降至 5% ~ 8%（质量分数），然后将此已烧过的炉料再全部返回烧结一次。最终烧结块的含 S 硫（质量分数）在 1.5% ~ 2.0% 范围。

目前烧结焙烧的标准设备为带式烧结机，其他如烧结锅、烧结盘已被明令取缔。

当前处理的铅精矿多为浮选精矿，粒度很小，这种细料配成的烧结炉料透气性不好，在烧结焙烧时会遇到很大困难，所以烧结焙烧前所有粉料都进行制粒。制粒时还将后续还原熔炼所需的熔剂也一并加入，同时还有大量的烧结返粉、一部分水淬渣和烟尘。制粒所用设备有圆筒制粒机和圆盘制粒机。不论是圆筒或是圆盘制粒机，除了能将物料滚动成球外，还具有一定的混合作用。因此，制粒也是烧结料的最后一次混合。

烧结机的操作目前广泛采用吸风点火和鼓风烧结。鼓风烧结一方面能减少漏风，减少烟气量，保证烧结烟气中的 SO_2 浓度；另一方面也可提高烧结过程中料层的透气性，并对料层中跑风和局部熔化现象起到自动调节作用。

为进一步提高烟气中 SO_2 浓度，以利于后续烟气处理，也有采用返烟烧结的操作方式。鼓风返烟烧结有利于硫的利用，但对烧结料的脱硫、料层的透气性和烧结机的处理能力带来一定影响。烧结技术的另一发展方向是富氧鼓风烧结，该技术可减少烟气量，提高烟气 SO_2 浓度，但含氧过高的鼓风对铅的烧结焙烧是不利的。因为硫化物的氧化反应会进行得太剧烈，炉料过早熔化，脱硫困难且透气性下降。

铅精矿中各组分在烧结焙烧时的变化见表 6-7。物相分析结果表明，烧结块中残硫的 70% ~ 80% 为 S_{SO_4}。残硫随 CaO 含量的升高而增加，而随 SiO_2 含量和 SiO_2/CaO 比的升高而减少。因此，为了降低烧结块中的残硫，应保持 SiO_2/CaO 在 2.2 ~ 2.6 的范围内。

表 6-7   铅精矿各组分在烧结焙烧时的变化

元素	在炉料中		在烧结块中	
	主要化合物	次要化合物	主要化合物	次要化合物
Pb	PbS	$PbCO_3$	$xPbO \cdot ySiO_2$, PbO	Pb, $PbSO_4$, $xPbO \cdot yFe_2O_3$
Fe	FeS_2	Fe_nS_{n+1}	$2FeO \cdot SiO_2$, Fe_2O_3	Fe_3O_4, $xPbO \cdot yFe_2O_3$
Cu	$CuFeS_2$, Cu_2S	CuS, $3Cu_2S \cdot Fe_2O_3$	Cu_2O	$xCu_2O \cdot ySiO_2$, $xCu_2O \cdot ySiO_2$
Zn	ZnS		ZnO	$ZnSO_4$, $xZnO \cdot yFe_2O_3$
Cd	CdS	—	CdO（进烟尘）	$CdSO_4$
Bi	Bi_2S_3	—	Bi_2O_3	
Ag	Ag_2S	—	Ag	—
Au	Au	—	Au	—
As	As_2S_3	FeAsS	As_2O_3（进烟尘）	As_2O_5, $Me_3(AsO_4)_2$
Sb	Sb_2S_3	$5PbS_2 \cdot Sb_2S_3$	Sb_2O_3（进烟尘）	Sb_2O_5, $Me_3(SbO_4)_2$
Si	SiO_2	—	$xMeO \cdot ySiO_2$	
Ca	$CaCO_3$		CaO	$xCaO \cdot ySiO_2$, $xCaO \cdot yFe_2O_3$
Mg	$MgCO_3$	—	MgO	—

6.3.2 烧结块的鼓风炉还原熔炼

烧结焙烧得到的铅烧结块中的铅主要以 PbO（包括结合态的硅酸铅）、少量的 PbS、金属 Pb 和 $PbSO_4$ 等形态存在，此外还含有伴存的 Cu、Zn、Bi 等有价金属和贵金属 Ag、Au 以及一些脉石氧化物。

鼓风炉还原熔炼的目的在于使烧结块中铅的化合物还原成金属铅，并将贵金属（Au、Ag）富集于其中，即产出粗铅；同时使炉料中各种造渣成分结合生产出炉渣，并最大限度地使锌进入渣中；当炉料含铜、砷、镍、钴等有价金属时，使其分别集中于铅冰铜或砷冰铜中，以便综合回收。

鼓风炉炼铅的原料由炉料和焦炭组成。炉料主要组成为自熔性烧结块，它占炉料组成的 80%～100%。除此之外，根据鼓风炉正常作业的需要，有时也会加入少量铁屑、返渣、黄铁矿、萤石等辅助物料。

焦炭是熔炼过程的发热剂和还原剂。一般用量为炉料量的 9%～13% 左右（即为焦率）。

鼓风炉还原熔炼的作业过程是炉料和焦炭从炉顶分批加入，随着熔炼的进行而逐步下移，而空气则经过炉腹下部的风口鼓入并向上透过，两者形成逆流运动。从风口鼓入的空气，首先在风口区形成氧化燃烧带，即空气中的氧与下移的赤热焦炭中的固定炭起氧化燃烧作用生成 CO_2；CO_2 又与赤热的焦炭作用，被还原为 CO，此还原性高温气体沿炉体上升，与下移的烧结块相互接触而发生物理化学变化，依次形成粗铅、炉渣及铅冰铜等液体产物，流经炽热（1300～1500℃）的底焦后，被充分过热后进入炉缸按熔体密度分层，然后分别从虹吸口、咽喉（排渣口）流出，含有烟尘的炉气则从炉顶排出，进入收尘系统。

现代炼铅厂的鼓风炉均采用全水套或半水套式矩形鼓风炉（见图 6-11），国外有的工厂采用双排风口椅式水套炉（见图 6-12）。双排风口椅式鼓风炉使燃料燃烧更趋于合理化，

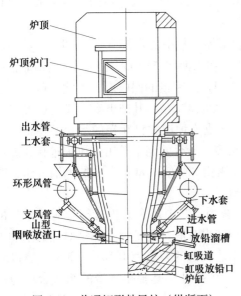

图 6-11 普通矩形鼓风炉（纵断面）

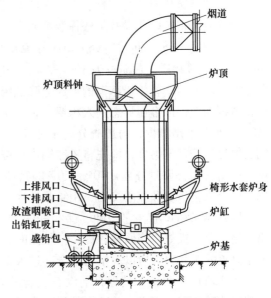

图 6-12 椅形双排风口鼓风炉

它的下排风口鼓风量保证燃料强烈燃烧，使气体中 $\varphi_{CO_2}/\varphi_{CO} \approx 1$；上排风口附加风量使气流中对还原过程多余的 CO 燃烧为 CO_2，因此同时提高了还原能力和热利用率，使生产能力提高 1.5~2.0 倍，金属回收率高，烟尘率和炉结少。

铅鼓风炉有前床，也有用 1~3 个渣包串联代替前床。炉渣烟化处理时则设电热前床，它除了保温，加热和贮存炉渣外，还起到澄清和降低渣含铅的作用。

鼓风炉熔炼的主要过程有碳质燃料的燃烧过程、金属氧化物的还原过程和脉石氧化物（含氧化锌）的造渣过程，有的还发生造锍、造黄渣过程，最后是上述熔体产物的澄清分离过程。

铅鼓风炉熔炼的产物有粗铅、炉渣、铅冰铜、砷冰铜、烟尘和炉气。

还原熔炼得到的铅液吸收了炉料中的绝大部分金银等贵金属，也溶解了被还原的杂质元素（如 Cu、As、Sb、Sn、Bi 等），使其含铅品位只有 95%~98%（称为粗铅）。其密度约为 10.5g/cm³，密度较其他熔体产物大，沉在炉缸底部。粗铅送到下一步精炼后成为精铅。

铅渣主要组成是 SiO_2、CaO 和 FeO，且含 ZnO 较高，故可视为 FeO-CaO-SiO_2-ZnO 系。较好的铅渣组成为 $w(SiO_2) = 21\% \sim 22\%$，$w(FeO) = 28\% \sim 32\%$，$w(CaO) = 18\% \sim 20\%$，$w(ZnO) = 15\% \sim 16\%$，$w(MgO) < 5\%$，$w(Al_2O) < 5\%$。实践证明，炉渣中锌的溶解量不超过 17%，超过此值则渣熔点和黏度都剧烈上升，熔炼困难。提高 FeO 可增大渣对 ZnO 的溶解度，但应保证形成 $2FeO \cdot SiO_2$ 所需的 SiO_2 量，不然渣熔点也高。故高锌渣含 SiO_2（质量分数）应大于 17%。渣中 SiO_2+FeO+CaO+ZnO 总量为 78%~86% 时，FeO+CaO 量应大于 43%~46%。炉渣要符合鼓风炉炼铅的要求，并尽量少消耗熔剂。其熔点和黏度要适当，熔点为 1050~1150℃，1200℃ 时黏度小于 0.5Pa·s。正常炉渣的密度约为 3.3~3.6g/cm³，它与铅冰铜的密度差应不小于 1g/cm³。

铅鼓风炉渣常含（质量分数）锌 6%~17%、铅 1%~3% 和其他有价金属，因此应该尽量综合回收。铅炉渣处理的方法很多，如鼓风炉、转炉和电炉熔炼法，悬浮熔炼法，氯化挥发法，回转窑挥发法，烟化法以及湿法碱处理等。然而，目前大多数的工厂都采用烟化法处理回收 ZnO、PbO 以及某些稀散金属。

铅冰铜为 PbS、Cu_2S、FeS、ZnS 等硫化物的熔体，其中还常溶有 Fe、Pb、Cu、Au、Ag 和 Fe_3O_4 等物质，铜品位为 5%~35%，密度大致在 4.1~5.5g/cm³ 左右。然而铅冰铜并非是熔炼的必然产物，铅冰铜的形成会降低铅及金银进入粗铅的回收率，因此一些工厂不产铅冰铜而使铜以金属形态进入粗铅。在产出铅冰铜的熔炼中，其产出率一般也只有 2%~3%。由于其产出量少，与炉渣分离不完全，因此常成为炉渣和铅冰铜的混合熔体。铅冰铜一般都先经富集熔炼，即先将铅冰铜进行烧结焙烧，所得的烧结矿用鼓风炉进行还原熔炼，产出含铜（质量分数）40%~50% 的富冰铜、粗铅和炉渣。富集产出的冰铜或送往吹炼，或经氧化焙烧和硫酸浸出，用结晶法生产胆矾。

砷冰铜又称黄渣，它是砷、锑和铁的金属化合物，其中还含有镍、钴、铜及少量的铅、铋、金、银等。当原料含镍、钴较高时，希望产出黄渣。这是因为镍钴对砷的亲和力大于对硫的亲和力，所以镍钴几乎全部进入黄渣中。黄渣的熔点为 1050~1100℃，密度约 6.0~7.0g/cm³。黄渣的处理目前没有完善的方法，各企业多是根据黄渣的组成合理地提取其中的某些有价元素，并选定其处理流程。

鼓风炉熔炼产出的粗烟尘多是返回本流程处理。细尘富集了铅和镉，是提镉的重要原料；烟气为 N_2、CO_2 及少量的 CO、O_2 和碳氢化合物的混合体，经净化后排入大气中。

6.4　铅的直接熔炼工艺

6.4.1　硫化铅精矿的直接熔炼概述

6.4.1.1　硫化铅精矿直接熔炼的工艺流程

金属硫化物精矿不经焙烧或烧结焙烧直接生产出金属的熔炼方法称为直接熔炼。

由硫化铅精矿提取金属铅最主要的冶金反应过程一是氧化脱硫，二是铅氧化物的还原。脱硫要彻底并集中，这样利于硫的回收和最大限度地减少污染；还原要充分，尽可能降低渣含铅提高金属回收率；同时，工艺流程及设备应简短、高效且节能，宜于锌、铜、金、银等伴生有价元素的综合利用。

传统的烧结—鼓风炉流程将氧化—还原两过程分别在两台设备中进行，存在许多难以克服的弊端。随着能源、环境污染控制以及生产效率和生产成本对冶炼过程的要求越来越严格，传统炼铅法受到多方面的严峻挑战。具体说来，传统法有如下缺点：

（1）随着选矿技术的进步，铅精矿品位一般可以达到60%，这样的精矿给正常烧结带来许多困难，导致大量的熔剂、返粉和炉渣的加入，从而使烧结炉料的含量降至40%~50%。送往熔炼的是低品位的烧结块，致使每生产1t铅产出1t多炉渣，设备生产能力大大降低。

（2）1t PbS 精矿氧化造渣可放出 $2×10^6kJ$ 以上的热量，这些热量在烧结作业中几乎完全损失掉，而在鼓风炉熔炼过程中又要另外消耗大量昂贵的冶金焦。

（3）铅精矿一般含硫（质量分数）15%~20%，处理1t精铅矿约可生产0.5t硫酸，但烧结焙烧脱硫率只有70%左右，故硫的回收率往往低于70%，还有30%左右的硫进入鼓风炉烟气，回收很困难，容易给环境造成污染。

（4）流程长，尤其是烧结及其返粉制备系统，含铅物料运转量大，粉尘多，大量散发的铅蒸气、铅粉尘严重恶化了车间劳动卫生条件，容易造成操作人员铅中毒。

另外，对硫化铅精矿来说，这种粒度仅为几十微米的浮选精矿，因其微粒小，比表面积大，化学反应和熔化过程都有可能很快进行，因此需要充分利用硫化矿粒子的化学活性和氧化热，合理采用高效、节能、少污染的直接熔炼流程处理。因此，以上问题促使人们不断努力探索研究各种直接炼铅新方法。自20世纪70年代以来，已投入工业规模生产的主要有：基夫赛特炼铅法（Kivcet法，苏联），氧气底吹炼铅法（QSL法，德国），顶吹熔池熔炼法（Ausmelt/Isa法，澳大利亚），氧气顶吹转炉炼铅法（TBRC，瑞典），中国自行研究开发的底吹炼铅法（前身为水口山炼铅法，SKS法，现已发展为底吹熔炼+底吹还原，中国），以及侧吹炼铅法（由Vanukov炉发展而来，现已发展为侧吹熔炼+侧吹还原，中国）。

这些直接炼铅工艺的共同特点是都取消了烧结作业，并采用纯氧或富氧空气直接熔炼硫化铅精矿实现脱硫并产出部分粗铅。其不同之处主要在于：对精矿采用闪速熔炼还是熔池熔炼；氧化、还原全过程是在一台设备内连续完成（如Kivcet法、QSL法）还是在分阶段完成（如TBRC法、Ausmelt/Isa法），还是分别在两台设备中完成（如Ausmelt/Isa法、底吹熔炼法、侧吹熔炼法）。硫化铅精矿直接炼铅的原则工艺流程如图 6-13 所示。

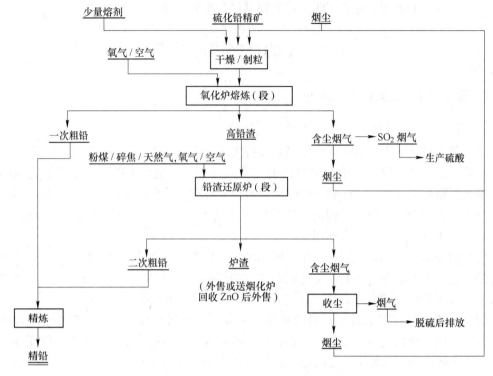

图 6-13 硫化铅精矿直接熔炼原则生产工艺流程图

6.4.1.2 硫化铅精矿直接熔炼的基本原理和方法

硫化铅精矿直接熔炼产出金属铅的困难较大。由图 6-5 中的 Pb-S-O 系 $\lg p_{O_2}$ – $1/T$ 图分析，Pb-S-O 系的 PbO 稳定区较小，而硫酸铅和碱式硫酸铅的稳定区较大，这与一般的 Me-S-O 系不同。随着温度升高，金属铅和氧化铅的稳定区也在扩大。随着氧位增加，硫化铅的氧化沿着 Pb-PbO-nPbO·PbSO$_4$-PbSO$_4$ 的方向移动。当氧化温度较低时，硫化铅氧化只能生成 PbSO$_4$ 或 nPbO·PbSO$_4$，只有在较高的温度下，硫化铅氧化才能生成金属铅或氧化铅。但由于 PbS、PbO 以及金属铅的挥发性，导致硫化铅精矿熔炼过程烟尘率很高，这也与其他重金属硫化矿的熔炼不同。1200℃时 Pb-S-O 系的硫势—氧势图如图 6-14 所示。

从图 6-14 可以看出，横坐标和纵坐标分别代表 Pb-S-O 系中的硫势和氧势，其分别用多相体系中硫的平衡分压和氧的平衡分压表示。图中间一条黑实线（折线）将该体系分成上下两个稳定区（又称优势区）。上部为 PbO-PbSO$_4$ 熔盐，代表 PbS 氧化生成的烧结焙烧产物。在该区域，随着硫势或 SO$_2$ 势增大，烧结产物中的硫酸盐增多。图下部为 Pb-PbS 共晶物的稳定区，由于 Pb 和 PbS 的互溶度很大，因此在高温下溶解在金属铅中的 S 含量可在很大范围内变化。

如图 6-14 所示，在低氧势、高硫势条件下，金属铅相中的硫可达 13%（质量分数），甚至更高，这就形成了平衡于纵坐标的等硫量（S%）线。随着硫势降低，意味着粗铅中更多的硫被氧化生成 SO$_2$ 进入气相。在这里，用点实线（斜线）代表二氧化硫的等分压线（用 p_{SO_2} 表示）。等 p_{SO_2} 线表示在多相体系中存在的平衡反应为 $1/2S_2 + O_2 \rightleftharpoons SO_2$。在一定

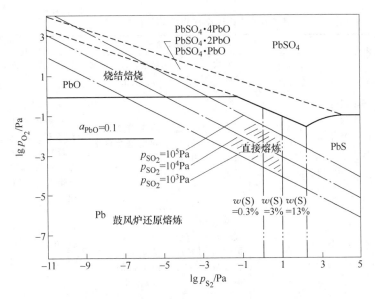

图 6-14　1200℃时 Pb-S-O 系硫势—氧势图

p_{SO_2} 下，体系中的氧势增大，则硫势降低，反之亦然。

若想获得金属铅，则必须严格控制熔炼温度与氧位。当熔炼温度为 1200℃，p_{SO_2} 为 10^4Pa 时，金属铅稳定存在的氧位应是 $-1.0 \sim -3.7$Pa，此时即为直接炼铅控制的氧位。当控制氧位偏高时，则靠近 PbO 和 nPbO·PbSO$_4$ 的稳定区，PbS 被氧部分氧化为 PbO 和 nPbO·PbSO$_4$，而炉渣的含铅量增加，铅的直收率下降，给直接炼铅工艺发展带来了很大困难，因此必须增加高铅渣还原作业。若控制的氧位偏低，则靠近 PbS 稳定区，由于铅与 PbS 互溶，使得硫在铅中的溶解度较大，而 PbO 在铅中的溶解度又很小，就造成了低氧位下还原得到的粗铅有较高的硫，从而增加粗铅含硫。因此同时产出含铅低的炉渣和含硫低的金属铅是困难的。

由此可见，必须分两步进行才能得到满意的结果。首先是高氧势脱硫，产出含硫低 [w(S) <0.5%] 的粗铅，而后在低氧势下还原渣中的 PbO 和 nPbO·PbSO$_4$ 为金属铅，产出含铅低的炉渣。这已被所有直接炼铅工艺所证实，也是考虑合理炉型结构所必须遵循的规律。

直接炼铅存在的主要问题是：

（1）须准确控制氧势，使之得到低硫铅，以满足精炼要求；

（2）硫化铅直接氧化所形成的粗铅与炉渣处于平衡状态，低氧势有利于取得低铅渣；

（3）通常所希望的低熔点炉渣组分为：w(FeO+ZnO+Al$_2$O$_3$)=47%，w(CaO+MgO)=16%，w(SiO$_2$)=37%。

硫化铅精矿直接熔炼方法可分为两类，一类是把精矿喷入灼热的炉腔空间，在悬浮状态下进行氧化熔炼，然后在沉淀池进行还原和澄清分离（如基夫赛特法）。这种熔炼反应主要发生在炉腔空间的熔炼方式（称为闪速熔炼）。另一类是把精矿直接加入鼓风翻腾的熔体中进行熔炼（如 QSL 法、奥斯麦特法/艾萨法、底吹熔炼法和侧吹熔炼法）。这种熔炼反应主要发生在熔池内的熔炼方式（称为熔池熔炼）。

按照闪速熔炼和熔池分类的硫化铅精矿直接熔炼的方法概述见表 6-8。

表 6-8　硫化铅精矿直接熔炼的方法概述

熔炼类型	闪速熔炼	熔池熔炼				闪速/熔池
		喷吹方式：底吹		喷吹方式：顶吹	喷吹方式：侧吹	
炼铅方法	Kivcet 法	QSL 法	底吹熔炼法	Ausmelt/Isa 法	侧吹熔炼法	Kaldo 法
主要设备	精矿干燥设备；由闪速反应塔、有焦滤层的沉淀池和连通电炉三部分构成的基夫赛特炉	精矿制粒设备；设有氧化/还原的两段式卧式长转炉	精矿制粒设备；只有氧化段的卧式回转炉	带有直插顶吹喷枪及调节装置的固定式坩埚炉	矩形固定式炉，采用铜水套冷却的侧部风口或耐火砖保护的侧部喷枪喷入富氧/工业氧气	带有顶吹喷枪；既可沿横轴倾斜又可沿纵轴旋转的转炉
炉子数量	1 台	1 台	氧化熔炼的底吹转炉与还原熔炼的鼓风炉（或底吹转炉）各 1 台	氧化炉、还原炉（或鼓风炉）各 1 台；或 1 台炉子分周期作业	氧化炉和还原炉各 1 台（加 1 台烟化炉）	1 台
作业方式	连续	连续	间断	间断	目前多间断作业	间断
对原料要求精矿入炉方式	原料必须干燥处理，含水（质量分数）低于 0.5% 的粉状物料从反应塔顶部喷入	湿精矿制粒后下落入炉	湿精矿制粒后下落入炉	湿精矿制粒后下落入炉	能处理含水（质量分数）6%~8% 的精矿、其他含铅粗粒物料（<100mm）或直接处理液态铅渣，原料下落入炉	干/湿精矿由喷枪喷入炉内

6.4.1.3　硫化铅精矿直接熔炼的优点

无论是闪速熔炼，还是熔池熔炼，上述各种直接炼铅方法的共同优点是：

（1）硫化精矿的直接熔炼取代了氧化烧结焙烧与鼓风炉还原熔炼两过程，冶炼工序减少，流程缩短，免除了返粉破碎和烧结车间的铅粉、铅尘和 SO_2 烟气污染，劳动卫生条件大大改善，设备投资减少。

（2）运用闪速熔炼或熔池的方法，采用富氧或氧气熔炼，强化了冶金过程。由于细粒精矿直接进入氧化熔炼体系，充分利用了精矿表面巨大活性，反应速度快，加速了反应器中气—液—固物料之间的传热传质。充分利用了硫化精矿氧化反应发热值，实现了自热或基本自热熔炼。能耗低，生产率高，设备床能率大，余热利用好。

（3）氧气或富氧熔炼的烟气 SO_2 浓度高，硫的利用率高。

（4）由于熔炼过程得到强化，可处理铅品位波动大、成分复杂的各种铅精矿以及其他含 Pb、Zn 的二次物料，伴生的各种有价元素综合回收好。

6.4.2　基夫赛特直接炼铅（Kivcet）法

6.4.2.1　基夫赛特直接炼铅法概述

基夫赛特（Kivcet）直接炼铅法是苏联有色金属科学研究院从 20 世纪 60 年代开始研究开发的直接炼铅工艺，全称为氧气闪速熔炼—电热还原法。

1986 年年初在哈萨克斯坦的乌斯季—卡缅诺尔斯克建成第一个基夫赛特法炼铅厂，开始基夫赛特法炼铅的大型工业生产。后来推广至意大利维斯麦（Vesme）港公司、加拿大柯明科公司、哈萨克斯坦锌业公司和玻利维亚铅锌公司进行工业应用。

意大利 Vesme 港炼铅厂是除基夫赛特工艺发明国以外第一个成功建成（1987 年 2 月）并投产的大型（设计产量 9.5 万吨/年）基夫赛特法炼铅厂，又称 KSS 炼铅厂（其炉子本体系统结构见图 6-16）。KSS 法是将苏联 Kivcet 专利技术通过意大利 Sammi 公司和意大利 Snamprogetli 设计院的共同协作而发展、完善的炼铅法，故将基夫赛特法改称为 KSS（Kivcet-Sammi-Snamprogetli）法，据称是目前世界上最先进的直接炼铅法。经过多年运行，该厂粗铅生产能力已经达到 12 万吨/年，设备作业率达 96% 以上。

20 世纪 90 年代加拿大柯明科公司的特雷尔（Trail）冶炼厂建设了一座处理能力 1200t/d 炉料的基夫赛特炼铅厂。并采用 4 个炉料喷嘴，开孔放铅，同时处理该厂 280kt/a 的湿法炼锌的浸出渣，炉料中锌浸出渣含量（质量分数）达到 50%，含铅品位 25% 左右，配置烟化炉对炉渣进行处理回收氧化锌。该厂原采用 QSL 炉处理硫化铅精矿并搭配锌浸出渣，但由于氧化段和还原段间的隔墙下部通道堵塞，造成严重的工艺过程混乱，喷枪寿命仅 2~4 天，反应器内衬腐蚀严重，无法继续生产，投产仅 3 个月就被迫停产。因此该厂认为 QSL 工艺不适合搭配湿法炼锌高铁浸出渣回收铅锌的要求，于 1993 年改为基夫赛特炼铅，并于 1996 年投产。特雷尔厂的实践证明，基夫赛特直接炼铅法不仅能很好地解决自身环境影响问题，而且还可以搭配处理湿法炼锌的浸出渣，有效回收锌浸出渣中的铅、锌、铜、银和金等有价元素，是一种较为理想的清洁炼铅工艺。因此，近年来我国株冶和江铜新设计建设的铅锌互补联合生产系统即选用基夫赛特法作为直接炼铅工艺。

6.4.2.2 基夫赛特炉的构成

基夫赛特炉是该法的核心。该炉由带氧气喷嘴的反应塔、熔池、竖烟道（包括余热锅炉）和电热区四部分组成。其结构示意图如图 6-15 所示，主要结构尺寸实例见表 6-9。

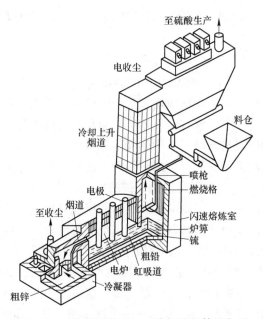

图 6-15 KSS 铅厂的 Kivcet 炼铅法整体设备图

表 6-9　基夫赛特炉主要结构尺寸实例

项目名称	乌斯季卡缅诺戈尔斯克铅厂	Vesme 港铅厂	Trail 铅厂
炉料	铅精矿	铅精矿	铅精矿+浸出渣
炉料处理量/t·d^{-1}	500	720	1340
反应塔结构	膜式水冷壁	"三明治"结构	铜水套内衬铬镁砖
反应塔尺寸/m×m×m	2.65×4.5×5	3×4.5×5	6×5×8.726
喷嘴数量/个	2	2	4
单个喷嘴生产能力/t·h^{-1}	10~12	15~18	15~18
熔池尺寸/m×m	13×4.5	20×4.5	24×5
熔炼区面积/m^2	22	36	35
电热区面积/m^2	36	45	55
电热区变压器额定功率/kV·A	4500	4500	9000
烟道尺寸/m×m×m	2.2×4.5×30	3×4.5×40	—

　　基夫赛特炉反应塔的横截面呈矩形，这是由于用工业纯氧或富氧熔炼，反应塔的热强度高，为保证耐火材料寿命，需要采用强化砌体冷却的水冷构件。目前多采用铬镁砖与铜水套相结合的方式。炉料喷嘴安装在反应塔顶，与闪速炼铜不同，基夫赛特炼铅一般采用多个喷嘴，以使喷出的物料中的焦炭颗粒能够较为均匀地覆盖在反应塔下部的熔池表面。

　　基夫赛特熔池由两部分构成，一部分在反应塔和烟道下方，承接反应塔产生的熔体；另一部分熔池插入三根石墨电极构成电热区。两部分熔池的气相空间由铜水套组成的隔墙分开，熔池内的熔体互相流通进行热量和质量的传递，但电热区设有独立的烟道和烟气处理系统。

　　竖烟道由膜式水冷壁构成，与余热锅炉连接，可将烟气温度从 1250℃ 降至 800℃ 以下，还可以捕集烟尘。

6.4.2.3　基夫赛特法炼铅的工艺过程

　　Kivcet 炉其实是闪速熔炼炉与还原贫化电炉结合的产物，干燥的硫化铅精矿、其他含铅物料和熔剂由工业纯氧从闪速炉反应塔顶部的喷枪喷入塔内。在飘悬状态下，硫化物剧烈氧化并全部融化为熔体，其中含有金属铅、氧化物和造渣成分等。熔体落入沉淀池时通过覆盖在沉淀池表面的焦炭过滤层，其中的大部分氧化物还原为金属铅，铅沉降至沉淀池底部，其余的熔体组成初渣。初渣通过水冷隔墙下部的连通口进入还原段贫化电炉。电炉温度高达 1400℃，在此，初渣中所含的铅和锌的氧化物被从炉顶气密加料器加入炉内的焦粉和电热区中的碳电极所还原，得到的二次粗铅回流至氧化段沉淀池内，与其中的粗铅熔体混合并由放铅口放出。还原产出的锌蒸气随电炉炉气进入冷凝器，冷凝为液体锌；或被氧化为氧化锌，在收尘设备中回收。氧化段生成的高浓度 SO$_2$ 烟气经垂直冷却室冷却至 550℃ 后，进入高温电收尘器净化，送往制酸或生产液态 SO$_2$ 及元素硫。

　　基夫赛特炉的主要技术指标为：反应塔上部反应温度 1400~1450℃，熔池温度 1000~1200℃，虹吸口放铅温度 700℃，烟气中 SO$_2$ 浓度 20%~30%，烟气温度 1200~1300℃，脱硫率 97%，铅回收率 98%，渣含铅（质量分数）1.5%~2%，锌以氧化锌烟尘的形式回收，锌回收率约 40%~50%，能耗（标煤）45kg/t 炉料，电耗 140kW·h/t 炉料。虽然投资偏高，且需使用大量铜水套，但其他指标非常理想。

基夫赛特炼铅的熔炼过程需要在 1300℃ 以上进行，才能避免铅的硫酸盐生成。虽然采用了较高的熔炼温度，但基夫赛特炼铅的烟尘率却明显低于熔池熔炼。这是由于在反应塔中温度较高，使得硫化铅氧化速度很快，来不及挥发即被氧化，因此烟尘率反而低于熔池熔炼。

焦滤层是基夫赛特直接炼铅技术的重要特点之一，也是该技术获得成功的关键。反应塔落下的高温液滴下落后需要穿过这一焦滤层，较易还原的氧化铅和氧化铁得到优先还原，生成金属铅和 FeO。金属铅进入粗铅相，FeO 进入渣相，没有被还原的 ZnO 依然留在炉渣中。焦滤层的应用可有效减少电热区的能耗。实践表明，氧化铅在反应塔下方的焦滤层有近 80%~85% 还原为金属铅。因此在反应塔包含氧化脱硫、造渣熔炼和还原熔炼三个熔炼过程。

电热区的作用是使炉渣中的氧化铅进一步还原，炉渣中的金属铅进行沉降分离，尽量降低炉渣中的铅含量，提高铅的回收率。电热区由电极产生的焦耳热加热熔体，保持熔体温度在 1250~1300℃ 之间，并加入少量焦炭以维持还原性气氛。此时，除了渣相中未还原的氧化铅继续被还原为金属铅液滴外，小部分氧化锌也被还原为锌蒸气，随还原反应生成的 CO、CO_2 气体进入烟道并进而氧化为氧化锌，最后在余热锅炉和收尘系统得到回收。

基夫赛特直接炼铅工艺过程中还需考虑是否需要控制氧化熔炼的条件在电热区生成冰铜层。如果炉料含铜低、含铅高，或在熔池侧墙采用开孔放铅，则不需要生成冰铜层；反之则必须调整氧料比，在电热区形成冰铜并单独放出。Trail 厂采用开孔放铅，基夫赛特炉不产出冰铜，而是在火法精炼的连续脱铜炉内产出冰铜，其主要成分为 $w(Cu) = 45.8\%$，$w(Pb) = 31.4\%$，$w(S) = 15.8\%$，$w(Fe) = 0.33\%$。Vesme 港铅厂基夫赛特炉产出冰铜，其主要成分为 $w(Cu) = 25\%$，$w(Pb) = 40\%$，$w(S) = 12\%$，$w(Fe) = 5\%$。

采用基夫赛特炼铅工艺的一个重要理由是为了搭配处理锌浸出渣。此时，选择渣型时需考虑适当增大 Fe/SiO_2，以提高 ZnO［在渣中的溶解度，并严格控制渣中含 ZnO（质量分数）不得超过 17%］。基夫赛特炼铅工艺的炉料成分实例见表 6-10。

表 6-10 基夫赛特炼铅炉料实例

厂 名	化学成分（质量分数）/%						
	Pb	Zn	Cu	Fe	S	SiO_2	CaO
Vesme 港铅厂	43.7	4.87	0.258	7.7	16.6	7.5	6.7
	48.0	4.75	0.40	7.3	15.4	7.4	4.9
	44.0	5.80	0.50	8.50	19.1	7.5	4.0
乌斯季卡缅诺戈尔斯克铅厂	46.1	6.88	1.86	9.80	16.6	7.1	4.21
	38~42	6~8	1.8~3.5	7~10	17~22	8~9	5~7
Trail 铅厂	24.8	9.38	0.89	10.17	7.21	9.34	5.87

通常情况下，基夫赛特炉产出的粗铅含铅（质量分数）95%~98%。在不产冰铜的情况下，约 80% 的铜，98.5%~99.5% 的银，92% 的锑进入粗铅。粗铅的化学成分实例见表 6-11。

电热区产出的炉渣，含锌高时采用烟化炉继续处理。根据经济技术核算，炉渣含锌（质量分数）大于 7% 时，用烟化炉挥发回收锌是合算的。Trail 厂的炉渣含锌（质量分数）

约 17%~19%，采用烟化炉处理；Vesme 港铅厂炉渣含锌（质量分数）7% 左右，直接水淬后弃去；我国株冶和江铜设计的基夫赛特炉均搭配处理锌浸出渣，炉渣含锌（质量分数）均超过 10%，都设有烟化炉挥发处理。一些炉渣的成分实例见表 6-12。

表 6-11 基夫赛特炼铅产出粗铅成分实例

厂　名	化学成分（质量分数）/%			
	Pb	Cu	S	Ag/g·t^{-1}
Vesme 港铅厂	97.5	0.48~0.77	0.02~0.05	1730
乌斯季卡缅诺戈尔斯克铅厂	97	0.9	0.05	—
Trail 铅厂	94	1.96		4244

表 6-12 基夫赛特炼铅炉渣成分实例

厂　名	化学成分（质量分数）/%							
	Pb	Zn	Cu	FeO	S	SiO$_2$	CaO	Ag/g·t^{-1}
Vesme 港铅厂	2.0	7.0	0.1	27	1.48	27.4	18.1	2~5
	1.8	7.7	0.17	26	1.4	25.1	22.7	—
乌斯季卡缅诺戈尔斯克铅厂	1.5	13~14	0.5	24	—	26.0	17.0	—
Trail 铅厂	5.0	17.8	—	28	—	20.9	12.7	—

6.4.2.4 基夫赛特炼铅的工艺特点

基夫赛特直接炼铅工艺是真正意义上的"一步炼铅"，所有的氧化熔炼、还原熔炼和造渣熔炼都在一座炉内完成，具有如下优点：

（1）劳动条件好；

（2）对原料适应性强，$w(Pb)=20\%~70\%$，$w(S)=13.5\%~28\%$，Ag 100~8000g/t 的原料都可处理；

（3）连续作业，氧化和还原在一个炉内完成，生产环节少；

（4）烟气 SO$_2$ 浓度高，可直接制酸；烟气量少，带走的热少，余热利用好，从而烟气冷却和净化设备小，烟尘率约 20%，烟尘可直接返回炉内冶炼；

（5）主金属回收率高（Pb 回收率>98%），渣含铅低 [$w(Pb)<2\%$]，贵金属回收率高，金、银入粗铅率达 99% 以上，还可回收原料中 60% 以上的锌；

（6）能耗低，粗铅能耗为 0.35t 标煤/t；

（7）炉子寿命长，炉期可达三年，维修费用低。

基夫赛特熔炼的缺点包括：

（1）原料准备比较复杂，对炉料和水分要求严格，粒度要控制在 0.5mm 以下，最大不能超过 1mm，需要干燥至含水（质量分数）在 1% 以下；

（2）建设投资较高。

6.4.3 QSL 直接炼铅法

6.4.3.1 QSL 技术的发展过程

QSL 技术是由 P. E. Queneau 和 R. Schuhmann 在 1973 年提出，在德国 Lurgi 化学冶金公司采用和发展起来的直接炼铅法，故称 QSL 法。该工艺先后于 1990 年和 1992 年在德国施托尔伯格冶炼厂和韩国温山冶炼厂建成投产。1989 年加拿大科明科公司的 QSL 法炼铅厂投产，因工艺设备问题，1993 年用基夫赛特法改建。我国西北冶炼厂 20 世纪 80 年代引进 QSL 技术，因各种原因一直未正常生产。

虽然 QSL 法在加拿大科明科公司和我国西北冶炼厂的生产中出现一系列问题，但德国施托尔伯格炼铅厂和韩国锌业公司的 QSL 炼铅厂均在正常生产，韩国 QSL 炼铅厂生产能力远远超过其设计能力。实践表明，QSL 是一种成功的直接炼铅方法。

6.4.3.2　QSL 炼铅工艺

A　工艺方法及主要装置

QSL 法为富氧底吹熔池熔炼，其设备示意图如图 6-16 所示（温山冶炼厂 QSL 炉）。

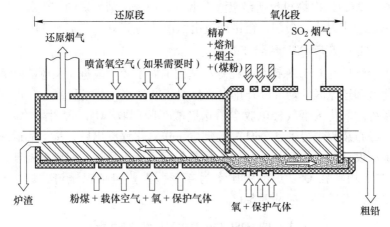

图 6-16　QSL 法炼铅示意图

QSL 炉为可转动的卧式长圆筒型炉，向放铅口方向倾斜 0.5%，并分为氧化区和还原区。在氧化和还原两个区域，分别配有浸没式氧气喷嘴和粉煤喷嘴。铅精矿经制粒后由顶部加入氧化区，与氧枪喷入的氧气在熔池中反应生成氧化铅和 SO_2，实现自热熔炼，氧化段温度在 1050~1100℃ 之间；氧化铅与硫化铅在氧化区发生交互反应生成一次粗铅由底部放出，初铅含硫（质量分数）0.3%~0.5%；初渣含铅（质量分数）40%~45%。炉渣由氧化区进入还原区，其中的 PbO 被粉煤喷嘴喷入的粉煤还原，还原温度约 1150℃~1250℃，渣含铅逐渐降低，同时还产出铅锌氧化物烟尘和二次粗铅。二次粗铅潜流返回氧化段，和一次粗铅合并一起经虹吸口放出，送后续精炼。炉渣逆向运动由反应器还原段的渣口排出，进行烟化处理，回收其中的铅和锌。为解决铅、渣混流，在氧化段与还原段之间增设一道隔墙，耐火材料采用熔铸铬镁砖。

反应器熔池深度直接影响熔体和炉料的混合程度。浅熔池操作不但两者混合不均匀，而且易被喷枪喷出的气流穿透，从而降低氧气或氧气—粉煤的利用率。因此适当加深反应器熔池深度对反应器的操作是有利的。由熔炼工艺特点所决定，QSL 反应器内必须保持有足够的底铅层，以维持熔池反应体系中的化学势和温度的基本恒定。在操作上，为使渣层与虹吸出铅口隔开，以保证铅液能顺利排出，也必须有足够的底铅层。底铅层的厚度一般为 200~400mm，而渣层宜薄，为 100~150mm。反应器氧化区的熔池深度大，一般为 500~1000mm。

实践证明，还原段的起始处增设一个挡圈，使还原段始终保持 200mm 高的铅层，这有利于炉渣中被还原出来的铅珠能沉降下来，从而降低终渣含铅；此外，降低还原段的渣液面高度，使还原段的渣层较薄，渣层与铅层的界面交换传质强度加大，同时渣层的涡流强度也减弱，有利于铅沉降。

还原段的烟气有两种不同走向，在德国斯托尔伯格冶炼厂，还原段烟气通过隔墙上方通道与氧化段烟气汇合，经氧化段上方的排烟口排出。在韩国温山冶炼厂隔墙上方没有通道，还原段由单独的烟气系统排放处理。

B　德国斯托尔伯格冶炼厂 QSL 炼铅工艺

德国斯托尔伯格冶炼厂 QSL 炼铅系统设计规模为 500t/d 炉料处理量，精矿与二次物料的配比为 63∶37，二次物料包括铅银渣、烟尘、炉渣、精炼炉的烟尘和废蓄电池的铅膏等。该厂实际处理能力达 650t/d，粗铅产量由原设计的 75kt/a 提高到 110kt/a。

C　韩国温山冶炼厂 QSL 炼铅工艺

韩国温山冶炼厂的 QSL 炼铅系统在专利基础上做了较大改进，反应器隔墙上方取消烟气通道，氧化区和还原区的烟气分开排出，分别产出含 SO_2 烟气和含 ZnO 的烟气，设有两套烟气处理系统。氧化区烟气经电收尘后送制酸车间回收 SO_2，含铅高的烟尘返回配料。还原区的烟气经布袋收尘得到含 ZnO 高的烟尘，送氧化锌浸出后，浸出渣返回配料。

温山冶炼厂设计能力为 60kt/a 粗铅，目前包括奥斯迈特炉含铅废料处理，实际产量达到 200kt/a，二次物料在 QSL 炉料中比率为 47%，主要包括铅银渣、烟尘和精炼渣等。QSL 炼铅的主要技术经济指标见表 6-13。

表 6-13　QSL 法炼铅主要技术经济指标

指　　标		韩国温山冶炼厂	德国斯托尔伯格冶炼厂
铅回收率/%		98	98
粗铅含 Pb（质量分数）/%		99	99
炉渣含 Pb（质量分数）/%		4.23	3.91
烟尘率/%		20	23
烟气量/$m^3 \cdot h^{-1}$		32000	24000
炉料单耗指标	氧气/$m^3 \cdot t^{-1}$	182	169
	氮气/$m^3 \cdot t^{-1}$	38	34
	粉煤（C60%）/$kg \cdot t^{-1}$	88	66
	电耗/$kW \cdot h \cdot t^{-1}$	102	104
	煤气/$m^3 \cdot t^{-1}$	7	4
	压缩空气/$m^3 \cdot t^{-1}$	65	30
	二氧化硅/$kg \cdot t^{-1}$	21	13

6.4.3.3　QSL 炼铅的技术特点

QSL 炼铅法也属氧化—还原的熔炼过程，由于是氧气底吹熔炼，故烟气中的 SO_2 浓度相当高。当还原段和氧化段的气体混合时，由于其中含有炉料带入的水分和燃料燃烧的废气，所以烟气中的 SO_2 浓度被稀释至 15%~25%。硫化矿是在熔池激烈翻动的高氧位下完成氧化冶金反应，但粗铅含硫 $[w(S)<0.5\%]$ 稍高，QSL 法所产的终渣含锌 $[w(Zn)\approx10\%~15\%]$ 和含铅 $[w(Pb)\approx4\%]$ 都稍高于传统法，烟尘率为 20%~23%。

QSL 法的特点为：

（1）氧化脱硫和还原在一座炉内连续完成；

（2）备料简单，对原料适应性强，可同时处理二次铅料，并可以使用劣质煤；

（3）硫回收率高，富氧使产生的烟尘量减少，收尘简化，烟中 SO_2 浓度高，完全满足制酸要求。

其缺点在于操作条件控制难度较高；喷枪使用寿命短；渣含铅高，需进一步处理，特别是对含锌高的原料，QSL 法的终渣需送烟化炉进一步挥发锌。

6.4.4 富氧底吹炼铅法

6.4.4.1 富氧底吹炼铅法的发展过程

富氧底吹炼铅工艺是中国在 QSL 法基础上开发的一种直接炼铅工艺。20 世纪 80 年代，水口山第三冶炼厂在规模为 $\phi2234mm×7980mm$ 的氧化反应炉进行底吹氧化熔炼硫化铅半工业试验成功后，扩大推广应用到河南豫光金铅公司和安徽池州两家铅厂生产，两家铅厂于 2002 年相继投产，从而形成了氧气底吹熔炼—鼓风炉还原铅氧化渣的炼铅新工艺，因此又称水口山法或 SKS 法。

氧气底吹熔炼—鼓风炉还原炼铅应用获得成功后，有效解决了传统烧结焙烧过程中低浓度 SO_2 和含铅烟尘的污染，一举成为我国当时铅冶炼的主流工艺，在中国得到迅速推广，为取缔烧结盘，改造落烧结机，改善环境污染问题等方面做出了重要贡献。

但该工艺只解决了氧化过程中铅和 SO_2 的污染问题，后续的高铅渣还原需要把约 1100℃的液态铅渣冷却成渣块，再送鼓风炉用焦炭还原熔炼，生产过程存在一个冷—热—冷的交替，热能利用不太合理。

为解决液态高铅渣的显热利用，进一步降低冶炼成本和渣含铅，相关企业和设计院所后续又开发了液态高铅渣直接还原工艺，豫光金铅和山东恒邦即采用了液态高铅渣底吹还原工艺，同期液态高铅渣侧吹还原工艺也开发成功。还原剂也由鼓风炉操作时的焦炭变为粉煤（或天然气）。

6.4.4.2 富氧底吹炼铅工艺

富氧底吹炉与 QSL 炉类似，为横截面为圆形的卧式转炉，其结构如图 6-17 所示。底部有六只氧气喷枪，反应器的一端为虹吸放铅口，另一端为放渣口。上部有两个加料口和一个烟气出口。生产过程中炉体可沿长轴方向转动 90°，停炉时转动 90°以防止熔体堵塞喷枪。目前富氧底吹炉的长度为 11~14m，基本上与 QSL 反应器的氧化段长度差不多，底吹炉的熔池深度一般在 1000~1100mm。

富氧底吹炼铅依然是氧化—还原熔炼过程，分别在不同的炉内进行。炉料在富氧底吹炉内进行氧化熔炼，对于硫化铅精矿可以实现自热熔炼，控制氧料比，以实现氧化造渣和脱硫。炉料在富氧底吹炉内发生氧化反应、交互反应、离解反应和造渣反应，反应的结果是得到含硫低 $[w(S)<0.2\%]$ 的一次粗铅，含铅很高的炉渣及含 SO_2（质量分数）10%~15%的烟气。

但富氧底吹炉要求氧化熔炼过程的入炉炉料含铅（质量分数）在 40%以上，如果炉料含铅较低，难以产出一次粗铅，容易导致炉况恶化。因此，当硫化铅精矿含铅品位较低

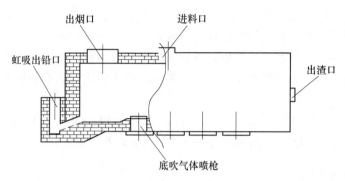

图 6-17 富氧底吹炉的结构示意图

时，配入一定量含铅高的物料如废铅酸电池铅膏等，对一次沉铅有所帮助。

富氧底吹氧化熔炼产出的高铅渣正常含铅（质量分数）在 40%~45%，熔点较低。在氧气底吹炉取代烧结机的早期，高铅渣均采用鼓风炉还原，这对于当时的技术改造提供了很大便利。目前，高铅渣的还原炉型选择非常灵活，既可以采用底吹炉，也可以采用侧吹炉，但仍以鼓风炉还原居多。

在氧气底吹氧化熔炼过程中，为减少 PbS 的挥发，并产出含 S、As 低的粗铅，需要在炉内控制过氧化气氛，并要求氧化渣的熔点不高于 1000℃，旨在较低温度下进行氧化熔炼，其对应的 CaO/SiO_2 为 0.5~0.6，Fe/SiO_2 为 1.5~1.6。但在鼓风炉还原过程中，需要控制较高的 CaO/SiO_2 比（0.7~0.8），以降低鼓风炉渣含铅，此时渣的熔点在 1150℃~1250℃。考虑此两个因素，铅氧化渣中 CaO/SiO_2 比控制在 0.6~0.7 之间为宜。

因此，在富氧底吹氧化熔炼过程中采用的是低钙渣型，低温氧化熔炼，以减少硫化铅、氧化铅和金属铅在高温下的挥发，降低烟尘率。但是氧化熔炼产出的高铅渣的 CaO/SiO_2 和 Fe/SiO_2 不能满足鼓风炉还原熔炼的渣型要求，因此高铅渣鼓风炉还原熔炼需要再次配料，主要是加入石灰石调整 CaO/SiO_2，配料时同时加入 16%~18% 的焦炭。

高铅渣与烧结块相比具有密度大、孔隙率低、硅酸铅高和含氧化钙低的特点。同时，由于是熟料，其熔化速度较烧结块要快，熔渣在鼓风炉焦区的停留时间短，从而增加了鼓风炉还原工艺的难度。但是在生产实践中表明，采用鼓风炉处理铅氧化渣在工艺上是可行的，鼓风炉渣含 Pb（质量分数）可控制在 4% 以内。

总体来看，与传统的烧结块鼓风炉还原熔炼相比，鼓风炉还原高铅渣有如下特点：焦炭率高，比烧结块还原高出 3%~5%；对焦炭质量要求高；床能率低，为每平方米 40~45t/(h·d)，仅为还原烧结块床能率的 2/3 左右；渣含铅高，一般为 3.5%~5.0%（质量分数）。

尽管现有指标较烧结—鼓风炉工艺渣含 Pb 量 [$w(Pb)$ = 1.5%~2%] 的指标稍高，但由于富氧底吹熔炼—鼓风炉渣量仅为传统工艺鼓风炉渣量的 50%~60%，因而鼓风炉熔炼铅的损失基本不增加。在技改过程中，利用原有的鼓风炉作适当改进即可，这样可以节省基建投资。

由于高铅渣采用鼓风炉还原存在一些问题，我国的炼铅行业继而成功开发了液态高铅渣直接还原工艺。液态高铅渣还原过程的主要化学反应与鼓风炉还原基本相同，仅反应过程略有不同。目前的底吹氧化熔炼炉为间断放渣，因此液态高铅渣的还原也是间断操作，底吹炉或侧吹炉均可用作还原。在液固反应过程中，通过喷枪/风口鼓入的富氧空气剧烈搅动熔体，熔融高铅渣与还原剂粉煤或天然气接触充分，化学反应的传质和传热过程都大大增强。采用煤或天然气为还原剂来代替昂贵的焦炭，维持还原温度为1150℃~1200℃，反应30~70min，即可达到较好的还原效果，终渣含铅（质量分数）可以降到3%左右。

液态高铅渣直接还原的优点是：简化了流程，省去了铸渣冷却的环节，提高了显热利用率并减少了环境污染，同时比高铅渣铸块鼓风炉还原，渣含铅有所降低。

但液态渣直接还原的缺点是烟尘率较高，底吹炉还原一般为12%~13%，侧吹炉一般为8%~10%，鼓风炉还原一般为6%~7%左右。烟尘率高导致收尘负荷增加，并带来返料量增加。

富氧底吹氧化熔炼的主要技术经济指标见表6-14；典型的底吹高铅渣成分实例和底吹还原熔炼渣的成分实例分别见表6-15和表6-16；高铅渣采用鼓风炉还原与液态直接还原的技术指标对比见表6-17。

表6-14　富氧底吹氧化熔炼主要技术经济指标

项　　目	河南豫光金铅集团	安徽池州有色公司
原料含铅（质量分数）/%	50	53.5
粒料含水（质量分数）/%	8	7
底吹炉烟尘率/%	20	18
底吹炉氧耗/$m^3 \cdot t^{-1}$	190	180
底吹炉煤耗/%	2	2
进酸厂烟气SO_2浓度/%	6~10	7
全硫利用率/%	95	95
氧气底吹炉沉铅率/%	48	40~45
氧枪寿命/d	30	40~45

表6-15　底吹氧化熔炼产出高铅渣成分

化学成分（质量分数）/%								
Pb	ZnO	Cu	S	SiO_2	FeO	CaO	$Au/g \cdot t^{-1}$	$Ag/g \cdot t^{-1}$
48.16	9.03	—	1.06	8.39	17.70	2.44	11.8	1197
51.67	9.87	0.37	0.29	9.61	12.4	1.63	—	—

表6-16　底吹还原熔炼炉产出还原渣成分

化学成分（质量分数）/%							
Pb	FeO	SiO_2	CaO	ZnO	S	$Au/g \cdot t^{-1}$	$Ag/g \cdot t^{-1}$
2.03	37.46	25.30	9.75	12.20	0.33	—	20.90
2.19	38.53	24.16	9.89	15.48	0.36	—	20.40
1.93	37.48	26.64	9.38	8.18	0.33	0.17	23.40
2.07	38.06	28.11	9.70	6.56	0.16	—	20.20
1.67	35.11	26.77	10.44	13.31	0.33	—	21.30
1.78	38.63	24.73	9.42	13.29	0.33	—	29.50

表6-17　高铅渣进行底吹炉液态直接还原和铸块—鼓风炉还原的指标对比（以吨铅为基准统计）

工艺指标	氧耗/m^3	天然气耗/m^3	煤耗/kg	水耗/t	电耗/$kW \cdot h$	能耗/kgce	成本/元	SO_2排放/$t \cdot a^{-1}$	渣含铅（质量分数）/%
鼓风炉	50	—	417	1.35	100	438	650	236	<4
底吹炉	140	75	150	2.5	100	276	450	27	<3

6.4.4.3　富氧底吹炼铅的技术特点

氧气底吹熔炼取代传统烧结工艺后，不仅解决了 SO_2 烟气及铅烟尘的污染问题，还取得了如下效益：

（1）由于熔炼炉出炉烟气 SO_2 浓度在12%以上，对制酸非常有利，因此硫的总回收率可达95%。

（2）熔炼炉出炉烟气温度高达1000~1100℃，可利用余热锅炉或汽化冷却器回收余热。

（3）采用氧气底吹熔炼，原料中 Pb、S 含量的上限不受限制，不需要添加返料，简化了流程，且取消了破碎设备，从而降低了工艺电耗。

（4）由于减少了工艺环节，提高了 Pb 及其他有价金属的回收率，氧气底吹熔炼车间 Pb 的机械损失<0.5%。

由于目前的氧气底吹炼铅，其氧化熔炼和还原熔炼都是间断放渣操作，因此，底吹熔炼与 QSL 工艺仍有些不同之处。

QSL 炼铅在同一炉体内实现氧化和还原，热利用和环境保护比较好，相对占地面积也小。但 QSL 炼铅炉内铅与渣呈逆流排放造成锑回收和铅含硫的问题。QSL 工艺铅在氧化段放出，渣在还原段放出，这主要是为了保证产出高品位的粗铅和不含铅的炉渣。但在处理含锑高的物料时，锑在氧化段会变成锑的氧化物随渣流入还原段，在还原段该部分锑又被还原进入二次粗铅形成高锑铅。在如此的循环过程中，大部分锑最终随还原渣排出。粗铅含锑低，对粗铅火法精炼是有益的，但对于铅电解和锑的综合回收则不利。另外，含硫化铅的原料从氧化熔炼段加入，虽然硫化物的氧化速度很快，但在此过程中粗铅与硫化矿的接触机会增大，在该温度下，硫化物会融入粗铅造成粗铅含硫升高。

底吹氧化熔炼+底吹还原熔炼的操作工艺，氧化和还原分别在两个炉体内进行，关联性不强，操作相对灵活，氧化段和还原段还可相对独立检修。但相对于 QSL 炉，热利用率偏低，操作频繁。由于采用间断放渣，氧化炉和还原炉之间采用溜槽联结，放渣操作会溢出大量热和烟尘，增加了污染排放点，不可避免地增加热损失和对环境的污染。

但底吹氧化熔炼+底吹还原熔炼的操作工艺对于后续的铅精炼是有利的。中国的精铅生产主要采用电解精炼工艺，要求粗铅含锑（质量分数）为0.7%~1.0%。氧化熔炼阶炉产出的一次粗铅含锑低，锑主要经由高铅渣在还原熔炼炉被还原，从而进入二次粗铅。铅阳极中的锑含量可以通过一次粗铅和二次粗铅的搭配比例来灵活调整，锑最后在电解后的阳极泥中得到回收。相对于 QSL 炉炼铅，双底吹工艺有利于锑的回收。

6.4.5　富氧侧吹炼铅法

6.4.5.1　富氧侧吹炼铅法的发展过程

富氧侧吹炼铅法也是一种直接炼铅方法，与 QSL 法、奥斯迈特法、ISA 法同属自热熔池熔炼，与其不同的是，富氧侧吹熔炼是将氧气或富氧空气通过设在炉墙上的风口或喷枪鼓入熔池的渣层中来实现铅物料的熔炼过程。该方法是借鉴苏联的 Vanukov 铜镍冶炼炉发展而来的。我国在 Vanukov 炉的基础上，进行改进、完善和再创新，于2001年开始进行氧气侧吹工业化炼铅实验，2009年开始在热态高铅渣还原上取得成功。在2012年开始研究处理含铅多金属物料，并于2014年投料试生产成功。富氧侧吹炉最早的试验是基于硫化铅物料的氧化熔炼，但其成功应用却是始于液态高铅渣的还原熔炼。这与当时广为采用的富氧底吹—鼓风炉还原熔炼正逐步将高铅渣铸块还原改造为液态高铅渣直接还原的情况对应。

富氧侧吹炉的应用非常灵活，目前富氧侧吹熔炼作为液态铅渣的直接还原炉，已经与底吹、侧吹、顶吹等氧化熔炼炉成功进行工艺组合，不仅可以处理硫化铅精矿和含铅杂料，也进行过取代传统烟化炉的工业试验。侧吹熔炼炉的灵活应用是与自身的炉型结构和特点密不可分的。

6.4.5.2 富氧侧吹炼铅法工艺

我国的侧吹熔池熔炼还原液态铅渣技术主要分为两种类型：一种是采用改进的Vanukov炉，即富氧空气通过设置于侧墙铜水套上的风口，喷吹到高温熔体中，从炉顶加入块煤作为燃料和还原剂参与反应（如济源万洋所采用炉型）；另一种是采用侧吹浸没燃烧熔池熔炼炉，主要区别在于采用喷枪将工业氧气、煤气同时喷吹至熔体中，从炉顶补充粒煤作为还原剂，喷枪位于侧墙的耐火砖中（如济源金利金铅所采用的炉型）。富氧侧吹熔炼还原液态铅渣的两种炉型结构比较示意图如图6-18所示。

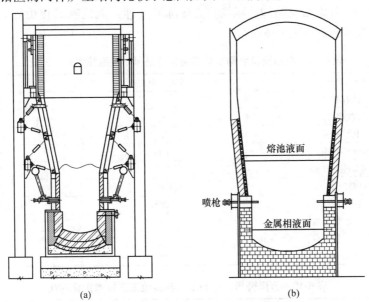

(a)   (b)

图 6-18　富氧侧吹熔炼炉的炉型比较示意图
（a）济源万洋所用改进型 Vanukov 炉；（b）济源金利所用侧吹浸没燃烧熔池熔炼炉

济源万洋所用改进型 Vanukov 富氧侧吹炉的炉缸由耐火材料砌筑而成，炉身由铜水套和钢水套拼接而成。在一层铜水套上设有多个一次风口，用于向熔体渣层鼓入氧气（或富氧空气）。济源金利所用侧吹浸没燃烧熔池熔炼炉的喷枪安置在侧墙的耐火砖内，喷枪为套管式结构，中心介质为工业氧气，环管介质为焦炉煤气，同时起到冷却保护喷枪的作用；炉身由立式铜水套和耐火砖构成，由铜水套对耐火砖形成水冷保护。

济源金利公司原采用富氧底吹氧化熔炼—高铅渣铸块鼓风炉还原熔炼工艺，2009年2月开始，富氧侧吹炉进行液态高铅渣直接还原熔炼的工业性试验。富氧底吹炉产生的高铅渣通过溜槽直接流入侧吹炉，并在侧吹炉内配入适量石灰石粉作为熔剂（后来随原料成分变化和铅品位降低，已不再添加石灰石作为熔剂），配入适量块煤作为还原剂，通入焦炉煤气和富氧空气，为熔炼过程提供热量。还原炉渣送烟化炉进行处理，得到次氧化锌烟尘。济源金利公司的侧吹还原熔炼液态高铅渣的工业性试验于 2009 年 8 月成功后，随即转入工业生产，是中国第一条液态铅渣侧吹还原生产线；并在此基础上，后续建成第二期 20 万吨铅/年的底吹熔炼—侧吹还原熔炼项目，富氧侧吹还原炉面积为 $26m^2$，两期项目铅的冶炼规模达到 30 万吨铅/年。

济源万洋公司原来也是采用富氧底吹—鼓风炉还原工艺，2009 年改为液态高铅渣直接还原，采用富氧底吹—富氧侧吹—烟化炉的"三连炉"工艺流程。侧吹炉放出的还原渣直接流入烟化炉，减少了电热前床保温和渣包吊运。三台炉渣均为间断放渣，操作制度互相匹配。

液态高铅渣侧吹炉还原熔炼与鼓风炉还原熔炼相比，对原料的适应性强，炉料含铅品位可降低至 35%。经还原后，侧吹炉的渣含铅（质量分数）可以降至 1% 以下，但还原气氛过强，会使渣中的锌还原挥发，不利于后续的烟化炉操作。为了使熔池内的锌尽可能保留在渣中，生产中控制渣含铅（质量分数）不大于 2%。

富氧侧吹炉和鼓风炉还原高铅渣的技术指标对比见表 6-18；万洋公司三连炉工艺与其他工艺技术指标的对比见表 6-19；双侧吹直接炼铅（即富氧侧吹氧化熔炼+富氧侧吹还原熔炼）的主要技术指标见表 6-20。

表 6-18　高铅渣富氧侧吹直接还原与鼓风炉还原技术经济对比

技术经济指标	侧吹还原炉	鼓风炉
铅总回收率/%	98	97
金回收率/%	99	98
银回收率/%	98	97
铜回收率/%	80	60
吨铅综合能耗/kgce	270	470
月粗铅产能/t	7100	5000
粗铅直接冶炼成本/元	1065	1386
平均渣含铅（质量分数）/%	2.0	3.0
平均渣含铜（质量分数）/%	0.25	0.40
平均渣含银/g·t^{-1}	22	39

表 6-19　万洋公司三连炉工艺与其他工艺技术指标对比

项　目	万洋氧气底吹—鼓风炉还原工艺	某厂富氧底吹—液态渣还原工艺	万洋"三连炉"工艺
工艺流程	较短	短	短
工作环境	扬尘点较少，环境好	扬尘点少，环境更好	扬尘点少，环境更好
生产效率	较高 （1）氧化段产出部分粗铅； （2）采用富氧熔炼，反应速度较快； （3）单位时间内效率高	高 （1）氧化段产出部分粗铅； （2）采用富氧熔炼，反应速度较快； （3）氧化段生成的液态高铅渣直接流入还原炉，流程紧凑，效率高	高 （1）氧化段产出部分粗铅； （2）采用富氧熔炼，反应速度较快； （3）氧化段生成的液态高铅渣直接流入还原炉，流程紧凑，效率高
原料适应性	强	强	强

项 目	万洋氧气底吹—鼓风炉还原工艺	某厂富氧底吹—液态渣还原工艺	万洋"三连炉"工艺
粗铅品位/%	98~99	98~99	98~99
烟气 SO_2 浓度,收率/%	8~10,98	8~10,98	8~10,98
铅总收率/%	96.5~98	97~98	97~98
脱硫率/%	98	98	98
烟尘率/%	氧化段 12~14,还原段 6~7	氧化段 12~14,还原段 12~13	氧化段 12~14,还原段 8~10
熔剂率/%	氧化段 3,还原段 7~8	氧化段 3,还原段 2~3	氧化段 3,还原段 2~3
氧气单耗/$m^3 \cdot t^{-1}$	270~280	360	320~330
电耗/$kW \cdot h \cdot t^{-1}$	115~125	80~96	60~80
焦耗/$kg \cdot t^{-1}$	170~190	69(无烟煤耗)	131(煤耗)
天然气消耗/$m^3 \cdot t^{-1}$	—	37.4	—
混合矿含铅(质量分数)/%	45~55	45~65	45~65
混合矿含硫(质量分数)/%	14~18	16~18	16~18
鼓风炉床能力/$t \cdot (m^2 \cdot d)^{-1}$	50~65	—	—
还原炉床能力/$t \cdot (m^2 \cdot d)^{-1}$	—	—	50~80
鼓风炉焦率/%	14~18	—	—
终渣含铅(质量分数)/%	2~3	2.5~3	≤2
综合能耗/$kgce \cdot t^{-1}$	300	230	230
投资额	小	大	小

表 6-20 双侧吹直接炼铅主要技术指标

项目	床能力/$t \cdot (m^2 \cdot d)^{-1}$	风口压力/MPa	煤率[1]/%	烟尘率[1]/%	铅产出率[1]/%	铅品位/%	渣含铅/%	烟气 SO_2 浓度(体积分数)/%
氧化熔炼	50~80	0.08~0.09	1~4	16~18	>55	≥98	≤45	20~24
还原熔炼	50~80	0.08~0.09	8~12	8~10	—	≥96	≤2	—

[1] 表示氧化段的煤率、烟尘率和铅产出率以精矿计,氧化熔炼入炉物料含铅(质量分数)约 10%~15%;还原段的煤率和烟尘率以富铅渣计。

6.4.5.3 富氧侧吹炼铅的技术特点

富氧侧吹炼铅工艺充分利用氧气强化熔炼技术,具有设备密闭性好,烟气 SO_2 浓度高便于制酸,生产效率高,热利用充分,能耗低及自动化程度高等直接炼铅工艺的共同优点,同时又具有如下特点:

(1)物料准备简单,对入炉物料的粒度和水分没有严格要求,尤其适用于不发热物料以及热渣的还原,可选择煤气、粒煤、块煤作为燃料和还原剂,减少对冶金焦炭的依赖。

(2)可以通过燃料和氧气相对量的调节,快速有效地调节熔池温度,控制炉内反应气氛,控制四氧化三铁的生成,防止泡沫渣、喷炉等不利炉况的发生。

(3)炉体熔炼区可采用两种形式抵御高温熔体的侵蚀和冲刷,直接采用铜水套以内壁挂渣为保护层，或采用铜水套冷却的耐火砖结构。当耐火砖厚度逐渐减薄后即在表面形成较为稳定的冷却熔渣层，从而起到稳定的保护作用。侧吹炉可适应各种含铅杂料冶炼的需要，炉体寿命大于五年。

（4）固定炉型结构，无转动、活动连接件，结构简单，故障少，漏风率低，烟气余热损失少，采用富氧或工业氧气熔炼，烟气 SO_2 浓度高，烟气处理系统投资省。

（5）铜水套风口及耐火砖保护的喷枪使用寿命长，生产维护、设备维修成本低。

（6）冶炼效率高，在保证熔体激烈搅拌，反应迅速的前提下，风口或喷枪下部留有相对静止区，渣铅分离效率高，一次粗铅产出率高，还原渣含铅低（$w(Pb) \approx 2.0\%$）。

6.4.6　Ausmelt/Isa 顶吹直接炼铅法

6.4.6.1　顶吹直接炼铅法的发展过程

顶吹浸没熔炼是澳大利亚联邦科学工业研究组织（CSIRO）在 20 世纪 70 年代初开始研究开发的浸没喷枪技术（Top Submerged Lanching，简称 TSL）衍生出来的熔炼方法，也是第一座工业化工厂用于从反射炉炼锡渣中回收金属锡的方法，于 1978 年在澳大利亚悉尼建成。在当初一段时期被称为 Sirosmelt 法。

20 世纪 70 年代末，澳大利亚 Mount Isa 矿业有限公司于 Csiro 合作开发了 Sirosmelt 技术直接炼铅，并以 Isasmelt 炼铅法的名称取得了专利权。20 世纪 80 年代初，TSL 技术发明人组建澳大利亚熔炼公司，顶吹浸没熔炼技术被正式命名为 Ausmelt 法。

中国驰宏锌锗的铅冶炼厂是国内首家采用顶吹炼铅的企业，2005 年引进 Isa 炉作为铅冶炼的氧化熔炼部分，高铅渣采用鼓风炉还原熔炼。云锡于 2006 年引入奥斯迈特富氧顶吹炼铅工艺，于 2010 年投产，采用"一炉三段"在一个炉体内分周期完成氧化、还原、烟化三步操作。

6.4.6.2　顶吹直接炼铅法工艺及特点

顶吹浸没熔炼技术的共同特征在于：

（1）采用钢外壳、内衬耐火材料的圆柱型固定式炉体；

（2）采用可升降的顶吹浸没式喷枪将氧气/空气和燃料（粉煤、燃料油和天然气均可）垂直浸没喷射进入炉内熔体中；

（3）采用炉顶加料，块料粉料均可；

（4）采用辅助燃料喷嘴补充热量；

（5）炉子上部一侧呈喇叭扩大形，设排烟口连接余热锅炉和电收尘器，以回收余热，净化烟气。

顶吹浸没熔炼的设备示意图参见第四章铜冶金部分。该熔炼技术是在一个圆桶形的炉内，通过炉子顶端烟道的开孔，插入一支由空气冷却的钢制喷枪。喷枪位于内衬耐火材料的炉膛中央，头部埋于熔体中，燃料和空气通过喷枪直接喷射到高温熔融渣层中，产生燃烧反应并造成熔体的剧烈搅动，进行物料的氧化脱硫，产出部分粗铅和富铅渣。这样，在一个小空间内加入的炉料被迅速加热熔化并完成化学反应。调整喷枪的插入深度可以控制熔体搅拌强度，操作灵活，炉子能在较长时间内保持热稳定。

喷枪是该炉子的核心部件，它为双层套管结构。内管通过燃料（油）或用定量空气携带的煤粉。内外管间设有螺旋形导流片，助燃空气（或富氧空气）从此通道中以大于两倍音速呈旋涡状流出，加大了枪体与气体间的传热，从而在喷枪外表面形成一层冷却的渣壳，此渣壳保护喷枪，一定程度上延长了喷枪的使用寿命。

氧化熔炼产出的高铅渣富经铸渣机浇注成渣块，再送入鼓风炉还原熔炼，生产粗铅和炉渣。顶吹熔炼直接炼铅可采用相连接的两台炉子操作，在不同炉内分别完成氧化熔炼和铅渣还原，实现连续生产；也可以氧化熔炼和铅渣还原过程中同用 1 台炉，间断操作。但目前存在的问题是在直接熔炼的还原阶段，因为还原所需的粉煤量是根据富铅渣品位严格控制的，由于渣含铅波动范围大，从而引起炉温变化幅度大，加剧炉墙耐火砖损坏，同时烟尘率也较高。

2005 年我国云南曲靖 80kt/a 粗铅 ISA 炉+鼓风炉炼铅厂建成投产，其典型的技术指标见表 6-21。

表 6-21　富氧顶吹熔炼—鼓风炉还原炼铅工艺主要技术指标

Isa 炉		鼓 风 炉	
项　目	参数	项　目	参数
Isa 炉床能力/t·m^{-2}·d^{-1}	80~90	炉床能力/t·m^{-2}·d^{-1}	61.25
混合料品位/%	55~65	焦率/%	13.14
混合料水分/%	约 8.5	烟尘率/%	2.47
喷枪供风压力/MPa	0.2	渣率/%	57.60
氧气耗量/N·m^3·t^{-1}	80~110	终渣含铅（质量分数）/%	1.98
熔池高度/m	<2.3	终渣含铁（质量分数）/%	27~29
富铅渣含 Pb/%	40~50	终渣含 SiO$_2$（质量分数）/%	20~24
烟尘率/%	13~15	终渣含锌（质量分数）/%	<11
烟气 SO$_2$ 浓度/%	8~15	炉顶温度/℃	<180

氧气顶吹浸没熔炼法主体设备结构简单，辅助、附属设备不复杂，与基夫赛特法、QSL 法相比，基建投资较低。该法对入炉物料要求不高，不论是粒状物料还是粉状精矿、烟尘返料等，只要水分小于 10%（质量分数），均可直接入炉。若为粉状物料，经配料、制粒后入炉，有利于降低烟尘率。另外，该方法对原料成分适应性强，不仅可以处理铅精矿，还可处理二次含铅物料、锌浸出渣，进行铅渣的烟化。但氧气顶吹浸没熔炼工艺中，熔池内气、固、液搅动激烈，对炉体冲刷严重，炉寿较短。另外，顶吹熔炼所用喷枪损耗较快，造价很高。两台炉顶吹直接炼铅或一炉三段法炼铅不是彻底、完善的直接炼铅工艺。

6.4.7　Kaldo 直接炼铅法

6.4.7.1　工艺方法及主要装置

卡尔多（Kaldo）炼铅法是瑞典波利顿公司开发的一项铅冶炼技术。1979 年在瑞典的 Ronskar 冶炼厂建成第一台应用于有色金属冶炼的卡尔多炉，用来处理含铅（质量分数）

43%~50%的含铅烟尘。1981 年由于储存的烟尘已处理完，进而进行了各种不同铅精矿的熔炼试验，于 1982 年开始工业化生产。1992 年伊朗铅锌总公司在 Zanjan 冶炼厂用卡尔多炉处理氧化铅精矿生产铅，年生产能力 4.1 万吨铅。到目前为止，世界上已有 13 台卡尔多炉投产，分别用于氧化铅精矿、硫化铅精矿、废杂铜、阳极泥、镍精矿和贵金属精矿等的处理。我国西部矿业公司引进的卡尔多炉于 2006 年在青海建成投产，设计粗铅产能为 50kt/a。

卡尔多炉有多种类型，但基本结构类似，其本体结构如图 6-19 所示。该法的炉料加料喷枪和天然气（或燃料油）—氧气喷枪插入口都设在转炉顶部，炉体可沿纵轴旋转，故该方法又称为顶吹旋转转炉法（TBRC）。其炉子本体与炼钢氧气顶吹转炉的形状相似，由圆桶形的下部炉缸和喇叭形的炉口两部分组成（内衬为铬镁砖）。炉子本体在电机、减速传动机的驱动下，可沿炉缸轴作回转运动。在正常作业的倾角部位，设有烟罩和烟道，将炉气引入收尘系统，输送燃油和氧气的燃烧喷枪以及输送精矿的加料喷枪，通过烟罩从炉口插入炉内。

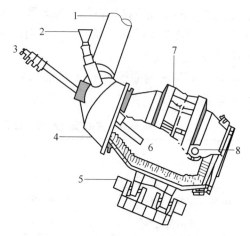

图 6-19　卡尔多炉本体结构示意图
1—烟道；2—加料溜槽；3—水冷氧枪；4—活动烟罩；
5—传动拖轮；6—熔体；7—托架；8—耳轴

卡尔多炉是一台倾斜氧气顶吹转炉，加料、氧化、还原、放渣/放铅四个冶炼步骤在一台炉内完成，属于周期性作业。还原期炉烟气 SO_2 很少，不得不在氧化期吸收、压缩冷凝一部分 SO_2 为液体，在还原期再气化后补充到烟气中以维持烟气制酸系统的连续运行。

6.4.7.2　主要技术指标及优缺点

瑞典玻利顿公司隆斯卡尔冶炼厂的卡尔多转炉既可处理铅精矿，又可处理二次铅原料。处理铅精矿时，处理能力为 330t/d，烟气量为 25000~30000m³/h。氧化熔炼时烟气含 SO_2（体积分数）为 10.5%。

卡尔多炉吹炼分为氧化与还原两个过程，两个过程在同一台炉内周期性进行。氧化段鼓入含 O_2（体积分数）约 60% 的富氧空气，维持 1100℃ 左右的温度。为了得到含 S 低的铅，氧化熔炼渣含铅（质量分数）不低于 35%。如果渣含铅（质量分数）每降低 10%，那么粗铅含硫（质量分数）会升高 0.06%。

倾斜式旋转转炉法吹炼 1t 铅精矿能耗为 400kW·h，比传统法流程生产的 2000kW·h 低很多。采用富氧后，烟气体积减小，提高了烟气中的 SO_2 浓度。

我国西部矿业公司引进的 Kaldo 法炼铅设计与主要生产指标见表 6-22。

与其他强化熔炼新工艺相比，卡尔多炉的优点有：

（1）操作温度可在大范围变化。如在 1100~1700℃ 温度下可完成铜、镍、铅等金属硫化精矿的熔炼和吹炼过程。

（2）由于采用顶吹与可旋转炉体，熔池搅拌充分，加速了气—液—固物料之间的多相

表 6-22　西部矿业 Kaldo 法炼铅设计与主要生产指标

名　称	设计指标	生产指标
单炉处理物料量/t	83	>83
单炉产粗铅/t	34.3	30
单炉生产时间/min	288	250
总铅回收率/%	>97	98
铅直收率/%	69.73	65
渣含铅（质量分数）/%	<5	4
日生产炉次	5	4
氧化段经冷凝后烟气 SO_2 浓度/%	<（6±2）	6.3
干燥塔后烟气平均 SO_2 浓度/%	<（6±2）	5.4
氧耗/$m^3 \cdot (t\text{-}Pb)^{-1}$	300	300
油耗/$L \cdot (t\text{-}Pb)^{-1}$	34	34

反应，特别有利于金属硫化物和金属氧化物之间的交互反应的充分进行。

（3）借助油（天然气）—氧枪容易控制熔炼过程的反应气氛，可根据不同要求完成氧化熔炼和炉渣还原的不同冶金过程。

其缺点主要包括：

（1）间歇作业，操作频繁，烟气量和烟气成分呈周期性变化。

（2）炉子寿命短。

（3）设备复杂，造价高。

6.5　粗铅的精炼

6.5.1　粗铅精炼概述

粗铅中一般含有 1%~4%（质量分数）的杂质成分（如金、银、铜、铋、砷、铁、锡、锑、硫等）。粗铅的典型化学成分见表 6-23。

表 6-23　粗铅的化学成分

编号	化学成分（质量分数）/%								Au/$g \cdot t^{-1}$	Ag/$g \cdot t^{-1}$
	Pb	Cu	As	Sb	Sn	Bi	S	Fe		
1	96.37	1.631	0.494	0.350	0.170	0.089	0.247	0.098	5.5	1844.4
2	96.06	2.028	0.446	0.660	0.019	0.110	0.230	0.049	5.9	1798.6
3	96.85	1.106	0.957	0.470	0.043	0.074	0.360	0.052	6.2	1760.1
4	96.67	0.940	0.260	0.820	—	0.068	0.200	—	—	5600
5	98.92	0.190	0.006	0.720	—	0.005	—	0.006	—	1412
6	96.70	0.940	0.450	0.850	0.210	0.066	0.200	0.027	—	—

粗铅需经过精炼才能广泛使用。精炼的目的包括两个方面，一是除去杂质，由于铅含有上述杂质，影响了铅的性质，使铅的硬度增加，韧性降低，对某些试剂的抗蚀性能减弱，使之不

适于工业应用，所以，要通过精炼，提高铅的纯度；二是回收贵金属（尤其是银），粗铅中所含贵金属价值有时会超过铅的价值，在电解过程中金银等贵金属富集于阳极泥中。

粗铅精炼的方法有两类，第一类为火法精炼，第二类为先用火法除去铜与锡后，再铸成阳极板进行电解精炼。目前世界上火法精炼的生产能力约占80%。采用电解精炼的国家主要有中国、日本、加拿大等国，我国大多数企业粗铅的处理采用电解法精炼。

火法精炼的优点是：设备简单，投资少，占地面积小。含铋和贵金属少的粗铅易于采用火法精炼。火法精炼的缺点是：铅直收率低，劳动条件差，工序繁杂，以及中间产品处理量大。

电解精炼的优点是能使铋及贵金属富集于阳极泥中，有利于综合回收，因此金属回收率高，劳动条件好，能产出纯度很高的精铅。其缺点是基建投资大，电解精炼仍需要火法精炼除去铜锡等杂质。

6.5.2　粗铅的火法精炼

6.5.2.1　粗铅火法精炼的工艺流程

无论是火法精炼还是电解精炼，在精炼前通常都须除去粗铅中的铜和砷、锑、锡。若是电解精炼，阳极板要含锑（质量分数）0.3%～0.8%，此时要对阳极板含锑进行调整。粗铅的火法精炼工艺流程如图6-20所示。

6.5.2.2　粗铅除铜

A　除铜精炼的一般原理

粗铅中除铜有熔析除铜和加硫除铜两种方法。在生产中一般是两者联用，即先用熔析除铜进行初步除铜，再加入硫化剂进行深度除铜。熔析除铜的基本原理是基于铜在铅液中的溶解度随着温度的下降而减少，Pb-Cu二元系相图如图6-21所示。

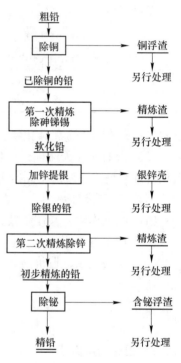

图6-20　粗铅火法精炼工艺流程图

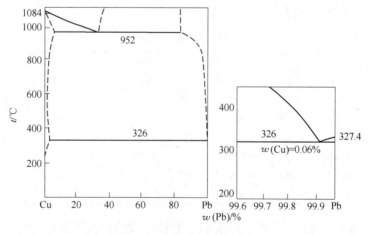

图6-21　Cu-Pb 二元系相图

从图 6-21 可以看出，当含铜高的铅液冷却时，铜便成固体结晶析出，由于其密度较铅小（约为 $9g/cm^3$），因而浮至铅液表面，以铜浮渣的形式除去。另外，铜在铅液中的溶解度随着温度的变化而变动，温度下降时，液体合金中的含铜量相应地减少，当温度降至共晶点（326℃）时，铜在铅中的含量（质量分数）为 0.06%，这是熔析除铜的理论极限。

当粗铅中含砷锑较高时，由于铜对砷、锑的亲和力大，能生成难溶于铅的砷化铜和锑化铜，而与铜浮渣一道浮于铅液表面而与铅分离。实践证明，含砷、锑高的粗铅，经熔析除铜后，其含铜量（质量分数）可降至 0.02%~0.03%。粗铅中含砷、锑低时，用熔析除铜很难使铅液含铜（质量分数）降至 0.06%。这是因为熔析作业温度通常在 340℃ 以上，铜在铅液中的溶解度大于 0.06%；另外，含铜熔析渣的上浮取决于铅液的黏度，铅液温度降低则黏度增大，铜渣细粒不易上浮。

在熔析除铜过程中，几乎所有的铁、硫（呈铁、铜及铅的硫化物形态）以及难熔的镍、钴、铜、铁的砷化物及锑化物都被除去，同时贵金属的一部分也进入熔析渣。

熔析操作有两种方法，其分别为加热熔析法和冷却熔析法。二者熔析原理相同，前者是将粗铅锭在反射炉或熔析锅内用低温熔化，使铅与杂质分离；后者是将还原产出的铅水经铅泵汲送到熔析设备，然后降低温度使杂质从铅水中分凝出来。

粗铅经熔析脱铜后，一般含铜（质量分数）仍超过 0.04%，不能满足电解要求，需再进行加硫除铜。在熔融粗铅中加入元素硫时，首先形成 PbS，其反应为：

$$2[Pb] + 2S = 2[PbS] \tag{6-41}$$

继而发生的反应为：

$$[PbS] + 2[Cu] = [Pb] + Cu_2S \tag{6-42}$$

Cu_2S 比铅的密度小，且在作业温度下不溶于铅水，因此，形成的固体硫化渣浮在铅液面上。最后铅液中残留的铜一般为 0.001%~0.002%（质量分数）。

加硫除铜的硫化剂一般采用硫黄。加入量按形成 Cu_2S 时所需的硫计算，并过量 20%~30%。加硫作业温度对除铜程度有重大影响，铅液温度越低，除铜进行得越完全，一般工厂都是在 330~340℃ 范围内。加完硫黄后，迅速将铅液温度升至 450~480℃，大约搅拌 40min 以后，待硫黄渣变得疏松（呈棕黑色）时，表示反应到达终点，则停止搅拌进行捞渣。此种浮渣由于含铜低 [$w(Cu) \approx 2\%~3\%$]，而铅（质量分数）高达 95%，因此返回熔析过程。加硫除铜后铅含铜（质量分数）可降至 0.001%~0.002%，送去下一步电解精炼。

粗铅熔析和加硫联合除铜是间歇性作业，作业时间长，又产出大量含铅高且含有贵金属的浮渣，铅的挥发损失大，劳动强度也大，作业条件差。因此，许多工厂采用粗铅连续脱铜工艺进行生产。

B　粗铅的连续脱铜

粗铅的连续脱铜也是应用熔析除铜的原理，作业多在反射炉内进行。此时，脱铜炉要有足够深的熔池和其他降温设施，以造成铅熔池自上而下有一定的温度梯度，铜及其化合物从熔池较冷的底层析出，上浮至高温的上层，被铅液中所含的硫化铅或特意加入的硫化剂（铅精矿或黄铁矿）所硫化，形成冰铜，其反应式为：

$$Pb(FeS) + 2Cu = Cu_2S + Pb(Fe) \tag{6-43}$$

因此，上部铅液的温度要求较高，同时也要有足够的硫化剂，使上浮的铜不断被硫化,从而促使底部的铜上浮。随着这两个过程的进行,底部铅中的铜越来越少。除硫化剂外,配料时还配入铁屑和苏打。铁屑与硫化铅发生沉淀反应,从而降低冰铜中的含铅量,苏打在过程中进行的反应为:

$$4PbS + 4Na_2CO_3 = 4Pb + 3Na_2S + Na_2SO_4 + 4CO_2 \qquad (6\text{-}44)$$

其中,反应式(6-44)降低了冰铜的熔点及含铅量,其余部分则形成砷酸盐,锑酸盐及锡酸盐进入炉渣。

粗铅脱铜程度取决于熔池底层的温度,铅在熔池的停留时间和粗铅中的砷锑含量等因素。产出的冰铜和炉渣从熔池上部放出,脱铜后的铅液从底部虹吸放出。

在一定意义上说,连续脱铜过程就是把浮渣反射炉处理铜质浮渣的过程与粗铅熔析除铜过程有机地结合起来,连续脱铜就是把浮渣反射炉置于除铜锅上的联合设备,在这里不断地实现铜的析出和硫化,使其形成冰铜,消除了中间产物浮渣。

6.5.2.3 除砷锑锡

除铜后的粗铅还含有 Sn、As、Sb、Ag、Au 等杂质。在火法精炼中,粗铅精炼除砷、锑、锡的基本原理相同,且可在一个过程中完成。

粗铅精炼除砷、锑、锡可用氧化精炼和碱法精炼两种方法。氧化精炼是依据氧对杂质亲和力大于铅的原理。在精炼温度下,金属氧化的顺序是 Zn、Sn、Fe、As、Sb、Pb、Bi、Cu、Ag,在 Pb 以前的金属杂质都可用氧化法除去。从热力学数据判断,Sb 的氧化应在 As 之前,但实践中却是 As 先氧化。这可能是由于热力学数据测定不够精确,或形成化合物后活度变化之故。

氧化精炼时杂质氧化顺序与碱法精炼时不同,前者为 Sn、As、Sb,后者 As、Sn、Sb。氧化精炼时,根据质量作用定律,铅首先被氧化,其反应式为:

$$2Pb + O_2 = 2PbO \qquad (6\text{-}45)$$

而后 PbO 将杂质氧化,其反应式为:

$$PbO + Sn = Pb + SnO \qquad (6\text{-}46)$$

$$3PbO + 2As = 3Pb + As_2O_3 \qquad (6\text{-}47)$$

$$3PbO + 2Sb = 3Pb + Sb_2O_3 \qquad (6\text{-}48)$$

空气中的氧也能将铅水中的 Sn、As、Sb 氧化。生成的低价氧化物除了一部分挥发以外,将进一步氧化并与 PbO 结合成盐,其反应式分别为:

$$3PbO + 2SnO_2 = 3PbO \cdot 2SnO_2 \qquad (6\text{-}49)$$

$$3PbO + As_2O_5 = 3PbO \cdot As_2O_5 \qquad (6\text{-}50)$$

$$3PbO + Sb_2O_5 = 3PbO \cdot Sb_2O_5 \qquad (6\text{-}51)$$

碱法精炼也是氧化精炼,它是利用强氧化剂 NaNO$_3$ 在高温下分解放出的活性氧进行氧化,其反应式为:

$$2NaNO_3 = Na_2O + N_2 + 2.5O_2 \qquad (6\text{-}52)$$

碱法精炼时使用了 NaNO$_3$、NaOH 和 NaCl 三种熔剂。NaNO$_3$(硝石)是粗铅中砷、锑、锡杂质的强氧化剂,它在 308℃ 下分解 NaNO$_2$ 和 O$_2$,温度再高时 NaNO$_2$ 又分解为 Na$_2$O、N$_2$ 和 O$_2$,所以它又是砷酸盐、锑酸盐和锡酸盐形成的试剂和吸收剂。NaOH(苛性钠)为砷酸盐、锑酸盐和锡酸盐形成的试剂和这些钠盐的吸收剂。NaCl(食盐)则能降低浮渣的熔点和黏度,提高 NaOH 对钠盐的吸收能力,减少 NaNO$_3$ 消耗量。其主要反应为：

$$2As + 4NaOH + 2NaNO_3 \Longrightarrow 2Na_3AsO_4 + 2H_2O + N_2 \tag{6-53}$$

$$2Sn + 4NaOH + 2NaNO_3 \Longrightarrow 2Na_3SbO_4 + 2H_2O + N_2 \tag{6-54}$$

$$5Sn + 6NaOH + 4NaNO_3 \Longrightarrow 5NaSnO_3 + 3H_2O + 2N_2 \tag{6-55}$$

NaOH 对铅无作用，但 Pb 易为 $NaNO_3$ 氧化（400℃强烈进行），其反应式为：

$$Pb + NaNO_3 \Longrightarrow PbO + NaNO_2 \tag{6-56}$$

生产的 PbO 与 NaOH 反应为：

$$PbO + 2NaOH \Longrightarrow Na_2PbO_2 + H_2O \tag{6-57}$$

浮渣中的 Na_2PbO_2 是不稳定的，在有杂质存在时即被置换，其反应式为：

$$2As + 5Na_2PbO_2 + 2H_2O \Longrightarrow 2Na_3AsO_4 + 4NaOH + 5Pb \tag{6-58}$$

$$2Sb + 5Na_2PbO_2 + 2H_2O \Longrightarrow 2Na_3SbO_4 + 4NaOH + 5Pb \tag{6-59}$$

$$Sn + 2Na_2PbO_2 + H_2O \Longrightarrow Na_3SnO_4 + 2NaOH + 2Pb \tag{6-60}$$

氧化精炼多用反射炉（也有用精炼锅的），一般是在自然通风的条件下进行。精炼温度 800~900℃，只在熔池表面进行，杂质须扩散至熔池表面，方能与空气中的氧气与氧化铅接触，因此氧化速度很小。如果进行搅拌或鼓入富氧空气，则可大大提高反应速度。提高铅液温度，也可以加速杂质的氧化。铅水温度越高，则氧化铅在铅水中分布越均匀，其作用越大。但铅被氧化的数量也多，浮渣带走的铅量增大。

氧化精炼的优点是：设备简单，操作容易，浮渣处理简单，投资较少；缺点是：浮渣率高，铅的直收率低，操作温度高，劳动条件差，操作周期长。

碱性精炼的优点是杂质除去率高，在较低温度下操作，劳动条件较好，贵金属不入渣中，反应剂氢氧化钠可再生利用；缺点是处理浮渣和再生氢氧化钠的过程复杂。

6.5.2.4 加锌提银

经过除砷、锑、锡之后的铅，应分离回收其中的金和银，现在普遍采用加锌法回收。在作业温度下，金属锌能和铅中的金和银形成化合物，其化合物不溶于铅而成含银（或金）的浮渣（常称银锌壳）析出。锌与金生成 AuZn、Au_3Zn、$AuZn_3$，熔点分别为 725℃、644℃、475℃；锌与银生成 Ag_2Zn_3、Ag_2Zn_5，熔点分别为 665℃、636℃。锌与银还形成 α 固熔体 $[w(Zn)=0\%~26.6\%]$ 和 β 固熔体 $[w(Zn)=26.6\%~47.6\%]$。铅中的铜、砷、锡和锑均能与锌反应生成化合物，所以除银前要尽可能将这些杂质除净，以免影响除银效果和增加锌消耗。作业温度越低，加锌量越多，铅液最终含银越低，银回收率越高。

金和锌的相互反应比银更为强烈，加少量的锌便能使金与锌优先反应，从而得到含金较高的富金壳。加锌作业是在像除铜一样的精炼锅中进行，加锌量的计算公式为：

$$m(Zn) = 10.39 + 0.0039m(Ag) \tag{6-61}$$

式中　$m(Zn)$——每吨铅加锌量，kg；

　　　$m(Ag)$——每吨铅含银量，g。

第一次提银作业加入应加锌量的 2/3 和上一作业末期产出的贫壳，在 450℃下搅拌 30~40min 后捞出富壳，进入第二次提锌作业。此时加入剩余的 1/3 锌，搅拌并冷却至 380℃捞出贫壳。若铅中含银较高或金量过多时，则采用三次加锌法，加锌量分别为应加锌量的 2/3、1/4 和 1/12。经过除银后的铅含银降至 2~3g/t（或 2g/t 以下），并送往下一步除锌作业。

银锌壳除含有金银和锌外，还含有大量的铅及精炼过程中未除尽的铜、镉、砷、锑、锡、铋等杂质。银（金）与锌主要以金属间化合物形态存在，铅为金属形态，因此可以用熔析法处理银锌壳，熔出部分铅，使银锌进一步富集产出银锌合金。用蒸馏法处理银锌合金，产出的再生锌返回除银工序，贵铅则经过灰吹得到金银合金。金银合金通常用电解精炼方法分离产出电金锭和电银锭。

6.5.2.5　铅的除锌

加锌提银后的铅液中常含锌（质量分数）0.6%~0.7%和前述精炼过程未除净的杂质，还需进一步精炼除去。除锌的方法主要有氧化除锌、氯化除锌、碱法除锌和真空脱锌等方法。氧化除锌是较古老的方法。氯化法是向铅液中通入氯气，将锌变成 $ZnCl_2$ 除去，其缺点是有过量未反应的氯气逸出污染环境，且除锌不彻底。

碱法除锌与碱法除砷、锡、锑一样，但不加硝石只加 NaOH 与 NaCl，可将锌除至0.0005%（质量分数）以下。每吨锌消耗约 1tNaOH、0.75tNaCl，过程不需要加热，可维持 450℃，每除去 1t 锌约需要 12h，产出的浮渣经水浸蒸发结晶得到 NaOH 与 NaCl 可返回再用，锌以 ZnO 形式回收。

真空法除锌是基于锌比铅更容易挥发的原理使锌铅分离。真空除锌在类似一般精炼锅中进行，锅上配有水冷密封罩，罩上有管路与真空设施相连，在加热和真空条件下，锌蒸汽从铅液中分离出来并在水冷罩上冷凝成固体锌，除锌作业完成后切断真空管路，揭开水冷罩并清除水冷罩上的冷凝锌。目前工业上主要用间断真空除锌，仅在分离其他合金时才采用连续真空分离技术。真空法除锌的优点是铅锌损失小，不用反应剂，冷凝物（锌）可返回作提银用；缺点是脱锌不彻底，需与碱法精炼联合使用。

6.5.2.6　精炼除铋

铅中的铋是最难除去的杂质。目前，最广泛采用的除铋方法是加钙、镁、锑和加钾、镁的方法。它们都是利用这些金属元素与铋形成质轻而难熔的化合物（不溶于铅），从而浮至铅水表面而被除去。

钙或镁都可以与铅中的铋生成金属间化合物而将铋除去，但单独用钙或镁均难取得良好效果，通常须两者同时使用，铋含量（质量分数）可降至 0.001%~0.007%。Pb-Bi-Mg-Ca 系的 Pb 顶角相图如图 6-22 所示。如果要继续降低铋含量，钙镁用量将急剧增加。为节约

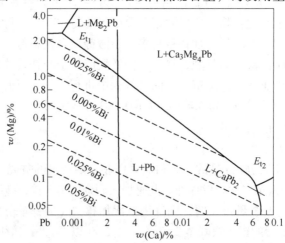

图 6-22　Pb-Bi-Mg-Ca 系的 Pb 顶角

钙镁用量，利用锑与钙镁生成极细而分散性很强的 Ca_3Sb_2 和 Mg_3Sb_2，使铅中不易除去的铋与这种极细的化合物生成 $Sb_5Ca_5Mg_{10}Bi$ 而除去，则可将铋降至 $0.004\% \sim 0.005\%$（质量分数）。因此除铋作业可分成钙镁除铋和加锑深度除铋两步进行。

6.5.3 粗铅的电解精炼

6.5.3.1 铅电解精炼过程的基本原理

铅的电解精炼是以阴极铅铸成的薄极片作阴极，以经过简单火法精炼的粗铅作阳极，装入由硅氟酸和硅氟酸铅水溶液组成的电解液内进行电解的过程。粗铅预先进行简单火法精炼的目的，是除去电解时不能除去的杂质和对电解过程有害的杂质，并调整保留一定数量的砷锑。电解时，铅从阳极溶解进入电解液，并在阴极上放电析出。与铅一道溶解的还有比铅更负电性的金属（如 Zn、Fe、Cd、Co、Ni、Sn 等），但因其含量很小而不致污染电解液，所以电解液也无须特殊净化；比铅更正电性的杂质（如 Sb、Bi、As、Cu、Ag、Au 等）不溶解而形成阳极泥。阳极泥附在阳极上，在正常情况下不致脱落。

铅电解精炼时属于下列的电化学系统：$Pb_{(纯)} \mid PbSiF_6, H_2SiF_6, H_2O \mid Pb_{(含杂质)}$。由于电解液的电离作用，形成 Pb^{2+}、H^+ 阳离子和 SiF_6^{2-}、OH^- 阴离子。从电化学角度分析，阴极上可能存在的放电反应有：

$$Pb^{2+} + 2e \Longrightarrow Pb \qquad E^{\ominus}_{Pb^{2+}/Pb} = -0.126V \qquad (6\text{-}62)$$

$$2H^+ + 2e \Longrightarrow H_2 \qquad E^{\ominus}_{H^+/H_2} = 0V \qquad (6\text{-}63)$$

但实际上氢析出需要很大的过电位，故在正常情况下只有 Pb^{2+} 放电，而无 H^+ 放电。在阳极上可能进行的反应为：

$$Pb - 2e \Longrightarrow Pb^{2+} \qquad E^{\ominus}_{Pb^{2+}/Pb} = -0.126V \qquad (6\text{-}64)$$

$$SiF_6^{2-} - 2e \Longrightarrow SiF_6 \qquad E^{\ominus}_{SiF_6/SiF_6^{2-}} = -0.48V \qquad (6\text{-}65)$$

$$4OH^- - 4e \Longrightarrow 2H_2O + O_2 \qquad E^{\ominus}_{O_2/H_2O} = 1.229V \qquad (6\text{-}66)$$

由于 OH^- 和 SiF_6^{2-} 在阳极的放电电位比铅正，所以在阳极上只有铅的溶解。

6.5.3.2 铅电解精炼时杂质的行为

铅电解过程中杂质的行为取决于它的标准电位及其在电解液中的浓度（更准确地说应该是活度），各种金属离子和氢的标准电极电位见表 6-24。

表 6-24　25℃时各种金属的标准电极电位

元素	阳离子	电位/V	元素	阳离子	电位/V
锌	Zn^{2+}	-0.7628	氢	H^+	0
铁	Fe^{2+}	-0.409	锑	Sb^{3+}	±0.1
镉	Cd^{2+}	-0.4026	铋	Bi^{2+}	0.2
钴	Co^{2+}	-0.28	砷	As^{3+}	0.3
镍	Ni^{2+}	-0.23	铜	Cu^{2+}	0.3402
锡	Sn^{2+}	-0.1364	银	Ag^+	0.7996
铅	Pb^{2+}	-0.1263	金	Au^+	1.68

铅阳极中，常会有金、银、锡、锑、铋和砷等杂质。杂质在阳极中，除以单体存在外，还有固溶体、金属固化物、氧化物和硫化物等形态。这种多金属的阳极，在电解过程中的溶解是很复杂的。按照不同的行为性质，可将阳极中的杂质分为三类：

（1）第一类杂质，即标准电极电位比锌负的杂质，如 Zn、Fe、Cd、Co 和 Ni 等。在电解时，第一类杂质金属随铅一道进入溶液，但这些金属的析出电位比铅负，而且在正常情况下浓度极小，不会在阴极上放电析出。

（2）第二类杂质，即标准电极电位比铅正的杂质，如 Sb、Bi、As、Cu、Ag 和 Au 等。第二类金属杂质的标准电极电位比铅正，因此很少进入电解液，只残留在阳极泥中，当阳极泥散碎或脱落时，这些杂质将带入电解液中，影响电解过程，尤以铜、锑、银和铋等特别显著。

阳极含铜（质量分数）应小于 0.06%。当大于 0.06% 时，将导致阳极泥变得坚硬致密，阻碍铅的正常溶解，使电压升高而引起其他杂质金属的溶解和析出。所以粗铅电解前必须先进行火法初步精炼，使铜降至 0.06% 以下。

锑是阳极中的一特殊成分，锑对铅电解过程的正常进行有着重大的影响。在电解过程中，锑在阳极表面与铅形成铅锑合金网状结构，包裹阳极泥，使之具有适当的强度而不脱落，又因为其标准电位较正，在电解过程中很少进入电解液中。因此，阳极中保留适当的锑是必要的，一般控制在 0.3%~0.8%（质量分数）之间。

砷和铋在电解过程中与锑的性质相似。电解时，在任何条件下铋都不会呈离子状态进入溶液，故铅电解精炼时除铋最为彻底。阴极含有的微量铋，完全是由于掉泥而机械地附着在阴极上的。

阳极中砷含量（质量分数）一般不大于 0.4%，当阴极板中 As+Sb 在 1%（质量分数）左右时，可以保持电解过程不掉泥，但当二者再增大时，也会导致电解液中的酸和铅下降。

由于银和铅的析出电位差别很大，因而电解时，绝大部分银保留在阳极泥中，这样有利于贵金属的回收。阴极上的含银量随槽电压及电流密度的升高而增加。

（3）第三类杂质是标准电极电位与铅非常接近，但稍负电性金属，如 Sn。锡标准电位和铅非常接近，理论上将与铅一道溶解并析出。但实践中，锡不完全溶解和析出，仍有部分保留在阳极泥和电解液中。

6.5.3.3　铅电解精炼的实践

铅电解精炼时，电极与电解槽之间的电路连接多用复联式。早期的电解槽为长方形的敞口钢筋水泥槽，内衬一层沥青，现今多采用聚合物预成型电解槽，电解液用一级循环，用硅整流供电。

电解液组成为一般为 Pb 60~120g/L，游离 H_2SiF_6 60~100g/L，总 SiF_6 100~190g/L，另外还有少量的金属杂质离子和添加剂，如胶质和分解后的氮化物等。电解液的比电阻随着 H_2SiF_6 的增加和 $PbSiF_6$ 的降低而下降。实践证明，只要游离的 H_2SiF_6 相同，任何铅离子浓度下的电解液比电阻都相同。所以，可以适当提高 $PbSiF_6$ 浓度，它可在不升高比电阻的情况下改善阴极铅的质量。

电解液温度一般为 30~45℃，正常情况下不用给电解液加温。温度升高时电解液的比电阻下降，但温度过高会引起沥青槽衬的软化和起泡，加速硅氟酸分解，增加电解液的蒸发损失。温度过低时，电解液的比电阻增大，沥青槽衬龟裂。

电解液的循环速度一般为每更换一槽电解液，约需 1.5h。循环能使电解液均匀，但循环速度要保证阳极泥不至于从阳极板上脱落。槽电压是用于克服电解液、阳极泥层、各接触点和导体的电阻，以及由于浓差极化引起的反电势，其中以电解液造成的电压降最大。当游离酸含量增加时，槽电压下降。当电流密度增大时，浓差极化现象显著，槽电压升高。阳极电解时间越长（或杂质越多），则阳极泥越厚，槽电压也越高。电解刚开始时，阳极表面无阳极泥层，槽电压为 0.35 ~ 0.40V，随着阳极泥层增厚，槽电压逐渐升至 0.55 ~ 0.60V，甚至 0.7V。此时必须把阳极从电解槽中取出并刷去阳极泥，再装槽电解，不然会引起杂质在阴极和阳极上放电，污染电解液，降低阴极质量。

电流密度是生产中的一项重要指标。电解槽的生产能力几乎与电流密度成正比。工厂常用的电流密度为 $130 \sim 180 A/m^2$。在阳极质量较高、电解液温度稍高、循环速度稍大、电解液组成较均匀纯净以及极间距离较宽的情况下，允许选用较大的电流密度。胶质和其他添加剂的作用与铜电解精炼的添加剂作用相似。常用的添加剂有胶质（明胶、骨胶、皮胶）、β-萘酚和粉胶（纸浆工业副产品）、木质磺酸钠（钙）、石炭酸、丹宁、二苯胺和萘酚等。

随着电解过程的不断进行，电解液中铅离子也逐渐升高，这是由于铅的化学溶解和阴极电流效率比阳极低的缘故，同时由于蒸发、机械损失、铅和杂质的化学溶解以及 H_2SiF_6 的分解，使电解液中游离硅氟酸不断下降。为此，对电解液要进行增酸脱铅的调整。增酸便是定期向电解液补充新的硅氟酸；脱铅则是抽出部分电解液加硫酸使铅形成 $PbSO_4$ 沉淀，或用不溶石墨阳极电解将铅除去。

铅电解的电能单耗，主要取决于电解槽的平均槽电压和电流效率。目前国内外电铅的电能耗约为 $100 \sim 140 kW \cdot h/t\text{-}Pb$。

中国长期以来采用小极板和小电解槽电解技术进行铅电解。阳极板单重 80 ~ 110kg，电流密度 $160 \sim 180 A/cm^2$，阳极板寿命 3 ~ 4 天，阴极周期 2 ~ 4 天。小极板电解的自动化程度低，劳动强度大，生产率低。自 2005 年来，我国首次引进大极板技术的电铅生产线，投产成功，并在后续其他企业的推广过程中逐步实现了设备国产化，使国内电铅生产技术装备水平有了很大提高。

大极板技术所用铅阳极单重增加到 300 ~ 370kg，多使用立模铸造和流水冷却，阳极板质量明显优于平模铸造的极板质量。大阴极板的制作采用自动化的制造机组完成，其平整度、强度能满足 7 ~ 8 天长周期电解不断极的强度要求。在使用行车进行装槽时，阴阳极还实现了自动排距操作。

小极板电解时同名中心距多为 80 ~ 90mm，采用大极板后电极的同极中心距增加到 110mm，因此电流密度相应有所减少，约 $140 A/cm^2$（仅日本播磨铅厂采用 $215 A \cdot cm^2$ 电流密度）。随着阳极单重的增加和电流密度的降低，阳极周期也增加到 8 天左右，对应的阴极周期也增加到 4 天或 8 天左右（取决于电解周期的选择）。同等产量情况下，采用大极板电解技术显著降低了出装槽操作和其他劳动强度。

6.6　再生铅的处理

6.6.1　再生铅处理概述

我国已是世界上最大的精铅生产和消费国。2012 ~ 2017 年全球的铅矿、精炼铅产量和精铅消费量见表6-25；中国的精炼铅产量和消费量见表6-26。无论是铅的生产和消费，我国均稳居世界第一位，其也是全球铅消费增长最快的国家。

表 6-25 2012~2017 年全球的精炼铅、铅矿产量和精炼铅消费量

类 别	2012	2013	2014	2015	2016	2017
全球精炼铅产量/kt	10640	11152	10948	10843	11144	11565
全球精炼铅消费量/kt	10583	11149	10938	10866	11121	11712
全球铅矿产量（以 Pb 计）/kt	5170	5400	4870	4950	4710	4700

表 6-26 2012~2017 年中国的精炼铅产量和精炼铅消费量

类 别	2012	2013	2014	2015	2016	2017
中国精炼铅产量/kt	4646	4475	4221	3858	4665	4716
中国精炼铅消费量/kt	4692	4484	4213	3825	4670	4817

铅消费主要集中在铅酸蓄电池、化工、铅板、铅管、焊料和铅弹等领域。其中铅酸蓄电池是金属铅的最大消费领域。根据统计，精炼铅产量的 80%以上用于制作铅酸蓄电池。

由于铅的特殊性，即一方面是铅的毒性，另一方面是铅的消费领域较为集中，为此国内外均非常重视再生铅的回收。并且，从有色金属二次资源回收的整体情况来看，铅的再生回收比例也是最高的。由表 6-25 和表 6-26 的统计数据来估算，在世界范围内，世界上再生铅占精铅产量的比例将超过一半以上，在发达国家和地区如美国、欧盟和日本，其比例甚至高达 80%以上。

目前，再生铅的生产主要集中在北美、西欧以及亚洲的日本、韩国等发达国家。一般来说，每个国家再生铅产量与本国汽车保有量有关，如美国汽车保有量世界第一，其再生铅产量也是世界第一，因为铅的主要用途在蓄电池方面。随着环保政策要求的日趋严格，更新铅冶炼工艺显得十分重要，特别突出的是铅的二次资源利用（特别是再生铅的生产）。另外，从经济方面来看，从含铅的二次资源进行铅的生产也比矿产铅具有成本上的优势。为此，重视再生铅的生产，具有资源循环利用和环境保护的双重意义，也是实现社会可持续发展的必然要求。

中国再生铅工业起步于 20 世纪 50 年代。最近十几年来，随着对环境保护和资源综合利用的重视，中国再生铅工业取得了一定的进展，已经初步形成独立的产业，产量从 1990 的 2.82 万吨增长到 2003 年的 28.25 万吨，2007 年，中国精铅产量为 275.3 万吨、再生铅产量为 80.0 万吨，2007 年再生铅年产量占全国精炼铅产量的 29%。2015 年，中国精铅产量为 386 万吨、再生铅产量为 155 万吨，再生铅年产量占全国精炼铅产量的 40%左右。与国外相比，中国再生铅产量占精炼铅产量的比例偏小。

6.6.2 以废铅酸蓄电池为代表再生铅冶炼工艺

再生铅原料具有物理形态和化学成分变化大的特点，从这类原料中提铅应根据具体的原料对象采取不同的处理方法。总的原则是，同一组别的金属及合金废料因化学成分一致或接近一致，可采取直接重熔加精炼的方法。这是一种成本低、经济效益好的利用方法。但大多数再生铅原料是混杂型的，不可能直接重熔处理，可以通过一系列的预处理（如拆解、破碎、分选等），其中化学组成一致或接近一致的某一部分或几部分彼此分离开来，再对分离后的各个组分分别按火法、湿法或湿法—火法联合流程处理。

由于铅酸蓄电池是铅的最大消费用途，从废旧铅酸电池中回收和再生铅的生产工艺也最具有代表性。

废铅酸蓄电池的冶炼方法朝三个方向发展，其分别为：

（1）原生有色企业进入再生领域。在原生铅冶炼厂把蓄电池碎料与铅精矿混合处理，主要是基夫赛特法、奥斯麦特法、艾萨法、QSL 法和国内的氧气底吹—鼓风炉还原等直接炼铅的方法处理。这些方法不仅回收了铅，同时也能有效地回收电池中的废硫酸。

（2）火法冶炼，可用鼓风炉、竖炉、回转窑、反射炉和采取其中的两种或三种综合应用，但是存在的共同问题是，在熔炼过程中排出大量含有铅、二氧化硫等有害成分的烟尘和烟气，需要配置相应的除尘设备。消除环境污染一般在火法冶炼前，因此应进行预处理脱硫。目前已采用的侧吹浸没燃烧法处理废铅酸蓄电池铅膏的项目建成，以满足现行严格的环保要求。目前火法冶炼工艺主要包括：

1）破碎分离—铅精矿搭配火法熔炼工艺。在铅精矿火法熔炼的同时，配入废蓄电池中破碎分离的含硫铅膏，在高温熔炼的同时，还原铅脱除硫，硫进入烟气回收成硫酸。在分离设备的选择上，豫光金铅引进的是意大利 CX 预处理设备，豫北金铅引进美国 LMT 公司废铅蓄电池破碎分离预处理设备。

2）破碎分离—脱硫—火法冶炼工艺。该工艺包括破碎分选、铅膏、脱硫、短窑冶炼和精炼等几个工序。该工艺可消除铅蒸气和 SO_2 污染，使铅的回收率提高到 95%，并可降低能耗。提高铅回收率、减小污染的关键是预处理，具有代表性的预处理设备是意大利 Engitec 公司开发的 CX 破碎分选系统和美国 MA 公司开发的工艺。江苏春兴集团从美国引进两套 MA 废铅蓄酸电池破碎分选系统。

湖北金洋于 2014 年建成连续熔化还原冶炼废蓄电池铅膏的项目，采用侧吹浸没燃烧法熔池熔炼工艺以取代污染大的反射炉处理，单台炉窑年产再生铅 6 万吨，铅综合回收率 98%，再生铅能耗 203kgce/t-Pb。

（3）全湿法工艺技术。为了进一步消除熔炼和粗铅精炼带来的含铅烟气，可将废铅蓄电池物理解离，废酸再生，金属板栅熔铸成阳极，然后再对废铅酸蓄电池的铅膏进行湿法处理。

6.7　铅的湿法冶金

6.7.1　铅的湿法冶金概述

铅湿法冶金的提出，是由于早期的火法冶铅工艺过程严重污染环境，以及低品位（或难选）的矿物不易处理，使得湿法炼铅成为评论铅冶金发展趋势时必然会提出的一种方法。但湿法炼铅在成本上难以与传统的火法炼铅工艺相竞争，长久以来未有工业化应用的例子，更不用说取代火法炼铅工艺。

湿法炼铅工艺的工业化突破是在中国。2016 年 7 月祥云飞龙公司的湿法炼铅厂正式投产，标志着国际范围内湿法炼铅工艺的首次产业化应用。

历史上曾较系统地研究过的湿法炼铅工艺有 $FeCl_3$ 溶液浸出—$PbCl_2$ 熔盐电解流程。该流程由美国矿务局（USBM）资助研究，从 1971 年开始了系统的实验工作，1978~1979 年又与美国四家企业合作，进行了日产电铅 227kg 的扩大实验。

用 $FeCl_3$ 溶液浸出硫化铅精矿的总反应为：

$$PbS + 2FeCl_3 \Longrightarrow PbCl_2 + 2FeCl_2 + S^0 \tag{6-67}$$

试验结果表明，在 95℃下浸出 15min，铅的浸出率达到 99%，硫以单质硫进入浸出渣中，然后从渣中回收。由于 $PbCl_2$ 在水中的溶解度很小，所以浸出一般采用 $FeCl_3$+HCl 或 $FeCl_3$+NaCl 的混合溶液作浸出剂。$FeCl_3$ 实际上起氧化剂作用，使精矿中的硫氧化为单质硫。浸出的矿浆经液固分离后得到的 $PbCl_2$ 溶液经冷却可结晶出 $PbCl_2$ 晶体，经干燥后便可送去电解。

电解采用氯化物熔盐体系，除 $PbCl_2$ 外，还加入 KCl、NaCl 或 LiCl 以降低熔盐的熔点，同时提高电解质的导电性。在电解温度 450~550℃，电流密度 10.2kA/m^2，槽电压平均值 6.5V 时，阴极电流效率可达到 98.5%，阳极电流效率 96.1%，电解的电耗为 1800kW·h/t-Pb（包含槽内加热的电耗）。大型试验电解槽所用 $PbCl_2$ 原料由 $FeCl_3$ 浸出硫化铅精矿制备而得，熔盐电解产出的金属铅纯度可达到 99.99% 以上。电解时阳极产出的氯气可用于浸出剂 $FeCl_3$ 的再生。

20 世纪 80 年代以后，国内外众多研究人员又都开展过多种方案的湿法炼铅试验，许多工厂也进行了半工业化试验。湿法炼铅在技术上没有问题，只是成本无法与火法炼铅相比，虽说环保较好，但无法工业化应用。

除 USBM 的 $FeCl_3$ 溶液浸出—$PbCl_2$ 熔盐电解流程外，其他的工艺方案主要有：氯化铁浸出法，碱浸法，固相转化法，电化学浸出法，氯盐浸出法，胺浸法，加压浸出法，氨性硫酸铵浸出法以及硅氟酸介质浸出或硼氟酸介质浸出等。

在上述湿法炼铅方案中，用三氯化铁作氧化剂对硫化铅矿进行氧化浸出的过程被研究得最为充分。用三氯化铁浸出方法处理硫化铅矿的主要优点在于浸出速度比较快，浸出剂容易再生，对复杂硫化铅矿处理的适应性较强。

除三氯化铁外，硅氟酸或硼氟酸也曾用于硫化铅矿氧化浸出介质。澳大利亚康派斯公司开发出的 FLUBOR 工艺为硼氟酸介质浸出硫化铅矿的代表，其优势在于：氟硼酸铁溶液浸出方铅矿可产生非常稳定的可溶铅盐，并且对铅伴生的有价金属具有选择性；电解可以在高电流强度值下运行仍保持很高的析出效率，并产出高质量的阴极铅；电解后的氟硼酸溶液可以直接返回浸出工序循环使用，而不需要作净化处理。

湿法炼铅虽然避免了火法工艺上必然产出 SO_2 烟气的问题，但综合回收金、银、铋、铜、锡、锑等有价金属的过程比火法工艺复杂，作业费用相对较高，对于价值相对很低的"贱金属"铅而言，湿法工艺的经济性常常是影响其发展的重要因素。所以，湿法炼铅工艺的发展一直很缓慢。

之前的湿法炼铅工艺研究大多集中于硫化铅形式矿物的浸出和处理。随着中国铅锌冶炼工业的发展，各种形式含硫酸铅的渣料处理逐渐引起人们重视。这包括次氧化锌浸出回收锌后的铅渣、湿法炼锌产出的铅银渣和废旧蓄电池拆解后的铅膏等。此类物料并入基夫赛特炉等直接炼铅工艺处理是完全可行的，但由于实际工业布局分布，势必增加运输成本，并且含铅废杂料的入炉处理也会降低火法炼铅的经济性。环保政策对危险废弃物的日趋严格管理也造成此类含铅物料销售、运输等管理上的困难。此类产出分散、量少的含铅物料采用湿法冶金处理更为合理。其中可行的方法之一是氯盐浸出。

铅的氯盐体系浸出是基于 $PbCl_2$ 及 $PbSO_4$ 溶解于碱金属或碱土金属的氯化物水溶液。最常采用的是 NaCl、$CaCl_2$ 或其混合溶液。$PbCl_2$ 在水中的溶解度很小：25℃为 1.07%，60℃时为 1.79%。$PbCl_2$ 溶解于 NaCl 水溶液的可逆反应为：

$$mPbCl_2 + nNaCl \Longrightarrow mPbCl_2 \cdot nNaCl \tag{6-68}$$

$PbCl_2$ 在 NaCl 水溶液的溶解度取决于此溶液的温度及 NaCl 的浓度，其波动范围很大。$PbCl_2$ 的溶解度与 NaCl 溶液的温度及 NaCl 浓度的关系见表 6-27。

表 6-27　氯化铅在氯化钠溶液中的溶解度

溶解度 /g·L⁻¹ ＼ NaCl 的浓度 /g·L⁻¹　温度/℃	0	20	40	60	80	100	140	180	220	260	300
13	7	3	1	0	0	0	1	3	5	9	13
50	11	8	4	3	4	5	7	10	12	21	35
100	21	17	13	11	12	15	21	30	42	65	95

另有研究表明，在 50℃下，NaCl 饱和溶液中铅的最大溶解度是 42g/L，提高温度时，铅的溶解度没有明显增加。但如果采用含有 $CaCl_2$ 的 NaCl 饱和溶液，并加热到 100℃，铅的溶解度可达 100~110g/L。因此，铅在氯化物中的溶解度与溶液中氯根的活度有直接关系，溶解于氯化物溶液中的铅的存在形式也与铅的浓度、氯根的浓度相关，存在不同形式的 $PbCl_n^{-(n-2)}$ 络阴离子。硫酸铅溶解于 NaCl 水溶液时的可逆反应为：

$$PbSO_4 + 2NaCl \Longrightarrow PbCl_2 + Na_2SO_4 \tag{6-69}$$

此时形成的 $PbCl_2$ 溶解于过剩的 NaCl 溶液。为了避免溶液中 Na_2SO_4 浓度过高影响铅的溶解，采用 NaCl 与 $CaCl_2$ 的混合溶液，此时进入溶液中的硫酸根又生成 $CaSO_4$ 沉淀，从而促使反应向铅的溶解方向进行。氯化铅在氯化钙水溶液中的溶解度数据见表 6-28。

表 6-28　氯化铅在氯化钙水溶液中的溶解度（25℃）

$CaCl_2$/mol·L⁻¹	0	0.2	0.5	0.94	1.52	2.10	2.80	4.06	5.20	5.68
$PbCl_2$/g·L⁻¹	10.8	6.68	5.96	5.90	6.14	6.90	7.81	10.2	13.6	19.0

从表 6-28 可以看出，提高温度有利于继续加大铅在该混合体系的溶解度。含硫酸铅类型的物料采用氯化钠和氯化钙混合体系浸出在效果上和成本上最为合理。

6.7.2　祥云飞龙湿法炼铅工艺

祥云飞龙公司的湿法炼铅流程采用氯盐浸出硫酸铅，浸出液经海绵铅置换除去少量杂质后，再采用金属锌置换得到海绵铅，而置换后溶液中的锌采用有机溶剂萃取后再电积得到金属锌，从而实现还原剂金属锌的闭路循环使用。将成熟的锌电积工艺纳入湿法炼铅流程是该工艺的一大特色，也是使湿法铅锌能够实现工业应用的关键因素之一。

该工艺采用含有氯化钠和氯化钙的混合溶液浸出处理含铅物料。含铅物料可以是含铅氧化锌浸出后的铅渣，也可以是湿法炼锌产出的高浸渣或铅酸蓄电池拆解后的铅泥。含铅物料中铅大多以硫酸铅形式存在。某些研究也指出，对于部分以氧化铅或硫化铅形式存在的铅，在氯盐浸出时可对应添加盐酸或氯酸钠来促进浸出。浸出时采用氯化钠和氯化钙的混合溶液，目的是保证溶液中有足够的氯根浓度，使硫酸铅以 $PbCl_n^{-(n-2)}$ 络阴离子形式浸出（是一种络合浸出）。浸出过程中加入钙离子是必要的，其可以保证硫酸铅中的硫酸根以硫酸钙的形式沉淀，一方面是促进铅的完全溶解，更重要的是，脱除硫酸根，避免其在溶液循环过程中的积累。因此，祥云飞龙公司的湿法炼铅操作要求浸出时溶液中所含的钙的摩尔数要大于物料中硫酸根的摩尔数，这可以通过调整浸出液中氯化钠和氯化钙的配比来实现，并监测浸出后的溶液，使得含钙不低于 3~4g/L。此时浸出液中氯根总浓度达150~180g/L，含铅为 10~30g/L。浸出温度根据实际情况进行调整，若浸出液中氯根和氯化钙浓度低，则需加热以提高浸出温度。浸出过程铅的浸出率约95%，浸出液 pH 值为 4~5。

浸出矿浆经液固分离，对含杂质的浸出液加入约 1g/L 的海绵铅，除去溶液中的银、铜、铋等微量杂质。此除杂过程属于置换除杂，海绵铅活性高，同时不会引入新的杂质。海绵铅也可采用直接在溶液中加入锌粉的方法原位生成。置换除杂过程需要加强固体物料的分散。

净化后的溶液用金属锌置换，原则上各种物理形态的金属锌都可以用作还原剂，如锌粉、锌片和锌粒等，但以电积产出的锌片最为合理，不需额外加工。锌片置换铅的过程很快，在金属锌的加入量为理论量的 1.05~1.10 倍时，约 5min 即可完成海绵铅的置换，置换后溶液含铅小于 50mg/L。置换后的溶液采用萃取法回收锌。

祥云飞龙公司在回收置换后溶液中的锌时，设计了两种方法，一种是采用皂化后的有机相萃取锌，另一种是采用非皂化的有机相萃取，将溶液中的锌先中和沉淀，再利用萃取时产生的酸性萃余液溶解氢氧化锌沉淀，从而进行萃取。图 6-23 示出的原则工艺流程就是采用第一种方法萃取回收锌。

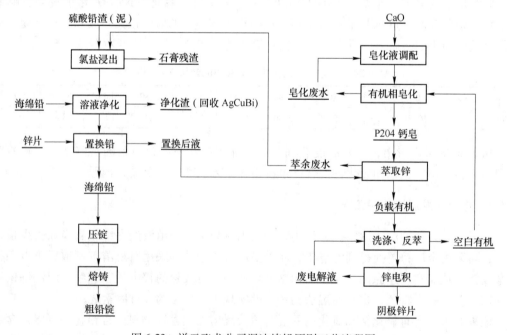

图 6-23　祥云飞龙公司湿法炼铅原则工艺流程图

在该工艺流程中，置换后液采用皂化后的 P204 有机相萃取锌。皂化采用石灰乳，石灰乳用量以 P204 萃取剂的皂化度控制在 85%~90% 为准；萃取时控制锌在有机相中的负载容量不超过饱和容量的 85%~90%，以保证有机相中的钙被完全置换，这一点非常重要。经 3~5 级萃取后，有机相中的钙进入萃余液中，萃余液返回含铅物料的浸出工序，实现氯化钙和氯化钠的循环使用。

负载有机相用少量水洗涤除去夹带的萃余液，用锌电解沉积产出的电解废液进行反萃。电解废液含锌 40~50g/L，含硫酸 150~180g/L。反萃相比按照反萃后溶液含锌 90~120g/L 进行控制，一般一级或二级反萃即可，控制有机相含锌小于 0.5g/L。反萃后的有机相返回皂化。反萃液采用气浮、活性炭吸附脱去微量萃取剂等有机物，将反萃液中的 P204 有机物由 10mg/L 降至 1.0mg/L 以下，之后的电解沉积过程与常规锌电解相同。

祥云飞龙公司的湿法炼铅工艺，之所以能够成功地获得工业化应用，与该公司在萃取提锌的多年技术积累密不可分。早年的湿法炼铅研究也曾长期关注过氯盐浸出，特别是氯化钠和氯化钙混合溶液体系，但对于从溶液中回收铅，尝试的是用金属铁置换，或将浸出的铅经转化得到铅化合物后，再进行氯盐体系熔盐电解，或转入硅氟酸体系电积流程。祥云飞龙则利用多年以来对湿法炼锌，特别是萃取提锌的技术理解，创造性地将金属锌置换用于铅的回收，实现了锌的萃取和电积循环，实现了氯化物在浸出液和萃余液中的循环，最终实现了湿法体系的铅锌联合流程。这不仅是湿法炼铅领域的里程碑式的进展，也是对锌萃取技术的重大发展。

祥云飞龙湿法炼铅工艺流程浸出、置换除杂和置换回收铅的具体实例分别见表 6-29~表 6-31。

表 6-29　祥云飞龙湿法炼铅氯盐浸出含铅物料实例

类　型	含铅原料含量(质量分数)/%			浸出条件/g·L⁻¹			浸出结果		
	Pb	Zn	S	NaCl	Ca²⁺	HCl	温度 /℃	Pb /g·L⁻¹	Pb 浸出率 /%
次氧化锌浸出后的硫酸铅渣	21.89	3.5	10.2	280	13	0	80	21.1	96
湿法炼锌铅银渣	15.54	—	—	260	14	0	80	16.0	93
废铅酸蓄电池铅膏	76.04	—	—	320	0	20	85	34.8	96
次氧化锌浸出后硫酸铅渣	21.2	7.14	—	350	50	0	18	17.59	98.7

表 6-30　祥云飞龙氯盐浸出液海绵铅置换除杂实例（加入 0.5g/L 锌粉）

成分	含量/mg·L⁻¹								
	Pb /g·L⁻¹	Zn /g·L⁻¹	Ca /g·L⁻¹	Fe	Cu	As	Sb	Bi	Sn
置换除杂前	21.86	7.74	5.71	10	80.79	1.0	2.05	1.79	6.37
置换除杂后	21.50	8.01	5.70	10	1.2	0.1	0.1	0.2	0.2

表 6-31　祥云飞龙净化后浸出液置换回收铅实例（加入 40g/L 锌片）

成　分	Pb/g·L⁻¹	Zn/g·L⁻¹	Ca/g·L⁻¹	pH 值
置换回收铅前	22.97	6.66	3.50	5.0
置换回收铅后	0.02	14.1	—	5.0

思　考　题

（1）请列举出铅的主要化合物及其重要性质。

（2）请列举铅提取冶金的原料，包括矿物原料和二次含铅物料。

（3）请列举出各种提炼铅的方法并写出氧化还原熔炼的工作流程。

（4）请简述硫化铅精矿氧化焙烧时，各金属发生的反应。

（5）请说出硫化铅直接氧化为金属铅的热力学条件，并通过 $MeS+2MeO = 3Me+SO_2$ 的 $\lg p_{SO_2}$-T 的关系图简要说明各杂质金属的反应。

（6）请根据 C-O 系反应 ΔG-T 关系图，说明 CO 还原和碳还原的热力学。

（7）硫化铅精矿烧结焙烧脱硫的程度与什么有关系，脱硫的目的是什么？

（8）试述富氧鼓风烧结过程与单纯鼓风烧结和返烟烧结的不同之处。

（9）请简述鼓风炉熔炼完成后的熔炼产物组成情况。

（10）请简述 QSL 氧化熔炼的特点及工艺流程。

（11）请简述闪速氧化熔炼（Kivcet）氧化段和还原段的冶炼过程。

（12）直接炼铅工艺对原料中的铜和锌有什么要求，具体冶炼过程中铜和锌的走向是什么？

（13）火法炼铅过程如何选择渣型？

（14）试述粗铅火法精炼流程，并简述熔析法除铜的原理和过程。

（15）试述粗铅精炼除砷、锑、锡的方法，并说明氧化精炼过程。

（16）请简述粗铅精炼除铋的方法。

（17）铅电解精炼的工艺是怎样的？请写出粗铅电解精炼阳极和阴极的主要反应。

（18）请指出粗铅电解精炼前都有哪些杂质元素，铅阳极中杂质元素有什么行为？

（19）请简述再生铅的重要性及适用的工艺方法。

（20）请简述本章中湿法炼铅工艺的特点。

参 考 文 献

[1] 陈国发，王德全. 铅冶金学 [M]. 北京：冶金工业出版社，2000.

[2] 张乐如. 现代铅冶金 [M]. 长沙：中南大学出版社，2013.

[3] 李东波，陈学刚，王忠实. 现代有色金属侧吹冶金技术 [M]. 北京：冶金工业出版社，2019.

[4] 铅锌冶金学编委会. 铅锌冶金学 [M]. 北京：科学出版社，2003.

[5] 陈国发. 重金属冶金学 [M]. 北京：冶金工业出版社，1992.

[6] 彭容秋. 铅冶金 [M]. 长沙：中南大学出版社，2004.

[7]《重有色金属冶炼设计手册》编委会. 重有色金属冶炼设计手册（铅锌铋卷）[M]. 北京：冶金工业出版社，1996.

[8] 舒毓璋，田喜林. 一种硫酸铅湿法炼铅工艺 [P]. 中国专利：201310100691.8，2014-06-04.

［9］王成彦，陈永强．中国铅锌冶金技术状况及发展趋势：铅冶金［J］．有色金属科学与工程，2016，（6）：5-11.

［10］王成彦，郜伟，尹飞，等．铅富氧闪速熔炼新技术［J］．有色金属（冶炼部分），2012，（4）：6-10.

［11］王成彦，郜伟，尹飞，等．铅富氧闪速熔炼的整体运行效果及评价［J］．有色金属（冶炼部分），2012，（4）：49-53.

［12］王吉坤，沈立俊，贾著红．富氧顶吹熔炼—鼓风炉还原炼铅工艺（I-Y铅冶炼方法）［A］．有色金属学会重金属冶金学委会编，中国首届熔池熔炼技术及装备专题研讨会论文集［C］，2007：79-92.

［13］袁培新，李初立．SKS炼铅工艺降低鼓风炉熔炼含铅生产实践［A］．有色金属学会重金属冶金学委会编，中国首届熔池熔炼技术及装备专题研讨会论文集［C］，2007：241-246.

［14］李卫锋，陈会成，李贵，等．低碳环保的豫光炼铅新技术—液态高铅渣直接还原技术研究［A］．有色金属学会重金属冶金学委会编，全国"十二五"铅锌冶金技术发展论坛暨驰宏公司六十周年大庆学术交流会论文集［C］，2010：38-44.

［15］李卫锋，杨安国，陈会成，等．液态高铅渣直接还原试验研究［J］．有色金属（冶炼部分），2011，（4）：10-13.

［16］李卫锋，陈会成，李贵，等．低碳环保的豫光炼铅新技术——液态高铅渣直接还原技术研究［J］．有色冶金节能，2011，（2）：14-18.

［17］李小兵，李元香，蔺公敏，等．万洋"三连炉"直接炼铅法的生产实践［J］．中国有色冶金，2011，40（6）：13-16.

［18］李小兵，张立，李伟伟．三连炉工艺技术的研发及产业化应用［J］．中国有色冶金，2014，43（4）：29-31.

［19］陈霖，宾万达，李小兵，等．三连炉直接炼铅工艺取消电热前床合理性分析［J］．中国有色冶金，2014，43（5）：35-39.

［20］杨华锋，翁永生，张义民．氧气底吹—侧吹直接还原炼铅工艺［J］．中国有色冶金，2010，39（4）：13-16.

［21］赵秦生，彭长宏，李炬．瓦纽可夫熔池熔炼法炼铅［J］．有色冶炼，2001，（1）：15-18.

［22］蔺公敏，宾万达．氧气侧吹直接炼铅炉［J］．中国有色冶金，2005，（6）：48-50.

［23］宋光辉，张乐如．氧气侧吹直接炼铅新工艺的开发和应用［J］．工程设计与研究，2005，（9）：13-18.

［24］王忠实．氧气底吹—鼓风炉还原炼铅工艺的开发和应用［A］．有色金属学会重金属冶金学委会编，中国重有色金属工艺发展战略研讨会暨重冶学委会第四届学术年会论文集［C］．2004，34-37.

［25］王忠实．液态高铅渣侧吹炉直接还原炼铅工艺的研发与运用［A］．有色金属学会重金属冶金学委会编，全国"十二五"铅锌冶金技术发展论坛学术交流会论文集［C］，2010：1-9.

［26］宋光辉．瓦纽科夫法直接炼铅及其进展［J］．湖南有色金属，2004，20（2）：21-24.

［27］姚维义，唐朝波，唐谟堂，等．硫化铅精矿无SO_2排放反射炉一步炼铅半工业试验［J］．中国有色金属学报，2001，11（6）：1127-1130.

［28］唐文忠，张昕红．湿法炼铅技术现状与进展［J］．中国有色金属，2006，（11）：74-75.

［29］张昕红，唐文忠，彭康，等．湿法炼铅技术进展与FLUBOR工艺［J］．矿冶，2006，15（1）：49-52.

［30］陶冶．Flubor湿法炼铅工艺［J］．有色金属，2009，61（4）：101-104.

［31］胡卫文，徐旭东，欧阳坤．铅富氧侧吹炉开炉生产实践［J］．有色金属（冶炼部分），2015（8）：24-26.

［32］曲胜利，苏光文，张伟．粉煤底吹还原炼铅新工艺的应用实践［J］．中国有色冶金，2014，43

（3）：5-8.

[33] 李贵，李林波，赵振波，等．氧气底吹炼铅工艺比较［J］．中国有色金属，2012，（6）：66-67.

[34] 李允斌．氧气侧吹炼铅技术的应用［J］．有色金属（冶炼部分），2012，（11）：13-15.

[35] 贺毅林，张岭．富氧侧吹处理含铅多金属物料的生产实践［J］．世界有色金属，2018，（6）：35-36.

[36] 郑剑平．简析富氧侧吹炼铅工艺的应用特点与应用分析［J］．世界有色金属，2018，（5）：18-19.

[37] 赵娜，朱莉薇，尤翔宇．富氧侧吹直接炼铅烟气特性及净化除尘［J］．有色金属科学与工程，2018，（5）：61-65.

[38] 宋兴诚，顾鹤林．顶吹炉直接炼铅工艺技术产业化实践［J］．有色冶金设计与研究，2013（5）：18-21.

[39] 夏侯斌，陈金清，陈星斌，等．驰宏锌锗 ISA-YMG 粗铅冶炼工艺生产实践［J］．有色金属工程，2014，（4）：36-40.

[40] 蒋建兴，李样人，郭海军．基夫赛特炼铅工艺实践［J］．世界有色金属，2018，（9）：7-9.

[41] 王辉．基夫赛特直接炼铅工艺的最新进展［J］．中国有色冶金，1996，（3）：31-34.

[42] 张乐如．Kivcet 法与 QSL 法炼铅生产的比较［J］．工程设计与研究，1996，（1）：25-31.

[43] 宋光辉，张乐如．氧气侧吹直接炼铅新工艺的开发与应用［J］．有色金属（冶炼部分），2005，（3）：2-5.

7 贵金属冶金

7.1 金银冶金

7.1.1 概述

7.1.1.1 金银性质和用途

由于在地壳中含量较稀少，金（Au）、银（Au）、铂（Pt）、钯（Pd）、铑（Rh）、铱（Ir）、锇（Os）和钌（Ru）这八种元素常统称为贵金属。其中，铂、钯、铑、铱、锇、钌也常统称为铂族金属。金、银、铂具有瑰丽色泽、化学性质稳定、经久耐用、易于加工等优点。历史上金和银常被作为货币，也常用于美术工艺和首饰等方面。中国夏代已有金、银、铜货币使用的记载，据《史记》记载："虞夏之世金品，或黄或白或赤，或钱或刀"。时至今日，黄金一直作为"国际货币"使用，在保障国家经济安全中具有不可替代的作用。银除了具有最好的导电性、导热性和光波反射性能以外，还具有良好的化学稳定性和延展性，因此银在航天工业（如航天飞机、飞船、卫星、火箭）、电子、电器工业中具有广泛的用途。铂族金属具有许多优良性能，在石油、化工、国防方面（如石油及石油化学工业的催化剂、铂网触媒及用于制造特殊工业设备和仪器仪表等）应用范围广泛。

金一般为金黄色，具有瑰丽的光泽、良好的延性和展性及良好的导电性，在大气及水中稳定。其熔点为1064.43℃，沸点为2808℃，密度为19.31g/cm³（18℃测量下）。纯银呈银白色，粉状银呈暗黑色。其熔点为960.8℃，沸点为2164℃，密度为10.5g/cm³。在常温空气中稳定存在。银具有良好的耐磨性、延展性、导电性和导热性，银的延展性仅次于金。金能以任何比例与铜和银形成合金，并且随着合金中含银量增加，颜色变白；含铜量增加，颜色变深变红。金铜合金的弹性强，但延展性较差。金和银的物理性质见表7-1。

表 7-1 金和银的物理性质

性质名称	金	银
原子序数	79	47
原子量	196.9666	107.8682
最近的原子距离/nm	2.884	2.889
晶体结构	面心立方	面心立方
晶格常数 α（25℃）/nm	0.40786	0.40862
原子半径/nm	0.134	0.134
原子体积/cm³·mol⁻¹	10.11	10.21
熔点/℃	1064.43	960.8
沸点/℃	2808	2164

性质名称	金	银
硬度（金刚石＝10）	2.5	2.5
密度（20℃）/g·cm^{-3}	19.32	10.49
比热容/J·(g·K)$^{-1}$	0.129	0.234
导热率（10~100℃）/W·(m·K)$^{-1}$	309.82	418.68
线膨胀系数（0~100℃）/℃$^{-1}$	14.16×10^{-6}	19.68×10^{-6}
电阻率/μΩ·cm^{-1}	2.86	1.59
电阻温度系数（0~100℃）/℃$^{-1}$	0.004	0.0041
物质磁化率/（cm·g·s）$^{-1}$	－0.15×10^{-6}	－0.195×10^{-6}
蒸气压（1500℃）/Pa	9.006×10^{-2}	34.663×10^{-6}

7.1.1.2 金银矿产资源

2017 年世界现查明的黄金资源量为 8.9 万吨，储量基础为 7.7 万吨，储量为 4.8 万吨。世界上有 80 多个国家生产金。其中南非占世界查明黄金资源量和储量基础的 50%，占世界储量的 38%；美国占世界查明资源量的 12%，占世界储量基础的 8%，世界储量的 12%。在世界黄金生产地区中，美洲的产量占世界 33%，非洲占 28%，亚太地区占 29%。据中国黄金协会统计数据，2017 年，我国累计生产黄金 426.142 吨，其中，黄金矿产金 369.168 吨，有色副产金 56.974 吨。另有国外进口原料产金 91.348 吨。根据美国地质调查局新近统计，2017 年世界白银储量为 40 万吨，白银产量为约 3 万吨。秘鲁是世界上最大的银生产国，而中国是银矿资源中等丰度的国家。在自然界中，已发现的金矿物有 98 种，常见的有 47 种，而有工业利用价值矿物仅有十余种。其中自然金、金银矿、银金矿最具有工业价值，大部分的金是由这类矿物生产的；其次是金的碲化物和金与其他金属互化物，例如碲金矿、碲金银矿和铜金矿等，虽然其种类较多，分布较广，但数量不多。自然界发现的独立银矿物有 100 余种。其中自然金属银较少，多数为银的化合物，尤其是呈硫化矿物形态存在居多。主要的银矿物有自然银、辉银矿、硫锑银矿、硫砷银矿、深红银矿、黝铜矿和角银矿等。

金的矿床主要分为原生矿床（多指脉金矿）和次生矿床（主要指砂金矿及氧化矿）。原生矿床以硫化矿居多，而次生矿多为氧化矿。脉石的碎块、石英砂及其他的矿物颗粒，包含着金粒，经长期雨水和水流冲刷，冲积到地形的低处，或沉积到河床的泥沙中，形成了砂金矿床。而那种脱离了原生矿床，但还未滑到坡底的砂矿被称为坡积砂矿。提炼金所用的原料主要是由脉金矿或砂金矿组成。

砂金矿一般离地面较近（地表或地下 200~300m），因此较岩金矿床易于开采。在世界范围内，大型砂金矿已基本开采完毕。我国主要砂金矿包括黑龙江流域的砂金矿，汉江流域的阶地砂矿，山东半岛的滨海砂矿，以及益阳一带的滨湖砂矿。世界其他国家主要砂金矿包括澳大利亚卡尔古利的残积砂矿，美国加利福尼亚河床砂矿和阿拉斯加滨海砂矿等。

根据技术水平和生产成本，20 世纪工业意义上的脉金矿最低含金品位通常为 1~3g/t；根据选矿工艺特点，脉金矿石大致可分为：含金石英脉矿石，含硫化矿物金矿石，复杂难选含金矿石，以及铜、铅、锌、镍等有色重金属矿床中的共生金等。

7.1.1.3　金银提取方法

金银提取方法有两大类，一类是从矿石中直接回收贵金属；另一类是从有色金属生产中综合回收金、银。贵金属矿物原料种类很多，有的属于易处理矿物，有的属于难处理矿物。从矿石中提取贵金属的工艺流程是多种多样的，选用何种流程与下列因素有关：

（1）矿床类型、矿物结构、矿石的物质组成；

（2）贵金属的粒度及赋存形态；

（3）与贵金属结合的矿物（石英或硫化矿）特征，如氧化程度、泥质等；

（4）矿石中其他有价成分、共生组合状态；

在19世纪以前金银的冶炼主要靠手选、重选富集和混汞法来提炼金银。自从1887~1888年麦克阿瑟和福雷斯特兄弟获得了溶解金银的氰化法和锌屑置换沉淀金的技术专利以后，氰化法发展成为一种新的工业提金方法。近一个世纪以来，浮选法、氰化法和锌置换法等获得了迅速的发展，至今仍是国内外广泛使用的方法。20世纪70年代后，炭浆法、树脂浆法、堆浸法获得大规模工业应用。炭浆法（炭浸法）是用活性炭从氰化浸出矿浆中吸附提取已溶金的工艺方法。树脂矿浆法是用离子交换树脂从氰化浸出矿浆中提取已溶金的工艺方法，堆浸法在当今世界上已成为处理品位较低的含金矿石中成本最低的方法。随着金矿的大规模开采，容易用氰化法处理的金矿资源日益枯竭，难处理金矿将成为今后黄金工业的主要矿产资源。为了从这类矿石中有效地提取金，必须先对矿石进行预处理，分离贱金属，消除影响浸出金的因素，使其中的金适合于用氰化法提取。目前，主要的预处理方法有焙烧氧化法、热压氧化法、生物氧化法和化学氧化法等。

总体看来，从矿物中提取金银的过程基本由三个主要工序，其分别为矿石准备（破碎、磨矿）、选矿（重选、浮选等）富集和冶金提取金银（混汞、氰化、焙烧、熔炼等）。但对某一矿山而言，组合的工艺流程应该符合以下原则：金的回收率最高，综合利用最好，材料单耗最少，能源消耗最小，经济效益最大，环境保护好。

从砂金矿中提取金银一般是采用重选富集金和银后，通过混汞法、氰化法或直接冶炼等方法提取金银。从脉金矿中提取金银主要采用氰化工艺分为两种，一种是磨矿后直接氰化处理，即所谓全泥氰化；另一种是需经过选矿处理富集后获得金精矿，再用氰化法提取。

重选法是从砂金矿床回收黄金和其他重物选矿的主要方法。目前除用于砂矿床选金外，也大量用于矿浆浮选前代替混汞板和全泥氰化浸出前回收单体解离的粗粒金和细粒金。重选回收单体金可直接产出成品金且没有污染，有利于资金周转，可避免粗粒金在尾矿中的流失，也能大大缩短氰化浸出时间和降低氰化物消耗。因此，重选法在磨矿系统中直接回收粗颗粒金，作为一种重要的辅助提金手段应用相当普遍。传统的重选设备有重选机、跳汰机、摇床、流槽、螺旋流槽和旋流器等。近年来重选设备得到迅速发展，如国外研制生产的在线压力跳汰机、尼科尔瑟跳汰机、自动摇床、法尔肯选矿机和尼尔森选矿机等。其中由加拿大利马（Lee Mar）工业公司研制开发的尼尔森（Knelson）选矿机最具代表性，已被许多黄金矿山所采用。

浮选技术是矿物工程领域中应用最广的一种方法。随着金矿资源的不断开发利用，适合直接氰化提金的资源越来越少，金矿资源向着贫、细方向发展。通过浮选作业来富集金银获得精矿，再进行提金处理是发展的必然趋势。近年来浮选技术在工艺、设备和新的选矿药剂的研制等方面都取得了很大进步，浮选工艺是决定浮选生产是否可行和指标高低的决定因素。金、银均为亲硫元素，常与金属硫化矿物共生。因此，浮选是硫化矿脉金矿石富集金银并形成金精矿的主要应用技术。浮选工艺也可与其他工艺联合，如重选—浮选流程，浮选—氰化流程，以及重选（浮选）—炭浸工艺均在国内外黄金矿山得到推广应用。

有色金属（如铜、铅）生产中，矿石中的金、银通常富集于电解精炼的阳极泥中，因此需进一步回收提取阳极泥中的金和银。湿法炼锌时，银主要进入浸出渣或铅渣中，可用浮选法从浸出渣中回收银，铅渣送铅冶炼单独提取银。竖罐炼锌时，银分布于罐渣（80%）和镉尘湿法处理的浸出渣（20%）中，在回收铅、铜的同时可富集回收银。硫酸厂的黄铁矿烧渣也含有金和银，一般也可采用氰化法回收处理。

7.1.2　氰化提金工艺

7.1.2.1　氰化法的理论基础

A　氰化过程热力学

博德兰德（Bodlander）的过氧化氰理论认为金的溶解过程分为两阶段，其反应式分别为：

$$2Au + 4CN^- + O_2(溶解) + 2H_2O === 2Au(CN)_2^- + 2OH^- + H_2O_2 \tag{7-1}$$

$$\Delta G_{298}^{\ominus} = -106.24kJ \qquad K = 4.17 \times 10^{18}$$

$$2Au + 4CN^- + H_2O_2 === 2Au(CN)_2^- + 2OH^- \tag{7-2}$$

$$\Delta G_{298}^{\ominus} = -300.46kJ \qquad K = 4.36 \times 10^{52}$$

银的氰化过程与金的反应类似，两阶段反应为：

$$2Ag + 4CN^- + O_2(溶解) + 2H_2O === 2Ag(CN)_2^- + 2OH^- + H_2O_2 \tag{7-3}$$

$$\Delta G_{298}^{\ominus} = -48.35kJ \qquad K = 2.95 \times 10^{8}$$

$$2Ag + 4CN^- + H_2O_2 === 2Ag(CN)_2^- + 2OH^- \tag{7-4}$$

$$\Delta G_{298}^{\ominus} = -242.57kJ \qquad K = 3.16 \times 10^{42}$$

而埃尔斯纳的氧理论则认为氰化溶解金银的过程是一步完成的，其反应式为：

$$4Au + 8CN^- + O_2(溶解) + 2H_2O === 4Au(CN)_2^- + 4OH^- \tag{7-5}$$

$$\Delta G_{298}^{\ominus} = -406.70kJ \qquad K = 1.82 \times 10^{71}$$

$$4Ag + 8CN^- + O_2(溶解) + 2H_2O === 4Ag(CN)_2^- + 4OH^- \tag{7-6}$$

$$\Delta G_{298}^{\ominus} = -290.92kJ \qquad K = 9.33 \times 10^{50}$$

关于氰化物溶解金银的过程，可用 Au（Ag，Zn）-CN⁻-H₂O 系电位-pH 图来进行热力学分析（见图 7-1）。图中①线和②线之间为水的稳定区，其反应式为：

①：
$$O_2 + 4H^+ + 4e === 2H_2O \tag{7-7}$$

$$\phi = 1.228 - 0.0591pH + 0.0147lgp_{O_2} \tag{7-8}$$

②：
$$2H^+ + 2e === H_2 \tag{7-9}$$

$$\phi = 0.0591pH + 0.0295lgp_{H_2} \tag{7-10}$$

其中，①线也是气体 O_2 在水中氧化电位平衡线，当电位高于①线，水会分解出氧气；②线是气体 H_2 在水中电位平衡线，电位低于②线，水会产生氢气；⑨线为 Au 溶于 NaCN

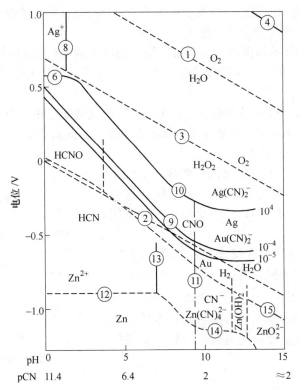

图 7-1　Au(Ag,Zn)-CN⁻-H₂O 系电位-pH 图

($T = 25℃$，$P_{O_2} = P_{H_2} = $ 大气压；$[CN^-]_总 = 10^{-2} mol/L$；

$a_{Au(CN)_2^-} = 10^{-4} mol/L$；$a_{Ag(CN)_2^-} = 10^{-4} mol/L$；$a_{Zn(CN)_4^-} = 10^{-2} mol/L$)

溶液的平衡线，其发生的反应为：

$$Au(CN)_2^- + e \Longrightarrow Au + 2CN^- \tag{7-11}$$

$$\phi = -0.68 + 0.118pCN + 0.0591 lg a_{Au(CN)_2^-} \tag{7-12}$$

⑩线为 Ag 溶于 NaCN 溶液的平衡线，其发生的反应为：

$$Ag(CN)_2^- + e \Longrightarrow Ag + 2CN^- \tag{7-13}$$

$$\phi = -0.31 + 0.118pCN + 0.0591 lg a_{Ag(CN)_2^-} \tag{7-14}$$

图 7-1 中横坐标既能代表 pH 值，也可代表 pCN。pH 与 pCN 的关系换算式为：

$$pH + pCN = 9.4 - lgA + lg(1 + 10^{pH-9.4}) \tag{7-15}$$

以 $A = a_{CN^-} + a_{HCN} = [CN^-]_总 = 10^{-2} mol/L$ 代入式（7-15），化简可得：

$$pCN = 11.4 + lg(1 + 10^{pH-9.4}) - pH \tag{7-16}$$

从图 7-1 可以看出：

（1）金和银被氰化物溶液溶解生成的络合物离子的还原电位远低于游离的金、银离子。所以氰化物溶液是金和银良好的溶剂和络合剂。

（2）金和银被氰化物溶液溶解而生成络合物离子的反应线⑨和⑩，几乎都落在水的稳定区，即线①与线②之间。这说明金和银的络合物离子 $Au(CN)_2^-$、$Ag(CN)_2^-$ 在水溶液中是稳定的。

（3）金的游离离子的还原电位高于银离子，但金的络合物离子的还原电位则低于银络离子。这说明氰化物溶液溶金易于溶银。

（4）在 pH<9~10 的范围内，金和银的络合物离子的电位随 pH 值的升高而降低。说明在此范围内，提高 pH 值对溶解金和银有利。但大于该范围，电位几乎不变，pH 值对金和银的溶解无影响。

（5）反应⑨与反应①或③组成溶金原电池，其电动势就是相应曲线间的垂直距离。当 pH=9.4 时，垂直距离最大，也就是说，就热力学而言，此时的化学势最大。故在工业上一般控制氰化溶金的 pH 值在 9~10 之间。

（6）氰化过程中，若用过强的氧化剂，如线④所示的 H_2O_2/H_2O，则会使 CN^- 氧化成 CNO^-，这将导致氰化物消耗的增加。因此，氰化溶金一般不用过氧化氢作氧化剂。

（7）线⑪表示，pH 值在该线左边范围内，CN^- 转化为 HCN，这不仅使氰化物损失，且污染环境。

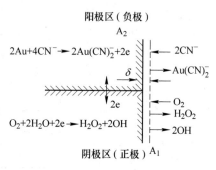

图 7-2 氰化溶金示意图

B 氰化过程动力学

金和银在氰化物溶液中的溶解机理，本质上是一个电化学腐蚀过程。金氰化电化学溶解示意图如图 7-2 所示。

电极反应如下：

（1）阴极（区）反应，其反应式为：

$$O_2 + 2H_2O + 2e \Longrightarrow H_2O_2 + 2OH^- \tag{7-17}$$

（2）阳极（区）反应，其反应式为：

$$2Au(CN)_2^- + 2e \Longrightarrow 2Au + 4CN^- \tag{7-18}$$

此两式相减，则总反应为：

$$2Au + 4CN^- + O_2 + 2H_2O \Longrightarrow 2Au(CN)_2^- + H_2O_2 + 2OH^- \tag{7-19}$$

金（银）和氰化物溶液的相互作用发生在固—液相界面上。因此，氰化过程是典型的多相反应，服从于一般多相反应动力学规律。研究证明，金溶解速度在低氰化物浓度范围内随氰化物浓度增加而提高（见图 7-3）。当氰化物浓度增加到某一极限值时，溶金速度不再提高。溶液中氧浓度的影响为：在低氰化物浓度下，溶解速度与溶液的氧压无关；在高氰化物浓度时，则随氧压增加，金溶解速率增加。即金的氰化反应速度在高氧浓度时取决于氰化物离子通过扩散层向阳极区的扩散；在高氰化物浓度时，则取决于氧通过扩散层向阴极区的扩散。在固定的氧压下，反应速度随着氰化物浓度的增高而增高，最后接近平稳值

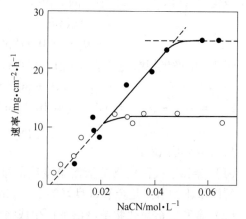

图 7-3 氰化物浓度和氧分压对金溶解速率的影响
（温度 24℃，○为 $3.4×10^5 Pa$；●为 $7.4×10^5 Pa$ 氧压力）

（即该氧压下的极限反应速度）。此平稳值与氧压成正比。

在氰化浸出电化学腐蚀系统中，影响阴、阳极极化最大的因素是浓差极化，而浓差极化由菲克定律确定。在阳极溶解过程中，CN^- 向金粒表面扩散速度为：

$$\frac{d[CN^-]}{dt} = \frac{D_{CN^-}}{\delta} A_2([CN^-] - [CN^-]_i) \tag{7-20}$$

式中　D_{CN^-} —— CN^- 的扩散系数，cm^2/s；

　　　A_2 ——阳极区的表面积，cm^2；

　　　δ ——扩散层厚度，cm；

　　$[CN^-]$ ——扩散层外 CN^- 的浓度，mol/L；

　　$[CN^-]_i$ ——扩散层内 CN^- 的浓度，mol/L。

由于氰化过程属于典型的扩散控制过程，即化学反应速度很快，所以 $[CN^-]_i$ 趋于零，则：

$$\frac{d[CN^-]}{dt} = \frac{D_{CN^-}}{\delta} A_2 [CN^-] \tag{7-21}$$

在阴极表面，O_2 向金粒面扩散速度为：

$$\frac{d[O_2]}{dt} = \frac{D_{O_2}}{\delta} A_1([O_2] - [O_2]_i) \tag{7-22}$$

式中　D_{O_2} ——O_2 的扩散系数，cm^2/s；

　　　A_1 ——阴极区的表面积，cm^2；

　　$[O_2]$ ——扩散层外 O_2 的浓度，mol/L；

　　$[O_2]_i$ ——扩散层内 O_2 的浓度，mol/L。

由于化学反应速度很快，所以 $[O_2]_i$ 趋于零，则：

$$\frac{d[O_2]}{dt} = \frac{D_{O_2}}{\delta} A_1 [O_2] \tag{7-23}$$

根据金的溶解反应机理，得：

$$2Au + 4CN^- + O_2 + 2H_2O = 2Au(CN)^{2-}_2 + H_2O_2 + 2OH^- \tag{7-24}$$

金的溶解速度为氧的消耗速度的 2 倍，为氰的消耗速度的 1/2。以 $v_金$ 表示金的溶解速度，与水相接触的金属总面积 $A = A_1 + A_2$，当溶液中氰化物的浓度 $[CN^-]$ 很低时：

$$v_金 = \frac{1}{2} \times \frac{AD_{CN^-}}{\delta} \times [CN^-] \tag{7-25}$$

令

$$\frac{1}{2} \times \frac{AD_{CN^-}}{\delta} = K_1 \tag{7-26}$$

则

$$v_金 = K_1 [CN^-] \tag{7-27}$$

即当氰化物浓度很低时，溶金速度只随氰化物浓度 $[CN^-]$ 而变，当溶液中氰化物浓度很高时，满足：

$$v_金 = 2 \times \frac{AD_{O_2}}{\delta} [O_2] \tag{7-28}$$

令 $$2 \times \frac{A D_{O_2}}{\delta} = K_2 \qquad (7\text{-}29)$$

则 $$v_{金} = K_2 [O_2] \qquad (7\text{-}30)$$

结果表明，当氰化物浓度很高时，溶金速度取决于氧的浓度。当氰化物浓度处于从氰化物扩散控制过渡到由氧扩散控制（即图 7-3 曲线弯折点）时，满足：

$$v_{金} = 2 \times \frac{D_{O_2}}{\delta} A_1 [O_2] = 2 \times \frac{D_{CN^-}}{\delta} A_2 [CN^-] \qquad (7\text{-}31)$$

此时获得极限溶金速度。若 $A_1 = A_2$，且两极扩散层厚度 δ 也相等时，则有：

$$D_{CN^-} [CN^-] = 4 D_{O_2} [O_2] \qquad (7\text{-}32)$$

即：

$$\frac{[CN^-]}{[O_2]} = 4 \frac{D_{O_2}}{D_{CN^-}} \qquad (7\text{-}33)$$

若扩散系数（D_{O_2}、D_{CN^-}）都取平均值时，则：

$$D_{O_2} = 2.76 \times 10^{-5} \text{cm}^2/\text{s}$$

$$D_{CN^-} = 1.83 \times 10^{-5} \text{cm}^2/\text{s}$$

平均比值为：

$$\frac{D_{O_2}}{D_{CN^-}} = \frac{2.76 \times 10^{-5} \text{cm}^2/\text{s}}{1.83 \times 10^{-5} \text{cm}^2/\text{s}} = 1.5$$

则理论上，在氰化浸出提金过程中 $[CN^-]$ 和 $[O_2]$ 的最佳比值应为：

$$[CN^-]/[O_2] = 4 \times 1.5 = 6$$

C 影响氰化浸出的因素

a 氰化物浓度和氧浓度

动力学研究表明，金、银溶解时，所需的氰化物和氧的浓度需合适的配比。试验研究表明，在氰化物含量（质量分数）低于 0.05% 时，由于氧在溶液中的溶解度较大，以及氧和氰化物在稀溶液中的扩散速度较快，金的溶解速度随氰化物浓度的增大而直线上升到最大值。而后，随着氰化物浓度的增大，金的溶解速度上升缓慢。当氰化物含量（质量分数）超过 0.15% 后，再增大氰化物浓度，金的溶解速度不再增加。在大多数情况下，生产中采用的溶液氰化物含量（质量分数）为 0.02% ~ 0.05%。

b 搅拌速度

研究表明，适当地增加搅拌速度可加速 CN^- 和 O_2 在溶液中的扩散，是强化氰化过程的有效途径。

c 其他杂质

研究证明，向氰化溶液中加入某些元素，能加速金的溶解。如在一定条件下，加入少量铅、铊、汞和铋，能提高金的溶解率。少量硝酸铅可成为溶解金的增效剂，但铅的大量存在（特别是在高 pH 值条件下），会在金粒的表面生成 $Pb(CN)_2$ 薄膜而抑制金的溶解；硫离子的存在，会在金粒表面生成一层不溶的硫化亚金薄膜，而使金难于溶解，或与氰化物生成无溶金作用的硫代氰酸盐消耗氰化物；氰化处理浮选金精矿时，由精矿带入氰化液中的黄药和黑药也会降低金的溶解速度；矿石中存在的碳以及硅、铝、铁等的氢氧化物均对金具有吸附作用，对氰化作业均有不利影响。

d 矿浆pH值

氰化作业时通常需加入一定数量的碱以防止氰化物的水解损失。随着溶液pH值的下降，氰化物会缓慢水解生成具有挥发性的HCN而造成损失，其反应为：

$$NaCN + H_2O \rightleftharpoons HCN\uparrow + NaOH \tag{7-34}$$

当溶液的pH值升高时，溶液中氰化物会分解成游离的氰离子CN^-。在不同pH值的溶液中，氰化物分解生成HCN和CN^-的比值如图7-4所示。由图看出，当pH值为7时，氰化物几乎全部生成HCN；当pH值为12时，氰化物几乎全部解离成CN^-。矿石中所含的无机盐（如碳酸盐），硫化矿物氧化生成的产物以及空气中带入的CO_2等都会酸化溶液，使pH值降低。因此氰化过程必须用碱来控制溶液的pH值。但是，当pH值过高时，金的溶解速度会明显降低。另外，在钙离子存在的情况下，pH值增高时，会因金表面生成过氧化钙薄膜而阻碍金的溶解。众多研究表明，金氰化浸出的最佳pH值为9.4。实际生产作业的最佳pH值范围可选在9.5~11.5之间。

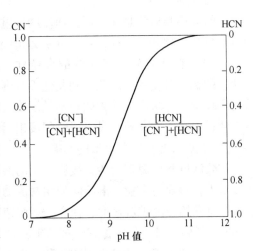

图7-4 在不同的pH值溶液中氰化物生成CN^-和HCN的比值

氰化物的水解会造成氰化物损失，且氰化物水解率与pH值有关。生产实践中氰化物的水解率可达5%~10%。NaCN的水解率与CaO浓度的关系见表7-2。在氰化过程中，需加入碱（CaO或NaOH）来保护氰化物免受水解，故称之为保护碱。保护碱除了有抑制氰化物水解的作用外，还可以中和氰化过程中产生的酸，以防止酸与氰化物作用生成HCN。

表7-2 NaCN的水解率与CaO浓度的关系

NaCN 含量（质量分数）/%	10^{-2}/mol·L^{-1}	CaO 含量（质量分数）/%		
		0	1	5
		NaCN 含量（质量分数）/%		
0.5	10.20	1.1	0.32	0.07
0.2	4.08	1.7	0.34	0.07
0.1	2.04	2.5	0.35	0.07
0.05	1.02	3.5	0.35	0.07
0.02	0.408	5.4	0.35	0.07
0.01	0.204	7.6	0.35	0.07
0.005	0.102	10.5	0.35	0.07
0.002	0.041	16.1	0.35	0.07

e 温度

提高温度可导致扩散系数增大和扩散层厚度减小，并加速化学反应速度。通常每升高

10℃，金溶解速度增加近 2 倍。但是温度升高会降低氧在矿浆中的溶解度，从而降低溶液中氧的浓度。当矿浆温度接近 100℃ 时，氧的溶解度已降到趋于 0。金的溶解速率在 85℃ 时达到极限，若继续升高温度，就会引起氧的溶解度下降，并加速氰化物的水解和氰化液的蒸发，这不仅降低了金的溶解速率，还会增加氰化物的消耗量，造成环境污染并增加能耗。因此，工业上一般不对矿浆进行加热处理。

f 金的赋存状态

金的大小和形状是决定氰化速度的最重要因素之一。氰化过程中，通常依据氰化作业的特点将金矿物分为 3 种粒级，分别为粗粒金（$>74\mu m$）、细粒金（$37 \sim 74\mu m$）和微粒金（$<37\mu m$）。有时将大于 $495\mu m$ 的金粒称为特粗粒金。在矿石中，金粒的形状有浑圆状、片状、脉状、树枝状、内孔穴和其他不规则形状。浑圆状的金具有较小的比表面积，浸出速度比较慢。片状金粒的表面积不随浸出时间的延长而降低，其在浸出过程中浸出速率基本一致；内孔穴的金粒经过一段时间浸出后，溶解速率会随内孔穴的表面积增加而增加。

g 矿浆浓度和矿泥含量的影响

矿浆浓度和矿泥含量会直接影响金的溶解速率。矿泥含量高和矿浆浓度大会导致矿浆黏度增大，从而对金粒与溶液间的相对流动产生阻碍作用，影响金粒与溶液的接触并降低溶液中有效组分的扩散速度，使金的溶解速率降低。在一般情况下，氰化矿浆浓度应不高于 30% ~ 33%。当矿浆中含有较多的矿泥时，氰化矿浆浓度应小于 22% ~ 25%。

在矿浆中，矿泥分为原生矿泥和次生矿泥两种。原生矿泥主要是矿床中的高岭土一类的矿物（$Al_2O_3 \cdot 2SiO_2 \cdot 2H_2O$）和赭石（$Fe_2O_3 \cdot nH_2O$）；次生矿泥是在采矿、选矿和运输等生产过程中产生的，尤其是磨矿时生成的一些极细微石英、硅酸盐、硫化物和其他金属矿粉末。矿泥会增大矿浆的黏度，使后续的浓缩、过滤和洗涤作业困难。为了改善氰化条件，在生产中应尽量避免原生矿泥的进入和次生矿泥的生成。因此，含矿泥高的矿石也属于难处理矿石之一，不宜用常规的氰化工艺处理。

7.1.2.2 氰化提金生产实践

A 金精矿氰化浸出工艺

浮选金精矿氰化浸出工艺适用于易浮的含黄铁矿类型矿石。原矿经浮选富集，金品位较高，需要细磨和高氰化物浓度浸出。通常磨矿细度在 95% 达 -0.043mm 左右，浸出矿浆浓度在 40% ~ 50% 之间。例如，国内某金矿属含金石英脉硫化矿矿石，其浮选氰化工艺流程如图 7-5 所示。

B 全泥氰化工艺

全泥氰化法适用于密度小的含金石英脉氧化矿石。磨矿粒度一般在 0.074mm 占 80% ~ 90%，浸出矿浆浓度在 35% ~ 40%。国内某金矿属中温热液裂隙充填含金石英脉型矿床。矿石为绢云母化蚀变岩及贫硫化物含金石英脉型，氧化程度深，含泥较高。矿石除含金银外，主要矿物为褐铁矿，其次为黄铁矿，并有少量赤铁矿及黄铜矿。脉石矿物主要是石英，其次为长石、云母和方解石等。采用的全泥氰化提金工艺流程如图 7-6 所示。

C 氰化浸出设备

搅拌氰化浸出方式分为连续搅拌氰化和间歇搅拌氰化两种。连续浸出具有生产能力大、自动化程度高、动力消耗少和厂房占地面积小等优点。通常情况下，提金厂多采用连

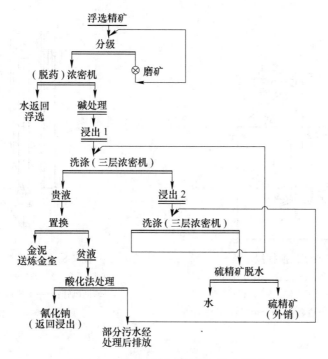

图 7-5　招远金矿精矿氰化工艺流程图

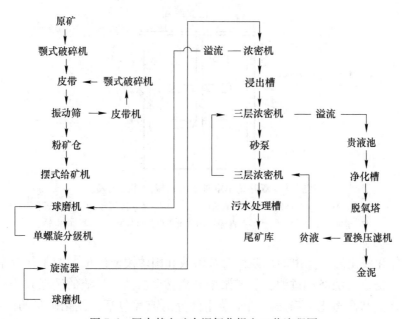

图 7-6　国内某金矿全泥氰化提金工艺流程图

续搅拌氰化法，只有小型厂或者当每段浸出都需使用新的氰化液时才用间歇搅拌氰化法。搅拌浸出的主要设备是搅拌浸出槽。搅拌浸出槽有机械搅拌浸出槽、空气搅拌浸出槽和混合搅拌浸出槽三种类型。矿浆在这些不同搅拌浸出槽中的流动和循环及空气的分配是不同的。空气搅拌浸出槽和机械搅拌浸出槽分别如图 7-7 和图 7-8 所示，空气和机械联合搅拌浸出槽如图 7-9 所示。

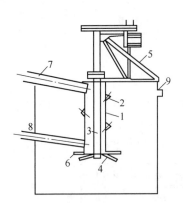

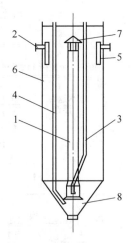

图 7-7　螺旋桨式搅拌浸出槽

1—矿浆接受管；2—支管；3—竖轴；
4—螺旋桨；5—支架；6—盖板；
7—流槽；8—进料管；9—排料管

图 7-8　空气搅拌浸出槽

1—中心循环管；2—进料管；3—压缩空气管；
4—辅助风管；5—上排料管；6—槽体；
7—防溅帽；8—锥底

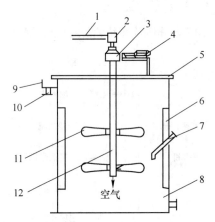

图 7-9　双叶轮中空轴进气机械搅拌浸出槽

1—风管；2—空气转换阀；3—减速机；4—电机；5—操作台；6—导流板；
7—进浆管；8—槽体；9—跌落箱；10—出浆口；11—叶轮；12—中空轴

矿石经氰化浸出后，产出的矿浆由含金溶液和固体浸渣组成。为了使含金溶液与固体浸渣分离，需进行洗涤和过滤。从矿浆中分离含金溶液和矿渣的洗涤方法有倾析洗涤法、过滤洗涤法和流态化洗涤法。通常使用的分离流程包括：氰化矿浆的浓缩和过滤，再用脱金贫液（或水）在过滤机上洗涤滤渣后将尾矿废弃。过滤洗涤法是利用过滤机对氰化矿浆进行固液分离，得到含金溶液，滤渣经几次浆化、洗涤和过滤回收渣液中的金。

7.1.2.3　金银回收

从含金溶液中回收金银的方法包括锌置换、活性炭吸附、离子交换树脂吸附和萃取等方法。其中，在生产实践中采用哪种方法取决于氰化浸出液的组成及矿山实际生产条件。

A 锌置换沉淀

a 锌置换理论基础

在氰化物溶液中，金属锌很容易从氰化物溶液中置换出 Au 和 Ag，其反应式为：

$$2Au(CN)_2^- + Zn = 2Au + Zn(CN)_4^{2-} \qquad K = 1.0 \times 10^{23} \qquad (7-35)$$

$$2Ag(CN)_2^- + Zn = 2Ag + Zn(CN)_4^{2-} \qquad K = 1.4 \times 10^{32} \qquad (7-36)$$

当 pH = 6.8~7.5 时，锌置换时将产生 $Zn(CN)_2$ 固体和剧毒的 HCN 气体，其反应式为：

$$2Au(CN)_2^- + Zn + 2H^+ = 2Au + Zn(CN)_2 \downarrow + 2HCN \uparrow \qquad (7-37)$$

在 pH = 11.5~23.75 时，锌置换时产生 $Zn(OH)_2$ 固体和 CN^-，其反应式为：

$$2Au(CN)_2^- + Zn + 2OH^- = 2Au + Zn(OH)_2 \downarrow + 4CN^- \qquad (7-38)$$

其中，产生的 $Zn(CN)_2$ 和 $Zn(OH)_2$ 将沉淀在锌和金的表面上，妨碍锌进一步置换金，并使金泥品位下降。当 pH 值大于 13.75 时，锌还会生成可溶性 ZnO_2^{2-}，不但会影响金沉淀，还会增加锌的消耗。综上所述，用锌粉置换金银，氰化液 pH 值应保持在 10.5~11.5 为宜。由图 7-1 中还可看出，氧线①与金线⑨的垂直距离，大于金线⑨与锌线的垂直距离，说明氰化物溶液中若有氧存在，金有可能反溶。与此同时，氰化物溶液中的 O_2 可以使锌氧化，其反应式为：

$$2Zn + 8CN^- + O_2 + 2H_2O = 2Zn(CN)_4^{2-} + 4OH^- \qquad (7-39)$$

因此，为了减少锌耗和防止金反溶，加锌沉淀前应把溶液中的氧除去。在实践中，氰化物溶液在沉淀金以前大都进行脱氧处理。

在锌还原金的同时，在碱性溶液中，锌还会有下列反应发生：

$$Zn + 4CN^- + 2H_2O = Zn(CN)_4^{2-} + 2OH^- + H_2 \uparrow \qquad (7-40)$$

$$Zn + 2OH^- = ZnO_2^{2-} + 2H_2 \uparrow \qquad (7-41)$$

金的沉淀速度受 $Au(CN)_2^-$ 离子向阴极区（锌粒）表面的扩散速度的影响。因此，为了加速置换反应，可采用一些增加扩散速度的方法，如增加阴极表面积，采用细粒锌粉；强化搅拌，提高温度等。此外，用可溶性的铅盐（醋酸铅、硝酸铅）溶液处理后的锌粉，锌表面上会置换出一层疏松的海绵铅，其具有非常大的比表面，从而大大加速了沉淀过程。

b 锌置换工艺

氰化浸出矿浆经洗涤、过滤产出的含金溶液（贵液或母液），其中含有少量矿泥和难于沉淀的悬浮颗粒。从母液中澄清除去矿泥和悬浮物的设备有板框式真空过滤器、管式过滤器、压滤机、砂滤箱或沉淀池等。框式真空过滤器的结构如图 7-10 所示。它是由长方形槽内装若干片过滤板框组成。板框外套滤布，一端与真空汇流管相连，用以过滤贵液。管式过滤器是目前使用较多的设备，其结构如图 7-11 所示。

氰化作业时的充气操作和作业过程中与空气接触，使贵液中常含有较高的溶解氧。大量氧的存在，会在加锌置换金时造成溶液中金的沉淀速度变慢，且沉淀不完全，使已沉淀金反溶解和增大锌的消耗。因此，需除去溶液中溶解的氧，这一作业称为脱气。脱气通常采用真空除气塔，其结构如图 7-12 所示（为圆柱形塔）。溶液从塔顶进液管给入塔内，通过填料使溶液的表面积增大；在真空泵的吸力下，溶液中溶解的氧被真空泵抽出而实现除气。

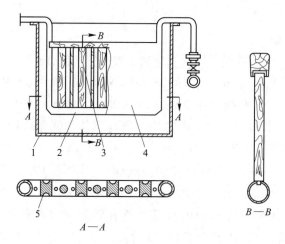

图 7-10　板框式真空过滤器
1—槽体；2—U 形管架；3—上口横梁；4—滤布袋；5—工字型箅条

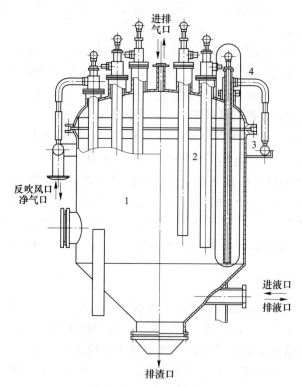

图 7-11　管式过滤器
1—罐体；2—过滤管；3—聚管流；4—连接支管

c　氰化金泥的熔炼

从含金氰化液中加锌沉淀产出的金泥，其组分十分复杂，金的含量（质量分数）一般达 20%。氰化金泥的熔炼方法取决于沉淀物各组分的含量。通常，金泥中除含金银外，主要含有锌、铅、硫、铜等杂质，特别是锌含量较多。因此，多采用湿法和火法相结合的冶金工艺先将溶于稀酸的锌等物质除去，而后熔炼产出合质金锭并回收其中所含的有价金属。氰化金泥的火法熔炼通常使用小型转炉、反射炉或电炉。当沉淀物含硫很高时，为了减少熔剂消耗，一些工厂才使用石墨坩埚炉熔炼，这样可以既产出合质金又产出冰铜。

B　炭浆法

传统的氰化法除浸出外，还需进行矿浆的洗涤，固液分离，以及浸出液的澄清、除气和金的置换沉淀等一系列操作过程。该法存在着设备和基建投资大、占地多、过程冗长复杂、泥质金矿处理困难和生产费用高等主要问题。为了解决这一问题，产生了炭浆法这一新技术。炭浆法只保留了浸出这一主体工序，取消了液固分离和加锌沉淀这两个后续工序，代之以炭吸附、解析和电解工序，因而从根本上解决了传统氰化法存在的问题。

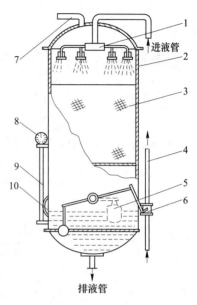

图 7-12　除气塔
1—淋液器；2—外壳；3—点波填料；
4—进液口；5—液位调节系统；
6—蝶阀；7—真空管；8—真空表；
9—液位指示管；10—人孔口

活性炭是采用高温热活化方法制得的，即将椰壳或果核等在 500~600℃ 的惰性气体中进行脱水和炭化，再于 800~1100℃ 的水蒸气、二氧化碳、空气或它们的任意混合气体中进行活化，即得到活性炭。金和银在活性炭上的吸附是靠离子交换发生的。

采用活性炭吸附法提金工艺包括炭浸法（CIP）和炭浆法（CIL）。炭浆法的矿浆氰化和炭的吸附需要配置两套单独设备（浸出槽、吸附槽和辅助设备），其作业耗用的总时间多，生产周期长，厂房占地大，基建和设备投资高。经过改进后的炭浸法（CIL）是在氰化浸出槽中加炭、边氰化边吸附的工艺。需要指出的是，炭浸法和炭浆法之间并无严格的界限，只是炭浸法的搅拌槽数少一些而已。

炭浸法工艺中金的浸出和吸附接近于同步，浸出矿浆中的金氰离子浓度始终处于较低的水平，在改善了金的溶解动力学条件的同时，加速了界面层金氰离子的扩散作用和化学反应速度，有利于金的溶解。尤其是用于处理富金精矿或焙砂以及其他易浸金原料时，不会因金氰离子浓度在局部过高而发生硫化沉淀，有利于浸出率的提高。炭浆（浸）法提金的浸出吸附作业都是采用连续多段顺流浸出工艺，且炭是从最后一段加入，逆流吸附。主要作业工序包括浸前准备、预筛、氰化溶出、吸附、解析、电解（电积）和炭的再生等。

载金炭和矿浆一起用提炭泵（或空气提升器）扬送到炭分离筛，筛孔为 0.589mm。在筛上用清水冲洗使炭与矿浆分离，炭自流到载金炭贮槽，矿浆和冲洗水自流到第一段吸附槽。载金炭解吸有多种方法，但我国常用扎德拉（Zadra）法或高温高压解吸。从解吸作业中得到贵液，可用常规电积方法处理。我国黄金矿山广泛采用聚丙烯塑料制作的矩形电解槽，阳极为钻孔的不锈钢板，阴极为不锈钢棉（盛于聚丙烯阴极筐内）或活性炭毡。钢棉的最大沉金量为它自身质量的 20 倍，金黏附于钢棉上，用盐酸处理所得金粉熔炼成金锭。阴极沉积金、银和析出氢气电极反应为：

$$Au(CN)_2^- + e \Longrightarrow Au + 2CN^- \tag{7-42}$$

$$Ag(CN)_2^- + e \Longrightarrow Ag + 2CN^- \tag{7-43}$$

$$2H_2O + 2e \Longrightarrow H_2 + 2OH^- \tag{7-44}$$

阳极析出氧气和氰离子的电极反应为：

$$4OH^- - 4e \Longrightarrow 2H_2O + O_2 \tag{7-45}$$

$$CN^- + 2OH^- - 2e \Longrightarrow CNO^- + H_2O \tag{7-46}$$

$$2CNO^- + 4OH^- - 6e \Longrightarrow 2CO_2 + N_2 + 2H_2O \tag{7-47}$$

炭浆法提金的典型流程如图 7-13 所示。

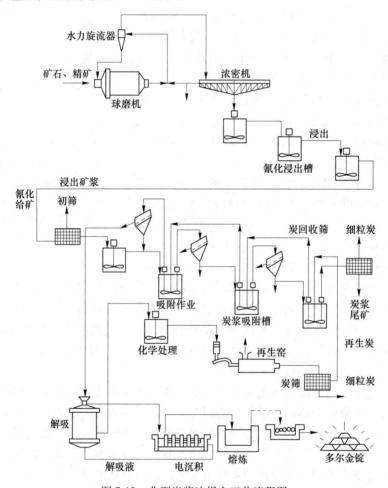

图 7-13　典型炭浆法提金工艺流程图

C　含氰尾矿处置

氰化浸出提取金银后，随之产出含氰尾矿。氰化物的剧毒性及其对人体和环境的潜在危害众所周知。随着世界范围内人们环保意识的普遍增强，各国政府已严格控制黄金矿山尾液和尾渣氰化物浓度，并严格控制总氰的排放量。我国环保部在 2016 年出台的新版《国家危险废物名录》中已将"采用氰化物进行黄金选矿过程中产生的氰化尾渣和含氰废水处理污泥"列为危险废物（废物类别：HW33，废物代码：092-003-33）。因此含氰尾矿处置是氰化工艺中的重要工序。

　　氰化提金工厂的含氰尾矿浆在过滤分离后，全部或部分滤液返回浸出工序循环使用。其中部分滤液须进行净化处置，其原因为：

　　(1) 氰化过程中，需用大量水洗涤矿浆、载金炭或金泥等，这些洗液往往超过氰化作业所需的液量，不可能全部返回循环使用；

　　(2) 返回循环使用的贫液在使用一段时间后，其中有害杂质会积累至超过允许浓度，继续使用会造成回收率降低。

　　因此，这些溶液也需要净化处理后才能排放。含氰尾液的处置方法包括回收和净化。经过滤分离后的含氰尾渣通常送至尾矿库堆存或进行无害化和资源化综合利用处理。

　　a　氰化物回收

　　氰化物回收的方法为：

　　(1) 酸化法 (AVR) 回收氰化物。HCN 在液相中很不稳定（HCN 的蒸气压在 26℃ 时为 100kPa）。向含氰尾液（或尾矿浆）加酸使部分 CN^- 水解形成易挥发的 HCN，挥发出的 HCN 采用 NaOH 溶液吸收后再生得到 NaCN。酸化回收率取决于温度、酸度、吹脱风量和时间。酸化法的作业包括酸化、挥发、碱吸收和金属沉淀四个过程。酸化作业通常采用向溶液中加硫酸或通 SO_2（来自焙烧炉或燃烧硫黄的炉气）的方法使氰化钠/钙等转化为硫酸盐，并放出 HCN。其反应式为：

$$2NaCN + H_2SO_4 \longrightarrow 2HCN \uparrow + Na_2SO_4 \tag{7-48}$$

$$Ca(CN)_2 + H_2SO_4 \longrightarrow 2HCN \uparrow + CaSO_4 \tag{7-49}$$

　　与此同时，氰锌络盐、氰铜络盐分解生成硫酸锌、氰化亚铜沉淀并放出 HCN。如果溶液中存在金和银的氰化物，则它们也发生类似的反应，即生成金、银化合物沉淀和放出 HCN。其反应式为：

$$Na_2Zn(CN)_4 + 2H_2SO_4 \Longequal ZnSO_4 + Na_2SO_4 + 4HCN \uparrow \tag{7-50}$$

$$Na_2Cu(CN)_3 + H_2SO_4 \longrightarrow CuCN \downarrow + 2HCN \uparrow + Na_2SO_4 \tag{7-51}$$

　　溶液中的氰以硫代氰化物（CNS^-）存在时，氰化铜能反应生成 CuCNS。其反应式为：

$$Cu_2(CN)_2 + 2NaCNS + H_2SO_4 \Longequal 2CuCNS \downarrow + Na_2SO_4 + 2HCN \uparrow \tag{7-52}$$

　　进入气相的 HCN 由稀石灰乳或碱液循环吸收。其反应式为：

$$2HCN + CaO \longrightarrow Ca(CN)_2 + H_2O \tag{7-53}$$

$$HCN + NaOH \longrightarrow NaCN + H_2O \tag{7-54}$$

　　(2) 硫酸锌硫酸酸化法。该方法的原理是向含氰溶液中加入硫酸锌，使游离氰化物及铜、锌氰络合物转化为氰化锌白色沉淀。其反应式为：

$$2NaCN + ZnSO_4 \longrightarrow Zn(CN)_2 \downarrow + Na_2SO_4 \tag{7-55}$$

$$Na_2Cu(CN)_3 + ZnSO_4 \longrightarrow Zn(CN)_2 \downarrow + CuCN \downarrow + Na_2SO_4 \tag{7-56}$$

$$Na_2Zn(CN)_4 + ZnSO_4 \longrightarrow 2Zn(CN)_2 \downarrow + NaSO_4 \tag{7-57}$$

　　过滤可得氰化锌和脱氰废液。废液中的氰化锌通过加入硫酸进行处理，逸出的氰化氢气体经碱吸收可得碱性氰化钠溶液。其反应式为：

$$Zn(CN)_2 + H_2SO_4 \longrightarrow 2HCN \uparrow + ZnSO_4 \tag{7-58}$$

　　b　氰化尾矿（尾液）净化

　　目前氰化厂的含氰废水已实现部分返回使用。但仍有部分含氰废液和洗液需经处理后达到排放标准才可排放，以免污染环境。该法适用于氰化工厂废液处理的方法有自然降解法、加氯氧化法、SO_2 空气法、过氧化物和臭氧氧化法等。以下分别介绍这些处理方法：

（1）自然降解法。自然降解法是利用光照等自然因素的作用，使氰化物自行分解的净化方法。20 世纪 80 年代初此法在加拿大已有应用。尽管此法作业成本低，又不消耗药剂，但由于自然降解过程十分缓慢。即使在盛夏季节，最少也需要 $10 \sim 15$ 天才能使氰化物降解至 1mg/L 左右。故大多数氰化厂都没有采用此法。

（2）加氯氧化法（碱性氯化法）。用漂白粉（$CaOCl_2$）、次氯酸钠或液氯（Cl_2）净化含氰污水的方法，统称为碱氯化法。该法是在碱性（$pH = 8 \sim 9$）介质中，利用次氯酸根（ClO^-）的强氧化性将氰化物最终氧化成二氧化碳和氮气，从而解除氰根的毒性，达到净化的目的。其氧化过程分为以下两步：

1）第一步，漂白粉或液氯水解生成具有强氧化性的次氯酸根。其反应式为：

$$Cl_2 + H_2O \Longrightarrow HClO + H_2 + Cl^- \tag{7-59}$$

$$HClO \Longrightarrow H^+ + ClO^- \tag{7-60}$$

氰酸根极易被氯或 ClO^- 所氧化生成 CNO^- 离子，其反应式为：

$$CN^- + ClO^- + H_2O \Longrightarrow CNCl + 2OH^- \tag{7-61}$$

$$CNCl + 2OH^- \Longrightarrow CNO^- + Cl^- + H_2O \tag{7-62}$$

$$CN^- + Cl_2 + 2OH^- \Longrightarrow CNO^- + 2Cl^- + H_2O \tag{7-63}$$

2）第二步氧化，CNO^- 离子被继续氧化生成氮气和二氧化碳。其反应式为：

$$2CNO^- + 3ClO^- + H_2O \Longrightarrow 2CO_2 + N_2 + 3Cl^- + 2OH^- \tag{7-64}$$

CNO^- 离子的进一步氧化的 pH 值应控制在 $8 \sim 8.5$ 的条件下。为了把排放液中氰化物的浓度控制在 0.05mg/L 以下，处理后的废液中必须保持 $3 \sim 5$mg/L 的残余活性氯。但鉴于氯自身的毒性，排放前必须向废液中加入硫代硫酸盐、硫酸联胺或硫酸亚铁将其除去。

（3）因科法（INCO/SO_2）。该工艺是将二氧化硫与空气按一定比例充入含氰尾矿浆中，使氰酸盐再转化为碳酸盐和氨。反应 pH 值需控制在 $7 \sim 9$ 之间。反应产物为氰酸盐和硫酸，其主要反应为：

$$NaCN + O_2 + SO_2 + H_2O \Longrightarrow NaCNO + H_2SO_4 \tag{7-65}$$

一些金属氰化物（如锌）也能部分或全部氧化分解，其反应式为：

$$Me(CN)_x^{y-x} + xSO_2(g) + xO_2(g) + xH_2O \Longrightarrow xCNO^- + xH_2SO_4 + Me^{y+} \tag{7-66}$$

因科法的主要优点包括：

1）当催化剂适量时，反应速度较快，可在 $0.5 \sim 1.0$h 内完成；

2）去除废水中重金属的效果较好；

3）工艺过程比较简单，可人工控制，也可自动控制。

主要缺点包括：

1）对 pH 值的控制要求严格，pH 值过低时会逸出 HCN 和 SO_2，且残氰高，pH 值过高时残氰也高；

2）车间排放口铜离子经常超标；

3）产生的氰酸钠水解慢，废水在尾矿库停留时间长；

4）电耗高，一般是氯氧化法的 $3 \sim 5$ 倍；

5）使用液体、气体二氧化硫时，设备的腐蚀问题不容忽视。

（4）过氧化物法。过氧化物法常被应用于国外黄金矿山，其反应方程为：

$$CN^- + H_2O_2 \Longrightarrow CNO^- + H_2O \tag{7-67}$$

过氧化物法常应用于含氰废液的处理，可有效降解尾液中的游离氰根，但对一些重金属氰化物的降解较差。此外，该技术处理尾矿浆时的药剂消耗较高。

7.1.3　难处理金矿石

随着黄金矿山的不断开采，黄金资源逐渐贫乏，在矿石品位不断下降的同时，矿石中伴生矿物成分也越来越复杂。部分矿石很难采用常规氰化工艺处理，这类矿石统称为难处理金矿。需要指出的是，难处理矿石和易处理矿石的划分通常是以氰化效果为评判指标的，有时候两者之间并无明确界限。在生产实践中，某种矿石采用直接搅拌氰化浸出，金浸出率高于90%的矿石为易处理矿石，如果金浸出率低于70%则为难处理金矿。

难处理金矿基本可以划分为如下几种主要类型：

（1）黄铁矿或砷黄铁矿包裹细浸染型金矿；

（2）伴生含有低品位铜矿物金矿；

（3）含有具有"劫金"作用的碳质型金矿；

（4）硅酸盐包裹细浸染型金矿；

（5）其他（如含锑碲等）复杂难处理金矿。

在我国已探明的黄金储量中，有30%为难处理金矿。为了从这类矿石中有效地提取金，则必须先对矿石进行预处理，分离贱金属，或消除影响金浸出的因素，使其中的金适合于用氰化法提取。目前难处理金矿石的预处理方法主要包括焙烧、加压氧化、微生物氧化和催化氧化等。

7.1.3.1　焙烧

焙烧法是有色金属冶金中常用的传统工艺，也是处理含金硫化矿（特别是含碳、含砷、含铜等难氰化硫化矿）最常用的方法。焙烧的目的是使硫化物分解以暴露出金粒易于氰化；使砷、锑的硫化物转变成挥发态的氧化物挥发出去，通过收尘回收；使碳类物质燃烧除去或失去活性；使硫化铜转化为可溶性的碱式硫酸铜，浸出后回收铜，从而以便为下一步氰化浸金创造合适的条件。焙烧氧化技术是目前国内生产能力最大的处理难处理金矿资源的生产工艺。根据物料特性，焙烧分为精矿焙烧和原矿焙烧；根据焙烧气氛条件，可分为氧化焙烧和硫酸化焙烧；按照作业方式又可分为一段焙烧和二段焙烧。氧化焙烧是处理硫化矿包裹金（黄铁矿和砷黄铁矿）最主要的、应用最广泛的方法，而硫酸化焙烧适于处理含铜难处理金矿。

A　一段硫酸化焙烧工艺

某些金矿石中金与多种金属（如铜、铅、锌等）矿物共生。针对这类复杂难处理金矿，硫酸化焙烧可以最大限度地使铜、铅、锌等有价金属转化为水溶或酸溶形态的硫酸盐和碱式硫酸盐；铁转化为氧化物。采用的主要设备是沸腾焙烧炉，其结构如图7-14所示。

研究表明，在中性和还原性气氛中，黄铜矿于550℃时开始分解，其反应式为：

$$2CuFeS_2 \Longrightarrow Cu_2S + 2FeS + S \tag{7-68}$$

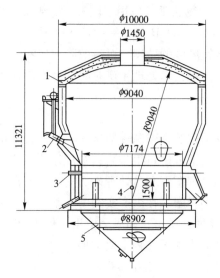

图 7-14   沸腾焙烧炉结构示意图

在氧化气氛下，黄铜矿会发生的反应为：

$$2CuFeS_2 + 4O_2 = CuSO_4 + FeSO_4 \qquad (T < 400℃) \qquad (7-69)$$

$$4CuFeS_2 + 15O_2 = 4CuSO_4 + 2Fe_2O_3 + 4SO_2 \qquad (400 \sim 600℃) \qquad (7-70)$$

$$2CuFeS_2 + 6.5O_2 = CuO \cdot Fe_2O_3 + CuO + 4SO_2 \qquad (700 \sim 800℃) \qquad (7-71)$$

在 650℃ 以下 CuO 会与炉气中 SO_3 形成硫酸铜，其反应式为：

$$CuO + SO_3 = CuSO_4 \qquad (7-72)$$

$$2CuSO_4 = CuO \cdot CuSO_4 + SO_2 \qquad (670℃) \qquad (7-73)$$

$$CuO \cdot CuSO_4 = 2CuO + SO_3 \qquad (732℃) \qquad (7-74)$$

B   二段焙烧工艺

对含砷金精矿的处理通常需要进行两段焙烧。国内某含砷金矿二段焙烧工艺流程如图 7-15 所示。控制一段焙烧温度在 550~650℃，送入空气的氧量为完全焙烧需要的 85%~95%，使铁转化为四氧化三铁，硫、砷以 S_2、SO_2、As、As_2S_3 和 As_2O_3 形式进入烟气。硫蒸气的存在保证了一段炉的还原气氛，几乎不生成 SO_3，这对后面制酸系统的烟气净化非常有利。

烟气经过一段旋风收尘器后进入二段旋风收尘器（也称为后燃烧室）收尘，并在二段旋风收尘器中加入空气，使未氧化的硫、砷氧化，生成 SO_2 和 As_4O_6，剩下的烟尘经溜管进入第二段焙炉中。一段炉沸腾层的物料经溢流口（或底排料）也进入二段焙烧炉，二段炉焙烧温度控制在 650~700℃。由于 FeS_2 的氧化及四氧化三铁氧化转变为三氧化铁都是放热反应，可完全满足二段焙烧炉操作温度的要求。二段炉旋风收尘器中的烟气与一段炉的烟气混合在一起进入烟气处理系统。二段焙烧工艺如图 7-15 所示。

7.1.3.2   加压氧化

目前加压浸出工艺已成功应用于预处理含铜金精矿，其工艺原理与铜矿加压浸出工艺相同。黄铁矿（或砷黄铁矿）包裹型难浸金矿和含碳质难处理金矿的加压预处理技术已实现工业化应用。加压氧化的基本原理是在高温有氧条件下，加入酸（或碱）氧化分解矿金

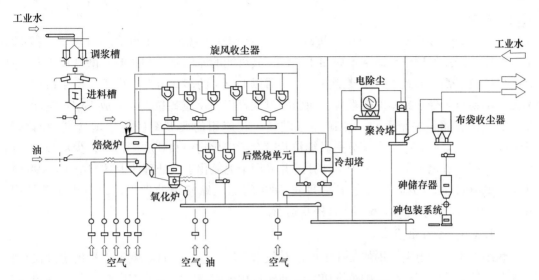

图 7-15　国内某含砷金矿二段焙烧工艺流程图

石中的特定矿物，使金颗粒充分暴露出来，以利于后续氰化浸金。加压氧化法既可以处理原矿，也可以处理精矿。

A　加压酸浸

对于黄铁矿、砷黄铁矿包裹和含碳质难处理金矿，采用硫酸加压预处理工艺的操作温度通常在 175℃ 以上，溶液 pH 值通常低于 2。主要目的是尽量避免元素硫的生成，否则金易被生成的元素硫包裹，从而降低金氰化浸出率。另外，生成的元素硫活性较强，易与氰根结合生成硫氰酸根，从而大幅提高氰化物消耗，增加工艺运行成本。加压釜内压力和矿物氧化速率通常随着温度的升高而提高，但是为了节约投资成本，加压釜的操作温度通常在 175~230℃。这种条件下，浸出的主要反应可以表示如下：

（1）黄铁矿。其反应式为：

$$2FeS_2 + 7O_2 + 2H_2O === FeSO_4 + 2H_2SO_4 \tag{7-75}$$

$$2FeSO_4 + H_2SO_4 + 1/2O_2 === Fe_2(SO_4)_3 + H_2O \tag{7-76}$$

$$Fe_2(SO_4)_3 + 3H_2O === Fe_2O_3 + 3H_2SO_4 \tag{7-77}$$

（2）砷黄铁矿。其反应式为：

$$4FeAsS + 11O_2 + 2H_2O === 4HAsO_2 + 4FeSO_4 \tag{7-78}$$

$$2FeSO_4 + H_2SO_4 + 1/2O_2 === Fe_2(SO_4)_3 + H_2O \tag{7-79}$$

$$2HAsO_2 + O_2 + 2H_2O === 2H_3AsO_4 \tag{7-80}$$

$$Fe_2(SO_4)_3 + 2H_3AsO_4 === 2FeAsO_4 + 3H_2SO_4 \tag{7-81}$$

原矿加压酸浸工艺应用的典型案例是位于美国内华达州的 Barrick Goldstike（Thomas and Williams，2000），该矿石中金以细粒（或微细粒）包裹赋存于硫化物中和碳质矿物中，属于复杂卡林型含金矿，目前已形成日处理 16000t 矿石规模。金精矿加压酸浸工艺的典型应用实例是 1991 年投产的 Placer Dome Campell Mine，浮选金精矿品位 213g/t，砷和硫的含量（质量分数）分别为 10% 和 18%。

B　加压碱浸

加压碱浸的工艺原理是利用碱性条件氧化分解矿石中的硫化矿物（主要是黄铁矿）。

其反应式为:

$$2FeS_2 + 7.5O_2 + 4CaCO_3 \Longrightarrow Fe_2O_3 + 4CaSO_4 + 4CO_2 \tag{7-82}$$

加压碱浸预处理效果通常不如加压酸浸, 其可能的原因是铁的影响。酸性浸出时, 铁首先以硫酸亚铁的形式溶解于浸出液中, 而后以 Fe_2O_3 的形式沉淀, 由于远离了最初反应表面, 不易再包裹已暴露的金颗粒。而碱浸过程直接在反应颗粒表面形成 Fe_2O_3 沉淀, 极易形成钝化表面包裹金颗粒。原矿加压碱浸工艺应用的典型案例是美国盐湖城西部的 Mercur 矿区。该矿石中金大部分呈微细粒状赋存于硫化物中和碳质矿物中, 少部分以自由金颗粒赋存于氧化矿中, 是美国早期开采并采用全泥氰化工艺处理的卡林型金矿。1986 年 10 月, Barrick 在 Mercur 启动了日处理量 680t 的加压碱浸预处理工艺, 由于矿源枯竭, Mercur 加压浸出车间于 1996 年 2 月停止运营。

7.1.3.3 微生物预氧化

利用微生物浸出铜、铀的工业生产已有数十年历史。金矿石在微生物浸出阶段仅是将包裹在黄铁矿、磁黄铁矿、砷黄铁矿、含砷硫化物等矿物中的金暴露出来, 并除去部分有害杂质, 为下一步用常规的氰化法回收金创造条件。故它只对硫化矿物形成的包裹体金有效。浸矿微生物在自然界广泛存在, 如硫化矿床的矿坑、煤的矿坑、温泉、火山灰等。在工业上应用的微生物是经过专门筛选的嗜硫和嗜铁的浸矿菌株。利用这些微生物新陈代谢的直接作用或代谢产物的间接作用氧化并分解硫化矿基体, 将包裹金矿物的黄铁矿、砷黄铁矿等有害成分分解, 使金充分暴露出来。

难处理金矿的生物氧化预处理于 1986 年首先在南非投入工业生产。目前已经发展到既能处理浮选金精矿, 又能处理低品位金原矿; 既可以在搅拌槽中氧化, 也可以堆浸氧化。生物氧化预处理技术具有的优点是:

(1) 建设规模可大可小, 设备制造比较容易;

(2) 消耗材料主要是电和石灰石、石灰, 还有少量化肥 (氮、磷、钾), 供应解决较容易。

存在的缺点是: 不适于处理脉石包裹金的矿石, 对有机碳的抑制作用也尚不明确, 工程用菌长大周期长, 工艺生产要求连续性强。

A 微生物浸出原理

细菌浸矿包括细菌作用下直接氧化和间接氧化硫化矿。直接氧化是指微生物附着在矿物表面上, 直接氧化分解矿物并在矿物表面上进行新陈代谢, 使氧化分解矿物的化学反应能持续进行。直接氧化能将 As、Fe、S 氧化到化学最高价。但在工业生产中细菌能否在矿物表面上直接氧化分解矿物, 还是仅起催化作用, 已经被许多研究工作者质疑, 以下的化学反应也可以看作是细菌氧化反应的最终结果, 即:

$$2FeS_2 + H_2O + 7.5O_2 \xrightarrow{\text{细菌}} Fe_2(SO_4)_3 + H_2SO_4 \tag{7-83}$$

$$2FeAsS + H_2SO_4 + 7O_2 + 2H_2O \xrightarrow{\text{细菌}} Fe_2(SO_4)_3 + 2H_3AsO_4 \tag{7-84}$$

$$4FeS + 2H_2SO_4 + 9O_2 \xrightarrow{\text{细菌}} 2Fe_2(SO_4)_3 + 2H_2O \tag{7-85}$$

间接氧化是指硫化矿物不是被细菌直接氧化分解的, 而是被细菌氧化的产物 Fe^{3+} 在酸性条件下氧化分解。其反应式为:

$$FeS_2 + 7Fe_2(SO_4)_3 + 8H_2O = 15FeSO_4 + 8H_2SO_4 \tag{7-86}$$

$$FeS_2 + 3Fe_2(SO_4)_3 + 3H_2O = 6FeSO_4 + FeS_2O_3 + 3H_2SO_4 \tag{7-87}$$

$$4FeAsS + 4Fe_2(SO_4)_3 + 6H_2O + 3O_2 = 12FeSO_4 + 4H_3AsO_3 + 4S \tag{7-88}$$

$$FeS + Fe_2(SO_4)_3 = 3FeSO_4 + S \tag{7-89}$$

根据多数文献的观点，微生物氧化最主要的作用是氧化 Fe^{2+} 和不饱和态硫、砷。在微生物氧化工艺中，微生物的作用主要体现在以下化学反应中：

$$2FeSO_4 + H_2SO_4 + 0.5O_2 \xrightarrow{\text{细菌}} Fe_2(SO_4)_3 + 2H_2O \tag{7-90}$$

$$S_2O_3^{2-} + 2O_2 + 2H_2O \xrightarrow{\text{细菌}} 2SO_4^{2-} + 2H^+ \tag{7-91}$$

$$2S + 3O_2 + 2H_2O \xrightarrow{\text{细菌}} 2H_2SO_4 \tag{7-92}$$

$$2H_3AsO_3 + O_2 \xrightarrow{\text{细菌}} 2H_3AsO_4 \tag{7-93}$$

在氧化反应器中，除了上述化学反应以外，还有分解碳酸盐的反应，以及在酸性较弱时生成砷酸铁和铁矾的反应，其反应式分别为

$$H_2SO_4 + CaCO_3 + H_2O = CaSO_4 \cdot 2H_2O \downarrow + CO_2 \uparrow \tag{7-94}$$

$$CaMg(CO_3)_2 + 2H_2SO_4 = CaSO_4 \cdot 2H_2O \downarrow + MgSO_4 \downarrow + 2CO_2 \uparrow \tag{7-95}$$

$$2H_3AsO_4 + Fe_2(SO_4)_3 = 2FeAsO_4 \downarrow + 3H_2SO_4 \tag{7-96}$$

$$3Fe_2(SO_4)_3 + 12H_2O + M_2SO_4 = 2MFe_3(SO_4)_2(OH)_6 \downarrow + 6H_2SO_4 \tag{7-97}$$

其中，$M^+ = K^+$、Na^+、NH_4^+ 和 H_3O^+。

B　微生物浸出工艺流程

难处理金矿石微生物氧化浸出典型工艺流程如图 7-16 所示。生物氧化浸出工艺技术包括：给料控制，培养基和药剂添加，投产时菌种的逐级接种，氧化槽控制，浸出溶液的中和过滤及洗涤及过程检测和控制等。

南非 Fair View 金矿建于 1912 年。原矿金品位 7g/t，矿石中主要矿物为黄铁矿和砷黄铁矿，还有少量黄铜矿、闪锌矿、辉锑矿、方铅矿、磁黄铁矿和镍黄铁矿等。选矿厂的精矿产量为 35t/d。Fair View 细菌氧化厂于 1986 年建成，处理精矿开始为 10t/d，后经改造、扩建后生产能力达到 62t/d。经过多年生产实践证明，细菌的适应性很强，能够适应工业生产上的波动，设备运转正常。

中国辽宁天利金业有限责任公司与长春黄金研究院合作，建成了具有独立自主知识产权的 100t/d 难处理金精矿的生物氧化提金厂。使用菌种的氧化活性、温度适应范围已经达到国际领先水平。该公司生物氧化厂于 2003 年 7 月正式投料试车，同年 11 月已经全面超过设计指标，全月处理金精矿 3087t，金氰化浸出率达到 95% 以上。该厂投产以后，生物氧化的矿浆浓度逐年提高，处理矿量也逐年提高。到 2007 年，矿浆浓度已经达到 25%，处理矿量达到 150t/d。生物氧化厂投产以后，夏季操作温度在 50℃ 左右，冬季保持在 40~42℃。生产实践证明，在 38~52℃ 之间，温度的逐渐变化对生产指标影响不明显。其微生物氧化典型工艺流程如图 7-16 所示。

7.1.4　非氰提金技术

氰化法问世以来，非氰提金技术的研究也一直在持续进行。随着国内外对环境保护越

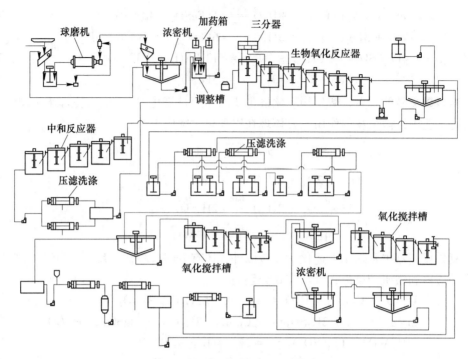

图 7-16　微生物氧化典型工艺流程图

来越重视以及氰化法浸金的局限性日益凸显，科研工作者对非氰浸金技术的研究也越来越重视。据不完全统计，目前已有研究开发了超过 25 种非氰浸出体系。尽管其中一些体系曾尝试进行工业应用，但总体来看，目前尚无任何一种非氰浸出技术大规模应用于工业实践。几种典型的非氰浸出技术总结如下。

7.1.4.1　卤素法

卤素提金工艺是采用卤素及其化合物作为氧化剂和络合剂使金氧化溶解的方法，最常用的是水溶液氯化法提金。水溶液氯化法浸金原理可由 Au-H_2O-Cl 系 Eh-pH 图（见图 7-17）来说明。当 Cl_2 气通入 HCl 和 NaCl 水溶液时，会发生水解反应产生盐酸和次氯酸，其反应式为：

$$Cl_2 + H_2O =\!=\!= HCl + HClO \qquad (7\text{-}98)$$

Cl_2 和 HClO 在氯水中的电位分别为：

$$Cl_2 + 2e =\!=\!= 2Cl^- \qquad \varphi = 1.35V \qquad (7\text{-}99)$$

$$HClO + H^+ + 2e =\!=\!= Cl^- + H_2O \qquad (7\text{-}100)$$

$$\varphi = 1.494 - 0.0295pH + 0.0295\lg(a_{HClO}/a_{Cl^-}) \qquad (7\text{-}101)$$

即

$$\varphi^0 = 1.494V$$

金在饱和有 Cl_2 的酸性氯化物溶液中被氧化，形成三价金的络合物以络阴离子 $AuCl_4^-$ 溶解，其反应为：

$$2Au + 3Cl_2 + 2NaCl =\!=\!= 2NaAuCl_4 \qquad (7\text{-}102)$$

其溶解电位为：

$$Au - 3e + 4Cl^- =\!=\!= AuCl_4^- \qquad \varphi^0 = 0.995V \qquad (7\text{-}103)$$

Cl_2 和 HClO 在氯水中的平衡电位比金溶解电位高得多，均可氧化溶解金。

银在氯化溶液中的的氧化电位为：

$$Ag + Cl^- - e \Longrightarrow AgCl \qquad \varphi^0 = 0.222V \qquad (7\text{-}104)$$

$$Ag - e \Longrightarrow A^+ \qquad \varphi^0 = 0.799V \qquad (7\text{-}105)$$

银在氯化溶液中首先生成的是氯化银沉淀，然后与过量的氯化物形成络阴离子而进入溶液，其反应式分别为：

$$AgCl + Cl^- \Longrightarrow AgCl \qquad (7\text{-}106)$$

$$AgCl + Cl^- \Longrightarrow AgCl_2^- \qquad (7\text{-}107)$$

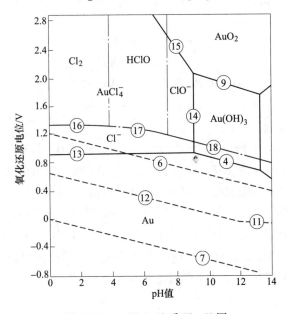

图 7-17　Au-H_2O-Cl 系 Eh-pH 图

在强酸条件下，溶液中 Cl_2 是稳定的。通常情况下气态氯饱和的溶液中氯离子浓度为 5g/L。液氯法溶金速度与溶液中氯离子浓度和介质 pH 值有关。为了提高氯离子浓度和酸度，需补加盐酸和氯化钠。氯化浸金时氯气的来源除可用液氯外，也可采用食盐电解氯气发生器产生的氯气来浸出金，氯气还可用漂白粉或氯酸钠与硫酸作用来产生。其反应式为：

$$Ca(OCl)_2 + H_2SO_4 \Longrightarrow CaSO_4 + H_2O + 1/2O_2 + Cl_2 \qquad (7\text{-}108)$$

$$COCl_2 + H_2SO_4 \Longrightarrow CaSO_4 + H_2O + Cl_2 \qquad (7\text{-}109)$$

$$2NaClO_3 + H_2SO_4 \Longrightarrow Na_2SO_4 + H_2O + 5/2O_2 + Cl_2 \qquad (7\text{-}110)$$

液氯浸金后溶液中的金可用还原剂将其还原沉淀出来。常用的还原剂有硫酸亚铁、二氧化硫、亚硫酸钠、硫化钠和硫化氢等。其中，二氧化硫具有廉价、使用方便、反应稳定、回收率高等优点；硫酸亚铁还原金也很廉价、方便，且回收率高，常被采用。还原剂也可用活性炭或离子交换树脂吸附。

氯化浸金工艺的主要问题包括：

（1）浸出过程氯气消耗量较大，生产成本较高；

（2）生产环境较差，且要求设备要有强的耐腐蚀性；

（3）硫化物溶解可导致大量氯气消耗而导致生产成本显著提高，故不适合处理含硫化矿较高的金矿石。

7.1.4.2　硫脲法

硫脲 $SC(NH_2)_2$（简称 TU），于 1868 年首次合成，为白色晶体，易溶于水，在 25℃ 条件下在水中的溶解度为 142g/L。水溶液为中性，没有腐蚀作用，硫脲溶液随溶液 pH 值的降低而趋于稳定。1869 年有人发现硫脲对金、银具有良好的溶解性能。金在酸性硫脲液中的溶解属于电化学腐蚀过程，过程中必须有氧化剂参与，常用的氧化剂为 Fe^{3+} 和溶解氧。其反应式为：

（1）在阴极区 $\qquad\qquad\qquad Fe^{3+} + e \longrightarrow Fe^{2+}$ $\qquad\qquad\qquad$ （7-111）

（2）在阳极区： $\qquad\qquad\qquad Au \longrightarrow Au^+ + e$ $\qquad\qquad\qquad$ （7-112）

$\qquad\qquad Au^+ + 2SCN_2H_4 \longrightarrow Au(SCN_2H_4)_2^+$ $\qquad\qquad$ （7-113）

（3）总反应式 $\quad Au + Fe^{3+} + 2SCN_2H_4 \longrightarrow Au(SCN_2H_4)_2^+ + Fe^{2+}$ $\quad$ （7-114）

银也发生类似的反应，即：

$\qquad Ag + Fe^{3+} + 3SCN_2H_4 \longrightarrow Ag(SCN_2H_4)_3^+ + Fe^{2+}$ $\qquad$ （7-115）

由于溶解氧将 Fe^{2+} 氧化为 Fe^{3+}，使之再生，故实际的氧化剂靠的是鼓入溶液中溶解的氧，因此反应式（7-114）和反应式（7-115）又可写成：

$$Au + 2SCN_2H_4 + H^+ + 1/4O_2 \longrightarrow Au(SCN_2H_4)_2^+ + 1/2 H_2O \qquad （7-116）$$

$$Ag + 3SCN_2H_4 + H^+ + 1/4O_2 \longrightarrow Ag(SCN_2H_4)_3^+ + 1/2 H_2O \qquad （7-117）$$

已知 Au^+/Au 电对的标准氧化还原电位为 1.73V。当用硫脲浸出金和银时，因生成络合阳离子而使金、银的氧化还原电位降低。如 25℃ 时测得 $Au(SCN_2H_4)_2^+/Au$ 电对的标准氧化还原电位为 0.38V。

硫脲浸出工艺的主要缺点包括：

（1）硫脲价格较贵，且浸出金银过程中硫脲消耗量大；

（2）酸性介质易导致设备腐蚀等。

其中，硫脲的氧化是导致其消耗量过大的主要原因。在酸性溶液中，硫脲氧化成二硫甲脒的标准电位为 0.42V，仅略高于 $Au(SCN_2H_4)_2^+/Au$ 电对标准氧化还原电位，且其电对电位受介质 pH 值影响较大，随 pH 值的升高而显著降低。硫脲浸出工艺与氰化浸出相比的技术优势包括：

（1）硫脲毒性相对较小，不易导致严重环境污染；

（2）对于矿石性质简单的金银矿石，硫脲体系溶金反应速率较快（一般比氰化浸出快 4~5 倍以上）；

（3）硫脲浸出对金银具有较好的选择性；

（4）对铜、锌、砷、锑等元素的敏感程度明显低于氰化法。

目前该工艺尚未应用于大规模工业实践中。

7.1.4.3　硫代硫酸盐法

硫代硫酸盐溶解在水中会电离出 $S_2O_3^{2-}$ 离子。$S_2O_3^{2-}$ 在水中的稳定区域很窄（见图 7-18），为斜长的菱形区域。

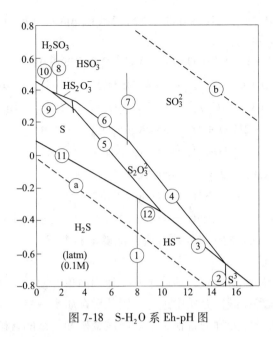

图 7-18 $S-H_2O$ 系 Eh-pH 图

硫代硫酸盐在酸性范围内（图中⑤线左侧）会分解为二氧化硫、水和元素硫，其反应式为：

$$S_2O_3^{2-} + 2H^+ \Longrightarrow H_2O + SO_2 + S^0 \tag{7-118}$$

因而硫代硫酸盐浸出过程需要在碱性条件下进行。硫代硫酸盐的另一重要性质是它能与许多金属（金、银、铜、铁、铂、钯、镍、镉）离子形成络合物，如与 Au^+ 和 Ag^+ 形成稳定的配合物 $Au(S_2O_3)_2^{3-}$ 和 $Ag(S_2O_3)_2^{3-}$。金、银、铜在 $S_2O_3^{2-}$ 和 NH_3 体系中的络离子及其稳定常数见表7-3。从络合物的稳定常数值可以看出 $Au(S_2O_3)_2^{3-}$、$Au(NH_3)_2^+$、$Ag(S_2O_3)_2^{3-}$ 和 $Ag(NH_3)_2^+$ 络合物稳定性较强，这是硫代硫酸盐法浸出金、银的理论依据之一。

表 7-3 硫代硫酸盐浸金、银体系有关络离子的稳定常数

化学式	β	化学式	β
$Au(S_2O_3)_2^{3-}$	1.0×10^{26}	$Ag(NH_3)^+$	2.3×10^3
	5.0×10^{28}	$Ag(NH_3)_2^+$	1.6×10^7
	5.4×10^{30}（计算）	$Cu(S_2O_3)^-$	1.9×10^{10}
$Au(NH_3)_2^+$	1.0×10^{26}	$Cu(S_2O_3)_2^{3-}$	1.7×10^{12}
	1.0×10^{27}	$Cu(S_2O_3)_3^{5-}$	6.9×10^{13}
	3.4×10^{27}（计算）	$Cu(S_2O_3)_2^{2-}$	2.0×10^{12}
$Ag(S_2O_3)^-$	6.6×10^3	$Cu(NH_3)_2^+$	7.2×10^{10}
$Ag(S_2O_3)_2^{3-}$	2.2×10^{13}	$Cu(NH_3)_4^{2+}$	4.8×10^{12}
$Ag(S_2O_3)_3^{5-}$	1.4×10^{14}	—	—

由于金银在简单的硫代硫酸盐溶液中反应速率缓慢，硫代硫酸盐法浸金一般在碱性氨溶液中进行，并且需加铜离子做催化剂。硫代硫酸盐自身易被氧化或还原为一系列含硫化合物，使得浸金体系较为复杂。

当溶液中有 $Cu(NH_3)_4^{2+}$ 和 O_2 存在时，Au、Ag(或 AuCl、Ag_2S) 在硫代硫酸盐和氨溶液中会发生的氧化溶解反应为：

$$4Au + 8S_2O_3^{2-} + O_2 + 2H_2O \Longleftrightarrow 4Au(S_2O_3)_2^{3-} + 4OH^- \tag{7-119}$$

$$Au + 5S_2O_3^{2-} + Cu(NH_3)_4^{2+} \Longleftrightarrow Au(S_2O_3)_2^{3-} + 4NH_3 + Cu(S_2O_3)_2^{3-} \tag{7-120}$$

$$Au + 2S_2O_3^{2-} + Cu(NH_3)_4^{2+} \Longleftrightarrow Au(S_2O_3)_2^{3-} + 2NH_3 + Cu(NH_3)_2^{+} \tag{7-121}$$

$$4Ag + 8S_2O_3^{2-} + 2H_2O + O_2 \Longleftrightarrow 4Ag(S_2O_3)_2^{3-} + 4OH^- \tag{7-122}$$

$$4Ag + 8NH_3 + 2H_2O + O_2 \Longleftrightarrow 4Ag(NH_3)_2^+ + 4OH^- \tag{7-123}$$

$$AgCl + 2S_2O_3^{2-} \Longleftrightarrow Ag(S_2O_3)_2^{3-} + Cl^- \tag{7-124}$$

$$AgCl + 2NH_3 \Longleftrightarrow Ag(NH_3)_2^+ + Cl^- \tag{7-125}$$

$$Ag_2S + 4NH_3 + O_2 + 1/2H_2O \Longleftrightarrow 2Ag(NH_3)_2^- + 1/2S_2O_3^{2-} + OH^- \tag{7-126}$$

利用该体系浸出性质简单的含金矿石通常能够取得与氰化浸出工艺相近的金银浸出率。该工艺的主要优点是：

(1) 硫代硫酸盐价格相对便宜，易溶于水，使用简单方便；

(2) 由于浸出过程需在碱性介质中进行，因此对杂质不敏感，对设备无腐蚀；

(3) 在处理氰化法难以处理的含铜金矿、碳质金矿和复杂的含硫含砷等矿物方面有相对较大优势。

该工艺在巴里克矿业的大规模工业应用的实例已有报道，但有关硫代硫酸盐浸取金银机理方面的研究尚在探讨中。

7.1.4.4 硫氰酸盐法

硫氰酸盐法最早由 White 在 1905 年提出，但是直到 1986 年 Fleming 才重新开始研究硫氰酸盐提金工艺。硫氰酸根离子与 Au(Ⅰ、Ⅲ) 有较大的络合能力。以 MnO_2 为氧化剂时，硫氰酸根离子在酸性条件下能将金氧化为 $Au(SCN)_2^-$ 配离子。其反应式为：

$$MnO_2 + 4H^+ + 2e \Longleftrightarrow Mn^{2+} + 2H_2O \tag{7-127}$$

$$Au + 2SCN^- - e \Longleftrightarrow Au(SCN)_2^- \tag{7-128}$$

当 pH<4 时，还能发生下列反应：

$$MnO_2 + 4H^+ + 4SCN^- \Longleftrightarrow Mn(SCN)_2 + 2H_2O + (SCN)_2 \tag{7-129}$$

$$(SCN)_2 + 2Au + 2SCN^- \Longleftrightarrow 2Au(SCN)_2^- \tag{7-130}$$

该方法浸金具有浸出率高、浸出速度快、硫氰酸盐毒性低和对环境污染小等优点。但该法在酸性条件下浸金时需要较高浓度的硫氰酸铵，对浸出和过滤设备防腐蚀要求高。

7.1.5 从阳极泥中回收贵金属

7.1.5.1 阳极泥性质

铜电解精炼过程中产出的阳极泥含有大量的贵金属和稀有元素，是提取贵金属的重要原料。铜、铅阳极泥化学成分和阳极泥的产率主要取决于阳极成分、铸造质量和电解的技术条件。一般铜电解阳极泥的产率为 0.2%~1%；铅电解阳极泥的产率略高，为 0.9%~1.8%。阳极泥中除含有 Au、Ag 外，通常还含有 Se、Te、Pb、Cu、As、Sb、Bi、Ni、Fe、Sn、S、SiO_2、Al_2O_3 和铂族金属等。在典型铜阳极泥中，金主要以金属态存在，部分金形成了碲化金。银除呈金属态存在外，常与硒、碲结合，也与硒、碲、铜、金等形成合金。

铜主要以金属粉粒，氧化铜和氧化亚铜粉末存在。在典型铅阳极泥中，金属银呈白色粒状。绝大部分与锑结合形成 Ag_3Sb、ε'-Ag-Sb 等化合物，并有少部分以 AgCl 形式存在。含金量低微，颗粒嵌布极细，与银铅，或与锑，或与铜、铋共存。基本上无单独金属矿物存在，而均呈金属间化合物、氧化物或固溶体状态存在。

7.1.5.2 阳极泥的处理方法

阳极泥处理的传统工艺包括：脱铜和硒，贵铅的还原熔炼和氧化精炼，银电解以及金电解等工序。铅阳极泥则采用直接熔炼和精炼，或与脱铜、脱硒后的铜阳极泥混合处理。多年来传统的处理工艺不断地进行工艺改革和设备改造，我国主要的大型冶炼厂仍以火法冶炼为骨干流程，中小型冶炼厂多采用湿法处理工艺。以下分别介绍几种典型的阳极泥处理方法。

A 传统铜阳极泥处理工艺

铜阳极泥传统处理工艺流程如图 7-19 所示。其主要步骤包括：硫酸化焙烧蒸硒，酸

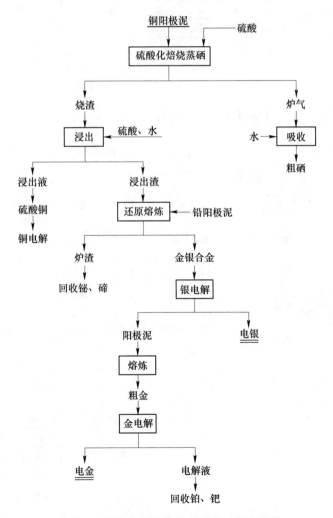

图 7-19 铜阳极泥传统处理方法工艺流程图

浸脱铜，贵铅炉还原熔炼，分银炉氧化精炼，银电解精炼，金电解精炼，铂钯的提取，粗硒精炼，以及碲的提取。该流程工艺具有技术成熟、易于操作控制、对物料适应性强和适于大规模集中生产等优势，但也具有生产周期长、积压资金及烟害环保问题不易解决的缺点。

    B   火湿法联合工艺

火湿法联合工艺主要包括：

（1）硫酸化焙烧蒸硒—湿法处理工艺。工艺流程如图 7-20 所示。此工艺是我国第一个用于生产的湿法流程，其主要特点是：

    1）脱铜渣改用氨浸提银，水合肼还原得银粉；

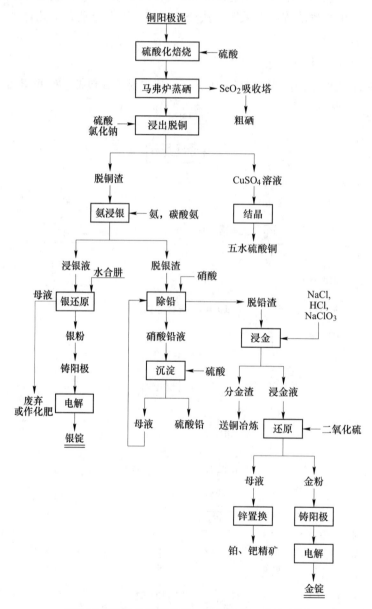

图 7-20   硫酸化焙烧蒸硒—湿法处理工艺流程图

2）脱铜渣用氯酸钠湿法浸金，SO₂还原得金粉；

3）硝酸溶解分铅，即将传统工艺的熔炼贵铅、火法精炼用湿法工艺代替，仍保留硫酸化焙烧蒸硒、浸出脱铜和金、银电解精炼。

此工艺解决了火法工艺中铅污染严重的问题，且能保证产品质量和充分利用原有装备。

（2）低温氧化焙烧—湿法处理工艺。该处理工艺的基本流程是：低温氧化焙烧，稀酸浸出脱铜、硒、碲，在硫酸介质中氯酸钠溶解金、铂、钯，草酸还原金，以及加锌粉置换出铂、钯精矿。其中，分金渣用亚硫酸钠浸出的氯化银，用甲醛还原银。其工艺流程如图7-21所示。

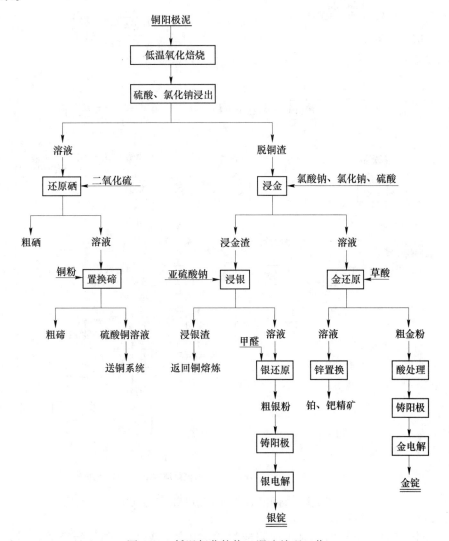

图 7-21　低温氧化焙烧—湿法处理工艺

C　阳极泥湿法处理技术

阳极泥湿法处理技术主要包括：

（1）铜阳极泥常压湿法浸出。该工艺采用稀硫酸、空气（或氧气）氧化浸出脱铜，再用氯气、氯酸钠（或过氧化氢）作氧化剂浸出 Se 和 Te。为了不使 Au、Pt、Pd 溶解，要控制氧化剂用量（可通过调节浸出过程的电位来控制）。氯化渣用氨水或 Na$_2$SO$_3$ 浸出 AgCl，并还原得银粉。粗金、银粉经电解得纯金属。其工艺流程如图 7-22 所示。

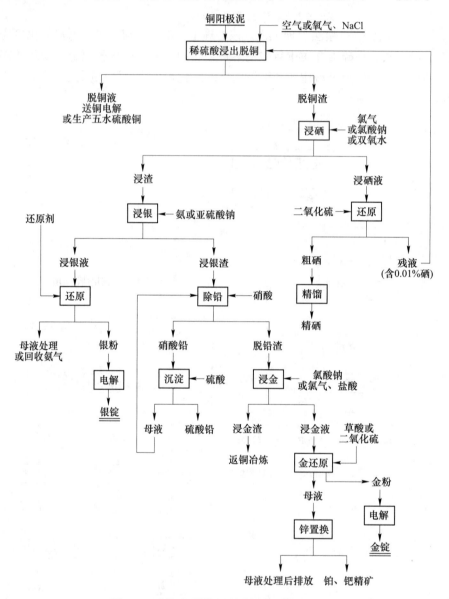

图 7-22　铜阳极泥常压湿法浸出工艺流程图

（2）铜阳极泥加压浸出。对于铜阳极泥的加压浸出处理，国外研究的相对较早。目前，国外以瑞典波立登隆斯卡尔冶炼厂、奥托昆普的波利工厂、加拿大诺兰达铜精炼厂和波兰贵金属精炼厂为主要生产厂家。国内的加压湿法炼铜技术的发展相对滞后（特别是对铜阳极泥的加压浸出处理），至今我国还未有一家工厂实现产业化生产。典型的加压浸出阳极泥流程如图 7-23 所示。

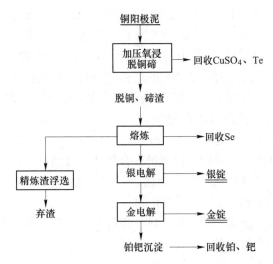

图 7-23　典型的加压浸出阳极泥工艺流程图

7.2　铂族金属提取冶金

7.2.1　铂族金属性质和用途

铂族金属具有许多优良性能，在石油、化工、国防方面应用范围广泛，其中包括：石油及石油化学工业的催化剂，铂网触媒，以及用于制造特殊工业的设备和仪器仪表等。铂具有优良的热电稳定性、高温抗氧化性和高温抗腐蚀性；钯能吸收比其体积大 2800 倍的氢，且氢可以在钯中自由通行；铱和铑能抗多种氧化剂的侵蚀，有很好的机械性能；钌能与氮结合，但不起化学反应，类似某些细菌所特有的性能；铂族金属是最好的高温耐蚀金属材料，可用于制作高温容器，如玻璃工业的坩埚、搅拌器，玻纤工业中的衬套和漏板及用晶体生产的容器等。

铂族金属具有极好的抗腐蚀和抗氧化性能，但它们之间的抗腐蚀和抗氧化性能差异很大。在常温下，铂与矿物酸和有机酸均不发生反应；硫酸在加热时能缓慢地溶解铂；铂可完全溶于王水中。钯的化学稳定性比铂差，溶于热硫酸和浓硝酸中；钯与氧反应能生成氧化钯，与硫反应能生成 PdS 和 Pd_3S_2；钯与硒、碲反应能生成 $PdSe$、$PdSe_2$、$PdTe$ 和 $PdTe_2$。铱不与酸、碱作用，甚至也不溶于王水，通常以盐酸或盐酸或硝酸的混酸处理粉末状铱，与过氧化钡或过氧化钠烧结物，使铱溶解。铑也是不活泼的金属，铑不溶于王水，铑可与氧生成化合物 Rh_2O_3 和 RhO_2；当硫化氢注入铑盐溶液时，可生成 Rh_2S_3。在缺乏氧的情况下，钌与王水也不发生反应，但是含氧的盐酸能缓慢地溶解钌；金属钌与硫作用可生成 RuS_2，但温度过高时，二硫化钌会分解为金属钌和硫；金属钌与氯作用生成 $RuCl_2$。锇粉与氧气反应生成 OsO_4。它可被各种有机还原剂还原为二氧化物 OsO_2；锇与氯化物能生成 $OsCl_4$ 或 $OsCl_3$；将锇与碱、过氧化钠的混合物一起熔融时，可得到锇酸钠。

7.2.2　铂族金属矿物和矿石

贵金属在地壳中的丰度较低，且分布极不平衡。目前世界铂族金属储量和储量基础分别为 71000t 和 80000t，世界上有 60 多个国家找到了含铂族金属的矿床或岩体。南非铂族金属储量居世界首位，其次是俄罗斯、美国和加拿大。四国储量合计占世界总储量的 99%。世界铂族金属资源总量估计在 10 万吨以上。我国铂族资源仅有 324.13t，仅占全球铂族金属储量的 0.46%。目前南非是最大的产铂国，其次是俄罗斯和加拿大，这三个国家的总产量占世界产量的 80% 以上。2017 年南非矿山的铂产量为 150t，占世界铂总产量的 72%；钯产量 80t，约占世界总产量的 35%。

目前已发现 200 余种铂族元素矿物，可分为四大类：

（1）自然金属。包括：自然铂，自然钯，自然铑，自然锇等；

（2）金属互化物。包括：钯铂矿，锇铱矿，钌锇铱矿，以及铂族金属与铁、镍、铜、金、银、铅、锡等以金属键结合的金属互化物；

（3）半金属互化物。包括：铂、钯、铱、锇等与铋、碲、硒、锑等以金属键或具有相当金属键成分的共价键型化合物；

（4）硫化物与砷化物。

工业矿物主要有砷铂矿、自然铂、等轴铋碲钯矿、碲钯矿、砷铂锇矿、碲钯铱矿和铋碲钯镍矿。砷铂矿和等轴铋碲钯矿多见于原生矿矿床，自然铂多产于砂铂矿。

铂族金属矿物分为原生矿和冰积矿床两类。原生矿床有两种类型，分别为超基性岩和磁性铜镍硫化矿床。超基性岩主要为自然铂与铱铼矿，常与铬铁矿共生；磁性铜镍硫化矿床常与紫苏辉长石共生，以铂和钯为主，主要以碲、锑、铅、镍、锡、砷和硫等化合物形式存在。在冲积砂矿中，铂的矿物与金、铱、锇矿、磁铁矿和石英沉积在一起，以自然元素状态为主。铂的砂矿至今仍是铂族金属生产的主要来源之一。

7.2.3　铂族金属矿物处理

铂族金属的生产始于 1778 年。砂铂矿床是最早开采铂族金属的资源。由于铂族矿物的密度较大，重选是富集砂铂矿的古老方法，也是最主要的方法。使用溜槽、跳汰、摇床及风力选矿都可有效地富集铂族金属。自然铂与自然金一样，表面润湿性小，可用黄药类捕收剂浮选。铜镍硫化物伴生铂族金属矿中的铂族金属品位低、粒度细、共生状况复杂，可随主要金属硫化物一道被富集回收。20 世纪 30 年代以后，由于含铂族金属矿物的贫化，铂族金属主要从铜镍硫化物伴生矿中提取。

从铜镍硫化物伴生铂族金属矿中提取铂族元素，主要存在以下几个步骤：

（1）选矿富集。采用重选法或浮选法得到铜镍硫化精矿粉。

（2）制备低冰镍。采用焙烧—电炉熔炼工艺，熔炼出低冰镍。

（3）制备高冰镍。对低冰镍进行吹炼，使硫化亚铁氧化造渣，使镍、铜的硫化物及少量铜镍合金组成高冰镍。原矿中的铂族金属与金、银等贵金属经上述处理富集于高冰镍中，回收率达到 95% 以上。

（4）处理高冰镍。高冰镍主要用于生产铜、镍等产品。其中的铂族金属等进入阳极泥中。处理铜镍硫化物伴生铂族金属矿的工艺流程如图 7-24 所示。

（5）镍阳极泥的处理。镍阳极泥中富集了铂族金属等贵金属，但含量往往很低，需要再一次富集得到贵金属精矿。镍阳极泥富集贵金属工艺流程如图 7-25 所示。

在图 7-25 的工艺流程图中，主要包含以下几个工序：

（1）热滤脱硫。将镍阳极泥放入加热容器中，蒸气加热到145℃使阳极泥中的硫均匀熔化，真空过滤后得到的是热滤渣（贵金属富集其中）和成品硫，热滤渣还需进一步处理。处理方法有二次电解法和加热浸出水溶液氯化法。

（2）二次电解法。将热滤渣在反射炉内熔化（1200~1300℃），于1050℃时铸成阳极。用不锈钢作阳极，在硫酸溶液中进行隔膜电解。电解过程中铜、镍、铁等进入溶液，铜在阳极析出得到海绵铜，贵金属进入二次阳极泥被收集在阳极泥布袋内。

（3）加压浸出水溶液氯化法。加压浸出可以使铜、镍、铁和硫等溶解，使贵金属进一步被富集。热滤渣中的铜、镍、铁等基本上是以硫化物形态存在。当温度为150℃，氧压为686kPa，液固比为8~10时，硫化物均形成可溶的硫酸盐，元素硫氧化成硫酸，此过程中贵金属留在渣中。

水溶液氯化的目的是借助氯气的强氧化性将高压浸出渣中的贵金属氯化造液，为提高贵金属提供料液。水溶液氯化的主要条件是：液固比为5，HCl浓度为3mol/L，NaCl的含量（质量分数）为10%，通氯气8h，温度为80~90℃，无机械搅拌。

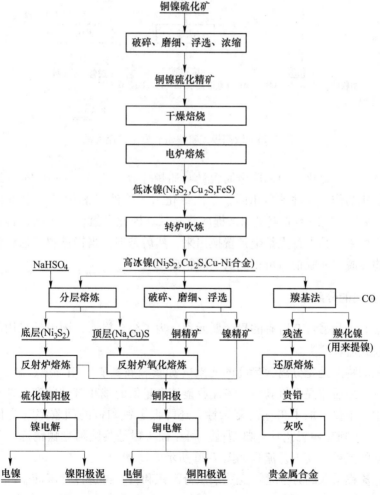

图 7-24　铜镍硫化物伴生铂族金属矿的工艺流程图

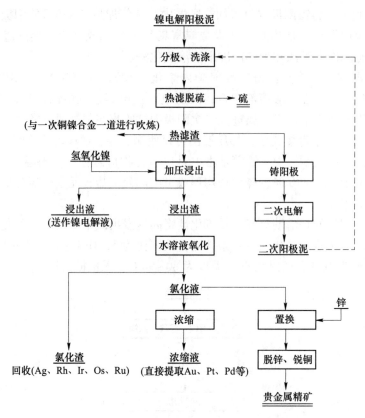

图 7-25　镍阳极泥富集贵金属工艺流程图

　　经一次氯化后，氯化渣中铂族金属含量（质量分数）为 0.3% ~ 0.4%，还需进行二次氯化。两次氯化的作业条件基本相同，二次氯化后的溶液（氯化液）中贵金属含量（质量分数）为 2% 左右，仍不能直接用来提取贵金属。因此向氯化液中加入锌粉，贵金属才能被依次置换出来。其中首先是金被置换出来，然后是钯；当铜被置换后，铂才被置换出来。置换产物经脱锌、脱铜后可得到贵金属精矿。

7.2.4　铂族金属的分离

　　贵金属精矿中几乎含有所有的贵金属元素。为了综合提取，国内外采用的主要方法有传统流程和新式流程两类。

　　传统流程的特点是先分离含量高的元素（如贵金属精矿中铂、钯、金、银等），然后再分离铑和铱，最后才提取锇和钌。该流程能使含量低的锇和钌分散到前期提取的金属成品或半成品中，不仅增加了工艺的复杂性，还降低了锇和钌的回收率（为传统工艺的弊端）。传统工艺中阿克顿工艺具有典型性。阿克顿流程是英国阿克顿精炼厂从精矿中分离提取铂族元素的流程，其工艺流程如图 7-26 所示。

　　新的工艺流程采取的方法是：先蒸馏法分离锇和钌，再选择性沉淀金和钯，最后利用水解法分离铂、铱、铑。即：

　　（1）蒸馏法分离锇和钌。锇和钌可以生成高价氧化物 OsO_4、RuO_4 和 OsO_4，常温下皆

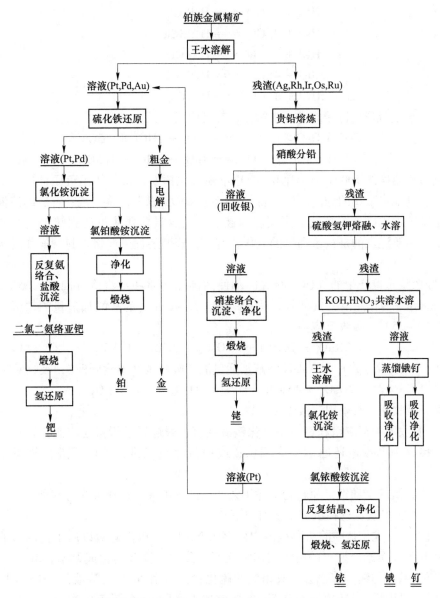

图 7-26 阿克顿精炼厂提取铂族金属的流程图

为固体。利用其氧化物在低温下的挥发性，采用蒸馏法就可实现与其他金属的分离。蒸馏法分离过程分为以下 3 个步骤：

1）造液蒸馏。在耐酸搪瓷反应釜中进行，反应原料是贵金属精矿，氧化剂为氯酸钠。氯酸钠在硫酸介质中发生的反应为：

$$3NaClO_3 + H_2SO_4 = Na_2SO_4 + NaCl + 9[O] + 2HCl \qquad (7\text{-}131)$$

$$2HCl + [O] = 2[Cl] + H_2O \qquad (7\text{-}132)$$

新生态的［Cl］和［O］具有较强的氧化性，与原料精矿中的贵金属发生的反应为：

$$Os + 2HCl + 3[Cl] = H_2OsCl_5 \qquad (7\text{-}133)$$

$$Ru + 2HCl + 3[Cl] = H_2RuCl_5 \qquad (7\text{-}134)$$

$$Pt + 2HCl + 4[Cl] = H_2PtCl_6 \tag{7-135}$$

$$Pd + 2HCl + 2[Cl] = H_2PdCl_4 \tag{7-136}$$

$$Au + HCl + 3[Cl] = HAuCl_4 \tag{7-137}$$

$$Rh + 2HCl + 4[Cl] = H_2RhCl_6 \tag{7-138}$$

$$Ir + 2HCl + 4[Cl] = H_2IrCl_6 \tag{7-139}$$

其中，氯锇酸与氯钌酸能进一步氧化，其反应式为：

$$H_2OsCl_5 + [O] = OsO_4 + 2HCl + 1.5Cl_2 \tag{7-140}$$

$$H_2RuCl_5 + [O] = RuO_4 + 2HCl + 1.5Cl_2 \tag{7-141}$$

控制过程温度约 100℃。OsO_4 和 RuO_4 不断气化挥发，将气体用负压抽出容器，实现了锇、钌与其他贵金属的分离。锇、钌的蒸出率为 99% 以上，蒸出锇、钌后的溶液称为蒸残液，送到下道工序提取其他贵金属。未被氯化的少量蒸残渣可送到转炉生产二次高冰镍。其中，需要注意的是：锇和钌的氧化物有毒，蒸馏装置要严格密封，操作现场要保持通风。

2）吸收。蒸馏产生的气体先降温冷却使高沸点物质和水汽冷凝回流入蒸馏装置内，然后在 -2700Pa 的作用下将气体导入吸收装置。用 4mol/L 的盐酸加适量酒精吸收钌，温度保持在 25~35℃，吸收反应为：

$$2RuO_4 + 20HCl \longrightarrow OsO_4 + 2HCl + 1.5Cl_2 \tag{7-142}$$

用 20%（质量分数）的 NaOH 溶液加适量酒精吸收锇（温度同前），吸收反应为：

$$2OsO_4 + 4NaOH = 2Na_2OsO_4 + 2H_2O + O_2 \tag{7-143}$$

为提高吸收率，常采用三级吸收装置。

3）从吸收液中提取锇和钌。用氯化铵沉淀钌，煅烧后进行氢还原制备钌粉。用氢氧化钾沉淀锇，用高压氢还原制备海绵锇；或用氯化铵沉锇，煅烧后进行氢还原，得到锇粉。

（2）选择沉淀金和钯。原料为上述工艺产生的蒸出液。选择沉淀有多种方法，主要是硫化沉淀法和置换法。选择沉淀主要有以下几个步骤：

1）沉淀。首先用盐酸除去蒸残液中残存的 $NaClO_3$，以消除对以后工艺的影响。硫化沉淀是用 10%（质量分数）的硫化钠作沉淀剂，分别与贵金属生成 PtS_2、Au_2S_3、Rh_2S_3、PdS 和 Ir_2S，共存的铜、镍也会生成相应的硫化物。再用 Na_2S 将溶液的 pH 值调至 7~9，煮沸 1h 后再用盐酸将 pH 值调至 0.5，保持搅拌 1h 可使贵金属硫化物全部沉淀下来。沉淀完全后用 6mol/L 的盐酸浸煮，使铜、镍、铁等硫化物溶解；而贵金属硫化物则不溶，实现了二者分离。

置换法沉淀贵金属是在 pH = 1~2 的情况下加入粉状锌、镁、铝等还原剂，通过发生置换反应得到贵金属粉末，粉末中贵金属的含量（质量分数）能达到 99% 以上。其反应式为：

$$Na_2PtCl_6 + 2Zn \longrightarrow Pt\downarrow + 2NaCl + 2ZnCl_2 \tag{7-144}$$

2）造液。原料为贵金属硫化物沉淀或贵金属粉末，用王水造液。其反应式为：

$$18HCl + 4HNO_3 + 3Pt = 3H_2PtCl_6 + 8H_2O + 4NO \tag{7-145}$$

相应地得到 $HAuCl_4$ 和 H_2PdCl，但铱不被王水溶解，故留在渣中。

3）沉淀分离。加入硫化钠，调整 pH = 0.5~1，使金和钯生成硫化物沉淀，沉淀率为

99%～100%；而铂则部分沉淀，沉淀率为 20%～30%。沉淀物被送去分离金、钯和铂后，溶液则送去下一工序分离铂、铑和铱。

将含金、钯和铂的沉淀物用 HCl 和 H_2O_2（或 Cl_2）造液，使它们以 $HAuCl_4$、H_2PdCl_4 和 H_2PtCl_6 形式进入溶液。在 80～90℃下用二氧化硫还原海绵金，也可以用草酸还原得纯度为 99.99% 的金粉。沉金后的溶液煮沸除二氧化硫后用氯化铵分离铂和钯，其反应式为：

$$H_2PdCl_6 + 2NH_4Cl === 3(NH_4)_2PtCl_6 \downarrow + 2HCl \tag{7-146}$$

$$H_2PdCl_6 + 2NH_4Cl === 3(NH_4)_2PtCl_6 \downarrow + 2HCl \tag{7-147}$$

$(NH_4)_2PtCl_6$ 为淡黄色沉淀，$(NH_4)_2PCl_4$ 留在溶液中。$(NH_4)_2PtCl$ 经煅烧（750℃）得海绵铂。

将除铂后所得溶液浓缩至 ρ（钯）= 40g/L，再向其通入氯气。溶液中的亚钯离子氧化形成氯钯酸铵沉淀，其反应式为：

$$(NH_4)_2PdCl_4 + Cl_2 === (NH_4)_2PdCl_6 \downarrow \tag{7-148}$$

沉淀煅烧后进行氢还原，得到纯度为 9% 的海绵钯，也可以用水合肼还原得到金属钯粉。

（3）水解萃取法分离铂、铑、铱。在选择沉淀分离金和钯时，少部分铂也被分离，大部分随铑和铱进入滤液。分离铂、铑、铱传统上用水解法，即铑、铱水解形成沉淀，铂留在溶液中，再用萃取法分离铑和铱。水解萃取法分离铂、铑、铱主要有以下几个步骤：

1）氧化。氧化的目的是使溶液中的贵金属保持高价态，为水解创造条件。常用的氧化剂有氯气、双氧水、空气、溴酸钾和硝酸等。其中有应用前景的是氯气和溴酸钾。氧化使铂、铑、铱形成高价态。如用氯气作氧化剂，可得到络合物，其反应式为：

$$H_2PtCl_4 + 2[Cl] === H_2PtCl_6 \tag{7-149}$$

$$H_2RhCl_5 + [Cl] === H_2RhCl_6 \tag{7-150}$$

$$H_2IrCl_5 + [Cl] === H_2IrCl_6 \tag{7-151}$$

2）水解。将溶液的 pH 值调到 5 时，水解开始；pH 值达到 8～9 时，水解完成，分别形成沉淀 $Rh(OH)_4$、$Ir(OH)_4$ 和 $Pt(OH)_4$。接下来发生的反应为：

$$Pt(OH)_4 + 2H_2O === H_2Pt(OH)_6 \tag{7-152}$$

如果溶液中有钯存在，沉淀也会溶解（即沉淀重新溶解）；但如有 Pt（Ⅱ）存在，则不会溶解，这就需要对溶液进行氧化处理，通过水解实现铂与钯、铱的分离。

3）提取铂。可采用前面提过的氯化铵沉淀法，也可采用水合肼还原法。

4）目前采用 TAPO 萃取分离铑和铱，并已实现了工业化。萃取过程对料液要求较高，萃取前必须除去铑、铱富集液中微量的锇、钌、金、钯、铂、铜、镍和铁等。通常用离子交换法除铜、铁、镍，用 P204 作萃取剂除钯，用 TAPO 作萃取剂除铂。

5）铱的制备。铱在有机相中经氢氧化钠稀溶液反萃后，用氯化铵沉铱，再经过煅烧后用氢还原可得海绵铱，其品位为 99%。

6）铑的制备。铑在水相（萃余液）中。将含铑萃余液加热浓缩至干，再用水溶解，用甲酸还原得到粗铑。粗铑中杂质多，经造液、萃取、甲酸还原可得海绵铑，其品位可达到 99%。

思 考 题

（1）请列举出金银的主要矿物和资源。

（2）请简述金的浸出热力学。

（3）请简述金银浸出过程的主要影响因素。

（4）请简述典型非氰浸出技术工艺原理。

（5）请简述难处理金矿特点及典型预处理工艺方法。

（6）请简述传统阳极泥处理工艺过程。

（7）请简述氰化尾矿尾液的处置方法。

参 考 文 献

[1] 邱定蕃，王城彦. 稀贵金属冶金新进展 [M]. 北京：冶金工业出版社，2019.

[2] 崔毅琦. 非氰提取金银技术 [M]. 北京：冶金工业出版社，2019.

[3] 宾万达，卢宜源. 贵金属冶金学 [M]. 长沙：中南大学出版社，2018.

[4] 黄礼煌. 贵金属提取新技术 [M]. 北京：冶金工业出版社，2016.

[5] 余建民. 贵金属分离与精炼工艺学 [M]. 北京：化学工业出版社，2016.

[6] Marsden J，House I. The chemistry of gold extraction [M]. SME，2016.

[7] Amadas M D. Gold ore processing：project development and operations [M]. Elsevier Science，2016.

[8] 中国有色金属工业协会专家委员会. 中国黄金 [M]. 北京：冶金工业出版社，2014.

[9] 黎鼎鑫，王永录. 贵金属提取与精炼 [M]. 2 版. 长沙：中南大学出版社，2013.

[10] 刘时杰. 铂族金属冶金学 [M]. 长沙：中南大学出版社，2013.

[11] 宋庆双，符岩. 金银提取冶金 [M]. 北京：冶金工业出版社，2012.

[12] Yannopoulos J C. The extractive metallurgy of gold [M]. Springer Science & Business Media，2012.

[13] 唐谟堂，扬天足. 配合物冶金理论与技术 [M]. 长沙：中南大学出版社，2011.

[14] 余建民. 贵金属萃取化学 [M]. 2 版. 北京：化学工业出版社，2010.

[15] 陈景. 铂族金属冶金化学 [M]. 北京：科学出版社，2008.

[16] 王永录，张永俐，宁远涛. 贵金属 [M]. 长沙：中南大学出版社，2007.

[17] 王永录，刘正华. 金、银及铂族金属再生回收 [M]. 长沙：中南大学出版社，2005.

[18] Adams M D. Advances in gold ore processing [M]. Vol. 15，Elsevier，2005.

[19] Brooy S R L，Linge H G，Walker G S. Review of gold extraction from ores [J]. Minerals Engineering，1994，7（10）：1213-1241.

8 稀土冶金

8.1 绪 论

稀土（Rare Earth）是化学周期表中镧系元素和钪、钇共十七种金属元素的总称。1794 年，芬兰化学家加多林（John Gadolin）从重质矿石中分离出第一种稀土元素——钇土，即 Y_2O_3。当时发现的稀土矿物较少，仅有用化学法制得的少量不溶于水的氧化物，历史上习惯把这种氧化物称为"土"，因而得名稀土。现在人们常称这 17 个元素为稀土元素。

从 1794 年发现钇至 1947 年从核反应堆裂变产物中分离出钷，全部稀土元素的发现历时 150 年。其中，钪是典型的稀散元素，钷是自然界中极为稀少的放射性元素，这两个元素与其他稀土元素在矿物中很少共生，故在稀土生产中一般不包括它们。

稀土元素同属于元素周期表第ⅢB族，化学性质十分相近。除钷和钪以外，根据稀土矿物的形成特点和分离工艺上的要求，将其分为两组或三组。常见的分组方法见表 8-1。

表 8-1 稀土元素常见的分组方法

稀 土 元 素					分 组		
中文	英文	序号	符号	原子量	矿物特点	硫酸复盐溶解度	萃取分离
镧	Lanthanum	57	La	138.91	铈组（轻稀土）	铈组（硫酸复盐难溶）	轻稀土（P204 弱酸度萃取）
铈	Cerium	58	Ce	140.12			
镨	Praseodymium	59	Pr	140.91			
钕	Neodymium	60	Nd	144.24			
钷	Promethium	61	Pm				
钐	Samarium	62	Sm	150.35		铽组（硫酸复盐微溶）	中稀土（P204 低酸度萃取）
铕	Europium	63	Eu	151.96			
钆	Gadolinium	64	Gd	157.25			
铽	Terbium	65	Tb	158.92	钇组（重稀土）		重稀土（P204 中酸度萃取）
镝	Dysprosium	66	Dy	162.50			
钬	Holmium	67	Ho	164.93			
铒	Erbium	68	Er	167.26		钇组（硫酸复盐易溶）	
铥	Thulium	69	Tm	168.93			
镱	Ytterbium	70	Yb	173.04			
镥	Lutetium	71	Lu	174.97			
钇	Yttrium	39	Y	88.91			
钪	Scandium	21	Sc	44.96			

稀土元素的符号有几种表示符号，国际上常用"R"表示，德国用"RE"，法国用"TR"，苏联用"P3"，我国多用"RE"表示。单独表示镧系元素用"Ln"表示。

镧系元素的最外层电子已填充到 $6s^2$，次外层 $5s^2 5p^6$ 也已填满，5d 还空着或仅有一个电子，而处于内层的 4f 电子却刚刚开始填充，从铈到镥充满共有 14 个电子。即镧系元素的最外层电子结构可以表示为：$5s^2 5p^6 5d^{(0,1)} 6s^2$，与钪和钇的最外层两层电子结构 $3s^2 3p^3 6d^1 4s^2$ 和 $4s^2 4p^6 4d^1 5s^2$ 相比较，可知结构基本相同，都是 $ns^2 (n-1)s^2 (n-1)p^6 (n-1)d^{(0,1)} 5s^2$，故 17 个元素的化学性质十分相近，用普通的化学方法很难分离。

稀土元素易于电离掉 $ns^2 (n-1)d^1$（或 $4f^1$）电子而呈正三价的离子，所以稀土是十分活泼的金属元素，活泼性仅次于碱土金属，这是稀土元素的共性。此外，根据洪特规则，在原子或离子的电子层结构中，当同一亚层处于全空、全满或半丰满状态时比较稳定，所以 4f 亚层处于 $4f^0 (La^{3+})$、$4f^7 (Gd^{3+})$ 和 $4f^{14} (Lu^{3+})$ 时比较稳定。在它们左侧的元素铈和镨，最初填充时 4f 电子结合力较弱，铽因趋向于形成稳定的钆结构，因而这些元素在外界氧化剂作用下表现出四价状态。而在左侧的元素钐、铕和镱中，4f 电子处于比较稳定的状态，故在外界还原剂的作用下，参与价键的只 6s 电子（呈二价状态）。除电子层结构原因以外，利用动力学和热力学因素的影响也常出现其他形式的变价。

镧系元素的离子中，电子层次都是五层，但是由于镧系原子核离子的最高能级中，电子的有效电荷 Z 随原子序数的增加而增加，因而对外层电子吸引力增加，故使镧系的原子半径和离子半径随原子序数的增加而减少，这一现象称为镧系收缩。镧系收缩现象可以用来解释化合物的某些性质。如镧系元素碱性的变化，随原子序数的增加而减弱；络合物的稳定性随原子序数增加而增强。

8.1.1 稀土元素的性质

8.1.1.1 稀土元素的物理性质

稀土金属是金属多数呈银灰色，而镨和钕略带淡黄色。稀土金属的部分物理性质见表 8-2。

表 8-2 稀土元素的物理性质

元素符号	密度 /g·cm⁻³	熔点 /℃	沸点 /℃	电阻率（25℃）/10⁻⁴ Ω·cm	热中子俘获截面 /巴	磁化率（RE³⁺）/B·M	晶体结构	晶格参数/nm
Sc	2.992	1539	2730	66	24.0	0.00	六方密集	$a=0.3309$, $c=0.5268$
Y	4.478	1510	2930	53	1.38	0.00	六方密集	$a=0.3650$, $c=0.5741$
La	6.174	920	3470	57	9.3±0.3	0.00	六方密集	$a=0.3772$, $c=1.2144$
Ce	6.771	795	3470	75	0.73±0.1	2.56	面心立方	$a=0.5161$
Pr	6.782	935	3130	68	11.6±0.6	3.62	六方密集	$a=0.3672$, $c=1.1833$
Nd	7.004	1024	3030	64	46±2	3.68	六方密集	$a=0.3695$, $c=1.1799$
Sm	7.537	1072	1900	92	6500	1.50	菱形	$a=0.899$, $\alpha=23°13'$
Eu	5.253	826	1440	81	4500	3.45	体心立方	$a=0.4580$
Gd	7.895	1312	3000	134	44000	7.94	六方密集	$a=0.3634$, $c=0.5781$

元素符号	密度 /g·cm⁻³	熔点 /℃	沸点 /℃	电阻率 (25℃) /10⁻⁴Ω·cm	热中子俘获截面 /巴	磁化率 (RE³⁺) /B·M	晶体结构	晶格参数/nm
Tb	8.234	1356	2800	116	44	9.7	六方密集	$a=0.3604$, $c=0.5698$
Dy	8.536	1407	2600	91	1100	10.6	六方密集	$a=0.3593$, $c=0.5655$
Ho	8.803	1461	2600	94	64	10.6	六方密集	$a=0.3578$, $c=0.5626$
Er	9.051	1497	2900	86	116	9.6	六方密集	$a=0.3560$, $c=0.5595$
Tm	9.332	1545	1730	90	118	7.6	六方密集	$a=0.3537$, $c=0.5558$
Yb	6.977	824	1430	28	36	4.5	面心立方	$a=0.5483$
Lu	9.482	1652	3330	68	13	0.00	六方密集	$a=0.3505$, $c=0.5553$

A 光学性质

稀土元素除镧和镥的 4f 亚层为全空或全满外，其余元素的 4f 电子可在 7 个电子轨道间任意配布，从而产生千变万化的能级和谱线。通常具有未充满的 4f 电子层的原子或离子大约有 30000 条可观察到的谱线，远多于 d 层和 p 层电子未充满的原子或离子。因此，稀土元素可以吸收或发射从紫外至红外光驱的各种光谱线。稀土离子有些激发态的平均寿命长达 $10^{-2} \sim 10^{-6}$ s，高于一般原子或离子的 $10^{-8} \sim 10^{-10}$ s。利用这一性质可以制备长余辉材料。

B 磁学性质

稀土元素的电子层结构和 4f 轨道未充满的电子运动特点使稀土元素具有优异的磁学性能。常温下稀土金属一般呈顺磁性，在较低温度下，Tb、Dy、Ho、Er、Tm 等金属会由反铁磁性转变为铁磁性，Gd 由顺磁性转变为铁磁性。

8.1.1.2 稀土元素的化学性质

稀土金属化学活性很高，其程度按钪、钇、镧递增，其中以镧、铈和镨为最活泼，而后按镨、钕至镥递减。稀土金属燃点很低，铈为 160℃，镨为 290℃，钕为 270℃。稀土金属极易同氧、氢、卤素、硫、氮和碳等生成稳定的化合物。稀土金属可使水分解，能溶于无机酸，但与碱不发生作用。稀土金属能同多种金属元素生成金属间化合物（或合金）。

A 与氧作用

稀土金属在室温下，能与空气中的氧作用生成氧化物，铈生成 CeO_2，镨生成 Pr_6O_{11}（即 $4PrO_2 \cdot Pr_2O_3$），铽生成 Tb_4O_7（即 $2TbO_2 \cdot Tb_2O_3$），其他则生成 RE_2O_3 型氧化物。在空气中加热至 200℃ 以上时氧化速度迅速提高。

B 与氢作用

稀土金属在室温下能吸收氢，温度升高则加快，当加热到 250℃ 以上时，激烈地吸收氢，生成组成为 REH_x（$x=2$，3，…）的氢化合物。然而在真空条件下加热到 1000℃ 以上，可以完全排除氢。

C 与碳、氮作用

无论是熔融金属还是固体金属，在高温下均能生成组成为 REC_2 型的碳化物，和组成为 REN 型的氮化物，碳化物遇湿空气容易被水分解生成乙炔和碳氢化合物 [约 70%（质量分数）C_2H_2 和 20%（质量分数）CH_4]。碳化物能固溶在稀土金属中。

D 与硫作用

稀土金属与硫蒸气作用生成组成为 RE_2S_3、RE_3S_4 和 RES 型硫化物（用硫化氢作用于金属氯化物亦可制得），硫化物的特点是熔点高、化学稳定性强和耐蚀。

E 与卤素作用

在高于 200℃ 的温度下，稀土金属均能与卤素发生剧烈反应，而主要生成 REX_3 型的三价盐，其作用强度由氟向碘递减。而钐、铕还能生成 REX_2 型，铈生成 REX_4 型的盐，但不稳定。除氟化物外，所有无水卤化物都有很强的吸湿性，水解而生成 REOX 型的卤氧化物，其强度由氯向碘递增。

F 与金属元素作用

稀土能与铍、镁、铝、镓、铟、铊、铜、银、金、锌、铬、汞、锑、铋、锡、钴、镍和铁等作用生成组成不同的金属间化合物。例如：与镁生成 REMg、$REMg_2$ 和 $REMg_4$ 等化合物，稀土金属微溶于镁中，除 La 外，其溶解度随原子序数增加而逐渐增大；与铝生成 RE_3Al、RE_3Al_2、REAl、$REAl_2$、$REAl_3$ 和 $REAl_4$ 等；与钴生成 $RECo_2$、$RECo_3$、$RECo_4$、$RECo_5$ 和 RE_2Co_{17} 等磁性化合物，其中以 $SmCo_5$ 的磁性最强；与镍生成 LaNi、$LaNi_5$ 和 La_3Ni_5 等化合物；与铜生成 YCu、YCu_2、YCu_4、YCu_6、$NdCu_5$、CeCu、$CeCu_2$、$CeCu_4$ 和 $CeCu_6$ 等化合物；与铁生成 $CeFe_3$、$CeFe_2$、Ce_2Fe_3 和 YFe_2 等化合物，但镧与铁只生成低共熔体，镧铁合金的延展性很好；稀土与碱金属和钙等均生成不互溶的体系；稀土在锆、铌、钽中溶解度很小，一般只形成低共熔体；稀土与钨、钼不能生成化合物。

8.1.2 稀土元素的主要化合物

8.1.2.1 氧化物

稀土金属直接氧化在 800~900℃ 下，灼热稀土的氢氧化物、草酸盐、硝酸盐时都可以获得稀土的氧化物。其中，铈、镨和铽在一定的灼烧条件下形成 CeO_2、Pr_6O_{11}（$Pr_2O_3 \cdot 4PrO_2$）和 Tb_4O_7（$Tb_2O_3 \cdot 2TbO_2$）。稀土氧化物不溶于水，溶于盐酸、硫酸和硝酸，生成相应的三价盐。

8.1.2.2 氢氧化物

将氨水或碱金属氢氧化物加入稀土盐类的溶液中，可得到稀土氢氧化物沉淀，该沉淀含有吸附水，干燥过程随温度升高而脱除，若继续升高温度则生成氧基氢氧化物，最后转变为氧化物。

8.1.2.3 硫酸盐及硫酸复盐

硫酸与稀土的氧化物（氢氧化物或碳酸盐等）作用生成稀土硫酸盐。稀土硫酸盐在水中的溶解度随温度的升高而降低，在硫酸溶液中的溶解度随酸度的增加而降低。

在稀土硫酸盐溶液中加入 K_2SO_4、Na_2SO_4 和（NH_4）$_2SO_4$ 沉淀剂时，除了 Ce^{4+} 以外均能生成 $xRE_2(SO_4)_3 \cdot yMe_2SO_4 \cdot zH_2O$ 的复盐。

稀土硫酸复盐的溶解度与硫酸盐相似，随温度和酸度的增加而降低。随沉淀剂加入量的增加，溶液中稀土浓度较小。稀土硫酸复盐的溶解度随原子序数的增加而增大，按硫酸复盐的溶解度不同可以把稀土分成 3 组，即：

(1) 铈组。难溶硫酸复盐，如 La、Ce、Pr、Nd 和 Sm。

(2) 铽组。微溶硫酸复盐，如 Eu、Gd、Tb 和 Dy。

(3) 钇组。较易溶硫酸复盐，如 Ho、Er、Tm、Yb、Lu 和 Y。

8.1.2.4 硝酸盐及硝酸复盐

稀土氧化物、氢氧化物、碳酸盐和稀土金属同硝酸溶液作用，生成稀土硝酸盐。将溶液蒸发结晶，可得到水合物 $RE(NO_3)_3 \cdot nH_2O$，其中，n 与蒸发结晶的温度等条件有关。

稀土硝酸盐还易溶于无水胺、乙醇、丙酮、乙醚和乙腈等极性溶液中。稀土硝酸盐易潮解。将其加热，在 125℃ 左右脱出全部结晶水，继续加热则分解为氧化物。

铈组硝酸稀土能与 NH_4NO_3 和 $Mg(NO_3)_2$ 等硝酸盐生成复盐，例如 $RE(NO_3)_3 \cdot 2NH_4NO_3 \cdot 4H_2O$ 和 $2RE(NO_3)_3 \cdot 3Mg(NO_3)_2 \cdot 24H_2O$，其溶解度由 La 至 Sm 递增。钇组（除铽外）均不能生成复盐。稀土硝酸复盐的溶解度小于硝酸稀土。CeO_2 溶于 $8 \sim 16mol/L$ 的硝酸溶液中。在 $Ce(NO_3)_4$ 的溶液中加入 NH_4NO_3 反应，能生成非常稳定的 $Ce(NO_3)_4 \cdot 2NH_4NO_3$ 复盐。

8.1.2.5 碳酸盐

在 pH≥4.5 的稀土溶液中加入可溶性碳酸盐（钾、钠、铵碳酸盐），可得到组成为 $RE(CO_3)_3 \cdot nH_2O$ 的水合沉淀。依稀土元素不同，则 n 不同。如：Sc，n 为 12；Y，n 为 3；Ce，n 为 5；La，n 为 8 等。若沉淀过程中溶液温度高，除正碳酸盐外还析出碱式碳酸盐 $RE(OH)CO_3$。煮沸悬浮液时可得到碱式盐。

稀土正碳酸盐在水中的溶解度很小（一般小于 $10^{-5}mol/L$），但在碱金属或铵的碳酸盐溶液中的溶解度却显著增加（一般小于 $10^{-3}mol/L$）。正碳酸盐在 $150 \sim 200℃$ 时脱水，继续升高温度，$570 \sim 830℃$ 范围内碳酸盐分解，转变为氧化物，反应过程的中间产物为 $RE_2O_3 \cdot CO_2$。

8.1.2.6 草酸盐

稀土溶液中加入草酸，则沉淀出 $RE_2(C_2O_4)_3 \cdot nH_2O$ 水合物。它难溶于水中，其轻稀土草酸盐溶解度在 $0.4 \sim 0.8g/L$，重稀土可达到 $1 \sim 4g/L$。若 $RE_2(C_2O_4)_3 \cdot nH_2O$ 水合物中 $n=10(La \sim Er)$ 或 $n=6(Er \sim Lu、Y、Sc)$。稀土草酸盐在盐酸、硝酸、硫酸中的溶解度随酸度的降低而减少，在低酸度下溶解度很小。在 pH<1 低酸盐度溶液中加入过量的草酸可使稀土沉淀得很完全。

铵和碱金属草酸盐与钇组元素生成可溶性络合物，如 $(NH_4)_3[Y(C_2O_4)_3]$，而铈组则不能，故钇组元素在铵或碱金属草酸盐溶液中的溶解度高于铈组元素。水合稀土草酸盐的热分解过程大致可分为脱水，分解成碱式碳酸盐，以及进一步分解为氧化物 3 个主要阶段。开始分解为氧化物的温度为 $300 \sim 400℃$，完全分解为氧化物的温度为 $710 \sim 800℃$，稀土草酸盐的分解温度随原子序数的增加而有所降低。

8.1.2.7 磷酸盐

在近中性的稀土溶液中加入磷酸钠可得到稀土磷酸盐沉淀。磷酸盐的组成为 $REPO_4$ 或 $REPO_4 \cdot nH_2O(n=0.5 \sim 4)$。稀土磷酸盐在水中的溶解度较小，如 $LaPO_4$ 的溶解度为 $0.017g/L$，在镧和钇的磷酸盐在盐酸和硫酸溶液中的溶解度分别为：$LaPO_4$ $0.017g/L$；

YPO_4 溶解度较高, 0.1mol/L HCl 中为 20g/L, 0.1mol/L H_2SO_4 中为 34g/L。磷酸钇的溶解度受酸度的影响很大, 随酸度呈指数关系下降。在磷酸过量的溶液中稀土离子与 PO_4^{3-} 离子络合成可溶性的阴离子 $[RE(PO_4)]_2^{3-}$, 这使得磷酸盐的溶解度随磷酸浓度增加而升高。

稀土磷酸盐十分稳定, 在空气中加热到 1000℃ 也不分解, 但在碱或碱土金属的氢氧化物、碳酸盐、氧化物和硫酸作用下可分解。

8.1.2.8 稀土卤素化合物

稀土卤化物的制备可以分为水溶液法和氧化物直接卤化法。水溶液法获得的卤化物常含有结晶水, 使用时根据需要脱水或不脱水。氧化物直接卤化的产品不含结晶水, 可以直接使用。

A 水溶液法制备稀土卤化物

将稀土的氧化物、碳酸盐、氢氧化物或金属溶解于盐酸溶液中, 得到氯化稀土溶液, 再蒸发水分可得到结晶状水合氯化稀土 $RECl_3 \cdot nH_2O$。镧和铈的水和氯化物含结晶水数量为 7, 其余稀土元素一般为 6。

在氯化稀土或硝酸稀土溶液中加入氢氟酸, 则析出氟化稀土沉淀, 其组成为 $REF_3 \cdot nH_2O(n=0.5\sim1.0)$。

稀土三氟化物是一种高熔点的固态化合物, 不溶于热水和稀矿物酸中, 但稍溶于氢氟酸和热的浓盐酸中, 并随着原子序数的增大, 溶解度减小。硫酸能将它们转化成硫酸盐, 同时放出 HF。

B 氧化物直接卤化法

在一定的温度下, 选用不同的卤素化合物与稀土氧化物相作用, 可得到稀土卤化物。例如: NH_4F、HF、ClF_3、BrF_3 和 F^- 等与稀土氧化物作用均能生成 REF_3; CCl_4、Cl_2、HCl 和干燥气体通过稀土氧化物时, 可将其转化为无水稀土氯化物, Cl_2 和 HCl 在碳的作用下氯化反应速度加快, NH_4Cl 与稀土氧化物混合在高温下焙烧也能得到无水稀土氯化物。用 CO/Br_2、CBr_4、S_2Br_2、S_2Cl/HBr 等为卤化剂可以制备稀土溴化物; 稀土碘化物用稀土金属与 I_2 或 NH_4I 反应制取。

稀土卤化物是重要的稀土化合物, 是熔盐电解和金属热还原法生产稀土金属的原料, 也是制备其他类稀土化合物的主要原料。稀土卤化物的特点是吸湿性强, 易水解生成卤氧化物 REOX(X=F、Cl、Br 和 I), 其强度由氟至碘增加, 具有较高的熔点与沸点。

8.1.3 稀土元素的应用

由于稀土元素具有特殊的物理与化学性能, 其广泛地应用于冶金、石油化工、玻璃陶瓷、农业、医药、永磁材料、发光材料和储氢材料等现代功能材料中。随着科学技术的发展, 稀土元素在功能材料中的应用范围不断扩大, 已经逐步成为信息、生物、新材料和新能源等高新技术领域的支撑材料。正是由于稀土用途的不断扩大和对稀土产品质量要求的不断提高, 促进了稀土生产企业的发展和分离技术水平的提高。

8.1.3.1 稀土在冶金工业中的应用

稀土元素在钢中的主要作用是脱除氧和硫, 净化钢液; 改变磷、砷、锡、锑、铋、铅等有害杂质在钢中的形态和分布, 降低夹杂物的尺寸和数量; 能使钢液结晶细化及微合金化。这些作用的结果使得钢材的横向韧性、高温塑性、抗疲劳性、耐腐蚀和抗氧化性都得到了改善。例如，重轨钢种中加入稀土后耐磨寿命提高了50%。目前，我国开发出的稀土处理钢品种已有80多个，主要钢种包括稀土铌重轨钢、铜磷系列耐腐蚀钢、锰铌系列低合金高强度钢、X系列管线钢以及不锈钢、耐热钢和模具钢等。

稀土元素在铸铁中能改变石墨的形态，使其以球形或蠕虫状存在。依此原理制备出的球墨铸铁或蠕墨铸铁具有优良的机械性能和铸造性能。钢铁工业中应用的主要是稀土金属（或稀土合金），如稀土硅铁合金和稀土硅铁镁合金。其消费量约为稀土总消费量的40%。

稀土元素加入有色金属中可改善铝、铜、镁、钛、钼、镍、钴、钽、铌和铂族金属的机械加工性能和物理性能。例如，加入0.15%～0.25%（质量分数）稀土的RE-Al-Zr导线的电阻率可以高2%～8%，在较高温度（<150℃）下载流量为纯铝线的1.6～2.0倍，用作大电流导线；成分为Al-Mg-Si-RE导线的抗拉强度达到$26g/mm^2$，可用于高压输电线路，弧垂性能和弯曲性能好，使用寿命长，导电性高；6063稀土铝合金是一种最常用的变形合金，多用于工业和民用建筑，在Al-Mg-Si-Fe合金中加入0.20%～0.25%（质量分数）的稀土金属，抗拉强度提高24%，挤压速度提高0.5倍，成材率提高3%，并改善了表面质量，增加了耐蚀性和着色性；还有添加稀土的Al-Si-M(M=Cu、Mg、Mn)合金，可用于制造汽缸缸体和活塞。

稀土元素在镁合金中除具有净化作用外，还可以同合金中呈溶质状态的铁、钴、镍、铜生成金属间化合物，这些作用的结果改善了合金流动性和加工性能，提高了镁合金强度、塑性、耐蚀性、耐磨性、耐热和抗高温蠕变等性能。例如，含稀土铸造镁合金的比强度分别是铸钢和铸铝的2倍和1.5倍，挤压AZ81镁合金的比强度是碳钢的2.5倍。由于稀土镁合金这些优异的性能和低比重的特点，使其成为制造飞机、导弹、火箭和汽车上重要零件的首选材料。

8.1.3.2 稀土在石油化工方面的应用

稀土元素通常以无机化合物（稀土氧化物和无机盐）和有机配合物（烷基羧酸、二硫代磷酸和二硫代氨基甲酸等）应用于石油裂化催化剂、石油制品添加剂、润滑助剂、汽车尾气净化剂和稀土催化剂中。

稀土掺入分子筛型裂化催化剂中，可用于石油裂解，这不仅使裂化催化剂的寿命提高2倍，而且可以将原油的转化率由35%～40%提高到70%～80%，汽油转化率提高10%，出油率增加25%～50%。易溶于石油制品的有机稀土配合物，加到汽油和柴油中，可以改善其燃烧性，具有减少耗油量和尾气排放量的作用。

稀土催化剂是一种具有独特性质的合成橡胶催化剂，现已应用于乙烯、辛烯-1等单体的聚合。稀土催化聚合的稀土顺丁橡胶在抗疲劳寿命、动态磨耗和生成热性能均优于传统的顺丁橡胶品种，稀土异戊橡胶的性能达到或超过同类橡胶水平。

8.1.3.3 稀土在玻璃和陶瓷工业的应用

在玻璃生产中，氧化铈具有良好的澄清和脱色作用，加入氧化铈能提高玻璃的透明度，使这种玻璃广泛地用于电视机和计算机的显示屏和光学镜片等方面，并取代毒性很强的砒霜。另一方面，玻璃中加入不同的稀土元素可以使其着色，如铈钛氧化物使玻璃呈黄色，氧化钕使玻璃呈鲜红色，氧化镨使玻璃呈绿色。

在不同的玻璃中加入不同的稀土元素可以使玻璃表现出不同的特性，如含镧的低硅或无硅玻璃有很高的折射率、低色散和良好的化学稳定性；在食品玻璃中加入氧化铈可以有效地防止紫外线照射；加入钐的铝硅玻璃的密度、折射率、显微硬度、热膨胀系数和化学耐久性都有明显的提高。

8.1.3.4 稀土在新材料中的应用

随现代科技水平的发展，稀土元素的特点在新材料领域的应用中显示出了优异的性能。尤其是磁性材料、荧光材料、贮氢材料对稀土的需求量增大，以及对产品质量要求不断提高，从而促进了稀土工业的发展。

A 稀土磁性材料

稀土磁性材料包括永磁材料、磁存贮材料、磁致冷材料和磁致伸缩材料。钐-钴合金、钕-铁-硼合金和处于开发阶段的钐-铁-氮合金均为稀土永磁体，它们的特点是磁晶各相异性和饱和磁化强度很高，具有剩余磁感应强度（B_r）大、矫顽力（H_c）和最大磁能级（BH）高的综合优异性能，主要用于微型电机、扬声器和医疗磁共振成像仪中。钆镓石榴石（GGG）或镝铝石榴石（DAG）具有磁熵（ΔS）变化大，晶格热震动小，热传导率高的特点，被用于磁致冷材料。$TbFe_2$ 立方晶系的单晶体磁致伸缩值高达0.3%，是其他磁致伸缩材料的75倍，常用于超声探测仪、震动传感器、机械制动器、微距测量器和脉冲印刷机等精密仪器中。

B 稀土发光材料

稀土发光材料按其应用范围可分为照明材料，如灯用荧光粉；显示材料，主要包括阴极射线发光材料和平板显示材料；检测材料，如 X 射线发光材料和闪烁体；长余辉发光材料等。用稀土元素合成的三基色荧光粉制成的日光灯发出的光比卤素灯更接近太阳光，发光效率更高。用稀土元素合成的 CRT（电视显像管荧光粉）除微粒亮度高，有良好的涂覆性能和画面余辉短外，还具有在高电流、电压下亮度不饱和的亮度—电流特性，在高温下稳定的温度特性，以及在高负荷下有较长寿命等性能。这使得稀土 CRT 不仅用于电视机、计算机显示器外，还可用于大屏幕投影电视。稀土长余辉材料是新型的蓄光材料，经光照射数分钟后，可持续发光十几个小时以上，可制成发光油漆和发光塑料等。

C 贮氢材料

贮氢材料大致可分为稀土系合金、钛系合金、锆系合金和镁系和金，其中具有代表性的是 $LaNi_5$ 合金。在室温及253kPa 下，1kg 合金可吸收 15g 氢，相当于标准状态下体积为 $0.17m^3$ 的氢气。用此种合金制成的氢贮存器的体积仅是普通 2×10^4kPa 高压气瓶的 1/10，故氢气运输和储存都非常方便、安全。镧镍基合金可作为负极与氢氧化镍正极组合成充电电池，其性能优于镍镉电池。以 $La_{0.5}Y_{0.4}Mn_{0.2}$ 为高温端，$LnNi_{4.55}Al_{0.25}Mn_{0.2}$ 为低温端，构成的金属氢化物热泵可作为制冷机使用，冷冻能力为 209kJ/h，用 150℃热源和 20℃冷却水，可使 200L 冷冻系统保持-20℃。

此外，稀土元素在原子能工业、印染工业、高分子材料行业、建筑材料行业以及农业、林业以和畜牧业中也有广泛应用。

8.1.4 稀土资源

8.1.4.1 世界稀土资源

目前，世界上已经知道的稀土矿物大约有 169 种，而含有稀土元素的矿物有 250 多种，但是被冶金行业利用具有工业意义的矿物仅有十几种。重要的稀土矿物是指稀土元素在矿物中含量较高，容易回收，并且能在矿物的处理过程中获得较高的经济收益的矿物。根据近几年对世界各国稀土矿的储量与稀土矿山产量的统计可以知道，工业上目前使用的稀土矿物大约只有 10 种，其中以独居石、氟碳铈矿、独居石、氟碳铈矿混合型矿、离子吸附型矿和磷钇矿产量最大，是最为重要的稀土工业矿物。

8.1.4.2 我国稀土资源

我国是世界上稀土资源最为丰富的国家，无论稀土储量还是稀土产量都位居世界第一。我国的稀土资源同世界各国的稀土资源相比较，我国的稀土资源具有如下 5 个方面的特点：

（1）储量大。根据《美国地质调查，矿物概要》2018 年统计，我国的稀土储量占现已探明世界储量的 37%。

（2）分布广。稀土矿广泛分布在我国 18 个省、自治区。这为我国的稀土工业的合理布局提供了有利条件。

（3）矿种全。在我国已经知道的具有重要工业意义的稀土矿几乎都能找得到，而且颇具规模，得到了开发利用。

（4）类型多。我国稀土矿床类型数量超过了世界上任何一个国家，其中国外稀少的沉积变化质-热液交代型铌-稀土-铁矿床和风化壳淋积型稀土矿床在我国却是规模甚大的工业矿床。

（5）价值高。在我国氟碳铈矿与独居石混合型稀土矿物中，高价值的铕、钕和镨的含量均高于美国的芒廷帕斯氟碳铈矿。

这里特别提到的是我国的离子吸附型矿中富含铕、铽、镝、钇等重稀土元素，其经济价值是世界罕见的。我国与美国、俄罗斯、澳大利亚和马来西亚等国的稀土矿的类型比较见表 8-3，其中，我国的离子吸附型矿是具有特色的。

表 8-3 各国几种稀土矿的类型比较

国家		中国					美国	俄罗斯	澳大利亚	马来西亚
矿物名称		混合矿（包头）	氟碳铈矿（四川）	吸附型离子矿			氟碳铈矿	铈铌钙钛矿	独居石	磷钇矿
				A 型	B 型	C 型				
稀土组分	La_2O_3	25.00	29.81	38.00	27.56	2.18	32.00	25.00	23.90	1.26
	CeO_2	50.07	51.11	3.50	3.23	<1.09	49.00	50.00	46.30	3.17
	Pr_6O_{11}	5.10	4.26	7.41	5.62	1.08	4.40	5.00	5.05	0.50
	Nd_2O_3	16.60	12.78	30.18	17.55	3.47	13.50	15.00	17.38	1.61
	Sm_2O_3	1.20	1.09	5.32	4.54	2.37	0.50	0.70	2.53	1.61
	Eu_2O_3	0.18	0.17	0.51	0.93	<0.37	0.10	0.09	0.05	0.01
	Gd_2O_3	0.70	0.45	4.21	5.96	5.69	0.30	0.60	1.49	3.52
	Tb_4O_7	<0.1	0.05	0.46	0.68	1.13	0.01	—	0.04	0.925

国家		中　　国				美国	俄罗斯	澳大利亚	马来西亚
矿物名称	混合矿（包头）	氟碳铈矿（四川）	吸附型离子矿			氟碳铈矿	铈铌钙钛矿	独居石	磷钇矿
			A 型	B 型	C 型				
稀土组分	Dy_2O_3	<0.1	0.06	1.77	3.71	7.48	0.03	0.60	0.69	8.44
	Ho_2O_3	<0.1	<0.05	0.27	—	—	—	—	—	—
	Er_2O_3	<0.1	0.034	0.88	2.48	4.26	0.01	0.80	0.21	6.52
	Tm_2O_3	<0.1	—	0.13	0.27	0.60	0.02	—	0.01	1.14
	Yb_2O_3	<0.1	0.018	0.62	1.13	3.34	0.01	0.20	0.12	6.87
	Lu_2O_3	<0.1	—	0.13	0.21	0.47	0.01	0.15	0.04	1.00
	Y_2O_3	0.43	0.23	10.07	24.26	64.97	0.10	1.30	2.41	61.87

8.1.4.3　稀土的分布特点

稀土元素在地壳中的含量并不稀少，总的克拉克值达到 234.51%，比常见元素铜（克拉克值 10%）、锌（克拉克值 5%）、锡（克拉克值 4%）、铅（克拉克值 1.6%）、镍（克拉克值 8%）和钴（克拉克值 3%）都多。

稀土元素在自然界矿物中的分布总体上看存在着 3 个特点：

(1) 随原子序数的增加，稀土元素的克拉克值呈下降趋势；

(2) 随原子序数为偶数的稀土元素的克拉克值一般大于与其相邻的奇数元素；

(3) 铈组元素（La、Ce、Pr、Nd、Pm、Sm、Eu、Gd）在地壳的含量大于钇组元素（Tb、Dy、Ho、Er、Tm、Yb、Lu、Y）。

8.1.4.4　稀土的赋存状态

在自然界中，稀土主要富集在花岗岩、碱性岩、碱性超基性岩及与它们有关的矿床中。稀土元素在矿物中的赋存状态主要有以下 3 种：

(1) 稀土矿物型。稀土元素参加矿物的晶格，构成矿物必不可少的组成部分，这类矿物通常称之为稀土矿物。独居石（$REPO_4$）和氟碳铈矿〔(La、Ce)FCO_3〕都属于此类。

(2) 类质同象置换型。稀土元素以类质同象置换矿物中 Ca、Sr、Ba、Mn 和 Zr 等元素的形式分散在矿物中。这类矿物在自然界中较多，但是大多数矿物中的稀土含量较低。含稀土的萤石和磷灰石均属于此类。

(3) 离子吸附型。稀土元素呈离子吸附状态赋存于某些矿物的表面或颗粒之间。这类矿物属于风化壳淋积型矿物，稀土离子吸附于那种矿物与该种矿物风化前所含矿母岩有关。例如，风化前的岩石由云母和氟碳铈矿组成，风化后稀土离子则吸附在云母矿表面上。目前已发现这类矿物中的稀土元素大多数是以离子状态吸附在高龄石和云母表面上，只有少量的稀土元素仍以未风化前的稀土矿物存在。

8.2　稀土矿物及其精矿处理方法

8.2.1　稀土矿精矿分解概述

含稀土的原矿经过选矿后所到的高稀土品位的产物称为稀土精矿。我国生产的稀土精矿的化学成分见表 8-4。

表 8-4 稀土精矿的主要化学成分

精矿名称	产地	化学成分（质量分数）/%								
		REO	TFe(Fe$_2$O$_3$)	P(P$_2$O$_5$)	CaO	BaO	SiO$_2$	ThO$_2$	U$_3$O$_8$	其他
氟碳铈矿	四川冕宁	60.12	(0.61)	—	0.46	11.45	—	0.230	—	F 6.57
混合矿	内蒙古包头	50.40	3.70	3.50	5.55	7.58	0.56	0.219	—	F 5.90
独居石	中南某地	60.30	(1.80)	(31.50)	—		1.46	4.70	0.22	
磷钇矿	南方某地	55	0.50	(26~30)	1.0		3	1~2		
含钨磷钇矿	南方某地	10~20	10~20	(5~8)		1		3~10	0.5~1	WO$_3$ 15~25
褐钇铌矿	广西	24.27	—	2.10			5.20	10.50	2.47	(NbTa)$_2$O$_3$ 20.05
褐钇铌矿	湖南	20.82	—	1.96			4.43	5.60	2.24	(NbTa)$_2$O$_3$ 26.99
褐钇铌矿	广东	30.66	—	1.33			2.56	5.00	2.19	(NbTa)$_2$O$_3$ 26.99

精矿中的稀土与原矿中的稀土的赋存形态基本相同，仍然是难溶于水和一般条件下的无机酸的化合物。为使其易溶于水和无机酸，便于从中回收稀土，工业上依据精矿中稀土存在的形态而采用相应的方法，将稀土矿物转化为易于提取稀土的化合物。将稀土矿物转化为易于提取稀土的化合物的过程称为精矿分解，稀土化合物中 REO 与稀土精矿中的 REO 之比的质量分数即为精矿分解率。

本章主要介绍从氟碳铈矿-独居石混合型稀土精矿、氟碳铈矿和风化壳淋积型稀土矿物中回收稀土的方法与原理。

8.2.2 氟碳铈矿-独居石混合型稀土精矿的分解

氟碳铈矿-独居石混合型稀土精矿是我国特有的一种复合型稀土矿物，该矿物含有高温下十分稳定的稀土磷酸盐矿物（独居石），常温下难以用酸分解，使该矿物分解的方法目前仅限于硫酸焙烧和氢氧化钠溶液分解两种。但是由于这两种方法在环境保护和生产成本等方面上分别存在一定的问题，因此开发经济环保型的新工艺一直是人们关注的事情。

8.2.2.1 硫酸焙烧分解方法

硫酸焙烧方法根据焙烧温度的不同分为低温（300℃以下）焙烧和高温（750℃左右）焙烧两种工艺。两种工艺的主要区别在于：高温焙烧过程中精矿中的钍生成了难溶性的焦磷酸钍，浸出过程中与未分解的矿物一起进入渣中，随渣而废弃（因放射性超标必须封存）；低温焙烧过程中精矿中的钍生成了可溶性的硫酸钍，浸出过程中同稀土一起进入浸出液中，待进一步分离。由于高温焙烧的产物在浸出和净化过程中消耗化工原料少，工艺流程短，相对低温焙烧而言具有较高的经济效益，因此被生产企业广泛采用。

A 焙烧过程的分解反应

将浓硫酸与混合型稀土精矿搅拌均匀，在回转窑中加热时稀土矿物将出现如下分解反应：

（1）150～300℃范围内，主要是矿物中的氟碳酸盐、磷酸盐、萤石、铁矿物等与浓硫酸反应，其反应式为：

$$2REFCO_3 + 3H_2SO_4 = RE_2(SO_4)_3 + 2HF\uparrow + 2CO_2\uparrow + 2H_2O\uparrow \qquad (8-1)$$

$$2REPO_4 + 3H_2SO_4 = RE_2(SO_4)_3 + 2H_3PO_4 \qquad (8-2)$$

$$CaF_2 + H_2SO_4 = CaSO_4 + 2HF\uparrow \qquad (8-3)$$

$$Fe_2O_3 + 3H_2SO_4 = Fe_2(SO_4)_3 + 3H_2O\uparrow \qquad (8-4)$$

反应产物 HF 与矿物中 SiO_2 的反应式为：

$$SiO_2 + 4HF = SiF_4\uparrow + 2H_2O\uparrow \qquad (8-5)$$

在此温度区间还存在磷酸脱水转变为焦磷酸，焦磷酸与硫酸钍作用生成难溶的焦磷酸钍的反应式为：

$$2H_3PO_4 = H_4P_2O_7 + H_2O\uparrow \qquad (8-6)$$

$$Th(SO_4)_2 + H_4P_2O_7 = ThP_2O_7 + 2H_2SO_4 \qquad (8-7)$$

生成焦磷酸钍的反应趋势随温度增加而增强，当焙烧温度超过200℃时，ThP_2O_7 的生成量明显增加。

（2）328℃时主要是硫酸的分解反应，其反应式为：

$$H_2SO_4 = SO_3\uparrow + H_2O\uparrow \qquad (8-8)$$

（3）400℃时是硫酸铁分解成盐基性硫酸铁和焦磷酸脱水的反应，其反应式为：

$$Fe_2(SO_4)_3 = Fe_2O(SO_4)_2 + SO_3\uparrow \qquad (8-9)$$

$$H_4P_2O_7 = 2HPO_3 + H_2O \qquad (8-10)$$

（4）622～645℃时是盐基性硫酸盐的分解反应，其反应式为：

$$Fe_2O(SO_4)_2 = Fe_2O_3 + 2SO_3\uparrow \qquad (8-11)$$

（5）800℃时，稀土硫酸盐将分解盐基性硫酸稀土。当焙烧温度超过1000℃时，盐基性硫酸铁进一步分解成氧化稀土，其反应式为：

$$RE_2(SO_4)_3 = RE_2O(SO_4)_2 + SO_3\uparrow \qquad (8-12)$$

$$RE_2O(SO_4)_2 = RE_2O_3 + 2SO_2\uparrow \qquad (8-13)$$

通过反应式（8-1）～式（8-13）可以看出：

（1）精矿的氟碳铈矿、独居石、萤石、铁矿石、硅石等主要成分在300℃以前即可被硫酸分解，稀土矿物转化成可溶性的硫酸盐，这有利于在浸出过程中回收稀土。

（2）以磷酸盐存在的钍[$Th_3(PO_4)$]在300℃以前首先被硫酸分解为可溶性的硫酸盐，而后硫酸盐又与 H_3PO_4 的分解产物焦磷酸和偏磷酸反应生成难溶性的 ThP_2O_7 和 $Th(PO_3)_4$。当焙烧温度高于250℃以上时，硫酸钍生成难溶性化合物的反应趋势增加，在浸出时留于浸出渣的量增加；反之，200℃以下时，硫酸钍生成难溶性化合物趋势减少，浸出时随稀土进入溶液中的量增加。在工业生产中应根据焙烧产物中钍存在的化学形式及溶解性能来确定工艺路线。为了防止放射性元素钍危害劳动人员健康和对环境的污染，生产中希望在精矿分解后的第一工序（浸出）过程将钍分离并回收。

（3）提高焙烧温度有利于稀土矿物的分解，但是过高的温度（800℃以上）稀土硫酸盐会分解成盐基性硫酸稀土，甚至氧化稀土，这将降低稀土的浸出率，对回收稀土不利。

B 影响精矿分解的因素

稀土精矿的焙烧过程在回转窑中进行。与浓硫酸均匀混合的稀土精矿从回转窑的尾部连续加入，随窑体的转动向窑头方向运动。回转窑为内热式，重油燃烧室设在窑头，燃烧气体通过辐射直接加热物料，焙烧反应气体与燃烧气体从窑尾排出，经排风机送入净化系统。

窑内的温度由窑尾至窑头逐渐升高。根据物料在窑内的反应过程大致可以将窑体分为低温区（窑尾部分），温度区间为 150~300℃；中温区（窑体部分），温度区间 300~600℃；高温区（窑头部分），温度区间为 600~800℃。

根据反应式（8-1）~式（8-4）可知，低温区的主要作用是硫酸分解稀土矿物，其化学反应属于固-液-气多相反应；但是由于反应过程中在精矿颗粒表面生成的是多孔膜，而使得扩散过程相对简化。为了便于讨论，现假设硫酸用量很大，反应过程酸浓度不变，液-固相间扩散膜造成的阻力极小（即扩散步骤可以忽略），分解反应速度主要受化学反应步骤控制，此时硫酸焙烧反应动力学方程为：

$$1 - (1 - x)^{\frac{1}{3}} = \frac{k \cdot c_0}{\rho \cdot \gamma_0} t \tag{8-14}$$

式中　x——稀土矿物的反应分数（或表示精矿分解率），%；

　　　ρ——精矿的密度，g/cm^3；

　　　k——化学反应速度常数，$mol^{(1-n)} \cdot L^{(n-1)}/s$；

　　　c_0——硫酸的初始浓度，mol/L；

　　　γ_0——精矿的粒度，cm；

　　　t——反应时间，min。

焙烧温度影响浓硫酸焙烧混合型稀土精矿的反应动力学过程受化学反应速度限制，根据阿伦尼乌斯公式，化学反应速度常数 K 与反应温度 T 有关，其计算公式为：

$$K = Z \cdot e^{-\frac{E}{RT}} \tag{8-15}$$

式中　Z——与反应物浓度和温度无关的常数，$mol^{(1-n)} \cdot L^{(n-1)}/s$；

　　　E——活化能，J/mol；

　　　K——化学反应速度常数，$K = kc_0/\rho\gamma_0$，$mol^{(1-n)} \cdot L^{(n-1)}/s$；

　　　T——温度，K；

　　　R——气体常数。

当提高焙烧温度 T 时，反应速度常数 K 增加，使分解率 x 增加。在高温强化硫酸焙烧工艺中，为了强化稀土矿物的分解反应，使稀土转变成可溶性硫酸盐，而钍、磷、铁、钙等非稀土元素则呈焦磷酸盐和不溶性的硫酸盐留于渣中，通常控制反应温度在 300~350℃，窑尾温度（即低温区）控制在 250℃左右，窑头温度（高温区）控制在 680~750℃之间。如果温度过低，分解速度慢，分解不完全，钍在浸出时分散于溶液和浸出渣中不便于回收；焙烧温度高于 800℃以上时，稀土硫酸盐被分解成难溶的 $RE_2O(SO_4)_2$ 和 RE_2O_3，在浸出时进入渣中，导致稀土的回收率降低。若要实现在浸出液中回收钍，则在焙烧工艺选择时，必须合理地选择焙烧温度，防止温度过高，钍生成焦磷酸盐留于渣中，温度过低，稀土矿物分解不完全，造成分解率过低。

其中，影响硫酸焙烧过程稀土精矿分解的因素主要包括：

（1）硫酸用量对分解率的影响。硫酸作为反应剂在反应前浸润精矿颗粒的周围，当周围的硫酸浓度 c_0 越高时，分解率 x 越大。因此，硫酸加入量在生产中一般都大于理论计算量。实际上，硫酸的用量与精矿品位有关，精矿的品位越低，耗酸越多。这是因为矿物中的萤石和铁矿石等杂质均消耗硫酸。此外，还必须考虑焙烧温度下的硫酸分解而导致的损失。

（2）焙烧温度的影响。由硫酸焙烧反应动力学表达式和阿伦尼乌斯公式可以直观地看出，分解率 x 随温度 T 的增加而增加。但应注意当时间过长时，会延长生产周期，降低回转窑的处理能力。由反应式（8-1）～式（8-4）可知，在低温区是稀土矿物分解的区域，延长分解时间有利于分解率的提高；而对中、高区而言，延长世间会造成硫酸的分解和稀土不溶性化合物的生成，导致硫酸消耗增加与稀土收率下降。因此说明控制回转窑的各温度区段的长度是十分重要的。

（3）精矿粒度的影响。由于硫酸对矿物的浸透能力强，以及固体产物的多孔性，反应剂和产物的扩散速度大，因此浓硫酸焙烧工艺对精矿粒度的要求较宽松，一般小于0.074mm 即可。当粒度过大时，精矿表面积减小，反应速度和分解率降低。

C　稀土的浸出与净化

鉴于目前工业上主要应用高温焙烧工艺分解混合型稀土精矿，以下将主要讲述高温焙烧产物的浸出与净化工艺流程。高温焙烧工艺分解混合型稀土精矿的工艺流程如图 8-1 所示。

从图 8-1 可以看出，焙烧产物中的稀土已经转变为可溶性的硫酸盐，产物中含有少量的残余硫酸，浸出时一般不需要加入硫酸，可以直接用水浸出。由于稀土硫酸盐在水中溶解度较低，对混合铈组稀土而言，常温下仅为 40g REO/L，且随温度的增加而减小，所以在浸出时为了保证稀土浸出完全，应有较大的液固比同时将温度控制在尽可能低的条件下。焙烧产物出窑后不宜存放过长时间，否则将生成溶解速度较慢的含水盐。通常的做法是：热焙烧料直接加水调成浆状，然后经泵打入浸出槽，按固液比 1∶（10～15）在搅拌条件下浸出。

浸出液净化经高温焙烧的稀土精矿，在浸出时可以除去大部分难溶性的非稀土杂质。为保证稀土的充分浸出，一般控制浸出酸度为 0.2mol/L 左右，此条件下稀土的浸出率可以达到95%以上。但是由于浸出酸度过高，浸出液中仍含有少量的钙、铁、磷、硅、铝、钛和微量的钍，从而影响接下来的萃取分离工艺的进行，以及混合氯化稀土和碳酸稀土的产品质量。生产中除去这些杂质的方法为：

（1）在浸出液中加入 $FeCl_3$，调整 $Fe/P = 2～3$，使磷生成 $FePO_4$ 沉淀。其反应式为：

$$FeCl_3 + H_3PO_4 \Longrightarrow FePO_4 + 3HCl \tag{8-16}$$

（2）浸出液中加入 MgO，调整 $pH = 4.0～4.5$，使浸出液中的 $Fe_2(SO_4)_3$ 和 $Th(SO_4)_2$ 水解成氢氧化物沉淀。其反应式为：

$$Fe_2(SO_4)_3 + 6MgO + 3H_2SO_4 \Longrightarrow 2Fe(OH)_3\downarrow + 6MgSO_4 \tag{8-17}$$

$$Th(SO_4)_2 + 4MgO + 2H_2SO_4 \Longrightarrow Th(OH)_4\downarrow + 4MgSO_4 \tag{8-18}$$

（3）浸出液中还含有硅酸和颗粒微小的硫酸钙，从而使过滤和洗涤操作困难，对此可

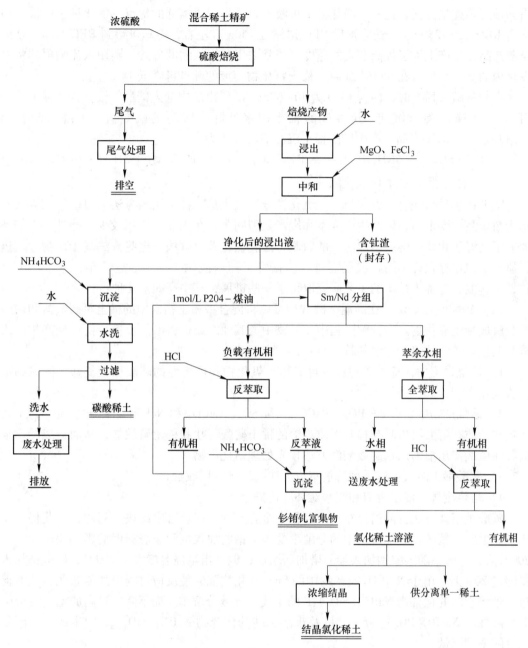

图 8-1 高温焙烧工艺分解混合型稀土精矿的工艺流程图

加入少量的聚丙烯酰胺凝聚剂，促使胶体凝聚，增加过滤速度。

D 浸出液制备混合稀土产品

净化后的浸出液可以作为稀土分离的原料进入萃取车间，并逐一分离单一稀土。根据需要也可以制备成结晶混合氯化稀土和混合碳酸稀土。

制备结晶氯化稀土可由硫酸稀土溶液制备，首先必须将硫酸稀土溶液转化为氯化稀土溶液。转化的方法总体可分为固体沉淀—盐酸溶解和溶剂萃取—盐酸反萃两大类，后者具有与前工艺连接方便，进一步净化稀土溶液，以及生产成本低的优点。氯化稀土溶液一般含有 REO 200~280g/L，经蒸发后 REO 浓缩至 450g/L 左右，冷却可得到 $RECl_3 \cdot nH_2O$ 的结晶产品。生产上为了提高蒸发的速度，通常采用减压浓缩的方式。利用水流喷射器将蒸发罐内的真空度保持在 $6 \times 10^4 Pa$ 时，稀土氯化物溶液的沸点可降低 14℃ 左右。

在制备碳酸稀土时，向含 REO 为 40~60g/L 的浸出液中加入碳酸氢铵（固体或液体均可），产生碳酸稀土沉淀。沉淀碳酸稀土用水洗除去吸附的硫酸盐，过滤后制备出 $RE_2(CO_3)_3 \cdot nH_2O$ 产品。产生碳酸稀土沉淀的反应式为：

$$RE_2(SO_4)_3 + 6NH_4HCO_3 \Longrightarrow RE_2(CO_3)_3 + 3(NH_4)_2SO_4 + 3H_2O + 3CO_2 \quad (8-19)$$

E　其他分解方法及研究进展

除上述硫酸焙烧分解方法外，氢氧化钠分解法也是一种常用的方法。但由于该方法对稀土精矿品位要求高，以及生产成本和废水处理问题，在工业中应用较少。此外，人们还研究了高温氯化法、熔盐萃取法、酸碱联合法和氯化铵分解法。这些方法基于矿物性质进行研究，但也存在许多问题或还需进一步研究，而未能用于生产。近几年，基于环境保护，分解混合型稀土精矿的工艺研究取得了一些进展，其中有如下几种：

（1）碳酸钠焙烧法。在高温下碳酸钠可以将混合型稀土精矿中的稀土氟碳酸盐和磷酸盐分解成稀土氧化物。在分解过程中，矿物中的其他组成也将参加反应，使焙烧产物的组成复杂化。碳酸钠焙烧方法的特点是：

1）焙烧过程中，稀土矿物被分解成稀土氧化物和可溶性的磷酸稀土复盐，同时铈由三价氧化为四价。

2）焙烧产物中含有 Na_3PO_4、$BaCO_3$、Na_2SO_4、$CaCO_3$ 和 NaF 等非稀土杂质。为了防止这些杂质在硫酸浸出时与稀土形成难溶的稀土硫酸复盐和稀土磷酸盐，从而造成稀土损失，在硫酸浸出前需用水洗或酸洗方法预先处理焙烧产物。

3）硫酸稀土溶液可以采用溶剂萃取方法提取铈并回收钍；

4）焙烧废气、浸出废渣和废水对环境污染小。

碳酸钠焙烧方法目前尚存在焙烧过程中焙烧产物在回转窑中结块等问题，因此仍未用于工业生产。精矿在焙烧过程中的分解率受碳酸钠的加入量和焙烧温度的影响比较大。在700℃前，分解率随碳酸钠加入量的增加而增加；但是当焙烧温度大于700℃，碳酸钠加入量超过 20% 后，由于 Na_2CO_3 与矿物中的 SiO_2 作用增强，使反应过程更加复杂化，从而促进了难溶于酸的化合物 $NaRE_4(SiO_4)_3F$ 的生成，导致分解率反而下降。过高的温度将会引起可溶性的 $Na_3RE(PO_4)_2$ 分解，以及难溶于酸的化合物 $NaRE_4(SiO_4)_3F$ 的生成，从而导致分解率的降低。

（2）CaO 分解法。CaO-NaCl 分解混合型稀土精矿是借助溶剂 NaCl 增强 CaO 对 REPO$_4$ 和 REFCO$_3$ 的分解作用。在 600~900℃ 的焙烧温度下，REPO$_4$ 和 REFCO$_3$ 被分解为 REO 和 $Ca_5F(PO_4)_3$，分解的同时，Ce_2O_3 被空气中的氧氧化成 CeO_2。

焙烧过程中产生的废气的主要成分是 CO_2，对环境无污染。选用 $HCl-H_3cit$ 体系和磷络合剂浸出氧化钙分解包头稀土矿的分解产物，可使磷以羟基磷灰石从溶液中沉淀，与稀土分离，磷回收率大于 99%，稀土的损失率小于 1%。磷灰石可用于化工厂生产磷化工产品。经脱磷处理后的焙烧产物，以低浓度氟络合剂作为助浸剂用 HCl 溶液浸出稀土氧化物和氟，稀土氧化物的浸出率为 99.6%，氟的浸出率为 98.5%。浸出液采用 P204（或

P507）萃取稀土，萃余液用 NaOH 调解回收冰晶石，其可用于铝电解。钍元素以氧化物存在于浸出渣中，用 6mol/L H_2SO_4 浸出铁钍渣和浸出渣中的钍，钍的溶出率大于 90%；浸出液采用 P204 萃取—草酸铵反萃的方法回收草酸钍。此浸出渣符合国家放射性废物标准。

8.2.3 氟碳铈矿的分解

氟碳铈矿的化学分子式为 $REFCO_3$[或 $RE_2(CO_3)_3 \cdot REF$]，是稀土碳酸盐和稀土氟化物的复合化合物，其中以轻稀土元素为主，铈占稀土元素的 50% 左右。氟碳铈矿在空气中 400℃ 以上的高温下可分解成稀土氧化物和氟氧化物；在常温下盐酸、硫酸、硝酸溶液可以溶解氟碳铈矿中的碳酸盐。我国氟碳铈矿产地主要是四川省，生产中所采用的方法以空气氧化焙烧为主。

8.2.3.1 氧化焙烧分解氟碳铈矿

A 焙烧过程的分解反应

氟碳铈矿的 TG-DTA 测试实验表明，$REFCO_3$ 在 390～421℃ 间开始分解。430℃ 和 510℃ 下，氟碳铈矿焙烧产物的 XRD 的分析结果显示：430℃ 时，$REFCO_3$ 只是部分分解；510℃ 时，$REFCO_3$ 完全分解，其焙烧过程的分解反应为：

$$REFCO_3 \rightleftharpoons REOF(CeOF) + CO_2 \uparrow \tag{8-20}$$

由于焙烧过程在敞开式的回转窑中进行，空气中的氧进一步同 CeOF 进一步反应，将三价铈部分氧化，其反应式为

$$3CeOF + 1/2O_2 \rightleftharpoons Ce_3O_4F_3(即 2CeO_2 \cdot CeF_3) \tag{8-21}$$

当空气中的水分含量较高时，还存在着 REOF(CeOF) 的脱除氟反应，同时三价氧化铈又有部分被氧化，这一化学反应随着温度的升高而加强。其反应式为：

$$2REOF(CeOF) + H_2O \rightleftharpoons RE_2O_3(Ce_3O_2) + 2HF \tag{8-22}$$

$$3Ce_3O_2 + O_2 \rightleftharpoons Ce_6O_{11}(即 4CeO_2 \cdot Ce_3O_2) \tag{8-23}$$

由于稀土元素原子半径十分相近，焙烧产物 $2CeO_2 \cdot CeF_3$ 和 $4CeO_2 \cdot Ce_3O_2$ 中铈原子也可能部分被其他稀土原子取代，以 $2CeO_2 \cdot LaF_3$、$4PrO_2 \cdot Pr_3O_2$ 和 $3CeO_2 \cdot 0.5Nd_3O_2$ 等类质同像物质存在于焙烧产物中。

焙烧和浸出实验证明：焙烧温度越高，铈的氧化率越高，这对于利用四价铈和三价稀土之间的化学性质的差别提取铈是十分有利的。但是，稀土的浸出率在焙烧温度超过 500℃ 以后，随焙烧温度的升高而降低（见表 8-5）。因此，为了获得较高的稀土浸出率和铈氧化率，实际生产中应选择适当的焙烧温度。

表 8-5 氟碳铈矿焙烧温度与稀土浸出率和氧化率的关系（焙烧 1h）

焙烧温度/℃	REO 浸出率/%	CeO_2 浸出率/%	铈氧化率/%	渣残留率/%
300	10.48	14.95	73.52	96
400	78.42	76.67	97.88	36
500	96.58	99.88	99.82	22
600	86.72	98.22	98.12	27
700	86.65	100.61	98.82	29
800	84.39	93.06	100.00	30

B 从焙烧产物中回收稀土

氟碳铈矿经过氧化焙烧后，稀土可依据产品方案分别选用盐酸、硫酸、硝酸溶液浸出。工业生产中曾经使用硫酸浸出—复盐沉淀方法处理焙烧产物，该方法是基于三价的稀土元素能与 Na_2SO_4 形成难溶性的硫酸复盐，而四价的铈则不形成难溶复盐的原理而设计的，此方法的目的是生产中等纯度的氧化铈（$CeO_2/REO = 98\% \sim 99\%$）。

但是由于工艺过程中消耗硫酸钠、苛性钠等化工原料较多，使生产成本升高和物料形态（固体、液体）转换次数多而造成的劳动强度大，以及稀土收率较低等原因，现在已逐渐被氧化焙烧—稀盐酸浸出—氢氧化钠二步分解方法所取代。

8.2.3.2 氧化焙烧—稀盐酸浸出—氢氧化钠二步分解方法

焙烧产物中的二氧化铈难溶于稀酸。当用稀盐酸浸出焙烧产物时，控制浸出条件可以使非铈稀土（包括以三价形式存在的铈）溶入溶液中，二氧化铈留在浸出渣中。因为在此过程中优先浸出的是非铈稀土，所以这种方法也常称为"优浸"。氧化焙烧—稀盐酸浸出—氢氧化钠二步分解方法工艺流程如图 8-2 所示。

在优先溶出过程中，随着盐酸不断地消耗，溶液的 pH 值不断升高，从而影响浸出，因此需缓慢补加盐酸。铈产品的纯度与浸出酸度有关，pH 值越小，纯度越高，但是铈的回收率减小。盐酸溶解时，Cl^- 具有很强的还原性，可以将 Ce^{4+} 还原为 Ce^{3+} 溶入浸出液中，影响铈的回收率，这一反应在高温和高酸度下更为显著。

优溶酸度较高时，铁、钍等非稀土杂质也将进入少铈溶液，在萃取分离前应采用调整 $pH = 4.0 \sim 4.5$ 方法使铁和钍水解为氢氧化物而除去。优溶渣中除二氧化铈外还有稀土氟化物、铁、钍的氧化物和未分解的矿物，采用碱分解的目的是获得更高的稀土回收率。这一流程特点是：

（1）设备简单投资少，生产过程易于操作；

（2）铈产品生产成本较低，但纯度较低，仅为 98%；

（3）渣中的萤石、重晶石、铁矿石和剩余稀土一同作为冶炼稀土硅铁合金的原料使用，不仅降低了冶炼稀土硅铁合金的原料成本，也有效地利用了矿物中的萤石、重晶石和铁矿石。

该流程的问题是钍和氟没有回收，特别是氟分散于焙烧尾气，碱分解废水中难回收，从而对环境造成污染。

8.2.3.3 其他分解氟碳铈矿的方法

采用焙烧分解氟碳铈矿过程中，将会产生氟化氢气体排入空气中，从而污染环境，并浪费氟资源。下面介绍几种有利于氟回收的氟碳铈矿分解方法。

A 盐酸—氢氧化钠两步分解法

氟碳铈矿的分子式为 $REFCO_3$，其化学组成为 $RE_2(CO_3)_3 \cdot REF_3$，也可以看成是由稀土的碳酸盐和氟化物所组成。根据稀土碳酸盐易溶于盐酸，稀土氟化物可用碱分解的原理，可以首先用浓盐酸分解 $REFCO_3$，使矿物中的碳酸盐溶解，未分解的 REF_3 进入渣中；水洗涤后，再用氢氧化钠分解 REF_3，使其转化为稀土的氢氧化物。碱分解得到的稀土氢氧化物经水洗去 NaF 和过剩的碱，再制取氯化稀土溶液。

盐酸—氢氧化钠二步分解方法工艺过程简单，无须转换稀土的物质形态，可直接制取混

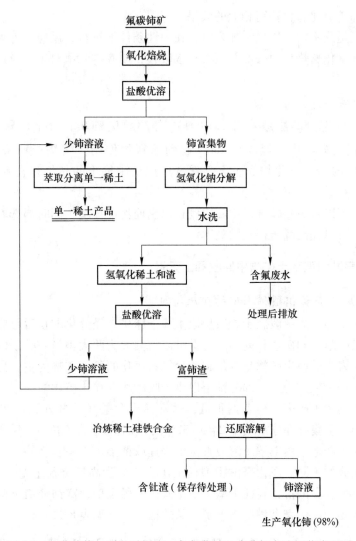

图 8-2　氧化焙烧—稀盐酸浸出—氢氧化钠二步分解方法工艺流程图

合氯化稀土产品。其优点是：工艺过程中碱消耗低，废渣量小；缺点是：在浓盐酸分解时，温度高，时间长，酸雾大，易腐蚀设备。钍集中于渣中，属于放射性废物，应封存保管。

B　低温活化—稀盐酸浸出—氢氧化钠二步分解方法

在盐酸—氢氧化钠二步分解方法基础上，采用 400℃ 以下的温度处理氟碳铈矿，使其化学活化增强。经活化处理的矿物可按盐酸溶解碳酸盐—氢氧化钠分解氟化物的两步法提取稀土，其优点是采用稀盐酸溶解碳酸盐矿物，克服了浓盐酸分解时，温度高、时间长、酸雾大、易腐蚀设备的缺点。

C　氯化铵焙烧法

氯化铵焙烧法分解稀土矿是通过 NH_4Cl 在一定温度条件分解生成 HCl，使矿物中稀土氯化，然后用水浸出氯化物的方法。该方法具有氯化选择性好、氯化率高、氯化条件温和等突出优点，已用于攀西稀土矿黑色风化矿泥中胶态相稀土的提取，获得了良好结果。进一步用于氟碳铈矿氯化，也获得相似的效果。

该法的特点是既不加入酸也不加入碱，在中性条件下进行，反应条件温和。由于该法首先加入加助剂氧化焙烧，脱去氟并用石灰水吸收，彻底排除氟对工艺及产品的影响，稀土回收率大大提高。

D 钙化分解—浮选分离法

钙化分解—浮选分离法是采用 $Ca(OH)_2$ 分解氟碳铈矿，分解后稀土以氧化物形式存在，同时钙与矿物中的氟生成 CaF_2 起到固氟的作用。焙烧产物采用浮选分离的方法分离产物中的稀土氧化物和萤石，浮选后尾矿中稀土的品位和收率均可达到90%以上。

该方法不仅可以避免氟碳铈矿中氟以气相逸出而污染环境，同时浮选剥离部分脉石后的稀土品位高，可以提高稀土回收的效率。

8.2.4 从风化壳淋积型稀土矿物中回收稀土元素

8.2.4.1 风化壳淋积型稀土矿的矿床特征

风化壳淋积型稀土矿一般属于岩浆型原生稀土床矿，经分化淋积后形成的风化构造地带。按稀土离子吸附相和矿物相的相对含量可以将其分为两大类：一类是以离子吸附相为主，其特点是母岩中的原生矿物是以复碳酸盐等易风化的稀土矿物为主；另一类是以磷钇矿、独居石等单一稀土矿为主，部分稀土以离子吸附相存在于矿物中。

风化壳淋积型稀土矿床品位普遍很低，通常稀土含量（质量分数）在 0.05%~0.3% 之间。稀土一半以上集存在原矿质量 24%~32% 的 0.074mm 的矿粒中，用通常的选矿方法难以选出稀土。生产上采用电解质溶液直接渗浸提取稀土。

根据稀土配分的不同，风化壳淋积型稀土矿主要分为高钇重稀土型、中钇重稀土型、中钇富铕轻稀土型、高镧富铕轻稀土型、中钇低铕轻稀土型、富铈轻稀土型和无选择配分等类型，几种重要的风化壳淋积型稀土矿产品的稀土配分见表8-6。

表8-6 几种重要的风化壳淋积型稀土矿产品的稀土配分 （质量分数/%）

稀土组分	白云母花岗岩风化壳富钇重稀土矿	黑云母花岗岩风化壳富铕中钇轻稀土矿	黑云母花岗岩风化壳中钇重稀土矿	花岗斑岩风化壳富镧钕轻稀土矿	黑云母花岗岩风化壳中钇轻稀土矿	二云母花岗岩风化壳无选择配分型
La_2O_3	2.10	20.0	8.45	29.84	27.36	13.09
CeO_2	<1.00	1.34	1.09	7.13	3.07	1.30
Pr_6O_{11}	1.10	5.52	1.88	7.41	5.78	4.87
Nd_2O_3	5.10	26.00	7.36	30.18	18.66	13.44
Sm_2O_3	3.20	4.50	2.55	6.32	4.28	4.04
Eu_2O_3	<0.3	1.10	0.20	0.51	<0.3	0.23
Gd_2O_3	5.69	4.54	6.75	4.21	4.37	5.05
Tb_4O_3	1.13	0.56	1.36	0.46	0.70	1.17
Dy_2O_3	7.48	4.08	8.60	1.77	4.00	7.07
Ho_2O_3	1.60	<0.30	1.40	0.27	0.51	1.07
Er_2O_3	4.26	2.19	4.22	0.88	2.26	3.07

稀土组分	白云母花岗岩风化壳富钇重稀土矿	黑云母花岗岩风化壳富铕中钇轻稀土矿	黑云母花岗岩风化壳中钇重稀土矿	花岗斑岩风化壳富镧钕轻稀土矿	黑云母花岗岩风化壳中钇轻稀土矿	二云母花岗岩风化壳无选择配分型
Tm_2O_3	0.60	<0.30	1.16	0.13	0.32	1.47
Yb_2O_3	3.34	1.40	4.10	0.62	1.97	1.98
Lu_2O_3	0.47	<0.30	0.69	0.13	<0.30	0.47
Y_2O_3	62.90	25.89	49.88	10.07	26.36	41.68

8.2.4.2 渗浸法处理风化淋积型稀土矿的基本原理

风化淋积型稀土矿中的稀土大多以离子相吸附在高岭石等铝硅酸盐矿物颗粒表面上，因此也称其为离子吸附矿。稀土在这些矿物上的吸附可以表示为：

（1）吸附稀土的高岭石，即 $[Al_2Si_2O_5(OH)_4]_m \cdot nRE$；

（2）吸附稀土的多水高岭石，即 $[Al(OH)_6Si_2O_3(OH)_3]_m \cdot nRE$；

（3）吸附稀土的白云母，即 $[KAl_2(AlSiO_3O_{10})(OH)_2]_m \cdot nRE$。

当电解质溶液同矿物接触时，稀土离子与电解质的阳离子发生交换反应，其反应式为：

$$Am \cdot nRE^{3+} + mMe^{k+} \longrightarrow Am \cdot mMe^{k+} + nRE^{3+} \tag{8-24}$$

式中　Am——铝硅酸盐矿物；

　　　Me——电解质的阳离子。

电解质的阳离子与稀土离子的交换顺序是：$H^+ > NH_4^+ > Na^+$。比较各种电解质可知，硫酸铵作为淋洗剂用具有如下优点：

（1）化工原料消耗少，稀土回收率高，以及单位产品成本低；

（2）回收稀土后的废水处理后可达到工业排放标准；

（3）对于原地渗浸工艺而言，有利于植被的恢复。

因此，目前工业上主要采用硫酸铵浸取风化淋积型稀土矿中的稀土。

8.2.4.3 渗浸工艺

从离子吸附矿浸出稀土的方法分为池浸和原地溶浸。池浸方法是用传统的露采工艺，将矿体表土剥离后，采掘稀土矿石，将矿石搬运至合适厂址而建设的一系列浸析池中，用溶浸液浸析矿石。由于该方法需要剥离大量的矿石，量的尾沙及剥离物就地堆弃，不但占用了土地，而且严重破坏和污染了矿区环境；同时该方法还存在资源利用率低、劳动强度大和生产成本高的问题。这些严重制约了这种方法的应用和矿山的可持续发展。池浸法具有生产能力大、工艺及技术简单、方法可靠且生产难度低等优点，因此一些稀土矿山仍在使用该法进行开采。

原地溶浸开采是指在不破坏矿区地表植被、不开挖表土与矿石的情况下，将浸出电解质溶液经浅井（槽）直接注入矿体，电解质溶液中的阳离子将吸附在黏土矿物表面的稀土离子交换解吸下来，形成稀土母液，进而收集浸出母液回收稀土的方法。其主要工艺流程如图 8-3 所示。

从图 8-3 可以看出，原地溶浸开采离子吸附型稀土矿，基本上不破坏矿山植被，不产

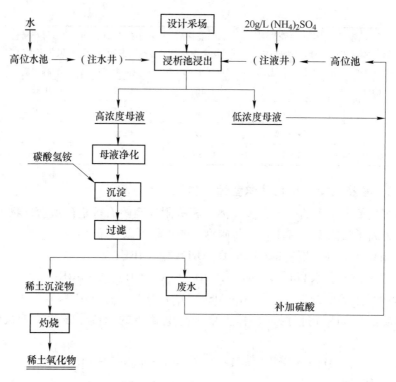

图 8-3　原地溶浸工艺流程图

生剥离物及尾沙污染，而且对资源的利用率与池浸法相比有了较大的提高，同时生产成本也降低很多。这对于离子吸附型稀土矿有很好的应用前景，已逐步取代池浸开采法。原地浸出过程按以下步骤进行。

（1）电解质溶液沿注液井中风化矿体的孔裂隙在自然重力及侧压力下进入矿体，并附着在吸附了稀土离子的矿物表面。

（2）溶液在重力作用下，在孔裂隙中扩散，挤出在矿体中的孔裂隙水。与此同时，溶液中活泼性更大的阳离子与矿物表面的稀土离子发生交换解吸，并使稀土离子进入溶液生成孔裂隙稀土母液。

（3）裂隙中已发生交换作用的稀土母液被不断加入的新鲜溶液挤出，与矿物里层尚未发生交换作用的稀土离子发生交换解吸作用。

（4）挤出的地下水及形成的稀土母液到达地下水位后，逐渐提高原地浸析采场的原有地下水位，形成原地浸析采场的母液饱和层。

（5）饱和层形成的地下水坡度到达一定的高度（>15°）时，形成稳定的地下母液径流，流入集液沟中被收集。

（6）浸矿液注完后，加注顶水挤出剩留在矿体中的稀土母液。

8.2.4.4　从渗浸液中提取稀土的方法

A　沉淀法

工业中常用草酸或碳酸氢铵从酸溶液中沉淀稀土，其原因是：相对于用氢氧化钠、氨水等作为沉淀剂而获得的沉淀物易于过滤，稀土回收率高。工艺上，视加入沉淀剂的不同称为草酸沉淀法或碳酸氢铵沉淀法。其中，草酸沉淀法和碳酸氢铵沉淀法的原理包括：

（1）草酸沉淀法。向稀土浸出液中加入草酸溶液，则沉淀出稀土草酸盐。其沉淀反应为：

$$2RE_2(SO_4)_3 + 3H_2C_2O_4 \Longrightarrow RE_2(C_2O_4)_3 + 3H_2SO_4 \tag{8-25}$$

沉淀过程中，如果渗浸液中的铝、铁、硅等非稀土杂质的浓度较高时，会形成稀土草酸盐复盐 $RE[Al(C_2O_4)_3]$ 和 $RE[Fe(C_2O_4)_3]$，造成稀土的回收率降低。加大草酸用量可以增加稀土的回收率，但会引起含杂质复盐的沉淀，从而引起产品的纯度降低。特别是渗浸液中含有钙离子时，为了防止钙形成草酸盐沉淀，影响稀土的纯度，必须控制 pH 值为 1.5~2.5。因此，控制渗浸液中的杂质含量和草酸的加入量，以及沉淀溶液的 pH 值可以提高稀土沉淀物纯度和回收率。

稀土草酸盐经过滤和水洗除去杂质，然后在 800~900℃ 下灼烧便可得到混合稀土氧化物产品。草酸沉淀后滤液的 pH 值约在 1.5 左右，因其中含有过量的草酸根，不能直接返回作淋洗剂用。向滤液中加入碱或石灰水，调整 pH 值为 5.5~6.0，使大量草酸钙沉淀出去，此时滤液含 $C_2O_4^{2-}$ 降至 40μg/L 以下，可返回浸矿。滤渣中含 REO（质量分数）约 45%~60%，能直接用作生产稀土硅铁的原料。

该方法的优点是产品纯度高，操作过程简单。缺点是草酸价格高，消耗大，重稀土的草酸盐在母液中的溶解度较大，使稀土的回收率较低。

（2）碳酸氢铵沉淀法。用碳酸氢铵作沉淀剂，与稀土发生沉淀反应，其反应式为：

$$RE_2(CO_3)_3 + 6NH_4HCO_3 \Longrightarrow RE_2(CO_3)_3 + 3(NH_4)_2SO_4 + 3CO_2 + H_2O \tag{8-26}$$

所得沉淀物经过滤、烘干和灼烧便可得混合稀土氧化物产品。该法的特点是沉淀率高，成本低，生产周期短并污染小；缺点是沉淀过程易产生絮状沉淀，不宜过滤和沉淀低纯度产品。

B 萃取法

渗浸液中稀土的浓度较低，需经过富集后才能用于工业生产。一般可用价格便宜的萃取剂（如环烷酸）进行萃取富集。富集后的溶液再采用 P507 萃取剂分离单一稀土（详见 8.3 节溶剂萃取法分离稀土）。

C 液膜法

液膜技术具有高效、快速、高选择性和节能等优点。液膜法对稀土的提取率可达 99.4% 以上，稀土可富集至 110g/L。提取稀土的液膜体系以溶有表面活性剂 ME-301 和载体 P507 的煤油为液膜相，HCl 为内相，制成油包水型浮液；在搅拌下将乳液分散在稀土料液（外相）中，形成水包油，油内又包水的多重乳液体系。稀土离子与 P507 络合，并通过膜相向另一侧扩散，在乳球界内与盐酸作用发生解络，RE^{3+} 进入内相得到富集。

8.3 溶剂萃取法分离稀土

由于稀土元素之间的物理和化学性质十分相近，采用一般的分级结晶、分步沉淀等化学方法，从稀土精矿分解所得到的混合稀土产品中分离提取出高纯度的单一的稀土元素非常困难。利用每一个稀土元素在两种不互溶的液相（有机溶剂相和水溶液相）之间的不同分配，将混合稀土原料中的每一稀土元素经过多次分配而逐一分离的方法称之为稀土溶剂串级萃取分离法。稀土分离工艺采用的萃取剂可大致分为酸性萃取剂、螯合型萃取剂、中性萃取剂和碱性萃取剂（见表8-7）。稀土分离工业中常应用的操作方式是分馏萃取，该种方式具有生产的产品纯度和收率高，化学试剂消耗少，生产环境好，生产过程连续进行，以及易于实现自动化控制等优点。

表 8-7　工业上常用的萃取剂

萃取剂		结　构	商 用 萃 取 剂
酸性萃取剂	羧酸类	R_1—C—CH_3，R_2—C—COOH	Versatic 酸： $R_1 + R_2 = C_7$，新癸酸 Versatic 10； $R_1 + R_2 = C_6 - C_8$，叔碳羧酸 Versatic 911
		R_2，R_1，R_3，R_4 —(CH$_2$)$_n$COOH	环烷酸
	磷酸类	R_1，R_2，P，O，OH	$R_1 = R_2 = C_4H_9CH(C_2H_5)CH_2O—$， 二-（2-乙基己基）磷酸（D2EHPA） $R_1 = C_4H_9CH(C_2H_5)CH_2O—$，$R_2 = C_4H_9CH(C_2H_5)CH_2—$， 2-乙基己基膦酸单 2-乙基己基脂 （EHEHPA，HEHEHP，P507，PC88A） $R_1 = R_2 = C_4H_9CH(C_2H_5)CH_2—$， 二-（2-乙基己基）膦酸（P229） $R_1 = R_2 = CH_3(CH_2)_3CH_2CH(CH_3)CH_2—$， 双（2,4,4-三甲基戊基）膦酸（Cyanex 272）
		R_1，R_2，P，S，OH	$R_1 = R_2 = CH_3(CH_2)_3CH_2CH(CH_3)CH_2—$， 二烷基一硫代膦酸（Cyanex 302）
		R_1，R_2，P，S，SH	$R_1 = R_2 = CH_3(CH_2)_3CH_2CH(CH_3)CH_2—$， 二烷基二硫代膦酸（Cyanex 301）
螯合型萃取剂		$R_1C—CH_2—CR_2$，O，O	$R_1 = R-C_6H_5$，$R_2 = CH_3(CH_2)_5—$， β-二酮类萃取剂（LIX 54）

萃取剂	结　构	商 用 萃 取 剂
中性萃取剂	$R_1 \diagup\!\!\!\!\overset{O}{P}\!\!\!\!\diagdown R_3$ R_2	$R_1 = R_2 = R_3 = CH_2(CH_2)_2CH_2O-$，磷酸三丁酯（TBP） $R_1 = R_2 = CH_2(CH_2)_2CH_2O-$，$R_3 = CH_2(CH_2)_2CH_2-$， 丁基膦酸二正丁酯（DBBP） Phosphine oxides： $R_1 = R_2 = R_3 = CH_2(CH_2)_6CH_2-$， 三辛基氧化膦（TOPO，Cyanex921）
碱性萃取剂	RNH_2 $R_1 \diagup\!\!\!\overset{CH_3Cl}{N}\!\!\!\diagdown R_3$ R_2	$R = (CH_3)_3C(CH)_2C(CH_3)_2$ 伯胺萃取剂（N1923） $R_1 = R_2 = R_3 = C_8-C_{10}$（三辛基甲基氯化铵 Aliquat 336， 甲基三烷基（C_8-C_{10}）氯化铵 Adogen 464）

8.3.1　分馏串级萃取工艺

8.3.1.1　分馏萃取过程的主要阶段

分馏萃取工艺（见图 8-4）由逆流萃取段、逆流洗涤段和反萃取段组成，各段分别由若干级单一萃取器串接而成，其作用分别是：

（1）萃取段由 1 至 n 级组成。在第 n 级加入料液 F，第 1 级混合室加入有机相 S，并从该级澄清室流出含有难萃组分的萃余水相。萃取段的作用是使料液中的易萃组分 A 和有机相经过 n 级的逆流接触后，与萃取剂形成萃合物被萃取到有机相中，与难萃组分 B 分离。

（2）洗涤段由 $n+1$ 至 m 级组成。在第 m 级加入洗涤液 W（如酸溶液和去离子水等），使其与已经负载了被萃物的有机相经过 $m-n+1$ 级的逆流接触。洗涤段的作用是将机械夹带或少量萃取入有机相的难萃组分 B 洗回到水相中，以提高易萃组分 A 的纯度。

（3）反萃段在反萃段中用水溶液（如酸溶液、碱溶液、去离子水等）与有机相接触，使经过洗涤纯化的易萃物 A 与有机相解离返回水相。反萃过程是萃取的逆过程，反萃取是萃取反应的逆反应。反萃段所需要的级数与被萃物的反萃率有关。经反萃的有机相可以循环使用。

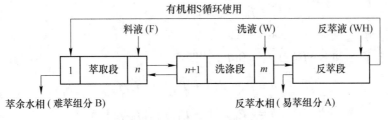

图 8-4　分馏萃取工艺流程图

8.3.1.2　最优化分馏萃取工艺设计

A　设计步骤

对一个确定的萃取体系，进行最优化工艺设计过程可分为 6 个主要步骤。

a   确定分离系数

由单级萃取试验测试不同料液浓度、料液酸度、料液组成和有机相组成等萃取条件下各金属离子的分配比 D，划分分离界限，依两组分的假设确定易萃组分 A 和难萃组分 B。以分离界限两相邻金属离子的分配比计算萃取段和洗涤段的分离系数 β 和 β'。分配比 D 的意义是萃取平衡时被萃物在有机相中与水相中的浓度比；分离系数 β 和 β' 是两种被萃物分配比 D 的比值，通常以较大者为分子（计为易萃组分 A），较小者为分母（计为难萃组分 B）。

b   确定分离指标

分离指标是指萃取生产产品应达到的纯度和收率。分离指标的确定主要取决于产品方案。在生产实践中，根据原料中的稀土配分和市场对稀土产品的需求，通常有 3 种产品方案。第 1 种，萃组分 A 为主要产品，规定了 A 的纯度 $\overline{P_{A_{n+m}}}$ 和收率 Y_A；第 2 种，难萃组分 B 为主要产品，规定了 B 的纯度 P_{B_1} 和收率 Y_B；第 3 种，要求 A 和 B 同为主要产品并同时规定了 A 和 B 的纯度。在萃取工艺的设计中为了计算方便，也常把纯化倍数 a 和 b，水相出口 B 的分数 f'_B，以及有机相出口 A 的分数 f'_A 归入分离指标中。由于 3 种产品方案给出的规定指标不同，因此计算纯化倍数 a 和 b 以及出口分数 f'_B 和 f'_A 的方法随之也分为如下 3 种：

（1）规定了 A 的纯度 $\overline{P_{A_{n+m}}}$ 和收率 Y_A，即：

$$a = \overline{P_{A_{n+m}}}/(1 - \overline{P_{A_{n+m}}}) \Big/ f_A/f_B \tag{8-27}$$

$$b = (a - Y_A)/a(1 - Y_A) \tag{8-28}$$

$$P_{B_1} = bf_B/(f_A + bf_B) \tag{8-29}$$

$$f'_A = f_A \cdot Y_A \overline{P_{A_{n+m}}} \tag{8-30}$$

$$f'_B = 1 - f'_A$$

（2）规定了 B 的纯度 P_{B_1} 和收率 Y_B，即：

$$b = [P_{B_1}/(1 - P_{B_1})]/[f_B/f_A] \tag{8-31}$$

$$a = (b - Y_B)/b(1 - Y_B) \tag{8-32}$$

$$\overline{P_{A_{n+m}}} = af_A/(f_B + af_A) \tag{8-33}$$

$$f'_B = f_B \cdot Y_B/P_{B_1}$$

$$f'_A = 1 - f'_B \tag{8-34}$$

（3）规定了 A 和 B 的纯度 $\overline{P_{A_{n+m}}}$ 和 P_{B_1}，即：

$$a = \overline{P_{A_{n+m}}}/(1 - \overline{P_{A_{n+m}}}) \Big/ f_A/f_B \tag{8-35}$$

$$b = [P_{B_1}/(1 - P_{B_1})]/[f_B/f_A] \tag{8-36}$$

$$Y_B = b(a - 1)/(ab - 1) \tag{8-37}$$

$$Y_A = a(b - 1)/(ab - 1) \tag{8-38}$$

$$f'_A = f_A \cdot Y_A / \overline{P_{A_{n+m}}} \tag{8-39}$$

$$f'_B = f_B \cdot Y_B/P_{B_1} \tag{8-40}$$

制定完产品方案后，还需通过以下步骤对分离指标进行确定：

（1）判别控制段。确定进料方式后，按表 8-11 中规定判别萃取过程所处的控制段，并计算相关参数。

表 8-8　不同控制状态下最优化参数计算方法

进料	萃取段控制		洗涤段控制	
水相进料	判别：$f_B' > \sqrt{\beta}/(1+\sqrt{\beta})$		判别：$f_B' < \sqrt{\beta}/(1+\sqrt{\beta})$	
	$E_m = 1/\sqrt{\beta}$		$E_m' = \sqrt{\beta}$	
	$E_m' = E_m \cdot f_B'/(E_m - f_A')$		$E_m = E_m' \cdot f_A'/(E_m' - f_B')$	
	$S = E_m f_B'/(1 - E_m)$　　$W = S - f_A'$			
有机进料	判别：$f_B' > 1/(1+\sqrt{\beta})$		判别：$f_B' < 1/(1+\sqrt{\beta})$	
	$E_m = 1/\sqrt{\beta}$		$E_m' = \sqrt{\beta}$	
	$E_m' = (1 - E_m \cdot f_A')/f_B'$		$E_m = (1 - E_m' \cdot f_B')/f_A'$	
	$S = E_m f_B'/(1 - E_m)$　　$W = S + f_B'$			

注：表 8-8 中 E_m 和 E_m' 分别是萃取段混合萃取比和洗涤段混合萃取比，其意义可参见徐光宪萃取理论有关文献。

（2）计算最优化工艺参数和级数。遵照表 8-11 的计算程序计算 E_m、E_m'、S 和 W。最优化的混合萃取比 E_m 和 E_m' 代入级数计算公式（8-41）和式（8-42），得到恒定混合萃取比最优化条件下的分馏萃取级数计算公式，即：

$$n = \ln b/\ln \beta E_m \tag{8-41}$$

$$m + 1 = \ln a/\ln(\beta'/E_m') \tag{8-42}$$

（3）计算萃取过程的流比。公式（8-27）~公式（8-42）均以进料量 $M_F = 1$ 为基准，且计算得到的萃取量 S 和洗涤量 W 为质量流量（mol/min 或 g/min），而实际生产中为了方便流量控制，采用的是体积流量（L/min）。质量流量与体积流量的换算关系是：

$$V_F = M_F/C_F = 1/C_F \tag{8-43}$$

$$V_S = S/C_S \tag{8-44}$$

$$V_W = 3W/C_H（假定从有机相中洗下 1mol \, RE^{3+} 需要 3mol \, H^+） \tag{8-45}$$

式中　V_F——进料的体积流量，L/min；

　　　C_F——料液中稀土浓度，mol/L（或 g/L）；

　　　V_S——有机相的体积流量，L/min；

　　　C_S——有机相的稀土饱和浓度，mol/L（或 g/L）；

　　　V_W——洗液的体积流量，L/min；

　　　C_H——洗液的酸浓度，mol/L。

流比的表示经常以 V_F 为单位来说明 V_F、V_S 和 V_W 的比例关系，即：

$$V_S : V_F : V_W = V_S/V_F : 1 : V_W/V_F \tag{8-46}$$

（4）计算浓度分布。由体积流量可以计算水相出口浓度 $(M)_1$、有机相出口浓度 $(M)_{n+m}$ 和萃取段与洗涤段各级中的水相金属离子浓度分布，即：

1）水相出口。其计算公式为：

$$(M)_1 = M_1/(V_F + V_W) \tag{8-47}$$

当水相出口 B 的纯度 P_{B_1} 足够高时，$M_1 = f_B'$，则：

$$(M)_1 = f_B'/(V_F + V_W) \tag{8-48}$$

2）萃取段。其计算公式为：

$$(\mathbf{M})_i = (M_F + W)/(V_F + V_W) \tag{8-49}$$

3）洗涤段。其计算公式为：

$$(\mathbf{M})_j = W/V_W \tag{8-50}$$

4）有机相出口。其计算公式为：

$$\overline{(\mathbf{M})_{n+m}} = \overline{(\mathbf{M})_{n+m}}/V_S \tag{8-51}$$

当有机相出口 A 纯度足够高时，$\overline{(\mathbf{M})_{n+m}} = f'_A$，则：

$$\overline{(\mathbf{M})_{n+m}} = f'_A/V_S \tag{8-52}$$

【例 8-1】 混合型稀土矿物配分的氯化稀土原料，经以镨钕为界线分离后，反萃液中稀土浓度为 1.4mol/L，其中各稀土元素的含量（摩尔分数）为：Nd_2O_3 89.3%，Sm_2O_3 7.0%，Eu_2O_3 1.0%，Gd_2O_3 2.7%。现用酸性磷型萃取剂提取 Nd_2O_3，并要求其纯度 $P_{B_1} \geqslant$ 99.99%，收率 $Y_B \geqslant 99.5\%$。已知 $\beta_{Sm/Nd} = \beta'_{Sm/Nd} = 8.0$，试计算分馏萃取的优化工艺参数。

解：

1. 确定分离界限

根据酸性磷型萃取剂萃取稀土的序列可知，Nd_2O_3 为难萃组分，Sm_2O_3 和其余稀土为易萃组分，分离界限选择在 Sm/Nd 间，因此有：

$$\beta_{Sm/Nd} = \beta'_{Sm/Nd} = \beta_{A/B} = \beta'_{A/B} = 8.0$$
$$f_{Nd_2O_3} = f_B = 0.893$$
$$f_{Sm_2O_3+重稀土} = f_A = 0.107$$
$$P_{Nd_2O_3} = P_{B_1} = 0.9999$$
$$Y_B = 0.995$$

2. 计算分离指标

此题属于以 B 为主要产品，规定了 P_{B_1} 和 Y_B 类型的工艺，可按上述的 3 种分离指标计算方法的（2）计算本题中分离指标。

3. 判别控制段

水相进料的控制段判别值为 $\sqrt{\beta}/(1+\sqrt{\beta})$，代入 $\beta = 8.0$，并与 $f'_B = 0.889$ 比较得出：

$$f'_B > \sqrt{\beta}/(1+\sqrt{\beta}) = 2.828/(1+2.828) = 0.739$$

根据表 8-8 中的判别原则，本题的萃取过程属于萃取段控制。

4. 计算优化工艺参数和级数

遵照表 8-8 所示的计算步骤，计算的萃取段和洗涤段级数分别为：

$$n = \ln b/\ln \beta E_m = \ln 1198.089/\ln(8.0 \times 0.354) = 6.809 \approx 7 \ 级$$
$$m + 1 = \ln a/\ln(\beta'/E'_m) = \ln 199.849/\ln(8.0/1.296) = 2.9 \approx 3 \ 级$$

5. 计算流比和浓度分布（略）

应该说明的是，实际生产中萃取分离所用的级数及其他工艺参数与理论计算值有时差别较大，这主要是由于萃取过程中的分离效率（即级效率）不高所至。生产中影响级效率的因素很多，有萃取器的设计问题，也有分离系数随各级中组成变化而波动和多组分体系中有效分离系数的计算等问题。初步设计中可以选择一个经验的级效率系数对理论计算级数进行校正，而后再经模拟实验确认。

B 多组分多出口分馏串级萃取工艺

在多组分两出口的萃取过程中，正确的控制 S 和 W，有利于中间组分积累峰稳定，而使萃取过程处于最佳的平衡状态下。利用中间组分积累峰的生成规律，调整 S 和 W 可以使积累峰增高（即提高中间组分的纯度）。两出口的分馏萃取工艺中，在中间组分积累峰附近开设一个出口，可以增加一个富集物产品。

两出口的分馏萃取工艺新开设出口后，萃取平衡将受到影响，因此需要调整 S、W 和级数 $n+m$ 建立新的平衡。一般情况下增加出口，S、W 和级数 $n+m$ 也会增加。对于含有 λ 个稀土组分的萃取体系而言，在级数 $n+m$、S、W 能满足要求的条件下，可以新开设 $\lambda-2$ 个出口，在一个分馏萃取生产线上可以生产出两种纯产品和 $\lambda-2$ 富集物产品。多组分多出口的萃取生产工艺具有产品品种多、工艺灵活性强、生产流程简单和化工原料消耗低的优点。这一工艺的出现降低了生产成本，促进了稀土应用的发展。

8.3.1.3 分馏串级萃取试验的计算机模拟

新设计的串级萃取工艺，应在实验室进行串级萃取模拟试验来验证它的合理性。通过试验，不仅可以验证新工艺的分离效果，而且还可以测得从启动到平衡过程中每一级的各组分的变化，以及萃取量 S、洗涤量 W、料液的变化对萃取平衡过程的影响。这些信息对萃取生产有重要的指导意义。

串级萃取试验也可以采用人工摇漏斗的方法进行。但是对类似于稀土分离，这样萃取级数多、平衡时间长的工艺，人工摇漏斗实验方法是不可能完成的。用计算机技术模拟人工摇漏斗的方法进行串级萃取试验，克服了人工实验方法的缺欠，并具有试验周期短、计算数值可靠和输出信息量大等优点，是目前被广泛采用的实验方法。

A 计算机串级萃取模拟试验程序设计原理

模拟人工试验的过程，试验程序主要有8个部分组成，各部分的设计原理分别介绍如下。

a 设置漏斗

根据串级萃取级数的要求，取 $n+m+2$ 个漏斗。为了方便漏斗间的相转移（相流动），将漏斗分为奇数排和偶数排（见图8-5），并将奇数排向偶数排完成一次相转移记为 I（摇动一个整数排次）。

实验中，当产品所要求纯度时的 I 值越大，说明该萃取工艺达到平衡时的时间越长。若排数 I 不断增加，而产品纯度仍达不到要求，甚至有下降的趋势，则说明萃取工艺参数不合理，应重新设计。

萃取达到平衡的时间与萃取工艺级数有关。在平衡度（见下文）相同的条件下，级数越大，达到平衡的时间越长。为了正确地表达摇动排数 I 与平衡度之间的关系，需引入排级比的概念，即：

$$G = I / (n + m) \tag{8-53}$$

b 输入参数

输入的参数包括：

（1）规定参数。包括：f_λ, $f_{\lambda-1}$, $f_{\lambda-2}$, …, $f_{\lambda-i}$, $f_{\lambda-i+1}$, …, f_1；P_λ, …, $P_{\lambda-1}$, $P_{\lambda-2}$, $P_{\lambda-i}$, $P_{\lambda-i+1}$, …, P_1；Y_λ, $Y_{\lambda-1}$, $Y_{\lambda-2}$, …, $Y_{\lambda-i}$, $Y_{\lambda-i+1}$, …, Y_1；$\beta_{\lambda-1/\lambda-2}$, $\beta_{\lambda-2/\lambda-3}$, …, $\beta_{2/1}$。（$\lambda = 1$, 2, …）

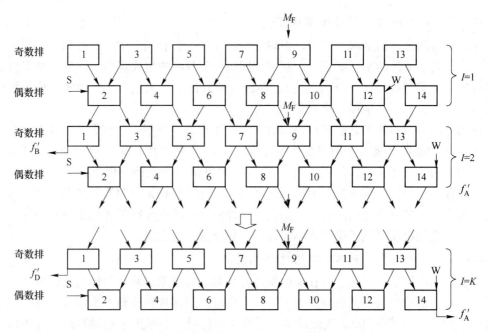

图 8-5　两出口分馏萃取（$n=8$，$m=4$）漏斗设置示意图

（2）计算参数。包括：f'_λ，$f'_{\lambda-1}$，$f'_{\lambda-2}$，$\cdots$，f'_1；n，$I_{\lambda-2}$，$I_{\lambda-3}$，$\cdots$，I_1；m；以及规定参数中未指明的纯化倍数 P_i 及收率 Y_i（$1<i<\lambda$）。

（3）控制参数。包括：控制参数是指进料方式（水相或有机相进料），分离界限（如 A/B+C 或 A+B/C 等方式），以及摇振排级比 G 等参数。

确定各参数后，由相应的出口方式计算不同萃取量 S 下的各段级数，然后根据串级萃取工艺的计算结果，结合生产的具体情况从计算结果中选取一组最优化参数，进行串级萃取的计算机模拟试验。

c　启动前的充料

根据所选择的进料方式的物料分布对奇数级或偶数级充入料液，即：

$$
\begin{cases}
M_{A_i} = (\overline{M_i} + M_i)f_A \\
M_{B_i} = (\overline{M_i} + M_i)f_B \\
M_{C_i} = (\overline{M_i} + M_i)f_C \\
\quad\vdots \\
M_{\lambda_i} = (\overline{M_i} + M_i)f_\lambda
\end{cases}
\tag{8-54}
$$

以水相进料为例，式中

$$
\begin{cases}
M_i + \overline{M_i} = S + f'_B & i = 1 \\
M_i + \overline{M_i} = S + W + 1 & i = 2,3,\cdots,n \\
M_i + \overline{M_i} = S + W & i = n+1,\cdots,n+m+1 \\
M_i + \overline{M_i} = f'_A + W & i = n+m
\end{cases}
\tag{8-55}
$$

d　萃取平衡操作

萃取平衡操作的步骤为：

（1）各级物料的总量由恒定混合萃取比的特点可知，各级漏斗中的有机相 A，B，…，λ 总量 M 和水相 A，B，…，λ 总量 M 在全萃取过程中都是恒定的，同时各组分的总量 M_A，M_B，…，M_λ 也是已知的。

（2）萃取平衡关系式萃取平衡后，各漏斗中有机相、水相的金属离子含量分别由 y_A，y_B，…，y_λ 和 x_A，x_B，…，x_λ 表示。对于第 i 及漏斗有下列关系式：

$$\begin{cases} M_{A_i} = y_{A_i} + x_{A_i} \\ M_{B_i} = y_{B_i} + x_{B_i} \\ M_{C_i} = y_{C_i} + x_{C_i} \\ \quad\vdots \\ M_{\lambda_i} = y_{\lambda_i} + x_{\lambda_i} \end{cases} \tag{8-56}$$

$$\begin{cases} \overline{M_i} = y_{A_i} + y_{B_i} + y_{C_i} + \cdots + y_{\lambda_i} \\ M_i = x_{A_i} + x_{B_i} + x_{C_i} + \cdots + x_{\lambda_i} \end{cases} \tag{8-57}$$

$$\begin{cases} \beta_{A/B} = y_{A_i} x_{B_i} / y_{B_i} x_{A_i} \\ \beta_{B/C} = y_{B_i} x_{C_i} / y_{C_i} x_{B_i} \\ \quad\vdots \\ \beta_{\lambda/\lambda-1} = (y_{\lambda_i} \cdot x_{\lambda-1}) / (y_{\lambda-1} \cdot x_{\lambda_i}) \end{cases} \tag{8-58} \tag{8-59}$$

式（8-56）~式（8-58）中计算所用的分离系数为单级实验所测定的数值或取其平均值。其中，$1 \leqslant i \leqslant n+m$。

式（8-56）~式（8-58）的等式左边皆为已知数，等式的右边共有 2λ 个变量，所以采用代入消元法求解上述方程，可以得到一个关于某组分在第 i 级水相和有机相中含量的一元 λ 次方程。以求解两组分体系某级组分 A 在水相中的含量为例，有一元二次方程

$$ax_B^2 + bx_B + c = 0 \tag{8-60}$$

其中，$a = \beta_{A/B} - 1$；$b = -[\beta_{A/B}(M_B + W) + M_A - W]$；$c = \beta_{A/B} \cdot W \cdot M_B$。

采用一元二次方程的求根公式可以解出 x_B，代回式（8-56）能进一步求得其他 3 个变量 x_A，y_A 和 y_B。

同理，对于三组分体系，有一元三次方程

$$ax_A^3 + bx_A^2 + cx_A + d = 0 \tag{8-61}$$

其中，$a = (\beta_{A/B} - 1)(\beta_{B/C} - 1)$；$b = M_B \cdot \beta_{A/B}(\beta_{A/C} - 1) + M_C \cdot \beta_{A/C} \cdot (\beta_{A/B} - 1) - a \cdot M$；$c = M_A\{M_B \cdot \beta_{A/B} + M_C \cdot \beta_{A/C} - M[(\beta_{A/B} - 1) + (\beta_{A/C} - 1)]\}$；$d = -M \cdot M_A^2$；$\beta_{A/C} = \beta_{A/B} \cdot \beta_{B/C}$。

对于四组分体系有一元四次方程，有

$$ax_A^4 + bx_A^3 + cx_A^2 + dx_A + e = 0 \tag{8-62}$$

其中，$a = (\beta_{A/B}-1)(\beta_{A/C}-1)(\beta_{A/D}-1)$；$b = a\{[1/(\beta_{A/B}-1)+1/(\beta_{A/C}-1)+1/(\beta_{A/D}-1)]M_A - M + M_B \cdot \beta_{A/B}/(\beta_{A/B}-1) + M_C \cdot \beta_{A/C}/(\beta_{A/C}-1) + M_D \cdot \beta_{A/D}/(\beta_{A/D}-1)\}$；$c = [(\beta_{A/B}-1)+(\beta_{A/C}-1)+(\beta_{A/B}-1)]M_A^2 - a[1/(\beta_{A/C}-1)+1/(\beta_{A/D}-1)+1/(\beta_{A/D}-1)]M_A \cdot M + \{[(\beta_{A/C}-1)+(\beta_{A/D}-1)]M_B \cdot \beta_{A/B} + [(\beta_{A/B}-1)+(\beta_{A/D}-1)]M_C \cdot \beta_{A/C} + [(\beta_{A/B}-1)+(\beta_{A/C}-1)]M_D \cdot \beta_{A/D}\}M_A$；$d = M_A^3 - \{[(\beta_{A/B}-1)+(\beta_{A/C}-1)+(\beta_{A/D}-1)]M - M_B \cdot \beta_{A/B} - M_C \cdot \beta_{A/C} - M_D \cdot \beta_{A/D}\}M_A^2$；$e = -M \cdot M_A^3$；$\beta_{A/D} = \beta_{A/B} \cdot \beta_{B/C} \cdot \beta_{C/D}$。

采用解析法（或牛顿迭代法）求解方程式（8-61）和式（8-62），可以得到满足

$0 < x_A < M_A$ 的解。将所有的 x_A 代回式（8-56）～式（8-58），可分别计算出萃取器各级在萃取平衡时，各组分在两相中的分配数据。

e   研究动态平衡的几个参数

为了研究串级萃取动态平衡过程中各级各组分的变化，引入下列变量：

（1）各组分在某一级以及该级水相和有机相中的含量（质量分数），

$$P_{M_{\lambda_i}} = M_{\lambda_i} / (\overline{M_i} + M_i) = M_{\lambda_i} / (M_{A_i} + M_{B_i} + \cdots + M_{\lambda_i}) \tag{8-63}$$

$$P_{x_{\lambda_i}} = x_{\lambda_i} / M_i = x_{\lambda_i} / (x_{A_i} + x_{B_i} + \cdots + x_{\lambda_i}) \tag{8-64}$$

$$P_{y_{\lambda_i}} = y_{\lambda_i} \overline{/ M_i} = y_{\lambda_i} / (y_{A_i} + y_{B_i} + \cdots + y_{\lambda_i}) \tag{8-65}$$

（2）各组分在萃取段、洗涤段和全分馏萃取器中的平均积累量，

$$T_{S\lambda}(萃取段积累量) \begin{cases} \sum M_{\lambda_i} / n & (水相进料) \\ \sum M_{\lambda_i} / (n-1) & (有机相进料) \end{cases}$$

$$T_{W\lambda}(洗涤段积累量) \begin{cases} \sum M_{\lambda_i} / m & (水相进料) \\ \sum M_{\lambda_i} / (m-1) & (有机相进料) \end{cases}$$

$$T_{M\lambda}(分馏萃取全过程积累量) = \sum M_{\lambda_i} / (n+m) \tag{8-66}$$

（3）进出萃取器物料平衡度，其计算公式为：

$$xy_{\lambda} = (x_{\lambda_1} + y_{\lambda_n} + m) / f_{\lambda} \tag{8-67}$$

f   相转移操作

经萃取平衡操作后，有机相由第 i 级向第 $i+1$ 级转移，水相由第 i 级向第 $i+1$ 级转移。相转移的表达式为：

$$\begin{cases} M_{A_i} = x_{A_i} + 1 + y_{A_i} - 1 \\ M_{B_i} = x_{B_i} + 1 + y_{B_i} - 1 \\ \vdots \\ M_{\lambda_i} = x_{\lambda_i} + 1 + y_{\lambda_i} - 1 \end{cases} \tag{8-68}$$

$$\begin{cases} x_{An+m+1} = 0 \\ x_{Bn+m+1} = 0 \\ \vdots \\ x_{\lambda n+m+1} = 0 \end{cases} \tag{8-69}$$

$$\begin{cases} y_{A_0} = 0 \\ y_{B_0} = 0 \\ \vdots \\ y_{\lambda_0} = 0 \end{cases} \tag{8-70}$$

g   加料及中间出口出料操作

每摇完一排并进行了相转移后，再在料级 n 级加入一份料液。加料的操作表达式为：

$$\begin{cases} M_{A_n} = M_{A_n} + f_A \\ M_{B_n} = M_{B_n} + f_B \\ \vdots \\ M_{\lambda_n} = M_{\lambda_n} + f_{\lambda} \end{cases} \tag{8-71}$$

　　若萃取工艺有中间出口（以 4 组分 4 出口为例），并达到出口条件时，在中间出口 I_1 放出中间产品 f'_C，第 I_2 出口放出 f'_B，其操作表达式如式（8-72）和式（8-73）所示，即：

第 I_1 级：

$$W_{I_1} = W_{I_1} - f'_C \tag{8-72}$$

第 I_2 级：

$$S_{I_2} = S_{I_1} - f'_B \tag{8-73}$$

　　h　萃取过程达到平衡时的条件

　　萃取模拟实验从启动至平衡过程中，两个排级比 G 与 $G+1$ 之间各组分含量差值逐渐减小，当达到所规定的小数 ε 时，如 $| x_{AG} - x_{AG+1} | < \varepsilon$，则认为萃取过程达到了平衡。判断时可依据物料平衡度［见式（8-67）］；当 $| xy_\lambda - 1 | < \varepsilon$ 时，则判定为萃取达到了平衡。

　　i　数据输出

　　计算机每计算 1 个排级比后，可以得到各出口产品纯度以及每 1 级各组分在水相和有机相的分布。将这些数据按表格形式或曲线图形式输出，有助于了解萃取过程的变化。

　　B　计算机串级萃取模拟试验程序

　　由前述的串级萃取试验模拟程序设计原理，可以编制计算程序。4 组分 4 出口的计算机串级萃取模拟试验程序框图如图 8-6 所示，其他组分或出口数量不同的萃取工艺计算程序与此类似，可依此原理编制。

　　其中，图中 fag1% 和 fag2% 分别为第 3 出口 I_1 和第 4 出口 I_2 产品是否达到要求的判断条件。达到为"1"，否为"0"。

　　C　计算机串级萃取模拟试验实例

　　【例 8-2】　我国轻稀土原料的典型组成和分离要求见表 8-9。根据多组分多出口工艺的设计方法计算得出的 4 组分体系 4 出口萃取的级数一同列入该表。

　　用图 8-6 所示的计算程序进行萃取平衡模拟实验。当排级比 $G = 1000$ 时；平衡度 $xy_\lambda \approx 1$ 时，萃取器内各组分的分布如图 8-7 和图 8-8 所示。

　　从图 8-7 和图 8-8 中可看到，组分 C 位于萃取段的 11~23 级间，峰高度达到了 87%；B 组分积累峰在萃取段的 30~40 级间，峰最高为 74%。实验结果证实了例 8-2 所设计的 4 组分 4 出口萃取工艺参数是可行的。

8.3.2　酸性络合萃取体系分离稀土元素

8.3.2.1　酸性络合萃取剂及特点

　　稀土工业中使用的萃取剂主要是酸性磷氧型萃取剂（P204、P507 均属于此类），它们共有的萃取的特点是：

　　（1）萃取剂是有机弱酸。

　　（2）被萃取物是金属阳离子。

　　（3）萃取的机理是阳离子交换，其反应式为：

$$M^{n+}_水 + n\mathrm{HA}_有 = M_{\mathrm{An}有} + n\mathrm{H}^+_水 \tag{8-74}$$

式中　HA——酸性萃取剂；

　　　　A——有机分子部分；

　　　　H——分子中可参加交换反应的阳离子。

　　其中，萃取反应的平衡常数，又称萃合常数，其计算公式为：

$$K = [M_{\mathrm{An}有}][\mathrm{H}^+]^n / ([M^{n+}][\mathrm{HA}_有]^n) \tag{8-75}$$

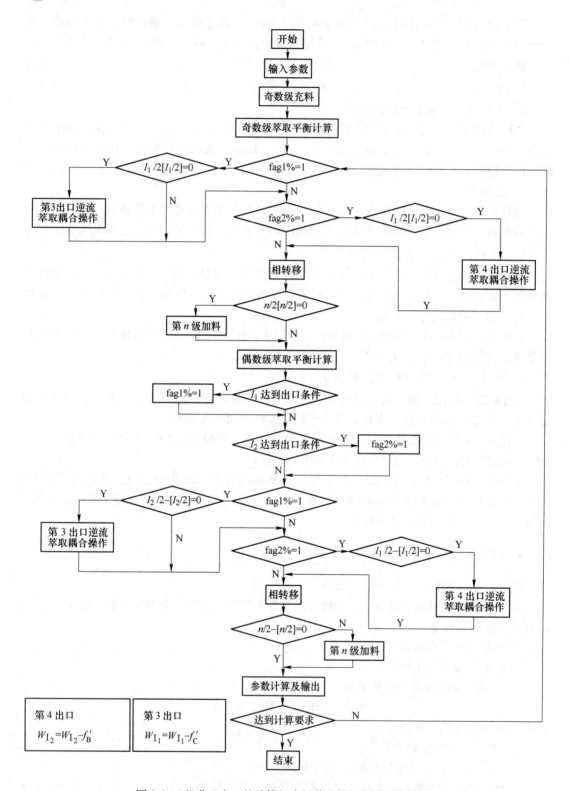

图 8-6　4 组分 4 出口的计算机串级萃取模拟试验程序框图

表 8-9　轻稀土萃取分离参数（$S=1.850$）

料液组成	$f_A=f_{Nd}=0.155,\ f_B=f_{Pr}=0.06,$ $f_D=f_{La}=0.28,\ f_C=f_{Ce}=0.505$
分离系数	$\beta_{A/B}=1.5,\ \beta_{B/C}=2.0,\ \beta_{C/D}=5.0$
分离指标	$P_{A_{n+m}}=P_{Nd}=0.998,\ P_{B_{I_2}}=P_{Pr}=0.480,$ $P_{C_{I_1}}=P_{Ce}=0.87,\ P_{D_1}=P_{La}=0.999,$ $Y_B=Y_{Nd}=0.999,\ Y_D=Y_{La}=0.999$
出口分数	$f'_A=0.15346,\ f'_B=0.06546,$ $f'_D=0.23824,\ f'_C=0.54284$
级数和出口位置	$I_1=11,\ I_2=39,$ $n=29,\ m=30$

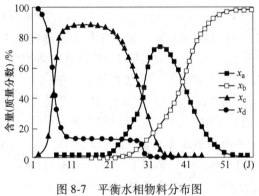

图 8-7　平衡水相物料分布图

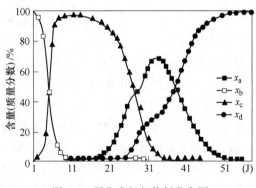

图 8-8　平衡有机相物料分布图

　　酸性磷氧型萃取剂（包括 P204 和 P507）萃取金属离子时，主要是以羟基的 H^+ 离子与金属离子进行交换。其萃取能力随金属阳离子的电荷数增加而增加；金属阳离子的电荷数相同时，随离子半径的减小而增加；对同一金属离子，萃取能力随溶液的酸度增加而减小。对于三价的稀土元素，P204 萃取的分配比 D 随稀土原子序数的增加而增加。这样的萃取规律通常称为"正序萃取"。

8.3.2.2　P204 萃取分离稀土

A　P204 萃取分离稀土原理

　　P204 的中文名称是二-（2-乙基己基）磷酸，又称为磷酸二异辛酯，国外的商品代号为 D2EHPA。P204 萃取剂在非极性溶剂（如煤油）中，通常以二聚分子（H_2A_2）存在。萃取稀土后生成包括氢键在内的 8 原子螯合环结构的螯合萃合物，但此螯合环与完全由配价键和共价键构成的螯合环相比稳定性较差。

a　萃取反应

　　P204 萃取三价稀土离子的反应为阳离子交换，反应式同式（8-74），萃取序列属正序萃取，钇的位子在钬与铒之间。

　　P204 萃取三价稀土离子的分配比 $D=[REA_3]^3_{有}/[RE^{3+}]$，代入式（8-75），得：

$$D = K[HA]_{有}^3 / [H^+]^3 \tag{8-76}$$

式中　　$[HA]_{有}$——自由萃取剂浓度，即为参加萃取反应的萃取剂浓度，mol/L。

硫酸体系中萃取 Ce^{4+} 在纯净的 $Ce(SO_4)_2$ 溶液中，水相酸度在 $pH \leqslant 1.0$ 时，Ce^{4+} 以离子被萃取，其反应式为：

$$nCe^{4+} + 2n(HA)_{2有} \Longrightarrow (CeA_4)_{n有} + 4nH^+ \tag{8-77}$$

当 $pH = 1.7 \sim 2.0$ 时，Ce^{4+} 可能以络合离子的形式被萃取，其反应式为：

$$nCeO^{2+} + n(HA)_{2有} \Longrightarrow (CeA_4)_{n有} + 2nH^+ \tag{8-78}$$

$$[Ce(SO_4)]^{2+} + (HA)_{2有} \Longrightarrow CeSO_4A_{2有} + 2H^+ \tag{8-79}$$

实际生产中，氟碳铈矿经氧化焙烧用硫酸浸出的溶液中，除了 Ce^{4+} 外还有 F^-，Ce^{4+} 与 F^- 以络阴离子存在于溶液中。萃取时这些离子均同 P204 生成萃合物进入有机相，其反应式为：

$$[CeF_2]^{2+} + (HA)_{2有} \Longrightarrow CeF_2A_{2有} + 2H^+ \tag{8-80}$$

b　影响分配比和分离系数的因素

对式（8-76）两边取对数，有：

$$\lg D = \lg K + 3\lg[HA]_{有} + 3pH \tag{8-81}$$

由式（8-78）~式（8-81），可以分析 P204 萃取三价稀土离子时，各因素对分配比 D 及分离系数 β 的影响。水相酸度的影响由式（8-81）可知，$\lg D$ 随 pH 值的增加而增加，当 $[HA]_{有}$ 不变化时，pH 值每增加 1 个单位，则 D 增加 1000 倍，可见酸度的影响之大。

P204 萃取三价稀土离子时，式（8-81）所表达的 $\lg D$ 与 pH 值关系如图 8-9 所示。图中各直线的斜率为 -3，数值 3 是稀土元素的化合价。图中表明，在同一酸度下，各稀土元素分配比随酸度的增加而增加。利用此图可以确定两相邻稀土元素分离式的水相酸度。例如，在 Sm 的线上，$pH = 4.0$（即 $\lg[H^+] = -0.6$）时，$D_{Sm} = 1$（即 $\lg D_{Sm} = 0$），这说明该酸度下 Sm 在有机相和水相中的浓度分布相等，没有分离作用。如果选择 $pH > 4.0$（即 $\lg[H^+] < -0.6$）时，$D_{Sm} > 1$（即 $\lg D_{Sm} > 0$），Sm 及原子序数大于 Sm 的稀土元素优先萃取进入有机相；而 $D_{Nd} < 1$（即 $\lg D_{Nd} < 0$）时，原子序数小于 Nd 的稀土元素和 Nd 难被萃取，从而富集于水相中，经多级萃取使钕和钐分离。依此原理，可实现其他两稀土元素的分离。

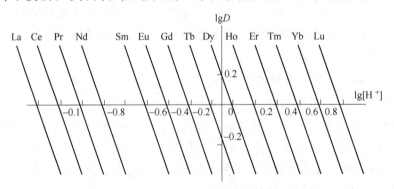

图 8-9　P204 萃取三价稀土离子时酸度与分配比的关系

同理，选择适当的酸度的溶液做洗涤液，可以将萃入有机相的难萃组分稀土元素洗回水相，使有机相中的易萃组分稀土元素得到净化。如果酸度足够高，使易萃组分的分配比 $D < 1$，则有机相中的易萃组分将被反萃至水溶液中。

其他因素的影响由反应式（8-77）~式（8-79）和式（8-76）可知，提高萃取剂的浓度和料液中稀土的浓度都有利于提高分配比 D，但是过高的萃取剂浓度将使得有机相的黏度增加，导致两相分层慢，不利于萃取反应的进行。因此，工业生产中一般 P204 的浓度在 $1.0 \sim 1.5 \text{mol/L}$。对于硫酸溶液来说，稀土硫酸盐的溶解度较低，过高的料液浓度在萃取器中会出现结晶，严重时将妨碍萃取的进行。

稀释剂对分配比 D 也有影响，应选择在两相中分配常数 λ 较小的惰性有机溶剂作为稀释剂。

此外，P204 萃取稀土离子的分配比 D 随水相阴离子的不同而不同，其原因是阴离子与金属离子的络合能力不同。

B P204-TBP-煤油-H_2SO_4 体系提取纯铈

P204 萃取剂的酸性较高，与重稀土元素结合能力强，反萃困难，不适于重稀土分离。但是 P204 萃取剂具有较好的耐酸碱性能，而且不需皂化也有很高的萃取容量，这使得它在处理氟碳铈矿和氟碳铈矿与独居石混合矿的硫酸浸出液方面具有独特的优越性。下面将介绍 P204-TBP-煤油-H_2SO_4 体系提取纯铈方法。

用 P204-TBP-煤油-H_2SO_4 体系提取纯铈的工艺流程如图 8-10 所示。

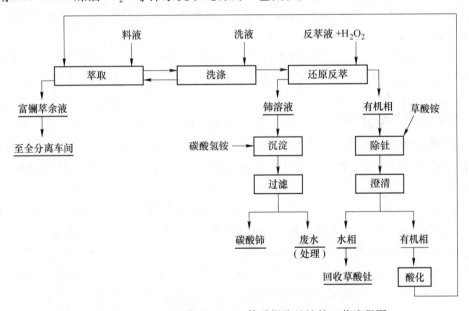

图 8-10 P204-TBP-煤油-H_2SO_4 体系提取纯铈的工艺流程图

该流程有如下特点：

（1）经氧化焙烧的氟碳铈矿硫酸浸出液中含有约 0.1mol/L 的 F^-，在硫酸溶液中同 Ce^{4+} 形成稳定的络合离子 $[CeF_x]^{(4-x)+}$ $(x<4)$。在萃取过程中，以 $[CeF_2]^{2+}$ 被 P204 萃取。由于 $[CeF_x]^{(4-x)+}$ 的干扰，在萃取段和洗涤段经常出现相对密度介于有机相和水相中间的第三相，积累过多时导致有机相乳化。

研究发现第三相的产生主要是有机相稀释剂中的不饱和成分还原 Ce^{4+} 造成的。当 Ce^{4+} 被还原成 Ce^{3+} 时，Ce^{3+} 与氟离子生成氟化稀土沉淀。这些氟化物是 1 种颗粒非常细小的物质，表面活性很强，因此促进了萃取剂与微细的颗粒相互作用，使得第三相生成的趋势增大。同时，稀释剂中不饱和烃的氧化产物（如酮、酸等）的表面活性作用稳定了第三相。

由以上原因产生的第三相既难以溶于有机相，又难以溶于水相，严重时使萃取工艺无法进行，造成萃取剂大量损失。生产实践中，除了选用磺化煤油以减少不饱和烃的还原作用外，还在 P204 有机相中加入少量的 TBP 萃取剂抑制第三相的生成。但 TBP 具体的萃取机理尚不清楚。萃有 $[CeF_2]^{2+}$ 的有机相进入反萃段后，Ce^{4+} 被 H_2O_2 还原成 Ce^{3+}，并与 F^- 形成絮状的沉淀物 CeF_3，悬浮于有机相和水相中使萃取无法继续进行。

在洗涤液中加入适量与氟的络合能力大于 Ce^{4+} 的化学试剂（如硼酸盐、铝盐等），是避免絮状的沉淀物 CeF_3 生成的有效措施。因此，生产中可根据料液中氟离子含量，在洗涤液适量的加入氟络合剂。

（2）料液中含有少量的 Th^{4+}，它与 Ce^{4+} 同被萃入有机相，经反萃铈后，Th^{4+} 仍留于有机相中。在有机相的循环过程中不断积累，致使有机相萃取铈的能力不断下降，积累过高时甚至造成循环有机相的放射性强度超过规定标准，危害操作人员的健康。

利用草酸与 Th^{4+} 的络合能力高于 P204 的特点，用草酸铵溶液洗涤含 Th^{4+} 的有机相，可以从有机相中除去 Th^{4+}。除 Th^{4+} 后的有机相经硫酸酸化，循环使用。将含有草酸钍的洗涤溶液加热至 60~80℃，使草酸钍结晶析出。过滤此溶液回收草酸钍，并妥善保管，防止放射性污染。

（3）由于 Ce^{4+} 与 P204 在高酸度下的络合能力仍然很强，因此反萃的酸度非常高。为了减小酸消耗，生产中采用还原反萃的方法，即在反萃液中加入适量的 H_2O_2 将 Ce^{4+} 还原为 Ce^{3+}，这样可以在较低的酸度下使 Ce^{3+} 反萃至水相中。H_2O_2 的加入量与萃入有机相中的铈含量和 H_2O_2 的利用率有关，应合理的控制。否则 H_2O_2 的加入量过多（超过消耗量），会导致循环有机相中夹带 H_2O_2，而后在萃取段造成 Ce^{4+} 还原，影响 Ce^{4+} 的萃取率；H_2O_2 的加入量不足，又会造成 Ce^{4+} 还原反萃不完全，在有机相中积累，使循环有机相的萃取能力降低。

（4）由于有机相中的煤油对 Ce^{4+} 有还原性，使得萃取过程中 Ce^{4+} 的收率降低，同时也导致富镧萃余液中的铈含量升高。为了提高铈的收率或降低富镧萃余液中的铈含量，可以在料液中和萃取段补加氧化剂（$KMnO_4$ 溶液）。

（5）利用 P204 在高酸度下与 Ce^{4+} 的络合能力很强的特点，提高洗涤液的酸度来提高铈产品的纯度。但是增加洗涤液酸度将会使富镧萃余液的酸度随之增加，给后工序的处理增加难度。

（6）由于萃取过程是在 0.5~2.0mol/L 的高酸度下进行的，因此富镧萃余液的酸度很高，不能直接用于下一工序的萃取分离。为了符合萃取分离提取单一轻稀土产品的工艺要求，可以用硫酸复盐沉淀—碱转化—盐酸溶解制备氯化稀土的方法，也可以采用氧化镁中和—P204 全萃取—盐酸反萃的制备氯化稀土溶液。

8.3.2.3　P507 萃取分离稀土

A　P507 萃取分离稀土原理

P507 的中文名称是 2-乙基己基膦酸单 2-乙基己基脂，又称为异辛基膦酸单异辛脂，国外的商品代号为 HDEHP，商品名称为 PC88A。从分子结构上看，P507 属（RO）RPO（HO）

类，且 P204 属（RO）2PO（OH），两者都是一元酸萃取剂。但是 P507 分子含有一个烷基 R，由于 R 具有斥电子性，使分子的酸性弱于 P204。因此 P204 的萃取能力高于 P507。P507 酸性弱，适于在低酸度下萃取和反萃。这一特点在中、重稀土的分离中显示出了很大的优势。

P507 萃取稀土元素的能力特点与 P204 相同，属于正序萃取。皂化的 P507 在萃取稀土元素时有较高的分离系数（见表 8-10），镧系 15 个元素的平均分离系数 $\beta = 3.04$，大于已报道的所有萃取剂。P507 萃取剂的结果与性质与 P204 相近，其萃取反应机理可参考 P204 稀土萃取稀土原理部分。

表 8-10　稀土元素在实际体系中的分离系数 β 和饱和萃取量 C

萃取剂-煤油-盐酸体系	β							C
	Ce/La	Pr/Ce	Nd/Pr	Sm/Nd	Eu/Sm	Eu/Gd	Tb/Gd	/g·L⁻¹
70%（V）P350	约2.0	约1.6	1.3~1.4	—				约80
20%（V）环烷酸	1.8~2.0	1.3~1.4	1.2~1.3	2.0~3.0	—			约35
1mol/L P204	3.0~4.0	1.6~1.8	1.3~1.4	6.0~8.0	1.8~2.0	1.3~1.4	3.0~4.0	约18
1mol/L P507（皂化）	5.0~8.0	1.8~2.2	1.5~1.6	8.0~12.0	2.0~2.2	1.5~1.6	3.0~4.0	约28

酸性萃取剂的皂化综合上述分析可知，酸型萃取体系的萃取过程中，水相的酸度对萃取分配比 D 和分离系数 β 影响最大。而且随萃取反应的进行，萃取剂分子内的 H^+ 不断向溶液释放，致使水相的酸度不断提高，导致分配比 D 下降。

为了克服这一缺点，生产中采用皂化的方法将萃取剂在萃取前先转化为铵或钠盐，在随后的萃取过程，水相的金属离子与萃取剂的 NH_4^+ 或 Na^+ 相互置换，NH_4^+ 或 Na^+ 进入水相不影响酸度，稳定了萃取过程。由于未皂化的 P507 萃取能力明显低于 P204，因此现 P507 萃取分离稀土工业生产中大多采用皂化方法。

萃取工业中常用的皂化剂有氨水、碳酸氢铵、碳酸钠和氢氧化钠，皂化反应和皂化有机相的萃取反应为：

（1）铵皂化反应为：

$$NH_4^+ + HA_有 \Longrightarrow NH_4A_有 + H^+ \tag{8-82}$$

（2）氨皂化萃取剂的萃取反应为：

$$3NH_4A_有 + RE^{3+} \Longrightarrow RE_3A_有 + 3NH_4^+ \tag{8-83}$$

（3）钠皂化反应为：

$$NH_4^+ + HA_有 \Longrightarrow NH_4A_有 + H^+ \tag{8-84}$$

（4）钠皂化萃取剂的萃取反应为：

$$3NaA_有 + RE^{3+} \Longrightarrow REA_{3有} + 3Na^+ \tag{8-85}$$

从反应式（8-82）~式（8-85）可见，用氨水和碳酸氢铵皂化的萃取剂在萃取过程产生的废水中含有很高的 NH_4^+，若排放将会造成江、河、湖甚至海中的化学耗氧量（COD）值过高，从而破坏水质。因此，生产中应使用碳酸钠和氢氧化钠皂化。如需要使用氨水和碳酸氢铵皂化，萃取废水可以用浓缩结晶的方法回收氯化铵。

B　P507-煤油-HCl 体系分离重稀土

P507 萃取剂的酸性小于 P204，可在低酸度下萃取和低酸度下反萃。这一特点弥补了

P204 萃取体系不适用于分离重稀土元素的不足。因此 P507 萃取剂的问世，使得在一种萃取体系中轻、中、重稀土元素的连续萃取分离工艺得以实现。下面介绍的是全分离流程中的重稀土分离部分。

P507-煤油-HCl 体系连续分离重稀土的原则工艺流程如图 8-11 所示，该流的工艺特点如下：

（1）全流程由 3 个系列组成。按 P507 的正萃取序列，由后至前分别为提取铒流程系列、提取铽流程系列和提取镝流程系列。该流程的特点是每一流程系列由 I-水相进料的分馏萃取流程、II-有机相进料的分馏萃取流程和III-逆流反萃流程三个子流程组成。

这 3 个子流程由负载稀土的有机相串联贯通。其中，子流程 I 的作用是分离待提取稀土元素与原子序数小于它的稀土元素；子流程 II 的作用是分离待提取稀土元素与原子序数

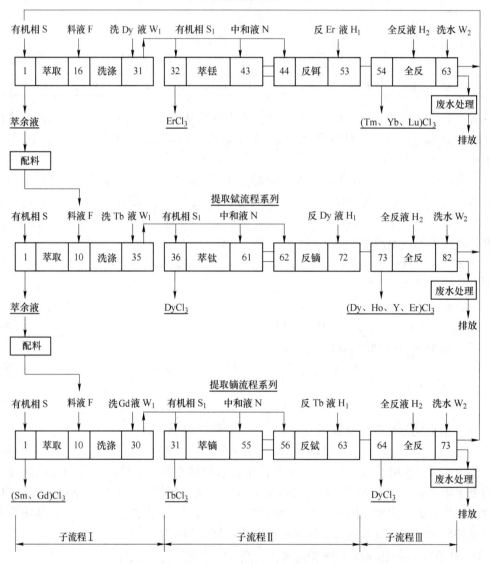

图 8-11　P507-煤油-HCl 体系连续分离重稀土的原则工艺流程图

大于它的稀土元素。子流程Ⅲ采用有机相进料的优点（对于传统的以反萃余液作为下一次分离料液的工艺），省略了反萃取和料液中和调配过程，降低了酸、碱的消耗。

在这3个系列中，利用子流程Ⅱ的萃取段加强水相中单一稀土产品中易萃组分稀土杂质的萃取，提高水相产品的纯度。例如提铽系列中，为了保证水相中铽的纯度，可以提高 S_1 的流量，但是此条件下铽的被萃取量也会增加，使其回收率降低，也正是由于这一原因，此系列中的铽后产品 Dy 只能是富集物。

（2）3个系列之间，上一个系列的萃余液为下一系列的料液。为了满足下一系列萃取条件的要求，萃余液需要调解酸度。本流程中的料液酸度均为 pH = 2.0，其他分离流程应视具体分离条件确定料液的酸度。

（3）在多组分连续分离稀土元素工艺中，随易萃稀土元素不断地被分离，萃余液中的稀土浓度越来越低。用低浓度的稀土溶液作为料液时，将会使萃取器的容量增大而导致设备投资、槽存有机相、稀土的量和生产运行费用升高，过于低时甚至会影响稀土分离效果和稀土收率。这是一个值得注意的问题。

目前生产中解决该问题的方法有两种，即：

1）蒸发浓缩法。将低浓度的稀土萃余液，在蒸发容器中加热蒸发水分至达到萃取条件要求的浓度，然后放置至室温，供下一步萃取用。

2）难萃组分回流萃取法。难萃组分回流萃取法也称为稀土皂化法，其原理是，取部分水相出口的萃余液与皂化有机相接触，一般经 4~6 级逆流或并流萃取，使难萃组分重新萃入有机相，同时排除这部分萃余液的空白水相（REO<0.1~1.0g/L），而后负载有难萃组分的有机相进入萃取段，有机相的难萃组分与水相中的易萃组分相互置换，难萃组分回到水相。这一过程的化学反应为皂化有机相萃取难萃组分反应，也可称为稀土皂化反应，其反应为：

$$RE_{Z水相}^{3+} + 3NaA_{有} =\!=\!= RE_ZA_{3有} + 3Na_{水相}^+ \tag{8-86}$$

难萃组分与易萃组分的置换反应为：

$$RE_{Z+1水相}^{3+} + RE_ZA_{3有} =\!=\!= RE_{Z水相}^{3+} + RE_{Z+1}A_{3有} \tag{8-87}$$

其中，RE_Z^{3+} 和 RE_{Z+1}^{3+} 分别表示难萃组分和易萃组分。

经过难萃组分回流萃取的过程，萃余水相的稀土浓度得到了富集，富集的程度与萃余液的回流流量有关，其回流量的计算公式为：

$$\begin{cases} V_{回} = V_F + V_W - V_{余} \\ V_{余} = f_B / C_{REO余} \end{cases} \tag{8-88}$$

式中　$V_{回}$——萃余液回流流量；

$V_{余}$——难萃组分回流后的萃余液流出量；

$C_{REO余}$——$V_{余}$ 中的稀土浓度，mol/L。

（4）全流程连续分离可以同时得到两个高纯度及一个普通纯度的单一稀土产品和三种富集物产品，其纯度分别为：$Tb_4O_7 / \sum REO > 99.9\%$，$Dy_2O_3 / \sum REO > 99.9\%$，$Er_2O_3 / \sum REO > 95\%$，$Dy_2O_3 / \sum REO > 80\%$，$Gd_2O_3$ 和 Y_2O_3 等中稀土富集物。各单一稀土产品收率均为95%以上。含回流稀土萃取流程如图 8-12 所示。

从图 8-11 可以看出，流程的工艺条件为：有机相组成为：1.5mol/L P507-煤油，皂化率=40%；料液氯化稀土浓度分别是：提 Er 和提 Tb 系列为 1.0mol/L，提 Dy 系列为 0.8mol/L。萃取工艺的溶液浓度见表 8-11，各萃取工艺的流比见表 8-12。

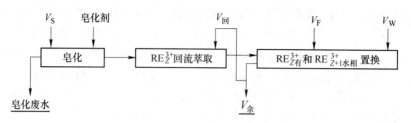

图 8-12　含回流稀土萃取流程图

表 8-11　萃取工艺的溶液浓度

溶液/mol·L^{-1}	F（液料）	W_1（洗液）	H_1（反液）	H_2（全反液）	N（氨水）
HCl	pH＝2.0	3.3	2.5	5.0	2.0

表 8-12　各萃取工艺的流比

流比	$V_S : V_F : V_{W_1}$	$V_{S+S_1} : V_{H_1}$	$V_{S_1} : V_{H_1} : V_N$	$V_{S+S_1} : V_{H_2}$	$V_{S+S_1} : V_{W_2}$
Er 系列	20 : 2 : 3	20 : 3	5 : 4 : 2	5 : 1	2 : 1
Tb 系列	40 : 3 : 5	71 : 9	31 : 9 : 0	71 : 14	71 : 24
Dy 系列	35 : 5 : 6	51 : 6.5	16 : 6.5 : 2	51 : 10	3 : 1

8.4　稀土金属及其合金的制取

　　稀土元素的电极电位远负于氢，而且氢在稀土金属表面的超电压又很小，不可能从水溶液中电解得到稀土金属，因而采用熔盐电解或金属热还原的方法。轻稀土金属（La、Ce、Pr、Nd）的熔点较低，常采用熔盐电解方法生产；重稀土金属（Tb、Dy、Y 等）的熔点大于 1350℃，更适合用金属热还原方法生产；金属钐熔点虽然只有 1072℃，但是由于在电解过程中呈 2 和 3 种价态往复于阴极和阳极间，不能得到金属产物，因而也采用金属热还原的方法生产。此外，采用共析电解法及自耗阴极电解法制取稀土与其他金属合金的技术也同样具有重要意义。

8.4.1　稀土氧化物熔盐电解制取稀土金属

　　稀土熔盐电解法按其被电解的原料可分为氯化物电解与氧化物电解。由于氯化物电解过程中阳极释放出的氯气回收效果差以及电流效率较低问题，近年来基本上已被氧化物电解所取代。

8.4.1.1　电极过程

　　常用的电解质体系是 REF_3-LiF，LiF 的作用是提高熔体的电导率，有时为了改善电解质物化性质也加入少量的 BaF_2。稀土氧化物在电解质中离解为阳离子和阴离子，在电场的作用下，分别向阴极和阳极迁移，在两极表面放电，发生阴极过程和阳极过程。

　　A　阳极过程

　　稀土氧化物电解都采用石墨做阳极。可能发生的反应有一次电化学和二次化学反应发生。一次电化学反应为：

$$2O^{2-} - 4e \Longrightarrow O_2 \tag{8-89}$$

$$2O^{2-} + C - 4e \Longrightarrow CO_2 \tag{8-90}$$

$$O^{2-} + C - 2e \Longrightarrow CO \tag{8-91}$$

二次化学反应由电化学反应在阳极生成的一次气体，还会与炙热的石墨阳极继续反应，其反应式为：

$$CO_2 + C \Longrightarrow 2CO \tag{8-92}$$

$$O_2 + C \Longrightarrow CO_2 \tag{8-93}$$

电解 La_2O_3 时，阳极上析出的是 CO 和 CO_2 的混合气体。电解 CeO_2 时，气体中的 CO_2 含量明显增加。电解温度高于 1000℃时（如电解 Nd_2O_3 时），阳极气体中 CO 的比例可达到 99% 以上。在电解质中稀土氧化物浓度过低情况下，特别是发生阳极效应时，阳极上也会有 C_mF_n 气体产生，其反应式为：

$$nF^- + mC - ne \Longrightarrow F_nC_m \tag{8-94}$$

B 阴极过程

稀土氧化物在熔融电解质中离解出的三价正离子，在电场作用下向阴极移动，其反应式为：

$$RE^{3+} + 3e \Longrightarrow RE \tag{8-95}$$

C 电解的总反应

电解的总反应为：

$$RE_2O_3(s) + C(s) \Longrightarrow 2RE(l) + 3/2CO_2(g) \tag{8-96}$$

8.4.1.2 电流效率及影响因素

A 电流效率

电流效率是指提供给电解过程的直流电流实际用于还原或氧化某物质的有效利用率，是电解工艺重要的经济技术指标。电解金属的电流效率计算方法为：

$$\eta = \frac{M_实}{M_理} \times 100\% = \frac{M_实}{CIt} \times 100\% \tag{8-97}$$

式中　$M_实$——经电解实际得到的金属重量，g；

　　　$M_理$——理论计算应得到的金属重量，g；

　　　C——电化学当量；

　　　I——电流强度，A；

　　　t——时间，h。

B 影响电流效率的因素

a 电解温度

合适的电解温度要求液态金属有一定的过热度，以保持金属以液态析出。温度过高，金属在电解质中溶解度增大，二次反应增加，同时电解质流动加剧，已还原的金属被带到阳极区再氧化，使得电流效率降低。但温度过低，熔体黏度增大，金属珠在阴极聚集不良，稀土氧化物在电解质中的溶解度和溶解速度下降，影响电解正常进行，还可能出现造渣现象。

b　电解质组成

氧化物电解的电解质主要由 REF_3-LiF 组成，LiF 的作用是提高熔体的电导率和降低熔点。LiF 的缺点是沸点较低（1681℃），蒸气压较高，与稀土金属的作用比较强烈，LiF 含量过高或过低都将影响电流效率。因此，REF_3-LiF 中 LiF 的含量影响电解质的物理化学性质，工业生产中 LiF 的加入量为 13%~17%。为了减少 LiF 的挥发损失和金属的溶解损失，有时加入少量的 BaF_2 代替 LiF，形成较低熔点的 REF_3-LiF-BaF_2 电解质体系。REF_3-LiF 体系常用于 Nd_2O_3 或 Pr_6O_{11} 电解，REF_3-LiF-BaF_2 体系适用于 La_2O_3 或 CeO_2 电解。

c　电流密度

适当提高阴极电流密度 DK，可改善金属在固体电极上的凝聚，相对减少金属在熔体中的二次反应。但 DK 过大时，会导致阴极区过热，使金属的溶解损失和二次反应增加，导致电流效率降低。目前 3000~10000A 电解槽型的 DK 为 5~7A/cm^2。阳极电流密度 DA 一般以 0.5~1.5A/cm^2 为好，过低时阳极体积过大，减小了电解槽的有效容积；过大时加剧电解质翻动，使金属的二次作用增加，降低电流效率。此外，DA 应低于阳极效用发生的临界值。

d　极距

极间距离的选择与电极的形状和配置方式，电解质流动状态，电流分布，温度分布以及电解质的电导率有关。从减少金属二次氧化的角度考虑，适当加大极距有利于提高电流效率，但极距过大会使熔体电阻增加，槽电压上升，能耗增大。目前 3000~10000A 电解槽型的极距范围为 70~130mm。

e　加料速度

由于稀土氧化物在氟化物熔盐中的溶解度很小，加料速度过快，会使稀土氧化物沉积在槽底，容易造成槽底上涨；加料速度太小，电解质中稀土氧化物浓度减小，电流效率下降。因此，应保持与电解电流匹配的均匀加料速度。

8.4.1.3　稀土氧化物熔盐电解工艺及电解槽

A　稀土氧化物熔盐电解生产工艺流程

生产实践表明，稀土氧化物熔盐电解生产过程中，电解尾气中尚存在电解质的挥发物和少量的氟化物气体，应按图 8-13 流程或其他方法予以回收或进行无害化处理。

B　电解槽

由于氟化物熔体对电解槽材料腐蚀严重，适合于工业用的材料主要是石墨。目前工业上应用的电解槽分为圆形和矩形两种：

（1）圆形电解槽多为 6000A 以下的电解槽。由于槽体由圆柱形石墨直接加工而成，故电解槽的大小与石墨圆柱的直径有关。

（2）矩形电解槽由石墨砖或其他耐腐蚀材料砌筑而成。由于不受材料尺寸的限制，其特点是在电解槽内可以依据熔池的尺寸和极距等条件布置多个阴极和阳极。

上述两种电解槽的共同缺点是电流效率较低，电能消耗较高。导致电流效率低和电能消耗高的主要原因有如下两个方面：

（1）上插阴极与阳极方式，使得电解过程中阳极上析出气体带动电解质沿阳极表面向上再从阴极表面向下循环翻动，极距小时易导致阴极析出的金属沿阴极表面向下滴落时被

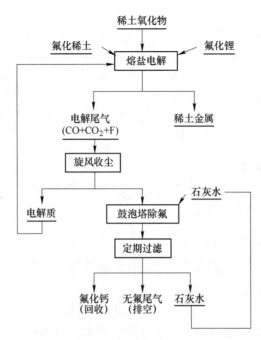

图 8-13 氧化物熔盐电解生产稀土金属流程图

电解质卷带到熔体表面被氧化，极距大时槽电压增加，电解质温度升高导致金属溶解损失增大。

（2）采用勺舀取出金属的方式对电解质的搅动大，引起金属损失增大；采用间接方式出金属会导致电解质温度波动，增加能耗。

通过分析可知，不合理的电解槽结构是导致电流效率较低和电能消耗较高的主要原因之一，其相对应的解决措施也应从两个方面着手：

（1）采用底部液态阴极不仅可以有效地控制金属与熔盐的二次作用，还可能减小极间距离，降低槽电压减小电能消耗；

（2）采用底部出金属或虹吸出金属的方式以稳定电解温度。

C 电解工艺条件和技术经济指标

根据稀土金属的熔点不同，各种稀土氧化物电解的工艺条件也有所不同。几种稀土金属电解实验的工艺条件及技术经济指标见表 8-13。

表 8-13 某些稀土金属电解工艺条件及技术经济指标

项 目		镧	铈	镨	钕	镨-钕	混合轻稀土
电解质组成（质量分数）/%	REF_3	60	73	50（摩尔分数）	87	87	50
	LiF	27	15	50（摩尔分数）	13	13	30
	BaF_2	13	12	—	—	—	20
电解温度/℃		950	870~900	1030	1035±5	1115	950
电流强度/A		159	600	50	40	60	980
阴极电流密度/A·cm^{-2}		15.0	32.0	6.0	7.0	9.6	8.0

续表 8-13

项 目	镧	铈	镨	钕	镨-钕	混合轻稀土
阳极电流密度/A·cm^{-2}	6.2	5.2	0.3	3.6	0.6	1.0
平均槽电压/V	12	11	19	8.6	24	8.5
电解槽气氛	惰性	敞口	惰性	敞口	惰性	—
电解时间/min	180	200	66	180	43	600
电流效率/%	57	90	88	62	55	37
直流电耗/kW·h·kg（金属）$^{-1}$	12.9	7.8	—	—	—	—

8.4.2 金属热还原法制取稀土金属

8.4.2.1 金属热还原原理

一种金属 A 为还原剂，在高温下将另一种金属 B 的化合物 B_nX_k 还原为金属 B 的方法统称为金属热还原方法，其反应式为：

$$mA + B_nX_k = nB + A_mX_k \tag{8-98}$$

式（8-98）在一定的温度和压力下反应进行的方向可通过该反应的自由能 ΔG 判断。当 $\Delta G < 0$ 时，体系处于自然过程，反应能够发生；$\Delta G > 0$ 时，体系处于非自然过程，反应向相反方向进行；$\Delta G = 0$ 时，体系处于动态平衡状态。当被还原物为氟化物、氯化物或氧化物时，B 可否被还原为金属取决于 A、B 对氟、氯或氧的亲和力的大小，也就是说可以通过比较 A_mX_k 和 B_nX_k 的自由能来初步判断，即：

$$\Delta G = -\Delta G_{A_mX_k} - (-\Delta G_{B_nX_k}) \tag{8-99}$$

ΔG 越负，越有利于还原反应的进行，同时也说明 A 是 B_nX_k 的良好还原剂。

对稀土的氟化物和氯化物而言，钙和锂是较适宜的还原剂。钠也可以还原氯化稀土，但钠的沸点很低，操作过程不方便，生产中很少采用。

钙和锂还原稀土氯化物和氟化物的优点是渣的流动性好，易于同金属分离；缺点是原料中的氧难以除净，特别是氯化稀土易吸潮水解，常导致稀土金属中的氧含量达不到要求。

用钙和锂还原钐、铕、镱、铥的卤化物只能得到相应的低价卤化物，因此制取这几种金属的方法是以镧（或铈）为还原剂来还原钐、铕、镱的氧化物，在还原过程中利用钐、铕、镱、铥蒸气压高的特点将其蒸馏分离。

稀土金属的热还原可以按沸点和熔点的不同可以将其分为 3 组：

（1）沸点高而熔点低（如 La、Ce、Pr、Nd、Gd），适合用钙、锂还原稀土氯化物；

（2）沸点低而熔点居中（如 Sm、Eu、Yb、Tm），适合用镧、铈还原这些具有变价特征的稀土元素的氧化物；

（3）沸点高且熔点也高（如 Tb 、Dy、Ho、Er、Y、Lu），适合用钙还原稀土氟化物。

8.4.2.2 钙还原稀土氟化物

钙可以还原稀土氟化物制取稀土金属，其化学反应为：

$$2REF_3(s) + 3Ca(l) =\!\!=\!\!= 3CaF_2(l) + 2RE(l) \tag{8-100}$$

还原过程在真空感应电炉中进行。将还原剂钙以理论计算量的 110%（质量分数）与无水氟化稀土混合后放入感应线圈中的钽坩埚中，启动感应电炉加热。还原过程还须具备如下几个条件：

（1）还原设备真空度能达到 $6.67×10^{-2}Pa$；

（2）还原设备温度能达到1700℃，并能根据工艺需要调节控制；

（3）在惰性气氛保护进行，氩气的纯度应不小于99.99%；

（4）坩埚材质以钽为宜，其壁厚应大于0.3mm，钨、铌、钼也可用；

（5）钙的纯度不小于99.99%（最好选用经过蒸馏提纯的产品）；

（6）稀土氟化物的稀土纯度不小于99.99%，含氧量（质量分数）小于0.1%。

开始反应温度以所制取的金属种类而异，一般在将温度升至800~1000℃时，物料本身的温度会突然升高，并且常常超过设定的温度，这说明还原反应已经开始。继续升温加热物料，在达到工艺要求的还原温度下保温10~30min，致使渣和金属充分熔化分层，以便与渣与金属锭的分离。制取铽和镝的温度一般控制在1500℃即可（CaF_2的熔点是1418℃），制取更高熔点的重稀土金属时，还原温度以超过金属熔点50~100℃以上为宜。完成还原熔炼后，停电，待炉温接近室温后开炉取出金属锭。

由此得到的金属纯度为98%~99%，其中含（质量分数）钙1%~2%，氧0.03%~0.1%。钙可以通过真空蒸馏除去。由于稀土金属同钽作用，还原得到的金属中含有少量的钽，在轻稀土金属中钽含量（质量分数）约为0.03%，在重稀土中可大于0.1%（质量分数）。在25kg-60kW中频真空感应电炉中制取金属钇操作过程为：

（1）将无水氟化钇压实后装入钽坩埚中，把超过理论计算量10%~15%（质量分数）的钙放在氟化钇上部，关闭炉门；

（2）启动真空机组，抽真空至 $6.67×10^{-2}Pa$，充入氩气至 $6.13×10^2Pa$；

（3）启动加热电源，在25kW保持5min（约900~1000℃），30kW保持5min（约1300~1450℃），35kW保持10min（约1550~1600℃）；

（4）关闭加热电源，随炉冷却至室温，开炉取出盛有物料的钽坩埚；

（5）脱去坩埚，剥离渣，取出金属锭；

（6）金属钇进一步蒸馏提纯。

钇、钬、铒、镥等重稀土金属的熔点接近或超过1500℃，还原温度需要1550~1600℃以上。为了降低还原温度，可采取中间合金方法经热还原制取这些金属，其主要原理是在配料时加入一定量的易蒸馏金属镁，使被还原的高熔点金属与镁形成低熔点合金。为了降低渣的熔点和黏度改善流动性，配料时也可以加入一定量的无水氯化钙。此过程的还原温度的选定可参考相关的合金相图和渣系相图。还原得到的合金尚需在真空条件下将镁蒸馏除去。

8.4.2.3 锂还原稀土氯化物

用钙为还原剂还原稀土氯化物适合于制取熔点较低的镧、铈、镨、钕金属，优点是热还原方法比熔盐电解方法的稀土收率高、产品纯度高和生产环境好；但是由于生产成本高、设备要求高以及不能连续生产的原因，没能用于大规模生产。钙不适于还原稀土氯化物制取中稀土金属，其原因是稀土氯化物的沸点（如 YCl_3 1523℃）与其熔点相近（如 Y 1510℃），还原过程在重金属熔点以上的温度下进行时，氯化稀土呈气态，还原反应率低。若降低温度以防止氯化物气化，则只能得到与渣难以分离的金属粉末。用锂还原稀土氯化物的效果好与钙。由于锂的价格高，工业上只用于制取高纯钇。

用锂还原无水稀土氯化物制取金属的化学反应式为：

$$Li(g) + RECl_3(l) \rule[0.5ex]{1em}{0.4pt}\rule[0.5ex]{1em}{0.4pt} LiCl(g) + RE(l) \tag{8-101}$$

由反应式（8-101）可见，与钙还原稀土氯化物不同，锂还原过程是在气相中进行的，因此还原产品中杂质含量少。

锂还原氯化钇的过程是在密闭的不锈钢反应器中进行的，反应器分两段。其中，加热、还原和蒸馏过程可在同一设备中进行。还原反应过程分为如下几个阶段：

（1）无水氯化钇放在反应器上部的钛坩埚中，还原剂金属锂放置在下部的坩埚中；

（2）将不锈钢反应罐封闭，启动真空机组，抽真空至 $6.67 \times 10^{-2} Pa$，充入氩气至微真空状态；

（3）用感应线圈或电阻发热体热至温度达到 1000℃；

（4）保持温度，使 YCl_3 熔化并与锂蒸气充分反应，还原出来的金属钇固体颗粒落在下部坩埚中；

（5）还原反应完成后，停止上部加热，只加热下部，在真空下把 LiCl 蒸馏出来，使其凝结在反应器上部冷凝器上；

（6）蒸馏结束，待炉冷却后取出粉末状金属钇；

（7）将粉末状金属钇用自耗电极电弧炉熔炼成金属锭。

全部还原反应过程一般需要 10h 左右。采用以上工艺方法还可制备金属镝、钬和铒。

8.4.2.4 镧或铈还原稀土氧化物

A 镧和铈还原稀土氧化物的热力学原理

镧和铈热还原稀土氧化物制取钐、铕、镱的原理是利用它们的蒸气压大于还原剂镧和铈的特点，在还原其氧化物的同时使还原产物以气态与固态的渣相分离。根据这一原理也可以用此方法制取铥和镝金属，但由于其蒸气压不如钐、铕、镱大，所得产品质量不佳。其反应式为：

$$RE_2O_3(s) + 2RE'(l) \rule[0.5ex]{1em}{0.4pt}\rule[0.5ex]{1em}{0.4pt} 2RE(g) + RE_2O_3'(s) \tag{8-102}$$

式中　RE——Sm、Eu、Yb；

　　　 RE'——La、Ce。

反应式（8-102）属于多相反应，根据化学等温方程式可得出该类反应的自由能与反应产物的分压关系（式中 P 的单位为 mmHg）。其计算公式为：

$$\Delta G = \Delta G^{\ominus} + 2.303RT \lg P_{RE}^2 \tag{8-103}$$

对于钐、镱、铥的还原反应的蒸气压于温度的关系为：

$$\lg P_{Sm} = 8.21 - 11250/T \quad (1225 \sim 1473K) \tag{8-104}$$

$$\lg P_{Yb} = 8.95 - 12667/T \quad (1225 \sim 1473K) \tag{8-105}$$

$$\lg P_{Tm} = 12.70 - 20200/T \quad (1225 \sim 1473K) \tag{8-106}$$

由式（8-104）～式（8-106）表明，提高温度和还原反应炉内的真空度有利于还原过程的进行。实际上，还原反应的机理比较复杂，全过程经历了五个步骤，即：

（1）还原剂和氧化物在液/固界面进行还原反应。

（2）被还原出的金属与还原剂形成液态合金。

（3）反应物和产物在固态渣中扩散。

（4）还原金属从合金中向气相扩散。

（5）气态金属在冷凝器上凝结反应初期，还原反应速度取决于第（4）步的速度；反应后期，由于形成了较厚的固态渣层，还原反应速度受到了第（3）步扩散速度的限制。

B　镧和铈还原稀土氧化物的操作过程

镧还原氧化钐制取金属钐的过程在真空感应电炉中进行，其操作过程及要点为：

（1）将干燥的氧化稀土与过理论量15%~20%（质量分数）的还原剂切屑混合并压成块，装入钽坩埚（或铌与钼坩埚）中，放在感应线圈内，放上钼套筒，套筒上倒扣瓷碗（作为冷凝器收集金属）。

（2）启动真空机组，抽真空至6.67×10^{-2}Pa，充入氩气至5~10Pa。

（3）启动加热电源，缓慢升温至800℃；800~1100℃，80~100min；1100~1200℃（还原温度），170~190min；保温60min。

（4）关闭加热电源，随炉冷却至室温，开炉取出倒扣瓷碗和盛有物料的钽坩埚。

（5）剥去瓷碗，清理渣，取出金属锭。

此工艺生产的钐纯度为99.5%，金属钐直收率在90%左右。遵照上述过程可以生产铕和镱，但铕的还原温度为900℃，镱的还原温度为1100℃。

思 考 题

（1）我国的稀土资源与其他国家相比有哪些优势？

（2）包头稀土精矿与四川稀土精矿的矿物组成及化学成分有什么区别？根据矿物特点简述分解方法。

（3）试评价高温硫酸焙烧和低温硫酸焙烧分解包头稀土精矿的优缺点。

（4）风化壳淋积型稀土矿的矿床有哪些特征，渗浸法处理风化淋积型稀土矿基于哪种原理？

（5）分馏萃取由哪几个阶段组成，各阶段的主要作用是什么？

（6）为什么称P204和P507为酸性磷氧型萃取剂，它们萃取金属离子时有哪些特点？

（7）为什么不能用水溶液电解法生产稀土金属，工业上采用哪种方法生产哪些稀土金属，其基本原理是什么？

（8）影响稀土电解电流效率和电能消耗有哪些因素？

（9）论述以稀土氧化物、氯化物或氟化物为原料的3种金属热还原方法的适用范围及基本原理，并评价其优缺点。

参 考 文 献

[1]泽利克曼.稀土金属钍铀冶金学［M］.木卯，勤人，安文，译.北京：中国工业出版社，1965：1-31.

[2]吕松涛.稀土冶金学［M］.北京：冶金工业出版社，1978：1-27.

[3]Topp N E.希土类元素の化学［M］.盐川二郎，足立吟也，译.京都：化学同人，1989：1-20.

[4]潘金叶.有色金属提取手册（稀土金属）［M］.北京：冶金工业出版社，1993：1-47.

［5］中山大学化学金属系 . 稀土物理化学常数 ［M］. 北京：冶金工业出版社，1978.

［6］苏锵 . 稀土化学 ［M］. 郑州：河南科学技术出版社，1993：98-157.

［7］李永绣，黎敏，何小彬，等 . 碳酸稀土的沉淀与结晶过程 ［J］. 中国有色金属学报，1999，9
　　（1）：165.

［8］何小彬，李永绣 . 碳酸镨的结晶活性、外观形貌及结晶生长机制 ［J］. 中国稀土学报，2002，20
　　（专辑）：95.

［9］马莹，王秀艳，乔军，等 . 碳酸稀土生产工艺优化 ［J］. 中国稀土学报，2002，20（专辑）：149.

［10］魏新刚，张英 . 稀土在钢中的应用与作用 ［J］. 内蒙古石油化工，2007（8）：37.

［11］刘光华，孙洪志，李红英 . 稀土材料与应用技术 ［M］. 北京：化学工业出版社，2005：150-156.

［12］章为光 . 稀土精细化工产品生产技术 ［M］. 南昌：江西科学出版社，2002.

［13］耿谦，张育兵 . 稀土元素在玻璃陶瓷中的应用 ［J］. 陶瓷，2004（1）：40-43.

［14］苏锵 . 国家中长期科学和技术发展规划纲要中与稀土有关部分的思考——稀土发光材料部分 ［J］.
　　四川稀土，2006（3）：2-4.

［15］李晓丽，刘跃，张忠义，等 . 我国稀土发光材料产业现状与展望 ［J］. 稀土，2007，28（2）：
　　90-94.

［16］林河成 . 我国稀土永磁材料的新进展 ［J］. 世界有色金属，2005，5：28-33.

［17］Collocott S J, Dunlop J B, Lovatt H C, et al. Rare-Earth Permanent Magnets：New Magnet Materials and
　　Applications ［C］. Materials Science Forum，1999，315-317：77.

［18］Gschneidner K A, Pecharsky V K. Recent Developments in Magnetic Refrigeration ［J］. J. Alloys Compds，
　　1998，107：260.

［19］陈俊良，方方，张晶 . 纳米储氢材料及其发展 ［J］. 稀有金属材料与工程，2007，36（6）：
　　1119-1123.

［20］王新林 . 中国稀土永磁和储氢材料的进展 ［J］. 四川稀土，2006，3：16-18.

［21］Vogt T, Reilly J J. Non-Stoichiometric AB$_5$ Type Alloys and Their Properties as Metal Hydride Electrodes
　　［C］. Materials Science Forum，1999，94：315-317.

［22］刘光华 . 稀土材料学 ［M］. 北京：化学工业出版社，2007.

［23］中国稀土资源的高效提取与循环利用 ［C］. 香山科学会议第 377 次学术讨论会，2010，6.

［24］徐光宪 . 稀土（上册）［M］. 北京：冶金工业出版社，1995：279-280，403.

［25］潘金叶 . 有色金属提取冶金手册 ［M］. 北京：冶金工业出版社，1993：69.

［26］钱九红，李国平 . 中国稀土发展现状 ［J］. 稀有金属，2003，27（6）：183-188.

［27］孙培梅，李洪桂，等 . 机械活化碱分解独居石新工艺 ［J］. 中南工业大学学报，1998（1）：36-38.

［28］Zhang J P, Lincoln F J. The Decomposition of Monozite by Machemical Milling with Calcium Oxide and Cal-
　　cium Chloride ［J］. Journal of Alloys and Compounds，1994，205：69-75.

［29］吴文远，涂赣峰，孙树臣，等 . 氧化钙分解人造独居石的反应机理 ［J］. 东北大学学报（自然科学
　　版），2002（12）：1158-1161.

［30］吴文远，等 . CaO-NaCl 焙烧分解独居石的研究 ［J］. 稀土，2004，25（2）：16-19.

［31］Hikichi Y, Hukuo K, Shiokawa J. Solid State Reaction Between Rare Earth Orthophosphate and Oxide ［J］. Bull
　　Chemsoc Jpn，1980（53）：1455-1456.

［32］王秀艳，等 . 包头稀土精矿硫酸低温焙烧分解工艺研究 ［J］. 稀土，2003，24（4）：29-31.

［33］黄小卫，张国成，龙志奇，等 . 从稀土矿综合回收稀土和钍工艺方法：中国，CN1721559A ［P］.

［34］吴文远 . 独居石稀土精矿，独居石与氟碳铈混合型稀土精矿的焙烧方法：中国，01128097.2
　　［P］. 2001.

［35］Wu W Y, Bian X, Sun S C, et al. Study of Roasting Decomposition of Mixed Rare Earth Concentrate in

CaO-NaCl-CaCl$_2$ [J]. Journal of Rare Earths, 2006 (24): 23-27.

[36] Bian X, Chen J L, Zhao Z H, et al. Kinetics of Mixed Rare Earths Minerals Decomposed by CaO with NaCl-CaCl$_2$ Melting Salt [J]. Journal of Rare Earths, 2010, S1: 86-90.

[37] 吴文远, 孙树臣, 郁青春. 氟碳铈与独居石混合型稀土精矿热分解机理研究 [J]. 稀有金属, 2002, 26 (1): 76-79.

[38] Bian X, Wu W Y, Yang M, et al. Kinetic of Dissolved Phosphorus from the Calcination Products of Mixed Rare Earth Minerals [J]. Journal of Rare Earths, 2007, S1: 120-124.

[39] 边雪, 吴文远, 常宏涛, 等. HCl-H$_3$cit 酸洗包头矿 CaO 焙烧产物脱磷的工艺研究 [J]. 稀土, 2007, 28 (5): 23-27.

[40] 边雪, 吴文远, 常宏涛, 等. H$_3$cit 配合法从稀土溶液中回收磷的研究 [J]. 稀土, 2007, 28 (6): 1-5.

[41] 吴文远, 涂赣峰, 边雪, 等. 将稀土元素与氟磷酸钙、氯磷酸钙和磷酸钙分离的方法: 中国, ZL200610047937X [P].

[42] 傅素冉, 胡延风, 王晓梅, 等. 稀土柠檬酸络合物的各级稳定常数的测定 [J]. 北京大学学报 (自然科学版), 1984 (6): 73-78.

[43] 蒋汉瀛. 湿法冶金过程物理化学 [M]. 北京: 冶金工业出版社, 1984: 71-106.

[44] 申令生. 化学分析计算手册 [M]. 北京: 水利电力出版社, 1992: 424-425.

[45] Saktaywin W. Advanced Sewage Treatment Process with Excess Sludge Reduction and Phosphorus Recovery [J]. Water Res., 2005, 39 (5): 902-910.

[46] Abali Y, Bayca S U, Mistincik E. Kinetics of Oxalic Acid Leaching of Tinal [J]. Chemical Engineering Journal, 2006, 123 (1-2): 25-30.

[47] 蔚东升, 张梅玲, 陈慧婷, 等. 铝酸钙去除水中氟离子的条件研究 [J]. 环境科学与技术, 2006, 29 (7): 87-96.

[48] 李作顺, 等. 中国稀土学会第一次学术会议论文摘要汇编 [C]. 北京, 1980: 15-16.

[49] 杨倩志, 等. 用助溶剂萃取法从包头稀土矿中提取稀土氧化物 [J]. 稀有金属, 1968, 12 (1): 86-89.

[50] 王晓铁, 刘建军, 等. 包头混合型稀土精矿氧化焙烧分解工艺研究 [J]. 稀土, 1996 (6): 6-9.

[51] 吴文远, 等. 碳酸钠分解独居石和氟碳铈混合型稀土精矿的机制研究 [J]. 中国稀土学报, 2001, 19 (增刊): 61-64.

[52] 常世安, 王树茂. 氟碳铈矿纯碱焙烧制取氯化稀土工艺过程产物象结构 [J]. 稀有金属, 1996, 20 (5): 383-390.

[53] 时文中, 等. 氯化铵焙烧法从混合型稀土精矿中回收稀土 [J]. 河南大学学报 (自然科学版), 2002 (4): 45-49.

[54] 张国成, 黄小卫. 氟碳铈矿冶炼工艺评述 [J]. 稀有金属, 1997, 21 (3): 193-199.

[55] 李良才, 葛星坊, 等. 攀西稀土矿湿法冶炼技术现状及展望 [J]. 稀土, 1999, 20 (4): 52-55.

[56] 徐光宪. 稀土 (上册) [M]. 北京: 冶金工业出版社, 1995: 381, 453-456.

[57] 黄小卫, 张国成. 一种从含氟硫酸稀土溶液中萃取分离铈的工艺 [P]. 中国专利, CN95103694.7.

[58] 李良才, 等. 第四次全国稀土化学及湿法冶金学术会议论文集 [C]. 1987 (第二部分): 12.

[59] 吴文远, 陈杰, 等. 添加硝酸稀土焙烧氟碳铈矿的热分解行为 [J]. 东北大学学报 (自然科学版), 2004, 25 (4): 378-381.

[60] 朱国才, 田君, 等. 氟碳铈矿提取稀土的绿色化学进展 [J]. 化学通报, 2000, (12): 6-11.

[61] 赵仕林, 何春光, 曹植菁, 等. 氟碳铈矿环境友好冶炼工艺研究 [J]. 四川师范大学学报 (自然科学版), 2002, 25 (4): 394-396.

[62] 池汝安，田君. 风化壳淋积型稀土矿化工冶金 [M]. 北京：科学出版社，2006.

[63] 赵靖，汤洵忠，吴超. 我国离子吸附型稀土矿开采提取技术综述 [J]. 云南冶金，2001，30（1）：11-14.

[64] 刘振芳，等. 液膜法从离子吸附型稀土矿中提取稀土 [J]. 稀土，1988（2）：3-8.

[65] 张学玉. 分散元素钪的矿床类型及研究前景 [J]. 地质地球化学，1997（4）：93-97.

[66] 肖金凯. 工业废渣赤泥中钪的分布特征 [J]. 地球地质化学，1996（2）：82-86.

[67] 廖春生，严纯华，等. 新世纪的战略资源——钪的提取与应用 [J]. 中国稀土学报，2001，19（4）：289-297.

[68] 徐光宪，袁承业，等. 稀土的溶剂萃取 [M]. 北京：科学出版社，1987：127-474.

[69] 翟永清. 稀土萃取分离生产过程的故障监测与诊断专家系统 [D]. 沈阳：东北大学，1994.

[70] 王振华. 稀土串级萃取分离过程的数学模型和计算机仿真 [J]. 中国稀土学报，2002，20（专辑）：132-135.

[71] 王振华，王金荣，王永县，等. 计算机闭环控制串级萃取稀土分组过程的试验研究兼论模拟混合澄清槽萃取过程的数学模型 [J]. 稀土，1996，17（5）：1.

[72] 高新华，吴文远，涂赣峰. 四组分体系"组合式"萃取分离工艺 [J]. 有色矿冶，2000，16（2）：21-25.

[73] 游效曾，孟庆金，韩万书. 配位化学进展 [M]. 北京：高等教育出版社，2000：30-36.

[74] 龙志奇，黄小卫，黄文梅，等. 二（2-乙基己基）磷酸从含氟稀土硫酸溶液中萃取铈的机制 [J]. 中国稀土学报，2000，18（1）：18-20.

[75] 张国成，黄小卫，顾保江，等. 从硫酸体系中萃取分离稀土元素：中国，CN86105043 [P].

[76] 藏立新，王琦. 用稀土皂化有机相技术在轻稀土分离工艺中的新应用 [J]. 稀土，1995，16（3）：28-30.

[77] Morrice E, Wong M M. Fused-Salt Electrowinning and Electrorefining of Rare Earth and Yttrium Metals [J]. Miner. Sci. Eng, 1979, 11（3）：125-126.

[78] Singh S, Pappachan A L. Electrowinning of Cerium Group Metals from Fused Chloride Bath [J]. Bull. Mater. Sci, 1980, 2（3）：155-159.

[79]《稀土》编写组. 稀土（下册）[M]. 北京：冶金工业出版社，1978：122.

[80] 刘建中，唐定骧，鲁化一，等. 冰晶石-氟化钙-氧化钇体系熔体物理化学性质的研究 [J]. 中国稀土学报，1987，5（4）：21.

[81] 李学舜，魏绪钧，徐秀芝，等. 熔盐电解制取富镧钕合金熔体初晶温度的研究 [J]. 稀土，1995，16（1）：46-49.

[82] 李学舜，冯法伦，魏绪钧，等. 氟盐体系电解富镧钕合金熔盐电导率的研究 [J]. 稀土，1998，19（1）：33-35.

[83] 吴文远，孙金治，海力，等. 氧化钕在氟盐体系中的溶解度 [J]. 稀土，1991，3（12）：34-37.

[84] 吴文远，张金生. 氧化稀土在 $LiF\text{-}BaF_2\text{-}REF_3$ 体系中的溶解度研究 [J]. 有色矿冶，2000，16（6）：34-36.

[85] 李平，孙金治，唐定骧. 下沉阴极熔盐电解法制取富钇稀土镁合金 [J]. 中国稀土学报，1987，5（2）：55.

[86] 徐光宪. 稀土（中册）[M]. 北京：冶金工业出版社，1998：189.

[87] 李平，唐定骧，沈青囊. 熔盐电解制取钕-铝母合金的研究 [J]. 中国稀土学报，1984，2（1）：38.

[88] 孙金治. 在铝电解槽中添加稀土氧化物制取稀土铝合金工业试验 [J]. 稀土，1985，3：64-67.

[89] 赵敏寿，路连清，杜富英，等. 60kA 铝电解槽添加稀土碳酸盐制取铝-稀土应用合金工艺的研究

[J]. 1986, 5: 30-34.

[90] 吴文远. 稀土冶金学 [M]. 北京: 化学工业出版社, 2005: 219.

[91] 赵敏寿, 张黎明, 马忠诚, 等. 冰晶石熔体中铝热还原制备 La-Al 合金 [J]. 稀土, 1985, 3: 30.

[92] 谢春秋, 等. 铝热还原稀土氧化物制备铝稀土合金 [J]. 全国稀土—有色金属协作网学术讨论会资料, 1985, 12.

[93] 吴文远, 孙金治. Na_2AlF_5-NaCl-MgF_2-Al_2O_3 系对 RE_2O_3 的溶解能力 [J]. 稀土, 1989 (1): 18-21.

[94] 吴文远, 孙金治. Na_2AlF_5-NaCl-MgF_2-Al_2O_3 系初晶温度研究 [J]. 稀土, 1992, 13 (3): 18-21.

[95] 吴文远, 孙金治. 还原法制取铝稀土合金熔体组成的研究 [J]. 稀土, 1989 (5): 49-51.

[96] 吴文远. 稀土冶金学 [M]. 北京: 化学工业出版社, 2005.

[97] Feng Xie, Ting An Zhang, David Dresinger, et al. A critical review on solvent extraction of rare earths from aqueous solutions [J]. Minerals Engineering, 2014, 56: 10-28.

9 钛 冶 金

9.1 概 述

9.1.1 钛冶金简史

钛属于元素周期表中第ⅣB族第4周期元素，原子序数为22。英国矿物爱好者格列盖尔于1791年在黑色磁铁矿砂中发现了元素钛，因此曾被称为钛铁砂。1795年德国化学家克拉普罗特在研究金红石时，断定这种矿物是一种新元素的氧化物，几年之后证实了钛铁砂就是钛。在1849年之前，人们一直把从高炉渣中获得的与金属钛很像的钛碳氮化物误认为是金属钛，直到1910年汉杰尔制得比较纯的金属钛之后，才纠正了上述错误看法。

钛在地壳中的含量十分丰富，按丰度值算占第九位；按结构金属算，仅次于铁和铝，故有"第三金属"之称。20世纪初，钛以化合物和金属添加剂的形式应用到工业部门。在第二次世界大战期间，金属钛作为结构材料引起了人们的重视。随着克洛尔（Kroll）镁热还原法的研究成功及各种用途的开发，使钛从1948年的2t年产量迅速增加，目前全世界钛的年产量已达10万吨左右。

我国虽然钛资源丰富，但在1949年前我国的钛冶炼工业是空白的。中华人民共和国成立后，开始建立我国的钛冶炼和加工工业，以适应我国尖端技术和相关工业部门对钛金属和化合物的需要，目前正在积极发展中。

9.1.2 钛的性质

金属钛为银白色，外观似钢。已知钛有两种晶型，在882℃以下为密排六方晶型α-钛；高于882℃时，α-钛转变为体心立方晶型β-钛。钛的某些物理性质见表9-1。

钛有强烈的吸气性质。它吸收氧、氮、氢的能力很强，这是钛的一个重要特性。金属钛中含有微量的氧和氮也能降低它的塑性，极少量[含量（质量分数）为0.01%~0.05%]氢杂质能明显地提高钛的脆性。钛与氢作用生成固溶体和氢化物（TiH、TiH_2），氢在α-钛中的溶解度约1%，在真空条件下将其加热到800~900℃时能除去全部溶解的氢；温度高于600℃时，钛与氮作用生成TiN和氮在钛中的固溶体，TiN的硬度很高，熔点为2950℃；在高于1000℃时，碳及含碳气体和钛作用生成坚硬并难熔的碳化钛（TiC），TiC的熔点为3140℃，金属钛中含有碳杂质将严重影响其力学性能；卤素在100~200℃时即可与钛作用，生成易挥发的卤化物。

钛的耐蚀性与不锈钢差不多，钛在冷水和沸水中均不受腐蚀。常温下，钛的表面被一层牢固的氧化-氮化物膜覆盖，保护金属钛不再继续氧化。钛无论在常温下还是加热条件下，在任意质量浓度的硝酸中均不被腐蚀。常温下，钛在稀硫酸[$w(H_2SO_4) < 5\%$]中稳

表 9-1　钛的某些物理性质

原子序数	22	热导率/W·cm⁻¹·℃⁻¹	0~200℃	0.167
相对原子质量	47.90	线膨胀系数	20~300V	$8.2×10^{-6}$
密度/g·cm⁻³	4.51	电阻率/Ω·cm	20℃	$42×10^{-6}$
熔点/℃	1675		800℃	$180×10^{-6}$
沸点/℃	3260	电子逸出功/eV		4.09
蒸气压/Pa	1227℃　$1.33×10^{-4}$	热中子俘获截面（b）		5
	1442℃　$1.33×10^{-2}$	晶型及晶格常数	α-Ti（<882℃）	密集六方 $a=2.591$ Å $c=4.692$
	1727℃　133.3			
	2477℃　1333		β-Ti（>882℃）	体心立方 $a=3.3065$
熔化热/J·g⁻¹	434.7			
质量热容/J·g⁻¹·℃⁻¹	0~100℃　0.531			

定，随硫酸含量的增加，其腐蚀速度加快，呈马鞍型变化。钛在硫酸中的腐蚀速度随温度升高而加快。在常温下，钛在 $w(HCl)=5\%~10\%$ 的稀盐酸中稳定，随盐酸含量的增加和温度的升高，其腐蚀速度加快。如果盐酸中含有少量的氧化剂，则可以明显降低它的腐蚀速度。钛能溶解于氢氟酸，并在含量（质量分数）小于 20% 的碱液中稳定。

9.1.3　钛的用途

钛和钛合金是理想的高强度、低密度的结构材料。钛合金的强度可达 1200~1500MPa，因此，它的比强度（强度/密度）一般可达 27~33。钛的用途包括以下几个方面：

（1）在飞机制造方面，钛合金可做机身、内燃发动机和喷气发动机部件。其中，潜水艇中也大量应用钛。

（2）在火箭制造方面，用钛合金做发动机壳体、储存液氧的压力容器和其他零件。

（3）钛和钛合金不仅强度高，而且耐腐蚀，因而被广泛应用于化工机械和医疗器械等方面。

（4）在电子真空技术领域，用纯钛制作 X 射线管的阳极、阴极、栅极和其他零件。

（5）在炼钢中可以用作脱氧、脱硫剂和合金化元素。在锰钢、铬钢、铬钼钢和镍铬钢中都含有钛的成分。

（6）钛加入铜、铜合金和铝合金中，可以改善它们的物理力学性能和抗蚀性能。

钛白（TiO_2）是优良的白色颜料，在工业和民用中用途广泛，钛白具有独特的覆盖能力而且又无毒。各种晶型的二氧化钛和钛酸钡具有很高的介电常数，可做高质量的电容器、无线电设备和高频设备的固体介质。

9.1.4　钛矿物

钛通常是以二氧化钛或钛酸盐的形态存在。钛有同硅、铌、锆等形成络阴离子的倾向。因此有组成复杂的硅钛酸盐、钛铌酸盐和钛锆酸盐等形态存在的矿物。

目前生产钛最主要的矿物原料是金红石和钛铁矿。金红石中含 TiO_2（质量分数）为

95%左右，是优质的工业原料；但储量较少，主要分布在澳大利亚、塞拉利昂、印度等国家。金红石的密度为 $4.2\sim4.3g/cm^3$，摩氏硬度为 $6\sim6.5$，呈棕红、淡黄、淡蓝、淡紫、黑色等。澳大利亚金红石的开采量最多，约占世界年产矿石总量的90%。目前，天然金红石资源已消耗殆尽，钛资源主要以钛铁矿为主。

钛铁矿的组成为 $FeTiO_2$，它的分布最广。钛铁矿石的密度为 $4.56\sim5.20g/cm^3$，硬度为 $5\sim6$，呈黑色（或黑褐色）。钛铁矿常与磁铁矿（Fe_3O_4）伴生在一起，通常将这类矿石称作钛磁铁矿；也有钛铁矿与赤铁矿（Fe_2O_3）伴生在一起的，叫作钛赤铁矿。钛铁矿有冲积砂矿床和有原生盐矿床。冲积砂矿床多半是在沿海地区生成的。

一般金红石矿品位较高，精选后的含量（质量分数）达90%~95%。而钛铁矿经过选矿可获得含 TiO_2（质量分数）为43%~60%的精矿，其中的主要杂质是氧化铁，含量（质量分数）约为25%~35%，其余少量杂质有镁、钙、硅、铝、锰、钒等，它是我国目前主要的炼钛物料。

我国是钛资源大国，钛资源主要分布在四川攀枝花和西昌、河北承德、云南地区，以岩矿为主，储量大；砂矿主要分布在海南、广东、广西的海滨地区，储量少。

我国的钛资源以钒钛磁铁矿为主，钒、钛组分取代四氧化三铁晶格中的铁，形成钒钛磁铁矿。世界上钒钛磁铁矿资源丰富，分布广泛，主要分布在中国、俄罗斯、南非、加拿大、美国、澳大利亚等国家。目前，仅有俄罗斯、南非、中国等国家利用了钒钛磁铁矿资源，其他国家尚未开采与利用。

我国的攀枝花、西昌、承德地区的钒钛磁铁矿经选矿得到钒钛磁铁精矿和钛铁矿精矿。钒钛磁铁精矿作为高炉炼铁的原料，我国已成功实现钒钛磁铁精矿的高炉冶炼工艺，我国的攀枝花钢铁公司和承德钢铁公司等钒钛冶炼企业采用此工艺。高炉工艺中，钒组分利用率小于50%，钛组分利用率接近于0，大部分钛组分进入含钛高炉渣，钛高炉渣中含 TiO_2（质量分数）约为8%~26%，钛组分利用率接近于0。目前，绝大多数含钛高炉采用堆积形式处理，累计堆积上亿吨，既浪费资源，又污染环境。因此，急需开发新的钒钛磁铁矿利用工艺。

攀枝花、西昌、承德地区的钒钛磁铁矿经选矿获得的钛铁矿精矿钙镁含量高，不适合做沸腾氯化的原料，适于硫酸钛白的原料，世界上80%以上的硫酸钛白是由我国生产的。随着国家环保政策的加强，沸腾氯化、氯化钛白新技术的发展是大势所趋，如何利用高钙镁的钛铁矿是目前富钛料发展的关键。

9.1.5 处理钛精矿的原则流程

钛提取冶金的主要产品有钛白、海绵钛、钛铁合金和金属钛粉。作为商品进入市场的还有人造金红石、四氯化钛和钛渣。由于天然金红石的储量和产量有限，因此世界各国在工业生产中，主要采用钛铁精矿作为生产钛化合物和金属钛的原料。可以用火法或湿法处理等多种方法除去钛铁矿中的铁，得到各种不同形态的富钛物料（简称富钛料）。其中，金红石型含 TiO_2（质量分数）高达90%以上的富钛料称为人造金红石。处理钛精矿的原则流程如图9-1所示。

从图9-1可以看出，首先要将钛铁精矿进行还原熔炼。还原熔炼的任务是：在电炉内，用碳使钛铁矿选择性还原出铁，经造渣熔炼后，得到的 TiO_2 被富集到钛渣，同时获

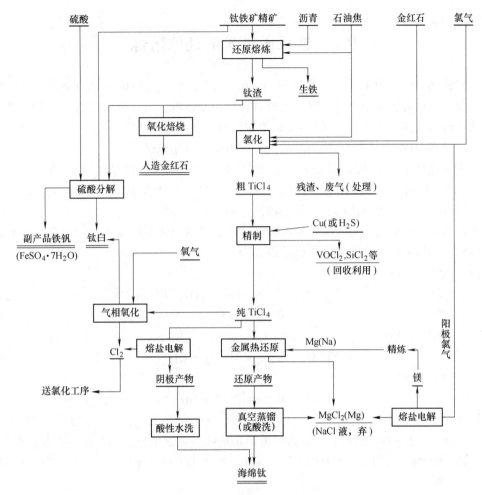

图 9-1　钛冶炼原则流程图

得副产品含磷低的生铁。经过熔炼所得到的钛渣，其中含 TiO_2（质量分数）为 85% ~ 95%，配碳进行氯化，得到粗四氯化钛，用化学法和精馏法净化除去 $VOCl_3$、$SiCl_4$、$AlCl_3$、$FeCl_3$ 等杂质，得到纯净的可供生产金属钛（或钛白的精 $TiCl_4$）。用金属镁（或钠）还原精四氯化钛，得到以金属钛为主，且含有相当数量的 $MgCl_2$（或 $NaCl$）和过剩还原剂镁的还原产物。镁还原的产物经真空蒸馏除去 $MgCl_2$ 和镁，即得到海绵钛砣，经破碎、分选、检验、合批、包装后，即为商品海绵钛。钠还原所得的产物则经破碎，含酸水洗溶去 $NaCl$、低价钛氯化物等，而得到海绵钛块。

　　从图 9-1 中还可以看出用硫酸法分解钛铁矿或钛渣生产所谓"硫酸法钛白"以及纯 $TiCl_4$ 经氧化生产所谓"氯化氧化法钛白"的流程走向。图中同时也标出了从钛渣经磁选除铁，氧化焙烧生产人造金红石的原则走向。

　　用天然金红石或各种方法生产的富钛料作氯化原料时，可将所得富钛料或金红石矿直接进行氯化或硫酸分解。

　　在电炉中用铝热还原钛铁矿精矿，可生产出钛铁，其中，Ti、Al 和 Si 的含量（质量分数）分别为 25% ~ 30%、5% ~ 8% 和 3% ~ 4%，其余为铁。

9.2 钛铁矿精矿的还原熔炼

各种钛铁矿精矿中主要伴生 FeO 和 Fe_2O_3。由于钛和铁对氧的亲和力不同，它们的氧化物生成自由焓有较大的差异，因此经过选择性还原熔炼，可以分别获得生铁和钛渣。由于富钛渣的熔点高（大于 1723K），富钛渣中低价钛含量高（TiC、Ti_2O_3、TiO），黏度大，所以含钛量高的铁矿不宜在高炉中冶炼，可在电弧炉中还原熔炼。

钛铁矿精矿还原熔炼的目的在于：将铁氧化物还原为金属铁，CaO、MgO、Al_2O_3、SiO_2、钛的氧化物以及未还原的 FeO 进入钛渣，实现钛组分的富集。与其他火法冶炼工艺不同，钛铁矿精矿还原熔炼的主产物是钛渣，副产品是铁水。

用碳还原钛铁矿时，随着温度和配碳量的不同，整个体系的反应比较复杂，可能发生的反应较多。在不同温度范围主要的反应式为：

（1）大于 1473K 时，

$$FeTiO_3 + C \stackrel{}{=\!=\!=} Fe + TiO_2 + CO \tag{9-1}$$

$$3TiO_2 + C \stackrel{}{=\!=\!=} Ti_3O_5 + CO \tag{9-2}$$

（2）1543~1673K 时，

$$2Ti_3O_5 + C \stackrel{}{=\!=\!=} 3Ti_2O_3 + CO \tag{9-3}$$

（3）1673~1873K 时，

$$Ti_2O_3 + C \stackrel{}{=\!=\!=} 2TiO + CO \tag{9-4}$$

在高温熔炼过程中，Ti_3O_5 和 Ti_2O_3 都能溶解 FeO 和 $FeTiO_3$，并且它们与 TiO_2 和 TiO 能形成固溶体。由于这个缘故，使炉渣冷凝后形成成分复杂的化合物。其中主要是在 Ti_3O_5 晶格基础上所生成的黑钛石，其组成为 $m\{(Mg, Fe, Ti)O \cdot 2TiO_2\} \cdot n\{(Al, Fe, Ti)_2O_3 \cdot TiO_2\}$。

在黑钛石组成中，钛以各种形态存在。除黑钛石、低价钛氧化物和 $FeTiO_3$ 在 Ti_2O_3 中形成的固溶体外，还有若干钛的碳、氮和氧等化合物的固溶体［即 Ti(C, N, O)］。它们在 1600K 以上，有过量的碳存在时就能产生。低价钛氧化物（尤其是钛-氧-氮-碳固溶体）的存在，会使炉渣的熔点升高，黏度增大。

钛铁矿精矿的还原熔炼，通常是在三相埋弧电弧炉（矿热炉）中进行。大型生产厂一般用密闭电炉。密闭电炉有利于减少热量损失，提高钛回收率，减少粉尘，改善劳动条件，且还原产生的 CO 可回收利用。苏联熔炼钛渣用的密闭电弧炉如图 9-2 所示。其中，该设备的容量是 5000kV·A。

钛铁矿精矿与一定量的石油焦（或无烟煤）、沥青碎块混合后，可直接加散料入炉。但这样会造成粉尘大，回收率低，且熔炼操作难度大。因此，最好是先将混合料在蒸气加热的混捏锅里混捏、制团后，将团块料加入炉内。

现在的钛渣生产工厂，大多数采用周期性操作的方法。电炉熔炼的正常操作程序为捣炉、加料、放下电极、送电熔炼、放渣、下一个周期作业。铁水和钛渣从同一出铁口流出，进入定模中，铁水和钛渣在定模中分层凝固后能自然分离开。目前，钛渣正向连续化、大型化发展，进料连续化，铁水与钛渣在炉内实现渣-铁分离。渣中含有的低价氧化钛可以被空气中的氧氧化成高价氧化钛。由于不同价钛氧化物摩尔体积不同，造成钛渣碎

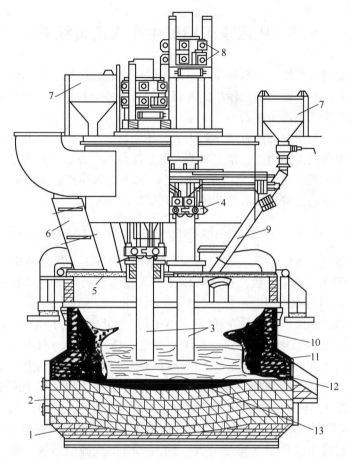

图 9-2 熔炼钛渣的密闭电弧炉示意图

1—炉壳；2—镁砖内衬；3—电极；4—导电夹；5—水冷炉顶；6—烟气管道；7—料仓；
8—电极升降机构；9—炉料供给管；10—冷凝壳层；11—熔渣；12—排料口；13—生铁

裂，因此很容易破碎。经球磨和磁选，将钛渣中所包含的铁珠和未被还原的钛铁矿除去，得到合乎要求的钛渣。经还原熔炼获得的铁水为半钢，碳含量低，可直接作为冶炼合金的原料，国外称为索雷尔金属，但不能直接作为炼钢的原料，炼钢前需进行增碳。

在熔炼过程中，电弧炉的电压为 $130 \sim 135V$。熔炼 12t 炉料大约需要 4h，密闭电弧炉平均电耗为 $1900kW \cdot h/t$（炉料），钛的回收率为 $96\% \sim 96.5\%$。钛渣成分（质量分数）大致为：TiO_2 $78\% \sim 96\%$，FeO $3.4\% \sim 6\%$，SiO_2 $0.88\% \sim 4\%$，CaO $0.28\% \sim 2\%$，Al_2O_3 $1.25\% \sim 3\%$，MgO $0.4\% \sim 8\%$，MnO $1\% \sim 2\%$，V_2O_3 0.15%，Cr_2O_3 $0.2\% \sim 1.7\%$。

为提高电弧炉的生产效率和降低电耗，可采用两段还原熔炼法。首先在回转炉（或沸腾炉）中让钛铁矿中大部分氧化铁在固相中被还原。当以天然气作还原剂时，预还原在 $900 \sim 1000℃$ 下进行即可；当用固体碳还原时，宜在 $1200℃$ 下进行。预还原后的炉料送入电炉中进行造渣熔化分离，这样可使电弧炉生产率得到提高，电耗可以降低 $20\% \sim 30\%$。

低价钛氧化物（尤其是钛-氧-氮-碳固溶体）的存在，不仅会使炉渣的熔点升高，黏度增大，而且对耐火材料的侵蚀性强，炉寿命低，因此需对耐火材料进行护炉操作。

9.3　从钛铁矿精矿生产人造金红石

金红石是重要的钛资源，是沸腾氯化、海绵钛生产、氯化法钛白和焊条生产的重要原料。但由于天然金红石资源已消耗殆尽，人们开始寻求另一种钛组分的富集方法，即以钛铁矿精矿为原料，生产人造金红石。

生产人造金红石的主要方法有选择氯化法、还原锈蚀法、酸浸法和还原磁选法。其中还原锈蚀法是澳大利亚人发明的，是主要的人造金红石生产方法，该方法的原料是优质钛铁矿精矿，钙镁含量低。选择氯化法是控制配碳量（约为精矿量的 6%～8%），在 800～1000℃下，钛铁矿中的铁被优先氯化并挥发。其反应式为：

$$FeO \cdot TiO_2(s) + C + \frac{3}{2}Cl_2(g) =\!=\!= FeCl_3(g) + TiO_2(s) + CO(g) \qquad (9\text{-}5)$$

氯化后的固体料经过湿法除去过剩的碳、$MgCl_2$ 和 $CaCl_2$。磁选除去未被氯化的钛铁矿后，可获得含 TiO_2（质量分数）达 90% 以上的人造金红石。氯化过程一般在沸腾炉中进行，产生的 $FeCl_3$ 可回收利用。

还原锈蚀法是将还原后的物料在酸性[含 NH_4Cl(质量分数)为 1.5%～2%]水溶液中通空气搅拌，使铁变成 $Fe(OH)_2$，再进一步氯化变成铁锈（$Fe_2O_3 \cdot H_2O$），呈细散粉末状，很容易将其漂洗出来，最终结果获得的人造金红石中含 TiO_2（质量分数）大于 92%。

酸浸法分为用盐酸和硫酸两种方法。美国采用轻度还原后的钛铁矿，143℃ 时用 $w(HCl) = 18\%～20\%$ 的再生盐酸在 0.245MPa 的压力下浸出 4h。经过连续真空带式过滤机和水洗后，在 870℃ 下煅烧滤饼，除去物理水和化合水，即得到人造金红石。日本的石原公司用生产钛白时排出的含量（质量分数）约为 22% 的废硫酸溶液，处理经预还原的钛铁矿，可以得到含 TiO_2（质量分数）为 95% 的富钛料产品。

选择氯化法、还原锈蚀法、酸浸法和还原磁选法生产人造金红石工艺，对原料的要求高，低钙镁，不适合我国攀枝花、西昌、承德地区的高钙镁钛铁矿。因此，针对高钙镁的钛铁矿精矿，开发适合我国原料特点的短流程人造金红石生产技术。

9.4　四氯化钛的生产

9.4.1　氯化反应的物理化学基础

二氧化钛与氯气的反应式为：

$$TiO_2 + 2Cl_2(g) =\!=\!= TiCl_4(g) + O_2(g) \qquad (9\text{-}6)$$

该反应的标准自由焓变化为：

$$\Delta G_T^{\ominus} = 199024 - 51.88T(J) \quad (298～1300K)$$

其中，在 1000K 时，$\Delta G_{1000K}^{\ominus} = 147.1kJ$。

此时反应的平衡常数为：

$$K_P = \frac{p_{TiCl_4} \cdot p_{O_2}}{p_{Cl_2}^2} = 2.06 \times 10^{-8}$$

由此求得系统在 $p_{Cl_2}=0.1MPa$，$p_{O_2}=0.1MPa$ 的条件下，四氯化钛平衡分压 $p_{TiCl_4}=2.06\times10^{-9}MPa$。因此，从工业生产的条件和角度看，二氧化钛直接与氯气的反应不能自动进行。但是在有碳存在的条件下，二氧化钛的氯化反应在较低的温度（700～900℃）下即能顺利进行。其总反应式为：

$$TiO_2(s) + 2Cl_2(g) + C(s) \Longrightarrow TiCl_4(g) + CO_2(g) \tag{9-7}$$

$$\Delta G_T^{\ominus} = -194815 - 53.30T$$

其中，当1000K时，$\Delta G_{1000K}^{\ominus} = -248115J$。

此时反应的平衡常数为：

$$K_P = \frac{p_{TiCl_4} \cdot p_{CO_2}}{p_{Cl_2}^2} = 9.26 \times 10^{12}$$

说明反应可以自动进行。

根据 TiO_2 加碳氯化时可能发生的反应，系统气相中可能存在 $TiCl_4$、CO_2、CO、$COCl_2$ 和 Cl_2 等，这些气体的气相平衡成分计算结果见表9-2。

表 9-2　气相平衡成分

$T/℃$	气相各组分分压/MPa				
	CO	CO_2	$TiCl_4$	Cl_2	$COCl_2$
600	1.70×10^{-2}	3.72×10^{-2}	4.57×10^{-2}	5.98×10^{-9}	5.63×10^{-13}
700	4.10×10^{-2}	1.93×10^{-2}	3.97×10^{-2}	2.38×10^{-8}	4.98×10^{-12}
800	5.88×10^{-2}	0.59×10^{-2}	3.53×10^{-2}	7.31×10^{-8}	6.37×10^{-11}
900	6.53×10^{-2}	0.15×10^{-2}	3.36×10^{-2}	1.86×10^{-7}	1.06×10^{-10}

从表9-2可以看出，在600～900℃下氯的平衡分压很小，说明在有碳存在的情况下 TiO_2 的氯化反应实际上是不可逆的。

在钛渣中，除钛氧化物以外，还含有一定数量的杂质氧化物可能被氯化。钛渣中各种氧化物与氯气反应的能力由大到小的顺序为：$K_2O > Na_2O > CaO > MgO > MnO$，$FeO > TiO_2 > Al_2O_3 > SiO_2$。显然在保证 TiO_2 被完全氯化的条件下，位置处于 TiO_2 前面的氧化物都能被氯化。而 Al_2O_3 和 SiO_2（尤其是自由状态下）此时仅能发生部分氯化，而硅酸盐和铝硅酸盐能激烈地氯化。

9.4.2　影响氯化速度的因素

影响氯化速度的因素主要包括以下几个方面：

（1）温度。研究结果表明，在700℃以下，氯化速度受化学反应控制，提高温度是加速反应的有效方法。当温度达700℃以上时，氯化过程已转化为受反应物（或产物）的扩散速度控制，此时改善扩散条件，增大反应物浓度（分压）等才是强化过程的主要途径。

（2）氯气分压。无论是化学反应控制还是扩散控制，提高氯气分压均有利于提高反应速度。

（3）氯气流速。在一定的氯气线速度范围内，氯化速度随氯气流速的增加而提高；但当氯气线速度超过某一定值时，对反应速度无明显影响。此时，过高的氯气流速并不能进一步使生产能力提高，反而会降低氯气的利用率。

（4）沸腾层内 TiO_2 的含量。当反应温度一定，且在扩散区进行时，氯化反应速度随料层中 TiO_2 含量的增加而呈指数增加。在熔盐氯化层内，TiO_2 的加碳氯化反应速度也随熔盐中 TiO_2 含量的增高而加快。

（5）物料特性。和其他气-固相间的多相反应一样，钛渣颗粒小，比表面积（或反应面积）大，有利于反应进行。含钛物料的特性与含碳原料的种类对氯化速度也有着很大的影响。就还原剂而言，一般是木炭最好，活性石油焦次之，煅烧过的石油焦又次之。钛渣比金红石精矿的氯化速度大，其原因不仅在于金红石是晶型最稳定的 TiO_2，还在于钛渣中的低价氧化钛和其他钛化物在较低的温度下，就能迅速被氯气氯化。

9.4.3 钛渣的沸腾氯化

在生产中有三种氯化的工艺方法，即固定床氯化、沸腾氯化和熔盐氯化。固定床氯化已基本不采用。

工业生产上，钛渣的氯化一般在 $800 \sim 1000\,^{\circ}\!C$ 下进行。在这样高的温度下，氯化过程为扩散控制，故强化物质交换和热交换是强化过程的关键措施。而沸腾层的特点是，一定颗粒的固体物料被一定流速的气体（或液体）托起，在反应区内剧烈翻动，如液体沸腾一样，使气相与固相物质充分接触，故传质和传热效果良好。其优点是加快了反应速度，生产过程得到了强化，过程易连续，提高了设备生产能力和劳动生产率。沸腾氯化炉的构造如图 9-3 所示。从图中可以看出，氯气从炉底进入气室，经筛板使气流通过能均匀分布反应段的整个截面，将内装炉料吹起呈悬浮状态。筛板由石墨制成，开孔率为 $0.8\% \sim 1.0\%$。一定粒度和比例的富钛渣与石油焦混合并经风选后加入炉内，氯化温度为 $800 \sim 1000\,^{\circ}\!C$。在氯化反应中放出大量热。因此，只需在开炉时外加热到 $800\,^{\circ}\!C$ 以上，以后的氯化反应完全可以靠自热进行。反应段有圆柱形的和圆锥形的，锥形膛具有沿炉膛气流速度逐渐减缓的特点，适应沿炉膛高度悬浮的物料颗粒逐渐减小的沸腾状态。排渣速度控制在加料速度的 7% 左右。反应的气体产物通过炉顶出口排至收尘冷凝系统。

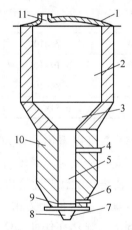

图 9-3 沸腾氯化炉构造示意图
1—炉盖；2—扩大段；3—过渡段；
4—加料口；5—反应段；6—排渣口；
7—氯气进口；8—气室；9—气体分布板；
10—炉壁；11—$TiCl_4$ 混合气体出口

沸腾氯化系统如图 9-4 所示。从炉内排出来的气体，气流中难免要夹带一些固体物料的细颗粒。从炉内排出来的气体除反应产生 $TiCl_4$ 蒸气外，还有其他的气体产物（如 $FeCl_3$、$MnCl_2$、$MgCl_2$、$SiCl_4$、$AlCl_3$、$VOCl_3$、CO、CO_2）和未反应的 Cl_2 等。各种气体产物依其沸点不同，分成以下 3 类：

（1）氯化物的沸点低于 $150\,^{\circ}\!C$，并在常温下呈液态（$TiCl_4$、$VOCl_3$、$SiCl_4$、CCl_4、$PoCl_3$ 等）；

（2）氯化物沸点在 $150 \sim 350\,^{\circ}\!C$ 之间，其特点是由气态直接变成固体物质（$AlCl_3$ 和 $FeCl_3$）；

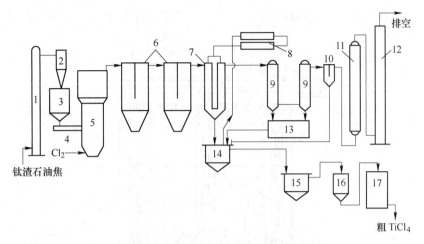

图 9-4　沸腾氯化设备流程示意图

1—竖井粉碎机；2—旋风收尘器；3—混合料仓；4—螺旋加料机；5—沸腾氯化炉；6—收尘器；7—淋洗塔；
8—TiCl$_4$ 冷却器；9—冷凝器；10—折流板槽；11—尾气吸收塔；12—烟囱；13—TiCl$_4$ 中间贮槽；
14—循环泵槽；15—沉降槽；16—过滤器；17—粗 TiCl$_4$ 贮槽

（3）具有高沸点的氯化物（MgCl$_2$、CaCl$_2$、FeCl$_2$、MnCl$_2$ 等），气流的出口温度为 550~800℃。

各个收尘器温度分别控制在 400~300℃、200~150℃ 和 150~130℃。TiCl$_4$ 淋洗塔温度控制在 50~30℃ 和 0~-4℃。这样，FeCl$_3$、FeCl$_2$、MgCl$_2$、CaCl$_2$、MnCl$_2$ 等的大部分以及部分的 AlCl$_3$ 凝结成固体收集在收尘器内。TiCl$_4$ 和少量的 SiCl$_4$、VOCl$_3$ 等冷凝成液体留在淋洗塔和冷凝器中。一些气体物质（如 CO、CO$_2$、Cl$_2$、O$_2$、N$_2$，HCl 等）进入尾气处理系统。在尾气中，单体氯（体积分数）小于 1%。

所获得的粗四氯化钛的纯度可达 97.8%（其中含有 FeCl$_3$、MnCl$_2$、MgCl$_2$、SiCl$_4$ 等杂质）。

9.4.4　熔盐氯化

我国在 20 世纪 80 年代初完成了用熔盐氯化法生产四氯化钛的工艺和设备的研究，并用于工业生产。熔盐氯化是将一定组成和性质的混合盐放入熔盐氯化炉中熔化，加入富钛渣和碳质还原剂，并通以氯气进行氯化的方法。一种结构形式的熔盐氯化炉如图 9-5 所示。

从图 9-5 可以看出，用螺旋加料器将富钛渣和石油焦的混合料送入熔体表面上，氯气从底部通入，强力搅拌熔体并使之参加反应，气体产物从炉体出口排除。高沸点的氯化物（如 MgCl$_2$、CaCl$_2$ 等）留在熔体中，随着氯化的进行，熔体中杂质不断富集，熔体的体积增大，熔体的性质发生变化。定期地排除一部分熔体和补充新的混合盐。反应是悬浮在熔盐中的富钛渣和碳的固体颗粒，同鼓入的氯气泡相作用，生成的 TiCl$_4$ 和其他气体物质进入气泡内，被气泡带出熔体。难挥发的物质（如 MgCl$_2$、CaCl$_2$ 等）则溶入熔盐中。因此氯化是在气-液-固三相体系中进行的多相反应。熔盐氯化过程是一个有介质的氯化过程，过程传质、传热效果好，设备生产效率高。

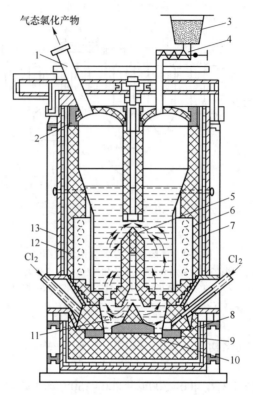

图 9-5　熔盐氯化炉结构示意图

1—烟道；2—炉顶；3—贮料槽；4—螺旋送料器；5—使熔体循环的挡板；6—石墨电极；7—导热钢管；
8—风口；9，10—底部石墨电极；11—熔体排出口；12—耐火黏土砖炉衬；13—氯化器壳体

选择合适的熔盐介质是保证熔盐物理化学性质的关键。对常用的氯化物盐类 KCl、NaCl、$MgCl_2$ 和 $CaCl_2$ 而言，需考虑它们的物理化学性质和价格。苏联在四氯化钛生产中的最佳熔盐成分（质量分数）为：TiO_2 1.5%～5%，C 2%～5%，NaCl 10%～20%，KCl 30%～40%，$MgCl_2$ 10%～20%，$CaCl_2$ 5%～10%，（$FeCl_2$+$FeCl_3$）10%～12%，SiO_2 3%～6%，Al_2O_3 3%～6%。在生产过程中为了保持最佳熔盐组成，要往氯化炉中加钾工业中的废钾盐，或者加入某些一定组成的镁电解槽的废电解质，既满足了 $TiCl_4$ 氯化过程的要求，又十分便宜。生产四氯化钛以后的废熔盐除了可回收废熔盐中的镁以外，还可利用其中的 KCl 作钾肥。

与沸腾氯化相比，熔盐氯化有如下优缺点：

（1）原料适应性强。这种氯化法可以说就是为适应含钙、镁高的富钛渣和金红石等含钛物料的氯化而发展起来的。氯化过程产生的低熔点、高沸点的 $FeCl_2$、$MgCl_2$、$CaCl_2$、$MnCl_2$ 能够溶于熔盐，且在一定含量范围内，氯化过程能正常进行。

（2）气相产物中 $TiCl_4$ 分压高。熔盐氯化一般在 750～850℃下进行，排出的尾气中 CO_2（体积分数）比 CO 高得多，因此气相中 $TiCl_4$ 分压较高，有利于 $TiCl_4$ 的冷凝。

（3）粗 $TiCl_4$ 中杂质含量较少。熔盐中的 NaCl 和 KCl 能与 $AlCl_3$、$FeCl_3$ 等氯化物形成氯铬盐（如 K_3AlCl_6、Na_3AlCl_6、$KFeCl_6$ 等），因而熔盐层有净化除杂作用，所得的粗 $TiCl_4$ 中杂质含量（质量分数）比沸腾氯化法少。

（4）与沸腾层氯化相比，熔盐氯化需消耗熔盐，产生废盐。一般每生产 1t $TiCl_4$ 需排放 $100\sim200kg$ 废盐，从而增加了"三废"处理的负担。

9.5　粗四氯化钛的精制

9.5.1　粗四氯化钛中的杂质及除杂方法

不管是哪种方法生产的粗四氯化钛，其中都含有一定量的杂质。根据它们在四氯化钛中的溶解情况，可分为不溶解的固体悬浮物和溶解于四氯化钛中的杂质，详见表 9-3。

表 9-3　粗四氯化钛的杂质分类

可溶于 $TiCl_4$ 中的杂质	常温下为气体	H_2、O_2、HCl、Cl_2、CO、CO_2、$COCl_2$、COS
	常温下为液体	S_2Cl_2、CCl_4、$VOCl_3$、$SiCl_4$、$CHCl_3$、CCl_3COCl、$SnCl_4$、CS_2 等
	常温下为固体	$AlCl_3$、$FeCl_3$、$NbCl_5$、$TaCl_5$、$MoCl_5$、C_6Cl_6、$TiOCl_2$、Si_2OCl_6 等
固体悬浮物		TiO_2、SiO_2、$MgCl_2$、$ZrCl_4$、$FeCl_2$、C、$FeCl_3$、$MnCl_2$、$CrCl_3$ 等

为提纯粗四氯化钛，工业上用的方法是：过滤除去固体悬浮物，用物理法（蒸馏或精馏）和化学法除去溶解在四氯化钛中的杂质。

蒸馏法是基于溶解在四氯化钛中的杂质（如金属氯化物）沸点与 $TiCl_4$ 沸点的差别。在一定温度下，沸点不同的物质挥发进入气相的能力不同，以及平衡时它们在气相中的分压比和液相中的浓度比不同。在粗四氯化钛中，大于 0.1%（质量分数）的某些杂质化合物的沸点及其在 $TiCl_4$ 中的溶解度见表 9-4。

表 9-4　某些杂质[（质量分数）大于 0.1%] 的沸点和在 $TiCl_4$ 中的溶解度

物质 $TiCl_4$ 中的杂质	沸点/℃	在 $TiCl_4$ 中各成分（质量分数）/%	在 $TiCl_4$ 中溶解度/%
$VOCl_3$	127	$0.1\sim0.3$	无限
$TiOCl_2$	—	$0.04\sim0.5$	0.44（20℃）；2.4（120℃）
$SiCl_4$	57	$0.1\sim1.0$	无限
$AlCl_3$	180	$0.01\sim0.5$	0.26（18℃）；4.8（125℃）
$COCl_2$	8.2	$0.0005\sim0.15$	55（20℃）；2（80℃）

工业上采用精馏法，利用各种氯化物沸点的差异，可以除去粗四氯化钛中的大部分杂质。但杂质 $VOCl_3$ 的沸点与 $TiCl_4$ 的沸点（136℃）接近，用精馏法很难除去。因此采取在蒸馏之前用其他方法先将其中的钒除去。

9.5.2　除钒

在工业生产中，除钒有三种方法，其分别为铜（或铝）法、硫化氢法和碳氢化物法。所有的这些方法都不外乎是利用四价钒化合物（$VOCl_2$）难溶于 $TiCl_4$ 中的性质而将五价的 $VOCl_3$ 还原成四价的 $VOCl_2$。

9.5.2.1 铜（或铝）法除钒

用铜粉、铜丝、铜屑或铜基合金，可使四氯化钛中的 $VOCl_3$ 发生还原反应，其反应式为：

$$VOCl_3 + Cu \rightleftharpoons VOCl_2 \downarrow + CuCl \tag{9-8}$$

用铜粉除钒时，还可以除去溶解在 $TiCl_4$ 中的硫化物与某些有机物。当 $TiCl_4$ 中的 $AlCl_3$ 含量（质量分数）大于 0.1% 时，$AlCl_3$ 会使铜钝化，故先用增湿的木炭（或食盐）除 $AlCl_3$，其反应式为：

$$AlCl_3 + H_2O \rightleftharpoons AlOCl \downarrow + 2HCl \tag{9-9}$$

用铜作还原剂得到的铜钒沉淀物，其组分的含量（质量分数）大致是：Cu 20.2% ~ 26.2%，TiO_2 10% ~ 12%，V_2O_5 7% ~ 9%，Cl_2 45%，其余为铝、铁等，可送去回收铜和钒。

用铝作还原剂时，发生的反应式为：

$$3TiCl_4 + Al \rightleftharpoons 3TiCl_3 + AlCl_3 \tag{9-10}$$

$$TiCl_3 + VOCl_3 \rightleftharpoons TiCl_4 + VOCl_2 \downarrow \tag{9-11}$$

其中，反应式（9-10）和式（9-11）必须有起催化作用的 $AlCl_3$ 参与，铝与 $TiCl_4$ 的反应才能有效地进行。因此加入铝粉后通以氯气，当反应进行时即关闭氯气。将得到的 $VOCl_2$、$TiCl_3$ 和 $AlCl_3$ 的沉淀物送去提取钒。

9.5.2.2 硫化氢法

此法是在 90℃ 下往 $TiCl_4$ 中缓慢地通入 H_2S 气，其反应式为：

$$2VOCl_3 + H_2S \rightleftharpoons 2VOCl_2 \downarrow + 2HCl + S \tag{9-12}$$

其中，反应式（9-12）使用的还原剂比较便宜，除钒效果好，沉淀物中含钒量高。但 H_2S 毒性较大，操作要小心。

9.5.2.3 碳氢化物法

此法是用少量的碳氢化物（如石油、矿物油等）加入 $TiCl_4$ 中，加热到 130℃ 左右并搅拌，使碳氢化物碳化，新碳化的细散碳粒具有很大的化学活性，使 $VOCl_3$ 还原成 $VOCl_2$。

9.5.3 精馏法净化

四氯化钛的精馏净化是在不锈钢制的精馏塔中进行。精馏过程分两个阶段。第一阶段是将塔顶的温度保持在 57 ~ 70℃，塔底温度保持在 139 ~ 141℃，蒸馏釜控制在 142 ~ 146℃，压力为 14.66 ~ 18.66kPa，以蒸馏除去 $SiCl_4$ 和其他低沸点的杂质。第二阶段是将 $TiCl_4$ 蒸馏出来，使其与高沸点的杂质（如 $AlOCl$、$FeCl_3$、$TiCl_2$ 等）分离开，因此塔顶温度控制在 136℃。蒸馏出来的 $TiCl_4$ 蒸气经冷凝后获得含杂质极少的无色透明或微带黄色的 $TiCl_4$ 液体，其杂质含量接近光谱纯的程度。精制的 $TiCl_4$ 中，其杂质的含量（质量分数）可降到：Si 10×10^{-6}，Fe 10×10^{-6}，V 7×10^{-6}；色度小于 5mg $K_2Cr_2O_7$/L。精制工序中 $TiCl_4$ 的回收率为 96%。

9.6 镁热还原法生产海绵钛

9.6.1 还原过程基本原理

用镁还原法生产金属钛是在密闭的钢制反应器中进行。将纯金属镁放入反应器中并充满惰性气体，加热使镁熔化（熔点650℃），在800~900℃下，以一定的流速放入$TiCl_4$与熔融的镁反应。其反应式为：

$$TiCl_4 + 2Mg === 2MgCl_2 + Ti \quad \Delta G_{1000K}^{\ominus} = -312.66kJ \quad (9-13)$$

此时的反应平衡常数$K_p = 7.05 \times 10^{14}$，因此从热力学角度来说，反应应该进行得很彻底。在反应温度下，生成的$MgCl_2$（熔点为714℃）呈液态，可以及时排放出来。

在900~1000℃下，$MgCl_2$和过剩的Mg有较高的蒸气压，可以在一定的真空度的条件下，将残留的$MgCl_2$和Mg蒸馏除去，获得海绵状金属钛。

实际上，镁还原$TiCl_4$是经过生成低价氯化物的反应过程而逐次完成的。其反应式依次为：

$$2TiCl_4 + Mg === 2TiCl_3 + MgCl_2 \quad (9-14)$$
$$2TiCl_3 + Mg === 2TiCl_2 + MgCl_2 \quad (9-15)$$
$$TiCl_4 + Mg === TiCl_2 + MgCl_2 \quad (9-16)$$
$$TiCl_2 + Mg === Ti + MgCl_2 \quad (9-17)$$
$$2TiCl_3 + 3Mg === 2Ti + 3MgCl_2 \quad (9-18)$$

在还原过程中，有时在还原剂不足的情况下还可能发生如下反应：

$$3TiCl_4 + Ti === 4TiCl_3 \quad (9-19)$$
$$TiCl_4 + Ti === 2TiCl_2 \quad (9-20)$$
$$2TiCl_3 + Ti === 3TiCl_2 \quad (9-21)$$

其中，反应式（9-14）~式（9-21）的$\Delta G_T^{\ominus}$均具有较大的负值，因此在标准状态下都有可能自动地发生。

由此可见，镁还原四氯化钛的过程是在$Ti-TiCl_2-TiCl_3-TiCl_4-Mg-MgCl_2$的多元体系中进行的。并且在还原条件下，除化学变化外，还包括吸附、蒸发、冷凝、扩散、溶解和结晶等过程，是一个相当复杂的多相反应过程。有$TiCl_4$蒸气之间的反应，也有$TiCl_4$蒸气与镁蒸气之间的反应；$TiCl_4$蒸气被吸附在反应新生成的固体金属的活性表面并使它活化，加快了反应速度。这种自动催化作用是镁还原四氯化钛过程的动力学特征。钛在活化点上结晶析出并黏结在活化点上，这往往是优先发生在固体钛的棱角和尖峰处，并且由于激烈的放热反应而发生烧结和再结晶，从而导致钛生长成海绵状结构。

在还原过程中，液态的氯化镁在反应罐中逐渐积累，氯化镁液层高度不断地上升。当它超过海绵钛的高度时，将影响还原的进行。为使海绵钛表面始终处于裸露状态和更有效地利用罐的有效容积，需定期地将氯化镁放出。这部分氯化镁可作为电解的电解质使用。

9.6.2 还原设备及还原作业

图9-6是一种工业用还原设备。目前工业上还用间歇式反应罐，还原装置包括：还原

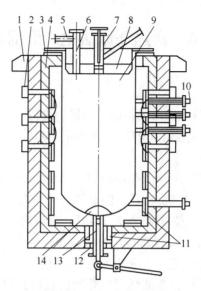

图 9-6 底部排放 MgCl$_2$ 还原装置结构示意图

1—炉子支架；2—空气进出集风管；3—水冷反应罐法兰和大盖；4—炉衬；5—抽真空和充氩管；

6—加液镁管；7—TiCl$_4$ 加料管；8—还原罐遮热板；9—还原罐；10—可转换热电偶；

11—电热元件；12—密封炉壳；13—连接杆；14—假底

用的不锈钢制反应罐，带加热和排热系统的电炉，带计量装置的 TiCl$_4$ 贮槽，液体 Mg 的加入装置，MgCl$_2$ 排放装置，抽真空、充氩、测压、放气、测温等辅助装置。

还原作业是将反应罐经检查密封良好后，用吊车吊入炉中，充满氩气，待加热至 700~750℃之后，通过注入镁管将液体镁放入罐中，通入 TiCl$_4$。此时应关闭加热炉，调节 TiCl$_4$ 的流速，使反应罐的温度保持在 850~900℃之间。为了提高生产率，将空气通入罐外壁与炉膛的环形间隙中，使余热散发出去。

在还原过程中，需调节和控制反应罐的壁温，TiCl$_4$ 的流量最好是按规定的程序自动控制，保证在反应温度下反应过程以最大速度进行。在还原过程中，如果反应放出热量过多，反应段炉膛的加热器能自动关闭，从而防止过热。反应终了时，为维持罐中的温度，更好地使 MgCl$_2$ 沉降，停止加热后（在镁利用率达 60%~65%之后），反应罐需在 900℃下保温 1h。然后尽可能地排净 MgCl$_2$ 之后，关闭电炉。

在整个反应过程中，应始终保持罐内压力略高于大气压，以防止空气渗入。当反应罐在炉中冷却到 800℃时，将其从炉中吊出，放在冷却槽中，用喷水或吹风的方法，将反应罐冷却至 40~25℃。还原产物中的 Ti、Mg 和 MgCl$_2$ 的含量（质量分数）分别为 55%~65%、25%~35%和 9%~12%。随后将其进行真空蒸馏，以便将海绵钛中的镁和氯化镁分离出去。

9.6.3 还原产物的真空蒸馏和海绵钛砣的处理

真空蒸馏是基于在温度 800~1000℃下，镁与 MgCl$_2$ 有较大的蒸气压，让它们在真空下挥发后冷凝在冷凝器上。而钛的蒸气压很小，留在原来的还原罐内，从而使钛与其他组分分离。

在真空度高于 1.3Pa 的蒸馏罐内，将还原产物在 900~950℃下长时间加热，镁和氯化镁都可以挥发除去，并凝结在冷凝器上。

真空蒸馏有两种方式，一种是不必从还原罐中取出还原产物，直接进行真空蒸馏。例如用空的还原罐扣在一起作冷凝器。蒸馏之后，凝结有镁和氯化镁的还原罐返回作还原使用。此法可以减少还原产物暴露于空气中的时间和作业的工时。另一种方式是从还原罐中取出还原产物，放入专门的真空蒸馏设备中进行蒸馏，此法可以提高蒸馏设备的生产率和缩短蒸馏时间。

蒸馏设备的结构形式也有两种类型，即上冷式和下冷式。其区别虽然仅是蒸馏釜和冷凝器的相互位置的颠倒，但下冷式可以使熔融的 $MgCl_2$ 流下来而不单靠蒸发，因此可以缩短蒸馏周期，同时节省能量，但加热炉必须设在上部。由还原罐组合的上冷式真空蒸馏设备如图 9-7 所示。

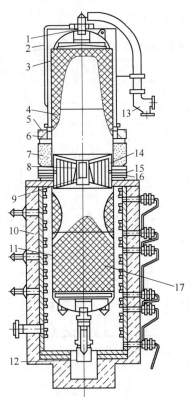

图 9-7　镁还原—真空蒸馏联合装置示意图

1—真空系统连接管；2—喷淋器；3—可作还原罐的冷凝器；4—冷凝物；5—水收集器；6—密封环；7—保温层；
8—连接管；9—镁塞；10—电炉；11—还原罐；12—金属塞；13—真空导管；14—隔热屏；
15，16—蒸馏罐（还原罐）与冷凝器法兰；17—反应产物（海绵钛）

对图 9-7 结构生产能力为 2t 海绵钛的设备，往往采用如下方法：在 400℃下保温 4~6h，脱除产物中吸附的气体和结晶水；逐渐升到 800℃下保温 3~5h，以脱除镁和大部分氯化镁。在这段时间内真空度不宜太高，以免由于来不及冷凝而使部分镁和氯化镁蒸气抽入真空系统；然后逐渐升温到 930~960℃，保持 40~60h，以脱除仅占总量 1%~2%（质量分数）的残留氯化镁。在蒸馏后期，必须在 $6.67 \times 10^{-4} \sim 1.33 \times 10^{-5}$ kPa 的真空度下稳定一段时间，重复两次关闭真空阀门后 $5 \sim 10$ min 内，真空度下降数字小于 2.67Pa 时，即可在高真空度下降温冷却 $2 \sim 3$ h。然后充氩冷却，再将蒸馏罐移入水冷槽中冷却，用水（或空气）冷却到室温，才启开蒸馏罐。用风镐（或顶杆机）取出海绵钛砣，经破碎、分选和取样分析，并进行硬度检验后，进行分级、合批装入包装铝桶，经密闭、抽空、充氩便可出厂。

9.6.4　镁还原法的主要技术经济指标

国内外镁还原法生产海绵钛（见表 9-5）的主要技术经济指标（从精 $TiCl_4$ 起）为：金属回收率（从纯 $TiCl_4$ 算起）95% ~ 98%（从钛渣到商品钛，回收率小于 80%）；产品合格率 92% ~ 96%；金属镁的直接利用率 60% ~ 70%（镁的回收率 90% ~ 98%）；吨钛电能消耗 4000 ~ 10000kW·h（不包括镁电解）。

表 9-5　我国海绵钛标准（GB 2524—81）

生产方法	产品名称	产品牌号	化学成分（质量分数）/%							HB10/
			Ti 含量，不小于	杂质元素，不大于						1500/30，不大于
				Fe	Si	Cl	C	N	O	
镁法	0 级钛	MHTi-0	99.76	0.06	0.02	0.06	0.02	0.02	0.06	100
	1 级钛	MHTi-1	99.65	0.10	0.03	0.08	0.03	0.03	0.08	110
	2 级钛	MHTi-2	99.51	0.15	0.04	0.10	0.03	0.04	0.10	135
	3 级钛	MHTi-3	99.35	0.20	0.05	0.15	0.04	0.05	0.15	155
	4 级钛	MHTi-4	99.15	0.35	0.05	0.15	0.04	0.06	0.20	175
钠法	0 级钛	NHTi-0	99.64	0.04	0.03	0.20	0.02	0.02	0.06	100
	1 级钛	NHTi-1	99.57	0.06	0.03	0.20	0.03	0.03	0.08	110
	2 级钛	NHTi-2	99.48	0.10	0.04	0.20	0.04	0.04	0.10	135
	3 级钛	NHTi-3	99.36	0.15	0.05	0.20	0.05	0.05	0.15	155
	4 级钛	NHTi-4	99.25	0.20	0.05	0.20	0.05	0.05	0.20	175

注：镁法钛以 0.85 ~ 25.4mm 粒度供应，特殊情况可供 0.83 ~ 12.7mm 粒度的产品；钠法钛粒度要求在 15mm 以下，其粒度组成均不大于 15mm，其中 0.85mm 以下的不超过 5%，0.85 ~ 15mm 的占 95%。

9.7　钠热还原法生产金属钛

9.7.1　基本原理

四氯化钛的钠还原法的反应式为：

$$TiCl_4(g) + 4Na(l) = Ti(s) + 4NaCl(l) \tag{9-22}$$

$$\Delta G_T^{\ominus} = -921700 + 234.19T(J)$$

其中，1200K 时反应的热效应为 -755kJ，比镁热还原时的热效应还大。钠还原反应是分阶段进行的，其反应式依次为：

$$TiCl_4(g) + Na(l) \Longrightarrow TiCl_3(l) + NaCl(l) \tag{9-23}$$

$$\Delta G_T^{\ominus} = -378470 + 174.387T(J)$$

$$TiCl_3(l) + Na(l) \Longrightarrow TiCl_2(l) + NaCl(l) \tag{9-24}$$

$$\Delta G_T^{\ominus} = -201990 + 26.35T(J)$$

$$\frac{1}{2}TiCl_2(l) + Na(l) \Longrightarrow \frac{1}{2}Ti(s) + NaCl(l) \tag{9-25}$$

$$\Delta G_T^{\ominus} = -170625 + 16.37T(J)$$

其中，生成的 $TiCl_3$ 和 $TiCl_2$ 可溶于 NaCl 熔体中，$TiCl_2$ 与 NaCl 的共晶熔体中 $TiCl_2$ 的含量（质量分数）为 50%，其共晶体的熔点为 605℃。$TiCl_3$-NaCl 共晶体中 $TiCl_3$ 的含量（质量分数）为 63.5%，此时熔点为 462℃。金属钠也可溶于 NaCl 熔体，所以低价氯化钛的钠还原反应是在 NaCl 熔体中进行的。由上述反应的 $\Delta G_T^{\ominus}$-T 方程可知，在还原温度900~920℃下，反应可以进行得很彻底。

与镁还原法一样，钠还原法也是在惰性气体保护下的密封容器中进行的。虽然在金属钠的熔点（98℃）以上，就能以显著的还原反应速度得到钛粉，然而工业生产的温度一般需在氧化钠的熔点（800℃）以上进行。让熔融的反应产物氯化钠穿过海绵钛层渗入反应罐底部，而让反应物钛的表面不断暴露出来，以获得海绵状结构的金属钛。

9.7.2 工业实践

Na 还原 $TiCl_4$ 的方法有一段法和两段法。一段法是在不锈钢制反应罐中进行。罐内充满氩气并加热至650~700℃。还原过程中严格按 $n(TiCl_4)$: $n(Na) = 1:4$ 同时往罐中逐次放入 $TiCl_4$ 和熔融的钠。在还原反应的末期钠加料完毕时，缓慢地加入 $TiCl_4$ 至钠的利用率达 100% 的程度为止。反应开始后停止外加热，罐内温度控制在850~880℃，反应中放出大量的热，可用冷空气吹反应罐外壁或用其他方式将余热导出。还原过程结束时，将温度提高到950~970℃，并保持一段时间。

反应产物中 $w(Ti) \approx 17\%$，$w(NaCl) \approx 83\%$，另外还会有微量的钠和低价氯化钛杂质。将反应产物经细碎后缓慢放入带有搅拌器的耐酸槽中，用约含（质量分数）1%HCl 的水溶液浸洗。过滤后用水洗至中性，在离心机上甩干，将所得钛粉在真空干燥箱中烘干，即为成品钛。

两段还原法是在第一阶段还原成 $TiCl_2$，获得 NaCl-$TiCl_2$ 共晶熔盐；第二阶段再从熔盐还原成金属钛。还原第一阶段按 $n(TiCl_4)$: $n(Na) = 1:2$ 加料，在700~750℃下开始进行还原。当熔体在反应罐中积累到一定数量后，用氩气压送到第二个反应罐中。第二阶段反应是在650~900℃下进行，此时缓慢加入同等数量的钠进行补充还原。还原终了时，在950℃下保温一段时间，然后进行冷却，破碎，水浸等操作与一段还原法操作相同。

两段还原法是将总反应产生的热量的 70% 在第一阶段放出，其余 30% 是在第二阶段放出，从而可以将反应热分两次导出。第二阶段还原过程是集中在熔盐中进行，有利于生长成大颗粒的钛粉，故其纯度很高。

生产1t 海绵钛需消耗金属钠 $[w(Na) = 99.5\%]$ 2.05~2.20t，浓盐酸 $[w(HCl) = 35\%]$1.4t，氩气 $25m^3$。其特点是电耗较镁法低，但 NaCl 无回收价值。

9.8 钛 的 精 炼

在海绵钛生产过程中，产品合格率一般为 92%～96%，还产出 4%～8%（质量分数）的等外海绵钛；在海绵钛熔锭时，成锭率为 85%～90%，有相当数量的边皮与车屑；在加工过程中，也有大量的残料与废料（总成材率低于 60%）需进行回收和利用。

铸锭、加工过程中污染不严重的材料，可部分（或大部分）返回铸锭，或用氢化—破碎—细磨—脱氢方法制取供粉末冶金用的钛粉，或经旋转高离子设备制取球形钛粉。

对于冶炼厂的等外海绵钛，加工厂污染严重的残钛，一部分可直接用于熔炼合金钢，也可以部分制取供烟火等工业用的钛粉。除此之外还可以用电解精炼或碘化法精炼的办法使其转化成合格金属钛。在此只作简略介绍。

9.8.1 电解精炼

电解精炼钛是将含杂质的粗钛压制成棒状阳极，或者放在阳极筐中。用碱金属氯化物作电解质，并在其中溶有低价氯化钛（如 $TiCl_2$、$TiCl_3$）。用钢制阴极，在电解中阳极发生溶解，钛以 Ti^{2+} 和 Ti^{3+} 等形态转入熔盐中，在阴极上发生低价钛离子还原成金属钛的电化学反应。电解是在 800～850℃ 下进行。

电解精炼是基于杂质元素与钛的析出电位的不同，钛及其他更负电性元素优先从阳极上溶解，以离子态进入熔盐中；而比钛更正电性的杂质元素留在阳极泥中。在废钛中常见的杂质有铁、铬、锰、铝、钒、硅、镍、碳、氮、氧等。其中，铁、镍等电位较正，因而它们留在阳极泥中；在粗钛中以固溶体形态存在的氧在电解中以 TiO_2 形态留在阳极泥中；氮不溶于氯化物熔体中，是以氮化物形态留在阳极泥中（或以气态逸出）。铬、锰、铝、钒等的析出电位与钛相近，当电流密度较高时，与钛同时进入熔盐中，并在阴极上放电析出。因此电解精炼对除铬、锰、铝、钒等是无能为力的。电解精炼钛的纯度为99.6%～99.8%。

9.8.2 碘化法精炼

钛的碘化法精炼过程可用下面的原则流程表示：

$$Ti(s) + 2I_2(g) \xrightarrow{100 \sim 200℃} TiI(g) \xrightarrow{1300 \sim 1500℃} Ti(s) \rightarrow 2I_2(g)$$

钛在较低温度下即能与碘作用，生成碘化钛蒸气，然后在高温的金属丝上发生分解，释放出来的碘在较低温区重新与粗钛反应，如此循环作用，由碘将纯钛输送到金属丝上。碘化法可以除去氧、氮等杂质，因为钛的氧化物和氮化物此时不能和碘作用。沉积钛的速度主要取决于碘化钛向金属丝表面扩散的速度和碘蒸气向金属丝表面扩散的速度。一般温度控制在 1300～1400℃，沉积速度已经足够快了。金属丝用钛丝制成，用调节电流和电压的方法来控制金属丝的温度。

碘化法精炼的钛，所含杂质铁、氮、氧、锰、镁等比镁还原钛低一个数量级，因此，碘化法精炼的钛具有良好的塑性和较低的硬度。

思 考 题

(1) 世界及我国钛资源的特点有哪些?

(2) 钛精矿处理的原则流程是什么?

(3) 钛精矿还原熔炼工艺的主产品与副产品是什么,具体工艺流程如何?

(4) 影响氯化反应的因素有哪些?

(5) 粗四氯化钛的除杂方法是什么?

(6) 海绵钛的生产方法是什么?

参 考 文 献

[1] 莫畏. 钛冶金 [M]. 北京:冶金工业出版社,1998.

[2] 莫畏. 钛冶炼 [M]. 北京:冶金工业出版社,2011.

[3] 罗远辉. 钛化合物 [M]. 北京:冶金工业出版社,2011.

[4] 邱竹贤. 冶金学 [M]. 沈阳:东北大学出版社,2001.

[5] 张力. 含钛渣中钛的选择性富集和长大行为 [D]. 沈阳:东北大学,2002.

[6] 张武. 改性含钛高渣中金红石相析出与分离研究 [D]. 沈阳:东北大学,2013.

[7]《有色金属提取冶金手册》编辑委员会. 有色金属提取冶金手册 稀有高熔点金属分册 [M]. 北京:
冶金工业出版社,1999.

[8] 马慧娟. 钛冶金学 [M]. 沈阳:东北工学院出版社,1982.

[9] 梁英教,车荫昌. 无机热力学手册 [M]. 沈阳:东北工学院出版社,1993.

冶金工业出版社部分图书推荐

书　名	作　者	定价(元)
冶金专业英语（第3版）	侯向东	49.00
电弧炉炼钢生产（第2版）	董中奇　王　杨　张保玉	49.00
转炉炼钢操作与控制（第2版）	李　荣　史学红	58.00
金属塑性变形技术应用	孙　颖　张慧云　郑留伟　赵晓青	49.00
自动检测和过程控制（第5版）	刘玉长　黄学章　宋彦坡	59.00
新编金工实习（数字资源版）	韦健毫	36.00
化学分析技术（第2版）	乔仙蓉	46.00
冶金工程专业英语	孙立根	36.00
连铸设计原理	孙立根	39.00
金属塑性成形理论（第2版）	徐　春　阳　辉　张　弛	49.00
金属压力加工原理（第2版）	魏立群	48.00
现代冶金工艺学——有色金属冶金卷	王兆文　谢　锋	68.00
有色金属冶金实验	王　伟　谢　锋	28.00
轧钢生产典型案例——热轧与冷轧带钢生产	杨卫东	39.00
Introduction of Metallurgy 冶金概论	宫　娜	59.00
The Technology of Secondary Refining 炉外精炼技术	张志超	56.00
Steelmaking Technology 炼钢生产技术	李秀娟	49.00
Continuous Casting Technology 连铸生产技术	于万松	58.00
CNC Machining Technology 数控加工技术	王晓霞	59.00
烧结生产与操作	刘燕霞　冯二莲	48.00
钢铁厂实用安全技术	吕国成　包丽明	43.00
炉外精炼技术（第2版）	张士宪　赵晓萍　关　昕	56.00
湿法冶金设备	黄　卉　张凤霞	31.00
炼钢设备维护（第2版）	时彦林	39.00
炼钢生产技术	韩立浩　黄伟青　李跃华	42.00
轧钢加热技术	戚翠芬　张树海　张志旺	48.00
金属矿地下开采（第3版）	陈国山　刘洪学	59.00
矿山地质技术（第2版）	刘洪学　陈国山	59.00
智能生产线技术及应用	尹凌鹏　刘俊杰　李雨健	49.00
机械制图	孙如军　李　泽　孙　莉　张维友	49.00
SolidWorks 实用教程30例	陈智琴	29.00
机械工程安装与管理——BIM技术应用	邓祥伟　张德操	39.00
化工设计课程设计	郭文瑶　朱　晟	39.00
化工原理实验	辛志玲　朱　晟　张　萍	33.00
能源化工专业生产实习教程	张　萍　辛志玲　朱　晟	46.00
物理性污染控制实验	张　庆	29.00
现代企业管理（第3版）	李　鹰　李宗妮	49.00